“十二五”国家重点图书出版规划项目

中国土系志

Soil Series of China

总主编　张甘霖

福建卷

Fujian

章明奎　麻万诸　著

科学出版社

北　京

内 容 简 介

本书分上、下两篇。上篇简要介绍福建省土壤的成土环境、主要土壤形成过程、土壤分类研究的历史及主要土壤类型的诊断依据与标准；介绍土族和土系的鉴定与划分的方法及土系记录的规范。下篇从各土系的高级分类单元归属、分布与环境条件、特征与变幅、代表性单个土体、对比土系及利用性能综述等方面，对福建省新建立的157个土系进行详细的介绍。为了便于读者阅读与应用，书后以附录方式提供福建省土系与土种参比表。

本书是福建省土壤系统分类研究的阶段性成果，可供土壤学、地理学、生态学、农学和环境科学等学科的科研与教育工作者参考。

图书在版编目（CIP）数据

中国土系志·福建卷/章明奎，麻万诸著. —北京：科学出版社，2017.6
ISBN 978-7-03-051333-5

Ⅰ. ①中… Ⅱ. ①章… ②麻… Ⅲ. ①土壤地理-中国 ②土壤地理-福建 Ⅳ. ①S159.2

中国版本图书馆CIP数据核字（2017）第001634号

责任编辑：胡 凯 周 丹/责任校对：赵桂芬
责任印制：张 倩/封面设计：许 瑞

科学出版社 出版
北京东黄城根北街16号
邮政编码：100717
http://www.sciencep.com

中国科学院印刷厂 印刷

科学出版社发行 各地新华书店经销
*
2017年6月第 一 版 开本：787×1092 1/16
2017年6月第一次印刷 印张：27 3/4
字数：658 000

定价：198.00元

（如有印装质量问题，我社负责调换）

《中国土系志》编委会顾问

土系审定小组

《中国土系志》编委会

《中国土系志·福建卷》作者名单

主要作者　章明奎　麻万诸

编写人员　王晓旭　刘丽君　杨东伟　张慧敏　黄佳鸣

黄　超　唐红娟　徐秋桐　毛霞丽　陈小梅

鲍陈燕　邱志腾　姚玉才

丛书序一

土壤分类作为认识和管理土壤资源不可或缺的工具，是土壤学最为经典的学科分支。现代土壤学诞生后，近 150 年来不断发展，日渐加深人们对土壤的系统认识。土壤分类的发展一方面促进了土壤学整体进步，同时也为相邻学科提供了理解土壤和认知土壤过程的重要载体。土壤分类水平的提高也极大地提高了土壤资源管理的水平，为土地利用和生态环境建设提供了重要的科学支撑。在土壤分类体系中，高级单元主要体现土壤的发生过程和地理分布规律，为宏观布局提供科学依据；基层单元主要反映区域特征、层次组合以及物理、化学性状，是区域规划和农业技术推广的基础。

我国幅员辽阔，自然地理条件迥异，人为活动历史悠久，造就了我国丰富多样的土壤资源。自现代土壤学在中国发端以来，土壤学工作者对我国土壤的形成过程、类型、分布规律开展了卓有成效的研究。就土壤基层分类而言，自 20 世纪 30 年代开始，早期的土壤分类引进美国 C.F.Marbut 体系，区分了我国亚热带低山丘陵区的土壤类型及其续分单元，同时定名了一批土系，如孝陵卫系、萝岗系、徐闻系等，对后来的土壤分类研究产生了深远的影响。

与此同时，美国土壤系统分类（soil taxonomy）也在建立过程中，当时 Marbut 分类体系中的土系（soil series）没有严格的边界，一个土系的属性空间往往跨越不同的土纲。典型的例子是 Miami 系，在系统分类建立后按照属性边界被拆分成为不同土纲的多个土系。我国早期建立的土系也同样具有属性空间变异较大的情形。

20 世纪 50 年代，随着全面学习苏联土壤分类理论，以地带性为基础的发生学土壤分类迅速成为我国土壤分类的主体。1978 年，中国土壤学会召开土壤分类会议，制定了依据土壤地理发生的“中国土壤分类暂行草案”。该分类方案成为随后开展的全国第二次土壤普查中使用的主要依据。通过这次普查，于 20 世纪 90 年代出版了《中国土种志》，其中包含近 3000 个典型土种。这些土种成为各行业使用的重要土壤数据来源。限于当时的认识和技术水平，《中国土种志》所记录的典型土种依然存在“同名异土”和“同土异名”的问题，代表性的土壤剖面没有具体的经纬度位置，也未提供剖面照片，无法了解土种的直观形态特征。

随着“中国土壤系统分类”的建立和发展，在建立了从土纲到亚类的高级单元之后，建立以土系为核心的土壤基层分类体系是“中国土壤系统分类”发展的必然方向。建立我国的典型土系，不但可以从真正意义上使系统完整，全面体现土壤类型的多样性和丰富性，而且可以为土壤利用和管理提供最直接和完整的数据支持。

在科技部基础性工作专项项目“我国土系调查与《中国土系志》编制”的支持下，以中国科学院南京土壤研究所张甘霖研究员为首，联合全国二十多大学和相关科研机构的一批中青年土壤科学工作者，经过数年的努力，首次提出了中国土壤系统分类框架内较为完整的土族和土系划分原则与标准，并应用于土族和土系的建立。通过艰苦的野外工作，先后完成了我国东部地区和中西部地区的主要土系调查和鉴别工作。在比土、评土的基础上，总结和建立了具有区域代表性的土系，并编纂了以各省市为分册的《中国土系志》，这是继“中国土壤系统分类”之后我国土壤分类领域的又一重要成果。

作为一个长期从事土壤地理学研究的科技工作者，我见证了该项工作取得的进展和一批中青年土壤科学工作者的成长，深感完善这项成果对中国土壤系统分类具有重要的意义。同时，这支中青年土壤分类工作者队伍的成长也将为未来该领域的可持续发展奠定基础。

对这一基础性工作的进展和前景我深感欣慰。是为序。

中国科学院院士

2017 年 2 月于北京

丛 书 序 二

土壤分类和分布研究既是土壤学也是自然地理学中的基础工作。认识和区分土壤类型是理解土壤多样性和开展土壤制图的基础，土壤分类的建立也是评估土壤功能，促进土壤技术转移和实现土壤资源可持续管理的工具。对土壤类型及其分布的勾画是土地资源评价、自然资源区划的重要依据，同时也是诸多地表过程研究所不可或缺的数据来源，因此，土壤分类研究具有显著的基础性，是地球表层系统研究的重要组成部分。

我国土壤资源调查和土壤分类工作经历了几个重要的发展阶段。20 世纪 30 年代至 70 年代，老一辈土壤学家在路线调查和区域综合考察的基础上，基本明确了我国土壤的类型特征和宏观分布格局；80 年代开始的全国土壤普查进一步摸清了我国的土壤资源状况，获得了大量的基础数据。当时由于历史条件的限制，我国土壤分类基本沿用了苏联的地理发生分类体系，强调生物气候带的影响，而对母质和时间因素重视不够。此后虽有局部的调查考察，但都没有形成系统的全国性数据集。

以诊断层和诊断特性为依据的定量分类是当今国际土壤分类的主流和趋势。自 20 世纪 80 年代开始的"中国土壤系统分类"研究历经 20 多年的努力构建了具有国际先进水平的分类体系，成果获得了国家自然科学二等奖。"中国土壤系统分类"完成了亚类以上的高级单元，但对基层分类级别——土族和土系——仅仅开始了一些样区尺度的探索性研究。因此，无论是从土壤系统分类的完整性，还是土壤类型代表性单个土体的数据积累来看，仅仅高级单元与实际的需求还有很大距离，这也说明进行土系调查的必要性和紧迫性。

在科技部基础性工作专项的支持下，自 2008 年开始，中国科学院南京土壤研究所联合国内 20 多所大学和科研机构，在张甘霖研究员的带领下，先后承担了"我国土系调查与《中国土系志》编制"（项目编号 2008FY110600）和"我国土系调查与《中国土系志（中西部卷）》编制"（项目编号 2014FY110200）两期研究项目。自项目开展以来，近百名项目参加人员，包括数以百计的研究生，以省区为单位，依据统一的布点原则和野外调查规范，开展了全面的典型土系调查和鉴定。经过 10 多年的努力，参加人员足迹遍布全国各地，克服了种种困难，不畏艰辛，调查了近 7000 个典型土壤单个土体，结合历史土壤数据，建立了近 5000 个我国典型土系；并以省区为单位，完成了我国第一部包含 30 分册、基于定量标准和统一分类原则的土系志，朝着系统建立我国基于定量标准的基层分类体系迈进了重要的一步。这些基础性的数据，无疑是我国自第二次土壤普查以来重要的土壤信息来源，相关成果可望为各行业、部门和相关研究者，特别是土壤质量提升、土地资源评价、水文水资源模拟、生态系统服务评估等工作提供最新的、系统的数据支撑。

我欣喜于并祝贺《中国土系志》的出版，相信其对我国土壤分类研究的深入开展、对促进土壤分类在地球表层系统科学研究中的应用有重要的意义。欣然为序。

傅伯杰

中国科学院院士

2017 年 3 月于北京

丛书前言

土壤分类的实质和理论基础，是区分地球表面三维土壤覆被这一连续体发生重要变化的边界，并试图将这种变化与土壤的功能相联系。区分土壤属性空间或地理空间变化的理论和实践过程在不断进步，这种演变构成土壤分类学的历史沿革。无论是古代朴素分类体系所使用的颜色或土壤质地，还是现代分类采用的多种物理、化学属性乃至光谱（颜色）和数字特征，都携带或者代表了土壤的某种潜在功能信息。土壤分类正是基于这种属性与功能的相互关系，构建特定的分类体系，为使用者提供土壤功能指标，这些功能可以是农林生产能力，也可以是固存土壤有机碳或者无机碳的潜力或者抵御侵蚀的能力，乃至是否适合作为建筑材料。分类体系也构筑了关于土壤的系统知识，在一定程度上厘清了土壤之间在属性和空间上的距离关系，成为传播土壤科学知识的重要工具。

毫无疑问，对土壤变化区分的精细程度决定了对土壤功能理解和合理利用的水平，所采用的属性指标也决定了其与功能的关联程度。在大陆或国家尺度上，土纲或亚纲级别的分布已经可以比较准确地表达大尺度的土壤空间变化规律。在农场或景观水平，土壤的变化通常从诊断层（发生层）的差异变为颗粒组成或层次厚度等属性的差异，表达这种差异正是土族或土系确立的前提。因此，建立一套与土壤综合功能密切相关的土壤基层单元分类标准，并据此构建亚类以下的土壤分类体系（土族和土系），是对土壤变异精细认识的体现。

基于现代分类体系的土系鉴定工作在我国基本处于空白状态。我国早期（1949 年以前）所建立的土系沿用了美国系统分类建立之前的 Marbut 分类原则，基本上都是区域的典型土壤类型，大致可以相当于现代系统分类中的亚类水平，涵盖范围较大。“中国土壤系统分类”研究在完成高级单元之后尝试开展了土系研究，进行了一些局部的探索，建立了一些典型土系，并以海南等地区为例建立了省级尺度的土系概要，但全国范围内的土系鉴定一直未能实现。缺乏土族和土系的分类体系是不完整的，也在一定程度上制约了分类在生产实际中特别是区域土壤资源评价和利用中的应用，因此，建立“中国土壤系统分类”体系下的土族和土系十分必要和紧迫。

所幸，这项工作得到了国家科技基础性工作专项的支持。自 2008 年开始，我们联合国内 20 多所大学和科研机构，先后组织了“我国土系调查与《中国土系志》编制”（项目编号 2008FY110600）和“我国土系调查与《中国土系志（中西部卷）》编制”（项目编号 2014FY110200）两期研究，朝着系统建立我国基于定量标准的基层分类体系迈近了重要的一步。自项目开展以来，近百名项目参加人员，包括数以百计的研究生，以省区为单位，依据统一的布点原则和野外调查规范，开展了全面的典型土系调查和鉴定。经过 10 多年的努力，参加人员足迹遍布全国各地，克服了种种困难，不畏艰辛，调查了近 7000 个典型土壤单个土体，结合历史土壤数据，建立了近 5000 个我国典型土系，并以省区为单位，完成了我国第一部基于定量标准和统一分类原则的土系志。这些基础性的数据，无疑是自我国第二次土壤普查以来重要的土壤信息来源，可望为各行业部门和相关研究者提供最新的、系统的数据支撑。

项目在执行过程中，得到了两届项目专家小组和项目主管部门、依托单位的长期指导和支持。孙鸿烈院士、赵其国院士、龚子同研究员和其他专家为项目的顺利开展提供了诸多重要的指导。中国科学院前沿科学与教育局、科技促进发展局、中国科学院南京土壤研究所以及土壤与农业可持续发展国家重点实验室都持续给予关心和帮助。

值得指出的是，作为研究项目，在有限的资助下只能着眼主要的和典型的土系，难以开展全覆盖式的调查，不可能穷尽亚类单元以下所有的土族和土系，也无法绘制土系分布图。但是，我们有理由相信，随着研究和调查工作的开展，更多的土系会被鉴定，而基于土系的应用将展现巨大的潜力。

由于有关土系的系统工作在国内尚属首次，在国际上可资借鉴的理论和方法也十分有限，因此我们对于土系划分相关理论的理解和土系划分标准的建立上肯定会存在诸多不足乃至错误；而且，由于本次土系调查工作在人员和经费方面的局限性以及项目执行期限的限制，文中错误也在所难免，希望得到各方的批评与指正！

张甘霖

2017 年 4 月于南京

前　言

基层分类是土壤分类的支柱，也是土壤分类与生产结合的桥梁。福建省土壤基层分类研究始于 20 世纪 30 年代，这一时期土壤分类深受美国学派的影响，以土系为基层分类单元。在 1942 年福建省地质土壤调查所年报第一号发表的《福建省土壤分类制之商榷》论文中，从福建省范围内划分出 41 个土系及若干土相。1949 年以后，我国改循苏联土壤发生学派的土壤分类体制，采用土种、变种为土壤基层分类单元。在 1979 年开始的福建省第二次土壤普查中，共在福建省建立了 171 个土种。但限于当时的条件，建立的土种边界不够清楚，存在同土异名或异土同名等现象。20 世纪 80 年代中期，在中国科学院南京土壤研究所的主持下，中国土壤系统分类课题研究协作组开始了中国土壤系统分类的研究，我国土壤分类逐渐走上了诊断分类的道路，并分别于 1995 年和 2001 年先后出版了《中国土壤系统分类（修订方案）》和《中国土壤系统分类检索》，基本形成了中国土壤系统分类的高级分类单元格局。1996 年协作组决定将土壤分类单元土种改为土系，基层分类单元从名称到内容经历了一次大变革，自此中国土壤系统分类研究重点方向转向基层分类的研究。2000 年前后，福建师范大学在漳浦建立样区开展了土族土系划分原则和方法的探索研究，并建立了复船山系等 14 个土系，为推动福建省基层分类单元的定量化研究作出了重要的贡献。

2008 年，国家科技基础性工作专项“我国土系调查与《中国土系志》编制”（2008FY110600）项目正式立项，开启了我国东部省份典型土系的调查。本书是该专项在福建省调查的主要成果之一。本次典型土系调查参考了项目组提出的“粗化的空间单元（地形、母质、利用）＋历史土壤图＋内部空间分析（模糊聚类）＋专家经验”的土系调查样点确定的方法，布置了 200 个土系调查观察点，最终观察了 161 个典型剖面，并采集了近 700 个分层土样，同时观察了 200 多个检查剖面；调查覆盖了整个福建省的所有地级市，共建立了 157 个土系，并从分布与环境条件、土系特征与变幅、对比土系和利用性能综述多个方面对建立的土系进行了刻画和定义，初步实现了土系的定量化研究。

全书分上、下两篇，上篇为总论，下篇为区域典型土系介绍。本书在编写过程中参考和引用了诸多福建全省及相关地市县第二次土壤普查资料及福建农林大学、福建师范大学等单位的科研成果，书中不一一指明，对所有这些调查者和作者的辛勤劳动致以崇高的敬意。同时，本书在编写过程中也得到了项目组同仁的指导和指正，在此谨表谢意。

本次土系调查虽然覆盖福建省的大部分区域，但由于福建省地形地貌复杂、农业利用多样，尚有许多土系还没有被发现，因此本书对福建省的土系研究仅仅是一个开端，新的土系有待进一步充实。由于作者水平有限，错误之处在所难免，希望读者给予指正。

章明奎

2016 年 7 月于南京

目　录

下篇　典 型 土 系

上篇　总　　论

第1章 福建省概况与成土因素

1.1 区域概况

1.1.1 地理位置

福建省简称“闽”，位于我国东南沿海，北靠浙江省，西邻江西省，西南接广东省，东隔台湾海峡与台湾省相望。地处东经115°50′~120°43′，北纬23°31′~28°18′，陆地平面形状似一斜长方形，东西最大间距约480 km，南北最大间距约530 km。全省大部分属中亚热带，闽东南部分地区属南亚热带。全省土地总面积为12.4万km^2，海域面积达13.6万km^2。陆地海岸线长达3751.5 km，以侵蚀海岸为主，堆积海岸为次，岸线十分曲折。潮间带滩涂面积约20万hm^2，底质以泥、泥沙或沙泥为主。港湾众多，自北向南有沙埕港、三都澳（三沙湾）、兴化湾、罗源湾、湄洲湾、厦门港和东山湾7大深水港湾。岛屿星罗棋布，共有岛屿1500多个，海坛岛为全省第一大岛，原有的厦门岛、东山岛等岛屿已筑有海堤与陆地相连而形成半岛。

1.1.2 行政区划和人口

截至2013年末，福建全省设9个地级市、85个县级行政区划单位（其中：26个市辖区、14个县级市、45个县）（图1-1），共有1103个乡（镇、街道）级行政单位、16 506个村委（社区、居委会），省会福州市（表1-1）。全省常住人口3748万。

表1-1 福建省行政区划（2013年）

地级市	市辖区、县级市、县
福州市	鼓楼区、台江区、仓山区、马尾区、晋安区、福清市、长乐市、闽侯县、连江县、罗源县、闽清县、永泰县、平潭县
厦门市	思明区、海沧区、湖里区、集美区、同安区、翔安区
莆田市	城厢区、涵江区、荔城区、秀屿区、仙游县
三明市	梅列区、三元区、永安市、明溪县、清流县、宁化县、大田县、尤溪县、沙县、将乐县、泰宁县、建宁县
泉州市	鲤城区、丰泽区、洛江区、泉港区、石狮市、晋江市、南安市、惠安县、安溪县、永春县、德化县、金门县
漳州市	芗城区、龙文区、龙海市、云霄县、漳浦县、诏安县、长泰县、东山县、南靖县、平和县、华安县
南平市	延平区、邵武市、武夷山市、建瓯市、建阳市、顺昌县、浦城县、光泽县、松溪县、政和县
龙岩市	新罗区、漳平市、长汀县、永定县、上杭县、武平县、连城县
宁德市	蕉城区、福安市、福鼎市、霞浦县、古田县、屏南县、寿宁县、周宁县、柘荣县

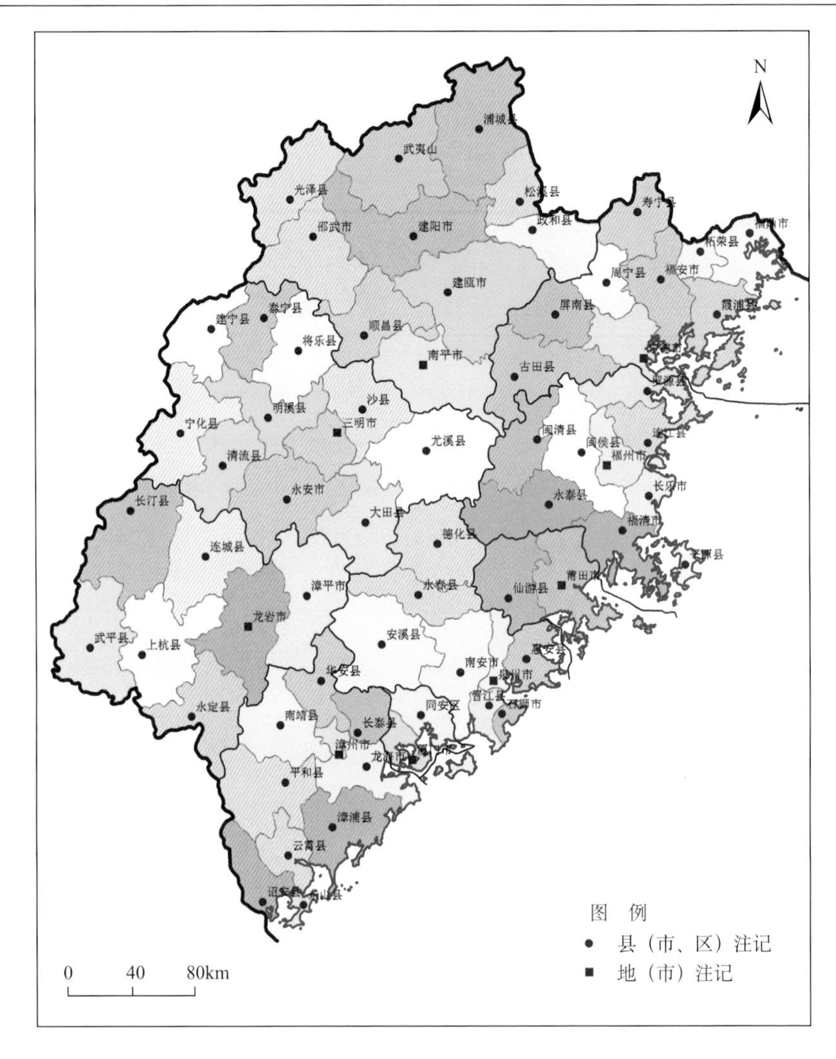

图 1-1　福建省行政区划图

1.1.3　土地资源

根据 2005 年土地利用变更调查，福建省土地总面积 1240.16 万 hm^2，其中，农用地面积 1076.46 万 hm^2，占土地总面积 86.80%；建设用地面积 58.89 万 hm^2，占土地总面积 4.75%；未利用地面积 104.81 万 hm^2，占土地总面积 8.45%。

全省耕地面积 135.40 万 hm^2，占土地总面积 10.92%。主要包括灌溉水田、望天田和旱地，其中灌溉水田面积 86.18 万 hm^2，望天田面积 22.97 万 hm^2，旱地面积 21.23 万 hm^2，合占耕地面积的 96.29%。全省耕地主要分布于沿海地区（包括福州市、厦门市、莆田市、泉州市、漳州市和宁德市）。沿海地区耕地面积 77.45 万 hm^2，占全省总量 57.20%，人均耕地 0.03 hm^2；内陆地区（包括三明市、南平市和龙岩市）耕地面积 57.95 万 hm^2，占全省总量 42.80%，人均耕地 0.07 hm^2。

全省园地面积 61.94 万 hm^2，占土地总面积 5.00%。主要包括果园和茶园，其中，果园面积 44.79 万 hm^2，茶园面积 14.17 万 hm^2，分别占全省总量的 72.31%和 22.88%。园地主要分布于沿海地区，沿海地区园地面积 45.81 万 hm^2，占全省总量 73.96%；内陆地区园地面积 16.13 万 hm^2，占全省总量 26.04%。

林地是全省面积最大的用地类型。林业部门统计面积为 908.07 万 hm^2，土地利用变更调查数据为 832.54 万 hm^2（按国土部门分类的统计口径，包括有林地、灌木林地、疏林地、未成林造林地、迹地和苗圃，不包括园地和林业部门统计口径的宜林地）。全省森林覆盖率为 62.96%。全省林地以有林地为主，有林地面积为 667.33 万 hm^2，占全省总量的 80.16%。全省林地集中分布于内陆地区。内陆地区林地面积 547.64 万 hm^2，占全省总量 65.78%；沿海地区林地面积 284.90 万 hm^2，占全省总量 34.22%。

全省牧草地面积 0.26 万 hm^2，占土地总面积 0.02%。其中，天然草地面积 0.19 万 hm^2，占全省总量 73.08%。牧草地在全省零星分布，近年来面积基本没有变化。

全省其他农用地面积 46.31 万 hm^2，占土地总面积 3.73%。其他农用地主要分布于沿海地区。沿海地区其他农用地面积 27.23 万 hm^2，占全省总量 58.80%；内陆地区其他农用地面积 19.08 万 hm^2，占全省总量 41.20%。

全省未利用地面积 104.81 万 hm^2，占土地总面积 8.45%。主要以荒草地、滩涂、河流水面为主。其中，荒草地面积 51.98 万 hm^2，占未利用地总面积 49.59%，主要分布在内陆地区；滩涂面积 22.94 万 hm^2，占未利用地总面积 21.89%，主要分布在沿海地区；河流水面面积 15.51 万 hm^2，占未利用地总面积 14.80%，主要分布在沿海地区。

1.1.4　社会经济状况

2012 年，福建全年实现生产总值 19 701.78 亿元，其中，第一、二、三产业增加值分别为 1776.47 亿元、10 288.59 亿元、7636.72 亿元。人均地区生产总值 52 763 元，第一、二、三产业增加值占地区生产总值的比重分别为 9.0%、52.2%、38.8%。

2012 年全年农林牧渔业完成总产值 3007.18 亿元，粮食种植面积 120.11 万 hm^2，其中，稻谷、烟叶、油料和蔬菜的种植面积分别为 82.76 万 hm^2、7.01 万 hm^2、11.36 万 hm^2、69.22 万 hm^2。全年粮食产量 659.30 万 t，其中，稻谷产量 503.78 万 t。

1.2　气　　候

福建省属亚热带湿润季风气候，西北有山脉阻挡寒风，东南又有海风调节，温暖湿润为该省气候的显著特色。全年平均气温 15~22℃，从西北向东南递升。1 月 5~13℃，7 月 25~30℃。极端最低气温−9.5℃（1961 年 1 月 18 日，泰宁；1967 年 1 月 16 日，屏南）；极端最高气温为 43.2℃（1967 年 7 月 17 日，福安）。无霜期 240~365 d，木兰溪以南几乎全年无霜。全年平均降水量 800~2000 mm，沿海和岛屿偏少，西北山地较多。1963 年 9 月 13 日马祖降水 380 mm，为福建省日降水量最高纪录。每年 5~6 月降水最多，夏秋之交多台风，常有暴雨。

福建省所处纬度较低，紧靠北回归线北侧，太阳辐射量较多，加上西北有闽西、闽中两大山带屏障，削弱冬季寒流影响，东南面海，受海洋气候深刻影响。因此，热量丰裕，气候温暖，雨量充沛。但由于境内山峦起伏，地形复杂，水热条件区域性差异较大，气候类型多样。大致以闽中山带为界，闽东南沿海地区属南亚热带气候，闽东北、西北和西南属中亚热带气候。各气候带内水热条件的垂直分带也较明显。从土壤的形成、分布和农业生产的角度看，福建气候具有季风气候显著、热量丰富、雨量充沛、日照充足和气候垂直分布带明显等特点。总体上，福建省气候有如下特征。

1.2.1　季风气候显著

福建省是亚热带季风盛行区，冬季受冷高压影响，主要为来自大陆的偏北风，干燥少雨，南北温差较大；夏季受副热带高压控制，盛吹来自海洋的偏南风，湿润多雨，台风频繁，南北普遍高温；春夏之交，冷暖气流相互交错，梅雨连绵，气候湿热；夏秋之际，则晴热少雨。如以 5 天平均气温<10℃为冬，>22℃为夏，中亚热带地区，四季分明，冬季 2~4 个月，其间夹有 10℃以上的温暖时段；南亚热带地区，则只有热凉二季（夏季 6 个月，春、秋两季共 6 个月），冬季极不明显，但每年 1~2 月份常有寒潮南下，出现 2~5 天日均温<10℃的低温时段。总之，在季风影响下，季节分明，冬季冷凉干燥，夏季温暖湿润。这种干湿交替、温湿同季的季风气候，对福建土壤的形成和发育起着重要的支配作用。

1.2.2　热量资源丰富

福建全省年平均太阳辐射量为 427×10^3~532×10^3 J/cm^2，总的趋势是从西北向东南递增。大致是福州—漳平—上杭一线以南为 460×10^3~532×10^3 J/cm^2，连线以北为 427×10^3~460×10^3 J/cm^2。太阳辐射热的季节性变化与温度基本一致。7~8 月温度最高，太阳辐射最强，月平均为 54.5×10^3~67×10^3 J/cm^2；11 月至翌年 3 月温度较低，太阳辐射相对减少，月平均为 20.9×10^3~29.3×10^3 J/cm^2。可见，在福建即使冬季也可获得相当热量，有利于发展麦类、蔬菜、绿肥等冬作物生产。

全省除海拔较高的中山区外，年平均气温均在 17~22℃，最热月均温 28℃左右，最冷月均温 6~13℃；≥10℃积温多达 5000~7800℃，只有鹫峰山为 4500℃；霜日多在 20 d 以下，作物生长期可达全年。热量条件区域性差异较为明显，南亚热带地区年平均气温 19.5~22℃，最热月均温为 28~29℃，最冷月均温为 10~13℃，日均温大部分在 0℃以上，基本无冬季，≥10℃积温为 6500~7800℃，双季稻安全生长期 225~280 d。不仅有利于农作物生长发育和多熟制种植，而且适宜发展喜温经济作物，如荔枝、龙眼、香蕉、菠萝、芒果等。近 50 年来引种橡胶、咖啡、胡椒、西番莲等热带作物成功，更加增添了热带景色。中亚热带地区，年均温一般在 19.5℃以下，最热月均温 27~29℃，最冷月均温在 10℃以下，四季分明，夏季不足 5 个月，冬季 2~4 个月，≥10℃积温在 6500℃以下；无霜期 260~300 d，上述喜温经济作物不能正常生长。与邻省相比，热量条件有 50 多个县（市）达到和超过浙江省最优地区；福州以南 29 个县（市）达到和超过江西省最优地区；南安以南 14 个县（市）与广东省北部地区相当（图 1-2）。

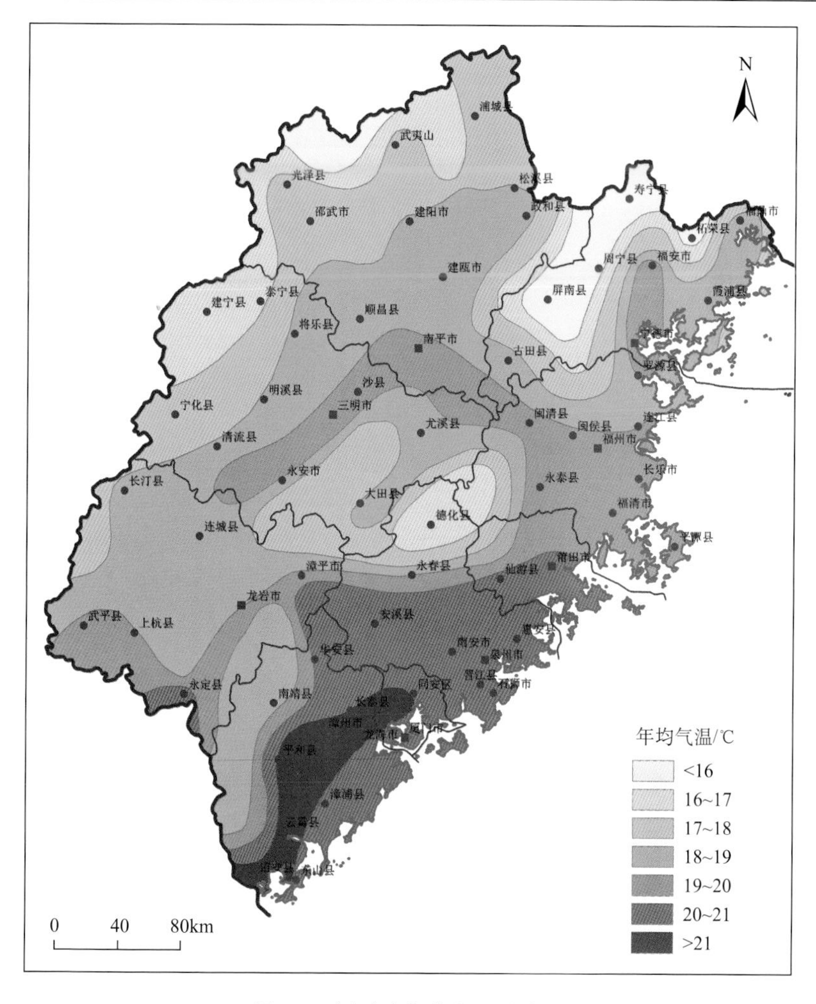

图 1-2　福建省年均气温分布图

此外，由于山地海拔高差和局部地形的影响，热量条件的垂直分异和区域性差异较为明显。如热量随海拔升高而递减，使山地自下而上出现南亚热带—中亚热带—北亚热带气候。局部河谷和垭口因朝向及盆谷和港湾地形等影响，往往出现特殊气候。如永安城关和仙游城关的纬度、海陆位置相似，海拔亦相差无几，只因前者河谷朝东南，后者朝向东北，故冬季低温威胁前轻后重；长汀因受朝西的古城垭口影响，有利冷空气入侵，霜期长达 100 多天，超过闽北各地；内陆盆谷地形，秋冬季节冷空气易于滞集，降温较大，常有雾、霜出现，易受寒害，而春季气温回升又较快，有利于早稻育秧；沿海地区不少港湾，腹大口小，朝向东南，两侧均有丘陵屏障，冬季常可减轻港湾内沿岸地区的寒风威胁。

总之，福建热量资源丰富，气候温暖，为农作物的生长发育和多熟制种植，林木的速生丰产，禽畜、鱼虾、贝藻类的繁殖生长，果菜的周年生产，绿肥饲料的四季栽培提供了优越的气候条件。同时也为土壤物质的转化提供重要的能源，有利于脱硅富铝化过程的进行。

1.2.3　雨量充沛

福建省倚山面海，受夏季风影响明显，雨量充沛。全省约 4/5 的地方降水量在 1500~2000 mm，是我国多雨地区之一。降水的区域分布，总的趋势是自东南向西北递增。闽东南沿海年降水量 1000~1700 mm，闽西北则达 1700~2000 mm。但受地形影响较为明显，从全省看，总地势是自东向西呈两伏两起马鞍状上升，年降水量相应地出现两少两多向内陆递增。全省四个多雨区均处于两大山带东南坡，其中，武夷山区的崇安、鹫峰山区的周宁，山势高大，气流抬升动力作用较强，不但增加了雨日，而且助长了雨势，年降水量达 2000 mm；而戴云山区的德化，博平岭山区的南靖、平和，因山势较低，降水量相对较少，年降水量只有 1800 mm 左右（图 1-3）。

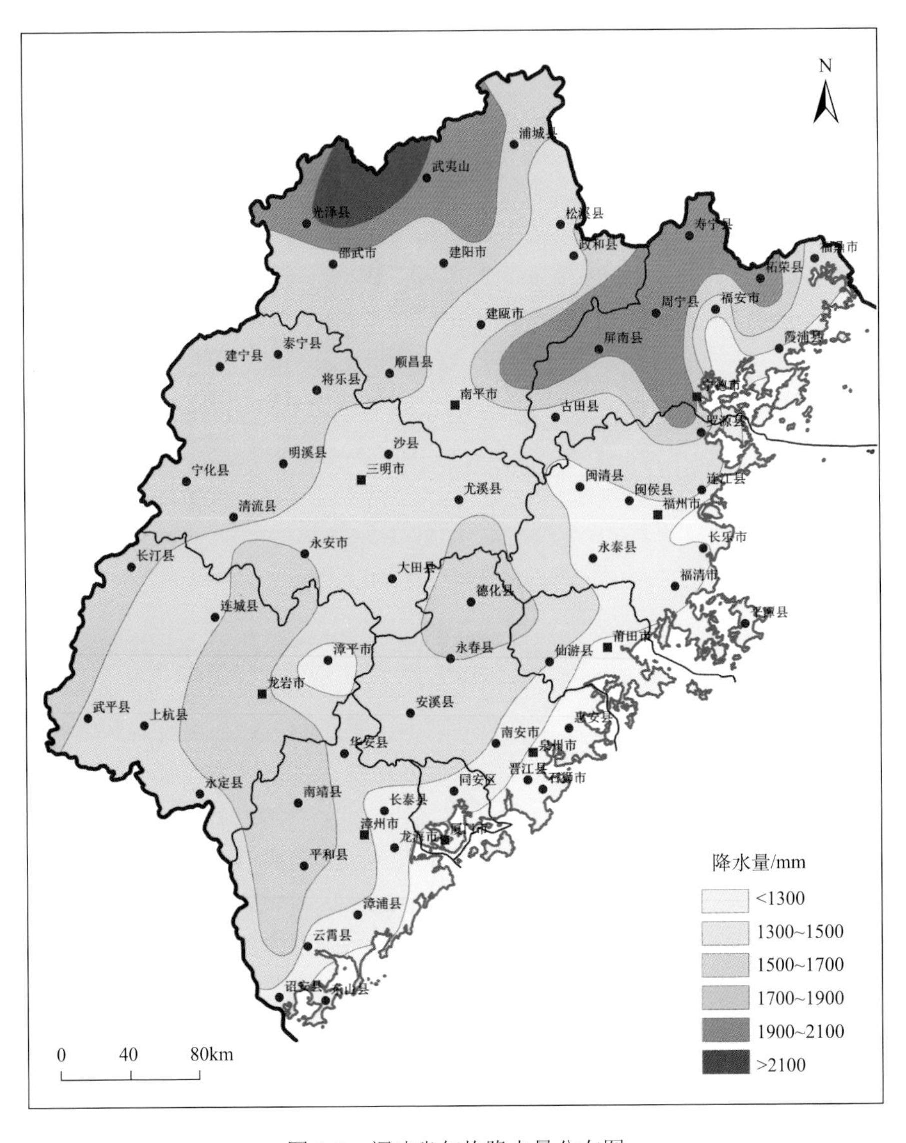

图 1-3　福建省年均降水量分布图

降水的季节性分布不均，干湿季节分明。常年 3~6 月是雨季，时段雨量合计 550~1100 mm，占年降水量的 50%~60%，其降雨特点是雨区广、雨量多、雨期长、强度大、年际变幅小，常因久雨而导致土壤渍、涝，并影响春收作物后期生产和春播作物的正常生长。7~9 月平均时段降水量为 350~750 mm，占年降水量的 20%~40%，但年际变幅较大，降水量多少取决于台风有无和影响程度。有台风影响的年份，雨区广、雨势猛、雨量大、雨期短，常有洪、涝发生和土壤侵蚀；无台风影响的年份，沿海地区持续晴旱，若与秋旱相接，旱情较为严重，而内陆地区因有热雷雨调剂，旱情一般不甚明显。10 月至翌年 2 月是干季，时段降水量 160~380 mm，只占全年降水量的 15%~20%。这一时段常有秋冬旱出现，但对作物危害不大，只有与夏旱或春旱连接时，才构成严重灾害。

全省陆面年平均蒸发量 600~1200 mm，水面年平均蒸发量 900~1500 mm。区域分布大致由东南向西北递减。干旱指数（蒸发量/降水量）一般为 0.5~1.0，但沿海地区沙埕—梅花—诏安一线以东的狭长海岸带，干旱指数≥1，其中，惠安县的崇武达 1.51；闽西北地区浦城—崇安—邵武一线以西的武夷山区，干旱指数<0.5，其他地区均在 0.5~1.0。干湿交替的季风气候，加剧了土壤物质的分解和淋溶，使土壤脱硅富铝化作用得以继续进行，有利于富铁土和铁铝土的形成，并使土壤向酸性方向发展。

福建省全省年日照时数在 1700~2300 h，其区域分布的总趋势是从东南向西北递减（图 1-4）。东南沿海为 2000~2300 h，西北内陆为 1800~2000 h，山地农业区为 1700~1800 h。在季节分配上，多年平均 3~7 月日照总时数 700~950 h，占全年的 40%；8~10 月日照总时数 580~700 h，占年日照的 32%左右。说明主要作物生长季节温光资源比较协调，有利于作物的光合作用。

据气象部门统计，尽管福建阴天日数较多，达 150~210 d，日照百分率较低，约在 35%~55%，但由于所处纬度较低，太阳辐射强度较大，散射光较强，所以光照还是相当充足。

1.2.4　气候的垂直分带明显

福建省系一个多山省份，气候的垂直分带十分明显，在山区各气候要素的垂直分异甚至超过水平方向的变化。如热量随海拔上升而递降，其递降值为海拔每上升 100 m，冬季气温下降 0.4~0.5℃，夏季下降 0.6~0.7℃；≥10℃积温相应减少 220~250℃；全年作物生长季节减少 7 d 左右。而降水量则随海拔增高而递增，其增值因坡向及山势而异。以戴云山东南坡为例，海拔 55 m 的茶场，年降水量 1410 mm；海拔 355 m 的上陵，年降水量 l837.5 mm；海拔 715 m 的内林，年降水量 2067.9 mm；海拔 930 m 的圳上，年降水量 2121.6 mm。水、热条件的垂直分异，决定着土壤的风化淋溶过程随海拔升高而减弱，而物质淋溶则有增强的趋势，因而土壤类型的垂直分布相当明显。在同一纬度带上的不同高度，分别发育着不同的地带土壤。如南亚热带地区随着山势升高，自下而上依次可见铁铝土—富铁土—雏形土—淋溶土（新成土）；而中亚热带地区则依次分布富铁土—雏形土—淋溶土（新成土）。相应地可种植热带、亚热带乃至温带作物。从而使山地利用上具有“立体气候，立体农业”的结构特点，有利于多种经营的全面发展。

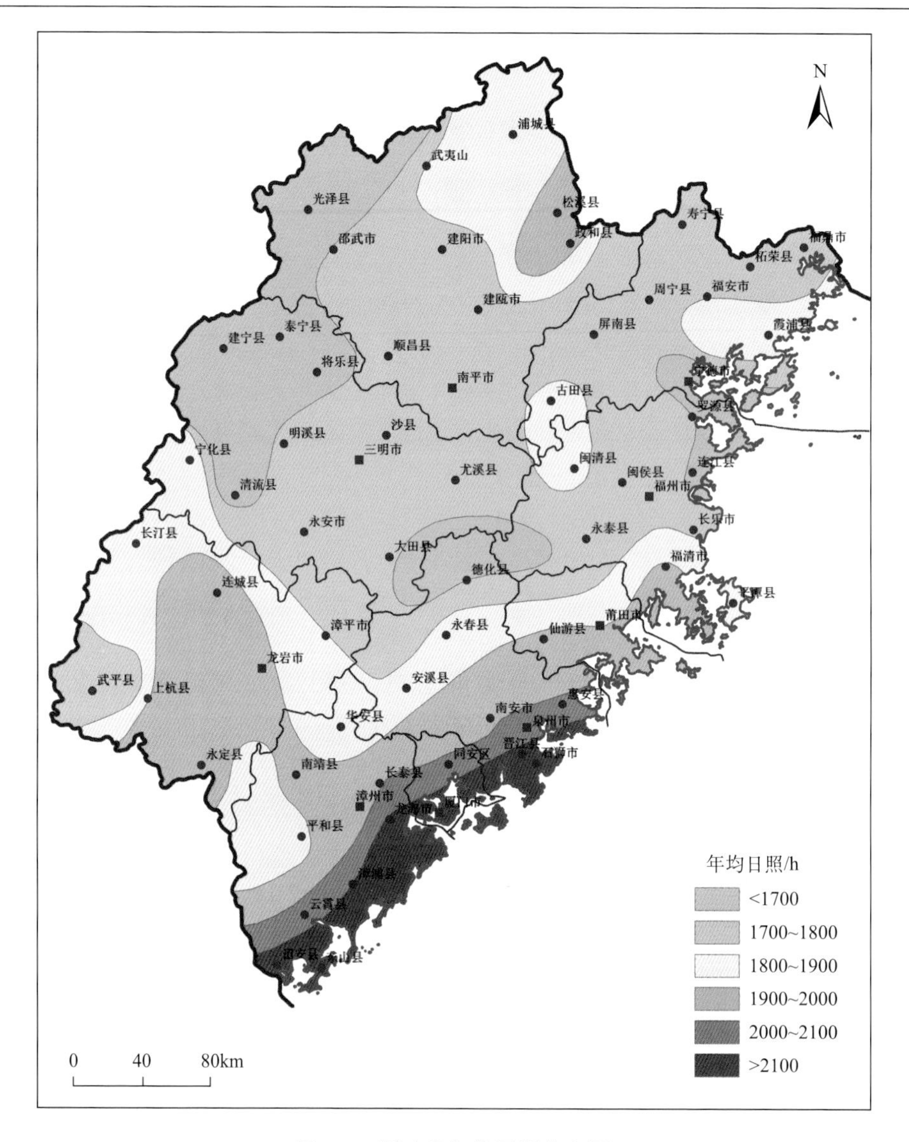

图 1-4　福建省年均日照分布图

1.2.5　主要农业气候指标

（1）日平均气温≥0℃的稳定期：除中山外，绝大部分地区全年日平均气温≥0℃。

（2）日平均气温≥5℃的稳定期：除鹫峰山地与武夷山地以及闽中南的中山外，大部分地区在 350 d 以上。

（3）日平均气温≥10℃的稳定期：闽中、闽北地区 250~300 d，闽南地区 300~350 d。

（4）日平均气温≥15℃的稳定期：自北而南为 200~260 d，总积温 4500~6300℃。

（5）活动积温：以闽东南沿海地区最多，多在 6500~7700℃；闽西南盆谷地区、闽中南盆谷地区和闽东北沿海地区次之，多在 6000~6500℃；闽西北盆谷地区较少，为 5200~6000℃；武夷山地和鹫峰山地最少。

1.2.6　主要农业气象灾害

福建常见的天气灾害有寒、旱、涝、风和冰雹等。

（1）寒害：主要类型有倒春寒、五月寒、秋寒（寒露风）和冬寒。①倒春寒：是指日平均气温连续 3 天或以上低于 12℃，早稻发生烂种烂秧的一种灾害。②五月寒：是指 5 月下旬至 6 月上旬日平均气温连续 3 天或以上低于 20℃，使早稻孕穗期受寒害而影响产量的一种灾害。③秋寒：是指日平均气温连续 3 天或以上低于 20℃，使晚稻不能安全抽穗的一种灾害。就福建省的晚稻生产来说，能否夺取高产稳产，很重要的一点就是能否在寒露风来临之前安全齐穗。④冬寒：隆冬，强寒潮的侵袭，热带、亚热带经济作物，冬种作物遭受冻害，牲畜过冬也受威胁的一种灾害。强烈的寒潮降温不但危及农业，也常给工业、军事、交通、通信，以至人们的生活造成影响。

（2）干旱：从农业生产的气候条件而言，干旱一般是指降水量与降水期不能满足当时、当地某些主要农作物生长发育所需要的水分和不能满足有关农事活动的用水要求。①春旱（2 月 11 日~梅雨始）：是指开春后至梅雨开始前的干旱。福建省春旱平均约三年一遇。②夏旱（梅雨止~10 月 10 日）：主要是指 7~9 月的少雨问题。平均约两年半一遇。③秋冬旱（10 月 11 日~翌年 2 月 10 日）：是指 10 月~翌年 2 月间的缺水现象。福建秋冬旱大致五年一遇。

（3）洪涝：①梅雨型洪涝：季节集中，地域稳定，为时持久。②台风型洪涝：季节主要在 7~9 月，地域主要在沿海，尤以晋江、九龙江最为常见，洪涝范围较梅雨型要小，但强度大、过程急、来势猛。

（4）大风：①台风：登陆台风平均每年 2 次，影响福建的台风平均每年 2.9 次。登陆时间 5~10 月，集中在 7~9 月；影响台风分布于 4~12 月，也以 7~9 月最为集中。②冷空气影响下的沿海大风：具有季节集中、风令规则的特点。绝大多数出现于冬半年。③雷雨大风：多属局地现象。

（5）冰雹：福建省冰雹的形成以春季出现频率为最大，尤其 3、4 月；盛夏 7、8 月次之；其主要分布在武平—尤溪—寿宁一线的两侧，这些区域出现冰雹的概率较高。

1.3　地形与地貌

1.3.1　地貌轮廓

福建省在大地构造单元上，属于华南台块中华夏台块背斜的一部分。在漫长的地质历史中，经历了多次地壳运动，形成多种构造体系，但都定型于燕山期的新华夏系构造。沿着政和-大埔、邵武-河源等断裂构造，强烈的火山喷发和花岗岩浆的侵入，形成了闽西和闽中两大山带的地形骨架，奠定了福建自西而东两高两低马鞍状地貌的基本轮廓（图 1-5）。

图 1-5　福建省卫星影像图

燕山运动以后，大致以政和-大埔断裂带为界，东半部较长时期处于相对稳定的剥蚀状态，因而没有陆相盆地沉积；西半部则经历了准平原化阶段，在这一阶段，因构造运动产生许多山间盆地，堆积了沙县组和赤石群红色岩层。嗣后又经受地壳运动的抬升，相继形成二三级剥蚀面。到古近—新近纪的喜马拉雅造山运动，又继承了燕山运动构造线方向，以断块活动和差异性升降运动为主要形式，形成共轭两组（北东和北西方向）断裂带，塑造了内陆山区断陷红岩盆地的展布和沿海曲折港湾的格局，并使长期剥蚀的准平原化古地面大幅度抬升。现今可见的几级剥蚀面，如闽西北地区 1000~1200 m、700~800 m，闽中、闽西、闽西南出现的1000~1200 m、700~800 m、500~650 m剥蚀面，则是不同地质期的准平原面。

第四纪以来，福建地壳是以上升为总趋势，并以断块的垂直升降运动为主要形式。

其上升幅度大致是自西而东递减。如黄岗山上升幅度达 1000 m 以上，使崇安分水岭一带古河谷被抬升到 800~900 m 高程；戴云山上升幅度为 500~600 m 以上，两大山带显得更加雄伟高耸。其余地区上升幅度较小，一般不超过 200 m。从全省河流阶地对比中看，各河流普遍发育三级阶地，其中，一级阶地为堆积阶地，二级阶地多为基座阶地，三级阶地为侵蚀阶地。说明福建省第四纪地貌的发育趋势是基本一致的，只是上升幅度上存在区域性差异。

第四纪时，全球出现大规模的冰川活动，有过多次急剧的冷（冰期）暖（间冰期和冰后期）气候变化。到全新世初期，即冰后期，福建气候与华南其他的地区一样，有着明显的气温回升。由于陆地冰雪消融、海水面上升，产生冰后期最大的一次海进，称“长乐海进”。这次海进使福州盆地、漳州盆地沦为浅海港湾，分别沉积厚达 15~20 m 和 20~25 m 灰黑色海相淤泥层，泉州平原、兴化平原也被海水淹没。全新世中后期，由于地壳上升和河流输送入海的物质不断增加，四大平原相继形成，并经人为改造和建设，逐步发展成为福建政治、经济、文化活动中心，也是福建农业集约经营的高产地区。

1.3.2　地形

福建省境内峰岭耸峙，丘陵连绵，河谷、盆地穿插其间，山地、丘陵占全省总面积的 80%以上，素有“八山一水一分田”之称。地势总体上西北高东南低，横断面略呈马鞍形。因受新华夏系构造的控制，在西部和中部形成北（北）东向斜贯全省的闽西大山带和闽中大山带。两大山带之间为互不贯通的河谷、盆地，东部沿海为丘陵、台地和滨海平原（图 1-6）。

闽西大山带以武夷山脉为主体，长约 530 km，宽度不一，最宽处达百余千米。北段以中低山为主，海拔大都在 1200 m 以上；南段以低山丘陵为主，海拔一般为 600~1000 m。位于闽赣过渡的主峰黄岗山海拔 2158 m，是我国大陆东南部的最高峰。整个山带，尤其是北段，山体两坡明显不对称：西坡陡，多断崖；东坡缓，层状地貌发育。山间盆地和河谷盆地中有红色砂岩和石灰岩分布，构成瑰丽的丹霞地貌和独特的喀斯特地貌景观。

闽中大山带由鹫峰山、戴云山、博平岭等山脉构成，长约 550 km，以中低山为主。北段鹫峰山长百余千米，宽 60~100 km，平均海拔 1000 m 以上；中段戴云山为山带的主体，长约 300 km，宽 60~180 km，海拔 1200 m 以上的山峰连绵不绝，主峰戴云山海拔 1856 m；南段博平岭长约 150 km，宽 40~80 km，以低山丘陵为主，一般海拔 700~900 m。整个山带两坡不对称：西坡较陡，多断崖；东坡较缓，层状地貌较发育。山地中有许多山间盆地。

东部沿海海拔一般在 500 m 以下。闽江口以北以花岗岩高丘陵为主，多直逼海岸。戴云山、博平岭东延余脉遍布花岗岩丘陵。福清至诏安沿海广泛分布红土台地。滨海平原多为河口冲积海积平原，这些平原面积不大，且为丘陵所分割，呈不连续状。闽东南沿海和海坛岛等岛屿风积地貌发育。

陆地海岸线长达 3751.5 km，以侵蚀海岸为主，堆积海岸为次，岸线十分曲折。潮间带滩涂面积约 20 万 hm^2，底质以泥、泥沙或沙泥为主。港湾众多，自北向南有沙埕港、三都澳（三沙湾）、兴化湾、罗源湾、湄洲湾、厦门港和东山湾 7 大深水港湾。岛屿星罗棋布，共有岛屿 1500 多个，海坛岛现为全省第一大岛，原有的厦门岛、东山岛等岛屿已筑有海堤与陆地相连而形成半岛。

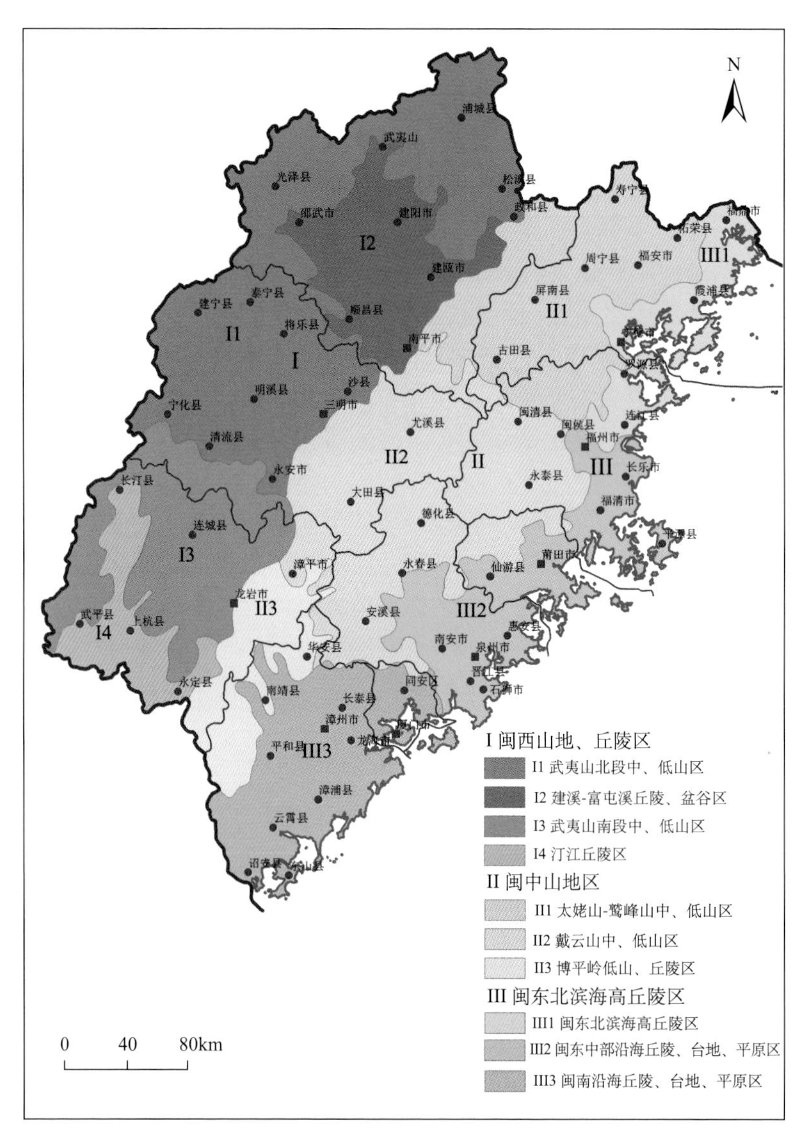

图 1-6　福建省地貌分区图

1.3.3　地貌类型

在成土过程中，地貌主要影响着水热条件的分异和成土物质的分配，并导致生物群体的演替，从而间接地影响着土壤的形成和分布。历次地质构造运动和长期外营力的综合作用，塑造了福建目前复杂多样的地貌景观。根据地貌成因原则，福建地貌可归纳为侵蚀剥蚀-构造中山、侵蚀剥蚀-构造低山、侵蚀剥蚀丘陵、侵蚀剥蚀台地、冲积平原、冲积海积平原、风积沙丘与沙垄等类型。海拔 800~900 m 可作为中山和低山的划分界线。

海拔 500 m，相对高度 200 m 等高线作为低山与丘陵的界线，此线以下的为丘陵；这一高程又是一级剥蚀面。丘陵一般不受构造控制，其走向和分布比较不规则，坡度较小，化学风化作用特别旺盛，有深厚红色风化壳发育，流水的侵蚀作用十分强烈，多构成宽阔谷地。丘陵与福建农业生产关系十分密切，它们在性质上的差异对农业生产的利用方式显然有所不同，故细分为高丘陵、低丘陵和浅丘陵 3 类。

1）侵蚀剥蚀-构造中山

侵蚀剥蚀-构造中山主要分布于闽西和闽中两大山带：面积约 2.67 万 km^2，占陆地面积的 21.99%，海拔在 800~2158 m。其构造形式以断块隆起为主，常成为断块山，多属侵蚀剥蚀-构造类型。组成中山的岩石以燕山期花岗岩及侏罗纪长林组和南园组为主，岩性坚硬，抗蚀能力较强。山势陡峭，河谷深切，峰峦连绵，显示出中-深切割的景观。在中山分布区，常见有二三级剥蚀面，各剥蚀面之间均有明显陡坎，组成层状地形。由于断裂构造十分发育，剥蚀面多被断裂谷所分割，因此，单块剥蚀面的面积不大。较大的有屏南的仙山、清流的灵地和永定的茫荡洋，面积达 1×10^3~2×10^3 hm^2 以上。

中山地带是福建主要河流的发源地，蕴藏着丰富的森林资源，对涵养水源起着重要作用。区内镶嵌着不少小型山间盆地，为居民集居点，周围山地辟有层层梯田，主要种植粮食作物及茶叶，发育着水耕人为土及熟化度较低的旱耕土壤。各山顶部由于侵蚀严重，残积层浅薄，土壤发育多停留在幼年阶段，大面积分布成雏形土和新成土。唯有几级剥蚀面上有较厚土层，草被茂密，发育着雏形土及淋溶土等。

2）侵蚀剥蚀-构造低山

侵蚀剥蚀-构造低山分布在两大山带外侧及山间盆地的外围，面积约 3.81 万 km^2，占陆域面积的 31.39%。由于抬升幅度较小，又经长期侵蚀剥蚀的影响，高度较小，绝对高度在 500~800 m（或 900 m）。山势也不如中山雄伟。组成低山的岩石较为复杂，几乎包括了新生代以前各种地层，大体上东部以花岗岩和火山岩为主；西北部以建瓯群片岩、片麻岩为主；西南部以梨山组以外的各个时代的沉积岩为主，部分为花岗岩、火山岩。由于受岩性和构造的控制，低山外貌有较大的差异。沉积岩组成的低山，山势和缓，高度和坡度较小，并常有红色风化壳覆盖，少见基岩出露；花岗岩和火山岩组成的低山，山势较险峻，高度和坡度较大，通常有基岩出露。

在低山区内常见有一二级剥蚀面，其海拔分别为 700~800 m 和 400~500 m，不少低山的顶面就是残留剥蚀面，与中山截然分开。区内山间盆地为数颇多，并都已开发利用，种植水稻等粮食作物，又是居民集居场所。低山区水热条件优越，有利木本植物的生长，森林资源十分丰富，是福建森林主要分布地带。林种除地带性常绿阔叶林外，还有大面积人工营造的马尾松林、杉木林和毛竹林，林下多生长草本植物，草质优良，可供林区放牧。此外，相当部分的油茶、茶叶和果树也多种植在这里；村镇附近的山坡地，多辟为梯田，种植稻作。

3）侵蚀剥蚀丘陵

丘陵在福建分布甚广，主要在沿海地区和内陆盆地的沿河两侧，面积约 3.52 万 km^2，占陆域面积的 29.01%。海拔在 50~500 m。其外观形态常取决于地表组成物质。由花岗岩组成的丘陵，一般呈浑圆状，风化层较厚，组成物颗粒较大，磨圆较差，坡面沟壑发育，因而显得破碎，并常有基岩裸露，沿海地区多见球状岩块堆叠，通称为石蛋地形，残留大量海蚀痕迹。这类丘陵由于缺水，仅少数地区有营造马尾松、相思树、木麻黄等薪炭林。目前，有较大面积被垦殖，发展亚热带经济作物。火山岩组成的丘陵，岩性较坚硬，但节理发育，容易崩解，故外观起伏较大，坡面不平，坡度较大，风化壳较薄，颗粒较细，多含粉砂。这类丘陵利用较少，多为疏林草坡，少数营造马尾松等薪炭林。由坂头组砂岩、页岩以及年代较老的沉积岩组成的丘陵，一般起伏较小，丘顶平坦，覆盖着较厚风化层，很少基岩裸露，有利于植被生长，林被较好，部分垦殖，发展茶果及粮食作物。沿海地区局部分布玄武岩组成的丘陵，多呈平顶方块山，坡度平缓，风化层较厚，颗粒较细，质地黏重，部分坡面有球状玄武岩块、浮石等。这类丘陵多已利用，种植甘薯和花生等旱作，部分发展剑麻或营造马尾松、相思树、苦楝等薪炭林。

福建的丘陵是富铁土、铁铝土集中分布地带，由于长期受水流的强烈侵蚀和分割，地形比较破碎，化学风化较为旺盛，有较厚的红色风化壳，坡度较小，温光条件优越，有利于亚热带植物生长，因而人类利用较为频繁。但由于不合理的耕作和利用，植被遭受破坏，水土流失较为严重，土壤肥力明显衰退，已成为当前丘陵地区发展农业生产亟待解决的突出问题。

4）侵蚀剥蚀台地

台地主要分布于闽江口以南海岸带、半岛、岛屿及河谷盆地周围。基本上都是海蚀阶地或河流阶地。滨海台地通常与石蛋叠叠的孤丘构成独特的地貌景观。一般可见二、三级台面，其高度分别为 10~20 m、30~40 m 和>40 m。台面平坦微向海倾斜，坡面覆盖深厚的红色风化壳，虽有沟壑发育，但切割不深，密度不大。河谷台地一般海拔 10~50 m，台面多被冲沟、坳沟所切割，呈波状起伏。台地目前大部分已开发利用，浅凹地辟为水田，种植水稻、甘薯等粮食作物；高地辟为农地，种植甘薯、花生等旱作；部分作为果园，种植龙眼、荔枝、菠萝等果树。台地利用上存在的突出问题是缺水干旱。

5）堆积平原

全省堆积平原面积约占陆域面积的 10%左右，但成因却相当复杂，在形成过程中，由于沉积环境错综复杂，因此，沉积物的结构及组合亦是多种多样。根据成因和形态特征，可分为冲积平原、冲积海积平原、风积沙丘与沙垄。

（1）冲积平原：主要分布于河流下游和内陆盆地。前者由于地形较为开敞，河床坡度和缓，堆积环境有利，因而平原面积较大；后者由于河床坡度突然转缓，流速减弱，河流携带泥沙沿岸堆积，形成条带状平原，这类平原多被紧靠河岸的丘陵和峡谷隔开，在平面上具有串珠状分布的特点，一般高出河面 1~15 m，可见二、三级阶地及高河漫滩地。冲积平原由于沉积动力和物质来源不同，其物质组成多为二元结构，且有明显的地方差异。在内陆盆地多带有冲积洪积的特点，下部为河床相砂砾层，上部为壤质冲积层，各层的厚度、物质组成、粒径大小和磨圆程度等均因河段而异；下游冲积平原，一般具有深厚的河流冲积层，剖面物质分异较不明显，但层理仍较发育。

福建冲积平原，一般高出河面不超 10 m，地形平坦，土层深厚，水源丰富，灌溉方便，土壤肥沃，温光条件优越，为农业生产提供极其有利条件。这些地区农业生产历史悠久，经营集约，是福建农业高产区和人口集居地。

（2）冲积海积平原：主要分布于各河流入海口，多呈扇状向海延伸，通常称“三角洲平原”。面积较大的有九龙江冲积海积平原，称漳州平原，面积 566.7 km^2；闽江冲积海积平原，面积 489.1 km^2，称福州平原；晋江冲积海积平原，面积 345.1 km^2，称泉州平原；木兰溪冲积海积平原，面积 464 km^2，称兴化平原。四大平原由于沉积环境不同，沉积层厚度和物质组成有着明显差异。漳州平原是福建最大的平原。其物质组成：上部为九龙江冲积物，以砂质黏土为主，西部江东桥一带厚度约 5~6 m，而东部可达 80 m；下部为海相淤泥层，多夹有海生物遗骸及红树林残体，厚度 2~20 m，底部为花岗岩风化壳。福州平原沉积层厚度达 30~40 m，最厚达 60 m 以上。其物质组成：上部为灰黄色沙泥层，属闽江冲积物；中部为深灰色淤泥层，可见植物纤维和炭化木屑，并夹有薄层泥炭，似属湖相沉积；下部为淤泥层，属海相沉积；底部为粗砂砾石层，砾石磨圆度较好，属河床相沉积，说明福州平原经历过较为复杂的海侵海退过程，沉积岩相相当复杂。泉州平原、兴化平原沉积层物质组成近似漳州平原，都是上部为河流冲积层，下部为海相淤泥层，只是晋江携带泥沙量大，堆积作用旺盛，平原扩展甚为迅速，冲积物以细砂为主。而兴化平原原为海湾，下部为海湾相沉积。

福建冲积海积平原，地势低平，水网密布，土层深厚，土壤肥沃，水热条件优越，系福建人口密集和农业高产地区。盛产稻米、甘蔗及亚热带水果，经营集约。人类活动对农田地貌和土壤发育的影响较为深刻，如筑圩围田、开挖水利等，都在一定程度上改变农田地貌，同时加速了土壤的脱盐脱潜熟化过程。在农业生产上存在的主要问题有以下两点：首先，地势低平，排水不畅，易受洪涝危害；其次，滨海地带易受海潮威胁和盐碱危害。因此，加强防潮防涝是保证平原地区持续高产稳产的关键措施。

（3）风积沙丘与沙垄：主要分布于闽江口以南的沿海地区，尤以长乐的梅花、江田，晋江的金井，漳浦的赤湖、古雷半岛，以及平潭、东山岛面积最大。一般沿海岸呈带状分布，带宽 10~20 km 不等，由大小不一、形态各异的风积沙丘、沙垄、沙纹地组成。其物质来源主要是河流挟带泥沙入海后，经岸流、波浪、潮水的作用先在海边停积，再由海风吹扬堆积而成。因此，分选好，粒度均匀，多中细砂，磨圆较好，固结性差，移动性强。新中国成立前风沙危害猖獗，对农业生产和人民生活造成巨大灾难。新中国成立后，经过历次大规模植树造林，其流动性基本得到控制，昔日荒沙滩，今日已变为屹立于东海之滨的绿色长城，农业生产蒸蒸日上，人民得以安居乐业。

此外，在陆域地貌中，还有面积不大的丹霞地貌、岩熔地貌。如崇安的星村，永安的桃源洞、石林等。其形态奇特，景色优美，成为福建的旅游胜地。这些地貌区内发育的受岩性影响特别明显的土壤，也历来被土壤学者所瞩目。

沿海岸带分布着众多港湾和岛屿。较大的港湾自北而南有三沙湾、福州湾、兴化湾、湄洲湾、泉州湾、深沪湾、围头湾、厦门港、东山湾和诏安湾等。这些港湾有的港口宽阔，深度大，成为福建发展海洋渔业、海上运输和对外贸易的天然良港；有的因泥沙淤积，滩涂发育，成为福建发展浅海、滩涂养殖的场所。而沿海岛屿多属陆地下沉的产物，岛上地形起伏，且多以陡崖直立海中，岸滩不甚发育，具有发展海洋渔业和海上运输的优越条件。这些岛屿的存在，往往起着消风纳浪、改善港湾生产条件的作用。较大的岛屿有海坛岛、厦门岛、金门岛、东山岛等。

1.3.4　地形地貌与土壤

福建地貌类型错综复杂，其结构特点对土壤的形成、分布、属性以及农业利用都产生着深刻影响。两大山带呈北北东—南南西走向展布，使得气候、植被、土壤等自然要素的地带性分布发生明显偏向，即地带不呈纬向分布，而是基本平行于海岸和山脉走向呈有规律分布。复杂的地形结构，决定着福建土壤“层状”分布和农业生产“立体”结构的特点。各大山脉的形态均是从低到高，依次有平原—台地—丘陵—低山—中山呈梯级上升，相应的土壤类型依次有水耕人为土—已被耕作利用的富铁土（铁铝土）—富铁土、雏形土—淋溶土、新成土呈“层状”分布。农业结构也按农（粮、糖）—农（粮、果、油）—农林（果、林）—农林（林、茶、果）—林农（林、茶）—林牧的顺序变化，具有“立体结构”的特点。地貌结构的复杂性和差异性，使得土壤资源在结构上、性质上和分布上更加错综复杂，非地带规律所起的作用十分突出，甚至破坏和干扰地带规律。如山脉的存在和走向，往往影响着水平地带的纬向分布；山带之间许多河谷或断裂谷自西北向东南排列，有利于东南季风带来的湿热气流沿着谷底爬升，产生谷地效应，从而加深了谷地土壤的发育，明显干扰了垂直地带的分布规律，如戴云山和博平岭东南坡富铁土与淋溶土（雏形土）呈锯齿状分布。福建第四纪新构造运动十分活跃，随着地壳的抬升，第四纪红色风化壳亦被不断抬高，使得山地土壤类型及分布更加复杂，古土壤的残余特征在山地土壤中多有反映。沿海地区第四纪时期，经受过海侵海退的影响。滨海台地赤红壤网纹层的形成和土壤盐基饱和度偏高，可能与海侵的影响有联系。

1.4　地层与成土母质

母质来源于岩石风化物，其特点很大程度上受岩石矿物组成和岩性结构所支配。在成土过程中，母质性状极大地影响着土壤形成过程的速度和方向，它是决定土壤发育和肥力特性的重要因素。因此，认识地层分布及其特征，对正确认识福建土壤的形成特点和属性，具有十分重要的意义。

1.4.1　地层分布

福建在大地构造上，位处中国东南新华夏系第二隆起带与南岭构造带的复合部。地质构造复杂，岩浆活动频繁。不仅塑造了错综复杂的地貌类型，而且形成多种多样的地层结构。从全省来看，地层发育较为完整，自前震旦纪至第四纪地层均有分布，并广泛出露于地表。各地层的空间分布有着相对集中的区域，大致以横贯闽中的政和-大埔深大断裂带为界。断裂带以西的闽西南，除各个时期的花岗岩等侵入岩外，还有从下古生代至新生代各时期的沉积地层，主要为浅变质板岩和千枚岩；而闽北则以最古老的一套变质岩系为主。断裂带以东为大片中生代酸性-中酸性火山岩系和燕山早、晚期的黑云母花岗岩，主要为二长花岗岩和晶洞钾长花岗岩等。此外，龙岩—永安—三明—将乐—顺昌一线，可见呈斑状分布二叠纪和石炭纪石灰岩；武夷山和戴云山两大山带间的断陷盆地，局部分布有中生代紫红色砂页岩、粉砂岩，面积较大的有连城、沙县、崇安、泰宁等地，系紫色土壤的主要成土母质；漳浦、龙海、明溪等地，可见斑状分布着第三系以后喷发的橄榄玄武岩、玻基玄武岩、橄辉玢岩等基性岩，其发育土壤受母质性状影响程度并不亚于石灰岩和紫色岩，是福建颇有特色引人瞩目的土壤类型。从地表组成物看，火山岩系与花岗岩系分布最广，分别占 36%和 33%，遍布全省各地；而变质岩系和沉积岩系之和仅约占 30%。

第四纪地层在福建分布最广，发育亦较完整，与土壤形成关系亦最密切。尤其全新世地层（Q_4），几乎覆盖着整个福建地表层，是福建最主要的成土母质。由于福建新构造运动相当活跃，且以升降运动为主要形式，故第四纪地层均有出露。如下更新世佛昙层（N_2—Q_1），在漳浦、龙海、明溪、宁化等地出露；中更新世同安组（Q_2），在沿海和山区的河谷三级阶地出露；上更新世（Q_3），在滨海台地和河谷二级阶地出露。这些地层的出露，均在一定范围内影响着土壤的发育和肥力性状。第四纪地层成因类型对福建土壤的成土年龄、发育阶段和属性具有明显的影响。

1.4.2　第四纪地层

福建省对第四纪地质的研究开展较晚，对第四纪地层的划分，尚有许多悬而未决的问题。根据近几年的研究资料，福建第四纪地层，自老至新其主要特征综合简述如下。

1）新近纪至下更新统（N_2—Q_1）

以佛昙层为代表，主要分布于漳浦的佛昙、深土，龙海的牛头山、镇海、流会，金门岛，明溪的雪峰、国母洋、大洋寮，宁化的下埠、店上等地。闽东南可见三层以上橄榄玄武岩夹半固结砂砾岩、砂岩、泥岩等组成。地貌上以平顶残丘出露地表。由于长期强烈水解淋溶的结果，局部可见蜂窝状的铁磐和三水铝石，厚度可达 20~40 cm，是福建最古老的第四纪地层。闽西北山区多由半固结砂砾岩和玻基玄武岩或橄辉玢岩组成，含有丰富的孢子花粉，反映了第四纪古气候干湿凉暖的变化。

2）中更新统地层（Q_2）

中更新统地层在闽东南沿海地区以同安组为代表，分布于同安的泥山、漳州的天宝、福州的新店等地。多见于三级阶地或埋藏于平原之下。其岩性特征为砖红色含砾黏土和黏质砂砾层组成，属冲-洪积相沉积，厚度 4~17 m，最厚可达 27 m，普遍可见网纹结构，半固结状砾石风化强烈，磨圆度差，黏土含量高，上下层间明显侵蚀，呈假整合接触。据建组剖面孢粉和热发光测年分析，属中更新世晚期。中更新统地层在闽西北山区以丹阳组为代表，分布建阳将口、连江丹阳盆地及龙岩、三明等地，多出露于三级基座阶地。其岩性特征，上部为深棕红色含砾黏土；下部为棕黄色砂砾卵石夹深棕黄色泥质中细砂层，砾石成分复杂，分选较差，胶结较紧，风化强烈。

3）上更新统（Q_3）

上更新统在闽南沿海地区主要出露于同安和漳州平原，在闽东北沿海则多深埋于全新统之下，在山区广泛分布于山间盆地，多出露于二级阶地。其成因复杂，可见有洪积、冲洪积、海积、风积、溶洞堆积等类型，以冲洪积和海积类型为主。据新近研究资料，此地层可细分为上、中、下三层。

（1）上更新统上部冲洪积层：分布于山区及沿海海侵影响范围以外的地区。多出露于各大河流二级阶地，或埋藏于全新统地层之下。其岩性特征：上部为灰黄色、棕黄色砂质黏土或黏质砂土，局部夹少量砾石；下部为灰白色、橘黄色泥质砂砾层，半固结状态，砾石磨圆度及分选性各地不一，表面均已风化，厚度达 1.5~12 m。

（2）上更新统中部含泥炭湖沼相层和风积层：上段含泥炭湖相层多分布于扇缘带、宽谷凹地、滨海平原局部洼地，呈小面积零星分布。其岩性特征：多为含炭黏土或含泥炭湖沼相沉积层，多属黑色黏土。相当于上更新统的中上部层。

下段风积层，以东沈组老红砂为代表。主要分布在沿海地区长乐的漳港、松下，晋江的深沪、科任，漳浦的六鳌，东山的东沈、澳角等地，其岩性特征各地不一。东沈“老红砂”，上段为砖红色或褐红色粉细砂，呈半固结状，垂直裂隙发育，厚度达 6 m；中段为黄灰色细砂；下段为灰白色砂质黏土与黏质中细砂互层，下伏风化基岩。

（3）上更新统下部河湖相沉积层和下部海积层：下部河湖相沉积层广泛出露于漳州平原。其岩性特征：多见黏土或砂质黏土与砂砾石互层，厚度可达 8~10 m，具有明显的二元结构，属河湖相沉积层。相当于上更新统下部层段。

上更新统下部海积层分布于平潭的后楼、诏安的霞河、东山的澳角、漳浦的六鳌以及龙江口以南红土台地边缘。多出露于二级阶地。其岩性特征：上段为灰黑色泥质砂土和黏土，厚度达 10 m；中段为黄褐色泥质砂土，含贝壳碎片，厚度 5 m；下段为浅红色网纹状黏质砂土，厚度 5 m。

4）全新统（Q_4）

全新统统称为长乐群。分布于地壳的最表层，与土壤形成关系最为密切。其地质期划分，意见尚不一致，但目前省内多倾向于分为下、中、上三个地质期。

（1）下全新统（Q）：称闽侯组，尚未见出露地表。从东山澳角和平潭芦洋浦农场的钻孔资料看，有四套发育完整的沉积韵律，为冲洪积与海积相互重叠的四套层位。在闽侯荆溪则以冲积相为主，为漫滩相黏土或河床相砂砾层。

（2）中全新统（$Q_{\frac{2}{4}}$）：称马尾组，其成因类型多样，有冲海积、海积、风积类型，其中以海积物分布最广。其岩性多为深灰、黑灰色海相淤泥层，一般埋深 3~17 m。含大量的海生化石，包括有孔虫、海水种、介形虫及硅藻化石，并有较多人类活动的遗物。

（3）上全新统（$Q_{\frac{3}{4}}$）：包括璃头组、江田组和湖相沉积层。璃头组的成因类型有冲积物、风积物、湖积物等，以冲积物为主，主要分布于河流两岸的一级阶地、河漫滩地和河心洲，由浅黄色粉砂、细砂及黏质砂土组成，结构松散，有较多人类活动遗物。

上全新统江田组以风积物为主，广泛分布于长乐以南的滨海地带。其岩性特征：颗粒分选性好，粒径均匀，多灰白-灰黄色中细砂夹有贝壳碎片，结构松散，厚度 10~20 m。

上全新统湖相沉积层以沿海地区居多，呈零散斑状分布，多属牛轭湖相沉积。其主要特点是：有泥炭堆积，厚度较大。如漳州西洋坪，泥炭层厚达 6 m，埋藏较浅，一般从出露地表到埋深 5.8 m。

1.4.3　母质类型

福建土壤的成土母质，主要受上述地层的组成和分布所支配，同时亦受流水营力和人为活动的影响。上述地层的出露，大体可反映福建成土母质的分布规律。由于流水营力作用的结果，各地层风化物多不同程度地被搬运再沉积，使得成土母质更加复杂多样。按其成因类型，大致可划分为残坡积物、冲积物、洪积物、海积物、风积物以及局部出现的牛轭湖相沉积物。由于地史的变迁和沉积环境的改变，二元结构母质类型相当普遍。如河谷平原和山间谷盆地，广泛分布着冲-洪积物；滨海平原，尤其三角洲平原则多分布冲-海积物。

1）残坡积物（Q^{el-dl}）

残坡积物指母岩风化物就地堆积或经短距离搬运再堆积的产物。广泛分布于丘陵山区及滨海的海蚀台地，是福建主要的成土母质类型。典型残积物主要分布于丘陵山地顶部以及侵蚀严重的陡地地段。其剖面分异明显，一般自上而下依次可见红土化层、高岭土层及碎石角砾层，反映了三个不同的风化程度。而坡积物则是残积物经短距离搬运再堆积的产物，一般分选性差，磨圆不好，常夹带角砾。残坡积物的共同特点是，其矿物组成和性状在颇大程度上受母岩的造岩矿物的特性所控制。根据岩石风化物性状，大体上可归纳为：以花岗岩、流纹岩、片麻岩、变粒岩风化物为主的硅铝质砂黏性残坡积物；以中酸性凝灰岩、流纹质凝灰熔岩风化物为主的硅铝质粉黏性残坡积物；以闪长岩、花岗闪长岩、正长岩、安山岩、英安质凝灰岩风化物为主的铝硅质黏壤残坡积物；以玄武岩、辉长岩、辉绿岩风化物为主的铁质黏性残坡积物；以碳质页岩、泥页岩、板岩、粉砂岩、凝灰质砂页岩风化物为主的硅铝铁质粉黏性残坡积物；以砂岩、变质砂岩、砂砾岩风化物为主的硅质砂黏性残坡积物；以石灰岩、白云岩、白云灰岩风化物为主的硅钙质粉黏性残坡积物；以紫红色砂页岩、紫红色砂砾岩、紫红色凝灰质砂页岩风化物为主的硅铁质粉黏性残坡积物；以及第四纪红色黏土为主的硅铁质黏壤性残坡积物。各类母质的矿物成分和物理、化学性状，均有明显差异，并对土壤属性产生深刻的影响。如花岗岩风化的硅铝质砂黏残坡积物，通常土层较深厚，含较多石英砂粒，黏粒含量较高；由其发育的土壤，一般含硅量高，土质较轻，渗透性较好，抗蚀性较弱，易冲刷砂化，肥力较低。凝灰熔岩风化的硅铝质粉黏性残坡积物，土层一般较薄，石英砂粒少见，粉粒含量较高，多粉砂黏土或壤质黏土，残积层分带不明显；由其发育成的土壤，质地黏重，渗透性较差，抗蚀性稍强，但易崩滑，肥力中等。玄武岩风化的铁质黏性残坡积物，颗粒细腻，黏粒含量较高，原生矿物残留量相对较多，残积层分带不明显；由其发育成的土壤，氧化铁含量较高，土质黏重，宜耕期短，抗蚀性较强，极易崩滑，阳离子代换量较高，矿质营养较丰富，基础肥力较高。泥质岩、粉砂岩风化的硅铝铁质粉黏残坡积物，土层一般较厚，细粉砂粒含量较高，并多夹带半风化岩石碎片，残积层分带不明显；由其发育成的土壤，质地适中，耕性较好，渗透性较好，抗蚀性差，易侵蚀砂化，矿质营养较丰富，肥力中上水平。砂岩风化的硅质砂性残坡积物，以石英砂粒占优势，粒径均匀，磨圆较好，多砂土或黏质砂土；由其发育成的土壤，含硅量高达80%以上，质地偏砂，矿质营养贫乏，肥力较低。应该指出，福建地处低纬度，第四纪以来，一直处于温湿的气候环境，化学风化强烈，因此，第四纪红色黏土分布甚广。由于新构造运动的抬升，局部中山区也有第四纪红色黏土分布。对山地土壤的形成和性状的影响相当明显。

2）冲积物（Q^{al}）

冲积物主要沿河床两岸呈带状分布或河口地带覆盖于海积层之上。由于沉积环境不同，沉积物性状差异明显。常见的河床相冲积物，其组成物是砂、砂砾卵石组成，厚度一般 2~5 m；河漫滩相冲积物由黄褐色、淡黄色黏质砂土和砂土组成，局部可见泥炭夹层；三角洲相冲积物系由淡黄色、黄褐色黏质砂土和砂质黏土组成，局部有泥炭夹层，厚度 2~3 m，最大可达 5~6 m 以上，下覆海相淤泥层；山间河谷盆地河相冲积物，多为灰黄色黏质砂土、砂质黏土，下覆河床相砂砾卵石层，厚度很少超过 10 m。

河流冲积物多属于全新统近代河流沉积物，是新成土（雏形土）、水耕人为土的重要成土母质，也是高产耕地的主要分布地区。广义地说，部分河流二、三级阶地，分布着更新统及全新统各时期红色黏土，亦应属于河流冲积物，只是年代长远，各地成因条件复杂，面积不大。

3）洪积物（Q^{pl}）和冲洪积物（$Q^{al\text{-}pl}$）

洪积物和冲洪积物广泛分布于山区各中小河流出谷口地带。多形成扇形地或几个扇形地连接成山前冲-洪积平原。一般高出河面 2~6 m。组成物质分选较差，多黏质砂土、砂、砾石混杂，目前大多辟为梯田或果园。为水耕人为土、雏形土和新成土的主要成土母质。

4）海积物（Q^{m}）和冲海积物（$Q^{al\text{-}m}$）

海积物和冲海积物主要分布于滨海地区河口平原、半岛、岛屿的海湾地带。以闽江、晋江、九龙江、木兰溪河口平原面积最大，各海湾内也有分布。沉积物特征受海岸地貌类型所控制。一般口小腹大的半封闭式海湾以淤泥为主，伴有贝壳层出现，有机质含量较高，滩面平坦宽阔，且多处于波影区，故利用价值较高，多用于滩涂海水养殖；半敞开式海湾沉积物以沙泥为主，但沙泥比例差异较大；迎风平直海岸以砂质为主，夹有薄层淤泥；河口地带沉积类型较为复杂，多为海相与河相交互沉积，砂黏混杂，以砂质黏土、黏质砂土与海淤泥互层结构为主。海积物、冲海积物多属全新统沉积层，是盐土、水耕人为土、新成土的主要成土母质。其共同特点是，不论底质或地下水中，都残留有一定盐分，其盐分组成与海水相似。

5）风积物（Q^{eol}）

风积物主要分布在闽江口以南迎风海岸地带，呈狭长带状展布。以长乐江田、文武砂、惠安崇武、晋江深沪、漳浦古雷、六鳌半岛以及平潭、东山岛最多。多系海积砂土经海风搬运、分选、再堆积的产物。由白色、黄色、浅黄色石英中细砂粒组成，粒径均匀，结构松散，磨圆较好，并混有约 10%钾长石和贝壳碎片，是砂质新成土的成土母质。

1.5　生物（植被、作物）

福建省处于我国东部湿润森林区，分属南亚热带季雨林和中亚热带常绿阔叶林两个植被地带。受纬度位置、海陆位置、地形因素的影响，气候条件地区性差异较大，因而植被类型复杂多样，植物种类繁多，群落分布错杂。但由于人为活动的影响，原生植被多遭破坏，现状植被以次生植被为主，主要有马尾松林、杉木林、竹林、灌丛林等次生植被。仅从局部保存完整的“风水林”、偏僻林区及次生林下的草灌植物，尚能追溯其地带性植被的基本特征。

1.5.1　主要植物群落特征

1）南亚热带季雨林

南亚热带季雨林分布于闽东南沿海地区的丘陵台地，由于人为活动频繁，原生植被破坏殆尽。仅南靖县和溪乐土“风水林”，是福建唯一发育成熟、保存较好的南亚热带季雨林。其构成森林的主要树种有华南栲树、卡尔锥栗、米槠、乌来石栎、大叶赤楠、厚壳桂、杜英、黄杞、茜草树等，林冠参差，颜色黄、绿相映，常见板根、茎花现象，并有较多绞杀植物和附生植物，具有明显的雨林特征。

林下灌木层多属阴性或耐阴性喜热植物。主要有九节木、罗伞树、朱砂根、百两金、狗脊子、鸡屎树、毛茜草树、柏拉木、毛叶冬青、柃木等。草本层多属喜热植物，主要有华里白、观音座莲、狗脊、山姜、海芋、山芭蕉、新月蕨、乌毛蕨、卷柏，以及苔属、莎草属植物。林中藤本植物较为发达，以木质白叶瓜馥木最多，其次是花皮胶藤、油麻藤、扁担藤、省藤、羊蹄甲等。藤茎粗大，一般可达 29~30 cm，长达 50~200 m。在林中蜿蜒攀树，颇有许多热带景色。

大面积丘陵地带，广布次生植被和人工植被，主要是旱生性稀疏马尾松幼林-芒萁群落。由于水热条件的差异，群落结构也不一样，从湿到干依次可见，马尾松-桃金娘+小叶赤楠-芒萁群落，马尾松-桃金娘+山芝麻-纤毛鸭嘴草+野古草群落，马尾松-野古草+鹧鸪草群落。沿海低丘风大干旱，土壤瘠薄，多见稀疏耐旱灌丛草本植被，主要有岗松、山芝麻、菝葜、金樱子，并杂生野古草、刺子莞、鹧鸪草等。低丘台地还零散分布乌桕、苦楝、相思树、朴树、榕树、桉树、无患子等半栽培植物，平原台地绝大部分为人工植被所占据。主要作物有稳定的双季水稻、甘蔗、花生、大豆、甘薯、大小麦等；果树有荔枝、龙眼、菠萝、枇杷、香蕉、芒果、番石榴、柑橘、柚子等亚热带作物。还有后来引进的菠萝蜜、橡胶、剑麻、胡椒、西番莲等热带性作物，均能正常生长开花结果，为本地带增添热带景色。

2）中亚热带常绿阔叶林

中亚热带常绿阔叶林分布面积最广，主要在闽西南、闽中、闽东北和闽西北地区，闽东南中低山区亦有分布。由于水热及土壤条件的差异，各地植被结构、种类成分均有不同。闽西北和闽中地区，水热条件优越，土层深厚，土壤肥沃，林木生长条件较好，是福建商品用材林主产区，其构成森林的主要树种有青冈栎、栲树、甜槠、石栎属、苦槠、黄杞、猴欢喜、大叶锥栗、细柄阿丁枫、华杜英、罗浮栲等；中山带还生长一定数量的落叶阔叶树种。如长柄山毛榉、赤杨叶、白乳木、枹树等。灌木层多属耐冷性植物，主要有马醉木、马银花、香槟杜鹃、柃木、光叶柃木、毛叶杨桐、老鼠刺、毛冬青、乌药、乌饭、朱砂根、绒楠等。草本层不甚发达、数量不多，主要有华里白、狗脊、淡竹、假耳草等。闽西南、闽东北地区，常绿阔叶林成分较为复杂，除上述中亚热带植物区系成分外，还有某些南亚热带的种类，如乌来石栎、包花楠、鹅掌柴、厚壳桂等。但生长不如南亚热带那么高大，数量亦不多；而闽西北地区的落叶阔叶树种在本区则很少见。

本地带内次生植物和人工植被也有广泛分布，主要有马尾松林、杉木林、毛竹林、灌丛林和草地等，其群落结构较为复杂。栽培作物以水稻为主，其次油菜、甘薯等。果树种植面积较少，主要有杨梅、桃、梨、柿、板栗等温带性果树。近年来柑橘发展很快，并成为本地带主要果树。某些喜温果树，如番石榴、芒果等虽能成活，但易受冻害。北方的梨、苹果在较北的地区则可开花结果。茶叶、油茶、油桐等经济作物在本带分布甚广。

3）常绿针阔混交林

常绿针阔混交林零星分布于海拔 1300 m 以下的丘陵山地。主要树种有马尾松、油杉、红豆杉、建柏、木荷、甜槠、青冈栎、枫香、杨梅等。灌木种类大多为阳性植物，各地区种类组成有明显不同。南亚热带地区以喜热性植物为多，如桃金娘、野牡丹、车桑子、柏拉木、豺皮樟、称钉子、台湾冬青及广泛分布的小叶赤楠、岗松、黄瑞木等；中亚热带地区主要有柃木、野茉莉、杜鹃、马银花、拉图杜鹃、马礼士杜鹃、马醉木、六道木等。

草本植物种类与乔灌木覆盖度密切相关，一般林冠郁闭的条件下，以华里白占优势，林冠不很郁闭的，多以芒萁占优势，还混生有藓毛蕨、狗脊、莎草、铁线莲、淡竹等。层间植被不发达、藤本植物种类不多，主要是匍匐性细弱的小藤本植物，如菝葜、珍珠莲、流苏子、鸡血藤、木通等。

4）常绿针叶林

福建针叶林种类不多，多属常绿性乔木，主要树种有马尾松、杉木、油杉、柳杉、山刺柏、建柏、铁杉、三尖杉、红豆杉、穗花杉、黄山松、竹柏等，其中以马尾松林、杉木林分布最广。构成单优势的针叶林仅有马尾松林、杉木林、黄山松林等，其余树种多呈零星分布在其他群落之中或村落周围。马尾松林多分布于海拔 1100 m 以下的丘陵山地，是福建分布最广的次生林，林内偶尔可见少量阔叶树种，如木荷、青冈栎、枫香等，林下灌草层发达，种类组成因地带而异。杉木林多属人工营造的纯林，林内杂木较少，灌草植物生长不旺。黄山松林面积不大，分布海拔 1100~1700 m 的中山区，以黄山松占绝对优势，林内偶尔可见落叶阔叶树及个别针叶树种，如茅栗、化香树、八角枫、大穗鹅耳枥及铁杉、柳杉、山刺柏等，灌木层多属耐寒性较强的落叶种类，如杜鹃、马礼士杜鹃、小果南烛、乌饭、细齿叶柃木、水亚木等；草本植物生长旺盛，主要有芒、野古草、蕨等。

5）灌丛群落

现存的灌丛多属过渡性次生林，分布于村落附近及人类活动频繁的丘陵山地。灌木种类繁杂，沿海丘陵低山多为喜热阳性旱生树种，如桃金娘、车桑子、岗松、豺皮樟、黄瑞木、山芝麻、黄栀子、石斑木等，混生菝葜、金樱子、马甲子等多刺蔓性植物。草本生势不旺，主要有鹧鸪草、鸭嘴草、铺地黍、狗牙根、芒萁等；两大山带丘陵区，多属耐寒阳性植物，且具有常绿和落叶相混杂的特点，以柃木、乌饭、杜鹃、马醉木、乌药、黄瑞木、南烛、石斑木、毛冬青等，还有一些多刺匍匐灌木种类，如金樱子、胡颓子、菝葜等。草本以芒萁、甜根子草、铁线莲等为主。中山区多属落叶性灌木，主要有白栎、圆锥八仙花、山胡椒、杜鹃、吊钟花等，还混生少量乔木幼树，如麻栎、枹树、黄山松、枫香等。草本植物以野古草、甜根子草、蕨等为主。

6）草本群落

草本群落广泛分布于丘陵低山区，尤其闽东南沿海更为常见，均属森林破坏后的次生植被。通常分为高草植物群落和中低草植物群落。前者分布于低山谷坡地，一般土层深厚，肥力较高，特别是火烧迹地更为常见，植株高达 1.5~3.0 m，种类较单纯，以五节芒为主，混生有菅草、类芦等。后者分布于水土流失严重、土层浅薄、干旱、瘠瘦的低山丘陵坡地，草被高度 0.3~0.6 m，多属耐旱性较强的植物，主要有鹧鸪草、青香茅、柯氏金茅、莎草、黄茅、小牛鞭草及芒萁等，其次有狗牙根、铺地黍、鬼针草、一点红、白茅等。此外，常见杂生少量灌木，如黄瑞木、黄栀子、桃金娘、杜鹃、柃木、毛冬青等。

7）山地草甸群落

山地草甸群落主要分布于海拔较高的中山顶部的缓坡地段。由于气温较低、湿度大、风力强，因而形成以禾本科、莎草科、菊科、龙胆科、伞形科、金丝桃科等草本植物占优势的草甸群落。主要草种有芒、野古草、知风草属、一枝黄花、野菊、丛生笔龙胆、地耳草、水玉簪等。还常见混生少量垫状灌丛，如小叶石楠、小蓟、大黄杨、杜鹃花属、柃属等，生势较差，分布零散。

此外，沿海地区尚有红树林、盐沼植被和砂生植被。这些植被均在其特定的生境条件下形成。

1.5.2　自然植被的垂直分布

福建是一个多山省份，地形起伏，水热条件的垂直分异明显，这就必然导致植物群落的垂直分异，并构成一定的垂直带谱。现以戴云山东坡和黄岗山为例，分别代表南亚热带和中亚热带山地植被的分布规律。

1）戴云山植被的垂直分布

戴云山是闽中大山带的重要组成部分，主峰 1856 m，东坡面海，是南亚热带和中亚热带的天然分界线。从泉州湾向西经南安、永春至德化的戴云山顶峰，大致可分为 5 个垂直地带。

（1）沿海平原台地人工植被带：本带除沿海岸分布红树林、盐生植被和砂生植被外，几乎已被人工植被所代替。大面积农田以稻、蔗、花生、甘薯、大小麦、大豆等作物为主，是福建粮、油、蔗的高产地区；台地部分垦为果园，种植荔枝、龙眼、香蕉、枇杷、菠萝、柑橘、柚子等亚热带果树。部分坡地种植乌桕、相思、苦楝、桉树、榕树等半栽培树种，但覆盖度一般较低，生物量较少，土壤较为瘠瘦。

（2）南亚热带季雨林带：这个有代表性的群落的分布上限大致在 200~400 m，自北而南增高。除山间盆地及河谷台地有农作物种植外，大面积丘陵坡地为次生林和阳性灌丛林所占据。主要有马尾松幼林-芒萁群落、楷木+黄瑞木-芒萁群落和芒萁+金茅群落。局部残存的南亚热带季雨林树种有红栲、厚壳桂、翅子树、杜英、大叶赤楠。林下有较多湿生性植物，如海芋、刺桫椤、柏拉木、藤黄檀等。具有南亚热带雨林的外貌和结构特点。坡麓地带多种植荔枝、龙眼、菠萝、柑橘等亚热带果树，有水源的地段辟为水田，种植双季水稻。

（3）常绿阔叶林带：本带在南亚热带季雨林带之上，上限约 900~1100 m，典型的植被类型为常绿阔叶林，主要树种有甜槠、米槠、大叶槠、罗浮栲、拉氏栲、青冈栎、红楠等，林下灌木层柃木等，结构简单，层次分明，板根、茎花现象消失。与南亚热带季雨林有着明显差别。

本带次生植被相当发育，主要有马尾松、杉木、油茶、油桐等薪炭林、用材林、经济林。亦是福建茶叶和林业基地所在。本带水热条件优越，植被繁茂，生物积累量较大，土壤较为肥沃。

（4）山地矮林和常绿落叶阔叶混交林带：本带在海拔 1000 m 以上。常见有低矮落叶和常绿阔叶树种，如戴云栎、玉山竹、石灰树、黄山松；林下灌木层有冬青、华丽杜鹃、映山红等。林冠低矮或呈风旗状，仅 3~5 m，常残存于谷边或陡坡地段。本带气候湿凉，植物生长量虽低于常绿阔叶林和雨林带，但分解缓慢，积累较多，土壤肥沃，常有深厚腐殖质层。

（5）山地灌木草原草甸带：本地带在海拔 1500 m 以上或孤立山峰顶部，因山高风大、气候湿凉，除局部零星分布黄山松块状林外，大面积坡地多生长低矮灌木，如几种矮小杜鹃、越橘属植物、石松等。草本植物较为发达，主要有龙须草、野古草；凡是较为平缓之处，都可能出现山地草甸，主要有莎草、薹草等，并形成紧密的草根层。

2）黄岗山植被的垂直分布

黄岗山位于闽、赣交界处，系武夷山脉的主峰，海拔 2158 m，称华东第一峰。其植被垂直分布规律，颇能代表中亚热带植被分布的特色。自建阳经崇安到主峰，大致可划分为 5 个植被带。

（1）丘陵谷盆地人工植被带：本带分布于人口集居的谷盆地及低丘地带，农耕地面积较大，主要作物有双季水稻、油菜、甘薯、大豆、花生等，冬种绿肥面积较大。近年来，水果种植面积有较大发展，主要有柑橘、梨等；丘陵坡地部分种植马尾松及杉木林；荒坡地多生长杜鹃、乌饭、白栎、檵木等阳生常绿和落叶灌木林。

（2）丘陵人工次生林带：本带分布于海拔 500 m 以下的丘陵地带，由于人为活动的影响，原生植被多被破坏，大面积丘陵坡地被人工次生林所代替。主要树种有马尾松、杉木，并间杂苦槠、甜槠、青冈栎等阔叶林；林下灌木层主要有檵木、黄瑞木、老鼠刺等；草本植物有五节芒、芒萁、狗脊等。本带土层深厚、肥力较高，杉木及马尾松生长较好，系福建用材林主要生产基地。

（3）常绿阔叶林带：本带分布于海拔 1000~1500 m 以下的中低山区。主要植物有苦槠、甜槠、青冈栎、大叶槠等，其次有木荷、水青冈、白浮木、厚皮香、茅栗、岷江鹅耳枥、化香树等，间杂有杉木、马尾松等针叶树种。一般林冠较平整，枝叶茂盛，呈深绿色，郁闭度达 80%以上。林下灌木层主要有马醉木、老鼠刺、毛杨树、杜鹃及野鸭春等；草本层多为华里白、淡竹叶、狗脊、假叶草等。本带内尚有相当面积的茶叶、油茶、油桐等栽培植物分布。

（4）山地灌丛草原草甸植被带：本带分布于常绿阔叶林带之上，由于山高风化，不利于林木生长，除局部见有低矮的黄山松外，主要是低矮的灌丛及草本植被。常见的灌丛有映山红、圆锥八仙花、福建山樱花等；草本植物较为发达，多以禾本科占优势，混生野古草和少量旋复花、星宿菜等。低平地段为莎草、薹草等草甸植物为主。

（5）中山草原草甸植被带：本带分布于1800 m以上的山顶部，由于山高风大或火烧迹地，木本植物难于生长，而中生耐寒和湿生耐寒的草原草甸植被得以繁衍。除极少数的小檗和小叶石楠呈垫状生长，以及岩隙间可见少量球状低矮黄山松外，绝大部分山地被草原草甸植被所占据。主要草本植物有芒、野古草、知风草等，其次有丛生羊龙胆、小苦竹、唐松草、一支黄花、玉簪、胭脂麻等。小苦竹可自成小片群落分布，高度仅50 cm左右，是山顶土层瘠薄、基岩裸露处的生境植物。地形平缓地段，多见莎草、薹草等草甸植被。

上述可见，福建植物资源十分丰富，类型极其复杂，不仅为农、林、牧、副业全面发展提供了重要的物质基础，而且对土壤的发生、演变及改良利用，产生着深刻影响，决定着全省土壤形成的方向和特点。总的来说，在以地带性气候为主导因素的生境条件下，植物群落一般都朝着地带性植被方向演替，并通过生物的自肥作用，土壤肥力亦不断提高。但由于人类活动的干扰和破坏，导致两种相对稳定的地带性群落面积日益缩小，取而代之的是各种次生植被和人工植被，生物积累量明显下降，土壤肥力亦日趋衰退，于是出现当今大面积低产土壤的局面。

1.6　成土年龄

土壤的成土年龄，标志着土壤的不同发育阶段。由于福建新构造运动十分活跃，土壤与母质均经历着搬运再沉积的过程。因此，准确地判断土壤的成土年龄是有一定困难的。从地质学的观点看，现代各类土壤只能是发育在各种不同成因的第四纪沉积物的表层，成土年龄只能是从成土母质形成的晚期开始，相当于成土母质最上部的年龄。根据这一观点，福建三级阶地上发育的富铁土、铁铝土，其成土年龄大致在12万年以上，系福建最古老的土壤。而分布于二级阶地，发育于各类母质的土壤，其成土年龄约在1.2万~2.2万年。如平潭流水平原，埋深5 m的浅红色网纹状黏质砂土层，经^{14}C测年为4万年，按其平均沉积速率为0.2 cm/a计算，其上部土壤成土年龄约为1.7万年；惠安场站埋深1.77 m土层，经^{14}C测年为2.9万年，求得其平均沉积速率为0.1 mm/a，其上部土壤成土年龄约为2.2万年；多为发育较差的雏形土。分布于一级阶地，发育于各类母质的土壤，其成土年龄大约在3000年以内。如福州平原东南部的长乐玉田乡坑田村，在埋深6.04 m处的海相淤泥层，经^{14}C测年为7300±360年，以平均沉积速率0.83 cm/a计算，发育于河漫滩相黄色黏土的潮湿雏形土，其成土年龄小于1500年。在丘陵山地残坡积母质发育的土壤，因成土条件不同，土壤侵蚀程度不一，堆积年代也较复杂，加上第四纪红色黏土受地壳运动抬升的影响，因此，准确判断其成土年龄更有困难，目前只能根据其发育程度，确定其相对年龄，并以幼年、成年表示。通常山丘顶部及陡坡地段、土壤侵蚀强烈，土壤发育度较差，相对成土年龄较短，多发育着幼年土；而下坡段尤其坡麓地段，一般分布发育完全的土壤。

1.7 人 为 活 动

土壤既是历史自然体，又是人类从事农业生产的重要生产资料。在五大自然成土因素之外，人类生产活动对土壤形成的影响亦不容忽视，主要表现在通过改变成土因素作用于土壤的形成与演化，其中以改变地表生物状况的影响最为突出。福建历史源远流长，对晋江深沪湾金屿村附近第三级海成台地红色砂层考古表明，距今 80 万~50 万年的旧石器时代已有人类活动。5000 年前，先民们就在此生息繁衍，创造了可与仰韶文化、河姆渡文化相媲美的昙石山文化。福建省农业发展历史悠久，也是我国水稻种植面积较大的省份之一，人类活动特别是农业生产对土壤的形成产生了很大的影响。随着农业的发展，稻、麦、玉米、大豆等一年生草本农作物代替天然植被，大大改变了物质和能量的循环。人类通过耕耘改变土壤的结构、保水性、通气性；通过灌溉改变土壤的水分、温度状况；通过农作物的收获将本应归还土壤的部分有机质剥夺，改变土壤的养分循环状况；再通过施用化肥和有机肥补充养分的损失，从而改变土壤的营养元素组成、数量和微生物活动等。最终将自然土壤改造成为各种耕作土壤。

福建是一个倚山临海、山多海阔的省份。全省地形结构大致是“八山一水一分田”，因而决定农业生产具有“多种经营、立体结构”的特点。而农业生产的特点也在很大程度上改变了土壤的形成与发育方向。种植业生产的发展，除了农业生产条件的不断改善和农业技术的不断进步外，就土壤而言，主要归结于合理利用土壤资源，不断改善土壤环境和增加物质投入三个方面。在土壤资源的利用上，通过不断改革和完善耕作制度，大力推广旱改水、单改双，扩大水稻种植面积，提高作物复种指数。在改善土壤环境方面，新中国成立以后，通过历次大规模兴修水利、平整土地等农田基本建设，改善农田生态环境和土壤水分状况。在增加物质投入方面，肥料投入的增加对调节和改善土壤养分状况，促进作物的持续增产，起着十分重要的作用。农业生产的发展，标志着土壤生产力的提高。

人为活动对农田土壤的发育方向和速度，影响极为深刻。例如，种植绿肥、增施有机质肥能有效地加速土壤熟化。旱改水的过程中，改变了土壤水分状况，使土壤朝着水耕熟化的方向演变，基本上脱离了旱作时期的发育方向。山区冷烂型水田通过开沟排水，迅速干化土壤，潜育化过程明显减弱，并逐渐向潴育化方向发展，形成高产的潴育水稻土（铁聚水耕人为土）。滨海滩涂经人工围垦和引水洗盐，加速了土壤脱盐熟化，同样可逐步发育为爽水型的水耕人为土。滨海风砂堆积的土壤，因其质地松散、养分贫乏、易冷易热、风蚀严重，历来属低产土壤；但经人工营造防护林，在改善农田生态环境的基础上，增施有机质肥，客土改砂等措施，加速了土壤熟化，也可改造为高产良田。凡此种种，都显示出人为活动对土壤形成的深刻影响，这种影响的程度和速度，往往是自然因素所难以比拟的。

林业生产在福建国民经济中占有重要位置，对林地经营状况的不同也可很大程度上影响林地土壤的特性。20 世纪 50~60 年代森林资源屡遭严重破坏，森林覆盖率、木材蓄积量均大幅度下降，沿海地区更为严重。随着森林资源的破坏，植被类型不断发生变化，林地土壤的生产力亦有明显差异。据第二次土壤普查资料统计，在郁闭良好的森林植被下，土壤有机质含量均在 50~80 g/kg 以上；而当森林植被遭受破坏后，成长的次生灌木林或草本植被下，土壤有机质含量则下降到 30~40 g/kg；植被破坏殆尽的荒山坡，随着土壤侵蚀的加剧，土壤有机质可迅速下降到 10 g/kg 以下。

第 2 章　主要土壤形成过程与土层特征

土壤是成土母质在气候、生物、地形的影响下，随时间延续而发生物理、化学、生物化学性质的变化，形成具有一定的剖面形态、内在性质和肥力特征的历史自然体。土壤形成的各种过程都受不同成土因素或其不同组合的支配，成土因素的不同导致土壤形成过程的差异，从而导致形成土壤类型的差别。福建省地跨南、中亚热带，境内多山，地形起伏，成土条件复杂，土壤类型多样。省内既有地域差异明显的地带性土壤，又有垂直分带明显的山地土壤，其间夹杂受石灰岩、紫色砂页岩等成土母质影响明显的土壤类型；平原地区则多分布风积、冲积母质发育的土壤及水耕人为土、盐成土等非地带性土。由于成土条件多变，省内不同区域的土壤形成过程也有较大的差异，形成了多种诊断层、诊断特性。其中，脱硅富铁铝化和生物富集过程是该省最为主要的土壤形成过程。

2.1　主要土壤形成过程

2.1.1　风化淋溶与脱硅富铁铝化过程

土壤的风化淋溶作用的强弱，取决于热能和水分状况，同时也受生物过程的影响。福建省地处亚热带，温暖湿润、温湿同季的气候条件下，决定了土壤的风化淋溶较为强烈，表现在原生矿物的风化较为彻底，长石及含铁原生矿物含量较低，普遍发生着脱硅富铁铝化过程。脱硅富铁铝化过程是福建省富铁土和铁铝土形成的主要过程，它是土壤物质由于矿物的风化，形成弱碱性条件，随着可溶性盐、碱金属和碱土金属盐基及硅酸的大量流失，而造成铁铝在土体内相对富集的过程。该过程包括两方面的作用，即脱硅作用和铁铝相对富集作用。福建省水热丰沛、化学风化强烈、生物循环活跃，因而元素迁移十分强。在此条件下，形成富铝风化壳及其上面的红色酸性土壤。涉及的化学过程主要是矿物的分解和合成、盐基的释放和淋失、部分二氧化硅的释放和淋溶以及铁铝氧化物的释放和富集。这一过程具有古富铝风化壳的特点，而在目前生物气候条件下，很多实例证明这一过程仍在继续进行。

硅及盐基元素强烈淋失和铁、铝、钛等氧化物相对富集，是福建省山地丘陵土壤形成的主要特点。随着原生矿物的风化，矿物中盐基元素首先遭受淋失，硅的氧化物亦相继淋失，而铁铝氧化物则相对积累。据福建省第二次土壤普查分析，全省丘陵山地土壤风化淋溶系数（ba 值=（K_2O+Na_2O+CaO+MgO）/Al_2O_3）多为 0.04~0.39，平均 0.147，说明在成土过程中，盐基元素遭受强烈淋失。但各元素淋失程度有所不同，据第二次土壤普查分析，SiO_2的迁移量为42%~61%，CaO 56%~96%，Na_2O 80%~97%，K_2O 64%~84%。土壤中 CaO、Na_2O、K_2O 含量分别为相应岩石中的 0.3%~75%、6%~21%和 36%~64%。SiO_2 淋溶亦较明显，土体中 SiO_2 含量一般为母岩的 66%~86%。随着土体中游离硅和盐基元素不断被淋失，铁、铝、钛氧化物则相对富集。从各元素在土壤与母岩中含量的比值（即富集系数）可以看出，土体中 Fe_2O_3、Ai_2O_3、TiO_2 含量明显高于母岩的含量，它们的富集系数平均值分别为 4.77~6.92、1.49~1.76 和 2.90~3.50。富集系数一般是铁铝土、富铁土高于雏形土。

土壤黏粒的硅铝率和硅铁铝率是衡量脱硅富铝化强度和土壤鉴定、分类的指标。据第二次土壤普查，福建丘陵山地土壤黏粒（<0.001 mm）部分硅铝率一般在 1.9~2.3，硅铁铝率在 1.5~1.9，表明福建土壤脱硅富铝化过程比较强烈。土壤次生黏土矿物组成呈有规律的变化，即随海拔升高，黏土矿物中高岭石成分逐渐减少，而水云母及铝蛭石成分则有逐渐增加的趋势。这就从另一侧面说明，脱硅富铝化作用随海拔增加有减弱的趋势。随着脱硅富铁铝化的进行，土体中铁铝矿物不断被分解游离，并以各种形态氧化物存在于土壤中。据第二次土壤普查分析，福建富铁铝化土壤中，游离铁含量在 15~63 g/kg，游离铁占全铁的百分数（铁游离度）变幅为 30%~76%。福建温暖湿润、干湿季节交替明显的气候条件，既有利于矿物中铁铝的分解游离，又利于游离铁的晶质化。因此，土壤中游离铁多以晶质铁形态存在（如赤铁矿、针铁矿）。一般晶化度（晶质铁占游离铁的比例）为 70%~95%，而活化度（活性铁占游离铁的比例）为 5%~10%。由于铁的游离淋溶和晶质化淀积的结果，铁的剖面分异十分明显，全铁和游离铁含量均以淀积层最高，淋溶层最低。随着海拔升高、水热条件的变化，土体中铁的形态亦有明显差异。总的变化趋势是，随海拔升高，铁的游离度和晶化度降低，而活化度增高。

随着盐基元素的淋溶，土壤中交换性盐基含量随之降低，除基性岩发育的土壤及滨海盐土外，自然土壤盐基饱和度多<20%，土壤呈酸性反应，pH 多为 4.5~5.5。但对于沿海台地及海岛土壤，由于几经海侵海退以及长期受海风雨的影响，一般交换性盐基含量较高，盐基饱和度多在 30%以上，pH>5.5，交换性铝饱和度明显降低。

富铝化作用可受到地质条件的影响，但在很大程度上受生物气候条件的制约。因此，成土过程中硅、铁、铝和盐基含量的差异和形态的不同，反映出成土过程发展的程度。不同的成土母岩，由于它们的矿物组成和化学性质各异，因此，风化速度以及富铁铝化特征也有各自的特点。石灰岩中碳酸钙含量占 90%以上，在风化成土过程中，以化学溶蚀作用为主，钙、镁的淋溶特别强烈，土体中 CaO、MgO 的迁移量分别为 99.97%和 99.61%；而硅、铁、铝、钛则有明显富集，硅富集系数为 24.78；铁、铝、钛氧化物的富集系数分别为 30.51、15.72 和 14.4。酸性结晶岩以石英和铝硅酸盐为主要成分，在福建生物气候条件下，化学风化作用强烈，硅和盐基元素均有明显淋溶，土体硅的含量一般为岩石的 60%~80%；盐基元素总含量通常只有岩石的 20%~40%；而 Fe_2O_3、$A1_2O_3$、TiO_2 明显富集，其富集系数分别为 4.63~13.99、1.39~2.06 和 1.27~6.23。基性火成岩中含有较多的铁镁矿物和基性斜长石，岩石中硅含量较低，而盐基元素及铁含量较高。在风化成土过程中，盐基元素受强烈淋溶，其富集系数仅 0.08 左右；硅也受强烈淋失，富集系数为 0.73；而铝、铁、钛氧化物则有明显富集，其富集系数分别为 1.79、1.48 和 1.37。

总体上，福建省丘陵山地土壤的脱硅富铁铝化过程有以下特点：①原生矿物风化较为强烈。但仍残存一定数量的铁质化岩屑和可风化矿物（如长石类矿物），说明土壤风化度较深，但未达到最深阶段；②硅和盐基元素淋溶强烈，盐基饱和度低，矿质营养较为贫乏；③铁、铝、钛氧化物明显聚积；④次生黏土矿物不断形成，黏粒含量较高，黏土矿物组成以高岭石为主。

2.1.2　生物物质循环旺盛与腐殖质的积累过程

福建省气温较高、雨量充沛，既有利于植物的生长，又有利于有机质分解，因此，植物生长量大，有机质的分解率高。生物与土壤间的物质和能量交换十分活跃。据第二次土壤普查资料，福建省亚热带次生阔叶林（栎树、檫树林）下凋落物（干物质）可达 8508 kg/hm^2，按干物质折算每年可归还土壤的元素，相当于 N 127.5 kg，P_2O_5 72.0 kg，K_2O 136.5 kg，CaO 195.0 kg，MgO 43.5 kg；而保护较好发育成熟的南亚热带季雨林（南靖和溪），年凋落物高达 16 780 kg/hm^2，年归还灰分元素达 746.4 kg。但原生植被为次生植被和人工植被所代替后，生物与土壤间物质交换的强度有所下降。次生木荷林年凋落物 4500~4985 kg/hm^2；次生马尾松林年凋落物 4100 kg/hm^2；人工杉木林年凋落物只有 2000 kg/hm^2。说明植被类型不同，生物物质循环数量差异很大。在农田生态系统中，耕作制度及作物类型不同，生物物质循环的强度亦不大一样。但总的来说，福建地处亚热带，作物生长季长，复种指数高，生物物质循环亦十分旺盛。

由于水热条件、植被类型及人类活动的影响不同，各地生物量及归还量明显差异，各类土壤有机质储量悬殊。滨海风砂母质上发育的土壤，因原生植被稀疏，凋落物不多，土壤有机质较低。海拔分布较低的铁铝土/富铁土的原生植被为季雨林，目前大部分被马尾松、相思树、桃金娘、芒萁等植被所代替，郁闭度较差、生物量低，凋落物数量不多，加上气温较高，微生物矿化作用较强烈，土壤有机质一般 10~20 g/kg。分布海拔较高的富铁土原生植被为常绿阔叶林，目前也多被马尾松、杉木、灌丛、草本植被所代替，植被郁闭度较高、生物量较大，凋落叶较多，微生物矿化作用相对较弱，土壤有机质相对有所积累，平均含量 30~40 g/kg。山地海拔较高，气温较低，湿度较大，植被为常绿落叶阔叶林或针阔混交林，林下草被茂密，生物量较大，有机质矿化作用较弱，土壤有机质可达 50 g/kg 左右。土壤有机质有随着海拔升高增加的趋势。在福建省的生物气候条件下，有机质矿化较为彻底，有利于结构简单的腐殖物质的形成，腐殖质组成以富啡酸占绝对优势。在自然植被下，土壤表层 H/F 比值集中在 0.15~0.37。总的趋势是，随海拔升高，胡敏酸含量和 H/F 比值随之增高。在人为耕作条件下，水热条件及微生物区系均有明显变化，胡敏酸含量普遍增加，旱作土壤 H/F 比值多在 0.30~0.45；水稻土 H/F 比值平均 0.83。说明淹水耕作条件下，有利于胡敏酸的形成。

2.1.3　耕作熟化过程

福建省农业生产历史悠久，漫长的人为灌溉、耕作、施肥以及年复一年的种植和收获，对土壤的形成条件、成土过程均带来了深刻影响。人为活动的结果使起源土壤逐步形成具有人工培育特征的土壤，这种特殊的成土过程称为“熟化过程”，是人为土形成的主要成土过程，这一过程也是福建省农业土壤的主导成土过程。根据利用方式和发育方向不同，可将熟化过程分为水耕熟化和旱耕熟化。

1）水耕熟化特点

水耕熟化是水耕人为土特有的成土过程，包括有机质的分解和合成、还原淋溶和氧化淀积、黏粒的淋移和淀积、盐基淋溶与复盐基等一系列矛盾统一过程。福建省地处亚热带，温光资源充足，稻田种植以双季稻为主。土壤淹水时间长，种稻历史悠久，水耕熟化具有以下特点。

（1）物质能量投入增加，生物物质产量增多。人为的耕作、灌溉、施肥和管理一方面增加了物质能量的投入；另一方面改善了土壤物质转化的条件，大大加快了土壤物质的循环和养分的转化，从而能形成较高的生物产量，超过自然植被的生物产量，甚至热带茂密森林植被也是无法比拟的。所以要从农田土壤里持续获得较高的生物产量，就必须投入较多的物质能量，才能维持和提高土壤的物质基础，这就大大增强了生物物质的循环和养分的转化。近年来，随着化肥施用量的增加，粮食产量也大幅度提高。水田淹水时间长，矿化作用减弱，腐殖化系数高于自然土壤和旱作土壤，有利于腐殖质形成和有机质的积累。与起源土壤相比，水耕人为土有机质含量常常较高，变幅较小。同时，淹水条件有利于胡敏酸的形成。随着熟化度提高，土壤有机质含量相应增加，H/F 比值明显提高，表明腐殖质质量有所改善。

（2）季节性灌溉加剧土壤氧化还原过程。由于季节性灌溉，造成土壤干湿交替的环境，使土壤氧化还原过程明显加剧，铁、锰的还原淋溶和氧化淀积尤为活跃。随着水耕人为土发育度的提高，铁、锰在剖面中的分异渐趋明显。稻田中淋溶层段，尤其耕作层和犁底层，铁、锰及游离铁的含量较低，表明铁、锰的淋溶明显；而水耕氧化还原层铁、锰及游离铁含量普遍高于上下土层。

（3）淋溶作用加强，复盐基过程明显。由于淹水灌溉，增加了土壤渗漏水量，加剧了水田土壤中 Ca、Mg、K、Na 等盐基元素及 P、Si 等元素的淋溶。另一方面，由于生物的积累和人为灌溉与施肥又不断给土壤带来大量有机和无机矿质元素，使土壤中盐基元素得到补充和重新分配。这不仅改善作物的营养条件，而且使土壤一系列性状产生深刻的变化。福建地带性土壤盐基饱和度一般在 30%以下，pH 为 4.5~5.5，交换性酸一般>5 cmol（H^+）/kg 土；种植水稻之后，随着熟化度提高，盐基饱和度可提高到 50%~80%以上，pH 也相应提高到 5.5 以上，交换性酸总量明显下降，一般<1 cmol（H^+）/kg 土。但盐基饱和的滨海地区盐成土，垦殖种水稻后，由于引淡洗盐和生物的吸收，盐基饱和度则随熟化度提高而有所下降，一般都恒定在 85%~95%。钙在复盐基过程中，起着十分重要的作用。富铁铝化土壤垦殖前，A 层交换性钙离子一般<1 cmol/kg 土，占交换性盐基总量的 50%以下；而不同熟化度的水耕人为土交换性钙可达 3 cmol/kg 土以上，占交换性盐基的 70%以上。随着熟化度提高，不仅耕层交换性钙离子增加，而且逐渐向土体下层扩展。镁离子在土体中的积累比钙离子强。土壤中交换性钙、镁离子的增加，对改善土壤结构有着十分重要的意义。

（4）土壤颗粒重新分配，耕层质地趋向改善。在水耕熟化过程中，一方面由于灌溉水的浸渍和下渗导致土壤黏粒的机械淋移和化学淋溶，使耕层黏粒明显减少，而淀积层黏粒含量增加，黏粒的淀积层位逐渐下移，有利于形成较为理想的既爽水又保水的土体构型。另一方面，由于长期灌溉水携带泥沙的沉积和施用河泥、塘泥的影响，稻田耕层逐年增高，颗粒组成明显改变。如平原地区水稻土，随着耕作历史的延长和熟化度的提高，灌淤层不断增厚，耕层质地多趋向中壤-重壤方向发展。

2）旱耕熟化特点

自然土壤经人为耕垦，种植茶、果及旱作物之后，在长期人为耕作、施肥等影响下，逐步形成与自然土壤形态和性状不同的旱作土壤，这个过程称为“旱耕熟化”过程。福建省旱作土壤面积不大，成土历史久暂不一，其形成颇大程度上受地带性生物气候条件所制约，地带性烙印相当明显。与水耕熟化过程相比，旱耕熟化过程较为缓慢。但耕垦之后，人们因土因作物制宜进行改良和培育，其成土条件、成土的方向和速度均有明显变化。在生物物质的分解和合成、土壤复盐基作用上表现突出。在植被茂密、有机质含量丰富的自然土壤上进行垦殖，自然植被被栽培植被所代替，有机质给源减少，疏松耕层形成，水热条件明显改变，有机质矿化作用得到加强，耕垦初期有机质含量急剧下降，只有再增加物质投入，才能维持一定的物质基础水平，并在人们的定向培育下，肥力才能逐步提高。例如果园土壤从局部穴垦种植，扩穴增肥到最后全园熟化。反之，在植被稀疏、土壤侵蚀、有机质贫乏的自然土壤上进行耕垦种植时，往往需要同时进行改良培育措施，如增肥改瘠、客土改质（地）、施灰改酸等，方能获得经济效益。因此，耕垦之后，随着熟化度提高，土壤有机质含量显著提高。由于施肥和生物积累作用，旱作土壤复盐基作用十分明显。与起源土壤相比，旱作土壤盐基饱和度较高，一般在 50%~70%，交换性钙占交换性盐基总量的 50%以上。并随熟化度加深，两者均有提高的趋势，pH 亦相应提高，钾、钙、镁等矿质营养有所改善。

2.1.4　盐渍过程

土壤盐渍过程是由季节性地表积盐与脱盐两个相反的过程构成。这一过程出现在滨海平原，它是福建省盐成土形成的主要过程。福建省滨海平原发生的盐渍化过程受海水浸渍、降水、蒸发等的影响，主要为海水浸渍下的盐积过程。这一过程的盐分主要来自海水，河流入海，所携带的大量泥沙，受海水的顶托絮凝作用而不断沉积，致使海岸向外伸展，土壤与地下水中积存盐分，同时由于潮汐而导致海水入侵，亦可不断补给土壤水与地下水以盐分，在蒸发作用下引起地下水矿化度增高和土壤表层强烈积盐，形成滨海地区的盐成土。这一盐积过程的特点是地下水矿化度高，土壤重度盐积，心土与底土的盐分含量接近海渍淤泥；同时盐分组成一致，氯化物占绝对优势。而自然脱盐与人为改土作用下其盐积程度是由滨海向内陆逐渐减轻。土壤中可溶性盐通过降水迁移到下层或排出土体，这一过程称为脱盐过程。

2.1.5　潜育化过程

这一过程主要发生在福建省境内的山垄谷地局部地带和沿海的红树林地带，是潜育土和某些水耕人为土形成的主要成土过程。潜育化过程是土壤长期渍水，受到有机质嫌气分解，而铁锰强烈还原，形成灰蓝-灰绿色土体的过程。有时，由于“铁解”作用，土壤胶体破坏，土壤变酸。该过程主要出现在排水不良的水耕人为土中，往往发生在剖面下部。当土壤处于常年淹水时，土壤中水、气比例失调，土体几乎完全处于闭气状态下，其氧化还原电位较低，一般都在250 mV以下。因而，发生潜育化过程，形成具潜育特征的土层。潜育特征土层中氧化还原电位低，还原性物质多。由于还原物质富集，可使铁锰以离子或络合物状态淋失，产生还原淋溶。

2.1.6 脱钙过程

这一过程主要发生在福建省境内的石灰岩和浅海沉积物发育的土壤上。由于降水量大，这些母质中的碳酸钙将转变为重碳酸钙从土体中逐渐淋失，称为脱钙过程。

2.1.7 漂洗过程

在福建省丘陵山地缓坡地带，因存在季节性土壤滞水，引起土壤中某些土层中铁锰还原并随水侧向流失或向下淀积，部分则在干季就地形成铁锰结核，使表层逐渐脱色，形成粉砂含量最高、铁锰含量贫乏的淡色白土层。

2.1.8 均一化过程

福建省漳浦、龙海一带的低丘玄武岩台地上分布有少量的变性土。由于该类土壤质地偏黏且土壤黏粒矿物主要为2∶1型，在季节性的干湿交替作用下，土壤发生着强烈的膨胀收缩过程。干旱条件下，高胀缩性使土壤开裂，变湿时裂隙闭合，在土壤启闭过程中产生一系列土壤扰动特征，有自吞过程。黏粒的自动搅乱使土体内部均一化。

2.2 诊断层与诊断特性的形成与表现

2.2.1 主要诊断层

土壤诊断层是指用于鉴定土壤类别，在性质上有定量指标的土层。由于诊断层产生于成土过程，因此，诊断层的形成与一定的成土过程相联系。根据福建省成土环境及土壤形成特点，对福建省主要诊断层及其与土壤形成过程的关系分析如下。

1）腐殖化过程与腐殖质表层的形成

腐殖质表层的形成主要是土壤腐殖化过程的结果。福建省地处亚热带地区，生物生长旺盛，有利于土壤有机质的积累，但由于成土条件的差异，福建境内可分别形成暗沃表层、暗瘠表层和淡薄表层。

暗沃表层的有机碳含量较高，盐基饱和，结构良好，具有较低润态明度和彩度（均<3.5）的暗色腐殖质表层。若土体厚度<75 cm，其厚度应为土体层的1/3，但至少为18 cm；若>75 cm，应≥25 cm，有机碳≥6 g/kg，盐基饱和度≥50%，粒状结构。主要零星出现在植物生长繁茂，每年进入土壤中的有机质较多，母质中盐基物质丰富或淋溶作用较弱的区域，由于分布处气温较低，微生物活动受到抑制，有机物质得不到充分分解而以腐殖质形态积累于土壤中，形成较厚、腐殖质含量较高的腐殖质层。

暗瘠表层除盐基不饱和和土壤结构比暗沃表层稍差外，其余均同暗沃表层。主要出现在温润多雨、植物生长旺盛，每年进入土壤的有机物质也较多的地区，但由于淋溶作用较强或母质呈酸性，该腐殖质层的盐基饱和度较低（＜50%）。

淡薄表层在福建分布较广，出现在人为活动过强、地表植物生长较差、水土流失明显、有机质进入少和矿化作用强、不利于有机物质积累的地区，因而土壤有机物质很低（＜6 g/kg）。

2）土壤熟化过程与人为表层、耕作淀积层和水耕氧化还原层的形成

福建省人为活动频繁，影响历史悠久，可出现肥熟表层和水耕表层等人为表层。这些表层的形成是土壤熟化过程的结果，即是在人类长期种植作物，并经耕作、培肥、灌溉和人工搬运等活动的结果，包括水耕熟化过程和旱耕熟化过程。其中肥熟表层是长期种植蔬菜，大量施用人畜粪尿、厩肥、有机垃圾和土杂肥等，并经精耕细作，频繁灌溉而形成的高度熟化、富含磷素的表层。水耕表层是在淹水植稻耕作条件下形成的表土层。

此外，福建省广泛分布的水耕人为土中耕作淀积层和水耕氧化还原层的形成也是土壤熟化过程的结果。耕作淀积层是在旱耕熟化过程中形成的一种淀积层，是旱地土壤受耕作影响，在耕作层下形成的具有腐殖质-黏粒胶膜或腐殖质-粉砂-黏粒胶膜淀积或盐基物质、或磷素等物质淀积的土层。水耕氧化还原层是水耕条件下铁锰自水耕表层或（和）下土层的上部亚层还原淋溶或兼有自下面潜育层或具有潜育现象的土层还原上移，并在一定深度中氧化淀积的土层，是水耕条件下氧化还原作用的结果。其特征是氧化还原形态的存在或游离氧化铁锰的淀积。

3）盐渍作用与盐积层的形成

福建省盐渍作用主要发生在沿海地带，形成的诊断层主要有盐积层，是受周围海水浸渍、盐类相对富集的结果，是以现代积盐过程为主导作用而形成的产物，由于自然条件和人为因素的影响，在强烈的地表蒸发作用下，地下水和地面水以及母质是所含的可溶性盐类通过水分在土壤中垂直和水平的毛管运动使盐分在地表和上层土体中不断积累，包括在海水浸渍影响下的盐分累积过程、地下水影响下的盐分累积过程、地下水和地面渍涝影响下的盐分累积过程及地面径流影响下的盐分累积过程。用于土壤诊断的盐积层厚度至少为 15 cm，含盐量在≥10 g/kg，且含盐量（g/kg）与厚度（cm）的乘积≥600。

4）富铁铝化过程与铁铝层、低活性富铁层的形成

福建省地处亚热带，脱硅富铁铝化明显，根据脱硅富铁铝化程度的差异可形成铁铝层和低活性富铁层。铁铝层、低活性富铁层都是含高量铁富集的土层，其形成与富铁铝化过程有关，是在湿热或温热气候条件下，土壤脱硅、脱盐基、铁铝相对富集的结果。其中铁铝层是土壤矿物高度风化、铝硅酸盐矿物单硅铝化（矿物以 1∶1 型为主）、铁铝氧化物极明显富集、黏粒活性显著降低的高度富铝化作用的结果。高度富铁铝化的土层，厚度≥30 cm，具有砂质壤土或更细的质地，黏粒含量≥80 g/kg 黏粒，阳离子交换量（CEC_7）<16 cmol（+）/kg 黏粒，实际阳离子交换量（ECEC）12 cmol（+）/kg 黏粒，细土全 K 含量<8 g/kg（K_2O<10 g/kg）。

低活性富铁层是矿物中度风化，单、双硅铝化矿物并存，强烈盐基淋失作用，明显脱硅和铁铝氧化物富集，低活性黏粒淀积的中度富铁铝化作用形成的土层。厚度>30 cm，具有极细砂、壤质极细砂或更细的质地，色调为 5YR 或更红或游离铁占全铁的 40%以上，

其部分亚层（厚度≥10 cm）CEC_7<24 cmol（+）/ kg 黏粒。

5）黏化作用与黏化层的形成

黏化层的形成与黏化作用有关，是黏粒在土体中形成和积聚的结果，其中黏化层的黏粒含量一般超过上覆土层的 20%。福建省的黏化层主要是残积黏化。其诊断标准是：在均一母质上的土壤，上覆淋溶层黏粒含量为 15%~40%，此层黏粒含量至少为上覆土层的 1.2 倍。若上覆淋溶层黏粒含量为<15%或>40%，此层黏粒含量则至少分别比上覆土层的增大 3%或 8%；黏化层的厚度为≥10 cm。

6）聚铁网纹化过程与聚铁网纹层的形成

聚铁网纹层是由黏粒与石英等混合并分凝成多角状或网纹呈红色的富铁、贫腐殖质聚铁网纹体组成的土层，是聚铁网纹化过程的结果。其诊断标准是：厚度>15 cm，聚铁网纹按体积计≥10%，土壤裸露地表硬化成不可逆的硬磐或不规则形聚集体。

7）土壤（风化）初育过程与雏形层的形成

土壤风化程度较弱的初育化过程可形成无或基本上无物质淀积、未发生明显黏化、有一定数量氧化铁形成，土壤结构已初步发育的雏形层。其诊断依据是：风化成土过程中形成的无或基本上无物质淀积，带棕色或红色色调，且有结构发育的 B 层。福建省属于亚热带地区，雏形层厚度≥10 cm，且其底部至少在土表以下 25 cm；具有极细砂、壤质极细砂或更细的质地；有土壤结构发育并至少占土层体积的 50%，保持岩石或沉积物构造的体积<50%；或与下层相比，彩度更高，色调更红或更黄；或若成土母质含有碳酸盐时，土层中有碳酸盐下移的迹象。

8）漂洗作用与白土层的形成

福建省土壤中的漂白层主要出现在丘陵或山地的缓坡地带，它是指土壤中由于黏粒和（或）游离氧化物淋失或氧化铁分凝后形成的灰白色土层，其成因可能与氧化铁锰的侧渗淋洗有关。黏粒的机械淋溶（侧渗和直渗）和铁锰的化学还原离铁离锰，使某些土层发生“淡化”而形成。氧化物被分离，以致呈原始砂粒或粉砂粒色调，以其较差的结构、较高的明度和彩度同其下垫土层相区别；又以其较高的明度、较低的腐殖质含量有别于表土层。其诊断要点是：厚度≥1 cm，由 85%（按体积计）的漂白物质组成（包括分凝的铁锰凝团、结核、斑块等在内）。漂白物质的彩度≤2，以及或是润态明度≥3，干态明度≥6，或是润态明度≥4，干态明度≥5；或彩度≤3，以及或是润态明度≥6 或干态明度≥7；或是粉粒、砂粒色调为 5YR 或更红，以及或是润态明度≥3，干态明度≥6，或是润态明度≥4，干态明度≥5。

2.2.2　主要诊断特性

1）岩性特性

根据福建省的成土母质类型的分布及对土壤性状的影响，福建省土壤符合土表下 125 cm 范围内土壤性状明显保留母岩或母质的岩石学性质的岩性特征类别有：冲积物岩性特征，砂质沉积物岩性特征，紫色砂、页岩岩性特征，红色砂、页、砾岩岩性特征，碳酸盐岩岩性特征等。冲积物岩性特征和砂质沉积物岩性特征主要出现在河谷地区和沿海地区；紫色砂、页岩岩性特征及红色砂、页、砾岩岩性特征和碳酸盐岩岩性特征等主要分布在境内的低丘地区。

2）石质接触面和准石质接触面

石质接触面是指土壤与坚实黏结的下垫物质（岩石）之间的界面，不能用铁铲挖开。准石质接触面是指土壤与连续黏结的下垫物质（一般为部分固结的砂岩、粉砂岩、页岩或泥灰岩等沉积岩）之间的界面层，湿时用铁铲可勉强挖开。福建省山体坡度较大，且受人为影响强烈，许多山体存在明显的水土流失，不少区域的山地土壤的土层较薄，在离土表较浅的位置可出现石质接触面和准石质接触面。

3）变性特征

变性特征是富含有蒙皂石等膨胀性黏土矿物、高胀缩性黏质土壤所引起的开裂、翻转和扰动特征。具有变性特征的土壤质地黏重，黏粒矿物以蒙皂石类矿物为主，在土体中可见“滑擦面”等变性特征。福建省漳浦等地玄武岩台地上的部分土壤具有这一特征。

4）人为扰动层次

人为扰动层次是指有平整土地、修筑梯田等形成的耕翻扰动层。近年来福建不少县区开展了土地整理，城市建设也可对土壤产生人为扰动。人为扰动层次可零星出现在福建不同区域的农业土壤中和城市周边的土壤中。

5）土壤水分状况

土壤水分状况指年内各时期土壤内或某个土层内地下水或<1500 kPa 张力持水量的有无或多寡。一般可细分为干旱、半干润、湿润、常湿润、滞水、人为滞水和潮湿土壤水分状况。

土壤水分状况可用干燥度反映。干燥度的大小主要取决于蒸发力和降水量的大小。影响蒸发力的因子很多，主要有太阳辐射、蒸发面的温度、风速和空气湿度等。福建南北跨度约 3.5°，太阳辐射总量南北差异显著，从而决定了气温的南北差异，北部地区的蒸发力小于南部地区。就空气湿度来说，由于都地处沿海，空气湿度南北差异不大，所以其对蒸发力的影响不明显。对风速而言，南部地区受台湾海峡狭管效应影响，风力强劲，年均风速显著大于北部地区。

厉晴（1990，未发表资料）根据福建省各地市多年的气象观察数据，利用彭曼公式计算干燥度。研究认为，福建省境内年干燥度的分布趋势为从东南向西北递减，与年降水量分布从东南向西北增多的趋势相反；此外，干燥度的分布还受到福建省多山的地表结构和台湾山脉雨影区效应的影响。境内干燥度最大值为 1.27，分布在闽东南沿海的崇武地区；闽东北山地的寿宁县干燥度最小，为 0.40。这与崇武位于台湾山脉雨影区降水量较少和寿宁县位于鹫峰山麓北端（福建省多雨中心之一）有关。干燥度大于 1 的地区主要分布在平潭—泉州—厦门—东山一线以东以南的狭长的滨海地带，与福建省东南沿海各县受到台湾山麓雨影区效应的影响有关。陈健飞（1994）把福建全省 68 个县市分属三种水分状况，屏南、寿宁、周宁、柘荣、宁德为“常湿润”，平潭、泉州、惠安、晋江、厦门、东山等县市属“半干润”，其余县市为“湿润”。

方祖光和谢皎如（1997）研究认为，*K*（干燥度）等值线基本上与海岸线呈平行分布（图 2-1），由沿海地区向内陆递减，最大值出现在闽东南沿海一带，为 1.3；向内陆递减的最大梯度也出现在这一区域；这种现象显然与台湾海峡的作用有关。相对而言，

闽东沿海地区的 K 年等值变化平缓，其中以闽江出口处为转折点。K=1.0 的等值线从平潭岛的北部过福清龙高半岛，到莆田、泉州、漳浦一线，这是一条湿润与半湿润区域的分界线，表明福建东南沿海地区属半湿润区。

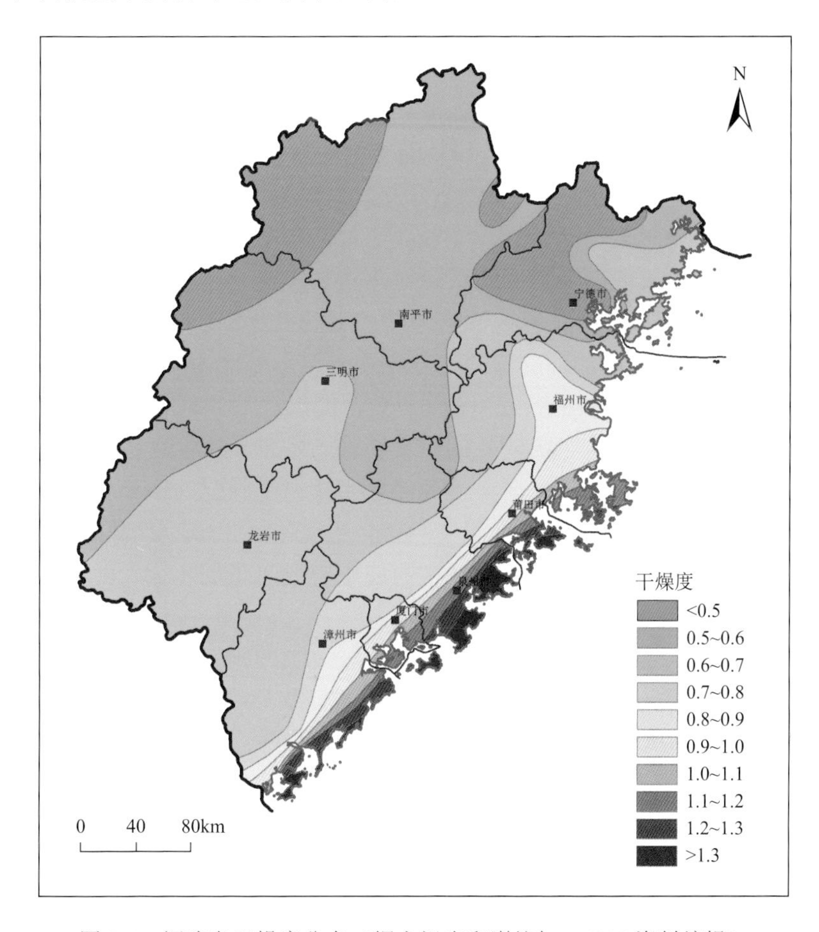

图 2-1 福建省干燥度分布（据方祖光和谢皎如，1997 资料编辑）

总体上，福建省大部分地区土壤水分状况为湿润，东南沿海狭长的滨海地带为半干润，此外在一些海拔较高、蒸发量较低的中山地区为常湿润土壤水分状况，平原地区或山地丘陵的排水不畅的低洼地区为潮湿状况。根据降水递增率推，并参考植被状况，海拔超过 1100 m 的地区可出现常湿润土壤水分状况，例如，武夷山区海拔 1100 m 以上的土壤水分状况为常湿润，梅花山区海拔 1250 m 以上可出现常湿润。种植水稻的土壤受人为灌溉排水影响明显，土壤属于人为滞水水分状况。

6）潜育特征

潜育特征是长期被水饱和，导致土壤发生强烈还原的特征，rH≤19。福建省具有潜育特征的土壤主要分布于西北山地间的山垄农田及沿海一带的海积平原和红树林土壤中。

7）氧化还原特征

氧化还原特征是指由于潮湿水分状况、滞水水分状况或人为滞水水分状况的影响，大多数年份某一时期土壤受季节性水分饱和，发生氧化还原交替作用所形成的特征。具有氧化还原特征的土壤在福建有较为广泛的分布。沿海平原、山地与丘间凹垄、河流冲积平原及不同地区的水耕人为土中都有出现。

8）土壤温度状况

土壤温度状况是指土表下 50 cm 深度处或浅于 50 cm 的石质或准石质接触面处的土壤温度。有关福建省的土壤温度状况，陈健飞（1989）根据土温与气温的相关性，由气温资料推算年平均土温和冬夏季土温差，从而确定土壤温度状况等级。据福建省 55 个气象站的观察数据资料统计结果表明，福建省年平均气温为 13（12.5）~22℃，20 cm 深处的年平均土温比年平均气温约高 2.5℃，40 cm 深处的年平均土温与 20 cm 深处的年平均土温差别很小。土温与气温的换算关系在南亚热带与中亚热带之间没有规律性的差别。20 cm 深处的夏季平均土温大致相当于夏季平均气温加 2.2℃，冬季平均土温大致相当于冬季平均气温加 2.8℃。由于 20 cm 深处的冬夏季土温之差比 50 cm 深处大 3℃左右，因此，可由 20 cm 深处的冬夏季土温之差减去 3℃，即换算得 50 cm 深处的冬夏季土温之差。推算结果表明，福建省除中山以外的广大地区，冬夏季土温之差均大于 5℃，南亚热带地区年平均土温多在≥22℃，属于“高热”土壤温度状况，中亚热带地区年平均土温多<22℃，属于“热性”土壤温度状况，但有交错现象。例如，属南亚热带的福清、长乐、闽侯等地出现“热性”土壤温度状况，而属于中亚热带的永定、尤溪、沙县和永安等地，则为“高热”土壤温度状况。

郑成洋和方精云（2004）对福建黄岗山东南坡气温的垂直变化研究表明，黄岗山海拔 2158 m，山顶年降水量为 3104 mm，年平均温度 8.7℃，最高温度 21.7℃，最低温度 –15.5℃。海拔 800 m、1150 m、1350 m、1550 m、1750 m、1950 m 和 2150 m 处的年平均温度分别为 15.0℃、14.5℃、13.3℃、12.0℃、11.2℃、10.5℃和 9.7℃。温度状况随垂直气候带有所差异。山地年均温一般随海拔升高 100 m 下降 0.4~0.7℃。根据气温垂直递减以及土温与气温的关系推算：一般海拔超过 1400~1700 m（因山体和坡向有所差异）可出现“温性”土壤温度状况。例如，武夷山海拔<1500 m 的土壤温度状况为“热性”，海拔>1500 m 的为“温性”。梅花山海拔<1700 m（南坡）或 1400 m（北坡）的土壤温度状况为“热性”，>1700 m（南坡）或 1400 m（北坡）的土壤温度状况为“温性”。

9）均腐殖质特性和腐殖质特性

均腐殖质特性是指土表至 20 cm 与土表至 100 cm 的腐殖质储量比（Rh）≤0.4。腐殖质特性是指热带亚热带地区土壤或黏质开裂土壤中 A 层或 A+AB 层有腐殖质物质积累外，B 层中有腐殖质淋淀积累或重力积累特性。这两个特性可零星出现在福建的山地土壤中。

10）铁质特性与铝质特性

铁质特性是指土壤盐基色调为 5YR 或更红，B 层细土部分 DCB 游离铁≥14 g/kg（游离 Fe_2O_3≥20 g/kg）或游离铁占全铁≥40%。铝质特性是指阳离子交换量≥24 cmol（+）/kg 黏粒；黏粒部分盐基总储量占土体部分的 80%以上，KCl 浸提 Al≥12 cmol（+）/ kg 黏粒，并占黏粒 CEC≥35%；铝饱和度≥60%；pH（KCl 浸提）≤4.0。福建省地处亚热带地区，丘陵与山地土壤脱硅富铝铁化过程明显，因此，铁质特性与铝质特性在福建土壤中有较为广泛的分布。

11）富铝特性

富铝特性是指黏粒全量组成的硅铝率≤2.0，或细土热碱（0.5 mol/L NaOH）浸提硅铝率≤1.0。富铝化作用的结果，可使部分丘陵山地土壤形成富铝特性。

12）石灰性与盐基饱和度

石灰性是指土表至 50 cm 范围内所有亚层中 $CaCO_3$ 相当物均≥10 g/kg。福建省沿海海积平原上的部分土壤具有石灰反应。盐基饱和度是指吸收性复合体被 K、Na、Ca、Mg 阳离子饱和的程度（NH_4OAC 法）。饱和的≥50%；不饱和的<50%。

13）硫化物物质

硫化物物质是指含可氧化的硫化物的矿质土壤物质或有机土壤物质，经常被咸水饱和，排水落干后，硫化物氧化，pH 降至 4 以下。沿海红树林下的土壤积硫明显，部分具有硫化物物质这一特性。

2.2.3　其他有分类意义的土层

焦隔层是土壤中强烈氧化还原作用的结果，是细土、砂粒与铁锰淀积物胶结形成的硬磐层，铁锰结核数量≥15%，土层厚度≥5 cm。

第3章　土壤分类

3.1　福建省土壤调查与分类的沿革

3.1.1　土壤调查历史

福建省土壤调查活动始于19世纪前叶，英国皇家学会著名化学家法拉第（Michael Faraday）对武夷山土壤进行机械分析。1849年，英国的Robert Fortune来华对武夷山土壤做简单调查。1935年，中央地质调查所派美籍牧师梭颇（James Thorp）来闽调查土壤。1937年，中央地质调查所又派人对闽江土壤进行调查。1940年，福建省研究院地质土壤调查所开始有系统地进行全省土壤调查，至1944年进行土壤约测的有德化等41个县，全县土壤调查完毕的有永春等7个县，区域土壤详测的有崇安茶区和永安茅坪一带。1948年前后，出版土壤专题报告（包括建瓯、建阳、邵武等11个县的全县土壤调查和闽西金溪、沙溪上游、闽江南岸、九龙江等区域土壤调查，以及崇安、水吉、邵武等茶区土壤专题报告）。在报告中述及当地自然和社会条件概况、土壤形成、土壤分类、土壤肥力及土壤利用意见等，附有土壤分布图和利用图。同时，在福建省研究院地质土壤调查所的年报上先后发表了有关土壤调查研究的论文10多篇，其中1942年发表的《福建省土壤分类制之商榷》是福建省首篇土壤分类的论文。

1956年，福建省农业厅建立土地利用局和土壤勘察队，着重对较大型的国营农场进行土地详测。1958~1960年，开展全省第一次土壤普查。这次普查按照全国统一部署，先在建宁县试点，随后普及全省。普查工作采取以县为单位，以人民公社为基础，以耕地为中心。全省共挖剖面132 985个，完成127万hm^2耕地的土壤普查。在普查基础上，绘制了“福建省农业土壤图（晒蓝图）”、编写《福建农业土壤（初稿）》。

全省第二次土壤普查于1979年9月开始试点工作，1980~1982年分三批全面展开，1985年4月，完成县（区）级土壤普查成果验收；1986年6月地（市）级普查资料汇总预检结束；1988年10月基本完成全省第二次土壤普查资料的汇总工作，先后提交省、地（市）、县《土壤志》75套，《土种志》8套，图854幅，专题报告380篇及大量的统计资料。第二次全省土壤普查的成果有《福建土壤》、《福建土种志》和1∶500 000的福建省土壤图、土壤全氮含量图、土壤全磷速效磷含量图、土壤全钾速效钾含量图、土壤有机质含量图、土地利用现状图，以及1∶1 000 000的土壤pH点位图、土壤改良分区图、化肥施用区划图，1∶1 600 000的土壤微量元素分布图。同时提供了农业基本情况、土壤资源、土壤养分、土壤障碍因素、土壤成果应用资料及典型剖面的理化性状等20个项目40多万个数据，其中，4454个土壤典型剖面及其26个理化性状等项目的33万多个数据应用计算机进行计算、分析、存储，建立了土壤普查数据库。通过这次普查，查清福建省土壤资源及其分布特点，基本掌握影响农业生产的土壤障碍因素，查清土壤养分状况和肥力特征，调查了全省土壤资源的利用现状，普及了识土、用土、改土知识。

3.1.2　土壤分类沿革

1）早期马伯特分类

我国的土壤分类研究始于20世纪30年代，工作机构主要是当时的中华民国中央地质调查所土壤研究室。另外还有省级地质及土壤调查所、农业肥料试验机构和部分大学农学院的土壤研究室。当时尽管人员很少和设备简陋，却也做出了一定成绩，出版了《土壤专报》和《土壤特刊》及很多地区性土壤调查报告等。这一时期土壤分类深受美国学派的影响，以土系为基础分类单元。将南方丘陵山地的富铝化土壤划分为砖红壤、红壤、黄壤、灰棕壤等土壤。其中，红壤类又划分为老红壤和幼红壤等亚类。将水稻土划作为独立土类也是这一时期提出的。这些研究为福建省土壤分类奠定了基础。

20世纪40年代，中华民国中央地质调查所建立福建省地质土壤调查所，开展了省内土壤调查制图工作，对福建省土壤分类作了进一步探讨，并充实了我国土壤分类资料。40年代中期，福建省土壤分类采用美国分类制，把红壤、黄壤和灰棕壤等归属于显域大淋溶土纲，与它对应的有“隐域土”中的水稻土、黑色石灰土和盐渍土。泛域土则包含残积土、冲积土及风积土。并以土系作为主要基层分类单元，以首次发现的地名命名土系。福建省地质土壤调查所于1942年年报第一号发表的《福建省土壤分类制之商榷》论文，是以美国农业部1940年制定的土壤分类法和中华民国中央地质调查所1941年拟定的土壤分类法为基础，按照土带、土纲、土类、亚类、土种、土系、土相，以土系为主要基层分类单元，将福建省的土壤划分为显域土、隐域土、泛域土3个土带、6个土纲（钙层土、淋溶土、水成土、盐成土、钙成土及幼年土）、18个土类、32个亚类、30个土种、41个土系及若干土相。

2）土壤发生分类

新中国成立后，在学习苏联地理发生学土壤分类的基础上，我国土壤分类进行了重大变革。新中国成立初期，结合国家生产建设任务，我国开展土地资源综合考察、流域规划和荒地勘测开发等土壤分类研究，开始学习和运用苏联土壤地理发生学观点，改循苏联土壤发生学派的土壤分类体制，采用土种、变种为土壤基层分类单元，以成土过程、母质、主要土性等作为修饰词，串联成很长的土壤名称。这种分类体制十分烦琐，未能广泛应用。1954年拟订的“中国土壤分类表”是我国第一个按照苏联土壤发生学理论拟订的土壤分类，很大程度上是照搬，它对我国以后的土壤分类有重要影响。以后历次（1963年、1976年、1978年、1984年）修订颁布的中国土壤分类系统，都是以这个分类为基础，做些修改补充，在分类体制上没有实质性变化。

1958年，福建省开展了第一次土壤普查，这在福建省土壤科学史上是一次空前的壮举。当时重点对耕作土壤进行了广泛的调查研究，使福建土壤分类面貌为之一新。同时，在调查中深入总结了群众辨土、识土和改土的经验，在人为因素的作用、土壤熟化过程、定向培育以及肥力概念等方面，都提出了新的见解，对耕作土壤分类问题进行了广泛的讨论。当时土壤分类命名尽量采用群众习惯的语言。但是，第一次土壤普查的土壤分类还缺乏科学性和系统性研究，将耕作土壤与自然土壤人为地割裂为两个系列，对基层分类也没有进行系统的整理和归纳。

1979 年，福建省开展了第二次土壤普查，根据 1988 年 2 月全国土壤普查办公室颁发的《中国土壤》分类系统表，将福建省土壤划分为 5 个土纲、14 个土类、25 个亚类、86 个土属、171 个土种。这次土壤的划分，遵循发生学原则、统一性原则和综合指标原则。在研究土壤分类时，把成土因素、成土过程和土壤属性三者综合考虑。由于土壤属性能够确切地反映成土条件和成土过程，因此，在具体土壤分类时，把其作为分类的基础。同时，在进行土壤分类时，把自然土壤和农业土壤纳入同一分类系统；其中水稻土具有独立成土的过程，单独划分为一个土类；旱地土壤变异较小，在各类自然土壤的土属中加以区分。在进行土壤分类时，强调土壤综合指标的应用，即强调各级分类要考虑成土因素、成土过程和土壤属性的综合指标，尤其是诊断层和诊断特性的综合指标。这个分类系统，在土类、亚类高级分类单元上与全国土壤分类系统保持一致，在基层分类单元上则根据福建土壤的特征、特性加以区分和制成福建省土壤图。期间，还对省内代表性土壤的发生、演变进行了专题研究，分别提出了有关土纲的分类指标。例如，采用成土条件（海拔、年均温、≥10℃积温、干燥度）、诊断层的形态（黏化率、结构、颜色）和理化性质（风化淋溶系数、活性铁水合系数、黏土矿物组成、CEC）等来区分铁铝土纲中的赤红壤、红壤、黄壤各亚类；利用水型、剖面构型、氧化铁形态及其剖面分布等区分水稻土的各亚类；利用母质的化学组成、质地差异等划分土属；利用土体构成及其层段鉴别和划分土种。

通过第二次土壤普查，福建省土壤分类有了较大的发展，主要表现在：①土壤分类的理论水平不断提高。应用发生学的观点，加强了土壤分类的理论基础，并逐步渗透到耕作土壤发生分类和肥力演变的研究中去。②对耕作土壤研究的不断深入。基层分类的研究更加重视，从而使土壤分类与农业生产的联系更加密切。③定量化分类有较大的发展。土壤分类鉴定上，广泛采用了化学分析、形态鉴定、微形态分析、数理统计等方法，土壤分类逐步由简单的定性描述向定量、指标分类发展。

3）土壤系统分类

1984 年开始，由中国科学院南京土壤研究所牵头组织相关单位开始了中国土壤系统分类研究，先后提出了《中国土壤系统分类》初稿（1985 年）、二稿（1987 年）、三稿（1988 年）、首次方案（1991 年），并在此基础上提出了《中国土壤系统分类》修订方案（1995 年），出版专著《中国土壤系统分类——理论、方法、实践》（1999 年）、《中国土壤系统分类检索》（第三版）（2001 年）和《土壤发生与系统分类》（2007 年），使中国土壤分类学发展步入定量化分类的崭新阶段。20 世纪 90 年代中后期，在国内典型样区开展了中国土壤系统分类基层分类（土族、土系）的探讨。福建省与全国其他地区一样，结合福建省土壤开展了较为广泛的系统分类研究，涉及的内容包括代表性土壤的系统分类、福建省土壤发生分类与系统分类的参比、典型样区土系的调查、划分等。这一阶段福建省土壤分类研究以福建师范大学的研究最有代表性。陈健飞等先后采用诊断层、诊断特性的分类方法开展了武夷山、梅花山、鼓山等代表性区域土壤的系统分类，利用第二次普查等资料进行了福建省发生分类与中国土壤系统分类的参比研究。在漳浦建立样区开展了土系的调查研究，建立了样区土系的数据库，建立了复船山系、白竹湖系、前亭系、基里山系、港尾系、后窟系、下店村系、人坪村系、大南坂系、梧岭系、佛昙系、和坑系、鱼鳞石系和龙寨山系14个土系，并在《福建山地土壤研究》一书中对这些土系的生境条件、主要性状及其分异、单个土体特征、形态特征、与相邻土系的主要分异特征和主要生产性能有较为详细的介绍。这些调查研究对推动福建省土壤的定量化研究做出了重要的贡献。

3.2 中国系统分类高级分类单元

3.2.1 土壤系统分类的分类原则

中国土壤系统分类是遵循土壤发生的理念，依据单个土体本身可测量的与发生过程有联系的诊断层的诊断特性进行分类。中国土壤系统分类为多级分类，共六级，即土纲、亚纲、土类、亚类、土族和土系。前4级为较高分类级别，主要供中小尺度比例尺土壤调查与制图确定制图单元用；后两级为基层分类级别，主要供大比例尺土壤图确定制图单元用。整个系统共划分出14个土纲、39个亚纲、138个土类和588个亚类。高级分类单元的分类原则简述如下。

1）土纲

土纲为最高土壤分类级别，根据主要成土过程产生的或影响主要成土过程的诊断层和诊断特性划分。在14个土纲中，除火山灰土纲和变性土是根据影响成土过程的火山灰物质和由高胀缩性黏土物质所造成的变性特征划分之外，其他12个土纲均是依据主要成土过程所产生的性质划分。根据主要成土过程产生的性质划分的有有机土、人为土、灰土、干旱土、盐成土、均腐土、铁铝土、富铁土、淋溶土；根据影响主要成土过程的性质，如土壤水分状况、母质性质划分的有潜育土、火山灰土。有机土、人为土、灰土、盐成土、潜育土、淋溶土和均腐土分别根据泥炭化、人为熟化、灰化、盐渍化、潜育化、黏化和腐殖化过程及在这些过程下形成的诊断层和诊断特性划分；富铁土和铁铝土根据富铁铝化过程及相关的低活性富铁层和铁铝层划分；雏形土和新成土是土壤形成的初期阶段，分别只有矿物的蚀变形成的雏形层和淡薄表层；至于干旱土则以在干旱水分状况下，弱腐殖化过程形成的干旱表层为其鉴别特征。

福建省涉及的土纲有人为土、铁铝土、变性土、盐成土、潜育土、富铁土、淋溶土、雏形土和新成土等土纲。

2）亚纲

亚纲是土纲的辅助级别，主要是根据影响现代成土过程的控制因素所反映的性质（如水分状况、温度状况和岩性特征）划分。

按水分状况划分的亚纲有：人为土纲中的水耕人为土和旱耕人为土；火山灰土纲中的潮湿火山灰土、铁铝土纲中的湿润铁铝土；变性土纲中的潮湿变性土、干润变性土和湿润变性土；潜育土纲中的滞水潜育土和正常（地下水）潜育土；均腐土纲中的干润均腐土和湿润均腐土；淋溶土纲中的干润淋溶土和湿润淋溶土；富铁土纲中的干润富铁土、湿润富铁土和常湿富铁土及雏形土纲中的潮湿雏形土、干润雏形土、湿润雏形土和常湿雏形土。

按温度状况划分的亚纲有：干旱土纲中的寒性干旱土和正常（温暖）干旱土；有机土纲中的永冻有机土和正常有机土；火山灰土纲中的寒性火山灰土；淋溶土纲中的冷凉淋溶土和雏形土纲中的寒冻雏形土。

按岩性特征划分的亚纲有：火山灰土纲中的玻璃质火山灰土；均腐土纲中的岩性均腐土及新成土纲中的砂质新成土、冲积新成土和正常新成土。

此外，个别土纲中由于影响现代成土过程的控制因素差异不大，所以直接按主要成土过程发生阶段表现的性质划分，如灰土土纲中的腐殖灰土和正常灰土；盐成土纲中的碱积盐成土和正常（盐积）盐成土。

3）土类

土类是亚纲的续分。土类类别多根据反映主要成土过程强度、次要成土过程或次要控制因素的表现性质划分。根据主要成土过程强度的表现性质划分有：正常有机土反映泥炭化过程强度的高腐正常有机土、半腐正常有机土、纤维正常有机土土类。根据次要成土过程的表现性质划分的如：正常干旱土中反映钙积、石膏积聚、盐积、黏化、土内风化等次要过程的钙积正常干旱土、石膏正常干旱土、盐积正常干旱土、黏化正常干旱土和简育正常干旱土等土类。根据次要控制因素的表现性质划分的如：反映母质性特征的钙质干润淋溶土、钙质湿润富铁土、钙质湿润雏形土、富磷岩性均腐土等；反映气候控制因素的寒冻冲积新成土、干旱冲积新成土、干润冲积新成土和湿润冲积新成土等。

4）亚类

亚类是土类的辅助级别，主要根据是否偏离中心概念，是否具有附加过程的特性和是否具有母质残留的特征划分。代表中心概念的亚类为普通亚类，具有附加过程特征的亚类为过渡性亚类，如灰化、漂白、黏化、龟裂、潜育、斑纹、表蚀、耕淀、堆垫、肥熟等；具有母质残留特性的亚类为继承亚类，如石灰性、酸性、含硫等。

3.2.2　高级分类单元的检索

中国土壤系统分类是一个检索性分类，其各级类别是通过有诊断层和诊断特性的检索系统确定的。使用者如能按照检索顺序，自上而下逐一排除那些不符合某种土壤要求的类别，就能找出它的正确分类位置。因此，土壤检索既要包括各级类别的鉴别特性，又要列出它们的检索顺序。

首先是检索依据，主要是诊断层、诊断特性，没有诊断层和诊断特性无法正确地进行检索。为鉴别土壤提供一个相同的基础，同时要注意控制层段（control section）。矿质土的控制层段，一般从矿质土表层到 C 层或 IIC 层上部界线以下 25 cm，或最大到地表以下 200 cm 深处。若从矿质土表到 C 层或 IIC 层上界的深度<75 cm，则控制层段可延伸到 1 m；若基岩出现深度<1 m，则控制层段可延伸到石质接触面。有机土的控制层段，一般自土表向下到 160 cm，或到石质接触面。有机土控制层段可细分为三个层，即表层（从土表向下到 60 cm 或 30 cm 深处），表下层（通常厚 60 cm 或出现石质接触面、水层或永冻层时则止于较浅深度）和底层（厚 40 cm 或出现石质接触面、水层或永冻层时

止于较浅处）。

其次是检索顺序，这是在一定的理论基础上根据我国实践制订的，必须严格按照检索顺序进行检索。检索顺序就是土壤类别在检索系统中检出先后次序。由于土壤的发生或性质十分复杂，除占优势的过程及其产生的性质外，可能还有其他居次要位置的过程及其产生的性质。所以各土壤类别的主要鉴别性质尽管不同，但其中某种土壤的次要鉴别性质可能和另一土壤的主要鉴别性质相同，如果没有一个合理的检索顺序，这些鉴别性质相同，但优势过程不同的土壤就可能并入同一类别。譬如，干润均腐土有两种发育强度不同的土壤，一类已发育到黏化阶段，以黏化过程占优势；另一类只发育到钙积阶段，以钙积过程占优势。但在黏化类别中有的尚处于过渡阶段，在黏化层以下还有由已退居次要位置的钙积过程所产生的钙积层。如果先检有钙积层的，则会把有钙积层，又有黏化层的土壤归入钙积类别；如果先检有黏化钙积层的，就可以把所有已进入黏化阶段的土壤归入黏化类别，而把有钙积层，但无黏化层的土壤归入钙积类别。

再次，土壤系统分类是开放的体系，若性质确定，但在现行分类主要是指亚类一级找不到其分类位置，可以增添。

中国土壤系统分类中14个土纲是根据土壤的诊断层和诊断特性划分的，其中，有富含有机物质的有机土和均腐土；深受母质地形影响的火山灰土、变性土和潜育土；形成于干旱气候条件下的干旱土和盐成土；形成于湿润温带条件下的淋溶土和灰土；形成于热带条件下的富铁土和铁铝土以及发育程度较浅的新成土和雏形土；还有人为作用下形成的人为土。中国土壤系统分类的土纲检索见表3-1。

表3-1　中国土壤系统分类14个土纲检索简表

诊断层和（或）诊断特性	关键依据	土纲
土壤中有机土壤物质总厚度≥40 cm，若容重<0.1 mg/m^3，则≥60 cm，且其上界在土表至40 cm范围内	有机土壤物质	有机土
其他土壤中有水耕表层和水耕氧化还原层；或肥熟表层和磷质耕作淀积层；或灌淤表层；或堆垫表层	人为层	人为土
其他土壤在土表下100 cm范围内有灰化淀积层	灰化淀积层	灰土
其他土壤在土表至60 cm至更浅的石质接触面范围内60%或更厚的土层具有火山灰特性	火山灰特性	火山灰土
其他土壤中有上界在土表至150 cm范围内的铁铝层	铁铝层	铁铝土
其他土壤中土表至50 cm范围内黏粒≥30%，且无石质接触面，土壤干燥时有宽度>0.5 cm的裂隙，和土表至100 cm范围内有滑擦面或自吞特征	变性特征	变性土
其他土壤中有干旱表层和上界在土表至100 cm范围内的下列任一诊断层：盐积层、超盐积层、盐磐、石膏层、超石膏层、钙积层、超钙积层、钙磐、黏化层或雏形层	干旱表层	干旱土
其他土壤中土表至30 cm范围内有盐积层，或土表至75 cm范围内有碱积层	盐积层和碱积层	盐成土
其他土壤中土表至50 cm范围内有一土层厚度≥10 cm有潜育特征	潜育特征	潜育土
其他土壤中有暗沃表层和均腐殖质特性，且矿质土表下180 cm或至更浅的石质或准石质接触面范围内盐基饱和度≥50%	暗沃表层和均腐殖质特性	均腐土
其他土壤中有上界在土表至125 cm范围内的低活性富铁层，且无冲积物岩性特征	低活性富铁层	富铁土
其他土壤中有上界在土表至125 cm范围内的黏化层或黏磐	黏化层	淋溶土

续表

诊断层和（或）诊断特性	关键依据	土纲
其他土壤中有雏形层；或矿质土表至 100 cm 范围内有如下任一诊断层：漂白层、钙积层、超钙积层、钙磐、石膏层、超石膏层；或矿质土表下 20~50 cm 范围内有一土层（≥10 cm 厚）的 n<0.7；或黏粒含量<80 g/kg，并有有机表层，或暗沃表层，或暗瘠表层；或有永冻层和矿质土表至 50 cm 范围内有滞水土壤水分状况	雏形层	雏形土
其他土壤仅有淡薄表层，且无鉴别上述土纲所要求的诊断层或诊断特性		新成土

3.2.3　土壤命名

中国土壤系统分类单元的名称以土纲为基础，其前叠加反映亚纲、土类和亚类性状的术语，就分别构成了亚纲、土类和亚类的名称。土壤性状术语尽量简化，限制为 2 个汉字，土纲名称一般为 3 个汉字，亚纲为 5 个汉字，土类为 7 个汉字，亚类为 9 个汉字。各级类别名称均选用反映诊断层或诊断特性的名称，部分或选有发生意义的性质或诊断现象名称。复合亚类在两个亚类形容词之间加连接号“-”，如石膏-磐状盐积正常干旱土；其中土纲名称中的有机土、灰土、火山灰土、变性土、干旱土和新成土等均直接引自美国系统分类；铁铝土、淋溶土、雏形土、潜育土和人为土参照联合国世界土壤图图例单元而来，其中，铁铝土和雏形土与美国系统分类中的氧化土和始成土相同；均腐土取自法国土壤分类的名称；盐土和碱土合称盐成土，人为土和富铁土是中国自己提出的。命名中亚纲、土类和亚类一级中有代表性的类型，分别称为正常、简育和普通以区别。“简育”一词原词是 Haplie，即指构成这一土类应具备的最起码的诊断层和诊断特性，而无其他附加过程。

3.3　土 系 调 查

福建省土系调查在 2010~2013 年进行。参考“我国土系调查与《中国土系志》编制”（2008FY110600）项目组提出的“粗化的空间单元（地形、母质、利用）＋历史土壤图＋内部空间分析（模糊聚类）＋专家经验”的土系调查样点确定的方法，采用路线调查与第二次土壤普查成果图，结合地形、母质和景观特征，确定了 200 个观察点的土系调查观察点点位图。以布点图为基础，最终采集了 161 个剖面和近 700 个分层土样，同时观察了 200 多个检查剖面。对采集土壤剖面的地理位置、成土条件、性态特征进行了全面的描述；根据系统分类检索需要，对采集样品的发生学性质进行了全面的分析（包括分层土样的 pH、有机质、CEC、交换性酸、交换性盐基、氧化铁形态（游离氧化铁和无定形氧化铁）、颗粒组成，部分土壤的黏土矿物类型、胶体硅铝率、养分等）。观察的土壤剖面覆盖了整个福建省的所有地级市。每一剖面均有一套剖面和景观照片及剖面记载表。某些剖面的特殊土层还拍摄了新生体、结构体等照片。田间土壤剖面调查描述、采样依据《野外调查与描述手册》，土壤颜色比色依据日本《标准土色贴》（日本农林省农林水产技术会议事务局，1967）。分析测定方法参照《土壤调查实验室分析方法》，系统分类高级单元确定依据《中国土壤系统分类检索》（第三版），基层单元土族和土系划分方法按《中国土壤系统分类土族和土系划分标准》一文（张甘霖等，2013）。

3.4 土系划分方法与土系记录

3.4.1 土系的概念及其与聚合土体、景观的关系

1）土系定义

土系是土壤系统分类中最基层的分类单元，是发育在相同母质上、处于相同景观部位、具有相同土层排列和相似土壤属性的土壤集合。土系是土壤系统分类最低级别的分类单元，它由自然界中性态相似的单个土体组成的聚合土体所构成，是直接建立在实体基础上的分类单元。其性状的变异范围较窄，在分类上更具直观性。同一土系的土壤组成物质、所处地形部位及水热状况均相似。在一定垂直深度内，土壤的诊断土层种类、性态、排列层序和层位，以及土壤生产利用的适宜性能大体一致。

2）土系与聚合土体的关系

聚合土体是确定土系的基础，它是田间真实存在的和可以观察的实体。聚合土体由一系列相互毗邻而土层和特性相似的单个土体组合而成。构成同一聚合土体的单个土体的特征符合某一土系所定义的土壤性质范围。而某一个聚合土体的周围或是“非土壤”，或是另一些具有不同特征的单个土体。聚合土体之间特性的差异，实际上反映了它们之间的土层类型、排列及理化性质的差别。一个聚合土体的范围小可接近于单个土体的面积（最小面积约 1 m^2），其最大面积不定，至少大到比单个土体更能反映土壤的所有特征。聚合土体在土系的划分和建立上具有重要的意义。具有相同性质的聚合土体构成了土系，在田间聚合土体之间的空间界线也是土系之间的界线，也即每一个聚合土体都能划分为一个土系，但是一个土系一般比一个单独的聚合土体具有更宽的特征范围和分布面积。土系在空间上可重复出现。

3）土系与小区景观的关系

土系作为一个实体，其占有一定的空间和地理分布特征，同一土系具有相似的小区景观。在小区景观内，形成土壤的微地形、成土母质、小气候、生物群落等都有很好的一致性，在小区景观内构成土壤的土层种类、排列及特征具相似性，变化幅度很窄，因此，同一小区景观内土壤的性状都落在同一土系的范围内。而在空间上具相似小区景观的土壤，构成它的土层及特征也相似，因此，它们所属的土系是相同的。由于土系与小区景观存在密切的联系，所以在田间常根据不同景观单元中土壤性质的变化特征来分析和判断土系的过渡和划分土系。

3.4.2 土系划分的方法

土系的划分是一个逐渐归纳、较为复杂的过程，是对现有土壤知识的组织和整理过程。一般可概括为景观分析、单个土体和聚合土体的研究、土系鉴别特征的选取和鉴定、

特征范围的确定、土系的建立和验证。

1）符合土系概念的典型单个土体的选取

单个土体是理想的最小的取样体积单位，面积从 1 m^2 到 10 m^2 不等，若干相邻而相似的单个土体可组成聚合土体，而具有相同性质的聚合土体即为土系。所以研究土系实际上是从研究单个土体开始的，典型的单个土体是用来说明土系中心概念的参照土体，这个单个土体和其他很相似的单个土体一起构成了一个土系的基本定义范围。因此，选择典型单个土体对正确划分土系十分重要。典型单个土体的选取需要一些现有的有关土壤形态、特性和地理分布资料为前提，典型单个土体的部分理化性状应能够较合理地体现所划分土系的特征。

2）剖析单个土体的特性

典型单个土体选定后，可通过剖面描述、野外记录和实验室分析等来剖析土壤的形态特征和土壤组成。可供研究的土壤特性有：在土系控制层段内一些部位的质地，在一限定深度或其上的碳酸盐含量，石质、准石质接触面等出现的深度，土壤中岩石碎屑含量，颜色，土壤氧化还原特征，土壤温度状况和土壤水分状况，诊断土层的种类、层位和厚度，土壤反应，土壤矿物组成，土壤结持性等。区别土系的核心是诊断土层和特征性状。一般来说，凡是符合土系划分原则的诊断土层和特征性状都可作为土系划分的指标。供鉴别土系之用的诊断土层包括各种诊断层、岩性或特定母质土层（如质地土层）、障碍土层、特殊土层，包括土层厚度、层位和层序。除《中国土壤系统分类检索》中的诊断层、诊断特性外，用于福建省土系划分的诊断土层和特征性状还有：①诊断层的质地和砾石含量。质地一般可分为砂（砂质及壤质）、壤（黏壤质至壤黏质）、黏（黏土质）三级。②障碍土层及层位。主要选用的障碍层有：（A）白土层：浅灰白色、粉砂质壤土，具淀浆板结特性，有时常有锈纹斑，厚度≥10 cm；（B）砾石层：砾石的形状和大小不等，容积占 35%以上，厚度≥10 cm；（C）砂层：包括砂土和壤质砂土；（D）泥炭层：黑色泥炭物质含量≥50%，厚度≥10 cm；（E）青泥层：青灰色，具潜育特征、软糊无结构土层，厚度≥10 cm；（F）铁钙结核层：结核大小不等，数量≥15%，厚度≥5 cm；（G）焦砾层：石砾与铁锰淀积物胶结形成的硬磐层，铁锰结核数量≥15%，砾石含量≥35%，或比上土层高出 20%，厚度≥10 cm。上述的障碍土层厚度大于 5~10 cm 才考虑，否则不在土系划分时考虑。③土壤颜色。④腐殖质层厚度和含量。⑤母质异源。包括异源母质的位置和厚度。⑥某些土壤化学性状。主要为对土壤改良利用或土壤发育程度有较大影响的性状，包括可溶性盐含量、盐酸反应等。

3）土系鉴别特征的选取

用来鉴别土系的土壤属性指标因土而异，但同一土族内划分土系的属性指标应当一致，以利于土系间的对比。用来鉴别土系的土壤特性的观察和测量一定要在土系的控制层段内使用。用于土系鉴别的属性指标应能影响土壤利用与管理。因此，在选择与权衡哪些土壤特性用来鉴别土系时，应慎重分析。当研究一个土系的鉴定特征时，应同时考虑（比较）同一土族内的其他土系的鉴定特征。一般情况下，用作划分土系的土壤特性不止一个，土系差异通常反映于土壤的多个特性中，不同土系差异特性的个数又不一样，但所选的特征应该在土壤形态和组成方面与其他土壤有明显大于所规定的正常误差，在利用和管理上有重要意义。在多数情况下，特定的土族内的土系之间在土壤诊断土层排列、土层缺失、土系控制层段内土壤物理性质和土壤的水分、温度状况都存在一定的差异，而这些差异往往是土壤在自然环境、气候、母质等差异的综合反映，对土壤利用有重要影响，所以这些性质常被作为土系划分的特征指标。基于经验或研究发现的一些土壤间重要性质，影响和制约土壤利用方式的性质和特性应考虑作为鉴别土系的特征。总之，在一个土族内划分土系主要目的是便于对土壤的行为和性质作定量解释。

4）土系鉴定特征范围的确定

土系鉴定特征范围是通过统计若干个相似单个土体的鉴定特征来确定变异范围和界线的，但必须全面考虑，并经一定的比较研究后进行限定。首先，任何一个土系与其相似土系之间的差异都必须能被辨认，并存在明显的差异；同一土族内，拟建土系的鉴别特征的变幅不能与已建土系重叠，拟建土系的鉴别特征可宽至其所属土族的最大允许范围，但不能跨出土族以上分类单元的界线。这个变幅也不能只为了所谓的精度或便于与其他土系区别而设定太窄，这个鉴别特性的范围应宽于其观测的正常误差，并且具有可操作性。此外，不同于其上的分类单元，土系鉴定指标的变幅不仅是明确的，而且变化范围界线在该分类级别上是连续的，土系之间的界线可随新土系的增加做必要的调整。

5）土系的建立

确定拟增土系的特征范围后，首先需验证所设土系是否真正需增设。通过土壤出现的地貌、景观组成与所在位置等信息总结研究，将所获得的信息与现有的土系比较，若发现拟建立的土系特征落在已建土系的范围内，那么应归入现有的土系，否则可建立新土系。通过评比，确系符合土系划分原则，在土系之间差异足够大，满足实用目的，可提出建立土系，但还需符合下述条件：

（1）建立的新土系，有一定的分布面积。

（2）必须具有符合新土系概念的多个单个土体的正式记录，以便决定该土系的特性变幅。

（3）具有有效的分析数据。

（4）具代表性土壤的有效原始资料与信息。

3.4.3 土系的记录

1）土系记录的目的

土系记录是对一个国家土壤系统分类中有关土系一级分类单元的有关信息的记述，主要用于对土壤的鉴别和分类，便于保存野外观察的和实验室分析的土壤信息资料，利于与国内外不同土壤分类系统之间的交流与对比，是土壤分类和比土评土的基础工作，也是建立土壤信息系统和土壤质量评价的基础，农业化学、农艺学家和土地管理者可从土系的记录中了解土壤的特性。

2）土系记录的要求

每一个土系的记录应包括规定的有关内容，记录项必须完整，便于应用，土系的记录必须能清楚地反映记录土系与所有其他土系在土壤特性、诊断层或诊断特性等方面的差异（包括定义该土系的土壤特性，区分与其他相关土系的土壤特性，确定该土系所属土族以上高级分类单元的土壤特性和解释该土系形成的有关特性），用于土系记录的名词和术语应规范。

3）土系记录的内容

土系记录内容包括土系分布及环境，土系分类归属，典型单个土体描述，土系特征变化及变幅，对比土系，生产性能等部分。

（1）土系分布及环境：指土系所分布的范围，指明该土系分布的地（市）、县（区），该土系所处的地理环境，包括地形、地势、海拔、母质、气候和其他所有的特别是有助于鉴别该土系土壤的景观特征，要指明土壤的地形名称、坡度变化范围，同时也包括如岩石露头、侵蚀面或沉积面等景观特征，气候特征可用温度、降水量、无霜期和有效积温等表示。另外还应包括排水状况和渗透性、主要的利用方式及分布的面积。

（2）土系分类归属：确定土系在中国土壤系统分类中所属土族的分类名称。若有疑问，应加以说明或提出建议。

（3）典型单个土体描述：土系典型单个土体的描述应体现该土系的中心概念，起定性、定量、定型和定位的作用。应具体地记述剖面的观察地点（包括经纬度）、地形部位、海拔、母质、植被和利用、土壤水热状况，然后对各土层进行记录。一般包括三部分：①土层的类别；②土层的深度用 cm 表示；③土层的特征描述，颜色、质地、斑纹、结构、根系状况、孔隙状况、土壤反应、下界面以及滑擦面、硬结核、聚铁网纹体、胶膜、盐分、石灰反应，含石块、粗骨性物质状况、氧化还原特性等。

（4）土系特性变幅：指明目前已知的土系一级可观察到的土壤特性变化的范围，重点叙述定义该土系的特性和那些能影响土壤利用方式和管理的土壤特性，尽可能给定这些性质以数量和可操作的变幅界线。这些特性的变化范围必须在该土系所属土族的特征变化的范围内，若某个土壤特性的允许变幅与其所在土族或更高级单元一致，则该特性的变幅可省略。一般先叙述某个土壤特性的最常出现的变幅，再记述该特性的全部的变化范围。

（5）对比土系：主要讨论该土系与其分类上主要近似土系的差异，要列出同土族内该土系与其他土系相区分的主要鉴别特征。侧重在划分其与相似土系的那些鉴别特征，尽可能做明确和定量的比较。也可记录与该土系在实际地理环境上相连的土系间的差异。

（6）生产性能综述：重点记述反映该土系的水肥气热特点、作物的适宜性、种植制度、生产力水平、产量、限制因素和灾害情况及改良利用的建议。

下篇　典型土系

第4章　人为土纲

4.1　铁聚潜育水耕人为土

4.1.1　马家围系（Majiawei Series）

土族：壤质硅质混合型酸性热性-铁聚潜育水耕人为土

拟定者：章明奎，麻万诸

分布与环境条件　广泛分布于闽东、闽西、闽北各县，以龙岩、南平、三明山区分布最广；所处地形部位为中低山丘陵的狭谷地带及坡麓泉水溢出区域的山垄田。大多处于三面环山、开阳率（指垄开阔度/垄相对高度）低，日照时数仅 4~5 h，海拔多在 800 m 以下，景观是“半日阴雾半日晴”；光热资源不足，水土温度较低。马家围系土壤起源于各类富铝化土壤的再积物，经长期水耕熟化而成，利用方式为水田。由于地势低洼，排水不畅，地下水位一般在 30~50 cm。水源较为充足，主要为泉水和沟谷流水，自流灌溉。属亚热带气候，年均温在 16.0~17.6℃；极端最低气温–9.5~–7.6℃，极端最高气温 36.0~39.1℃，≥10℃的积温 4600~5560℃，年均日照多在 1500 h 以下；无霜期 234~270 d；年均降水量 1600~2000 mm，降水的季节分布不均，存在一定的干湿季，每年 3~9 月为湿季，占全年降水量的 85%；10 月至翌年 3 月为少雨旱季。年均蒸发量约 1200~1500 mm，干燥度小于 1。

马家围系典型景观

土系特征与变幅　该土系诊断层包括水耕表层、水耕氧化还原层；诊断特性包括人为滞水土壤水分状况、潜育特征和热性土壤温度状况。土壤黏土矿物主要为水云母，其次为高岭石，含有少量绿泥石和蛭石。由于分布处地势低洼而成为地表水和地下泉水汇集的场所，地下水位高，埋深多在 30 cm 以内，甚至溢出地表；终年渍水，土体多处于水饱和状态，还原作用强烈，犁底层以下土体呈青灰色，土体呈软糊状。其剖面一般具有 Ap1-Ap2-Bg，水耕氧化还原层具明显的铁聚；土体深厚，一般在 50~100 cm；土壤质地以粉砂质壤土和壤土为主，黏粒含量在 50~270 g/kg，全剖面平均在 200 g/kg 以下；土壤砾石含量较低，在 25%以下。表土容重在 1.25 g/cm^3 左右，犁底层及其以下土壤容重在 1.30 g/cm^3 左右；除表层上半层因经常受上游来水中泥沙的影响略显黄红色外，土色主要为青灰色。除表土外，土壤呈强酸性，pH 主要在 4.5 以下。

Ap1 层厚度 10~25 cm，单粒状或团粒结构，疏松，黏粒含量在 50~150 g/kg；砾石含量在 25%以下；pH 在 4.5~6.5；色调主要为 2.5Y 或 10YR，润态明度 5~6，彩度 2~4；干态明度 6~7，彩度 1~3。Ap2 层厚度 8~15 cm，土体软糊，黏粒含量在 150~270 g/kg 之间，砾石含量在 25%以下；pH 在 4.5 以下；色调主要为 2.5Y 或 5Y，润态明度 4~5，彩度 2~3；干态明度 6~7，彩度 2~3。Bg 层厚度 20~60 cm，出现深度在 30~60 cm 之间，软糊，黏粒含量在 150~270 g/kg 之间，砾石含量在 25%以下；pH 在 4.5 以下；有亚铁反应；润态色调主要为 5GY、10GY 或 10BG，明度 3~4，彩度 1~2；干态色调主要为 2.5YR 或 5Y，明度 6~7，彩度 1~3。

对比土系　管密系、仙阳系、浦城系，同一亚类，但三者土体游离铁在垂直方向变化不明显，颗粒大小级别分别为砂质、黏壤质和黏壤质。

利用性能综述　马家围系除表层因受周围山体泥沙混杂影响有时有机质和全氮较低外，整个土体的有机质和全氮普遍较高，但因土温偏低，土壤供肥能力较弱；有效磷和速效钾较低。表层土壤有机质含量在 5~35 g/kg 之间，全氮在 0.20~1.50 g/kg 之间，全磷一般在 0.50~1.00 g/kg；全钾在 10~20 g/kg；速效钾和有效磷分别在 30~80 mg/kg 和 0~8 mg/kg。土壤保肥性能较低，CEC 在 5 cmol/kg 左右。该土耕性差，宜种性窄，水稻常发生坐苗、产生黑根现象；稻叶常罹赤枯病以及胡麻叶斑病等。该土因长期泡水，承压能力较弱，不宜采用机械耕作。改良上，主要是开沟排除渍水，改串灌为轮灌，提倡冬翻晒白，多施热性肥料，如石灰、草木灰、火烧土等；水稻生长期间应采取增磷补钾，力争促苗早发。

马家围系代表性单个土体剖面

代表性单个土体（编号：35-078）　于 2011 年 8 月 22 日采自福建省三明市宁化县安乐乡马家围村，26°5'37.6"N，116°43'59.8"E。母质为黑云母花岗岩风化物的再积物，海拔 394 m，大地形坡度为 5°~10°；小地形为田块，坡度<2°，地形为山垄狭谷低凹部位有冷泉溢出的地段；四周环山，附近有溪流，水温很凉，夏天只有 20℃左右，田表常积水。土地利用方式为水田，地下水位为 30 cm 左右。

Ap1：0~21 cm，淡橙色（7.5YR6/4，润），淡橙色（7.5YR7/3，干），细土质地为砂土，湿，单粒状结构，稍疏松；中量细根；微酸性；向下层清晰平滑过渡。

Ap2：21~30 cm，灰青色（5Y5/2，润），浅黄色（2.5Y7/3，干），细土质地为粉砂质壤土，潮，不稳定的弱小块状结构，稍坚实；土体软糊；中量细根；强酸性；向下层模糊波状过渡。

Bg1：30~60 cm，暗橄榄灰色（5GY4/1，润），灰黄色（2.5Y6/2，

干），细土质地为壤土，湿，无明显的结构体，疏松；软糊，有明显的潜育特征；少量细根；强酸性；向下层清晰平滑过渡。

Bg2：60~100 cm，暗橄榄灰色（5GY3/1，润），黄灰色（2.5Y6/1，干），细土质地为砂质壤土，积水，单粒状结构，疏松；软糊，有明显的潜育特征；少量细根；强酸性。

马家围系代表性单个土体物理性质

土层	深度 /cm	砾石 （>2 mm，体积分数）/%	细土颗粒组成（粒径：mm）/（g/kg）			细土质地 （美国制）	容重 /（g/cm³）
			砂粒 2~0.05	粉砂 0.05~0.002	黏粒 <0.002		
Ap1	0~21	17	860	70	70	砂土	1.21
Ap2	21~30	2	141	590	269	粉砂质壤土	1.33
Bg1	30~60	4	490	300	210	壤土	1.30
Bg2	60~100	7	695	155	150	砂质壤土	—

马家围系代表性单个土体化学性质

深度 /cm	pH		CEC_7 /（cmol（+）/kg）	ECEC /（cmol（+）/kg）	盐基饱和度/%	全铁 （Fe_2O_3）/（g/kg）	游离铁 /（g/kg）
	（H_2O）	（KCl）					
0~21	6.07	4.36	3.65	3.03	63.29	34.81	0.48
21~30	3.86	3.34	11.53	9.96	15.26	56.53	6.88
30~60	3.33	3.04	10.35	8.89	12.27	31.10	5.78
60~100	3.23	2.94	7.76	6.49	14.95	26.88	4.14

4.2 普通潜育水耕人为土

4.2.1 管密系（Guanmi Series）

土族：砂质硅质混合型非酸性热性-普通潜育水耕人为土
拟定者：章明奎，麻万诸

管密系典型景观

分布与环境条件 零星分布于福建省闽西北山垄谷地泉水溢出带，多处于山区和半山区狭窄山垄谷底及两侧坡麓梯田，两边丘陵的坡度较大，多在 30° 以上；谷底呈阶梯状（梯田），宽度 20~40 m，田块大小 300~500 m^2，地表持水或明显积水。以南平、三明、龙岩、宁德分布较广，海拔多在 800 m 以下。起源于酸性岩的坡积物及其再积物，经长期水耕熟化而成，利用方式为水田。由于地势低洼，排水不畅，地下水位一般在 30~50 cm。水源较为充足，主要为泉水和沟谷流水，自流灌溉。由于地形蔽阴，日照短，小气候较寒冷，加上冷泉水溢出，水温、地温较低。属亚热带气候，年均温在 16.0~17.6℃；极端最低气温–9.5~–7.6℃，极端最高气温 36.0~39.1℃，≥10℃的积温 4600~5560℃，年均日照约 1500 h 以下；无霜期 234~270 d；年均降水量 1600~2000 mm，降水的季节分布不均，存在一定的干湿季，每年 3~9 月为湿季，占全年降水量的 85%；10 月至翌年 3 月为少雨旱季。年均蒸发量约 1200~1500 mm，干燥度小于 1。

土系特征与变幅 该土系诊断层包括水耕表层、水耕氧化还原层；诊断特性包括人为滞水土壤水分状况、潜育特征和热性土壤温度状况。土壤黏土矿物主要为水云母，其次为高岭石，含有少量绿泥石和蛭石。因长年受冷泉水浸渍，还原性强，犁底层以下土体呈青灰色，但因土质偏砂性，土体不烂。由于经常引含还原铁的潜水灌溉或受周围水沟中锈水侵入影响，田面及耕作层上半层常形成"锈泥"（棕红色铁锈沉淀物）。其剖面一般具有 Ap1-Ap2-Bg-C，但无明显的铁聚层。该土土体深厚，一般在 50~100 cm 之间。土壤质地以砂质壤土为主，黏粒含量在 50~200 g/kg 之间；砂粒含量在 550~850 g/kg 之间，土壤砾石含量较低，在 25%以下；剖面上下质地较为接近。表土容重在 1.25 g/cm^3 左右，犁底层及其以下土壤容重在 1.35 g/cm^3 左右；土壤呈酸性至微酸性，pH 主要在 4.5~6.5 之间。

Ap1 层厚度 10~25 cm，单粒状或团粒结构，疏松，黏粒含量在 50~200 g/kg 之间；砂粒含量在 550~850 g/kg 之间；砾石含量在 25%以下；pH 在 4.5~6.5 之间；润态色调主要为 7.5Y 或 5Y，明度 4~6，彩度 1~6；干态色调为 2.5Y 或 5Y，明度 5~7，彩度 2~4。

其上半层可见铁锈状物质。Ap2 层厚度 8~15 cm，稍坚实或坚实，块状或小块状结构，黏粒含量在 50~200 g/kg 之间；砂粒含量在 550~850 g/kg 之间；砾石含量在 25%以下；pH 在 4.5~6.5 之间；结构面上可见锈纹锈斑；润态色调主要为 2.5Y 或 10YR，明度 3~5，彩度 4~6；干态色调主要为 2.5Y 或 5Y，明度 4~6，彩度 4~6。Bg 层厚度 20~40 cm，出现在 30~60 cm 之间，稍坚实，粒状和小块状结构，黏粒含量在 50~200 g/kg 之间；砂粒含量在 550~850 g/kg 之间；砾石含量在 25%以下；pH 在 4.5~6.5 之间；有亚铁反应。润态色调主要为 10GY 或 10BG，明度 5~6，彩度 1~2；干态色调主要为 2.5YR 或 5Y，明度 6~7，彩度 1~2。

对比土系　马家围系、仙阳系、浦城系，同一亚类，颗粒大小级别分别为壤质、黏壤质和黏壤质，土壤酸碱度为酸性；另外，马家围系土体存在聚铁特性，管密系土体游离铁在垂直方向变化不明显。

利用性能综述　管密系土壤有机质和全氮中下，有效磷和速效钾较低。表层土壤有机质含量在 15~25 g/kg 之间，全氮在 1.00~2.00 g/kg 之间，全磷一般在 0.50~1.00 g/kg 之间；全钾在 5~15 g/kg 之间；速效钾和有效磷分别在 30~80 mg/kg 和 0~8 mg/kg 之间。土壤保肥性能较低，CEC 在 5 cmol/kg 左右。土壤阴冷，水土温度较低，养分低且释放慢，田面有锈水，冷、毒、酸是其主要障碍因素。该土种植水稻起苗迟、分蘖少、空秕多、产量低，中后期常发赤枯病；该土耕性差，宜耕期短，不适宜机械耕作。在利用改良上，对田壁和泉眼流出的锈水用开沟排锈，田间积留的锈水也可以关水洗锈；增磷补钾；推广垄作栽培。

代表性单个土体（编号：35-069）　于 2011 年 8 月 14 日采自福建省南平市光泽县李坊乡管密村，27°24'19.0" N，117°12'31.2" E。母质为酸性岩坡积物或再积物，海拔 281 m，大地形坡度<5°，小地形田块坡度<2°，地形为丘陵间凹垄或狭谷底部，土地利用方式为水田，目前部分已被抛荒或种植慈姑。

Ap1：0~18 cm，上部 0~5 cm 为被铁锈染成的橙色（7.5Y6/6，润）和浅黄色（2.5Y7/3，干），下半部呈灰色（7.5Y4/1，润）和灰黄色（2.5Y6/2，干），湿润，被水饱和，细土质地为粉砂质壤土，单粒状结构为主，含少量团粒结构，土体疏松；中量细根；土体中可见垂直向根孔状锈纹（数量占结构面5%左右），在孔隙中可见少量棕红色氧化铁斑纹；可见 5%~15%大小为 2~5 mm 砾石块；酸性；向下层清晰水平状过渡。

管密系代表性单个土体剖面

Ap2：18~33 cm，黄棕色（10YR5/6，润），淡黄色（2.5Y6/4，干），细土质地为砂质壤土，潮，中块状或小块状结构；坚实；中量细根；结构体表面有少量淡黄色（2.5Y6/3）氧化铁淀积物和少量根孔状锈纹，呈垂直向延伸；酸性；向下层清晰平滑过渡。

Bg：33~70 cm，青灰色（10GY5/1，润），黄灰色（2.5Y6/1，干），细土质地为砂质壤土，湿，粒状和小块状结构，稍坚实；具潜育特征，土体中夹杂 5%左右细砂和小砾石块；酸性；向下层模糊波状过渡。

C：70~120 cm，灰色（10Y5/1，润），黄灰色（2.5Y6/1，干），细土质地为砂质壤土，湿，单粒状结构，稍疏松；酸性。

管密系代表性单个土体物理性质

土层	深度/cm	砾石（>2 mm，体积分数）/%	细土颗粒组成（粒径：mm）/（g/kg）			细土质地（美国制）	容重/（g/cm^3）
			砂粒 2~0.05	粉砂 0.05~0.002	黏粒 <0.002		
Ap1	0~18	12	745	140	115	砂质壤土	1.24
Ap2	18~33	10	720	160	120	砂质壤土	1.36
Bg	33~70	11	755	145	100	砂质壤土	1.34
C	70~120	14	788	122	90	砂质壤土	—

管密系代表性单个土体化学性质

深度/cm	pH		CEC_7/（cmol（+）/kg）	ECEC/（cmol（+）/kg）	盐基饱和度/%	全铁（Fe_2O_3）/（g/kg）	游离铁/（g/kg）
	（H_2O）	（KCl）					
0~18	5.39	3.71	4.67	3.73	38.12	32.11	12.20
18~33	5.53	3.48	4.38	3.48	33.79	23.44	11.79
33~70	5.20	3.48	4.23	3.33	21.75	14.38	4.28
70~120	5.51	3.54	4.19	3.17	38.66	21.21	4.81

4.2.2 浦城系（Pucheng Series）

土族：黏壤质硅质混合型酸性热性-普通潜育水耕人为土
拟定者：章明奎，麻万诸

分布与环境条件 零星分布于三明、南平等市，所处地形为丘间低凹平地，海拔多在500 m以下。地势低洼，排水不畅，地下水位多在30~50 cm之间，部分田块田面长年积水。起源于洪冲积物，利用方式为水田。属亚热带湿润季风气候区，年均温在17.5~19.5℃；≥10℃的积温5510~6100℃，年均日照约1750~2000 h；无霜期255~305 d；年均降水量1500~1900 mm，年均蒸发量约1300~1600 mm，干燥度小于1。

浦城系典型景观

土系特征与变幅 该土系诊断层包括水耕表层、水耕氧化还原层；诊断特性包括人为滞水土壤水分状况、潜育特征和热性土壤温度状况。土壤黏土矿物主要为水云母和高岭石，含有少量绿泥石和蛭石。由于地势低洼、地下水位高，土体长期处于水饱和状态，整个剖面还原作用占优势，加上有机物质的嫌气分解，产生大量的还原性物质，犁底层以下土层具明显的潜育特征；心土和底土多呈青灰色，土体多呈松散、软糊状。剖面构型为Ap1-Ap2-Bg-C，耕作层与犁底层有少量锈纹或锈斑。土壤质地为壤土，上下层之间土壤质地较为接近。土体厚度在80~125 cm之间；土壤呈酸性，pH主要在4.5~5.5之间，向下增加。

Ap1层厚度10~25 cm，疏松；pH在4.5~5.5之间；润态色调主要为2.5Y~10Y，明度5~6，彩度1~3；干态色调为2.5Y或10YR，明度6~7，彩度2~3。Ap2层厚度5~20 cm，块状结构，稍坚实；pH在4.5~5.5之间；润态色调主要为2.5Y~10Y，明度4~5，彩度1~2；干态色调主要为2.5Y 或10YR，明度6~7，彩度2~3。Bg层厚度50~100 cm，松散、糊烂；pH在4.5~5.5之间；有亚铁反应；润态色调主要为2.5GY或10GY，明度5~6，彩度1~2；干态色调主要为10Y，明度7~8，彩度1~2。

对比土系 仙阳系，同一土族，仙阳系土体厚度在40~80 cm之间，Bg层厚度20~50 cm；浦城系土体厚度在80~125 cm之间，Bg层厚度50~100 cm。

利用性能综述 浦城系土壤有机质和全氮积累明显，但有效磷和速效钾多为中下水平。表层土壤有机质含量在25~50 g/kg之间，全氮在1.00~3.00 g/kg之间，全磷一般在0.25~0.75 g/kg之间；全钾在10~20 g/kg之间；速效钾和有效磷分别在50~100 mg/kg和3~15 mg/kg之间。土壤保肥性能中等，CEC在10 cmol/kg左右。土壤具有“冷、烂、毒、瘦”等不良性状，存在地下水位高、还原性物质多、质地黏、土性凉等问题；潜在肥力虽高，但供肥性能差，属低产田。改良上应以水改为主攻方向，开沟排水，降低地下水位；实行水旱轮作，冬翻晒垡，加速土壤有机质的矿化，降低还原性物质含量，增施磷钾肥，防止稻苗败根。

代表性单个土体（编号：35-151）　于 2012 年 3 月 29 日采自福建省南平市浦城县仙阳镇黑松林村，28°1'17.7" N，118°31'50.0" E。母质为洪冲积物，海拔 295 m，大地形坡度 5°，小地形为梯田，坡度<2°，地形为丘间低凹平地；土地利用方式为水田；地下水位 40 cm 左右。

浦城系代表性单个土体剖面

Ap1：0~16 cm，黄灰色（2.5Y6/1，润），淡黄橙色（10YR7/3，干），湿，细土质地为壤土，团粒状或小块状结构，疏松；中量细根；结构面上可见明显的铁锰锈纹（约占结构面的 20%）；酸性；向下层清晰平滑过渡。

Ap2：16~36 cm，灰色（10Y4/1，润），浅黄色（2.5Y7/3，干），湿，细土质地为壤土，块状结构，稍坚实；少量细根；结构面上有大量棕红色氧化铁胶膜（5YR5/8，润），呈现连片分布；结构体内有明显的根孔状锈纹（占 5%左右）；酸性；向下层渐变平滑过渡。

Bg：36~100 cm，绿灰色（10GY6/1，润），灰白色（10Y8/2，干），积水，细土质地为壤土，由黏土与砂层混合而成，呈层状交替分布，小块状或软糊状结构，稍疏松；无根系；有潜育特征，局部砂层中可见少量棕红色氧化物淀积；酸性；向下层模糊平滑过渡。

C：100 cm 以下，灰色砂质层，绿灰色（10GY6/1，润），积水，单粒状，疏松。

浦城系代表性单个土体物理性质

土层	深度 /cm	砾石（>2 mm，体积分数）/%	细土颗粒组成（粒径：mm）/（g/kg）			细土质地（美国制）	容重 /（g/cm^3）
			砂粒 2~0.05	粉砂 0.05~0.002	黏粒 <0.002		
Ap1	0~16	2	395	347	258	壤土	1.14
Ap2	16~36	9	442	308	250	壤土	1.30
Bg	36~100	3	501	295	204	壤土	1.26

浦城系代表性单个土体化学性质

深度 /cm	pH		CEC_7 /（cmol（+）/kg）	ECEC /（cmol（+）/kg）	盐基饱和度/%	全铁（Fe_2O_3）/(g/kg)	游离铁 /（g/kg）
	（H_2O）	（KCl）					
0~16	5.15	3.90	10.87	9.98	80.59	29.9	14.64
16~36	5.33	3.79	9.98	9.04	67.74	27.52	13.01
36~100	5.10	3.50	8.66	7.88	50.23	23.79	6.64

4.2.3 仙阳系（Xianyang Series）

土族：黏壤质硅质混合型酸性热性-普通潜育水耕人为土
拟定者：章明奎，麻万诸

仙阳系典型景观

分布与环境条件 零星分布于三明、南平市的各县，所处地形为山前与平原交接的洼地或山垄谷地下段，海拔多在500 m以下。地势低洼，排水不畅，地下水位多在30~50 cm之间，部分田块田面长年积水。起源于冲-坡积物，利用方式为水田。属亚热带湿润季风气候区，年均温在17.5~19.5℃；≥10℃的积温5510~6100℃，年均日照约1750~2000 h；无霜期255~305 d；年均降水量1500~1900 mm。年均蒸发量约1300~1600 mm，干燥度小于1。

土系特征与变幅 该土系诊断层包括水耕表层、水耕氧化还原层；诊断特性包括人为滞水土壤水分状况、潜育特征和热性土壤温度状况。土壤黏土矿物主要为水云母和高岭石，含有少量绿泥石和蛭石。由于地势低洼、地下水位高，土体长期处于水饱和状态，整个剖面还原作用占优势，加上有机物质的嫌气分解，产生大量的还原性物质，犁底层及以下土层具潜育特征；心土和底土多呈青灰色，土体多呈软糊状。剖面构型为Ap1-Ap2-Bg-C；土体厚度在40~80 cm之间；土壤质地为壤土，上下层之间土壤质地较为接近。表土容重在0.85 g/cm^{3}左右，犁底层及其以下土壤容重在1.10 g/cm^{3}左右；土壤呈酸性，pH主要在4.5~5.5之间，向下增加。田面积水中有时可见锈水。

Ap1层厚度10~25 cm，软糊；pH在4.5~5.5之间；润态色调主要为2.5Y~10Y，明度4~5，彩度1~3；干态色调为2.5Y或10YR，明度6~7，彩度2~3。Ap2层厚度5~10 cm，小块状结构，稍软；pH在4.5~5.5之间；有亚铁反应；润态色调主要为7.5GY，明度4~5，彩度1~2；干态色调主要为10YR，明度6~7，彩度1~2。Bg层厚度20~50 cm，糊烂；pH在4.5~5.5之间；有亚铁反应；润态色调主要为2.5GY，明度5~6，彩度1~2；干态色调主要为10YR，明度6~7，彩度1~2。

对比土系 浦城系，同一土族，但浦城系土体度在80~125 cm之间，Bg层厚度50~100 cm；仙阳系土体厚度在40~80 cm之间，Bg层厚度25~50 cm。

利用性能综述 仙阳系土壤有机质和全氮积累明显，但有效磷和速效钾多为中下水平。表层土壤有机质含量在30~50 g/kg之间，全氮在1.50~3.00 g/kg之间，全磷一般在0.25~0.50 g/kg之间；全钾在10~20 g/kg之间；速效钾和有效磷分别在50~100 mg/kg和

3~8 mg/kg 之间。土壤保肥性能中等，CEC 在 10 cmol/kg 左右。土壤具有“冷、烂、毒、瘦”等不良性状，障碍层次主要是青泥层，主要矛盾是地下水位高，还原性物质多，质地黏，土性凉，潜在肥力虽高，但供肥性能差。水稻插秧后表现返青迟，分蘖少，常发生黑根，生长参差不齐；后期又贪青徒长，病虫害多，结实率低，属低产田。改良上应以水改为主攻方向，开沟排水，降低地下水位；实行水旱轮作，冬翻晒垡，加速土壤有机质的矿化，降低还原性物质含量，增施磷钾肥，防止稻苗败根。

仙阳系代表性单个土体剖面

代表性单个土体（编号：35-093）　于 2011 年 8 月 26 日采自福建省南平市浦城县仙阳镇仙阳村，28°1'23.5"N，118°31'48.9" E。母质为冲-洪积物，海拔 216 m，坡度 3°~5°，地形为山坡麓与平原的交会处；三面环山，一面被公路拦截；土地利用方式为水田。

Ap1：0~15 cm，灰色（10Y4/1，润），淡黄橙色（10YR7/3，干），细土质地为壤土，湿，土体软糊，无明显结构体；中量细根；酸性；向下层清晰平滑过渡。

Ap2：15~23 cm，暗灰绿（7.5GY4/1，润），淡黄橙色（10YR7/2，干），细土质地为壤土，湿，发育较差的小块状结构，稍软；少量细根；具亚铁反应；酸性；向下层模糊平滑过渡。

Bg：23~50 cm，灰绿（2.5GY5/1，润），灰白色（10YR7/1，干），细土质地为壤土，湿，糊烂，无明显结构体；有潜育特征，土体青灰色；少量细根；酸性；向下层清晰波状过渡。

C：50~110 cm，由棕灰色（7.5Y5/1，润）和亮黄棕色（10YR6/6，润）土壤物质组成，比例为 7∶3，干态颜色主要为灰白色（2.5Y7/1）；细土质地为壤土，湿，小块状结构，稍坚实；酸性。

仙阳系代表性单个土体物理性质

土层	深度 /cm	砾石（>2 mm，体积分数）/%	细土颗粒组成（粒径：mm）/（g/kg）			细土质地（美国制）	容重 /（g/cm³）
			砂粒 2~0.05	粉砂 0.05~0.002	黏粒 <0.002		
Ap1	0~15	10	415	345	240	壤土	0.89
Ap2	15~23	8	444	322	234	壤土	1.05
Bg	23~50	9	484	301	215	壤土	1.11
C	50~110	11	460	280	260	壤土	—

仙阳系代表性单个土体化学性质

深度 /cm	pH		CEC_7 /（cmol（+）/kg）	ECEC /（cmol（+）/kg）	盐基饱和度/%	全铁（Fe_2O_3）/(g/kg)	游离铁 /（g/kg）
	（H_2O）	（KCl）					
0~15	5.22	3.37	10.38	8.97	67.14	27.55	6.12
15~23	5.32	3.39	9.65	9.05	73.37	28.88	6.76
23~50	5.42	3.28	8.91	7.68	63.64	26.31	8.78
50~110	5.50	4.20	10.35	9.33	85.41	24.33	6.51

4.3 普通铁渗水耕人为土

4.3.1 元山系（Yuanshan Series）

土族：砂质硅质混合型非酸性热性-普通铁渗水耕人为土

拟定者：章明奎，麻万诸

元山系典型景观

分布与环境条件 散布在福建省龙岩、三明、宁德、南平和福州等市，地形为山地丘陵中下坡梯田或山间浅垄梯田，地形倾斜，有一定的坡度，多在5°~25°之间，灌溉方式为自流灌溉，水源基本上能保证水稻正常生长。海拔多在500~1000 m之间，土内存在侧渗流动的潜水。起源于砂岩、石英片麻岩等风化物及其所形成的自成土，经长期水耕发育而成，利用方式主要为水田。属亚热带湿润季风气候区，年均温在16.5~18.0℃；极端最低气温–9.0~–4.5℃，极端最高气温38.0~40.0℃，最热月出现在7月，平均温度26~27℃；最冷月出现在1月，平均温度8~9℃左右；≥10℃的积温5500~6100℃，年均日照约1700~1850 h；无霜期270~300 d；年均降水量1500~1900 mm，降水的季节分布不均，干湿季节十分明显，每年3~9月为湿季，占全年降水量的81%左右；10月至翌年3月为少雨旱季。年均蒸发量约1250~1600 mm，干燥度小于1。

土系特征与变幅 该土系诊断层包括水耕表层、水耕氧化还原层；诊断特性包括人为滞水土壤水分状况和热性土壤温度状况。土壤黏土矿物主要为水云母和高岭石，含有少量绿泥石和蛭石。该土水耕历史悠久，每年淹水时间较长，且渗透性强，土体干湿交替较为频繁。由于以种植单季稻为主，多有浸冬的习惯，土壤水分移运以下渗为主要形式，淋溶作用强烈，加之分布区地形倾斜，土壤受地下侧渗水的长期影响，发生了离铁作用，在水耕表层形成了带灰色的铁渗淋亚层。其剖面一般具有Ap1-Ap2-Br-C，犁底层中有明显的黄色锈纹或棕褐色铁锰淀斑，铁渗淋亚层中有少量锈纹锈斑。土体厚度在80~125 cm之间；土壤质地为砂质壤土，上下层之间土壤质地较为接近；黏粒含量在50~200 g/kg之间，向下略有增加；砂粒含量在450~850 g/kg之间，砂粒平均含量在550 g/kg以上；砾石含量低于25%。因地处山地丘陵中下坡或山间浅垄，暴雨季节还会受到上坡泥沙沉积的影响，使耕作层呈杂色（红棕色与灰白色混杂）。土壤呈微酸性，pH主要在5.5~6.5

之间。

Ap1 层厚度 10~25 cm，小块状结构，疏松，黏粒含量在 50~200 g/kg 之间，砂粒含量在 450~850 g/kg 之间，砾石含量低于 25%；pH 在 5.5~6.5 之间；润态色调主要为 7.5YR、10YR 或 2.5Y，明度 4~6，彩度 4~6；干态色调在 2.5Y 或 5Y，明度 6~8，彩度 3~4。Ap2 层厚度 8~15 cm，块状结构，稍坚实，黏粒含量在 50~200 g/kg 之间；砂粒含量在 450~850 g/kg 之间，砾石含量低于 25%；pH 在 5.5~6.5 之间；结构面上有时可见少量锈纹；色调主要为 2.5Y 或 5Y，润态明度 5~6，彩度 3~4；干态明度 7~8，彩度 2~3。Br 层（铁渗层）厚度 40~80 cm，块状结构，黏粒含量在 50~200 g/kg 之间；砂粒含量在 450~850 g/kg 之间，砾石含量低于 25%；pH 在 5.5~6.5 之间；离铁基质润态色调主要在 10YR~7.5Y 之间，明度 5~6，彩度 1~2；干态色调主要为 2.5Y~7.5Y 之间，明度 6~8，彩度 3~4。结构面上有少量的锈纹；游离氧化铁低于耕作层。

对比土系　与李坊系、下街系的土壤质地、矿物类型、酸碱度相似，但为不同土类，为铁聚水耕人为土。

利用性能综述　元山系土壤有机质、全氮和有效磷、速效钾主要在中下水平。表层土壤有机质含量在 15~25 g/kg 之间，全氮在 0.75~1.50 g/kg 之间，全磷一般在 0.50~1.00 g/kg 之间，全钾在 10~20 g/kg 之间，速效钾和有效磷分别在 50~120 mg/kg 和 5~10 mg/kg 之间。土壤保肥性能低下，CEC 在 5 cmol/kg 左右。该土年泡水时间较长，相当部分常年串灌，容易引起表土砂化和次生潜育化，影响了土壤有效养分的释放。因此，在利用改良上，应重视生产条件的改善，首先是加强水利建设，完善灌溉排水系统，逐步改串灌为轮灌，改冬浸为冬种绿肥；其次是普及先进技术，推广合理的配套栽培技术；推行配方施肥，尤其是重视磷肥和钾肥的施用，配施微量元素肥料。适当深耕，逐渐加深耕作层，扩大养分库容量。

元山系代表性单个土体剖面

代表性单个土体（编号：35-090）　2011 年 8 月 25 日采自福建省三明市大田县建设镇元山村，25°57'40.0" N，117°44'13.0"E。母质为砂岩坡积物，地形为低山山间浅垄，海拔 823 m，坡度 5°~10°，为梯田，土地利用方式为水田；地下潜水出现深度约为 50 cm。

Ap1：0~18 cm，主要由亮红棕色土块组成，灰白色土块物质较少，亮红棕色部分占土体的 90%以上，灰白色土块物质呈斑块状分布；土色主要呈亮红棕色（7.5YR5/6，润）、淡黄橙色（10YR8/3，干），细土质地为砂质壤土，潮，小块状结构，疏松；有少量（<5%）小块状碎石；中量细根；微酸性；向下层清晰平滑过渡。

Ap2：18~30 cm，淡黄色（2.5Y6/4，润），淡黄色（5Y8/3，干），细土质地为砂质壤土，潮，块状结构，稍紧实；结构面上连片分布有红棕色氧化铁淀积物（2.5YR4/8，润）及少量根孔状铁锈纹；少量细根；微酸性；向下层模糊波状过渡。

Br：30~100 cm，由灰白色（5Y5/2，润）和浅黄色（5Y7/4，

润）物质组成，前者占整个土体的 80%以上；干态颜色主要为淡黄色（5Y8/4），有明显的离铁特点；细土质地为砂质壤土，潮，弱发育块状或小块状结构，较软糊；夹杂少量石块。结构面上有少量铁锰氧化淀积物；微酸性。

元山系代表性单个土体物理性质

土层	深度/cm	砾石（>2 mm，体积分数）/%	细土颗粒组成（粒径：mm）/（g/kg）			细土质地（美国制）	容重/（g/cm³）
			砂粒 2~0.05	粉砂 0.05~0.002	黏粒 <0.002		
Ap1	0~18	12	722	161	118	砂质壤土	1.13
Ap2	18~30	9	565	317	118	砂质壤土	1.29
Br	30~100	7	525	327	150	砂质壤土	—

元山系代表性单个土体化学性质

深度/cm	pH		CEC_7/（cmol（+）/kg）	ECEC/（cmol（+）/kg）	盐基饱和度/%	全铁（Fe_2O_3）/(g/kg)	游离铁/（g/kg）
	（H_2O）	（KCl）					
0~18	5.76	3.61	5.05	4.43	36.44	54.96	24.06
18~30	5.94	3.7	4.87	4.66	26.49	59.03	25.80
30~100	5.79	3.75	5.32	4.87	26.50	54.05	21.85

4.4　漂白铁聚水耕人为土

4.4.1　柯坪系（Keping Series）

土族：壤质硅质混合型酸性热性-漂白铁聚水耕人为土

拟定者：章明奎，麻万诸

柯坪系典型景观

分布与环境条件　主要分布于闽北、闽西，所处地形为山地丘陵坡麓地带的倾斜与平缓的波折地段，海拔多在35~800 m之间。起源于火山岩类风化物的坡积物，母土为富铁土、淋溶土或雏形土，利用方式为水田。梯田田块呈长条状，面积多在30~100 m^2，宽度一般为2~5 m；灌溉方式为自高山而下的自流水，地下受侧渗水影响；侧渗水出现深度多在40~90 cm之间。属亚热带湿润海洋性季风气候区，年均温在16.5~19.0℃；最热月出现在7月，平均温度27~28℃左右；最冷月出现在1月，平均温度8~9℃左右；≥10℃的积温5500~6400℃，年均日照约1650~1850 h；无霜期265~335 d；年均降水量1500~1800 mm，降水的季节分布不均，干湿季节十分明显，每年3~9月为湿季，占全年降水量的75%~85%；10月至翌年3月为少雨旱季。年均蒸发量约1250~1500 mm，干燥度小于1。

土系特征与变幅　该土系诊断层包括水耕表层、漂白层和水耕氧化还原层；诊断特性包括人为滞水土壤水分状况和热性土壤温度状况。土壤黏土矿物主要由高岭石和水云母组成，含有少量绿泥石和蛭石。所处地形部位为低山、丘陵的缓坡梯田，外排水条件良好。其剖面一般具有Ap1-Ap2-Br-E-C，因长期水耕，有明显的铁聚层；同时，因受侧渗水的长期漂洗，剖面中下部形成了白土层；土体厚度在80~125 cm之间；土壤质地为粉砂质壤土，剖面上下质地变化较小，黏粒含量在50~270 g/kg之间；粉砂含量多在500~800 g/kg之间；砾石低于25%；表土容重在1.20 g/cm^{3}左右，犁底层及其以下土壤容重在1.30~1.45 g/cm^{3}之间；土壤呈酸性，pH主要在4.5~5.5之间。

Ap1层厚度10~25 cm，稍疏松，黏粒含量在50~270 g/kg之间；粉砂含量在500~800 g/kg之间；pH在4.5~5.5之间；色调主要为2.5Y和10YR，润态明度3~5，彩度2~5；干态明度5~7，彩度2~6。Ap2层厚度5~12 cm，坚实或稍坚实，黏粒含量在50~270 g/kg

之间；粉砂含量在500~800 g/kg之间；pH在4.5~5.5之间；结构面上锈纹锈斑；色调主要为2.5Y、10YR，润态明度3~6，彩度1~3；干态明度3~8，彩度1~4。Br层（铁聚层）厚度20~40 cm，稍坚实，黏粒含量在50~270 g/kg之间；粉砂含量在500~800 g/kg之间；块状结构；pH在4.5~5.5之间；结构面上可见明显氧化铁淀积；色调主要为7.5Y、5Y或2.5Y，润态明度3~6，彩度1~3；干态明度5~8，彩度1~3。E层（白土层）厚度10~60 cm，土体较软，黏粒含量在50~270 g/kg之间；粉砂含量在500~800 g/kg之间；块状结构，pH在4.5~5.5之间；结构面上可见氧化铁淀积；色调主要为5Y或2.5Y，润态明度5~8，彩度1~2；干态明度7~8，彩度1~2。

对比土系 象湖系，同一亚类不同土族，象湖系为非酸性，土体厚度在40~80 cm之间；而柯坪系为酸性，土体厚度在80~125 cm之间。

利用性能综述 柯坪系土壤有机质、全氮较高，有效磷和速效钾中等至较高。表层土壤有机质含量在25~45 g/kg之间，全氮在1.00~2.50 g/kg之间，全磷一般在0.25~0.75 g/kg之间；全钾在10~25 g/kg之间；速效钾和有效磷分别在50~150 mg/kg和5~25 mg/kg之间。土壤保肥性能较低，CEC主要在5~10 cmol/kg之间。土壤肥力较高，适宜水旱轮作。由于地处坡地，一般不适宜机械耕作。在管理上应注意用地与养地相结合，根据土壤有效磷、速效钾状况，合理施用磷钾肥。在改良上，应做好开沟截流，防止白土层位抬升，提倡冬种绿肥，改善保肥性能。同时应做好水土保持工作。

代表性单个土体（编号：35-041） 2011年7月19日采自福建省周宁县七步镇柯坪村（桐岔自然村），27°3'33.6" N，119°24'20.2" E。母质为凝灰岩残坡积物，海拔565 m，大地形坡度为20°~25°，梯田本身坡度小于2°，地形为中低山中坡梯田，土地利用方式为水田（水稻和蔬菜连作）。

Ap1：0~12 cm，棕黑色（2.5Y3/2，润），淡黄橙色（10YR7/2，干），细土质地为粉砂壤土，潮，中等发育块状结构夹杂少量团粒状结构，疏松；中量细根；含少量小块砾石；酸性；向下层清晰平滑过渡。

Ap2：12~22 cm，棕黑色（2.5Y3/1，润），灰白色（10YR8/1，干），细土质地为粉砂壤土，潮，中等发育块状结构，坚实；结构面上可见少量根孔状锈纹，根孔呈垂直向延伸，少量小块状砾石；酸性；向下层清晰平滑过渡。

Br：22~50 cm，灰色（7.5Y4/1，润），灰白色（5Y8/1，干），细土质地为粉砂质黏壤土，潮，发育明显块状结构，坚实；结构面上有明显的根孔状锈纹和少量氧化铁锰斑纹；酸性；向下层清晰波状过渡。

E：50~100 cm，灰白色（5Y8/2，润），灰白色（5Y8/1，干），细土质地为粉砂壤土，湿，中等发育棱柱状结构，较软；结构面上有大量垂直向锈纹状根孔分布（占结构面的10%~15%）和连片铁锈（润色亮红棕色5YR5/8，干色橙色5YR6/8）；土体很黏重；酸性。

柯坪系代表性单个土体剖面

柯坪系代表性单个土体物理性质

土层	深度/cm	砾石（>2 mm，体积分数）/%	细土颗粒组成（粒径：mm）/（g/kg）			细土质地（美国制）	容重/（g/cm^3）
			砂粒 2~0.05	粉砂 0.05~0.002	黏粒 <0.002		
Ap1	0~12	1	132	688	180	粉砂壤土	1.19
Ap2	12~22	2	225	612	163	粉砂壤土	1.32
Br	22~50	5	205	579	216	粉砂壤土	1.37
E	50~100	1	137	669	194	粉砂壤土	1.41

柯坪系代表性单个土体化学性质

深度/cm	pH		CEC_7/（cmol（+）/kg）	ECEC/（cmol（+）/kg）	盐基饱和度/%	全铁（Fe_2O_3）/(g/kg)	游离铁/（g/kg）
	（H_2O）	（KCl）					
0~12	4.70	3.65	7.23	5.54	37.48	14.1	6.39
12~22	4.64	3.59	6.65	4.83	34.58	16.61	13.43
22~50	4.93	3.59	7.33	5.64	51.70	32.64	13.25
50~100	5.07	3.64	7.04	5.09	54.12	32.85	12.34

4.4.2 象湖系（Xianghu Series）

土族：壤质硅质混合型非酸性热性-漂白铁聚水耕人为土
拟定者：章明奎，麻万诸

象湖系典型景观

分布与环境条件 主要分布于宁德、三明、南平、龙岩等市的低山丘陵缓坡梯田，海拔多在 800 m 以下，坡度多在 15°~35°之间。起源于泥页岩坡积物，利用方式为水田。灌溉方式为自高山而下的自流水，地下受侧渗水影响，地下侧渗水出现深度多在 30~60 cm 之间。属亚热带湿润海洋性季风气候区，年均温在 16.5~19.0℃；最热月出现在 7 月，平均温度 27~28℃左右；最冷月出现在 1 月，平均温度 8~9℃左右；≥10℃的积温 5500~6400℃，年均日照约 1650~1850 h；无霜期 265~335 d；年均降水量 1500~1800 mm，降水的季节分布不均，干湿季节十分明显，每年 3~9 月为湿季，占全年降水量的 75%~85%；10 月至翌年 3 月为少雨旱季。年均蒸发量约 1250~1500 mm，干燥度小于 1。

土系特征与变幅 该土系诊断层包括水耕表层、漂白层和水耕氧化还原层；诊断特性包括人为滞水土壤水分状况和热性土壤温度状况。土壤黏土矿物主要由高岭石和水云母组成，含有少量绿泥石和蛭石。所处地形部位为低山、丘陵的缓坡梯田，外排水条件良好；其剖面一般具有 Ap1-Ap2-Br-E-C，有明显的铁聚层；同时，因受侧渗水的长期漂洗，剖面中下部形成了白土层。土体厚度在 40~80 cm 之间；土壤颜色以黄棕色为主。土壤质地为砂质壤土和壤土，剖面上下质地变化较小，黏粒含量在 50~270 g/kg 之间；砂粒含量多在 450~850 g/kg 之间；砾石低于 25%；表土容重在 1.20 g/cm^3 左右，犁底层及其以下土壤容重在 1.35 g/cm^3 左右；土壤呈微酸性至中性，pH 主要在 4.5~5.5 之间。

Ap1 层厚度 10~25 cm，团粒和小块状结构，稍疏松，黏粒含量在 50~270 g/kg 之间；砂粒含量在 450~850 g/kg 之间；pH 在 5.5~7.5 之间；砾石低于 25%；色调主要为 2.5Y 和 10YR，润态明度 4~5，彩度 1~2；干态明度 5~7，彩度 1~2。Ap2 层厚度 5~12 cm，块状结构，坚实或稍坚实，黏粒含量在 50~270 g/kg 之间；砂粒含量在 450~850 g/kg 之间；pH 在 5.5~7.5 之间；砾石低于 25%；结构面上锈纹锈斑；色调主要为 2.5Y、10YR，润态明度 4~6，彩度 1~2；干态明度 5~7，彩度 1~2。Br 层（铁聚层）厚度 10~30 cm，块状结构，稍坚实，黏粒含量在 50~270 g/kg 之间；砂粒含量在 450~850 g/kg 之间；pH 在 5.5~7.5 之间；砾石低于 25%；结构面上可见明显氧化铁淀积；色调主要为 10YR 或 2.5Y，润态明度 4~6，彩度 3~4；干态明度 5~7，彩度 4~5。E 层（白土层）厚度 10~30 cm，大块状结构，但土体较软，黏粒含量在 50~270 g/kg 之间；砂粒含量在 450~850 g/kg 之间；pH 在 5.5~7.5 之间；砾石低于 25%；结构面上可见氧化铁淀积；色调主要为 5Y 或 2.5Y，润态明度 6~7，彩度 1~2；干态明度 7~8，彩度 1~2。

对比土系　柯坪系，同一亚类不同土族，柯坪系为酸性，土体厚度在 80~125 cm 之间；而象湖系为非酸性，土体厚度在 40~80 cm 之间。

利用性能综述　象湖系土壤有机质、全氮较高，有效磷和速效钾中等至较高，表层土壤有机质含量在 25~60 g/kg 之间，全氮在 1.50~3.00 g/kg 之间，全磷一般在 0.25~0.75 g/kg 之间；全钾在 15~25 g/kg 之间；速效钾和有效磷分别在 50~120 mg/kg 和 5~15 mg/kg 之间。土壤保肥性能较低，CEC 主要在 5~10 cmol/kg 之间。由于地处坡地、田块面积较小，一般不适宜机械耕作。在改良时，应注意用地与养地相结合，增施磷肥，进一步提高肥力。应做好开沟截流，防止白土层位抬升，提倡冬种绿肥，改善保肥性能。

代表性单个土体（编号：35-114）　于 2011 年 9 月 19 日采自福建省漳平市象湖镇下店村，25°25'2.5"N，117°37'34.2"E。母质为泥页岩坡积物；地形为丘陵中下坡梯田，海拔 255 m，坡度 30°；土地利用方式为水田。

FJ-114

象湖系代表性单个土体剖面

Ap1：0~20 cm，灰黄棕色（10YR5/2，润），灰白色（10Y7/1，干），潮，细土质地为砂质壤土，中等发育的团粒和小块状结构，疏松；中量细根，根表多呈棕红色；结构面上有大量的棕红色氧化铁胶膜淀积（占结构面的 35%~50%）；中性；向下层清晰平滑过渡。

Ap2：20~30 cm，黄灰色（2.5Y6/1，润），灰黄色（2.5Y7/2，干），润，细土质地为砂质壤土，块状结构，坚实；结构面上有明显的垂直向根孔（占 15%）；少量细根；中性；向下层清晰平滑过渡。

Br：30~48 cm，淡黄色（2.5Y6/3，润），浅黄色（2.5Y7/4，干），润，细土质地为砂质壤土，中等发育的块状结构，稍坚实；土体结构面上有淡黄色氧化铁胶膜（占 10%~15%）和少量垂直向根孔；微酸性；向下层清晰平滑过渡。

E：48~60 cm，灰色（5Y6/1，润），灰白色（5Y7/1，干），润，细土质地为壤土，中等发育的块状结构；结构面上有少量黄色氧化铁胶膜；微酸性；向下层清晰平滑过渡。

C：60~110 cm，在地下水位的长期作用下，土体呈现类似网纹状的特性，橙色（7.5YR6/8，润）、黄色（2.5Y8/6，润）和灰黄色（2.5Y6/2，润）相间，它们的比例约为 60∶20∶20；干态主要呈亮红棕色（7.5YR5/8），细土质地为壤土，小块状或块状结构，坚实；微酸性。

象湖系代表性单个土体物理性质

土层	深度/cm	砾石（>2 mm，体积分数）/%	细土颗粒组成（粒径：mm）/（g/kg）			细土质地（美国制）	容重/（g/cm）
			砂粒 2~0.05	粉砂 0.05~0.002	黏粒 <0.002		
Ap1	0~20	4	560	295	146	砂质壤土	1.19
Ap2	20~30	4	566	300	136	砂质壤土	1.33
Br	30~48	4	581	275	146	砂质壤土	1.31
E	48~60	3	465	356	180	壤土	1.35
C	60~110	2	431	400	171	壤土	—

象湖系代表性单个土体化学性质

深度/cm	pH		CEC7/（cmol（+）/kg）	ECEC/（cmol（+）/kg）	盐基饱和度/%	全铁（Fe_2O_3）/(g/kg）	游离铁/（g/kg）
	（H_2O）	（KCl）					
0~20	7.04	5.75	6.30	5.06	80.32	24.94	15.80
20~30	6.76	5.33	5.61	4.54	73.08	25.31	17.46
30~48	6.05	4.32	5.52	4.87	74.64	41.34	29.23
48~60	5.99	4.00	6.62	5.32	51.06	52.12	25.21
60~110	6.41	5.06	7.38	5.89	73.98	53.60	40.14

4.5　底潜铁聚水耕人为土

4.5.1　东厦系（Dongxia Series）

土族：壤质硅质混合型非酸性高热-底潜铁聚水耕人为土

拟定者：章明奎，麻万诸

东厦系典型景观

分布与环境条件　主要分布于泉州、漳州、莆田等市的江河沿岸的冲积平原或河谷平原，为临近村镇的老稻田。地势平坦、灌溉方便，地下水位在 75~100 cm 之间，海拔多在 150 m 以下。起源于河流冲积物或冲海积物，利用方式为水田。属亚热带湿润季风气候区，年均日照约 2060~2460 h，年均气温 20.8~21.3℃，全年无霜，≥10℃的积温 7340~7540℃；1 月份平均气温在 10~12℃，最热月份在 7 月，平均温度在 27~28℃。年均降水量约 1500~1700 mm，降水的季节分布不均，干湿季节十分明显，每年 3~9 月为湿季，约占全年的 78%~81%，10 月至翌年 3 月为旱季，冬春和夏季常有季节性干旱。年均蒸发量约 1500 mm 左右，干燥度略低于 1。

土系特征与变幅　该土系诊断层包括水耕表层、水耕氧化还原层；诊断特性包括人为滞水土壤水分状况、潜育特征和高热土壤温度状况。土壤黏土矿物主要为水云母，其次为高岭石，含有少量绿泥石和蒙脱石。其剖面一般具有 Ap1-Ap2-Br-Bgr，具聚铁层，剖面底部出现潜育特征。该土土体厚度在 80~125 cm 之间；土壤颜色以黄棕色或暗灰色为主；土壤质地为壤土和粉砂壤土，剖面上下质地有一定的波动，但变化趋势不明显，黏粒含量多在 70~270 g/kg 之间，剖面平均黏粒含量低于 200 g/kg；砾石低于 25%；表土容重在 1.15 g/cm^3 左右，犁底层及其以下土壤容重在 1.30 g/cm^3 左右；土壤呈中性，pH 在 6.5~7.5 之间。

Ap1 层厚度 10~20 cm，稍疏松，小块状结构，黏粒含量在 70~270 g/kg 之间，砾石低于 25%；pH 在 6.5~7.5 之间；色调主要为 5Y、2.5Y 或 10YR，润态明度 4~5，彩度 1~2；干态明度 7~8，彩度 1~2。Ap2 层厚度 8~15 cm，坚实或稍坚实，大块状结构，黏粒含量在 70~270 g/kg 之间，砾石低于 25%；pH 在 6.5~7.5 之间；结构面上锈纹锈斑；色调主要为 5Y、2.5Y 或 10YR，润态明度 4~6，彩度 1~2；干态明度 7~8，彩度 1~2。Br 层铁聚层，厚度20~60 cm，坚实，块状和棱柱状结构，黏粒含量在70~270 g/kg之间，砾石低于25%；pH在6.5~7.5之间；结构面上可见铁锰叠加分布的锈纹锈斑，占结构面的15%~60%；其游离氧化铁含量为耕作层的1.5倍以上；色调主要为10Y~2.5Y，润态明度5~6，彩度1~2；干态明度7~8，彩度1~2。Bgr层出现在60~100 cm之间，厚度20~60 cm，块状结构但土体较软，黏粒含量在70~270 g/kg之间，砾石低于25%；pH在6.5~7.5之间；存在潜育特征（有亚铁反应）；但有脱潜趋势，局部土体内的孔隙、根孔及结构面有时可见少量锈纹锈斑。润态色调主要为N或5Y-10Y。

对比土系 与九龙江系、官坡系呈复区分布，同一亚类，但土体中无潜育特征。

利用性能综述 东厦系土壤有机质和全氮中高，有效磷和速效钾中等。表层土壤有机质含量在15~35 g/kg之间，全氮在1.00~2.00 g/kg之间，全磷一般在0.50~1.00 g/kg之间；全钾一般在15~20 g/kg之间；速效钾和有效磷分别在50~120 mg/kg和5~15 mg/kg之间。土壤保肥性能中等，CEC在10 cmol/kg左右。自然环境条件优越，农田设施较为完善，水源充足，灌溉方便，抗旱能力强；土层深厚，质地适中，耕性良好，供肥性能良好，适种性较广，适宜水旱轮作。在利用改良上，必须注意用养结合，实行粮、蔗、肥、菜等轮作，积极发展立体农业，提高土地利用率和生产力。在增加有机肥的基础上，积极调整化肥结构，提倡控氮补磷增钾，适施锌硼肥，以协调土壤养分平衡。同时，种植旱作时要注意开沟排水和科学管水，以降低地下水位，防止次生潜育化的发生。

代表性单个土体（编号：35-109） 剖面于2011年9月17日采自福建省云霄县东厦镇白塔村，23°55'17.5" N，117°23'43.7"E。母质为河流冲积物，地形为河谷冲积平原（大畈），该处河谷延伸很宽，大约有5 km宽（采样点离河流较远，离周边的丘陵约500 m），海拔13 m，坡度<2°；土地利用方式为水田（水旱轮作），主要种植水稻和蔬菜。

Ap1：0~15 cm，淡黄棕色（10YR5/3，润），灰白色（10Y8/2，干），壤土，润，中等发育的块状结构和小块状结构，疏松；大量细根；结构面上可见少量根孔状铁锈纹；微酸性；向下层清晰平滑过渡。

Ap2：15~27 cm，灰黄棕色（10YR6/2，润），灰白色（10Y8/1，干），细土质地为粉砂壤土，润，中等发育的块状结构，坚实；少量细根；结构面上可见少量根孔状铁锈纹；中性；向下层清晰平滑过渡。

Br1：27~50 cm，黄灰色（2.5Y6/1，润），灰白色（2.5Y8/1，干），细土质地为粉砂壤土，润，发育明显的柱状和棱柱状结构，坚实；结构面上含10%左右的根孔状铁锈纹（润态颜色为亮红棕色，7.5YR5/6；干态颜色为亮红棕色，7.5YR5/8）；微碱性；向下层清晰平滑过渡。

Br2：50~75 cm，灰色（10Y6/1，润），灰白色（10Y8/1，干），细土质地为粉砂壤土，潮，发育明显的块状结构，稍坚实；结构面上有大量（占30%~45%）棕红色氧化铁淀积物（润态黄棕色，10YR5/8；干态亮红棕色，7.5YR5/8），呈根孔状

东厦系代表性单个土体剖面

和斑块状分布，其间夹杂少量氧化锰斑；中性；向下层清晰平滑过渡。

Bgr：75~120 cm，青灰色（N6/0，润），灰白色（N8/0，干），细土质地为粉砂壤土，湿，弱发育的块状结构，土体较软；具潜育特征，但土体内的孔隙、根孔及结构面等位置上有棕红色氧化铁淀积；微碱性。

东厦系代表性单个土体物理性质

土层	深度 /cm	砾石 （>2 mm，体积分数）/%	细土颗粒组成（粒径：mm）/（g/kg）			细土质地 （美国制）	容重 /（g/cm^3）
			砂粒 2~0.05	粉砂 0.05~0.002	黏粒 <0.002		
Ap1	0~15	8	376	450	176	壤土	1.18
Ap2	15~27	2	208	656	136	粉砂壤土	1.32
Br1	27~50	2	360	530	110	粉砂壤土	1.30
Br2	50~75	2	595	279	126	粉砂壤土	1.34
Bgr	75~120	1	241	614	146	粉砂壤土	1.29

东厦系代表性单个土体化学性质

深度 /cm	pH		CEC_7 /（cmol（+）/kg）	ECEC /（cmol（+）/kg）	盐基饱和度/%	全铁 （Fe_2O_3）/(g/kg）	游离铁 /（g/kg）
	（H_2O）	（KCl）					
0~15	6.20	5.65	7.60	6.89	80.79	33.59	14.60
15~27	7.42	5.78	5.28	—	—	35.42	18.22
27~50	7.59	5.69	4.36	—	—	33.12	18.92
50~75	7.48	5.71	4.76	—	—	36.18	23.49
75~120	7.76	5.71	5.87	—	—	33.83	14.64

4.6　普通铁聚水耕人为土

4.6.1　茶丰系（Chafeng Series）

土族：黏壤质硅质混合型非酸性热性-普通铁聚水耕人为土
拟定者：章明奎，麻万诸

茶丰系典型景观

分布与环境条件　分布于福建省三明、南平等市河谷盆地边缘、山前洪积扇及丘陵坡麓平缓地段，海拔多在250 m以下，坡度在0°~15°之间。起源于近代洪积物，利用方式主要为水田。地下水位一般在50~200 cm之间。属亚热带湿润季风气候区，年均温在17.8~20.0℃；极端最低气温-5.8~-1.2℃，极端最高气温37.0~43.0℃，最热月出现在7月，平均温度27~29℃左右；最冷月出现在1月，平均温度9~10℃左右；≥10℃的积温5800~6500℃，年均日照约1770~1910 h；无霜期270~338 d；年均降水量1300~1800 mm，降水的季节分布不均，干湿季节十分明显，每年3~9月为湿季，占全年降水量的82%；10月至翌年3月为少雨旱季。年均蒸发量约1300~1600 mm，干燥度小于1。

土系特征与变幅　该土系诊断层包括水耕表层和水耕氧化还原层；诊断特性包括人为滞水土壤水分状况和热性土壤温度状况。土壤黏土矿物主要为水云母和高岭石，含有少量绿泥石和蛭石。其剖面一般具有Ap1-Ap2-Br-C，具明显的铁聚层。土体厚度在80~130 cm之间；土壤颜色以黄棕色和棕灰色为主，犁底层以下有明显的黄色锈纹或棕褐色铁锰淀斑。因上下层堆积物质的差异与水稻种植期间黏粒的淋移，剖面中土壤质地有一定的变化，为黏壤土和壤土，黏粒含量在150~400 g/kg之间，全剖面黏粒平均含量在200~350 g/kg之间；砾石含量低于25%。表土容重在1.20 g/cm^{3}左右，犁底层及其以下土壤容重在1.30~1.50 g/cm^{3}之间；土壤呈微酸性至酸性，pH主要在5.5~6.5之间。

Ap1层厚度10~25 cm，小块状结构，疏松，黏粒含量在150~400 g/kg之间，砾石含量低于25%。pH在4.5~6.5之间；色调主要为2.5Y或10YR，润态明度3~5，彩度1~3；干态明度5~7，彩度1~3。Ap2层厚度8~20 cm，块状结构，稍坚实或坚实，黏粒含量在150~400 g/kg之间，砾石含量低于25%。pH在4.5~6.5之间；结构面上可见少量锈纹或氧化铁胶膜淀积；色调主要为5Y、2.5Y或10YR，润态明度3~5，彩度2~4；干态明度

6~8，彩度 2~4。Br 层（聚铁层）厚度 30~60 cm，块状结构，稍坚实或坚实，黏粒含量在 150~400 g/kg 之间，砾石含量低于 25%；pH 在 5.5~6.5 之间；结构面上有大量的锈纹（平均占结构面的 35%以上）；色调主要为 2.5Y 或 10YR，润态明度 4~7，彩度 1~3；干态明度 6~8，彩度 1~3。

对比土系 岩后系，同一土族，但土体厚度有明显的差异；岩后系土体厚度在 40~80 cm 之间；茶丰系土体厚度在 80~130 cm 之间。

利用性能综述 茶丰系土壤有机质和全氮丰富，因长期施肥，有效磷和速效钾可达到较高水平。表层土壤有机质含量在 25~45 g/kg 之间，全氮在 1.50~3.00 g/kg 之间，全磷一般在 0.50~1.50 g/kg 之间；全钾在 5~15 g/kg 之间；速效钾和有效磷分别在 80~200 mg/kg 和 10~25 mg/kg 之间。土壤保肥性能较低，CEC 在 5~10 cmol/kg 之间。因地处平原或河谷边缘，排水条件良好。土壤砂黏适宜，耕性好，养分含量高，土壤温度回升快，供肥性能良好，适种性广。今后应重视培肥地力工作，防止肥力退化。主要以增施各种有机肥料为主，推行种植绿肥和稻草还田，平衡施肥，以保持地力。

代表性单个土体（编号：35-064） 于 2011 年 8 月 13 日采自福建省沙县虬江街道茶丰村潭厝自然村，26°22'41.2" N，117°52'16.1" E。母质为洪积物；地形为山前洪冲积扇，海拔 115 m，坡度约 5°；土地利用方式为水田（主要种植水稻、烟草）；地下水在 110 cm 左右。

茶丰系代表性单个土体剖面

Ap1：0~21 cm，淡黄棕色（10YR4/3，润），淡黄橙色（10YR7/3，干），细土质地为黏壤土，润，弱发育的小块状结构，疏松；多量细根；结构面上见中量根孔状锈斑纹和散点状锈斑纹（占 15%）；酸性；向下层清晰平滑过渡。

Ap2：21~38 cm，淡黄棕色（10YR5/4，润），灰白色（10YR8/2，干），细土质地为黏壤土，润，中等发育的块状结构，坚实；少量根系；结构面上见大片连续状的亮红棕色（7.5YR5/8，润）氧化铁胶膜淀积（占 25%左右）和少量根孔状铁锈纹；酸性；向下层清晰平滑过渡。

Br1：38~63 cm，棕色（10YR4/6，润），淡黄橙色（10YR7/3，干），细土质地为黏壤土，润，发育明显的棱柱状结构，坚实；结构面上见少量麻点状铁锈斑，锰斑不明显，夹杂少量小砾石块；微酸性；向下层清晰波状过渡。

Br2：63~99 cm，基色呈灰白色（2.5Y7/1，润）和灰白色（2.5Y8/1，干），细土质地为黏土，潮，中等发育的块状结构，稍坚实；结构面上见大量褐斑状铁锰氧化物（润色亮红棕色 7.5YR5/6，干色黄橙色 7.5YR7/8）（占 35%~55%）；微酸性；向下层清晰波状过渡。

C：99~125 cm，灰白（N7/0，润），灰白（N 8/0，干），细土质地为黏土，潮，单粒状结构，土体松软，土粒上有 15%~25%的铁锈斑纹（润色为亮红棕色 7.5YR5/6，干色为橙色 7.5YR7/6）；向下逐渐呈现砂性；微酸性。

茶丰系代表性单个土体物理性质

土层	深度/cm	砾石（>2 mm，体积分数）/%	细土颗粒组成（粒径：mm）/（g/kg）			细土质地（美国制）	容重/（g/cm³）
			砂粒 2~0.05	粉砂 0.05~0.002	黏粒 <0.002		
Ap1	0~21	3	260	430	310	黏壤土	1.18
Ap2	21~38	5	270	390	340	黏壤土	1.40
Br1	38~63	10	405	345	250	壤土	1.38
Br2	63~99	8	300	325	375	黏壤土	1.43
C	99~125	9	310	310	380	黏壤土	—

茶丰系代表性单个土体化学性质

深度/cm	pH		CEC_7/（cmol（+）/kg）	ECEC/（cmol（+）/kg）	盐基饱和度/%	全铁（Fe_2O_3）/（g/kg）	游离铁/（g/kg）
	（H_2O）	（KCl）					
0~21	4.69	3.6	8.67	6.34	20.42	44.73	22.85
21~38	5.04	4.16	8.59	5.87	54.95	50.59	30.01
38~63	5.80	4.925	6.68	4.96	68.86	55.12	30.14
63~99	5.71	4.51	9.44	7.58	74.58	61.03	34.85
99~125	5.65	4.41	9.67	7.23	69.60	69.93	40.56

4.6.2 富岭系（Fuling Series）

土族：粗骨壤质硅质型非酸性热性-普通铁聚水耕人为土

拟定者：章明奎，麻万诸

富岭系典型景观

分布与环境条件 零星分布于福建省宁德、南平、三明、龙岩等市的河谷高阶地、孤丘及山前古洪积扇，并经人为平整为梯田，大多分布在海拔 500 m 以下。起源于第四纪红色黏土，其主要处于原古红土分布区的侵蚀部位或高处；利用方式为水田，水旱轮作。属亚热带湿润季风气候区，年均温在 18.5~20.0℃之间；≥10℃的积温 6000~6500 ℃，年均日照约 1800~2080 h；无霜期 300~340 d；年均降水量 1370~1700 mm。年均蒸发量约 1200~1650 mm，干燥度小于 1。

土系特征与变幅 该土系诊断层包括水耕表层和水耕氧化还原层；诊断特性包括人为滞水土壤水分状况和热性土壤温度状况。由于母土为强富铁铝化土壤，土壤黏土矿物主要为高岭石，其次为水云母，并含有少量绿泥石和蛭石。其剖面一般具有 Ap1-Ap2-Br-C，水耕氧化还原层的游离氧化铁含量为表层的 1.5 倍以上。土体厚度在 50~100 cm 之间；土壤色调主要为 10YR 或 7.5YR，颜色主要以棕灰色或灰棕色为主。因该土分布区的原古红土土层较薄，在植稻前经人为平整后原第四纪红色黏土的土层已被打乱，砾石层与红土层混杂，形成的土壤土体较为浅薄，并且在犁底层以下土层见高量砾石，土体中砾石含量平均在 25%以上。土壤质地为砂质壤土至砂质黏壤土，土壤氧化铁游离度在 40%~80%；表土容重在 1.20 g/cm^3 左右，犁底层及其以下土壤容重在 1.35~1.50 g/cm^3 之间；土壤呈微酸性至酸性，pH 在 4.5~6.5 之间，随深度增加。

Ap1 层厚度 10~25 cm，小块状结构，疏松；pH 在 4.5~6.5 之间；色调主要为 10YR，润态明度 4~5，彩度 1~2；干态明度 7~8，彩度 1~2。Ap2 层厚度 5~12 cm，块状结构，坚实，黏粒含量多在 100~350 g/kg 之间；pH 在 4.5~6.5 之间；色调主要为 7.5YR，润态明度 5~6，彩度 6~8；干态明度 7~8，彩度 5~6。Br 层厚度 30~60 cm，块状和单粒状结构，坚实或稍坚实；pH 在 5.5~6.5 之间；结构面上可见铁锰叠加分布的锈纹锈斑，其游离氧化铁为耕作层的 1.5 倍以上；色调主要为 7.5YR，润态明度 5~6，彩度 6~8；干态明度 7~8，彩度 5~6。

对比土系 洪宽系、练村系，同一亚类但不同土族，土体中均具有较高的砾石含量（占 25%以上），土壤酸碱度均为非酸性，但由于成土母质的差异，它们的颗粒大小级别和矿物类别有所差异。洪宽系的矿物类别属于硅质混合型，富岭系的矿物类型属于硅质型。练村系土壤颗粒大小级别为粗骨砂质，土壤色调主要为 2.5Y 或 10YR；而富岭系土壤颗粒大小级别为粗骨壤质，土壤色调主要为7.5YR。

利用性能综述　富岭系土壤有机质、全氮和有效磷中等，速效钾较低。表层土壤有机质含量在20~35 g/kg之间，全氮在1.00~2.00 g/kg之间，全磷一般在0.50~1.00 g/kg之间；速效钾和有效磷分别在30~80 mg/kg和8~25 mg/kg之间。土壤保肥性能较低，CEC在5~10 cmol/kg之间。土壤土层浅薄，且土体坚实，土体中有较多的砾石，耕性较差；其水源不足，常受干旱威胁；在生产上表现为返青迟，易坐苗，早衰严重。在改良上，首先要做好水土保持工作，完善水利设施，改串灌为轮灌。其次是逐步加深耕作层，拣走大块砾石；大力推行稻草还田和冬种绿肥，以提升基础地力；有机肥应基施、重施，适宜施用石灰，以提高土壤pH和改良土壤结构。

代表性单个土体（编号：35-158）　于2012年3月30日采自福建省南平市浦城县富岭镇横力村，27°51'54.4" N，118°45'24.5" E。母质为古洪积物，地形为低丘顶部平地，海拔318 m，坡度<2°；土地利用方式为水田（水稻-紫云英）。

Ap1：0~18 cm，棕灰色（10YR4/1，润），灰白色（10YR7/1，干），润，细土质地为砂质壤土，弱发育的小块状结构，疏松；中量细根；夹杂少量石英砂；酸性；向下层清晰平滑过渡。

Ap2：18~30 cm，亮棕色（7.5YR5/6，润），棕色（7.5YR7/6，干），润，细土质地为砂质黏壤土，发育明显的块状结构，非常坚实；土体中夹杂15%左右直径10~15 cm的半风化砾石块，结构面上见少量（占5%）浅棕色氧化物胶膜和斑纹；酸性；向下层渐变平滑过渡。

Br：30~80 cm，橙色（7.5YR6/8，润），浅黄橙色（7.5YR8/6，干），湿，细土质地为壤土，弱发育块状和单粒状结构，稍坚实；结构面上有明显的锈纹、锈斑；夹杂10%左右大小5~10 cm的半风化砾石块；微酸性。

C：80 cm以下，砾石层。

富岭系代表性单个土体剖面

富岭系代表性单个土体物理性质

土层	深度/cm	砾石（>2 mm，体积分数）/%	细土颗粒组成（粒径：mm）/（g/kg）			细土质地（美国制）	容重/（g/cm³）
			砂粒 2~0.05	粉砂 0.05~0.002	黏粒 <0.002		
Ap1	0~18	14	621	262	117	砂质壤土	1.18
Ap2	18~30	32	473	247	280	砂质黏壤土	1.39
Br	30~80	29	496	309	195	壤土	—

富岭系代表性单个土体化学性质

深度/cm	pH		CEC_7/（cmol（+）/kg）	ECEC/（cmol（+）/kg）	盐基饱和度/%	全铁（Fe_2O_3）/(g/kg）	游离铁/（g/kg）
	（H_2O）	（KCl）					
0~18	4.97	4.04	5.43	4.23	65.6	7.42	4.37
18~30	5.50	4.43	7.65	6.02	90.9	34.93	28.26
30~80	6.34	5.64	6.53	5.12	97.9	24.46	18.15

4.6.3　官坡系（Guanpo Series）

土族：壤质硅质混合型非酸性高热-普通铁聚水耕人为土

拟定者：章明奎，麻万诸

官坡系典型景观

分布与环境条件　主要分布在福建省漳州市的各县，莆田和厦门等市也有少量分布，地形多为山溪性河谷平原的河漫滩和其他河谷平原的近河床地段，海拔多在 500 m 以下，坡度在 0°~10° 之间，地下水位在 70~250 cm 之间，种稻历史悠久。起源于近代河流冲积物，利用方式为水田（水旱轮作）。属亚热带湿润季风气候区，年均温在 20.4~21.3℃；极端最低气温 −3.5~−0.9℃，极端最高气温 38.4~40.2℃，最热月出现在 7 月，平均温度 30℃左右；最冷月出现在 1 月，平均温度 10~11℃左右；≥10℃的积温 6700~7500℃，年均日照约 1950~2150 h；无霜期 300~350 d；年均降水量 1500~1750 mm，降水的季节分布不均，干湿季节十分明显，每年 3~9 月为湿季，占全年降水量的 84%~88%；10 月至翌年 3 月为少雨旱季。年均蒸发量约 1450~1700 mm，干燥度略小于 1。

土系特征与变幅　该土系诊断层包括水耕表层和水耕氧化还原层；诊断特性包括人为滞水土壤水分状况和高热土壤温度状况。土壤黏土矿物主要为水云母，其次为高岭石，含有少量绿泥石和蛭石。其剖面一般具有 Ap1-Ap2-Br-C，有明显的铁聚层。土体厚度在 80~125 cm 之间；土壤颜色以灰棕色至灰黄色为主，犁底层以下土层中有明显的黄色锈纹或棕褐色铁锰淀斑，氧化锰淀积深度略深于氧化铁。因地处近河床地段，沉积物颗粒较粗，通透性和淋溶性较强，土壤质地多为壤土，少数为粉质壤土；上下层黏粒呈波状分布，无明显的变化趋势，黏粒含量在 50~250 g/kg 之间；砂粒含量在 300~520 g/kg 之间；砾石含量低于 25%。表土容重在 1.15 g/cm^3 左右，犁底层及其以下土壤容重在 1.35 g/cm^3 左右；土壤呈微酸性，pH 主要在 5.5~6.5 之间。

Ap1 层厚度 10~25 cm，团粒状或小块状结构，疏松，黏粒含量在 50~250 g/kg 之间；砂粒含量在 300~520 g/kg 之间；砾石含量低于 25%。pH 在 5.5~6.5 之间；色调主要为 2.5Y 或 5Y，润态明度 5~6，彩度 1~2；干态明度 6~7，彩度 1~2。Ap2 层厚度 8~15 cm，块状结构，坚实，黏粒含量在 50~250 g/kg 之间；砂粒含量在 300~520 g/kg 之间；砾石含量低于 25%。pH 在 5.5~6.5 之间；结构面上有时可见少量锈纹；色调主要为 2.5Y 或 5Y，润态明度 5~6，彩度 1~3；干态明度 6~7，彩度 1~3。Br 层（铁聚层）厚度 20~60 cm，大块状结构和块状结构，坚实，黏粒含量在 50~250 g/kg 之间；砂粒含量在 300~520 g/kg 之间；砾石含量低于 25%。pH 在 5.5~6.5 之间；结构面上有大量的锈纹，平均占结构面的 25%以上；土壤游离态铁为耕作层的 1.5 倍以上；色调主要为 2.5Y 或 10YR，润态明度 5~6，彩度 7~8；干态明度 7~8，彩度 1~3。

对比土系 九龙江系，同一土族，但两者的土体厚度存在一定的差异。九龙江系土体厚度在 40~80 cm 之间，官坡系土体厚度在 80~125 cm 之间。

利用性能综述 官坡系土壤有机质和全氮中等，因长期施肥，有效磷和速效钾可达到较高水平。表层土壤有机质含量在 15~30 g/kg 之间，全氮在 1.00~2.00 g/kg 之间，全磷一般在 0.30~1.00 g/kg 之间；全钾在 10~25 g/kg 之间；速效钾和有效磷分别在 80~150 mg/kg 和 8~25 mg/kg 之间。土壤保肥性能较低，CEC 在 5 cmol/kg 以下。因地处河流附近，土壤质地较轻，排灌条件良好，又因处于高河漫滩，雨季一般不会受山洪淹没的影响。土壤土层深厚，质地较轻，通透性良好，耕性好，排灌方便，适种性广，宜水旱轮作。但该土质地偏砂，保肥性差，土壤潜在肥力较低。因此，在利用改良上，必须注意用地与养地结合，应增施有机肥料，推行稻草还田，改善土壤物理性质，提高土壤保肥能力。积极发展立体农业，提高土地利用率和生产力；在增施有机肥的基础上，科学补充磷、钾肥，注意后期追肥，以协调土壤养分平衡，满足作物高产优质的需要。

代表性单个土体（编号：35-101） 于 2011 年 9 月 15 日采自福建省诏安县官坡乡马坑村，24°4'15.2" N，117°4'42.3" E。母质为冲洪积物，地形为山溪性河流形成的高河漫滩，海拔 179 m，坡度<5°；土地利用方式为水田（水旱轮作）。

Ap1：0~16 cm，灰黄色（2.5Y6/2，润），灰白色（2.5Y7/1，干），细土质地为粉砂壤土，润，弱发育的小块状和团粒状结构，疏松；多量细根；见少量蚯蚓粪；微酸性；向下层清晰平滑过渡。

Ap2：16~30 cm，暗灰黄色（2.5Y5/2，润），灰黄色（2.5Y7/2，干），细土质地为壤土，润，中等发育的小块状结构和块状结构，非常坚硬；结构面上见较多根孔状锈纹（占 30%左右），见少量细根和少量 0.5 cm 大小的砾石；微酸性；向下层清晰平滑过渡。

Br1：30~65 cm，亮黄棕色（10YR6/8，润），淡黄橙色（10YR7/3，干），细土质地为壤土，润，中等发育的块状结构，坚实；上半部分结构面上淀积物主要为氧化铁（占 20%~30%），下半部分有较多的氧化锰淀积物（占 30%）；土层上部偶见垂直向裂隙，填充有来自上层的灰色物质；微酸性；向下层清晰平滑过渡。

Br2：65~85 cm，灰黄色（2.5Y6/2，润），灰白色（2.5Y8/1，干），细土质地为壤土，潮，中等发育的块状结构，坚实；结构面上有大量氧化锰淀积物（占 35%左右）；微酸性；清晰平滑过渡。

官坡系代表性单个土体剖面

C：85~125 cm，由黄色（占 80%）和黄白色（20%）土壤物质组成，基色主要呈黄橙色（10YR7/8，润）和黄橙色（10YR7/8，干），细土质地为壤土，潮，单粒状结构，稍坚实；微酸性。

官坡系代表性单个土体物理性质

土层	深度 /cm	砾石 (>2 mm，体积分数）/%	细土颗粒组成（粒径：mm）/（g/kg）			细土质地（美国制）	容重 /（g/cm³）
			砂粒 2~0.05	粉砂 0.05~0.002	黏粒 <0.002		
Ap1	0~16	8	390	537	74	粉砂壤土	1.14
Ap2	16~30	8	420	430	151	壤土	1.36
Br1	30~65	10	461	360	180	壤土	1.39
Br2	65~85	12	497	349	155	壤土	1.42
C	85~125	10	400	398	203	壤土	—

官坡系代表性单个土体化学性质

深度 /cm	pH		CEC$_7$ /（cmol（+）/kg）	ECEC /（cmol（+）/kg）	盐基饱和度/%	全铁（Fe_2O_3）/(g/kg）	游离铁 /（g/kg）
	（H_2O）	（KCl）					
0~16	5.55	3.64	3.24	2.96	24.07	28.34	13.69
16~30	5.67	3.70	5.54	5.03	53.07	26.13	15.53
30~65	6.11	4.25	7.14	6.57	85.71	53.28	42.05
65~85	6.29	3.94	5.79	5.11	78.93	22.37	13.15
85~125	6.18	4.55	8.69	7.86	82.74	69.78	57.05

4.6.4 洪宽系（Hongkuan Series）

土族：粗骨壤质硅质混合型非酸性热性-普通铁聚水耕人为土
拟定者：章明奎，麻万诸

分布与环境条件 分布于福建省龙岩、三明、南平、宁德和福州等市的山地丘陵，为梯田，海拔多在 800 m 以下。起源于砂岩、石英片麻岩等风化物及其形成的自成土，经长期水耕熟化发育而成，地下水埋藏较深。利用方式为水田，水旱轮作。属亚热带湿润海洋性季风气候区，年均温在 17.5~20.3℃；≥10℃的积温 5500~6500℃，年均日照约 1750~2000 h；无霜期 250~315 d；年均降水量 1500~1900 mm。年均蒸发量约 1300~1600 mm，干燥度小于 1。

洪宽系典型景观

土系特征与变幅 该土系诊断层包括水耕表层和水耕氧化还原层；诊断特性包括人为滞水土壤水分状况和热性土壤温度状况。土壤黏土矿物主要由高岭石和水云母组成，含有少量绿泥石和蛭石。所处地形为山地丘陵的梯田，地下潜水在 150 cm 以下，外排水条件良好，但水源相对不足。其剖面一般具有 Ap1-Ap2-Br-C，具铁聚层。土体厚度在 40~80 cm 之间；土壤颜色以黄棕色、灰黄棕色为主。土壤质地为砂质壤土，剖面上下质地变化较小；表土容重在 1.25 g/cm^3 左右，犁底层及其以下土壤容重在 1.45 g/cm^3 左右；土壤呈酸性至微酸性，pH 在 4.5~6.5 之间，由上至下增加。

Ap1 层厚度 10~25 cm，小块状结构，疏松；pH 在 4.5~6.5 之间；色调主要为 2.5Y 或 10YR，润态明度 5~6，彩度 1~2；干态明度 7~8，彩度 1~2。Ap2 层厚度 8~20 cm，块状结构，坚实或稍坚实，黏粒含量多在 50~200 g/kg 之间；砾石含量在 5%~45%之间；pH 在 4.5~6.5 之间；结构面上锈纹锈斑；色调主要为 2.5Y 或 10YR，润态明度 5~6，彩度 2~3；干态明度 7~8，彩度 1~2。Br 层厚度 20~40 cm，块状结构，坚实；pH 在 4.5~6.5 之间；结构面上可见明显氧化铁淀积；色调为 10YR 或 7.5YR，润态明度 5~6，彩度 6~8；干态明度 7~8，彩度 1~3。

对比土系 富岭系，同一亚类但不同土族，由于成土母质的差异，两者的矿物类别有所差异，富岭系的矿物类型属于硅质型，洪宽系的矿物类别属于硅质混合型。

利用性能综述 洪宽系土壤有机质、全氮、有效磷和速效钾主要在中下水平。表层土壤有机质含量在 10~25 g/kg 之间，全氮在 0.50~1.50 g/kg 之间，全磷一般在 0.35~0.75 g/kg 之间；速效钾和有效磷分别在 50~80 mg/kg 和 5~10 mg/kg 之间。土壤保肥性能很低，CEC

在 5~10 cmol/kg 之间。土壤耕作层砂性强，保肥、保水性差，心土以下坚实，内排水差；养分相对较低。因地处低山丘陵，灌溉水源相对不足。在利用改良上，应改善水利设施，改串灌为轮灌，增加有机肥料和磷、钾肥的投入，改善土壤物理性状，增加土壤保肥性和基础地力。

代表性单个土体（编号：35-129） 于 2011 年 10 月 5 日采自福建省福州市福清市阳下街道洪宽村，25°44'57.1"N，119°23'49.1"E。母质为砂岩坡积物；地形为低丘下坡梯田，海拔 23 m，坡度为 10°~15°；土地利用方式为水田，水旱轮作，种植水稻和番薯等农作物。

洪宽系代表性单个土体剖面

Ap1：0~18 cm，灰黄棕色（10YR5/2，润），灰白色（10YR8/1，干），润，细土质地为砂质壤土，弱发育的小块状结构，疏松；高量细根；结构面上有 5%左右斑点状、细纹状或根孔状铁锈；酸性；向下层清晰平滑过渡。

Ap2：18~36 cm，黄棕色（10YR5/3，润），灰白色（10YR8/1，干），润，细土质地为砂质壤土，中等发育的块状结构，坚实；结构面上有明显的（占 15%~25%）细纹状或根孔状棕红色氧化铁淀积物（润态为 5YR5/6），少量瓷片等侵入体；酸性；向下层清晰平滑过渡。

Br：36~60 cm，橙色（7.5YR6/8，润），浅黄橙色（7.5YR8/3，干），润，由细土和石块组成，石块约占土体的 35%以上，细土质地为砂质壤土，弱发育的块状结构或小块状结构，非常坚实；微酸性；向下层清晰平滑过渡。

C：60 cm 以下，母质层，坚硬的砂岩半风化物。

洪宽系代表性单个土体物理性质

土层	深度 /cm	砾石（>2 mm，体积分数）/%	细土颗粒组成（粒径：mm）/（g/kg）			细土质地（美国制）	容重 /（g/cm³）
			砂粒 2~0.05	粉砂 0.05~0.002	黏粒 <0.002		
Ap1	0~18	12	522	374	115	砂质壤土	1.25
Ap2	18~36	19	531	388	81	砂质壤土	1.39
Br	36~60	37	432	460	113	砂质壤土	—

洪宽系代表性单个土体化学性质

深度 /cm	pH		CEC_7 /（cmol（+）/kg）	ECEC /（cmol（+）/kg）	盐基饱和度/%	全铁（Fe_2O_3）/(g/kg)	游离铁 /（g/kg）
	（H_2O）	（KCl）					
0~18	5.04	3.86	5.98	5.49	64.5	18.21	8.98
18~36	5.42	3.98	5.76	5.12	77.7	22.06	11.30
36~60	6.23	4.80	7.04	6.89	96.3	39.89	26.16

4.6.5 九龙江系（Jiulongjiang Series）

土族：壤质硅质混合型非酸性高热-普通铁聚水耕人为土
拟定者：章明奎，麻万诸

九龙江系典型景观

分布与环境条件 分布于漳州、厦门、泉州、莆田和福州等市的河谷平原，海拔一般在250 m以下；起源于河流冲积物，地下水位多在150~250 cm之间；利用方式主要为水田。属亚热带湿润海洋性季风气候区，年均日照约2000 h，年均气温20.4~21.5℃，全年无霜，≥10℃的积温7200~7300℃，≥15℃的积温5900~6200℃，≥20℃的积温4600~5100℃；1月份平均气温在10℃以上，最热月份在7月，平均温度在28℃以上。年均降水量1400~1650 mm，降水的季节分布不均，干湿季节十分明显，每年4~9月为湿季，10月至翌年3月为旱季。年均蒸发量约1200~1500 mm，干燥度在0.8~1之间。

土系特征与变幅 该土系诊断层包括水耕表层和水耕氧化还原层；诊断特性包括人为滞水土壤水分状况和高热土壤温度状况。土壤黏土矿物主要由水云母和高岭石组成，含有少量绿泥石和蒙脱石。其剖面一般具有Ap1-Ap2-Br-Cr，部分水耕氧化还原层的游离氧化铁含量为表层的1.5倍以上。土体厚度在40~80 cm之间；土壤颜色以黄棕色或灰棕色为主；土壤质地为壤土，剖面上下质地变化较小，黏粒含量多在100~250 g/kg之间；砂粒含量在250~500 g/kg之间；砾石低于25%；表土容重在1.10 g/cm^{3}左右，犁底层及其以下土壤容重在1.25~1.45 g/cm^{3}之间；土壤呈中性至微酸性，pH在5.5~7.5之间。母质层质地多在黏质壤土至砂质壤土之间，有明显的沉积层理，向下砾石有增加趋势。

Ap1层厚度10~20 cm，稍疏松，黏粒含量多在100~250 g/kg之间；砂粒含量在250~500 g/kg之间；pH在5.5~7.5之间；色调主要为2.5Y或10YR，润态明度4~6，彩度2~3；干态明度5~7，彩度2~4。Ap2层厚度8~15 cm，坚实或稍坚实，黏粒含量多在100~250 g/kg之间；砂粒含量在250~500 g/kg之间；pH在5.5~7.5之间；结构面上有锈纹锈斑；色调主要为2.5Y或10YR，润态明度4~6，彩度2~4；干态明度5~7，彩度2~5。Br层厚度20~60 cm，坚实，黏粒含量多在100~250 g/kg之间；砂粒含量在250~500 g/kg之间；块状结构和大棱柱状结构，pH在5.5~7.5之间；结构面上可见铁锰叠加分布的锈纹锈斑，占结构面的15%~60%；色调主要为2.5Y或10YR，润态明度4~6，彩度2~6；干态明度5~7，彩度2~5。

对比土系　官坡系，同一土族，但两者的土体厚度存在一定的差异。官坡系土体厚度在 80~125 cm 之间，九龙江系土体厚度在 40~80 cm 之间。

利用性能综述　九龙江系土壤有机质和全氮中等，有效磷和速效钾中高。表层土壤有机质含量在 20~35 g/kg 之间，全氮在 1.00~2.00 g/kg 之间，全磷一般在 0.50~1.00 g/kg 之间；速效钾和有效磷分别在 80~150 mg/kg 和 10~25 mg/kg 之间。土壤保肥性能较低，CEC 在 5~10 cmol/kg 之间。所处地形为河漫滩，地形平坦，质地较轻，表土疏松，耕性良好，排水方便，适种性较广，宜水旱轮作。但由于土壤质地偏砂，保水保肥性较差，土壤潜在肥力较低，但养分较为丰富。因此，在改良利用上，应增施有机肥，改善土壤物理性状，提高保肥和供肥能力。在施肥技术上，应推广多次少量施肥法，注意后期追肥，防止脱肥早衰。该土对地面压力有较强的支撑能力，适宜机械化耕作；在该土上修筑建筑物有较好的稳固性。因该土多为基本农田，一般不适宜作为工程用土。

代表性单个土体（编号：35-023）　于 2011 年 4 月 18 日采自福建省漳浦县石榴镇崎溪村，24°9'18.1" N，117°29'12.7" E。母质为河流冲积物，地形为河谷平原，海拔 14 m，坡度<2°；土地利用方式为水田（水旱轮作）。

Ap1：0~13 cm，灰棕色（2.5Y4/3，润），淡黄色（2.5Y6/3，干），细土质地为壤土，润，弱发育的团粒状结构，稍疏松；中量细根；中性；向下层清晰平滑过渡。

Ap2：13~25 cm，黄棕色（2.5Y5/3，润），灰黄色（2.5Y7/2，干），细土质地为壤土，润，中等发育的块状结构，非常坚实；有少量铁斑（占结构面的 5%）；微酸性；向下层清晰平滑过渡。

Br1：25~55 cm，暗灰黄色（2.5Y5/2，润），灰黄色（2.5Y6/2，干），细土质地为壤土，润，中等发育的块状结构，非常坚实；有较多的根孔（占结构面的 10%~20%）；有明显的铁锰斑纹（占结构面的 10%~15%）；见少量小块状砖块瓦片；中性；向下层渐变平滑过渡。

Br2：55~78 cm，亮黄棕色（2.5Y6/6，润），浅黄色（2.5Y7/4，干），细土质地为壤土，润，中等发育的大块状和棱柱状结构，稍坚实；结构面上见大量黄色铁斑纹（占约 50%）和锰斑纹（占 10%~15%）及网状细根孔；中性；向下层清晰平滑过渡。

Cr1：78~88 cm，亮黄棕色（2.5Y6/6，润），灰白色（2.5Y8/2，干），细土质地为壤土，润，单粒状结构，稍疏松；但土粒上见少量铁、锰斑纹；中性；向下层清晰平滑过渡。

九龙江系代表性单个土体剖面

Cr2：88~110 cm，基色呈淡黄色（2.5Y6/4，润），灰黄色（2.5Y7/2，干），细土质地为壤土，润，单粒状结构，稍疏松；受地下水影响，土粒表面见大量黄色氧化铁淀积物（占 50%~60%）和锰斑纹（占 10%左右）；中性。

九龙江系代表性单个土体物理性质

土层	深度 /cm	砾石 (>2 mm，体积分数）/%	细土颗粒组成（粒径：mm）/（g/kg）			细土质地（美国制）	容重 /（g/cm^3）
			砂粒 2~0.05	粉砂 0.05~0.002	黏粒 <0.002		
Ap1	0~13	3	489	387	124	壤土	1.08
Ap2	13~25	4	525	343	132	壤土	1.31
Br1	25~55	1	505	351	144	壤土	1.28
Br2	55~78	1	510	399	155	壤土	1.33
Cr1	78~88	1	426	456	118	壤土	1.30
Cr2	88~110	2	310	469	221	壤土	—

九龙江系代表性单个土体化学性质

深度 /cm	pH		CEC_7 /（cmol（+）/kg）	ECEC /（cmol（+）/kg）	盐基饱和度/%	全铁（Fe_2O_3）/(g/kg）	游离铁 /（g/kg）
	（H_2O）	（KCl）					
0~13	6.52	6.05	6.76	5.86	83.43	20.83	9.20
13~25	6.34	5.79	6.34	5.57	87.85	23.15	10.08
25~55	7.39	—	6.56	—	—	31.20	17.12
55~78	7.58	—	6.98	—	—	38.48	26.55
78~88	7.22	6.52	5.23	5.05	96.55	28.21	15.02
88~110	7.03	6.44	7.34	7.13	86.38	37.13	21.31

4.6.6　练村系（Liancun Series）

土族：粗骨砂质硅质型非酸性热性-普通铁聚水耕人为土
拟定者：章明奎，麻万诸

练村系典型景观

分布与环境条件　主要分布于南平、三明、龙岩等市，所处地形为河漫滩或河流冲积的沙洲，海拔多在 500 m 以下。起源于冲积物或冲洪积物，利用方式为水田。地下水位在 50~100 cm 之间，25~50 cm 开始可出现砂砾层。属亚热带湿润季风气候区，年均温在 17.5~19.5℃；极端最低气温-8.5~-7.5℃，极端最高气温 38.5~41.0℃，最热月出现在 7 月，平均温度 27~29℃；最冷月出现在 1 月，平均温度 9~10℃左右；≥10℃的积温 5510~6100℃，年均日照约 1750~2000 h；无霜期 255~305 d；年均降水量 1500~1900 mm，降水的季节分布不均，干湿季节十分明显，每年 3~9 月为湿季，占全年降水量的 80%左右；10 月至翌年 3 月为少雨旱季。年均蒸发量约 1300~1600 mm，干燥度小于 1。

土系特征与变幅　该土系诊断层包括水耕表层和水耕氧化还原层；诊断特性包括人为滞水土壤水分状况和热性土壤温度状况。土壤黏土矿物主要为水云母和高岭石，含有少量绿泥石和蛭石。剖面构型为 Ap1-Ap2-Br-Cr。由于砾石层埋深较浅，土体厚度在 30~50 cm，水耕氧化还原层和母质层主要由砾石组成，全剖面砾石含量超过 250 g/kg。整个剖面都可见锈纹或氧化铁淀积物。细土壤质地为壤土，上下层之间土壤质地较为接近；黏粒含量在 70~200 g/kg 之间；砂粒含量在 450~850 g/kg 之间。除耕作层外，土体坚实；土壤主要呈酸性至微酸性，pH 主要在 4.5~6.5 之间，自上而下增加。

Ap1 层厚度 10~25 cm，稍疏松，黏粒含量在 70~200 g/kg 之间；砂粒含量在 450~850 g/kg 之间；pH 在 4.5~6.5 之间；可见锈纹或氧化铁淀积物；色调主要为 2.5Y 或 5Y，润态明度 4~6，彩度 1~2；干态明度 7~8，彩度 1~2。Ap2 层厚度 5~15 cm，块状结构，坚实，黏粒含量在 70~200 g/kg 之间；砂粒含量在 450~850 g/kg 之间；pH 在 4.5~6.5 之间；砾石含量大于 25%；可见锈纹或氧化铁淀积物；色调主要为 2.5Y 或 5Y，润态明度 5~7，彩度 1~4；干态明度 7~8，彩度 1~2。Br 层厚度 10~30 cm，小块状结构，坚实，黏粒含量在 70~200 g/kg 之间；砂粒含量在 450~850 g/kg 之间；pH 在 4.5~6.5 之间；砾石含量大于 25%；可见大量锈纹或氧化铁淀积物；色调主要为 2.5Y 或 10YR，润态明度 5~7，彩度 1~3；干态明度 7~8，彩度 1~2。

对比土系 洪宽系、富岭系，同一亚类但不同土族，土体中均具有较高的砾石含量（占 25%以上），土壤酸碱度均为非酸性，但由于成土母质的差异，它们的颗粒大小级别和矿物类别有所差异。洪宽系土壤颗粒大小级别为粗骨壤质，矿物类别为硅质混合型，而练村系颗粒大小级别为粗骨砂质，矿物类别为硅质型。富岭系土壤颗粒大小级别为粗骨壤质，土壤色调主要为 7.5YR；练村系土壤颗粒大小级别为粗骨砂质，土壤色调主要为 2.5Y 或 10YR。

利用性能综述 练村系土壤有机质、全氮、有效磷和速效钾多为中等水平。表层土壤有机质含量在 25~35 g/kg 之间，全氮在 1.50~2.00 g/kg 之间，全磷一般在 0.25~0.75 g/kg 之间；全钾在 10~20 g/kg 之间；速效钾和有效磷分别在 50~100 mg/kg 和 8~25 mg/kg 之间。土壤保肥性能较低，CEC 在 5~10 cmol/kg 之间。土壤质地轻，多砾石，土层浅薄，通透性强，但易漏水漏肥；同时也易受洪涝灾害的影响。该土早春土温回升快，易起苗分叶，早退黄。适宜种植薯类、花生、大豆、甘蔗、萝卜等。改良上，应完善水利设施，做好防洪和排涝工程；增施各种有机肥和土杂肥或客土改砂，着重土壤物理性状的改良。施肥应多次少量。

代表性单个土体（编号：35-152） 于 2012 年 3 月 29 日采自福建省南平市浦城县仙阳镇练村，28°3'42.3" N，118°31'18.4" E。母质为河流冲积物；地形为河谷平原上游（老高河漫滩），海拔 285 m，坡度<2°；土地利用方式为水田；地下水位 60 cm。

Ap1：0~15 cm，黄灰色（2.5Y4/1，润），灰白色（2.5Y8/1，干），润，细土质地为壤土，弱发育的小块状结构，稍疏松；中量细根，根表呈棕红色；结构面上有棕红色氧化铁斑纹（占结构面的 5%~10%），夹杂少量细砂；酸性；向下层清晰平滑过渡。

Ap2：15~25 cm，由细土与砾石混合而成，砾石大小多在 2~10 cm 之间，约占土体的 30%~50%；细土基色为灰白色（2.5Y7/1，润），灰白色（2.5Y8/1，干），润，细土质地为砾质砂质壤土，块状，坚实；少量细根；结构面上有连片（占 30%左右）的红棕色氧化铁胶膜（5YR4/8，润）；微酸性；向下层清晰平滑过渡。

Br：25~40 cm，砾石（2~10 cm）含量在 60%~70%之间；细土呈灰黄色（2.5Y7/2，润），灰白色（2.5Y8/1，干），湿，质地为砾质砂壤土，小块状结构，坚实，难下挖；见少量棕红色氧化物淀积物；中性；向下层清晰平滑过渡。

Cr：40 cm 以下，红砂砾石层，砾石（2~10 cm）含量为 50%~60%；细土呈橙色（7.5YR6/8，润），橙色（7.5YR7/6，干），潮，质地为砾质砂壤土，单粒状结构，坚实，难下挖；中性。

练村系代表性单个土体剖面

练村系代表性单个土体物理性质

土层	深度 /cm	砾石（>2 mm，体积分数）/%	细土颗粒组成（粒径：mm）/（g/kg）			细土质地（美国制）	容重 /（g/cm³）
			砂粒 2~0.05	粉砂 0.05~0.002	黏粒 <0.002		
Ap1	0~15	7	510	332	158	壤土	1.23
Ap2	15~25	35	570	280	150	砂质壤土	1.36
Br	25~40	60	642	250	108	砂质壤土	—
Cr	>40	50	663	159	178	砂质壤土	—

练村系代表性单个土体化学性质

深度 /cm	pH		CEC_7 /（cmol（+）/kg）	ECEC /（cmol（+）/kg）	盐基饱和度/%	全铁（Fe_2O_3）/（g/kg）	游离铁 /（g/kg）
	（H_2O）	（KCl）					
0~15	4.82	3.99	7.09	6.21	72.4	13.62	5.29
15~25	5.71	4.44	6.58	6.09	92.1	29.19	16.83
25~40	6.62	5.08	6.33	5.74	97.2	24.18	10.86
>40	6.81	5.54	7.65	6.87	98.7	35.74	22.49

4.6.7 李坊系（Lifang Series）

土族：砂质硅质混合型非酸性热性-普通铁聚水耕人为土
拟定者：章明奎，麻万诸

李坊系典型景观

分布与环境条件 分布于福建省闽西北丘陵坡地，南平、龙岩、三明、宁德和福州等市都有分布，海拔多在500 m以下。起源于变质砂岩、石英片麻岩等风化物及其所发育的自成土上，经长期水耕熟化而成，利用方式为水田（水旱轮作）。地下潜水在75~150 cm之间。土壤水分主要由降水和灌溉水补给。属亚热带气候，温和湿润，年均温在18.0~20.0℃；极端最低气温-7.5~-4.8℃，极端最高气温39.0~41.4℃，最热月出现在7月，平均温度28~30℃左右；最冷月出现在1月，平均温度10℃左右；≥10℃的积温5900~6500℃，年均日照约1754~2073 h；无霜期251~320 d；年均降水量1500~1900 mm，降水的季节分布不均，干湿季节十分明显，每年3~9月为湿季，占全年降水量的80%~84%；10月至翌年3月为少雨旱季。年均蒸发量约1300~1600 mm，干燥度小于1。

土系特征与变幅 该土系诊断层包括水耕表层和水耕氧化还原层；诊断特性包括人为滞水土壤水分状况和热性土壤温度状况。土壤黏土矿物主要为高岭石和水云母，含有少量绿泥石和蛭石。由于水耕历史悠久，剖面分化较为明显，其剖面一般具有Ap1-Ap2-Br-C，有明显的铁聚层。土体厚度在40~80 cm之间，土壤颜色以淡黄棕色和灰黄色为主。土壤质地以砂质壤土为主，黏粒含量在100~200 g/kg之间；砂粒含量在550 g/kg以上；土壤砾石含量较低，在25%以下。表土容重在1.30 g/cm^{3}左右，犁底层及其以下土壤容重在1.40 g/cm^{3}左右；土壤呈微酸性，pH主要在5.5~6.5之间。

Ap1层厚度10~25 cm，小块状结构，疏松或稍坚实，黏粒含量在100~200 g/kg之间；砂粒含量在550 g/kg以上；砾石含量在25%以下。pH在5.5~6.5之间；色调主要为2.5Y或10YR，润态明度3~5，彩度2~4；干态明度5~7，彩度2~4。Ap2层厚度8~15 cm，稍坚实或坚实，块状结构，黏粒含量在100~200 g/kg之间；砂粒含量在550 g/kg以上；砾石含量在25%以下。pH在5.5~6.5之间；结构面上锈纹锈斑；色调主要为2.5Y或10YR，润态明度3~5，彩度4~6；干态明度5~7，彩度5~7。Br层厚度30~60 cm，稍坚实，棱柱状和大块状结构，黏粒含量在100~200 g/kg之间；砂粒含量在550 g/kg以上；砾石含量在25%以下。pH在5.5~6.5之间；结构面上可见明显氧化铁淀积；其游离铁含量约为表土的 1.5 倍以上；氧化铁游离度 40%~80%。色调主要为 7.5YR 或 10YR（有时可夹杂色调 5YR 土块），润态明度 4~6，彩度 6~8；干态明度 6~7，彩度 4~7。

对比土系 下街系，同一土族，但二者在地形、成土母质及母质性状与 Br 层氧化铁游离度等有明显差异。下街系形成于河流冲积物，分布于河谷平原，母质层色调比 7.5YR 更黄。而李坊系形成于源于变质砂岩、石英片麻岩等风化物及其所发育的自成土上，分布于丘陵坡地；母质层色调为 5YR 或更红。

利用性能综述 李坊系土壤有机质和全氮中下，有效磷低，但速效钾可达到较高水平。表层土壤有机质含量在 10~20 g/kg 之间，全氮在 0.50~1.00 g/kg 之间，全磷一般在 0.50~1.00 g/kg 之间；全钾在 10~15 g/kg 之间；速效钾和有效磷分别在 50~150 mg/kg 和 0~8 mg/kg 之间。土壤保肥性能较低，CEC 在 5 cmol/kg 左右。土壤质地较轻，淀浆性明显，影响插秧质量；土壤渗透性强，有机质分解较迅速、淋溶强烈、养分淋失、肥劲不足，尤其缺磷普遍，中后期易脱肥早衰。水源不足，易受旱害，存在季节性抛荒现象。因此，旱、砂、瘦是其主要生产障碍因素。在利用改良上，应从改水保土入手，完善排灌系统，改串灌为轮灌，防止耕层进一步砂化。注意增施有机肥，发展冬种绿肥，推广稻草还田，改善土壤物理性状，提高肥力。在施肥上，增施磷肥，推行少量多次施肥，防止肥料流失和后期早衰。在水源不足的地段，应实行水旱轮作。有条件的可逐年客泥改砂，改善土壤质地，提高保水保肥能力。

代表性单个土体（编号：35-068） 于 2011 年 8 月 14 日采自福建省南平市光泽县李坊乡管密村，27°24'19.0" N，117°12'31.2" E。母质为变质砂岩残坡积物，地形为高丘中坡，梯田，海拔 283 m，坡度约 25°；土地利用方式为水田。

李坊系代表性单个土体剖面

Ap1：0~11 cm，淡黄棕色（10YR5/4，润），淡黄橙色（10YR7/2，干），细土质地为黏土，润，中等发育的块状结构，稍坚实；中量细根；含少量直径在 1~2 mm 之间的砾石；微酸性；清晰平滑过渡。

Ap2：11~20 cm，淡黄棕色（10YR5/4，润），亮黄棕色（10YR7/6，干），细土质地为砂质壤土，润，棱状结构，坚实；少量细根；可见约 10%大小在 2~5 mm 之间的砾石，结构面上有少量铁锰斑纹；微酸性；向下层清晰波状过渡。

Br1：20~50 cm，由两种不同颜色的细土构成，二者各居 50%，呈相间分布；深色部分呈橙色（5YR6/8，润）和淡橙色（5YR6/4，干），浅色部分呈亮黄棕色（10YR6/8，润）和黄橙色（10YR7/7，干）；细土质地为砂质壤土，润，中等发育的块状结构，非常坚实；夹杂少量（占<5%）大小在 2~5 mm 左右的砾石，结构布上见少量铁锰斑纹；微酸性；向下层清晰波状过渡。

Br2：50~74 cm，棕色（10YR4/6，润），淡黄橙色（10YR7/4，干），细土质地为砂质壤土，润，中等发育的块状结构，稍坚实；结构面上大量的（约占 30%）黑色（7.5YR2/1，润）铁锰氧化物淀积，呈麻点状分布；微酸性；

向下层清晰波状过渡。

C：74~100 cm，红棕色（2.5YR4/6，润），淡红棕色（2.5YR5/4，干），细土质地为砂质壤土，润，弱发育的小块状和单粒状结构，坚实；夹杂约占土体30%的灰白色和红棕色半风化岩石碎屑。

李坊系代表性单个土体物理性质

土层	深度/cm	砾石（>2 mm，体积分数）/%	细土颗粒组成（粒径：mm）/（g/kg）			细土质地（美国制）	容重/（g/cm³）
			砂粒 2~0.05	粉砂 0.05~0.002	黏粒 <0.002		
Ap1	0~11	1	660	185	155	砂质壤土	1.29
Ap2	11~20	3	701	153	146	砂质壤土	1.38
Br1	20~50	4	720	155	125	砂质壤土	1.47
Br2	50~74	5	690	195	115	砂质壤土	—

李坊系代表性单个土体化学性质

深度/cm	pH		CEC$_7$/（cmol（+）/kg）	ECEC/（cmol（+）/kg）	盐基饱和度/%	全铁（Fe_2O_3）/（g/kg）	游离铁/（g/kg）
	（H_2O）	（KCl）					
0~11	5.60	4.05	5.65	4.56	60.00	31.62	16.82
11~20	6.00	4.16	5.23	4.21	60.04	48.62	30.38
20~50	5.62	3.86	5.12	4.09	33.40	45.33	29.15
50~74	5.55	3.78	4.34	3.67	58.76	41.66	27.29

4.6.8　潘渡系（Pandu Series）

土族：壤质硅质混合型非酸性热性-普通铁聚水耕人为土
拟定者：章明奎，麻万诸

潘渡系典型景观

分布与环境条件　分布于福建省宁德、南平、福州、龙岩、三明等市山前冲积平原及山垄谷地、谷口及江河沿岸的冲积平原和闽江下游的冲积平原，海拔多在 500 m 以下，坡度一般小于 15°。起源于近代河流冲积物、洪积物或洪冲积物，利用方式主要为水田（水旱轮作）；地下水位在 70~200 cm 之间。属亚热带湿润海洋性季风气候区，年均温在 17.5~19.4℃；最热月出现在 7 月，平均温度 27~29℃左右；最冷月出现在 1 月，平均温度 8~10℃左右；最低与最高极端气温分别约为−3.8℃和 39.0℃；≥10℃的积温 5300~6600℃，年均日照约 1700~1900 h；无霜期 276~338 d；年均降水量 1300~1800 mm，降水的季节分布不均，干湿季节十分明显，每年 3~9 月为湿季，占全年降水量的 70%~80%；10 月至翌年 3 月为少雨旱季。年均蒸发量约 1200~1600 mm，干燥度略小于 1。

土系特征与变幅　该土系诊断层包括水耕表层和水耕氧化还原层；诊断特性包括人为滞水土壤水分状况和热性土壤温度状况。土壤黏土矿物主要由水云母和高岭石组成，含有少量绿泥石和蒙脱石。其剖面一般具有 Ap1-Ap2-Br-C，部分水耕氧化还原层的游离氧化铁含量为表层的 1.5 倍以上。土体厚度 80 cm 以上，其中的水耕氧化还原层多在 60~100 cm 之间；土壤颜色以灰黄棕色、淡黄色和暗灰色为主。土壤质地为壤土和砂质壤土，剖面上下质地变化较小，黏粒含量多在 50~200 g/kg 之间；砂粒含量在 430~850 g/kg 之间；砾石低于 25%；表土容重在 1.20 g/cm^3 左右，犁底层及其以下土壤容重在 1.35~1.45 g/cm^3 之间；土壤呈酸性至微酸性，pH 在 4.5~7.0 之间，从上向下增加。

Ap1 层厚度 10~25 cm，块状结构和团状结构，疏松或稍疏松，黏粒含量多在 50~200 g/kg 之间；砂粒含量在 430~850 g/kg 之间；砾石低于 25%；pH 在 4.5~7.0 之间；色调主要为 2.5Y 或 10YR，润态明度 3~6，彩度 1~3；干态明度 5~8，彩度 1~3。Ap2 层厚度 5~15 cm，大块状结构，坚实或稍坚实，黏粒含量多在 50~200 g/kg 之间；砂粒含量在 430~850 g/kg 之间；砾石低于 25%；pH 在 4.5~7.0 之间；结构面上锈纹锈斑；色调主要为 2.5Y、10YR 或 7.5YR，润态明度 4~8，彩度 1~4；干态明度 4~8，彩度 1~3。Br 层（铁聚层）累计厚度 30~100 cm，块状结构，稍坚实或坚实，黏粒含量多在 50~200 g/kg 之间；

砂粒含量在430~850 g/kg之间；砾石低于25%；pH在4.5~7.0之间；结构面上可见明显铁锰淀积物及锈纹锈斑；土壤游离态铁为耕作层的1.5倍以上；因不同时期母质来源物质的差异，其基色可变化，色调主要为2.5Y、10YR或7.5YR，润态明度3~6，彩度2~8；干态明度5~8，彩度1~6。

对比土系 九龙江系、官坡系、岩后系、茶丰系，同一亚类但不同土族，土壤颗粒大小级别、温度状况有所差异。九龙江系和官坡系的土壤温度状况属高热，而潘渡系的土壤温度状况为热性；岩后系和茶丰系的土壤颗粒大小级别为黏壤质，潘渡系的土壤质地为壤质。

利用性能综述 潘渡系土壤有机质、全氮、有效磷和速效钾以中等水平为主。表层土壤有机质含量在15~35 g/kg之间，全氮在0.75~2.00 g/kg之间，全磷一般在0.50~0.80 g/kg之间；全钾一般在10~20 g/kg之间；速效钾和有效磷分别在30~150 mg/kg和5~25 mg/kg之间。土壤保肥性能中等，CEC多在5~10 cmol/kg之间。所处地形为河流冲积平原或山前冲积平原及山垄谷地、谷口，地下水位在60~200 cm之间，内外排水条件良好；土层深厚，但质地较轻，肥力中等。施肥见效快，但不持久。在利用改良方面，应重视增施各种有机肥，提倡稻草还田，以提高土壤基础地力和保肥供肥能力。增施磷、钾肥，重视后期追肥，以提高作物的产量。

代表性单个土体（编号：35-123） 于2011年10月4日采自福建省福州市连江县潘渡乡陀市村，26°15'36.3" N，119°27'41.8" E。母质为河流冲积物，地形为河流冲积平原，高河漫滩，离河道约50 m，海拔12 m，坡度<2°；土地利用方式为水田（水旱轮作）；地下水位在150 cm以下。

Ap1：0~16 cm，灰黄棕色（10YR5/2，润），灰白色（10YR8/2，干），润，细土质地为砂质壤土，弱发育的块状结构，稍疏松；结构面上可见25%左右的棕红色氧化铁淀积物，呈网状分布；多量细根；酸性；向下层清晰平滑过渡。

Ap2：16~23 cm，淡黄棕色（10YR5/3，润），灰白色（10YR8/1，干），润，细土质地为砂质壤土，中等发育的大块状结构，坚实；结构面上见20%左右的根孔和15%~20%的棕红色氧化铁淀积物；中量细根；微酸性；向下层清晰平滑过渡。

Br1：23~33 cm，黄棕色（10YR5/8，润），浅黄橙色（10YR8/4，干），润，细土质地为砂质壤土，中等发育的块状结构，稍坚实；见少量细根和小砾石块；结构面和结构体内均可见氧化铁淀积物（其中，结构面上的氧化铁淀积物占30%左右）；微酸性；向下层清晰平滑过渡。

Br2：33~60 cm，灰黄棕色（10YR6/2，润），灰白色（10YR8/1，干），润，细土质地为砂质壤土，中等发育的块状结构，稍坚实；见大量氧化铁和氧化锰淀积（黑色氧化锰淀积物占10%左右；棕色氧化铁淀积物占35%~40%）；微酸性；向下层清晰平滑过渡。

潘渡系代表性单个土体剖面

Br3：60~100 cm，橙色（7.5YR6/8，润），橙色（7.5YR7/6，干），润，细土质地为砂质壤土，中等发育的块状结构，稍坚实；见大量的氧化铁淀积物（占 50%左右）和少量氧化锰淀积物（占 5%~10%）；微酸性；向下层清晰平滑过渡。

Br4：100~130 cm，灰黄棕色（10YR6/2，润），灰白色（10YR8/1，干），润，细土质地为砂质壤土，中等发育的块状结构，稍疏松；结构面上见大量散点状氧化锰淀积和氧化铁淀积物（各占 20%左右）；中性。

潘渡系代表性单个土体物理性质

土层	深度 /cm	砾石（>2 mm，体积分数）/%	细土颗粒组成（粒径：mm）/（g/kg）			细土质地（美国制）	容重 /（g/cm^3）
			砂粒 2~0.05	粉砂 0.05~0.002	黏粒 <0.002		
Ap1	0~16	2	516	409	74	砂质壤土	1.21
Ap2	16~23	8	518	424	59	砂质壤土	1.37
Br1	23~33	8	554	392	53	砂质壤土	1.34
Br2	33~60	1	516	404	81	砂质壤土	1.42
Br3	60~100	0	516	410	74	砂质壤土	1.39
Br4	100~130	0	493	451	56	砂质壤土	—

潘渡系代表性单个土体化学性质

深度 /cm	pH		CEC_7 /（cmol（+）/kg）	ECEC /（cmol（+）/kg）	盐基饱和度/%	全铁（Fe_2O_3）/（g/kg）	游离铁 /（g/kg）
	（H_2O）	（KCl）					
0~16	5.22	3.98	10.04	9.33	82.5	44.22	15.60
16~23	5.62	4.20	9.87	8.87	82.9	43.74	15.15
23~33	6.34	5.03	9.12	8.50	89.8	60.72	33.71
33~60	6.48	5.02	8.66	7.95	89.8	41.34	19.97
60~100	6.38	5.09	—	—	—	54.46	29.90
100~130	6.62	4.91	—	—	—	29.26	9.32

4.6.9　上版寮系（Shangbanliao Series）

土族：黏质高岭石型非酸性热性-普通铁聚水耕人为土

拟定者：章明奎，麻万诸

上版寮系典型景观

分布与环境条件　主要分布于龙岩、三明、南平和漳州等市丘陵山地的中下坡，坡度多在25°以下，梯田。起源于泥页岩和粉砂岩等风化物，并经长期种植水稻形成，利用方式为水田（水旱轮作）。属亚热带湿润海洋性季风气候区，年均温在14.6~20.1℃之间，极端最低气温−9.6~−1.2℃，极端最高气温34.5~43.2℃；≥10℃的积温4500~6500℃，年均日照约1699~2073 h；无霜期238~338 d；年均降水量1370~2054 mm之间，降水的季节分布不均，干湿季节十分明显，每年3~9月为湿季，占全年降水量的77%~85%；10月至翌年3月为少雨旱季。年均蒸发量约1200~1500 mm，干燥度小于1。

土系特征与变幅　该土系诊断层包括水耕表层和水耕氧化还原层；诊断特性包括人为滞水土壤水分状况和热性土壤温度状况。由于母土为强富铁铝化土壤，土壤黏土矿物主要为高岭石，其次为水云母，并含有少量绿泥石和蛭石。其剖面一般具有Ap1-Ap2-Br-C，部分水耕氧化还原层的游离氧化铁含量为表层的1.5倍以上。土体厚度在50~100 cm之间，土壤颜色以黄棕色为主；土壤质地为黏壤土至黏土，黏粒含量变化于250~550 g/kg之间，平均含量高于350 g/kg，黏粒含量由上至下增加。土壤氧化铁游离度在50%以上；表土容重在1.25 g/cm^{3}左右，犁底层及其以下土壤容重在1.35~1.50 g/cm^{3}之间；土壤呈微酸性，pH在5.5~6.5之间。母质层之上存在一焦隔层。

Ap1层厚度8~15 cm，稍疏松，黏粒含量多在250~350 g/kg之间；pH在5.5~6.5之间；色调主要为2.5Y或10YR，润态明度4~6，彩度2~4；干态明度5~7，彩度2~3。Br层厚度30~60 cm，坚实，黏粒含量在350~550 g/kg之间；块状结构和大棱柱状结构，pH在5.5~6.5之间；结构面上可见铁锰叠加分布的锈纹锈斑，其游离氧化铁为耕作层的1.5倍以上；色调主要为5Y、2.5Y或10YR，润态明度4~6，彩度2~5；干态明度5~7，彩度3~5。焦隔层厚度10~30 cm；坚实，细土黏粒含量变动于350~550 g/kg之间；块状结构和大棱柱状结构，pH在5.5~6.5之间；结构面上有大量棕黑色氧化铁锰淀积；色调主要为2.5YR或5YR，润态明度4~6，彩度6~8；干态彩度6~8。

对比土系　练村系、洪宽系、富岭系、星溪系、李坊系、下街系、山格系、水茜系、九龙江系、官坡系、潘渡系、岩后系、茶丰系，同一亚类但不同土族，颗粒大小级别不同。

利用性能综述　上版寮系土壤有机质和全氮中等，有效磷和速效钾较低。表层土壤有机质含量在 20~35 g/kg 之间，全氮在 1.00~2.00 g/kg 之间，全磷一般在 0.50~1.00 g/kg 之间；速效钾和有效磷分别在 30~80 mg/kg 和 5~10 mg/kg 之间。土壤保肥性能中等，CEC 在 10~15 cmol/kg 之间。所处地形为山地丘陵缓坡，排水良好，但水源不足，灌溉不便，易受干旱威胁。土质黏重，耕性不良，宜耕期短；酸性较强，矿质养分贫乏，作物易坐苗、早衰，产量受到一定的影响。针对土壤旱、酸、瘦等障碍因素，在改良利用上应加强水利建设，开辟水源，提高灌溉效率；利用冬季种植绿肥，增加有机肥料的投入，提高土壤基础肥力，改善土壤物理性状。推广配方施肥技术，促进养分平衡和优化。有条件的可客砂改黏，以改善土壤物理性状。上版寮系为梯田，一般不适宜机械化耕种；但该土有较强的抗压能力。该类土壤对重金属和磷等阳离子有较强的固定能力。

代表性单个土体（编号：35-030）　于 2011 年 4 月 20 日采自福建省南靖县书洋镇上版寮村，24°35'17.9" N，117°3'9.2" E。母质为泥页岩坡积物，位于山地坡脚或下坡部位，为梯田，海拔 761 m，坡度为 20° 左右；土地利用方式为水田（水旱轮作）。

上版寮系代表性单个土体剖面

Ap1：0~10 cm，淡黄棕色（10YR5/4，润），淡黄橙色（10YR7/3，干），细土质地为壤土，干，中等发育的小块状结构，稍坚实；中量细根；结构面上有少量根孔，见少量砖块碎屑物；微酸性；向下层渐变平滑过渡。

Ap2：10~18 cm，黄棕色（2.5Y5/3，润），浅黄色（2.5Y7/4，干），细土质地为黏壤土，干，中等发育的块状结构，非常坚实；见少量锈纹和根管状物质；微酸性；向下层清晰平滑过渡。

Br1：18~37 cm，黄棕色（2.5Y5/3，润），浅黄色（2.5Y7/4，干），细土质地为黏壤土，稍干，中等发育的块状结构，坚实；结构面上见少量锰斑、锈纹及垂直向铁锈状细根管，最下端有一水平向砖块瓦片线（造梯田时人为混入所致）；微酸性；向下层清晰平滑过渡。

Br2：37~78 cm，灰黄色（5Y6/4，润），浅黄色（5Y7/4，干），细土质地为黏壤土，稍干，中等发育的大块状结构，坚实；结构面上见明显的棕红色氧化铁淀积和少量氧化锰淀积物；微酸性；向下层清晰平滑过渡。

Br3：78~96 cm，焦隔层，橙色（5YR6/8，润）或红棕色（2.5YR4/8，润），橙色（5YR7/6，润）或亮红棕色（2.5YR5/8，干），细土质地为黏壤土，稍干，中等发育的块状结构，很坚实；结构面上见大量氧化锰淀积物（润色为棕黑色 7.5YR2/2，干色为棕黑色 10YR2/2）；微酸性；向下层清晰平滑过渡。

C：96~140 cm，为原富铝化作用形成的红土层，橙色（5YR6/6，润），橙色（5YR7/6，干），细土质地为黏壤土，润，小块状或块状结构，坚实；微酸性。

上版寮系代表性单个土体物理性质

土层	深度 /cm	砾石 (>2 mm，体积分数) /%	细土颗粒组成（粒径：mm）/（g/kg）			细土质地（美国制）	容重 /（g/cm^3）
			砂粒 2~0.05	粉砂 0.05~0.002	黏粒 <0.002		
Ap1	0~10	1	330	370	300	黏壤土	1.24
Ap2	10~18	2	271	400	329	黏壤土	1.38
Br1	18~37	2	228	422	350	黏壤土	1.36
Br2	37~78	1	216	386	398	黏壤土	1.42
Br3	78~96	5	218	349	434	黏土	1.45
C	96~140	1	192	294	514	黏土	—

上版寮系代表性单个土体化学性质

深度 /cm	pH		CEC_7 /（cmol（+）/kg）	ECEC /（cmol（+）/kg）	盐基饱和度/%	全铁（Fe_2O_3）/（g/kg）	游离铁 /（g/kg）
	（H_2O）	（KCl）					
0~10	5.73	5.03	11.04	7.69	60.96	51.53	35.02
10~18	5.74	4.98	12.13	8.57	63.73	54.62	33.46
18~37	5.65	4.96	12.87	8.89	64.96	44.41	31.68
37~78	5.67	4.92	13.66	9.16	64.49	68.74	51.88
78~96	6.04	5.34	15.46	10.38	55.47	84.85	71.45
96~140	6.26	5.54	16.45	10.66	64.80	71.29	53.62

4.6.10　山格系（Shange Series）

土族：砂质硅质混合型非酸性高热-普通铁聚水耕人为土
拟定者：章明奎，麻万诸

山格系典型景观

分布与环境条件　分布于福建省漳州市所属各县，地形为冲积平原及河谷平原近河床的地段或古河道，海拔一般在 250 m 以下，坡度在 0°~5° 之间。起源于近代河流冲积物，利用方式为水田（水旱轮作）；地下水位在 75~150 cm 之间。属亚热带湿润季风气候区，年均日照约 1970~2170 h，年均气温 20.4~21.3℃，≥10℃的积温 6750~7500℃，极端最低气温−3.5~−0.9℃，极端最高气温 38.4~40.2℃，无霜期 308~350 d；年均降水量 1538~ 1723 mm，降水的季节分布不均，干湿季节较为明显，每年 3~9 月为湿季，占全年降水量的 84%~88%；10 月至翌年 3 月为少雨旱季，存在夏旱和秋旱。年均蒸发量约 1400~1600 mm，干燥度小于 1。

土系特征与变幅　该土系诊断层包括水耕表层和水耕氧化还原层；诊断特性包括人为滞水土壤水分状况和高热土壤温度状况。土壤黏土矿物主要为水云母和高岭石，含有少量绿泥石和蛭石。其剖面一般具有 Ap1-Ap2-Br-C，有明显的铁聚层；土体厚度在 40~80 cm 之间。土壤质地砂质壤土，黏粒含量在 50~200 g/kg 之间，砂粒含量在 450~850 g/kg 之间，砂粒平均含量在 550 g/kg 以上；上下差异较小。母质层以上土体砾石含量低于 25%；而母质层主要由砾石组成。土壤颜色以暗灰黄和灰黄色为主。表土容重在 1.20 g/cm^3 左右，犁底层及其以下土壤容重在 1.30 g/cm^3 左右；土壤呈微酸性，pH 主要在 5.5~6.5 之间。

Ap1 层厚度 10~25 cm，团粒状或小块状结构，疏松，黏粒含量在 50~200 g/kg 之间，砂粒含量在 450~850 g/kg 之间；砾石含量低于 25%；pH 在 5.5~6.5 之间；色调主要为 2.5Y 或 10YR，润态明度 3~5，彩度 1~2；干态明度 5~7，彩度 1~2。Ap2 层厚度 5~12 cm，稍坚实，小块状和块状结构，黏粒含量在 50~200 g/kg 之间，砂粒含量在 450~850 g/kg 之间；砾石含量低于 25%；pH 在 5.5~6.5 之间；结构面上锈纹锈斑；色调主要为 2.5Y 或 10YR，润态明度 5~7，彩度 2~3；干态明度 5~7，彩度 1~2。Br 层厚度 20~60 cm，小块状结构和块状结构，稍坚实，黏粒含量在 50~200 g/kg 之间，砂粒含量在 450~850 g/kg 之间；砾石含量低于 25%；pH 在 5.5~6.5 之间；结构面上可见明显氧化铁淀积；其游离铁含量约为表土的1.5倍以上。色调主要为2.5Y或10YR，润态明度5~6，彩度7~8；干态明度7~8，彩度1~2。

对比土系 星溪系、李坊系和下街系，同一亚类但不同土族，颗粒大小级别、矿物类型也相似，但它们之间的温度状况、酸碱度有所差异。星溪系、李坊系和下街系的温度状况为热性，不同于山格系的高热温度状况；星溪系的酸碱度为酸性，不同于山格系的非酸性土壤酸碱度。

利用性能综述 山格系土壤有机质和全氮中等，因长期施肥，有效磷和速效钾可达到较高水平。表层土壤有机质含量在15~25 g/kg之间，全氮在0.75~1.50 g/kg之间，全磷一般在0.30~0.75 g/kg之间；全钾在5~15 g/kg之间；速效钾和有效磷分别在50~120 mg/kg和5~15 mg/kg之间。土壤保肥性能较低，CEC在5~10 cmol/kg之间。土壤分布地形平坦，土壤质地较轻，土壤疏松，通透性良好，耕性好排灌方便，适种性广，宜水旱轮作。旱作包括蔬菜、西瓜、花生等作物。但由于质地偏砂，阳离子交换量低，保水保肥性差，土壤潜在肥力较低，作物生长后期养分供应不足。因此，在利用改良上，应增施有机肥，推行稻草还田，改善土壤物理性状，提高保肥供肥能力。在施肥方面，增施磷、钾、钙、镁肥料，宜少量多次施肥，并注意后期追肥，防止作物脱肥早衰。

代表性单个土体（编号：35-099） 于2011年9月15日采自福建省平和县山格镇山格村，24°23'47.8" N，117°20'1.1" E。母质为河流冲积物（河床相沉积物），地形为河谷平原，海拔34 m，坡度<2°；土地利用方式为水田；地下水位在120 cm。

Ap1：0~15 cm，暗灰黄（2.5Y4/2，润），灰白色（2.5Y7/1，干），细土质地为砂质壤土，润，弱发育的小块状结构，疏松；大量细根；见少量粒径2~3 mm的砾石；微酸性；向下层清晰平滑过渡。

Ap2：15~25 cm，浅黄色（2.5Y7/3，润），灰白色（2.5Y7/1，干），细土质地为砂质壤土，润，中等发育的块状结构，稍坚实；少量细根；结构面上见少量棕红色氧化铁淀积物，呈斑点状；微酸性；向下层清晰波状过渡。

Br: 25~45 cm，由不同颜色和质地的物质组成。其中，亮黄棕色（10YR6/8，润）砂质土占60%，其干态颜色为灰白色（10YR8/1）；灰色壤质土（2.5Y6/2，润）占40%。细土质地为砂质壤土，润，弱发育的块状结构，稍坚实；结构面上有大量亮红棕色氧化铁淀积（7.5YR5/8，润），占结构面的30%左右；微酸性；向下层清晰波状过渡。

山格系代表性单个土体剖面

C：45 cm以下，砾石粗砂层，直径5~20 cm之间砾石达50%以上；细土亮黄棕色（10YR6/6，润），灰白色（10YR8/2，干），质地为壤质砂土，潮，松散，无结构；中性。

山格系代表性单个土体物理性质

土层	深度 /cm	砾石 (>2 mm，体积分数) /%	细土颗粒组成（粒径：mm）/（g/kg）			细土质地（美国制）	容重 /（g/cm^3）
			砂粒 2~0.05	粉砂 0.05~0.002	黏粒 <0.002		
Ap1	0~15	14	681	181	141	砂质壤土	1.17
Ap2	15~25	14	671	231	100	砂质壤土	1.32
Br	25~45	22	735	156	110	砂质壤土	1.30
C	>45	56	884	46	71	壤质砂土	—

山格系代表性单个土体化学性质

深度 /cm	pH		CEC_7 /（cmol（+）/kg）	ECEC /（cmol（+）/kg）	盐基饱和度/%	全铁 （Fe_2O_3）/（g/kg）	游离铁 /（g/kg）
	（H_2O）	（KCl）					
0~15	5.84	4.00	6.13	5.43	69.17	16.83	4.21
15~25	6.40	4.20	4.25	3.79	72.94	18.01	6.13
25~45	6.13	3.81	4.47	4.02	71.81	19.49	7.64
>45	6.87	4.56	3.45	3.11	76.52	13.67	10.34

4.6.11　水茜系（Shuiqian Series）

土族：砂质云母混合型非酸性热性-普通铁聚水耕人为土
拟定者：章明奎，麻万诸

分布与环境条件　主要分布于闽西北紫色岩地区的河谷盆地或山/丘间谷地低平处，在上杭、连城、宁化县的分布较多，在闽北崇安等地也有分布。海拔多在 400 m 以下，坡度在 2°~25°之间，梯田。起源于紫红色砾岩、粉砂岩、砂岩等风化物的再积物，利用方式主要为水田；地下水位在 75~150 cm 之间；周围多“丹霞”地面景观。属亚热带湿润季风气候区，年均温在 18.0~19.6℃；极端最低气温–6.0~–4.8℃，极端最高气温 39.0~41.4℃，最热月出现在 7 月，平均温度 29℃左右；最冷月出现在 1 月，平均温度 9~10℃左右；≥10℃的积温 5700~6500℃，年均日照约 1800~2000 h；无霜期 260~315 d；年均降水量 1480~1750 mm，降水的季节分布不均，干湿季节十分明显，每年 3~9 月为湿季，占全年降水量的 78%~84%；10 月至翌年 3 月为少雨旱季，存在夏旱和秋旱。年均蒸发量约 1400~1700 mm，干燥度小于 1。

水茜系典型景观

土系特征与变幅　该土系诊断层包括水耕表层和水耕氧化还原层；诊断特性包括人为滞水土壤水分状况和热性土壤温度状况。土壤黏土矿物主要为水云母，含有少量高岭石、蒙脱石和蛭石。其剖面一般具有 Ap1-Ap2-Br-C，有明显的铁聚层。土体厚度在 40~80 cm 之间；土壤颜色以红棕色和紫灰色为主，犁底层以下有明显的黄色锈纹或棕褐色铁锰淀斑。土壤质地一般为砂质壤土，黏粒含量在 50~200 g/kg 之间，由上至下下降；砂粒含量在 500~850 g/kg 之间，砂粒平均含量在 550 g/kg 以上。剖面中平均砾石含量低于 5%。表土容重在 1.20 g/cm^3 左右，犁底层及其以下土壤容重在 1.30~1.40 g/cm^3 之间；土壤呈酸性至微酸性，pH 主要在 4.5~6.5 之间，由上至下增大。

Ap1 层厚度 10~25 cm，小块状结构，稍坚实，黏粒含量在 50~200 g/kg 之间，砂粒含量在 500~850 g/kg 之间，pH 在 4.5~6.5 之间；色调主要为 10R，润态明度 4~5，彩度 1~3；干态明度 6~7，彩度 1~3。Ap2 层厚度 5~15 cm，块状结构，坚实，黏粒含量在 50~200 g/kg 之间，砂粒含量在 500~850 g/kg 之间，pH 在 4.5~6.5 之间；结构面上可见锈纹；色调主要为 10R，润态明度 4~5，彩度 1~3；干态明度 6~7，彩度 1~3。Br 层厚度 20~60 cm，稍坚实，小块状结构，黏粒含量在 50~200 g/kg 之间，砂粒含量在 500~850 g/kg

之间，pH 在 4.5~6.5 之间；结构面上可见明显氧化铁淀积；其游离铁含量约为表土的 1.5 倍以上。色调主要为 10R，润态明度 3~5，彩度 1~3；干态明度 6~7，彩度 1~3。

对比土系　李坊系和下街系，同一亚类但不同土族，土壤颗粒大小级别均为砂质，酸碱度均为非酸性、温度状况同为热性，但因成土母质不同，它们的矿物组成有所差异，李坊系和下街系矿物类型为硅质混合型，而水茜系为云母混合型。与江坊系同为紫色岩类的残坡积物及其再积物发育而成，它们的颗粒大小级别均为砂质，酸碱度均为非酸性，但水茜系土壤中有明显的铁聚层，而江坊系在剖面中游离氧化铁的分化不明显。水茜系土壤（包括干、润土）的色调主要为 10R；而江坊系土壤（包括干、润土）的色调主要为 2.5YR。

利用性能综述　水茜系土壤养分较低，保水保肥性较弱。表层土壤有机质含量在 10~25 g/kg 之间，全氮在 0.75~1.50 g/kg 之间，全磷一般在 0.30~1.00 g/kg 之间；全钾在 10~25 g/kg 之间；速效钾和有效磷分别在 50~80 mg/kg 和 3~10 mg/kg 之间。土壤保肥性能较低，CEC 在 5 cmol/kg 以下。土壤地处平缓洋田，水热条件比较优越，土壤熟化度较高。在利用改良上，应注意合理轮作，以改土培肥为主，改善水利条件，重施基肥，多施农家土杂肥，冬季绿肥等增加农田有机物质的投入。根据土壤特点，化肥分期施用，薄肥勤施，特别注意中、后期补肥，防止水稻退黄早衰。

代表性单个土体（编号：35-074）　于 2011 年 8 月 21 日采自福建省三明市宁化县水茜乡安寨村，26°28'14.1" N，116°44'55.7" E。母质为紫红色砾岩、砂岩等风化物的坡积物及其洪积物；地形为浅丘垄田中部，梯田，海拔 375 m，坡度 3° ~5° ；土地利用方式为水田（水旱轮作）；地下水在 120 cm 左右。

水茜系代表性单个土体剖面

Ap1：0~13 cm，红棕色（10R5/3，润），灰红色（10R6/2，干），细土质地为砂质壤土，润，弱发育的小块状结构，稍坚实；多量细根；有 3%~5%的蚯蚓粪；酸性；向下层清晰平滑过渡。

Ap2：13~27 cm，红棕色（10R5/3，润），淡红橙色（10R6/3，干），砂质壤土，润，中等发育的块状结构，坚实；少量细根；见小块状砖块瓦片；酸性；向下层渐变平滑过渡。

Br：27~50 cm，暗红棕色（10R3/3，润），淡红橙色（10R6/3，干），细土质地为砂质壤土，润，弱发育的块状结构，稍坚实；结构面上见少量根孔状锈纹和锰斑，见少量砖块瓦片；微酸性；向下层清晰波状过渡。

C：50~100 cm，灰红色（10R4/2，润），淡红橙色（10R6/3，干），细土质地为砂质壤土，潮，单粒状结构，疏松；中性。

水茜系代表性单个土体物理性质

土层	深度/cm	砾石(>2 mm，体积分数)/%	细土颗粒组成(粒径：mm)/(g/kg)			细土质地(美国制)	容重/(g/cm^3)
			砂粒 2~0.05	粉砂 0.05~0.002	黏粒 <0.002		
Ap1	0~13	1	680	195	125	砂质壤土	1.21
Ap2	13~27	1	730	155	115	砂质壤土	1.32
Br	27~50	2	705	205	90	砂质壤土	1.35
C	50~100	2	740	210	50	砂质壤土	1.32

水茜系代表性单个土体化学性质

深度/cm	pH		CEC_7/(cmol(+)/kg)	ECEC/(cmol(+)/kg)	盐基饱和度/%	全铁(Fe_2O_3)/(g/kg)	游离铁/(g/kg)
	(H_2O)	(KCl)					
0~13	4.89	3.56	4.85	4.42	31.13	25.98	7.37
13~27	5.17	3.64	4.32	4.08	39.58	21.31	7.43
27~50	5.77	4.11	3.57	3.32	68.63	23.24	12.28
50~100	6.64	4.64	2.89	2.54	70.93	19.40	7.79

4.6.12　下街系（Xiajie Series）

土族：砂质硅质混合型非酸性热性-普通铁聚水耕人为土
拟定者：章明奎，麻万诸

下街系典型景观

分布与环境条件　主要分布于福建省福州、三明、龙岩市所属县，所处地形为山前倾斜平原下部与冲积平原交汇处或冲积平原的高阶地及河谷平原高阶地部位，海拔多在 250 m 以下，坡度在 5°以下。起源于河流冲积物，利用方式主要为水田，地下水位在 100~150 cm 之间。属亚热带湿润季风气候区，年均温在 18.0~20.2℃；极端最低气温–6.0~–4.8℃，极端最高气温 39.0~41.4℃，最热月出现在 7 月，平均温度 29℃左右；最冷月出现在 1 月，平均温度 9~10℃左右；≥10℃的积温 5700~6500℃，年均日照约 1800~2000 h；无霜期 260~315 d；年均降水量 1480~1750 mm，降水的季节分布不均，干湿季节十分明显，每年 3~9 月为湿季，占全年降水量的 78%~84%；10 月至翌年 3 月为少雨旱季，存在夏旱和秋旱。年均蒸发量约 1400~1700 mm，干燥度小于 1。

土系特征与变幅　该土系诊断层包括水耕表层和水耕氧化还原层；诊断特性包括人为滞水土壤水分状况和热性土壤温度状况。土壤黏土矿物主要为水云母和高岭石，含有少量绿泥石和蛭石。地势较高，灌溉与排水条件良好，地下水位多在 100~150 cm 之间。其剖面一般具有 Ap1-Ap2-Br-Cr，有明显的铁聚层；土体厚度在 40~80 cm 之间。土壤质地以砂质壤土为主，黏粒含量在 100~200 g/kg 之间，砂粒含量在 450~850 g/kg 之间，平均在 550 g/kg 以上；土壤砾石含量较低，在 25%以下。表土容重在 1.20 g/cm^3 左右，犁底层及其以下土壤容重在 1.45 g/cm^3 左右；除表土外，土壤呈微酸性至酸性，pH 主要在 4.5~6.5 之间，自上而下增加。

Ap1 层厚度 10~25 cm，小块状结构，疏松，黏粒含量在 100~200 g/kg 之间，砂粒含量在 450~850 g/kg 之间，砾石含量在 25%以下；pH 在 4.5~6.5 之间；色调主要为 7.5YR 或 2.5Y，润态明度 3~5，彩度 3~4；干态明度 4~6，彩度 1~2。Ap2 层厚度 8~15 cm，块状结构，坚实，黏粒含量在 100~200 g/kg 之间，砂粒含量在 450~850 g/kg 之间，砾石含量在 25%以下；pH 在 4.5~6.5 之间；可见锈纹锈斑；色调主要为 7.5YR 或 2.5Y，润态明度 3~5，彩度 2~4；干态明度 5~7，彩度 1~3。Br 层厚度 20~60 cm，大块状结构或棱柱状结构，坚硬，黏粒含量在 100~200 g/kg 之间，砂粒含量在 450~850 g/kg 之间，砾石含量在 25%以下；pH 在 4.5~6.5 之间；有大量氧化铁锰氧化物淀积，占结构面的 30%~60%；其游离氧化铁含量约为耕作层的 1.5 倍以上；色调主要为 10YR 或 2.5Y，润态明度 5~6，彩度 3~5；干态明度 6~7，彩度 3~5。

对比土系 李坊系，同一土族，但二者在地形、成土母质及母质性状与 Br 层氧化铁游离度等有明显差异。李坊系形成于源于变质砂岩、石英片麻岩等风化物及其所发育的自成土上，分布于丘陵坡地；母质层色调为 5YR 或更红。而下街系形成于河流冲积物，分布于河谷平原，母质层色调比 7.5YR 更黄。

利用性能综述 下街系土壤有机质和全氮较高，有效磷和速效钾中等。表层土壤有机质含量在 25~35 g/kg 之间，全氮在 1.50~2.00 g/kg 之间，全磷一般在 0.50~1.00 g/kg 之间；全钾在 10~20 g/kg 之间；速效钾和有效磷分别在 50~100 mg/kg 和 5~10 mg/kg 之间。土壤保肥性能较低，CEC 在 5 cmol/kg 左右。土壤处于开阔平原的平洋上部，温光充足，排水灌溉方便，土壤为砂质壤土，耕性良好。在利用上，应注意用养结合，合理轮作，冬季麦与绿肥轮作以恢复地力；在施肥上，应坚持有机肥与化肥结合原则，适当增施磷、钾肥，同时施用锌、钼、硼等微量元素肥料。

代表性单个土体（编号：35-079） 于 2011 年 8 月 22 日采自福建省龙岩市长汀县古城镇下街村，25°52'4.5"N，116°9'47.1" E。母质为河流冲积物；地形为河谷平原高阶地，海拔 250 m，坡度<2°；土地利用方式为水田（水旱轮作）；地下水位在 1~1.5 m。

Ap1：0~14 cm，淡棕色（7.5YR5/4，润），灰棕色（7.5YR6/2，干），细土质地为砂质壤土，润，弱发育的小块状结构，疏松；中量细根；结构面上见少量氧化铁斑；酸性；向下层清晰平滑过渡。

Ap2：14~24 cm，暗棕色（7.5YR3/4，润），亮棕灰色（7.5YR7/2，干），细土质地为砂质壤土，润，中等发育的块状结构，坚实，土体致密；少量细根；结构面上见少量根孔状氧化铁锈纹；酸性；向下层清晰平滑过渡。

Br：24~55 cm，淡黄棕色（10YR5/4，润），淡黄橙色（10YR7/4，干），砂质壤土，润，中等发育的块状结构，坚硬；结构面上有大量氧化铁锰氧化物淀积（占 50%）；上部见少量砾石块；微酸性；向下层清晰波状过渡。

Cr：55~110 cm，亮黄棕色（10YR6/6，润），淡黄橙色（10YR8/4，干），润，细土质地为砂质壤土，单粒状结构，稍疏松；结构面上有少量铁锰斑；微酸性。

下街系代表性单个土体剖面

下街系代表性单个土体物理性质

土层	深度 /cm	砾石（>2 mm，体积分数）/%	细土颗粒组成（粒径：mm）/（g/kg）			细土质地（美国制）	容重 /（g/cm^3）
			砂粒 2~0.05	粉砂 0.05~0.002	黏粒 <0.002		
Ap1	0~14	1	570	280	150	砂质壤土	1.17
Ap2	14~24	3	570	280	150	砂质壤土	1.32
Br	24~55	1	550	260	190	砂质壤土	1.44
Cr	55~110	0	570	360	70	砂质壤土	1.38

下街系代表性单个土体化学性质

深度 /cm	pH		CEC_7 /（cmol（+）/kg）	ECEC /（cmol（+）/kg）	盐基饱和度/%	全铁（Fe_2O_3）/（g/kg）	游离铁 /（g/kg）
	（H_2O）	（KCl）					
0~14	5.18	4.12	5.76	5.11	63.89	22.74	8.22
14~24	5.14	4.03	5.23	4.78	61.57	28.23	8.66
24~55	5.80	4.22	5.87	5.31	80.07	36.23	18.32
55~110	6.18	4.71	2.93	2.53	64.16	34.23	18.04

4.6.13 星溪系（Xinxi Series）

土族：砂质硅质型酸性热性-普通铁聚水耕人为土
拟定者：章明奎，麻万诸

星溪系典型景观

分布与环境条件 分布于福建省南平、三明、龙岩、宁德等市的山溪性河流两侧的河漫滩或河谷平原的近河床地段及古河床，呈条带状分布，海拔多在 350 m 以下，地面坡度多在 5°~15° 之间。起源于现代河流冲积物，经长期水耕熟化形成。汛期可能会受河水泛滥淹没，利用方式主要为水田；地下水位多在 100~250 cm 之间。属亚热带湿润季风气候区，年均温在 18.0~20.2℃；极端最低气温–5.0~–1.2℃，极端最高气温 37.0~42.5℃，最热月出现在 7 月，平均温度 27~29℃左右；最冷月出现在 1 月，平均温度 9~10℃左右；≥10℃的积温 5800~6500℃，年均日照约 1770~1900 h；无霜期 265~335 d；年均降水量 1300~2000 mm，降水的季节分布不均，干湿季节十分明显，每年 3~9 月为湿季，占全年降水量的 82%~84%；10 月至翌年 3 月为少雨旱季。年均蒸发量约 1200~1600 mm，干燥度小于 1。

土系特征与变幅 该土系诊断层包括水耕表层和水耕氧化还原层；诊断特性包括人为滞水土壤水分状况和热性土壤温度状况。土壤黏土矿物主要为水云母，其次为高岭石，含有少量绿泥石和蛭石。其剖面一般具有 Ap1-Ap2-Br-C，有明显的铁聚层；土体厚度在 40~80 cm 之间，土壤颜色以棕黑色和灰黄色为主。由于分布区河流存在一定落差，水流湍急，沉积物质因洪水与流速的差异存在较大的变化，一般上部为河漫滩相沉积，通常是砂、壤相间；下部为河床相沉积，多砂砾夹层。上下层之间土壤质地有较大的变化，可为黏壤、砂质壤土、砂质黏壤土。黏粒含量在 50~400 g/kg 之间，砂粒含量在 300~800 g/kg 之间，砂粒平均含量在 550 g/kg 以上。剖面中平均砾石含量低于 25%。因地处河流附近，排灌条件良好，但雨季也有可能受山洪淹没的影响。表土容重在 1.20 g/cm^3 左右，犁底层及其以下土壤容重在 1.30~1.45 g/cm^3 之间；土壤呈酸性，pH 主要在 4.5~5.5 之间。

Ap1 层厚度 10~25 cm，团粒状结构，稍疏松，黏粒含量在 50~400 g/kg 之间，砂粒含量在 300~800 g/kg 之间；pH 在 4.5~5.5 之间；色调主要为 2.5Y 或 10YR，润态明度 3~5，彩度 1~3；干态明度 5~7，彩度 1~3。Ap2 层厚度 5~12 cm，稍坚实，黏粒含量在 50~400 g/kg 之间，砂粒含量在 300~800 g/kg 之间；pH 在 4.5~5.5 之间；结构面上锈纹锈斑；色调主要为 2.5Y 或 10YR，润态明度 3~6，彩度 1~3；干态明度 5~7，彩度 1~3。Br 层厚度

20~60 cm，稍坚实，黏粒含量在 50~270 g/kg 之间；粉砂含量在 500~800 g/kg 之间；块状结构，pH 在 4.5~5.5 之间；结构面上可见明显氧化铁淀积；其游离铁含量约为表土的 1.5 倍以上。色调主要为 2.5Y 或 10YR，润态明度 3~6，彩度 1~3；干态明度 5~7，彩度 1~3。

对比土系　李坊系、下街系、山格系和水茜系，同一亚类但不同土族，颗粒大小级别均为砂质，但李坊系、下街系、山格系和水茜系的酸碱度为非酸性，矿物类型为硅质混合型或云母混合型，不同于星溪系的酸性土壤酸碱度和硅质型矿物类型。另外，山格系的温度状况为高热，不同于星溪系的热性温度状况。

利用性能综述　星溪系土壤有机质和全氮中等，因长期施肥有效磷和速效钾可达到较高水平。表层土壤有机质含量在 15~25 g/kg 之间，全氮在 0.75~1.50 g/kg 之间，全磷一般在 0.30~0.75 g/kg 之间；全钾在 10~20 g/kg 之间；速效钾和有效磷分别在 50~400 mg/kg 和 15~50 mg/kg 之间。土壤保肥性能较低，CEC 在 5~15 cmol/kg 之间。土壤土层较深厚，质地较轻，土壤疏松，通透性好，耕性好排灌方便，适种性广，宜水旱轮作。但由于质地偏砂，阳离子交换量较低，保水保肥性差，土壤潜在肥力较低。因此，在利用改良上，应增施有机肥，推行稻草还田，改善土壤物理性状，提高保肥、供肥能力；在施肥技术上，应推行多次少量，注意后期追肥，防止脱肥早衰。可实行稻-薯-油或稻-烟轮作，或种植西瓜、蔬菜、花生等经济效益较高的作物。同时，应因地制宜地加强水利建设，加高加固堤坝，防洪防涝，完善灌溉设施，改进灌溉技术，提高灌溉效率，减轻旱、涝、洪威胁。

代表性单个土体（编号：35-055）　于 2011 年 7 月 22 日采自福建省政和县星溪乡梅坡村，27°23'56.80" N，118°49'51.3" E。母质为河流冲积物，海拔 214 m，地形为狭谷冲积小平地，为梯田，坡度为 5° 左右；土地利用方式为水田（水旱轮作）；地下水位约 150 cm。

星溪系代表性单个土体剖面

Ap1：0~20 cm，棕黑色（2.5Y3/2，润），灰黄色（2.5YR6/2，干），细土质地为黏壤土，润，弱发育的团粒状结构，疏松；中量根系；夹杂少量（<5%）砾石；酸性；向下层清晰平滑过渡。

Ap2：20~30 cm，暗灰黄色（2.5Y4/2，润），灰黄色（2.5YR6/2，干），细土质地为砂质壤土，润，弱发育的块状或粒状结构，稍疏松；少量细根；夹杂有 5%~10%直径为 2~20 mm 的砾石；酸性；向下层清晰平滑过渡。

Br：30~68 cm，淡黄棕色（10YR4/3，润），浅黄色（10YR7/3，干），细土质地为砂质壤土，润，中等发育的块状结构，坚实、致密；结构面上有较多的根孔状铁锈纹（占 10%）；夹有 5%~10%直径 2~5 cm 左右的砾石；酸性；向下层清晰平滑过渡。

C：68~100 cm，砾石与细砂混合层，砾石含量占 60%以上，亮红棕色（7.5YR5/6，润），橙色（7.5YR7/6，干），细土质地为砂质黏壤土，润，单粒状，稍坚实；酸性。

星溪系代表性单个土体物理性质

土层	深度/cm	砾石（>2 mm，体积分数）/%	细土颗粒组成（粒径：mm）/（g/kg）			细土质地（美国制）	容重/（g/cm^3）
			砂粒 2~0.05	粉砂 0.05~0.002	黏粒 <0.002		
Ap1	0~20	3	320	309	371	黏壤土	1.19
Ap2	20~30	8	766	141	93	砂质壤土	1.31
Br	30~68	6	733	135	132	砂质壤土	1.45
C	68~100	63	568	193	239	砂质黏壤土	—

星溪系代表性单个土体化学性质

深度/cm	pH		CEC_7/（cmol（+）/kg）	ECEC/（cmol（+）/kg）	盐基饱和度/%	全铁（Fe_2O_3）/（g/kg）	游离铁/（g/kg）
	（H_2O）	（KCl）					
0~20	4.50	3.82	12.21	9.67	66.58	9.79	4.19
20~30	4.83	3.74	3.65	3.02	30.96	10.41	4.32
30~68	4.72	3.74	4.34	3.76	24.11	21.24	10.07
68~100	5.21	3.93	7.88	6.58	69.80	43.2	31.65

4.6.14 岩后系（Yanhou Series）

土族：黏壤质硅质混合型非酸性热性-普通铁聚水耕人为土

拟定者：章明奎，麻万诸

岩后系典型景观

分布与环境条件 分布于福建省闽西北低山丘陵和河谷高阶地上，龙岩、三明、宁德和福州等市都有分布，海拔多在 500 m 以下。起源于酸性岩风化物及其所发育的自成土上，利用方式为水田（水旱轮作）；地下潜水多在 100 cm 以下，土壤水分主要由降水和灌溉水补给。属亚热带气候，温和湿润，年均温在 17.5~19.6℃；极端最低气温-8.2~-4.8℃，极端最高气温 38.4~41.4℃，最热月出现在 7 月，平均温度 27~29℃左右；最冷月出现在 1 月，平均温度 10℃左右；≥10℃的积温 5846~6457℃，年均日照约 1754~2073 h；无霜期 251~315 d；年均降水量 1480~1890 mm，降水的季节分布不均，干湿季节十分明显，每年 3~9 月为湿季，占全年降水量的 78%~84%；10 月至翌年 3 月为少雨旱季。年均蒸发量约 1200~1500 mm，干燥度小于 1。

土系特征与变幅 该土系诊断层包括水耕表层和水耕氧化还原层；诊断特性包括人为滞水土壤水分状况和热性土壤温度状况。土壤黏土矿物主要为高岭石和水云母，含有少量绿泥石和蛭石。其剖面一般具有 Ap1-Ap2-Br-C，有明显的铁聚层。土体厚度在 40~80 cm 之间；土壤颜色以暗灰棕色和灰黄色为主，犁底层以下有明显的黄色锈纹或棕褐色铁锰淀斑；土壤质地以砂质壤土或壤土为主，黏粒由上至下增加，在 150~270 g/kg 之间；土体内黏粒平均含量在 200~350 g/kg 之间。剖面中平均砾石含量较低，在 5%以下。表土容重在 1.20 g/cm^3 左右，犁底层及其以下土壤容重在 1.30~1.40 g/cm^3 之间；土壤呈中性至微酸性，pH 主要在 5.5~7.5 之间。

Ap1 层厚度 10~25 cm，团粒或小块状结构，疏松，黏粒含量在 150~270 g/kg 之间；pH 在 5.5~7.5 之间；色调主要为 2.5Y 或 5Y，润态明度 3~5，彩度 2~3；干态明度 5~7，彩度 2~3。Ap2 层厚度 8~15 cm，稍坚实，块状结构，黏粒含量在 150~270 g/kg 之间；pH 在 5.5~7.5 之间；结构面上锈纹锈斑；色调主要为 2.5Y 或 5Y，润态明度 3~5，彩度 2~3；干态明度 5~7，彩度 2~3。Br 层厚度 20~60 cm，稍坚实，棱柱状和大块状结构，黏粒含量在 150~270 g/kg 之间；pH 在 5.5~7.5 之间；结构面上可见明显氧化铁淀积；其游离铁含量约为表土的 1.5 倍以上；氧化铁游离度 40%~80%。色调主要为 2.5Y 或 10YR，润态明度4~6，彩度3~6；干态明度6~8，彩度3~6。

对比土系　茶丰系，同一土族，但土体厚度有明显的差异；茶丰系土体厚度在80~130 cm之间，岩后系土体厚度在40~80 cm之间。

利用性能综述　岩后系该土系土壤有机质和全氮中等，因长期施肥，有效磷和速效钾可达到较高水平。表层土壤有机质含量在15~35 g/kg之间，全氮在1.00~2.00 g/kg之间，全磷一般在0.75~1.50 g/kg之间；全钾在10~15 g/kg之间；速效钾和有效磷分别在50~120 mg/kg和10~50 mg/kg之间。土壤保肥性能较低，CEC在5~10 cmol/kg之间。排水条件良好，但存在季节性缺水问题。因分布于丘陵山区，历来有稻草还田、施用磷肥和施用石灰的习惯，具有一定的生产潜力。但该土土质偏黏，生产条件较差，相当部分常年串灌或缺水干旱，影响土壤肥力的发挥。因此，在利用改良上，应重视生产条件的改善，首先加强水利建设，完善灌排系统，逐步改串灌为轮灌，改冬浸为冬种绿肥；其次，普及先进技术，推广合理的配套栽培技术，合理的品种布局和调整耕作制度，继续推广稻草还田，根据土壤养分，合理施用磷钾肥。

代表性单个土体（编号：35-057）　于2011年7月23日采自福建省松溪县河东乡岩后村，27°35'17.8"N，118°49'31.6" E。母质为凝灰岩坡积物，海拔225 m，地形为沿江低丘缓坡（中下坡）梯田，坡度10°~20°；土地利用方式为水田（水旱轮作）。

Ap1：0~21 cm，暗灰棕色（2.5Y3/3，润），浅黄色（2.5Y7/3，干），细土质地为砂质壤土，潮，中等发育的团粒和小块状结构，疏松；多量细根；见网状分布的根孔状锈纹；微酸性；向下层清晰平滑过渡。

Ap2：21~35 cm，暗灰黄色（2.5Y4/2，润），灰黄色（2.5Y7/2，干），细土质地为砂质壤土，润，中等发育的块状结构，稍坚实；结构面上见5%的细根状铁锈纹，底部可见少量砖块和瓦片的碎片；微酸性；向下层清晰平滑过渡。

Br：35~54 cm，黄棕色（10YR5/6，润），浅黄橙色（10YR8/3，干），细土质地为壤土，润，中等发育的棱柱状和块状结构，坚实；具有较多的（10%~15%）不连续的宽度在1~2 cm之间的长条状灰白色土条（可能是较早时期形成的裂隙或动物孔后被上层下移的土壤物质填充所致）；结构面上有明显的黄色氧化铁淀积和少量氧化锰斑纹；中性；向下层清晰波状过渡。

C：54~100 cm，由不同颜色的细土所组成，似网纹状相间分布；主色呈亮红棕色（5YR5/8，润）和淡橙色（5YR7/4，干），约占土体的60%；次色呈浅黄橙色（7.5YR8/4，润）和浅黄橙色（7.5YR8/3，干）。细土质地为壤土，潮，单粒状结构，但非常坚实；结构面有明显的氧化锰斑纹（占30%）；中性。

岩后系代表性单个土体剖面

岩后系代表性单个土体物理性质

土层	深度 /cm	砾石 （>2 mm，体积分数）/%	细土颗粒组成（粒径：mm）/（g/kg）			细土质地（美国制）	容重 /（g/cm³）
			砂粒 2~0.05	粉砂 0.05~0.002	黏粒 <0.002		
Ap1	0~21	2	541	309	150	砂质壤土	1.18
Ap2	21~35	1	528	320	152	砂质壤土	1.30
Br	35~54	0	433	336	231	壤土	1.34
C	54~100	1	320	444	236	壤土	—

岩后系代表性单个土体化学性质

深度 /cm	pH		CEC_7 /（cmol（+）/kg）	ECEC /（cmol（+）/kg）	盐基饱和度/%	全铁 （Fe_2O_3）/（g/kg）	游离铁 /（g/kg）
	（H_2O）	（KCl）					
0~21	5.71	4.81	5.23	4.48	80.11	17.63	12.36
21~35	6.32	4.87	4.87	4.15	81.31	21.1	13.44
35~54	7.12	5.91	8.02	6.94	86.53	42.58	34.90
54~100	7.00	5.86	8.44	7.67	90.87	42.03	30.69

4.7 底潜简育水耕人为土

4.7.1 飞鸾系（Feiluan Series）

土族：黏壤质云母混合型石灰性热性-底潜简育水耕人为土
拟定者：章明奎，麻万诸

飞鸾系典型景观

分布与环境条件 分布于闽江口以北福鼎至福州一线的海积平原，海拔多在 10 m 左右，已脱离潮水的影响；地面坡度多在 0°~3° 之间。起源于海相沉积物，利用方式为水田，地下水位多在 50~100 cm 之间。属亚热带湿润海洋性季风气候区，年均日照 1770~1910 h，年均气温 18.0~20.1℃，无霜期 276~340 d，≥10℃的积温 5846~6457℃，1 月份平均气温在 9~10℃之间，最热月份在 7 月，平均温度在 28~29℃左右。年均降水量 1300~1600 mm，降水的季节分布不均，干湿季节十分明显，每年 3~9 月为湿季，雨量约占全年的 81%~84%，10 月至翌年 3 月为旱季，春旱较为严重。年均蒸发量约 1200~1400 mm，干燥度在 1 左右。

土系特征与变幅 该土系诊断层包括水耕表层和水耕氧化还原层；诊断特性包括人为滞水土壤水分状况、潜育特征、热性土壤温度状况和石灰性。土壤黏土矿物主要为水云母，其次为高岭石和绿泥石，含有少量蛭石和蒙脱石。其剖面一般具有 Ap1-Ap2-Br-Bg，土体厚度在 80~125 cm 之间，土壤颜色以黄棕色至灰黄色为主；土体有上实下软的特征。全剖面有中至弱石灰反应，但可溶性盐含量低于 1 g/kg，土体中有时可见贝壳状碎屑。底层土壤因长期滞水，有潜育特征，亚铁反应由上至下增强，潜育特征的土层出现在 60~100 cm 之间。细土质地为粉砂质黏壤土，黏粒含量在 270~400 g/kg 之间，剖面黏粒平均含量在 200~350 g/kg 之间；粉砂含量在 400~730 g/kg 之间。受周围丘陵山地洪积物影响，土体中常夹杂少量砾石，其含量多在 10%以下。土壤呈微碱性至碱性，pH 主要在 7.5~9.0 之间。

Ap1 层厚度 10~25 cm，团粒状或小块状结构，疏松，黏粒含量在 270~400 g/kg 之间；粉砂含量在 400~730 g/kg 之间；砾石含量多在 10%以下。pH 在 7.5~9.0 之间；色调主要为 2.5Y 或 10YR，润态明度 4~5，彩度 1~3；干态明度 7~8，彩度 1~3。Ap2 层厚度 8~15 cm，块状结构，坚实，黏粒含量在 270~400 g/kg 之间；粉砂含量在 400~730 g/kg 之间；砾石含量多在 10%以下。pH 在 7.5~9.0 之间；结构面上有时可见少量锈纹；色调主要为 2.5Y 或 10YR，润态明度 4~5，彩度 1~3；干态明度 7~8，彩度 1~3。Br 层厚度 20~60 cm，弱棱柱状和块状结构，坚实或稍坚实，黏粒含量在 270~400 g/kg 之间；粉砂含量在 400~730 g/kg 之间；砾石含量多在 10%以下。pH 在 7.5~9.0 之间；结构面上有锈纹锈斑；色调主要为 2.5Y~5Y，润态明度 4~5，彩度 1~3；干态明度 6~7，彩度 1~3。Bg 层出现在 60 cm 以下，厚度 10 cm 以上，土体较软，黏粒含量在 270~400 g/kg 之间；粉砂含量在 400~730 g/kg 之间；砾石含量多在 10%以下。pH 在 7.5~9.0 之间；具潜育特征。有石灰反应。

对比土系　朴圩系，同一亚类但不同土族，颗粒大小级别和温度状况有所差异，朴圩系土壤颗粒大小级别为壤质，温度状况为高热；飞鸾系土壤颗粒大小级别为黏壤质，温度状况为热性。

利用性能综述　飞鸾系土壤有机质、全氮和有效磷中等，受母质的影响，土壤速效钾可达到较高水平。表层土壤有机质含量在 15~30 g/kg 之间，全氮在 1.00~2.00 g/kg 之间，全磷一般在 0.30~1.00 g/kg 之间；全钾在 20~30 g/kg 之间；速效钾和有效磷分别在 80~150 mg/kg 和 8~15 mg/kg 之间。土壤保肥性能中等，CEC 在 10 cmol/kg 左右。因地处滨海平原，地势较低，排水条件较差，但灌溉条件良好。土壤基本脱盐，土质较黏，保肥力较强，但宜耕期短，耕性差。内外排水条件较差是其生产上的主要限制因素。在利用改良上，应围绕进一步熟化提高土壤地力和健全排水系统开展，重点搞好排水设施，继续推行稻草还田，增施各种有机肥料以改善土壤理化性状。在种植冬季作物时，需开深沟，以免地面积水。

飞鸾系代表性单个土体剖面

代表性单个土体（编号：35-148）　于 2012 年 3 月 9 日采自福建省宁德市蕉城区飞鸾镇二都村章澳道自然村，26°36'19.8" N，119°34'44.3" E。母质为海相沉积物，地形为海积平原，海拔 8 m，坡度<2°；土地利用方式为水田（水稻-蔬菜连作）；地下水位为 90 cm。

Ap1：0~20 cm，浅黄棕色（10YR4/3，润），灰白色（10YR8/2，干），湿，细土质地为粉砂质黏壤土，弱发育的小块状或团粒状结构，疏松；多量细根；见 10%左右直径为 2~5 mm 的砾石（来自于周围的山地），夹杂少量贝壳碎片；微碱性；弱石灰反应；向下层清晰平滑过渡。

Ap2：20~30 cm，棕灰色（10YR5/1，润），淡黄橙色（10YR7/2，干），湿，细土质地为粉砂质黏壤土，中等发育的块状结构，坚实；夹杂少量贝壳碎片，少量铁锈纹；少量细根；碱性；明显石灰反应；向下层清晰平滑过渡。

Br：30~80 cm，黄灰色（2.5Y5/1，润），灰白色（2.5Y7/1，干），湿，细土质地为粉砂质黏壤土，弱发育的棱柱状和大块状结构，稍坚实；夹杂少量贝壳；结构面上见少量锈纹；碱性；明显石灰反应；向下层模糊平滑过渡。

Bg：80~120 cm，绿灰色（10GY6/1，润），浅灰色（10Y7/1，

干），积水，细土质地为粉砂质黏壤土，软糊，无明显结构体；明显的潜育化特征，见大量贝壳碎屑（约占10%）；微碱性；明显石灰反应。

飞鸾系代表性单个土体物理性质

土层	深度 /cm	砾石 (>2 mm，体积分数) /%	细土颗粒组成（粒径：mm）/（g/kg）			细土质地（美国制）	容重 /（g/cm³）
			砂粒 2~0.05	粉砂 0.05~0.002	黏粒 <0.002		
Ap1	0~20	12	187	532	281	粉砂质黏壤土	1.19
Ap2	20~30	1	75	595	330	粉砂质黏壤土	1.36
Br	30~80	0	69	603	328	粉砂质黏壤土	1.34
Bg	80~120	5	175	516	309	粉砂质黏壤土	—

飞鸾系代表性单个土体化学性质

深度 /cm	pH		CEC_7 /（cmol（+）/kg）	水溶性盐分 /（g/kg）	盐基饱和度 /%	全铁 （Fe_2O_3）/（g/kg）	游离铁 /（g/kg）
	（H_2O）	（KCl）					
0~20	7.88	6.85	12．32	0.32	100	43.25	17.26
20~30	8.68	7.77	14．23	0.44	100	44.52	14.73
30~80	8.76	7.94	13．68	0.67	100	44.45	12.13
80~120	8.47	7.92	13．54	0.93	100	36.54	7.00

4.7.2　朴圩系（Powei Series）

土族：壤质云母混合型石灰性高热-底潜简育水耕人为土
拟定者：章明奎，麻万诸

朴圩系典型景观

分布与环境条件　主要分布在福建省漳州市的各县，莆田和厦门等市也有少量分布，地形为海积平原，海拔多在 10 m 以下，坡度在 0°~3° 之间，地下水位在 50~150 cm 之间。起源于海相沉积物，利用方式主要为水田（水旱轮作）。属亚热带湿润季风气候区，年均温在 20.8~21.3℃；极端最低气温 –3.8~2.5 ℃，极端最高气温 36.6~40.9℃，最热月出现在 7 月，平均温度 28~29℃；最冷月出现在 1 月，平均温度 12~13℃；≥10℃的积温 7344~7540℃，年均日照约 1958~2450 h；无霜期 330~365 d；年均降水量 1032~1723 mm，降水的季节分布不均，干湿季节十分明显，每年 3~9 月为湿季，占全年降水量的 76%~81%；10 月至翌年 3 月为少雨旱季。年均蒸发量约 1600~1900 mm，大于降水量。年相对湿度 75%~78%。

土系特征与变幅　该土系诊断层包括水耕表层和水耕氧化还原层；诊断特性包括人为滞水土壤水分状况、潜育特征、高热土壤温度状况和石灰性。土壤黏土矿物主要为水云母，其次为高岭石和绿泥石，含有少量蛭石和蒙脱石。其剖面一般具有 Ap1-Ap2-Br-Bg，土体厚度在 80~125 cm 之间，土壤颜色以淡黄棕色至灰黄色为主。全剖面有弱石灰反应；但可溶性盐含量低于 1 g/kg；土体中有时可见贝壳状碎屑。底层土壤因长期滞水，有轻微的潜育特征，亚铁反应由上至下增强，潜育特征的土层出现在 60~100 cm 之间；犁底层以下土层中有明显的黄色锈纹或锈斑。细土土壤质地在砂质壤土至砂质黏壤土之间；上下层黏粒含量有一定的变化，黏粒含量在 50~350 g/kg 之间，上高下低；剖面黏粒平均含量在 200 g/kg 以下。砾石含量在 10%~25%之间。表土容重在 1.15 g/cm^3 左右，犁底层及其以下土壤容重在 1.30 g/cm^3 左右；土壤呈微碱性至中性，pH 主要在 6.5~8.5 之间。

Ap1 层厚度 10~25 cm，团粒状或小块状结构，疏松，黏粒含量在 50~350 g/kg 之间；砾石含量低于 25%。pH 在 6.5~8.5 之间；色调主要为 2.5Y 或 10YR，润态明度 4~5，彩度 1~3；干态明度 6~7，彩度 1~3。Ap2 层厚度 8~15 cm，块状结构，坚实，黏粒含量在 50~350 g/kg 之间；砾石含量低于 25%。pH 在 6.5~8.5 之间；结构面上有时可见少量锈纹；色调主要为 2.5Y 或 10YR，润态明度 5~6，彩度 1~3；干态明度 6~7，彩度 1~3。Br 层厚度 20~60 cm，块状结构，坚实或稍坚实，黏粒含量在 50~350 g/kg 之间；砾石含量低于 25%。pH 在 6.5~8.5 之间；结构面上有大量的锈纹锈斑，平均占结构面的 25%以上；色调主要为 5Y、7.5Y 至 10YR，润态明度 5~6，彩度 1~3；干态明度 6~7，彩度 1~3。Bg 层出现在 60~100 cm 之间，厚度 10 cm 以上，土体较软，黏粒含量在 50~350 g/kg 之间；砾石含量低于 25%。pH 在 6.5~8.5 之间；具潜育特征。有石灰反应。

对比土系 飞鸾系，同一亚类但不同土族，颗粒大小级别和温度状况有所差异，飞鸾系土壤颗粒大小级别为黏壤质，温度状况为热性；朴圩系土壤颗粒大小级别为壤质，温度状况为高热。

利用性能综述 朴圩系土壤有机质、全氮和有效磷中等，受母质的影响土壤速效钾较高。表层土壤有机质含量在 15~30 g/kg 之间，全氮在 1.00~2.00 g/kg 之间，全磷一般在 0.30~1.00 g/kg 之间；全钾在 20~30 g/kg 之间；速效钾和有效磷分别在 150~300 mg/kg 和 8~15 mg/kg 之间。土壤保肥性能中等，CEC 在 10 cmol/kg 左右。因地处滨海平原，地势较低，缺乏淡水源，灌排条件均较差。耕性尚好，但内外排水相对较差。在利用改良上，应注意开沟排水，降低地下水位，防止青泥层抬升和表层次生潜育化。提倡冬翻晒白，增施有机肥和热性肥料；在水稻生长后期应及时排水拷田，以增强土壤通透性，降低还原性物质含量，提高土壤养分的供给能力，发挥土壤的生产潜力。

代表性单个土体（编号：35-105） 于 2011 年 9 月 16 日采自福建省诏安县金星乡蟳寮村田朴圩自然村，23°44'23.0" N，117°16'13.0" E。母质为海相沉积物；地形为海积平原，海拔 5 m，坡度<2°；土地利用方式为水田；地下水位约 60 cm。

Ap1：0~15 cm，淡黄棕色（10YR4/3，润），黄灰色（2.5Y6/1，干），细土质地为砂质黏壤土，潮，弱发育的小块状和团粒状结构，疏松；多量细根；结构面上少量根孔状铁锈纹（占 10%左右）；微碱性，石灰反应；向下层清晰平滑过渡。

Ap2：15~28 cm，棕灰色（10YR5/1，润），棕灰色（10YR6/1，干），细土质地为砂质壤土，潮，中等发育的块状结构，坚实；有明显的呈白斑状分布的贝壳状碎屑（数量在 2%~5%之间）；少量细根；少量铁锈纹；碱性，石灰反应；向下层清晰平滑过渡。

Br：28~53 cm，棕灰色（10YR5/1，润），棕灰色（7.5Y6/1，干），细土质地为壤土，潮，中等发育的块状结构，稍坚实；结构面上见明显的棕色（7.5YR4/4）铁锈斑、小结核（2 mm 左右）和根孔状铁锈纹（占 20%~30%）；弱石灰反应；向下层清晰平滑过渡。

Bg：53~90 cm，润土青灰（10BG4/1）或灰白色（N6/0），干土灰白色（10Y7/1），细土质地为砂质壤土，湿，弱发育的块状结构，土体较软；结构面上见少量根孔状锈纹；潜育特征；见大块贝壳（占 5%左右）；中性；有石灰反应。

朴圩系代表性单个土体剖面

朴圩系代表性单个土体物理性质

土层	深度 /cm	砾石（>2 mm，体积分数）/%	细土颗粒组成（粒径：mm）/（g/kg）			细土质地（美国制）	容重 /（g/cm^3）
			砂粒 2~0.05	粉砂 0.05~0.002	黏粒 <0.002		
Ap1	0~15	20	511	251	240	砂质黏壤土	1.13
Ap2	15~28	22	581	295	126	砂质壤土	1.32
Br	28~53	15	451	435	116	壤土	1.26
Bg	53~90	23	635	271	95	砂质壤土	—

朴圩系代表性单个土体化学性质

深度 /cm	pH		CEC_7 /（cmol（+）/kg）	ECEC /（cmol（+）/kg）	盐基饱和度/%	全铁（Fe_2O_3）/（g/kg）	游离铁 /（g/kg）
	（H_2O）	（KCl）					
0~15	7.88	6.45	10.72	—	100	30.11	15.09
15~28	8.95	7.35	5.33	—	100	31.98	17.98
28~53	6.50	5.12	4.59	—	87.58	35.12	12.16
53~90	6.90	5.59	—	—	—	27.82	9.22

4.8　普通简育水耕人为土

4.8.1　宝福里系（Baofuli Series）

土族：砂质硅质型非酸性热性-普通简育水耕人为土
拟定者：章明奎，麻万诸

宝福里系典型景观

分布与环境条件　分布于福建省宁德、南平、三明、福州等市的溪河两侧，所处地形部位多为溪河两侧河漫滩、古河床、天然堤，海拔多在 250 m 以下，坡度一般小于 10°。起源于近代河流冲积物，利用方式主要为水田。地下水位 100~250 cm。属亚热带湿润海洋性季风气候区，年均温在 18.5~20℃；最热月出现在 7 月，平均温度 27~29℃左右；最冷月出现在 1 月，平均温度 8~10℃左右；≥10℃的积温 5700~6600℃，年均日照约 1700~1900 h；无霜期 270~338 d；年均降水量 1500~1800 mm，降水的季节分布不均，干湿季节十分明显，每年 3~9 月为湿季，占全年降水量的 70%~80%；10 月至翌年 3 月为少雨旱季。年均蒸发量约 1300~1600 mm，干燥度小于 1。

土系特征与变幅　该土系诊断层包括水耕表层和水耕氧化还原层；诊断特性包括人为滞水土壤水分状况和热性土壤温度状况。土壤黏土矿物主要由水云母和高岭石组成，含有少量绿泥石和蒙脱石。其剖面一般具有 Ap1-Ap2-Br-C，但无明显的铁聚层。土体厚度在 45~75 cm 之间；土壤颜色以黄棕色、灰黄色为主。土壤质地为壤质砂土和砂土，剖面上下质地变化较小，黏粒含量多在 50~150 g/kg 之间；砂粒含量在 550~950 g/kg 之间；但砾石低于 25%；表土容重在 1.30 g/cm^3 左右，犁底层及其以下土壤容重在 1.30~1.45 g/cm^3 之间；土壤呈酸性至中性，pH 在 4.5~7.0 之间。

Ap1 层厚度 10~25 cm，稍疏松，黏粒含量多在 50~150 g/kg 之间；砂粒含量在 550~950 g/kg 之间；pH 在 5.5~6.5 之间；色调主要为 2.5Y 或 10YR，润态明度 3~5，彩度 1~3；干态明度 5~7，彩度 2~3。Ap2 层厚度 8~15 cm，坚实或稍坚实，黏粒含量多在 50~150 g/kg 之间；砂粒含量在 550~950 g/kg 之间；pH 在 5.5~6.5 之间；结构面上锈纹锈斑；色调主要为 2.5Y 或 10YR，润态明度 4~5，彩度 2~4；干态明度 6~7，彩度 2~3。Br 层厚度 20~

50 cm，稍坚实，黏粒含量多在 50~150 g/kg 之间；砂粒含量在 550~950 g/kg 之间；小块状结构和粒状结构，pH 在 5.5~6.5 之间；结构面上可见明显氧化铁淀积；色调主要为 10YR 或 7.5YR，润态明度 3~6，彩度 4~8；干态明度 7~8，彩度 3~6。

对比土系　杨梅岭系、八字桥系，同一亚类但不同土族，杨梅岭系和八字桥系的矿物类别为硅质混合型，不同于宝福里系的硅质型矿物类型。

利用性能综述　宝福里系土壤有机质、全氮较低，因长期施肥有效磷和速效钾较高。表层土壤有机质含量在 10~20 g/kg 之间，全氮在 0.50~1.00 g/kg 之间，全磷一般在 0.50~1.00 g/kg 之间；速效钾和有效磷分别在 50~150 mg/kg 和 10~60 mg/kg 之间。土壤保肥性能很低，CEC 在 5 cmol/kg 以下。所处地形部位多为溪河两侧河漫滩、古河床、天然堤，地下水位在 100~250 cm 之间，内外排水条件良好。因土壤质地轻，有机质和全氮及 CEC 较低，基础地力差，早期幼苗不发，后期又脱肥早衰。土壤通透性强，易耕，但插秧较为费力，汛期常会遭受洪涝威胁，产量低而不稳定，适宜水旱轮作或改种旱作种植蔬菜等经济作物。在改良利用上，应加固堤岸，减少洪害；根据常年汛期合理安排作物，以稻、薯与甘蔗等耐淹作物轮作，冬季可种植绿肥或萝卜；多施农家肥、土杂肥，或用河塘泥掺泥改砂治理土壤，增加土壤的保蓄性；合理施用氮、钾肥，应薄肥勤施。该土含砂量高，不宜直接用作道路路基、大坝；但部分含砂量高的土层可与其他建筑材料一起作为混凝土材料。在该土上修建建筑物，需要对地基进行加固。

宝福里系代表性单个土体剖面

代表性单个土体（编号：35-037）　于 2011 年 7 月 19 日采自福建省霞浦县城关镇宝福里村，26°52'29.9" N，119°57'20.0" E。母质为河流冲积物，地形为河谷平原，海拔 50 m，坡度<3°；土地利用方式为水旱轮作。

Ap1：0~22 cm，灰黄棕色（10YR4/2，润），淡黄橙色（10YR7/2，干），细土质地为壤质砂土，润，单粒状结构夹杂少量弱团粒状结构，疏松；中量细根；偶见 5 cm 大小的砾石块；酸性；向下层清晰平滑过渡。

Ap2：22~34 cm，棕色（10YR4/4，润），淡黄棕色（10YR7/2，干），细土质地为壤质砂土，润，中等发育的块状和粒状结构，稍坚实；少量细根；结构面上见 10%~15%的黄色氧化铁淀积物；酸性；向下层清晰平滑过渡。

Br：34~70 cm，亮红棕色（7.5YR5/8，润），淡橙色（7.5YR7/3，干），细土质地为砂土，润，弱发育的单粒状结构和小块状结构，稍坚实；结构面上见明显的红棕色氧化铁淀积物；见少量砾石；酸性；向下层清晰波状过渡。

C：70~120 cm，亮红棕色（7.5YR5/6，润），淡橙色（7.5YR7/3，干），细土质地为砂土，润，单粒状结构，较疏松；中性。

宝福里系代表性单个土体物理性质

土层	深度/cm	砾石（>2 mm，体积分数）/%	细土颗粒组成（粒径：mm）/（g/kg）			细土质地（美国制）	容重/（g/cm^3）
			砂粒 2~0.05	粉砂 0.05~0.002	黏粒 <0.002		
Ap1	0~22	8	790	127	83	壤质砂土	1.27
Ap2	22~34	8	802	124	74	壤质砂土	1.40
Br	34~70	9	867	79	54	砂土	1.39
C	70~120	8	872	80	48	砂土	—

宝福里系代表性单个土体化学性质

深度/cm	pH		CEC_7/（cmol（+）/kg）	ECEC/（cmol（+）/kg）	盐基饱和度/%	全铁（Fe_2O_3）/（g/kg）	游离铁/（g/kg）
	（H_2O）	（KCl）					
0~22	5.34	3.71	4.54	3.25	44.49	17.83	3.98
22~34	5.08	3.46	4.38	3.40	31.50	17.38	4.12
34~70	5.36	3.71	4.12	3.38	66.02	16.67	5.19
70~120	6.51	4.51	4.33	3.99	87.53	11.1	2.41

4.8.2　八字桥系（Baziqiao Series）

土族：砂质硅质混合型非酸性热性-普通简育水耕人为土
拟定者：章明奎，麻万诸

八字桥系典型景观

分布与环境条件　主要分布在福建省龙岩、三明、宁德、南平等市，一般位于溪流上游，海拔多在 250~850 m 之间，地形主要为山区狭谷溪滩（一级河漫滩），溪滩两边多为陡山，溪滩呈狭长状，宽度多数小于 100 m；溪流水急，存在较大的坡降。排灌较为方便，地下水位在 70~150 cm 之间，暴雨季节可能会受到淹没。起源于山溪性河流冲积物（低河漫滩沉积物），利用方式主要为水田。属亚热带湿润季风气候区，年均温在 16.5~18.0℃；极端最低气温−9.0~−4.5℃，极端最高气温 38.0~40.0℃，最热月出现在 7 月，平均温度 26~27℃；最冷月出现在 1 月，平均温度 8~9℃左右；≥10℃的积温 5500~6100℃，年均日照约 1650~1800 h；无霜期 270~300 d；年均降水量 1500~1900 mm，降水的季节分布不均，干湿季节十分明显，每年 3~9 月为湿季，占全年降水量的 81%左右；10 月至翌年 3 月为少雨旱季。年均蒸发量约 1250~1600 mm，干燥度小于 1。

土系特征与变幅　该土系诊断层包括水耕表层和水耕氧化还原层；诊断特性包括人为滞水土壤水分状况和热性土壤温度状况。土壤黏土矿物主要为水云母，其次为高岭石，含有少量绿泥石和蛭石。一般具有 Ap1-Ap2-Br-Cr，土体厚度在 80~125 cm 之间；土壤颜色以灰色至暗灰色为主。其剖面耕作层、犁底层及水耕氧化还原层均有明显的黄色锈纹或棕褐色铁锰淀斑，由上至下增加。土壤质地为砂质壤土，上下层之间土壤质地较为接近；黏粒含量在 50~200 g/kg 之间；砂粒含量在 450~850 g/kg 之间，砂粒平均含量在 550 g/kg 以上；砾石含量低于 25%。表土容重在 1.05 g/cm^3 左右，犁底层及其以下土壤容重在 1.30 g/cm^3 左右；土壤呈微酸性至酸性，pH 主要在 4.5~6.5 之间，向下增加。

Ap1 层厚度 10~25 cm，小块状结构，疏松，黏粒含量在 50~200 g/kg 之间；砂粒含量在 450~850 g/kg 之间，砾石含量低于 25%。pH 在 4.5~6.5 之间；色调主要为 2.5Y 或 5Y，润态明度 4~5，彩度 1~2；干态明度 7~8，彩度 2~3。Ap2 层厚度 8~15 cm，块状结构，较坚实，黏粒含量在 50~200 g/kg 之间；砂粒含量在 450~850 g/kg 之间，砾石含量低于 25%。pH 在 4.5~6.5 之间；结构面上有时可见少量锈纹；色调主要为 7.5Y 或 10Y，润态明度 4~5，彩度 1~3；干态明度 7~8，彩度 1~3。Br 层厚度 60~100 cm，块状结构，稍坚实或坚实，黏粒含量在50~200 g/kg之间；砂粒含量在450~850 g/kg之间，砾石含量低于25%。pH在4.5~6.5之间；结构面上有大量的锈纹；色调主要为7.5Y或10Y，润态明度5~6，彩度1~3；干态明度7~8，彩度1~3。

对比土系 杨梅岭系，同一土族，但母质类型、分布地形、土体厚度和土壤颜色等有明显的差异。杨梅岭系分布于低山丘陵，其成土母质为粗晶质花岗岩类风化物的坡残积物，土体厚度在40~80 cm之间，Br土壤色调主要为10YR~7.5YR，其砾石棱角明显。八字桥系分布于狭谷溪滩，母质类型为山溪性河流冲积物，土体厚度在80~125 cm之间，Br层土壤色调主要为7.5Y~10Y，其砾石有很好的磨圆度。

利用性能综述 八字桥系土壤有机质、全氮和有效磷、速效钾多为中等。表层土壤有机质含量在20~30 g/kg之间，全氮在1.00~2.00 g/kg之间，全磷一般在0.35~1.00 g/kg之间；全钾在10~20 g/kg之间；速效钾和有效磷分别在50~100 mg/kg和5~15 mg/kg之间。土壤保肥性能低下，CEC在5 cmol/kg左右。因地处河流附近，土壤质地较轻，排灌条件良好，洪水季节可能会受山洪淹没的影响。土壤地处狭谷，光照条件相对较差。该土质地轻，保肥保水性较差，易发生漏水漏肥。部分土壤磷钾缺乏。在改良上，应做好修缮水利设施和增施有机肥及土杂肥，重点进行土壤物理性状的改良。施肥上宜少量多次，根据作物生长需要，注意后期追肥的施用。

代表性单个土体（编号：35-091） 于2011年8月25日采自福建省三明市尤溪县八字桥乡建设村附近，26°7'19.0" N，117°52'47.5" E。母质为山溪性河流冲积物（低河漫滩沉积物），地形为狭谷溪滩（一级河漫滩），海拔673 m，坡度<5°，土地利用方式为水田。

Ap1：0~20 cm，灰色（5Y5/1，润），灰白色（5Y8/2，干），细土质地为砂质壤土，湿，弱发育的小块状结构，疏松；多量细根，根表多棕红色氧化铁淀积物；酸性；向下层清晰平滑过渡。

Ap2：20~33 cm，灰色（10Y5/1，润），灰白色（10Y8/1，干），细土质地为砂质壤土，潮，弱发育的块状结构，较坚实；结构面上见少量淡黄色氧化铁淀积物和根孔状铁锈纹；酸性；模糊平滑过渡。

Br1：33~60 cm，灰色（10Y6/1，润），灰白色（10Y7/1，干），细土质地为砂质壤土，潮，中等发育的块状结构，稍坚实；结构面上见少量淡棕红色氧化铁淀积物和根孔状锈纹，见小块砾石；微酸性；向下层清晰平滑过渡。

Br2：60~100 cm，灰色（10Y6/2，润），灰白色（10Y7/1，干），细土质地为砂质壤土，潮，中等发育的块状结构，稍紧实；结构面上见大量根孔状铁锈纹（占10%左右）和连片的黄棕色氧化铁淀积物；微酸性；向下层渐变波状过渡。

Cr：100~125 cm，砂砾层，灰色（10Y6/1，润），灰白色（10Y7/1，干），细土质地为砂土，湿，无明显的结构体，松散；见磨圆度很好、大小5~15 cm的砾石（占20%左右），砾

八字桥系代表性单个土体剖面

石表面包覆有淡棕红色氧化铁淀积物；微酸性。

八字桥系代表性单个土体物理性质

土层	深度/cm	砾石（>2 mm，体积分数）/%	细土颗粒组成（粒径：mm）/（g/kg）			细土质地（美国制）	容重/（g/cm^3）
			砂粒 2~0.05	粉砂 0.05~0.002	黏粒 <0.002		
Ap1	0~20	11	682	195	137	砂质壤土	1.04
Ap2	20~33	11	671	222	112	砂质壤土	1.32
Br1	33~60	19	641	236	125	砂质壤土	1.30
Br2	60~100	16	569	257	175	砂质壤土	1.31
Cr	100~125	21	770	154	76	砂土	—

八字桥系代表性单个土体化学性质

深度/cm	pH		CEC$_7$/（cmol（+）/kg）	ECEC/cmol（+）/kg）	盐基饱和度/%	全铁（Fe_2O_3）/（g/kg）	游离铁/（g/kg）
	（H_2O）	（KCl）					
0~20	5.18	3.68	5.63	5.12	50.98	32.85	10.15
20~33	5.31	3.75	4.21	3.89	67.22	24.14	2.85
33~60	5.80	3.52	4.89	4.43	68.85	20.29	4.16
60~100	5.70	3.40	6.45	6.02	72.56	23.28	3.66
100~125	5.79	3.53	2.94	2.44	57.48	23.55	3.61

4.8.3　盖洋系（Gaiyang Series）

土族：黏质高岭石混合型非酸性热性-普通简育水耕人为土

拟定者：章明奎，麻万诸

盖洋系典型景观

分布与环境条件　零星分布于福建省闽西三明、南平等市的丘陵地，海拔多在700 m以下，梯田。起源于玄武岩、橄榄玄武岩、辉长岩和橄榄辉玢岩等基性岩的风化物及其所发育的自成土上，利用方式为水田（水旱轮作）。地下潜水埋藏较深，土壤水分主要由降水和灌溉水补给。属亚热带气候，年均温在16.5~19.3℃；≥10℃的积温5400~6250℃，年均日照约1750~1880 h；无霜期235~295 d；年均降水量1550~1900 mm，年均蒸发量约1310~1580 mm，干燥度小于1。

土系特征与变幅　该土系诊断层包括水耕表层和水耕氧化还原层；诊断特性包括人为滞水土壤水分状况和热性土壤温度状况。土壤黏土矿物主要为高岭石，其次为水云母，含有少量绿泥石和蛭石。其剖面一般具有Ap1-Ap2-Br-C，土体厚度在80~125 cm之间；全剖面土壤颜色以暗红棕色为主，并有明显的"假砂"物质；除犁底层外，土体较为松散，以碎块状结构为主。因质地黏重，剖面中土壤物质淋溶相对较弱，水耕氧化还原层锈纹和锰斑相对较少。土壤质地以粉质黏土为主。表土容重在1.15 g/cm^{3}左右，犁底层及其以下土壤容重在1.35 g/cm^{3}左右；土壤呈中性，pH主要在6.5~7.5之间。

Ap1层厚度10~25 cm，小块状结构，疏松；pH在6.5~7.5之间；色调主要为7.5YR或5YR，润态明度2~3，彩度3~4；干态明度4~5，彩度3~4。Ap2层厚度8~15 cm，坚实，块状结构；pH在6.5~7.5之间；色调主要为7.5YR或5YR，润态明度3~4，彩度3~4；干态明度4~5，彩度3~4。Br层厚度40~80 cm，稍坚实，小块状结构；pH在6.5~7.5之间；结构面上可见少量氧化铁淀积。色调主要为7.5YR或5YR，润态明度4~5，彩度4~5；干态明度4~5，彩度5~6。

对比土系　兴田系、官后系、洪田系，同一亚类但不同土族，土壤颗粒大小级别、酸碱度有所差异。兴田系和官后系的土壤颗粒大小级别为黏壤质，呈酸性，不同于盖洋系的黏质土壤颗粒大小级别和非酸性的酸碱度。洪田系的土壤颗粒大小级别为黏壤质，不同于盖洋系的黏质土壤颗粒大小级别。

利用性能综述　盖洋系土壤有机质、全氮及有效磷和速效钾中等水平。表层土壤有机质含量在20~35 g/kg之间，全氮在1.00~2.00 g/kg之间，全磷一般在0.50~1.00 g/kg之间；全钾在10~20 g/kg之间；速效钾和有效磷分别在80~150 mg/kg和5~15 mg/kg之间。土壤保肥性能较低，CEC 在 10 cmol/kg 左右。外排水条件良好，但存在季节性缺水问题。土壤土质黏重，淹水条件下土壤易发僵，但其养分较为丰富。因此，在改良上，应加强水利建设，蓄水灌溉，改串灌为轮灌；合理用水，根据各季节的降水状况，调节作物布局，推行水旱轮作。增加有机肥料的投入，改善土壤物理性状；结合深耕，基肥深施，加快土壤熟化。

盖洋系代表性单个土体剖面

代表性单个土体（编号：35-087）　于 2011 年 8 月 24 日采自福建省三明市明溪县盖洋镇桂林村，26°25'10.2" N，117°7'6.8" E。母质为橄榄辉玢岩风化物的坡积物，地形为丘陵坡脚和下坡或中坡梯田，海拔 581 m，坡度 10° ~20° ；土地利用方式为水田。

Ap1：0~19 cm，深暗红棕色（5YR2/3，润），淡红棕色（5YR5/4，干），细土质地为粉质黏土，潮，弱发育的直径 0.5~1 cm 块状结构，疏松；水稻根系，细根，丰度 15~ 30 条/dm^2；中性；向下层清晰平滑过渡。

Ap2：19~30 cm，淡红棕色（5YR4/4，润），淡红棕色（5YR4/4，干），细土质地为粉质黏土，潮，中等发育的直径 2~5 cm 块状结构，坚实；中性；向下层模糊波状过渡。

Br：30~110 cm，淡红棕色（5YR4/4，润），红棕色（5YR4/6，干），细土质地为粉质黏土，潮，中等发育的块状结构，稍坚实；夹杂少量 5 cm 大小的橄榄辉玢岩岩块；结构面上散布少量锰斑和锈纹；中性。

盖洋系代表性单个土体物理性质

土层	深度 /cm	砾石（>2 mm，体积分数）/%	细土颗粒组成（粒径：mm）/（g/kg）			细土质地（美国制）	容重 /（g/cm^3）
			砂粒 2~0.05	粉砂 0.05~0.002	黏粒 <0.002		
Ap1	0~19	2	165	425	410	粉质黏土	1.17
Ap2	19~30	2	148	425	428	粉质黏土	1.38
Br	30~110	2	155	402	444	粉质黏土	1.34

盖洋系代表性单个土体化学性质

深度 /cm	pH		CEC_7 /（cmol（+）/kg）	ECEC /（cmol（+）/kg）	盐基饱和度/%	全铁（Fe_2O_3）/（g/kg）	游离铁 /（g/kg）
	（H_2O）	（KCl）					
0~19	6.68	4.95	10.44	7.87	91.99	169.50	107.66
19~30	6.68	4.90	9.71	7.04	67.35	156.41	80.93
30~110	6.58	4.87	10.29	7.66	68.22	169.38	80.95

4.8.4 官后系（Guanhou Series）

土族：黏壤质硅质混合型酸性热性-普通简育水耕人为土

拟定者：章明奎，麻万诸

官后系典型景观

分布与环境条件 分布于福建省闽西北山地丘陵坡麓平缓地带、山间垄口或丘陵与平原交接地带，在龙岩、三明、宁德和福州等市都有分布，海拔多在 350 m 以下；地下潜水多在 75~150 cm 之间。起源于洪积物和酸性岩的坡积物，经水耕熟化而成，利用方式为水田（水旱轮作）。属亚热带气候，温和湿润，年均温在 18.0~19.6℃；极端最低气温–6.0~–4.8℃，极端最高气温 39.0~41.4℃，最热月出现在 7 月，平均温度 28~29℃左右；最冷月出现在 1 月，平均温度 10℃左右；≥10℃的积温 5900~6500℃，年均日照约 1760~ 2080 h；无霜期 260~315 d；年均降水量 1480~1800 mm，降水的季节分布不均，干湿季节十分明显，每年 3~9 月为湿季，占全年降水量的 78%~84%；10 月至翌年 3 月为少雨旱季。年均蒸发量约 1300~1500 mm，干燥度小于 1。

土系特征与变幅 该土系诊断层包括水耕表层和水耕氧化还原层；诊断特性包括人为滞水土壤水分状况和热性土壤温度状况。土壤黏土矿物主要为高岭石和水云母，含有少量绿泥石和蛭石。其剖面一般具有 Ap1-Ap2-Br-C，无明显的铁聚层；土体厚度在 80~120 cm 之间；土壤颜色以棕色和灰色为主；犁底层以下有明显的黄色锈纹或棕褐色铁锰淀斑。土壤质地为壤土，黏粒由上至下增加，在 150~270 g/kg 之间；剖面上下差异较小，土体内黏粒平均含量在 200~350 g/kg 之间。剖面中平均砾石含量较低，基本上在 5%以下。表土容重在 1.20 g/cm^3 左右，犁底层及其以下土壤容重在 1.35 g/cm^3 左右；土壤呈酸性，pH 主要在 4.5~5.5 之间。

Ap1 层厚度 10~25 cm，团粒或小块状结构，疏松，黏粒含量在 150~270 g/kg 之间；pH 在 4.5~5.5 之间；色调主要为 7.5YR 或 10YR，润态明度 3~5，彩度 1~3；干态明度 5~7，彩度 1~3。Ap2 层厚度 5~12 cm，稍坚实，块状结构，黏粒含量在 150~270 g/kg 之间；pH 在 4.5~5.5 之间；结构面上锈纹锈斑；色调主要为 10YR 或 7.5YR，润态明度 3~5，彩度 2~4；干态明度 6~8，彩度 2~4。Br 层厚度 60~100 cm，稍坚实或坚实，棱柱状和大块状结构，黏粒含量在 150~270 g/kg 之间；pH 在 4.5~5.5 之间；结构面上可见明显氧化铁淀积；氧化铁游离度 40%~80%。色调主要为 5YR 或 7.5YR，润态明度 4~6，彩度 1~2；

干态明度 6~8，彩度 1~2。

对比土系　兴田系，同一土族，但土体厚度和 Br 层土壤颜色有较大的差异。兴田系土体厚度在 40~80 cm 之间，Br 层土壤色调主要为 2.5Y 或 10YR；官后系土体厚度在之间 80~120 cm，Br 层土壤色调主要为 5YR 或 7.5YR。官后系与岩后系（属黏壤质、硅质混合型、非酸性、热性普通铁聚水耕人为土土族）在分布上相邻，岩后系以分布在丘陵的中上坡为主，而官后系基本上在坡脚或谷底。

利用性能综述　官后系土壤有机质和全氮较高，因长期施肥，有效磷和速效钾也可达到较高水平。表层土壤有机质含量在 25~40 g/kg 之间，全氮在 1.00~2.50 g/kg 之间，全磷一般在 0.75~1.00 g/kg 之间；全钾在 10~20 g/kg 之间；速效钾和有效磷分别在 80~120 mg/kg 和 10~30 mg/kg 之间。土壤保肥性能较低，CEC 在 5~10 cmol/kg 之间。排灌条件良好，地下潜水多在 75~150 cm 之间。土壤砂黏适宜，耕性良好，水热条件较优，供肥性能良好，适种性广。今后应重视配方施肥工作，防止土壤地力退化，主要以增加各种有机肥料为主，推行稻草还田，配合施用氮、磷、钾肥，保持地力。

代表性单个土体（编号：35-058）　于 2011 年 7 月 23 日采自福建省松溪县花桥乡官后村，27°36'24.3" N，118°43'34.3" E。母质为洪积物和凝灰岩坡积物的混合物，地形为低丘坡脚凹地梯田，海拔 280 m，坡度为 15°~25°；土地利用方式为水田（水旱轮作）；80 cm 左右出现地下水。

官后系代表性单个土体剖面

Ap1：0~12 cm，耕作层，棕色（7.5YR4/3，润），亮棕灰色（7.5YR7/2，干），细土质地为壤土，润，中等发育的小块状和团粒状结构，疏松；多量细根；酸性；向下层清晰平滑过渡。

Ap2：12~22 cm，棕色（7.5YR4/4，润），灰白色（7.5YR8/2，干），细土质地为壤土，润，中等发育的块状结构，稍坚实；酸性；向下层清晰平滑过渡。

Br1：22~37 cm，灰棕色（7.5YR5/2，润），灰白色（7.5YR8/2，干），细土质地为壤土，润，中等发育的棱柱状结构，坚实；结构面上见 5%~10%的根孔状锈纹，近 Ap 的结构面上见连片的氧化铁（棕红色）淀积物；酸性；向下层清晰平滑过渡。

Br2：37~58 cm，灰棕色（5YR5/2，润），灰白色（5YR8/1，干），细土质地为壤土，润，中等发育的块状结构，稍坚实；结构面上见少量根孔状锈纹和中量（占 20%）氧化铁淀积物；酸性；向下层模糊波状过渡。

Br3：58~90 cm，灰棕色（5YR5/2，润），灰白（5YR8/2，干），细土质地为壤土，潮，中等发育的中块状结构，稍坚实；结构面上见大量红棕色氧化铁淀积物和细根孔状铁锈纹（占 30%）；酸性。

官后系代表性单个土体物理性质

土层	深度/cm	砾石（>2 mm，体积分数）/%	细土颗粒组成（粒径：mm）/（g/kg）			细土质地（美国制）	容重/（g/cm^3）
			砂粒 2~0.05	粉砂 0.05~0.002	黏粒 <0.002		
Ap1	0~12	5	370	393	237	壤土	1.16
Ap2	12~22	5	455	322	223	壤土	1.32
Br1	22~37	4	380	388	232	壤土	1.39
Br2	37~58	3	442	351	207	壤土	1.34
Br3	58~90	8	469	326	205	壤土	1.41

官后系代表性单个土体化学性质

深度/cm	pH		CEC_7/（cmol（+）/kg）	ECEC/（cmol（+）/kg）	盐基饱和度/%	全铁（Fe_2O_3）/（g/kg）	游离铁/（g/kg）
	（H_2O）	（KCl）					
0~12	5.02	4.13	7.23	5.59	66.25	23.45	13.53
12~22	4.92	3.86	6.87	5.06	60.84	23.10	14.65
22~37	4.87	3.70	6.54	5.22	49.85	22.02	13.25
37~58	4.97	3.66	6.98	5.18	35.82	22.01	14.71
58~90	4.98	3.59	6.88	5.13	27.62	21.21	13.66

4.8.5　洪田系（Hongtian Series）

土族：黏壤质硅质混合型非酸性热性–普通简育水耕人为土
拟定者：章明奎，麻万诸

洪田系典型景观

分布与环境条件　分布于福建省闽西北低山丘陵，龙岩、三明、宁德和福州等市都有分布，海拔多在 50~750 m 之间，梯田。起源于酸性岩风化物及其所发育的自成土上，利用方式为水田（水旱轮作）；地下潜水埋藏较深，土壤水分主要由降水和灌溉水补给。属亚热带气候，年均温在 15.5~19.0 ℃；≥ 10 ℃的积温 4600~6000 ℃，年均日照约 1730~1900 h；无霜期 238~265 d；年均降水量 1550~1950 mm，年均蒸发量约 1200~1550 mm，干燥度小于 1。

土系特征与变幅　该土系诊断层包括水耕表层和水耕氧化还原层；诊断特性包括人为滞水土壤水分状况和热性土壤温度状况。土壤黏土矿物主要为水云母和高岭石，含有少量绿泥石和蛭石。其剖面一般具有 Ap1-Ap2-Br-C，无明显的铁聚层形成；土体厚度在 40~80 cm 之间，土壤颜色以淡黄棕色和暗灰黄色为主；犁底层以下有明显的黄色锈纹或棕褐色铁锰淀斑；土壤质地以砂质黏壤土或壤土为主，黏粒含量在上下土层中差异不大。表土容重在 1.20 g/cm^3 左右，犁底层及其以下土壤容重在 1.30~1.45 g/cm^3 之间；土壤呈中性至微酸性，pH 主要在 5.5~7.5 之间。

Ap1 层厚度 10~25 cm，团粒或小块状结构，疏松；pH 在 5.5~7.5 之间；色调主要为 2.5Y 或 10YR，润态明度 3~5，彩度 2~3；干态明度 5~7，彩度 2~3。Ap2 层厚度 8~15 cm，稍坚实，块状结构；pH 在 5.5~7.5 之间；色调主要为 2.5Y 或 10YR，润态明度 3~5，彩度 2~3；干态明度 5~7，彩度 2~3。Br 层厚度 20~60 cm，坚实，块状结构；pH 在 5.5~7.5 之间；结构面上可见明显氧化铁淀积。色调主要为 10YR，润态明度 4~6，彩度 6~8；干态明度 6~8，彩度 4~6。

对比土系　兴田系、官后系，同一亚类但不同土族，兴田系和官后系呈酸性，不同于洪田系的非酸性土壤酸碱度。

利用性能综述　洪田系土壤有机质、全氮及有效磷和速效钾中等水平。表层土壤有机质含量在 15~35 g/kg 之间，全氮在 1.00~2.00 g/kg 之间，全磷一般在 0.75~1.50 g/kg 之间；全钾在 10~20 g/kg 之间；速效钾和有效磷分别在 50~120 mg/kg 和 5~15 mg/kg 之间。土壤保肥性能较低，CEC 在 5~10 cmol/kg 之间。该土土质黏重，生产条件较差，耕作技术落后，矿质营养元素较为缺乏，相当部分常年串灌或缺水干旱，影响土壤肥力的正常发挥。因此，在利用改良上，应重视生产条件的改善，首先是加强水利建设，完善灌溉排水系统，逐步改串灌为轮灌，改冬浸为冬种绿肥；其次是普及先进技术，推广合理的配套栽培技术；在继续推广稻草还田的基础上，推行配方施肥，尤其是重视磷肥和钾肥的施用，配施微量元素肥料。适当深耕，逐渐加深耕作层，扩大养分库容量。

代表性单个土体（编号：35-084）　于 2011 年 8 月 23 日采自福建省三明市永安市洪田镇水西村，25°49'1.6" N，117°11'11.8" E。母质为酸性岩风化物坡积物，地形为丘陵坡地上修建的梯田，海拔 234 m，坡度<20°；土地利用方式为水田（水旱轮作）。

Ap1：0~10 cm，淡黄棕色（10YR4/3，润），淡黄棕色（10YR6/3，干），细土质地为壤土，润，弱发育的小块状和团粒状结构，稍疏松；中量细根；微酸性；向下层清晰平滑过渡。

Ap2：10~20 cm，淡黄棕色（10YR4/3，润），浅黄橙色（10YR7/3，干），细土质地为粉质黏壤土，润，中等发育的块状结构，稍坚实；少量细根；见少量大小为 1~2 cm 的砖块瓦片碎片；微酸性；向下层清晰平滑过渡。

Br：20~60 cm，亮黄棕色（10YR6/8，润），浅黄橙色（10YR8/4，干），细土质地为壤土，润，中等发育的块状结构，非常坚实；与 Ap 层的交接处见少量直径在 2~5 cm 之间的碎石块；结构面上见少量氧化锰淀积物；中性；向下层清晰平滑过渡。

C：60~90 cm，为碎石块与细土的混合层，石块比例占 40%左右，细土比例占 60%，细土呈单粒状，润态颜色为亮黄棕色 10YR6/8，干态颜色为浅黄橙色 10YR8/4。

洪田系代表性单个土体剖面

洪田系代表性单个土体物理性质

土层	深度 /cm	砾石（>2 mm，体积分数）/%	细土颗粒组成（粒径：mm）/（g/kg）			细土质地（美国制）	容重 /（g/cm³）
			砂粒 2~0.05	粉砂 0.05~0.002	黏粒 <0.002		
Ap1	0~10	7	472	299	230	壤土	1.18
Ap2	10~20	10	556	225	220	砂质黏壤土	1.37
Br	20~60	7	415	347	240	壤土	1.43

洪田系代表性单个土体化学性质

深度 /cm	pH		CEC_7 /（cmol（+）/kg）	ECEC /（cmol（+）/kg）	盐基饱和度/%	全铁（Fe_2O_3）/（g/kg）	游离铁 /（g/kg）
	（H_2O）	（KCl）					
0~10	6.14	4.58	7.35	5.38	62.99	49.07	29.27
10~20	5.51	3.89	6.81	4.88	45.23	41.57	34.28
20~60	7.45	5.74	8.13	6.73	79.70	52.85	29.17

4.8.6 江坊系（Jiangfang Series）

土族：砂质云母混合型非酸性热性-普通简育水耕人为土

拟定者：章明奎，麻万诸

江坊系典型景观

分布与环境条件 主要分布于福建省龙岩市的上杭、连城、长汀、武平、漳平及三明市的宁化、沙县等紫色盆谷地和丘陵缓坡地，海拔多在 400 m 以下，坡度在 25°以下。起源于白垩纪的赤石群、沙县组、石帽山群等紫色岩类的残坡积物及其再积物。利用方式为水田，地下水位在 100~150 cm 之间。属亚热带湿润季风气候区，年均温在 17.5~19.8℃；极端最低气温–8.2~–4.8℃，极端最高气温 38.4~41.4℃，最热月出现在 7 月，平均温度 28~30℃左右；最冷月出现在 1 月，平均温度 8~9℃左右；≥10℃的积温 5500~6500℃，年均日照约 1750~2050 h；无霜期 250~315 d；年均降水量 1480~1850 mm，降水的季节分布不均，干湿季节十分明显，每年 3~9 月为湿季，占全年降水量的 78%~84%；10 月至翌年 3 月为少雨旱季，存在夏旱和秋旱。年均蒸发量约 1350~1650 mm，干燥度小于 1。

土系特征与变幅 该土系诊断层包括水耕表层和水耕氧化还原层；诊断特性包括人为滞水土壤水分状况和热性土壤温度状况。土壤黏土矿物主要为水云母，含有少量高岭石、蒙脱石和蛭石。其剖面一般具有 Ap1-Ap2-Br-C，土体厚度在 40~80 cm 之间；土壤颜色以暗红棕色或灰棕色为主；犁底层以下有明显的黄色锈纹或棕褐色铁锰淀斑。土壤质地一般为砂质壤土，黏粒含量在 50~200 g/kg 之间，由上至下下降；砂粒含量在 450~850 g/kg 之间，砂粒平均含量在 550 g/kg 以上；剖面中平均砾石含量低于 25%。表土容重在 1.20 g/cm^3 左右，犁底层及其以下土壤容重在 1.30~1.40 g/cm^3 之间；土壤呈酸性至微酸性，pH 主要在 4.5~6.5 之间，由上至下增大。

Ap1 层厚度 10~25 cm，团粒状和小块状结构，疏松，黏粒含量在 50~200 g/kg 之间，砂粒含量在 450~850 g/kg 之间，砾石含量低于 25%；pH 在 4.5~6.5 之间；色调主要为 2.5YR 或 5YR，润态明度 3~5，彩度 1~3；干态明度 5~7，彩度 1~3。Ap2 层厚度 5~15 cm，块状结构，坚实，黏粒含量在 50~200 g/kg 之间，砂粒含量在 450~850 g/kg 之间，砾石含量低于 25%；pH 在 4.5~6.5 之间；色调主要为 2.5YR 或 5YR，润态明度 3~5，彩度 2~4；干态明度 5~7，彩度 2~4。Br 层厚度 20~60 cm，块状结构，黏粒含量在 50~200 g/kg 之间，砂粒含量在 450~850 g/kg 之间，砾石含量低于 25%；pH 在 4.5~6.5 之间；结构面上可见明显氧化铁淀积；色调主要为 2.5YR，润态明度 3~5，彩度 5~8；干态明度 5~7，彩度 3~6。

对比土系　水茜系，同为紫色岩类的残坡积物及其再积物发育而成，它们的颗粒大小级别均为砂质，酸碱度均为非酸性。但水茜系土壤中有明显的铁聚层，而江坊系在剖面中游离氧化铁的分化不明显。水茜系土壤（包括干、润土）的色调主要为 10R；而江坊系土壤（包括干、润土）的色调主要为 2.5YR。

利用性能综述　江坊系土壤养分中等，属于中低产田。表层土壤有机质含量在 15~30 g/kg 之间，全氮在 0.75~1.50 g/kg 之间，全磷一般在 0.50~1.50 g/kg 之间；全钾在 10~25 g/kg 之间；速效钾和有效磷分别在 50~100 mg/kg 和 5~15 mg/kg 之间。土壤保肥性能较低，CEC 在 5 cmol/kg 左右。主要靠山塘水库灌溉，适宜水旱轮作；应做好培肥地力工作；推行稻草还田和扩种冬季绿肥，培肥土壤，活化耕作层，加速土壤熟化。

代表性单个土体（编号：35-080）　于 2011 年 8 月 23 日采自福建省龙岩市连城县莲峰镇江坊村，25°36'19.8" N，116°45'45.1" E。母质为紫红色钙质砂页岩残坡积物，地形为低丘坡麓处的梯田，周围为紫砂岩丘陵，海拔 347 m，坡度 2°~10°；土地利用方式为水田（水旱轮作）；地下水位在 1 m 左右。

Ap1：0~15 cm，暗红棕色（2.5YR3/3，润），亮红灰色（2.5YR7/2，干），细土质地为砂质壤土，润，弱发育的团粒状和小块状结构，疏松；多量细根；偶见直径在 2~5 cm 的砾石；酸性；向下层清晰平滑状过渡。

Ap2：15~25 cm，暗红棕色（2.5YR3/3，润），淡红橙色（2.5YR7/4，干），细土质地为砂质壤土，潮，中等发育的块状结构，坚实；偶见砖块瓦片碎屑；少量细根；酸性；清晰平滑过渡。

Br：25~60 cm，亮红棕色（2.5YR5/8，润），淡红橙色（2.5YR7/4，干）；细土质地为砂质壤土，潮，中等发育的块状结构，稍疏松；结构面上有 5%~15%的黄色（10YR5/8）氧化物淀积物和少量氧化锰斑淀积物；微酸性；向下层清晰波状过渡。

C：60~100 cm，由红色硬块状物质与灰白色松软状物质穿插组成；红色部分呈暗红色（10R3/6，润）、红橙色（10R6/6，干），占土体的 80%以上，系紫红色砂砾岩半风化物；灰白色部分（可能是长期受地下侧渗水漂洗离铁的结果）较软，呈灰白色（2.5Y8/2，润）、灰白色（2.5Y8/1，干）。细土质地为砂质壤土，湿，粒状结构；酸性。

江坊系代表性单个土体剖面

江坊系代表性单个土体物理性质

土层	深度/cm	砾石（>2 mm，体积分数）/%	细土颗粒组成（粒径：mm）/（g/kg）			细土质地（美国制）	容重/（g/cm^3）
			砂粒 2~0.05	粉砂 0.05~0.002	黏粒 <0.002		
Ap1	0~15	10	610	230	160	砂质壤土	1.17
Ap2	15~25	12	630	300	70	砂质壤土	1.32
Br	25~60	2	535	345	120	砂质壤土	1.34
C	60~100	15	550	320	130	砂质壤土	—

江坊系代表性单个土体化学性质

深度/cm	pH		CEC_7/（cmol（+）/kg）	ECEC/（cmol（+）/kg）	盐基饱和度/%	全铁（Fe_2O_3）/（g/kg）	游离铁/（g/kg）
	（H_2O）	（KCl）					
0~15	5.44	4.06	6.32	5.67	66.61	28.22	17.25
15~25	5.33	3.78	3.54	3.09	20.05	28.23	21.82
25~60	5.76	4.04	4.28	3.87	46.73	32.24	21.22
60~100	5.47	3.74	6.54	6.04	20.49	38.23	30.03

4.8.7　隆教系（Longjiao Series）

土族：黏壤质硅质混合型非酸性高热-普通简育水耕人为土
拟定者：章明奎，麻万诸

隆教系典型景观

分布与环境条件　主要分布在福建省漳州市的龙海港尾至漳浦佛昙一带，所处地形为低丘、台地的坑垄梯田，海拔多在 300 m 以下，坡度在 5°~25°之间，地下水位较深。起源于玄武岩风化的残坡积物，利用方式主要为水田（水旱轮作）。属亚热带湿润季风气候区，年均温在 20.4~21.3℃；最热月出现在 7 月，平均温度 28~29℃左右；最冷月出现在 1 月，平均温度 10~12℃左右；≥10℃的积温 7200~7400℃，≥20℃的积温 4600~5100℃；年均日照约 2000~2200 h；无霜期 340~360 d；年均降水量 1100~1300 mm，降水的季节分布不均，干湿季节十分明显，每年 4~9 月为湿季，6~8 月降水占全年降水量的 63%~74%；10 月至翌年 3 月为少雨旱季。年均蒸发量约 1700~1900 mm，干燥度高于 1。

土系特征与变幅　该土系诊断层包括水耕表层和水耕氧化还原层；诊断特性包括人为滞水土壤水分状况和高热土壤温度状况。土壤黏土矿物主要为水云母和蒙脱石，其次为高岭石，含有少量蛭石。其剖面一般具有 Ap1-Ap2-Br-C，土体厚度在 40~80 cm 之间；土壤颜色以暗红棕色至黑灰色为主，犁底层以下土层中有明显的黄色锈纹或棕褐色铁锰淀斑。土壤质地多为粉砂壤土，黏粒含量在 150~350 g/kg 之间；由上至下下降；全剖面黏粒平均含量 200~350 g/kg 之间；砾石含量低于 25%。表土容重在 1.25 g/cm^3 左右，犁底层及其以下土壤容重在 1.40 g/cm^3 左右；土壤呈中性至微碱性，pH 主要在 6.5~8.5 之间。

Ap1 层厚度 10~25 cm，小块状和核块结构，稍疏松，黏粒含量在 150~350 g/kg 之间；砾石含量低于 25%；pH 在 6.5~8.5 之间；色调主要为 5YR~10YR，润态明度 2~3，彩度 1~2；干态明度 2~3，彩度 2~3。Ap2 层厚度 8~15 cm，块状结构，坚实，黏粒含量在 150~350 g/kg 之间；砾石含量低于 25%；pH 在 6.5~8.5 之间；结构面上有时可见少量锈纹；色调主要为 2.5YR~7.5YR，润态明度 3~4，彩度 1~2；干态明度 2~3，彩度 2~3。Br 层厚度 20~60 cm，块状结构，稍坚实或坚实，黏粒含量在 150~350 g/kg 之间；砾石含量低于 25%；pH 在 6.5~8.5 之间；结构面上有明显的锈纹，但数量较少；色调主要为 2.5YR~7.5YR，润态明度 3~5，彩度 1~2；干态明度 2~3，彩度 2~3。

对比土系　下园系、尾山系，同一土族，但成土母质、土体构型、土壤颜色等有明显的差异。尾山系形成于近代洪冲积物，分布于山溪性河谷平原，土体深厚在 40~80 cm 之间，剖面中不见漂白层，土壤色调主要为 7.5YR 或 10YR，pH 主要在 5.5~6.5 之间，游离氧化铁在 35 g/kg 以下。下园系形成于洪冲积物，分布于丘间谷地或山垄谷口，土体厚度在 80~125 cm 之间，剖面中 80 cm 以下可见漂白层，土壤色调主要为 2.5Y 和 5Y，pH 主要在 6.5~7.5 之间，游离氧化铁在 35 g/kg 以下。隆教系形成于玄武岩风化物，分布于低丘和台地，土体厚度在 40~80 cm 之间，剖面中不见漂白层，土壤色调主要为 2.5YR 和 5YR，pH 主要在 6.5~8.5 之间，游离氧化铁在 35 g/kg 以上。

利用性能综述　隆教系土壤有机质和全氮积累较少，有效磷和速效钾较低。表层土壤有机质含量在 15~25 g/kg 之间，全氮在 1.00~1.50 g/kg 之间，全磷一般在 0.50~1.00 g/kg 之间；全钾在 10~20 g/kg 之间；土壤速效钾和有效磷分别在 50~80 mg/kg 和 3~8 mg/kg 之间。土壤保肥性能中等，CEC 在 15~20 cmol/kg 之间。因地处低丘陵或台地，土壤排水条件良好，但水源不足。土壤土层较深厚，土质偏黏，渗透性和耕性均较差，保肥性能良好但养分释放较慢；土壤地下水埋藏深，灌溉条件较差，加上粗放经营，产量不高。在利用改良上，应改善灌溉条件，重视稻草还田和冬种绿肥及增施各类有机肥料，结合深耕，逐步改善耕层物理性状，培肥地力。在水源不能保障的地段，应改种旱作。

代表性单个土体（编号：35-111）　于 2011 年 9 月 18 日采自福建省龙海市隆教畲族乡兴古村，24°16'29.2" N，118°6'36.2" E。母质为玄武岩坡积物，海拔 10 m，地形为丘陵坡麓地带，梯田，坡度 5°~10°；土地利用方式为水田（水旱轮作）。

隆教系代表性单个土体剖面

Ap1：0~20 cm，暗红棕色（5YR3/2，润），深暗红棕色（5YR2/3，干），细土质地为粉砂壤土，稍干，弱发育的块状和核块结构，稍疏松；中量细根；结构面上见少量根孔状锈纹；中性；向下层清晰平滑过渡。

Ap2：20~30 cm，暗红灰色（2.5YR3/1，润），暗红棕色（2.5YR3/2，干），细土质地为粉砂质黏壤土，润，中等发育的直径 2~5 cm 块状结构，坚实；结构面上有 1%左右锈纹；水稻根系，细根，丰度 10~20 条/dm^2；微碱性；向下层渐变平滑过渡。

Br：30~60 cm，暗红棕色（2.5YR3/2，润），深暗红棕色（2.5YR2/3，干），细土质地为粉砂壤土，润，中等发育的块状结构，稍坚实；结构面上见明显的黏粒胶膜和少量锈纹；微碱性；向下层渐变波状过渡。

C：60~100 cm，暗红棕色（5YR3/2，润），棕黑色（5YR2/2，干），细土质地为粉砂壤土，潮，单粒状结构，坚实；土壤表面见少量胶膜；微碱性。

隆教系代表性单个土体物理性质

土层	深度/cm	砾石（>2 mm，体积分数）/%	细土颗粒组成（粒径：mm）/（g/kg）			细土质地（美国制）	容重/（g/cm³）
			砂粒 2~0.05	粉砂 0.05~0.002	黏粒 <0.002		
Ap1	0~20	5	220	520	261	粉砂壤土	1.24
Ap2	20~30	3	170	556	276	粉砂质黏壤土	1.43
Br	30~60	2	205	610	186	粉砂壤土	1.40
C	60~100	3	241	555	206	粉砂壤土	—

隆教系代表性单个土体化学性质

深度/cm	pH		CEC_7/（cmol（+）/kg）	盐基饱和度/%	全铁（Fe_2O_3）/（g/kg）	游离铁/（g/kg）
	（H_2O）	（KCl）				
0~20	7.14	5.93	15.32	89.82	127.14	62.63
20~30	7.67	6.16	17.18	86.09	139.47	69.39
30~60	8.03	6.10	11.10	100	134.66	74.74
60~100	8.05	3.88	12.29	100	147.40	78.27

4.8.8 麻岭坑系（Malinkeng Series）

土族：壤质硅质混合型酸性热性-普通简育水耕人为土
拟定者：章明奎，麻万诸

麻岭坑系典型景观

分布与环境条件 主要分布在闽西、闽北等县市中低山梯田，海拔500~1100 m之间，坡度多在15°~35°之间。起源于黑云母花岗岩、花岗斑岩、片麻岩等风化物的坡积物，并经人为长期水耕熟化而成，利用方式主要为水田，主要靠山泉自流灌溉，地下潜水位在50~125 cm之间。属亚热带湿润海洋性季风气候区，年均温在14.5~17.5℃之间；≥10℃的积温4300~5500℃，年均日照约1600~1850 h；无霜期230~276 d；年均降水量1800~2000 mm左右，年相对湿度>82%，年均蒸发量约900~ 1300 mm，干燥度小于1。

土系特征与变幅 该土系诊断层包括水耕表层和水耕氧化还原层；诊断特性包括人为滞水土壤水分状况和热性土壤温度状况。土壤黏土矿物主要由高岭石和水云母组成，含有少量绿泥石和蛭石。其剖面一般具有Ap1-Ap2-Br-C，无明显的铁聚层；该土土体厚度在40~100 cm之间。土壤颜色以灰黄色、黄棕色为主。土壤质地为壤土或砂质壤土，剖面上下质地变化较小；表土容重在1.20 g/cm^{3}左右，犁底层及其以下土壤容重在1.30~1.45 g/cm^{3}之间；土壤呈酸性，pH主要在4.5~5.5之间。

Ap1层厚度10~20 cm，稍疏松；pH在4.5~5.5之间；干态色调为2.5Y或10YR，明度5~7，彩度2~4；润态色调主要为2.5Y或10YR，明度3~5，彩度2~3。Ap2层厚度5~12 cm，坚实或稍坚实；pH在4.5~5.5之间；结构面上有明显的锈纹锈斑；色调主要为2.5Y、10YR，润态明度3~6，彩度1~3；干态明度4~7，彩度1~3。Br层厚度20~50 cm，稍坚实；棱柱状结构或块状结构，pH在4.5~5.5之间；结构面上可见明显氧化铁淀积；色调主要为5Y或2.5Y，润态明度3~6，彩度1~3；干态明度5~7，彩度1~3。

对比土系 杨梅岭系、八字桥系和溪潭系，同一亚类但不同土族，但杨梅岭系和八字桥系的土壤颗粒大小级别为砂质，不同于麻岭坑系的壤质土壤颗粒大小级别；溪潭系的酸碱度为非酸性，不同于麻岭坑系的酸性。

利用性能综述 麻岭坑系土壤有机质、全氮较高，有效磷和速效钾较高。表层土壤有机质含量在20~50 g/kg之间，全氮在1.00~2.50 g/kg之间，全磷一般在0.25~0.85 g/kg之间；

全钾在 10~20 g/kg 之间；速效钾和有效磷分别在 30~80 mg/kg 和 3~8 mg/kg 之间。土壤保肥性能较低，CEC 主要在 5 cmol/kg 左右。所处地形部位为中低山缓坡梯田，外排水条件良好，耕性良好，适宜水旱轮作。但该类土壤梯田田块较小，农业操作较为困难。在改良上，应提高现有施肥量，多施有机肥和磷钾肥，深耕结合基肥深施，改冬闲为种植绿肥，推行稻草还田，以提高土壤肥力库容，平衡土壤养分。

代表性单个土体（编号：35-043）　于 2011 年 7 月 20 日采自福建省周宁县浦源镇麻岭坑村，27°8'8.8"N，119°16'6.6"E。母质为花岗岩残坡积物，海拔 1025 m，坡度 10°~20°，地形为中山中坡梯田，土地利用方式为水田。

麻岭坑系代表性单个土体剖面

Ap1：0~14 cm，暗灰黄色（2.5Y4/2，润），灰黄色（2.5Y7/2，干），细土质地为壤土，润，弱发育的团粒状和小块状结构，疏松；多量细根；结构面上见少量根孔状锈斑；酸性；向下层清晰平滑过渡。

Ap2：14~22 cm，灰黄棕色（10YR4/2，润），灰白色（10YR7/1，干），细土质地为壤土，润，中等发育的块状结构，坚实；少量细根；结构面上见大量氧化铁斑淀积，见少量直径为 5~10 mm 的砾石；酸性；清晰平滑过渡。

Br：22~50 cm，灰色（5Y4/1，润），灰白色（5Y7/1，干），细土质地为壤土，润，中等发育的棱柱状结构或大块状结构，坚实；少量细根；结构面上见大量红色氧化铁淀积物；酸性；向下层清晰波状过渡。

C：50~90 cm，亮黄棕色（2.5Y7/6，润），浅黄色（2.5Y8/4，干），细土质地为黏土，润，单粒状结构，稍坚实，夹杂直径在 10~30 cm 之间的半风化花岗岩碎屑物；微酸性。

麻岭坑系代表性单个土体物理性质

土层	深度/cm	砾石（>2 mm，体积分数）/%	细土颗粒组成（粒径：mm）/（g/kg）			细土质地（美国制）	容重/（g/cm³）
			砂粒 2~0.05	粉砂 0.05~0.002	黏粒 <0.002		
Ap1	0~14	3	499	342	159	壤土	1.16
Ap2	14~22	4	465	356	179	壤土	1.35
Br	22~50	6	525	321	154	砂质壤土	1.39
C	50~90	5	320	351	329	黏壤	—

麻岭坑系代表性单个土体化学性质

深度/cm	pH		CEC_7/（cmol（+）/kg）	ECEC/（cmol（+）/kg）	盐基饱和度/%	全铁（Fe_2O_3）/（g/kg）	游离铁/（g/kg）
	（H_2O）	（KCl）					
0~14	4.61	3.79	5.87	4.12	48.4	15.5	6.61
14~22	4.71	3.82	5.93	4.33	51.8	14.25	5.40
22~50	5.22	3.84	5.32	4.08	47.7	15.44	7.38
50~90	5.47	3.92	12.65	8.57	82.0	31.98	20.7

4.8.9　尾山系（Weishan Series）

土族：黏壤质硅质混合型非酸性高热-普通简育水耕人为土
拟定者：章明奎，麻万诸

尾山系典型景观

分布与环境条件　主要分布在福建省莆田、晋江等市，地形多为山溪性河谷平原的溪河两侧近山地段或小盆地内河谷平原的边缘地带，四周被低丘和山地环绕。海拔多在500 m以下，坡度在0°~10°之间，地下水位在75~200 cm之间，有较长的种稻历史。起源于近代洪冲积物（以洪积为主），利用方式主要为水田（水旱轮作）。属亚热带湿润季风气候区，年均温在20.3~21.0℃；极端最低气温-4.0~-1.0℃，极端最高气温38.4~40.2℃，最热月出现在7月，平均温度29~30℃左右；最冷月出现在1月，平均温度9~10℃左右；≥10℃的积温6600~7500℃，年均日照约1950~2200 h；无霜期310~350 d；年均降水量1500~1850 mm，降水的季节分布不均，干湿季节十分明显，每年3~9月为湿季，占全年降水量的84%~88%；10月至翌年3月为少雨旱季。年均蒸发量约1450~1700 mm，干燥度小于1。

土系特征与变幅　该土系诊断层包括水耕表层和水耕氧化还原层；诊断特性包括人为滞水土壤水分状况和高热土壤温度状况。土壤黏土矿物主要为水云母，其次为高岭石，含有少量绿泥石和蛭石。其剖面一般具有Ap1-Ap2-Br-C，无明显的铁聚层；该土土体厚度在40~80 cm之间；因物质来源主要为附近的丘陵，土壤颜色偏红，由红棕色至灰黄棕色组成，犁底层以下土层中有明显的黄色锈纹或棕褐色铁锰淀斑。因系多次堆积形成，土体上下颗粒组成有较大的波动，包括砂土、粉砂质壤土、壤土、粉砂质黏壤土，上下层黏粒呈波状分布，无明显的变化趋势，黏粒含量在0~350 g/kg之间，全剖面平均在200~350 g/kg之间；砾石含量低于25%。土壤呈微酸性至酸性，pH主要在4.5~6.5之间，由上至下增加。母质层仍保留明显的沉积层理。

Ap1层厚度10~25 cm，小块状结构，疏松，黏粒含量在0~350 g/kg之间；砾石含量低于25%；pH在4.5~6.5之间；色调主要为10YR或7.5YR，润态明度5~6，彩度1~3；干态明度7~8，彩度1~3。Ap2层厚度8~20 cm，块状结构，稍坚实，黏粒含量在0~350 g/kg之间；砾石含量低于25%；pH在4.5~6.5之间；结构面上有时可见少量锈纹；色调主要为7.5YR或5YR，润态明度5~6，彩度5~6；干态明度7~8，彩度3~4。Br层厚度20~60 cm，小块状结构，稍松至稍坚实，黏粒含量在0~350 g/kg之间；砾石含量低于 25%；pH 在 4.5~6.5 之间；结构面上有大量的锈纹；色调主要为 7.5YR 或 10YR，润态明度 5~6，彩度 6~7；干态明度 6~7，彩度 5~6。

对比土系　下园系、隆教系，同一土族，但成土母质、土体构型、土壤颜色等有明显的差异。下园系形成于洪冲积物，分布于丘间谷地或山垄谷口，土体厚度在 80~125 cm 之间，剖面中 80 cm 以下可见漂白层，土壤色调主要为 2.5Y 和 5Y，pH 主要在 6.5~7.5 之间，游离氧化铁在 35 g/kg 以下。隆教系形成于玄武岩风化物，分布于低丘和台地，土体厚度在 40~80 cm 之间，剖面中不见漂白层，土壤色调主要为 2.5YR 和 5YR，pH 主要在 6.5~8.5 之间，游离氧化铁在 35 g/kg 以上。尾山系形成于近代洪冲积物，分布于山溪性河谷平原，土体深厚在 40~80 cm 之间，剖面中不见漂白层，土壤色调主要为 7.5YR 或 10YR，pH 主要在 5.5~6.5 之间，游离氧化铁在 35 g/kg 以下。

利用性能综述　尾山系土壤有机质、全氮、有效磷和速效钾多处于较低水平。表层土壤有机质含量在 10~25 g/kg 之间，全氮在 0.50~1.00 g/kg 之间，全磷一般在 0.30~0.75 g/kg 之间；全钾在 10~20 g/kg 之间；速效钾和有效磷分别在 50~80 mg/kg 和 3~15 mg/kg 之间。土壤保肥性能较低，CEC 在 5 cmol/kg 左右。因地处河流附近，土壤质地较轻，排灌条件良好，又因处于高河漫滩，雨季一般不会受山洪淹没的影响。土壤肥力低，易漏水漏肥，缓冲性小，肥劲不长；由于耕层沉砂，束苗不发，参差不齐。在利用改良上，宜多施禽畜肥、土杂肥，推行稻草还田培肥和冬季种植绿肥，以增加土壤基础地力；化肥宜少量多次施用，重视施用追肥。可采取水旱轮作，旱作种植花生、甘蔗、西瓜等。

代表性单个土体（编号：35-137）　于 2011 年 10 月 7 日采自福建省安溪县城厢镇尾山村，25°3'12.9" N，118°15'20.9" E。母质为河流冲洪积物；地形为山溪性河流河谷平原（高河漫滩），海拔 30 m，坡度<2°；土地利用方式为水田（水旱轮作）。

Ap1：0~15 cm，灰黄棕色（10YR6/2，润），浅黄橙色（10YR8/3，干），湿，细土质地为粉砂质壤土，弱发育的块状或小块状结构，疏松；多量细根，根表有棕色氧化铁淀积物；见少量砖块碎片；酸性；向下层清晰平滑过渡。

Ap2：15~33 cm，红棕色（5YR5/6，润），淡橙色（5YR7/4，干），潮，细土质地为壤土，中等发育的块状结构，稍紧实；中量细根；结构面上见较明显的氧化铁锰淀积物（占 5%~10%）；微酸性；向下层清晰平滑过渡。

Br：33~50 cm，亮红棕色（7.5YR5/6，润），橙色（7.5YR6/6，干），潮，细土质地为砂土，弱发育的粒状结构，松散状；见少量大小 5 cm 左右的砾石块；结构面上见少量氧化铁锰淀积物；微酸性；向下层清晰平滑过渡。

C：50~90 cm，橙色（7.5YR7/6，润），浅黄橙色（7.5YR8/4，干），潮，细土质地为粉砂质黏壤土，单粒状结构，稍紧实，致密；有明显的沉积层理；微酸性。

尾山系代表性单个土体剖面

尾山系代表性单个土体物理性质

土层	深度 /cm	砾石（>2 mm，体积分数）/%	细土颗粒组成（粒径：mm）/（g/kg）			细土质地（美国制）	容重 /（g/cm³）
			砂粒 2~0.05	粉砂 0.05~0.002	黏粒 <0.002		
Ap1	0~15	0	323	636	41	粉砂质壤土	1.23
Ap2	15~33	0	336	475	189	壤土	1.39
Br	33~50	5	868	37	94	砂土	—
C	50~90	0	28	650	322	粉砂质黏壤土	—

尾山系代表性单个土体化学性质

深度 /cm	pH		CEC_7 /（cmol（+）/kg）	ECEC /cmol（+）/kg）	盐基饱和度/%	全铁（Fe_2O_3）/（g/kg）	游离铁 /（g/kg）
	（H_2O）	（KCl）					
0~15	5.32	4.45	4.57	3.69	77.9	43.36	20.85
15~33	5.94	5.10	8.76	7.53	89.4	48.78	28.29
33~50	6.28	5.36	4.09	3.33	81.2	31.06	17.17
50~90	6.01	5.19	11.28	9.34	94.9	54.78	30.31

4.8.10 下园系（Xiayuan Series）

土族：黏壤质硅质混合型非酸性高热-普通简育水耕人为土
拟定者：章明奎，麻万诸

下园系典型景观

分布与环境条件 分布于漳州、厦门、泉州、莆田和福州等市的丘间谷地或山垄谷口，长期种植水稻或水旱轮作，海拔一般在 150 m 以下。起源于洪冲积物；地下水位多在 100~200 cm 之间；利用方式主要为水田。属亚热带湿润海洋性季风气候区，年均日照约 2000 h，年均气温 20.4~21.5℃，全年无霜，≥10℃的积温 7200~7300℃，≥15℃的积温 5900~6200℃，≥20℃的积温 4600~5100℃；1 月份平均气温在 10℃以上，最热月份在 7 月，平均温度在 28℃以上。年均降水量 1400~1650 mm，降水的季节分布不均，干湿季节十分明显，每年 4~9 月为湿季，10 月至翌年 3 月为旱季。年均蒸发量约 1200~1500 mm，干燥度在 0.8~1 之间。

土系特征与变幅 该土系诊断层包括水耕表层、漂白层和水耕氧化还原层；诊断特性包括人为滞水土壤水分状况和高热土壤温度状况。土壤黏土矿物主要由水云母和高岭石组成，含有少量绿泥石和蛭石。其剖面一般具有 Ap1-Ap2-Br-E，氧化铁垂直迁移不明显，土体厚度在 80~125 cm 之间；表层土壤颜色以黄棕色为主，心土层颜色以灰青色为主；由于受侧渗地下水的影响，80 cm 以下可出现灰白色土层；土壤质地为壤土或黏壤土，剖面上下质地稍有差异，向下质地变黏的趋势，黏粒含量多在 150~350 g/kg 之间；砾石低于 25%；表土容重在 1.10 g/cm^3 左右，犁底层及其以下土壤容重在 1.25~1.45 g/cm^3 之间；土壤呈中性，pH 在 6.5~7.5 之间。

Ap1 层厚度 10~20 cm，稍疏松，黏粒含量多在 150~250 g/kg 之间；pH 在 6.5~8.0 之间。Ap2 层厚度 8~15 cm，坚实或稍坚实，黏粒含量多在 150~250 g/kg 之间；pH 在 6.5~7.5 之间。Br 层厚度 20~60 cm，坚实，黏粒含量多在 250~350 g/kg 之间；块状结构和大棱柱状结构，pH 在 6.5~7.5 之间；结构面上可见铁锰叠加分布的锈纹锈斑，占结构面的 15%~40%。E 层出现在 80 cm 以下，厚度 10~40 cm，黏粒含量多在 250~350 g/kg 之间；块状结构和大棱柱状结构，pH 在 6.5~7.5 之间；色调主要为 7.5Y 或 5Y，润态明度 6~7，彩度 2~3；干态明度 7~8，彩度 2~3。

对比土系 隆教系、尾山系，同一土族，但成土母质、土体构型、土壤颜色等有明显的差异。隆教系形成于玄武岩风化物，分布于低丘和台地，土体厚度在 40~80 cm 之间，剖面中不见漂白层，土壤色调主要为 2.5YR 和 5YR，pH 主要在 6.5~8.5 之间，游离氧化铁在 35 g/kg 以上。尾山系形成于近代洪冲积物，分布于山溪性河谷平原，土体深厚在 40~80 cm 之间，剖面中不见漂白层，土壤色调主要为 7.5YR 或 10YR，pH 主要在 5.5~6.5 之间，游离氧化铁在 35 g/kg 以下。下园系形成于洪冲积物，分布于丘间谷地或山垄谷口，土体厚度在 80~125 cm 之间，剖面中 80 cm 以下可见漂白层，土壤色调主要为 2.5Y 和 5Y，pH 主要在 6.5~7.5 之间，游离氧化铁在 35 g/kg 以下。

利用性能综述　下园系土壤有机质和全氮较高，有效磷和速效钾中高。表层土壤有机质含量在 25~35 g/kg 之间，全氮在 1.50~2.50 g/kg 之间，全磷一般在 0.50~1.00 g/kg 之间；速效钾和有效磷分别在 80~150 mg/kg 和 10~20 mg/kg 之间。土壤保肥性能较低，CEC 在 5~10 cmol/kg 之间。土层深厚，水源充足，灌溉方便，地下水位适中，保水透水较为协调，土壤肥力中上。所处地形为丘间谷地或山垄谷口，排水较差；大雨期间可能会受洪水淹没。在改良利用方面，应进一步提高土壤肥力，以促进均衡增产为主攻方向。注意用养结合，因地制宜建立合理轮作制及各种形式的立体农业结构，扩大冬种经济绿肥作物，增加有机肥料的投入，以进一步提高基础肥力。调整化肥结构，控制氮肥施用量，适施磷钾肥。在种植旱作时，应注意开沟排水、防涝除渍。该土对地面重力有一定的支撑能力，适宜机械化耕作。但该土地处丘间谷地或山垄谷口，易受洪水影响，不适宜修建永久性建筑物。

代表性单个土体（编号：35-025）　于 2011 年 4 月 18 日采自福建省漳浦县石榴镇下园村，24°8'9.7" N，117°32'32.1" E。母质为谷口洪积物，地形为洪冲积平原，位于低丘丘垄出口处，海拔 14 m，坡度<1°；土地利用方式为水田（水旱轮作）；地下水位 120 cm。

Ap1：0~22 cm，黄棕色（2.5Y5/3，润），浅黄色（2.5Y7/3，干），细土质地为壤土，润，中等发育的团粒状结构，疏松；多量细根；微碱性；向下层清晰平滑过渡。

下园系代表性单个土体剖面

Ap2：22~34 cm，黄棕色（2.5Y5/3，润），浅黄色（2.5Y7/3，干），细土质地为壤土，润，中等发育的块状结构，坚实；见少量砖块瓦碎片等侵入体；中性；清晰平滑过渡。

Br1：34~58 cm，灰青色（5Y5/3，润），灰白色（5Y7/2，干），细土质地为壤土，润，发育明显的棱柱状结构，稍坚实，结构面上见大量垂直向根孔（占 20%左右）和明显的铁氧化物淀积（占 30%左右）；中性；向下层清晰平滑过渡。

Br2：58~83 cm，基色呈灰青色（5Y5/2，润），灰白色（5Y7/1，干），细土质地为黏壤土，润，中等发育的块状结构，较坚实；结构面上淀积大量铁氧化物（占 30%左右）和少量锰斑纹；中性；向下层渐变波状过渡。

E：83~100 cm，灰黄色（5Y6/3，润），灰白色（5Y7/2，干），细土质地为黏壤土，潮，弱发育的块状结构，松软；中性。

下园系代表性单个土体物理性质

土层	深度/cm	砾石（>2 mm，体积分数）/%	细土颗粒组成（粒径：mm）/（g/kg）			细土质地（美国制）	容重/（g/cm^3）
			砂粒 2~0.05	粉砂 0.05~0.002	黏粒 <0.002		
Ap1	0~22	6	421	417	163	壤土	1.11
Ap2	22~34	5	331	440	229	壤土	1.34
Br1	34~58	7	372	370	258	壤土	1.30
Br2	58~83	1	219	451	331	黏壤土	1.41
E	83~100	1	248	431	321	黏壤土	—

下园系代表性单个土体化学性质

深度/cm	pH		CEC_7/（cmol（+）/kg）	ECEC/（cmol（+）/kg）	盐基饱和度/%	全铁（Fe_2O_3）/（g/kg）	游离铁/（g/kg）
	（H_2O）	（KCl）					
0~22	7.55	6.77	7.32	5.13	70.08	45.09	29.41
22~34	6.86	6.13	8.32	6.01	72.24	43.19	25.94
34~58	6.90	6.31	8.72	6.35	72.82	41.41	22.25
58~83	6.97	6.24	9.63	8.42	81.31	47.81	27.06
83~100	6.51	5.94	8.28	6.85	54.71	41.72	20.35

4.8.11　兴田系（Xingtian Series）

土族：黏壤质硅质混合型酸性热性-普通简育水耕人为土
拟定者：章明奎，麻万诸

兴田系典型景观

分布与环境条件　主要分布于闽西和闽北，在南平、三明和龙岩等市分布较广，所处地形为中低山、丘陵的缓坡地带或丘间凹垄，海拔多在 800 m 以下。起源于砂岩等风化物的坡积物或洪积物，利用方式为水田。主要依靠山泉自流灌溉，地下水位多在 75~150 cm 之间。属亚热带湿润季风气候区，年均温在 16.5~19.0℃；≥10℃的积温 5500~6500℃，年均日照约 1700~2050 h；无霜期 245~310 d；年均降水量 1500~2000 mm，年均蒸发量约 1200~1600 mm，干燥度小于 1。

土系特征与变幅　该土系诊断层包括水耕表层和水耕氧化还原层；诊断特性包括人为滞水土壤水分状况和热性土壤温度状况。土壤黏土矿物主要为高岭石和水云母，含有蛭石。其剖面一般具有 Ap1-Ap2-Br-C，土体厚度在 40~80 cm 之间；土壤颜色以浅棕色和浊黄色为主；全剖面各土层均可见明显的锈纹或锈斑，并以水耕氧化还原层分布最多。土壤质地一般为砂质黏壤土或壤土。表土容重在 1.20 g/cm^3 左右，犁底层及其以下土壤容重在 1.30~1.40 g/cm^3 之间；土壤呈酸性，pH 主要在 4.5~5.5 之间，由上至下增大。

Ap1 层厚度 10~25 cm，小块状结构，疏松；pH 在 4.5~5.5 之间；有少量锈纹、锈斑；色调主要为 10YR 或 7.5YR，润态明度 5~6，彩度 3~4；干态明度 7~8，彩度 2~4。Ap2 层厚度 5~15 cm，块状结构，稍坚实；pH 在 4.5~5.5 之间；结构面上可见明显的锈纹、锈斑；色调主要为 10YR 或 7.5YR，润态明度 4~5，彩度 3~4；干态明度 7~8，彩度 2~4。Br 层厚度 20~60 cm，大棱柱状结构，稍坚实；pH 在 4.5~5.5 之间；结构面上可见明显氧化铁淀积；色调主要为 2.5Y 或 10YR，润态明度 4~5，彩度 2~3；干态明度 6~7，彩度 3~4。

对比土系　官后系，同一土族，但土体厚度和 Br 层土壤颜色有较大的差异。官后系土体厚度在 80~120 cm 之间，Br 层土壤色调主要为 5YR 或 7.5YR；兴田系土体厚度在 40~80 cm 之间，Br 层土壤色调主要为 2.5Y 或 10YR。

利用性能综述　兴田系土壤有机质、全氮、有效磷和速效钾以中等为主。表层土壤有机质含量在 25~35 g/kg 之间，全氮在 1.50~2.00 g/kg 之间，全磷一般在 0.30~1.00 g/kg 之间；全钾在 10~20 g/kg 之间；速效钾和有效磷分别在 50~80 mg/kg 和 8~15 mg/kg 之间。土壤保肥性能中等，CEC 在 10 cmol/kg 左右。主要靠山塘水库灌溉，但易遭受季节性干旱的影响。土质较黏，宜耕期短，水稻时常发生坐苗不发，退黄早衰，某些年份干旱明显，产量不稳。改良上，应以提高现有施肥量，多施有机肥，深耕结合基肥深施，改冬闲为冬种绿肥，推行稻草还田，逐渐改善土壤物理性状和提升基础地力。根据作物对养分的要求，适当增施磷、钾肥，缓和土壤缺磷、缺钾问题。

代表性单个土体（编号：35-153） 于2012年3月29日采自福建省南平市武夷山市兴田镇仙店村，27°34'5.8" N，117°59'11.7" E。母质为砂岩坡积和洪积物混合物，地形为丘间凹垄，梯田，海拔225 m，坡度约5°；土地利用方式为水田；地下水位约80 cm。

兴田系代表性单个土体剖面

Ap1：0~17 cm，浅棕色（7.5YR5/3，润），淡橙色（7.5YR7/4，干），湿，细土质地为砂质黏壤，中等发育的小块状结构，疏松；多量细根，根表多呈浅棕色；结构面上见根孔状锈纹和少量棕红色氧化铁斑（占10%~15%）；酸性；向下层清晰平滑过渡。

Ap2：17~30 cm，浅黄棕色（10YR4/3，润），淡黄橙色（10YR7/2，干），潮，细土质地为砂质黏壤，中等发育的块状结构，稍坚实；结构面上见连片的红棕色氧化铁胶膜（7.5YR6/8，润）；酸性；向下层清晰平滑过渡。

Br：30~60 cm，暗灰黄色（2.5Y5/2，润），淡黄色（2.5Y6/3，干），潮，细土质地为壤土，大棱柱状结构，稍坚实；结构面上见连片的黄橙色（7.5YR7/8）氧化铁淀积物；酸性；向下层渐变平滑过渡。

C：60~110 cm，深灰黄色（2.5Y4/2，润），灰黄色（2.5Y7/2，干），湿，细土质地为砂质壤土，单粒状结构，稍疏松；夹有砂层；酸性。

兴田系代表性单个土体物理性质

土层	深度/cm	砾石（>2 mm，体积分数）/%	细土颗粒组成（粒径：mm）/（g/kg）			细土质地（美国制）	容重/（g/cm^3）
			砂粒 2~0.05	粉砂 0.05~0.002	黏粒 <0.002		
Ap1	0~17	4	511	246	243	砂质黏壤土	1.21
Ap2	17~30	6	545	240	215	砂质黏壤土	1.38
Br	30~60	4	463	308	229	壤土	1.42
C	60~110	5	591	231	178	砂质壤土	—

兴田系代表性单个土体化学性质

深度/cm	pH		CEC_7/（cmol（+）/kg）	ECEC/（cmol（+）/kg）	盐基饱和度/%	全铁（Fe_2O_3）/（g/kg）	游离铁/（g/kg）
	（H_2O）	（KCl）					
0~17	4.63	3.64	9.67	7.87	59.4	30.97	22.08
17~30	5.02	3.78	8.76	7.23	71.1	33.32	25.35
30~60	5.27	3.79	8.98	7.34	68.9	33.53	22.24
60~110	5.32	3.80	7.09	5.76	67.0	30.32	18.54

4.8.12 溪潭系（Xitan Series）

土族：壤质硅质混合型非酸性热性-普通简育水耕人为土

拟定者：章明奎，麻万诸

溪潭系典型景观

分布与环境条件 分布于福建省宁德、南平、三明、福州等市的河谷平原或河谷盆地，在闽江流域等水系的中游有较广泛的分布。海拔多在 150 m 以下，坡度一般小于 10°。起源于近代河流冲积物，利用方式主要为水田。地下水位 90~150 cm。属亚热带湿润海洋性季风气候区，年均温在 18.5~20℃；最热月出现在 7 月，平均温度 27~29℃左右；最冷月出现在1月，平均温度8~10℃左右；≥10℃的积温 5700~6600℃，年均日照约 1700~1900 h；无霜期 270~338 d；年均降水量 1500~1800 mm，降水的季节分布不均，干湿季节十分明显，每年 3~9 月为湿季，占全年降水量的 70%~80%；10 月至翌年 3 月为少雨旱季。年均蒸发量约 1300~1600 mm，干燥度小于 1。

土系特征与变幅 该土系诊断层包括水耕表层和水耕氧化还原层；诊断特性包括人为滞水土壤水分状况和热性土壤温度状况。土壤黏土矿物主要由水云母和高岭石组成，含有少量绿泥石和蛭石、蒙脱石。其剖面一般具有 Ap1-Ap2-Br-C，无明显的铁聚层，土体厚度在 60~90 cm 之间。土壤颜色以棕黑色、黄棕色、淡黄色为主。土壤质地为壤土和砂质壤土，剖面上下质地变化较小，黏粒含量在 100~250 g/kg 之间；砂粒含量多在 450~750 g/kg 之间；但砾石低于 5%；表土容重在 1.20 g/cm^3 左右，犁底层及其以下土壤容重在 1.30~1.45 g/cm^3 之间；土壤呈酸性和微酸性，pH 主要在 4.5~6.5 之间。

Ap1 层厚度 10~25 cm，稍疏松，黏粒含量多在 100~250 g/kg 之间；砂粒含量在 450~750 g/kg 之间；pH 在 4.5~6.5 之间；色调主要为 2.5Y、10YR 或 7.5YR，润态明度 3~5，彩度 1~2；干态明度 4~7，彩度 1~2。Ap2 层厚度 5~10 cm，坚实或稍坚实，黏粒含量多在 100~250 g/kg 之间；砂粒含量在 450~750 g/kg 之间；pH 在 4.5~6.5 之间；结构面上锈纹锈斑；色调主要为 2.5Y、10YR 或 7.5YR，润态明度 4~5，彩度 1~3；干态明度 5~7，彩度 1~3。Br 层厚度 35~65 cm，稍坚实，黏粒含量多在 100~250 g/kg 之间；砂粒含量在 450~750 g/kg 之间；中块状和弱棱柱状结构，pH 在 4.5~6.5 之间；结构面上可见明显氧化铁淀积；色调主要为 10YR 或 7.5YR，润态明度 3~6，彩度 1~5；干态明度 6~7，彩度 3~8。

对比土系 杨梅岭系、八字桥系和麻岭坑系，同一亚类但不同土族，杨梅岭系和八字桥系的土壤颗粒大小级别为砂质，不同于溪潭系的壤质土壤颗粒大小级别；麻岭坑系的酸碱度为酸性，不同于溪潭系的非酸性。

利用性能综述　溪潭系土壤有机质、全氮中等；有效磷和速效钾较高，但变化较大。表层土壤有机质含量在15~25 g/kg之间，全氮在0.50~1.50 g/kg之间，全磷一般在0.50~1.00 g/kg之间；全钾在10~25 g/kg之间；速效钾和有效磷分别在50~150 mg/kg和15~35 mg/kg之间。土壤保肥性能很低，CEC主要在5 cmol/kg以下。所处地形位于河谷平原或河谷盆地中部，地形平坦，地下水位在90~150 cm之间，排灌方便，耕性较好，适种性较广，作物产量平稳，属于产量较高的水耕人为土。管理上要注意有机肥与化肥相结合，注意地力培养与维持，冬季应扩种绿肥，实行稻草还田，以提升土壤有机质水平。

代表性单个土体（编号：35-040）　于2011年7月19日采自福建省福安县溪潭镇洪口村，26°59'18.6" N，119°37'21.0" E。母质为河流冲积物，地形为穆阳溪流域的河谷平原（河谷宽度为300~500 m，周围为低丘陵），海拔10 m，坡度<2°；土地利用方式为水田；地下水位约90 cm。

Ap1：0~15 cm，棕黑色（7.5YR3/1，润），亮棕灰色（7.5YR7/2，干），细土质地为壤土，潮，弱发育的团粒状结构，疏松；中量细根；酸性；向下层清晰平滑过渡。

Ap2：15~20 cm，灰棕色（7.5YR4/2，润），淡橙色（7.5YR7/3，干），细土质地为砂质壤土，润，中等发育的块状结构，稍坚实，少量根系；酸性；向下层清晰平滑过渡。

Br1：20~38 cm，淡棕色（7.5YR5/5，润），淡橙色（7.5YR7/3，干），细土质地为砂质壤土，润，中等发育的块状和棱柱状结构，坚实；结构面上见明显的亮红棕色氧化铁淀积（占30%~40%）和少量锰斑（占2%~5%）；酸性；向下层清晰平滑过渡。

Br2：38~65 cm，棕灰色（7.5YR4/1，润），淡橙色（7.5YR7/3，干），细土质地为壤土，潮，中等发育的块状和棱柱状结构，坚实；结构面上有明显的铁锰叠加淀积（占70%左右；其中，锰斑纹占10%~20%）；微酸性；向下层清晰平滑过渡。

C：65~100 cm，深棕色（10YR3/3，润），亮棕灰色（7.5YR7/2，干），细土质地为壤土，潮，单粒状结构，稍疏松；土粒上见铁锰氧化物淀积；微酸性。

溪潭系代表性单个土体剖面

溪潭系代表性单个土体物理性质

土层	深度 /cm	砾石（>2 mm，体积分数）/%	细土颗粒组成（粒径：mm）/（g/kg）			细土质地（美国制）	容重 /（g/cm³）
			砂粒 2~0.05	粉砂 0.05~0.002	黏粒 <0.002		
Ap1	0~15	0	481	377	142	壤土	1.23
Ap2	15~20	0	520	363	117	砂质壤土	1.36
Br1	20~38	0	578	309	113	砂质壤土	1.33
Br2	38~65	0	510	377	113	壤土	1.39
C	65~100	0	460	421	119	壤土	—

溪潭系代表性单个土体化学性质

深度 /cm	pH		CEC_7 /（cmol（+）/kg）	ECEC /（cmol（+）/kg）	盐基饱和度/%	全铁（Fe_2O_3）/（g/kg）	游离铁 /（g/kg）
	（H_2O）	（KCl）					
0~15	5.02	3.88	5.12	4.00	46.88	20.26	11.26
15~20	4.63	3.66	4.45	3.60	31.01	23.12	10.92
20~38	4.93	3.89	4.28	3.94	71.26	23.31	13.82
38~65	5.55	4.33	4.35	3.86	82.99	23.72	13.90
65~100	6.19	4.71	4.28	3.78	84.81	22.99	14.29

4.8.13 杨梅岭系（Yangmeilin Series）

土族：砂质硅质混合型非酸性热性-普通简育水耕人为土
拟定者：章明奎，麻万诸

杨梅岭系典型景观

分布与环境条件 分布于福建省宁德、南平、三明、福州等市的海拔 800 m 以下的低山、丘陵的梯田上部，距离村镇较远。起源于粗晶质花岗岩类风化物的坡残积物，利用方式为水田。田块面积多在 10~200 m^2 之间，不见地下水位，但有时可见侧渗水。属亚热带湿润海洋性季风气候区，年均温在 16.5~19.6℃；最热月出现在 7 月，平均温度 27~29℃左右；最冷月出现在 1 月，平均温度 8~10℃左右；≥10℃的积温 5300~6500℃，年均日照约 1700~2070 h；无霜期 250~338 d；年均降水量 1400~2000 mm，降水的季节分布不均，干湿季节十分明显，每年 3~9 月为湿季，占全年降水量的 75%~85%；10 月至翌年 3 月为少雨旱季。年均蒸发量约 1300~1600 mm，干燥度小于 1。

土系特征与变幅 该土系诊断层包括水耕表层和水耕氧化还原层；诊断特性包括人为滞水土壤水分状况和热性土壤温度状况。土壤黏土矿物主要由水云母和高岭石组成，含有少量绿泥石和蛭石。其剖面一般具有 Ap1-Ap2-Br-Cr，但无明显的铁聚层。土体厚度在 40~80 cm 之间；土壤颜色以黄棕色、灰黄色、棕色为主。土壤质地为壤质砂土和砂质壤土，剖面上下质地变化较小，黏粒含量多在 50~150 g/kg 之间；砂粒含量在 650~850 g/kg 之间；但砾石低于 25%；表土容重在 1.15 g/cm^3 左右，犁底层及其以下土壤容重在 1.30~1.45 g/cm^3 之间；土壤呈酸性至微酸性，pH 在 4.5~6.5 之间。

Ap1 层厚度 10~20 cm，稍疏松，黏粒含量多在 50~150 g/kg 之间；砂粒含量在 650~850 g/kg 之间；pH 在 4.5~5.5 之间；色调主要为 5Y、2.5Y 或 10YR，润态明度 3~5，彩度 1~3；干态明度 5~7，彩度 1~3。Ap2 层厚度 8~15 cm，坚实或稍坚实，黏粒含量多在 50~150 g/kg 之间；砂粒含量在 650~850 g/kg 之间；pH 在 4.5~5.5 之间；结构面上锈纹锈斑；色调主要为 2.5Y 或 10YR，润态明度 4~6，彩度 2~3；干态明度 5~7，彩度 2~3。Br 层厚度 20~60 cm，稍坚实或坚实，黏粒含量多在 50~150 g/kg 之间；砂粒含量在 650~850 g/kg 之间；小块状结构，pH 在 5.5~6.5 之间；结构面上可见明显氧化铁淀积；色调主要为 10YR 或 7.5YR，润态明度 4~8，彩度 1~4；干态明度 6~8，彩度 1~4。

对比土系 八字桥系，同一土族，但母质类型、分布地形、土体厚度和土壤颜色等有明显的差异。八字桥系分布于狭谷溪滩，母质类型为山溪性河流冲积物，土体厚度在 80~125 cm 之间，Br 层土壤色调主要为 7.5Y~10Y，其砾石有很好的磨圆度；杨梅岭系分布于低山丘陵，其成土母质为粗晶质花岗岩类风化物的坡残积物，土体厚度在 40~80 cm 之间，Br 土壤色调主要为 10YR~7.5YR，其砾石棱角明显。

利用性能综述　杨梅岭系土壤有机质、全氮较低，因长期施肥有效磷和速效钾较高。表层土壤有机质含量在 5~15 g/kg 之间，全氮在 0.50~1.00 g/kg 之间，全磷一般在 0.30~0.80 g/kg 之间；速效钾和有效磷分别在 50~150 mg/kg 和 10~30 mg/kg 之间。土壤保肥性能很低，CEC 在 5 cmol/kg 以下。所处地形部位多为低山、丘陵的梯田上部，内外排水条件良好。但土体较薄，土壤酸性较强，易漏水漏肥；同时因田块小，坡度大，交通和水利条件差，经营粗放。改良上，应围绕旱、漏有针对性地采取有效措施，如改善水利灌溉条件，改串灌为轮灌，防止泥水外流；冬季深耕，客土改砂，利用冬闲田发展冬季绿肥或油肥兼有作物、压青、推行稻草还田提升有机质，改善土壤物理性状；施肥上，除了基肥深施外还应注意到土壤的漏肥特点，采用少量多次施用化肥和中后期看苗补肥，以及根外施肥等措施来提高肥料的利用率。该土系地形为梯田，土体松散，容易发生滑坡，不宜直接在其上修建永久性建筑物。

代表性单个土体（编号：35-038）　于 2011 年 7 月 19 日采自福建省霞浦县盐田畲族乡杨梅岭村，26°52'51.9" N，119°56'32.0" E。母质为黑云母花岗岩坡积物，地形为低丘陵梯田，海拔 83 m，坡度为 30°；土地利用方式为水田。

杨梅岭系代表性单个土体剖面

Ap1：0~18 cm，棕色（7.5YR4/6，润），淡橙色（7.5YR7/3，干），细土质地为砂质壤土，润，弱发育的粒状结构夹杂团粒状结构，疏松；中量细根；酸性；向下层清晰平滑过渡。

Ap2：18~34 cm，灰黄棕色（10YR6/2，润），淡黄棕色（10YR7/2，干），细土质地为砂质壤土，润，中等发育的块状结构夹杂粒状结构，稍坚实；结构面上有明显的鳝血斑（氧化铁淀积物占结构面的 30%），有较多的根孔，见较多的小块砾石；酸性；向下层清晰平滑过渡。

Br1：34~48 cm，棕灰色（7.5YR4/1，润），棕灰色（7.5YR6/1，干），细土质地为壤质砂土，润，中等发育的块状结构，坚实；结构面上见明显的氧化铁（占 30%左右）、氧化锰斑纹（占 2%~5%）；微酸性；向下层清晰平滑过渡。

Br2：48~67 cm，主要由两种颜色不同的细土组成，主色呈浅黄橙色（7.5YR8/4，润）和灰白色（7.5YR8/2，干），约占土体体积的 60%；次色呈棕灰色（7.5YR5/1，润）和棕灰色（7.5YR6/1，干），约占土体体积的 40%；细土质地为壤质砂土，润，中等发育的块状结构，坚实；结构面上有明显的氧化铁淀积物；微酸性；向下层清晰平滑过渡。

Cr：67~110 cm，棕灰色（10YR6/1，润），灰白色（10YR7/1，干），细土质地为砂土，润，单粒状；主要由粗砂和砾石混杂而成，砾石占整个土体的 10%左右；土粒表面有少量黄色氧化铁淀积；土体松散，遇水易发生塌陷；中性。

杨梅岭系代表性单个土体物理性质

土层	深度/cm	砾石（>2 mm，体积分数）/%	细土颗粒组成（粒径：mm）/（g/kg）			细土质地（美国制）	容重/（g/cm³）
			砂粒 2~0.05	粉砂 0.05~0.002	黏粒 <0.002		
Ap1	0~18	11	743	181	76	砂质壤土	1.11
Ap2	18~34	11	745	177	78	砂质壤土	1.32
Br1	34~48	8	797	129	74	壤质砂土	1.31
Br2	48~67	14	832	97	71	壤质砂土	1.39
Cr	67~110	17	874	58	68	砂土	1.37

杨梅岭系代表性单个土体化学性质

深度/cm	pH		CEC_7/（cmol（+）/kg）	ECEC/（cmol（+）/kg）	盐基饱和度/%	全铁（Fe_2O_3）/（g/kg）	游离铁/（g/kg）
	（H_2O）	（KCl）					
0~18	4.86	3.21	4.08	3.81	45.34	26.82	8.96
18~34	4.88	3.3	3.57	3.12	43.98	22.74	8.51
34~48	6.22	4.65	3.43	2.92	79.59	18.08	10.09
48~67	6.44	4.79	3.27	2.74	78.29	19.24	6.33
67~110	6.80	4.98	3.38	2.84	78.99	11.61	3.11

4.8.14　筠竹塘系（Yunzhutang Series）

土族：壤质云母混合型非酸性热性-普通简育水耕人为土
拟定者：章明奎，麻万诸

筠竹塘系典型景观

分布与环境条件　主要分布于福建省龙岩市的上杭、连城、长汀、武平、漳平及三明市的宁化、沙县等地，所处地形为紫砂岩盆谷地和丘陵缓坡地，梯田，海拔多在 400 m 以下，坡度在 15°~25° 之间。起源于白垩纪和侏罗纪的赤石群、沙县组、石帽山群等紫色岩类的坡积物及其冲洪积物，利用方式主要为水田。田块面积较小，多在 100 m^2 以下。地下水埋藏较深，周围多“丹霞”地面景观。属亚热带湿润季风气候区，年均温在 18.0~19.6℃；≥10℃的积温 5850~6600℃，年均日照约 1890~2050 h；无霜期 260~310 d；年均降水量 1480~1750 mm。年均蒸发量约 1400~1700 mm，干燥度小于 1。

土系特征与变幅　该土系诊断层包括水耕表层和水耕氧化还原层；诊断特性包括人为滞水土壤水分状况和热性土壤温度状况。土壤黏土矿物主要为水云母，含有少量高岭石、蒙脱石和蛭石。其剖面一般具有 Ap1-Ap2-Br-C，土体厚度在 80~125 cm 之间；土壤颜色以暗红棕色和灰棕色为主；犁底层以下有明显的黄色锈纹或棕褐色铁锰淀斑。土壤质地一般为壤土。表土容重在 1.20 g/cm^3 左右，犁底层及其以下土壤容重在 1.25~1.40 g/cm^3 之间；土壤呈中性至微碱性，pH 主要在 6.5~8.5 之间，由上至下增大。土体已脱钙，无石灰反应。

Ap1 层厚度 10~25 cm，小块状结构，稍坚实；pH 在 6.5~8.5 之间；色调主要为 7.5R，润态明度 2~4，彩度 2~3；干态明度 5~6，彩度 2~3。Ap2 层厚度 10~25 cm，块状结构，坚实；pH 在 6.5~8.5 之间；结构面上可见锈纹；色调主要为 7.5R，润态明度 2~4，彩度 2~3；干态明度 5~6，彩度 2~3。Br 层厚度 60~100 cm，疏松或稍坚实，小块状结构，黏粒含量在 70~200 g/kg 之间，砂粒含量在 350~520 g/kg 之间，砾石含量低于 5%；pH 在 6.5~8.5 之间；结构面上可见明显氧化铁淀积；色调主要为 7.5R，润态明度 3~4，彩度 2~3；干态明度 4~5，彩度 2~3。

对比土系　水茜系，不同土类，同为紫色岩类的坡积物及其冲洪积物发育的水耕人为土，但剖面特征和性状有所差异，水茜系具有聚铁层，颗粒大小级别为砂质，而筠竹塘系无聚铁层，颗粒大小级别为壤土。

利用性能综述　筠竹塘系土壤有机质、全氮和有效磷较低，但速效钾较高。表层土壤有机质含量在 10~20 g/kg 之间，全氮在 0.75~1.50 g/kg 之间，全磷一般在 0.30~1.00 g/kg 之间；全钾在 20~30 g/kg 之间；速效钾和有效磷分别在 80~150 mg/kg 和 3~15 mg/kg 之间。土壤保肥性能较低，CEC 在 5 cmol/kg 以下。主要靠山塘水库灌溉，但易遭受季节性干旱的影响，比较适宜水旱轮作；耕性较差，易产生淀浆板结，易发生漏水漏肥。在利用改良上，应以改土培肥为主，改善水利条件，重施基肥，多施农家土杂肥，冬季绿肥等增加农田有机物质的投入。根据土壤特点，化肥分期施用，薄肥勤施，特别注意中、后期补肥，防止水稻退黄早衰。

代表性单个土体（编号：35-094）　于 2011 年 9 月 14 日采自福建省上杭县临城镇城北村筠竹塘自然村，25°4'24.8" N，116°24'39.9" E。母质为紫色砂岩坡积物，地形为低丘坡地梯田，海拔 228 m，坡度 20°；土地利用方式为水田（水旱轮作）。

筠竹塘系代表性单个土体剖面

Ap1：0~17 cm，深暗红棕色（7.5R2/3，润），淡红棕色（7.5R5/3，干），细土质地为壤土，润，弱发育的块状结构，稍坚实；多量细根；结构面上见少量铁锈纹；中性；向下层清晰平滑过渡。

Ap2：17~40 cm，暗红棕色（7.5R3/3，润），淡红棕色（7.5R5/3，干），细土质地为壤土，润，中等发育的块状结构，紧实；中量细根；结构面上见少量灰色胶膜（占 20%左右）；中性；向下层清晰平滑过渡。

Br：40~120 cm，暗红棕色（7.5R3/3，润），淡红棕色（7.5R4/3，干），细土质地为壤土，润，弱发育的块状结构，疏松；结构体表面见中量灰色胶膜（占 10%~20%）和少量散点状氧化锰斑；微碱性；向下层清晰平滑过渡。

C：120~150 cm，紫色砂岩碎屑物。

筠竹塘系代表性单个土体物理性质

土层	深度 /cm	砾石（>2 mm，体积分数）/%	细土颗粒组成（粒径：mm）/（g/kg）			细土质地（美国制）	容重 /（g/cm³）
			砂粒 2~0.05	粉砂 0.05~0.002	黏粒 <0.002		
Ap1	0~17	2	410	475	115	壤土	1.22
Ap2	17~40	2	395	485	120	壤土	1.38
Br	40~120	2	435	453	112	壤土	1.28

筠竹塘系代表性单个土体化学性质

深度 /cm	pH		CEC₇ /（cmol（+）/kg）	盐基饱和度 /%	全铁（Fe_2O_3）/（g/kg）	游离铁 /（g/kg）
	（H_2O）	（KCl）				
0~17	7.23	4.83	4.46	90.81	52.63	18.62
17~40	7.44	4.83	4.29	88.11	50.60	23.68
40~120	7.68	4.96	4.09	93.64	53.31	21.09

4.9 斑纹肥熟旱耕人为土

4.9.1 星村系（Xingcun Series）

土族：壤质硅质混合型非酸性热性-斑纹肥熟旱耕人为土

拟定者：章明奎，麻万诸

星村系典型景观

分布与环境条件 零星分布于闽江以北及闽西北地区部分县（市、区）城郊、乡镇附近的蔬菜地，所处地形为洪冲积平原，海拔多在 250 m 以下，连片面积较小。种植蔬菜达 30 年以上，并有长期施用农家肥、有机肥的历史。地势平坦，地下水位多在 100~250 cm 之间。起源于洪冲积物或冲积物，利用方式为蔬菜地，复种指数一般 400%~700%。属亚热带湿润季风气候区，年均温在 18.0~19.5℃；≥10℃的积温 5500~6500℃，年均日照约 1700~1900 h；无霜期 275~330 d；年均降水量 1300~1600 mm。年均蒸发量约 1200~1500 mm，干燥度略小于 1。

土系特征与变幅 该土系诊断层包括肥熟表层和耕作淀积层；诊断特性包括潮湿水土壤水分状况、氧化还原特征和热性土壤温度状况。土壤黏土矿物主要为水云母和高岭石，含有一定量蛭石和少量蒙脱石。由于长期旱耕种植蔬菜和施用人畜粪便、土杂肥和有机垃圾等有机肥料，土壤明显熟化，形成了深厚、高肥力水平的耕作层。其剖面一般具有 Ap-Br-C，土体厚度在 50~100 cm 之间；土壤呈酸性至微酸性，pH 在 5.0~6.5 之间，随深度增加；细土质地为砂质壤土。

Ap 层（肥熟表层）厚度在 25~35 cm 之间，团粒状结构，疏松，其有机质含量在 10 g/kg 以上，有效磷（P）超过 35 mg/kg 以上；可见较多的蚯蚓粪及含有砖瓦片、炭灰等人为侵入体。颜色多呈深黑色或深灰色，色调为 10YR，具有较低的明度和彩度，润态明度<3.5，干态明度<5.5，润态彩度<3。

对比土系 硖门系，同一土类但不同亚类，硖门系具堆垫表层，有石灰反应，星村系无堆垫表层和石灰反应；星村系具肥熟表层，而硖门系无肥熟表层。

利用性能综述 星村系土壤养分丰富，表层土壤有机质含量在 20~40 g/kg 之间，全氮在 1.50~2.50 g/kg 之间，全磷一般在 0.50~1.50 g/kg 之间；全钾在 10~20 g/kg 之间；速效钾和有效磷分别在 80~150 mg/kg 和 35~80 mg/kg 之间。土壤保肥性能较低，CEC 在 5~10 cmol/kg 之间。其疏松不积水，耕性好，供肥能力较强，适种性广，适合种植叶菜类、根菜类和瓜菜类。该土用地频繁，休耕期短，大量施用农药和城市垃圾，土壤污染有加重的趋势。因此，在管理上应注意：减少有毒农药的施用，注意城市垃圾的质量；化肥与有机肥料的配合施用；并根据复种指数高低及种植蔬菜的品种对养分的需求特点，合理确定肥料的用量，以平衡土壤养分的供需。同时，应加强基础建设，完善排灌系统。

代表性单个土体（编号：35-156）　于 2012 年 3 月 30 日采自福建省南平市武夷山市星村镇镇边星村小学附近，27°38'38.8" N，117°54'53.5" E。母质为洪冲积物；地形为洪冲积平原，海拔 214 m，坡度<2°；土地利用方式为蔬菜地，种植蔬菜时间在 30 年以上；地下水位约 90 cm。

星村系代表性单个土体剖面

Ap：0~32 cm，棕黑色（10YR3/2，润），灰黄棕色（10YR5/2，干），润，细土质地为砂质壤土，中等发育的团粒状结构，疏松；多量细根；夹杂少量砖瓦片，有蚯蚓活动，可见明显的蚯蚓孔，有较多的蚯蚓粪；酸性；向下层清晰平滑过渡。

Br：32~65 cm，棕色（10YR4/4，润），淡黄橙色（10YR6/3，干），润，细土质地为砂质壤土，中等发育的小块状和块状结构，稍坚实；土体中可见少量直径 2~5 mm 的动物孔；夹杂少量炭灰物质和砖瓦片；少量细根；孔隙与结构面上有深灰色腐殖质-黏粒胶膜淀积（占 10%左右），并见少量氧化铁锈纹斑；微酸性；向下层渐变平滑过渡。

Cr：65~100 cm，浅黄色（2.5Y6/3，润），浅黄色（2.5Y7/4，干），潮，细土质地为砂质壤土，单粒状结构，稍坚实；见少量氧化铁锈纹斑；微酸性。

星村系代表性单个土体物理性质

土层	深度 /cm	砾石（>2 mm，体积分数）/%	细土颗粒组成（粒径：mm）/（g/kg）			细土质地（美国制）	容重 /（g/cm³）
			砂粒 2~0.05	粉砂 0.05~0.002	黏粒 <0.002		
Ap	0~32	5	557	266	177	砂质壤土	1.17
B	32~65	3	512	299	189	砂质壤土	1.32
C	65~100	3	524	298	178	砂质壤土	—

星村系代表性单个土体化学性质

深度 /cm	pH		CEC_7 /（cmol（+）/kg）	ECEC /（cmol（+）/kg）	盐基饱和度/%	全铁（Fe_2O_3）/（g/kg）	游离铁 /（g/kg）	铁游离度 /%
	（H_2O）	（KCl）						
0~32	5.30	4.58	8.65	7.34	77.69	52.21	31.25	59.85
32~65	5.62	4.48	8.23	7.11	79.22	37.73	20.53	54.41
65~100	5.76	4.40	8.12	6.76	76.23	33.32	18.34	55.04

4.10 普通泥垫旱耕人为土

4.10.1 硖门系（Xiamen Series）

土族：壤质硅质混合型石灰性热性-普通泥垫旱耕人为土

拟定者：章明奎，麻万诸

硖门系典型景观

分布与环境条件 零星分布于福建省宁德市的沿海平原地区，海拔多在 10 m 以下。起源于滨海沉积物，并经人为多次堆叠与耕作形成；利用方式主要为旱地和林地（防护林）。属亚热带湿润海洋性季风气候区，年均温在 18.8℃左右；≥10℃的积温 4500~6500℃，年均日照约 1700~1900 h；无霜期 330 d 左右；年均降水量 1400~1500 mm。年均蒸发量约 1400~1600 mm，干燥度 1 左右。

土系特征与变幅 该土系诊断层包括堆垫表层；诊断特性包括人为潮湿土壤水分状况、氧化还原特征、热性土壤温度状况和石灰性。土壤黏土矿物主要为水云母为主，其次为高岭石，含少量蛭石和绿泥石。因长期用周围塘泥堆淤和耕作熟化，形成了深厚的人为表层；土壤呈暗棕色，土体厚度一般在 100~150 cm 之间。其剖面一般具有 Au-Br-C，全剖面土壤质地接近，为粉砂或粉砂壤土；剖面中可见少量贝壳、砖瓦片和少量锈纹；土壤已基本脱盐，水溶性盐含量全在 3.50 g/kg 以下，但整个剖面仍有较强的石灰反应。土壤呈微碱性至碱性，pH 主要在 8.5~9.5 之间。

Au 层（堆垫表层）厚度 50~90 cm；土壤氧化铁游离度在 50%以下；pH 主要在 8.5~9.5 之间；有石灰反应；土壤有机质在 10~25 g/kg 之间；可见少量贝壳、砖瓦片和少量锈纹；色调为 10YR 或 7.5YR，润态明度 2~3，彩度 2~3；干态明度 7~8，彩度 1~2。

对比土系 硖门系、尾炉坑系，分布相邻，但不同土纲，为海积潮湿正常盐成土。硖门系已基本脱盐，并受人为强烈扰动，具有明显的耕作熟化特点，形成了深厚的人为表层。

利用性能综述 硖门系土壤肥力较低，有机质、全氮较低，有效磷中等，但速效钾很高。表层土壤有机质含量在 10~25 g/kg 之间，全氮在 0.50~1.00 g/kg 之间，全磷一般在 0.30~0.50 g/kg 之间；速效钾和有效磷分别在 150 mg/kg 以上和 5~10 mg/kg 之间。土壤保肥性能较低，CEC 在 3~5 cmol/kg 之间。土壤中含少量盐分，由上至下增加，存在返盐的潜在影响。保水保肥性能弱，利用上以种植旱作（甘薯、大豆、花生等）为主。在改良上，首先应加强水利建设，提高灌溉能力，掺泥改砂，多用土杂肥，改良土壤。化肥施用应少量多次和后期补充，以免养分供应脱节。该土系分布于滨海，土体较为松软，对地表重力支撑能力较弱，不适宜直接在其上修建永久性建筑物；也不适宜作为道路、堤坝和房屋的地基材料。

代表性单个土体（编号：35-034） 于2011年7月18日采自福建省福鼎市硖门镇东家井自然村，27°3'29.1" N，120°14'21.5" E。母质为滨海沉积物，地形为海湾滨海平原，地处海湾，海拔5 m，坡度<2°，土地利用方式为旱地和林地。主要种植木番薯、玉米、木麻黄，周围有大量芦苇生长。

Au1：0~30 cm，暗棕色（7.5YR3/3，润），淡棕灰色（7.5YR7/1，干），细土质地为粉砂壤土，润，发育良好的团粒结构，疏松；中量中根和细根；结构面上见少量根孔；有蚯蚓活动；见少量贝壳；碱性；向下层清晰平滑过渡。

Au2：30~80 cm，深暗棕色（7.5YR2/3，润），亮棕灰色（7.5YR7/1，干），细土质地为粉砂，润，中等发育的块状结构，稍坚实，可见宽度在1~2 mm之间、长度在5~20 cm之间的垂直向裂隙；少量细根；见少量砖块，结构面上见明显的黏粒胶膜和少量锈纹；碱性；向下层清晰波状过渡。

Br：80~120 cm，暗棕色（10YR3/4，润），淡黄橙色（10YR7/2，干），细土质地为粉砂，润，中等发育的小块状结构，稍疏松；少量细根；结构面上见少量锈纹；碱性。

硖门系代表性单个土体剖面

硖门系代表性单个土体物理性质

土层	深度 /cm	砾石 （>2 mm，体积分数）/%	细土颗粒组成（粒径：mm）/（g/kg）			细土质地（美国制）	容重 /（g/cm³）
			砂粒 2~0.05	粉砂 0.05~0.002	黏粒 <0.002		
Au1	0~30	4	288	650	62	粉砂壤土	1.21
Au2	30~80	9	109	841	50	粉砂	1.36
Br	80~120	17	135	805	60	粉砂	1.33

硖门系代表性单个土体化学性质

深度 /cm	pH		CEC_7 /（cmol（+）/kg）	水溶性盐 /（g/ kg）	盐基饱和度 /%	全铁 （Fe_2O_3）/（g/kg）	游离铁 /（g/kg）
	（H_2O）	（KCl）					
0~30	8.54	7.58	4.65	2.78	100	43.05	12.61
30~80	9.14	7.78	3.67	3.12	100	43.92	13.01
80~120	9.35	7.73	4.12	3.50	100	46.65	14.14

第 5 章　铁铝土土纲

5.1　普通暗红湿润铁铝土

5.1.1　东游系（Dongyou Series）

土族：黏质高岭石型酸性热性-普通暗红湿润铁铝土
拟定者：章明奎，麻万诸

东游系典型景观

分布与环境条件　零星分布于福建省南平等市丘陵缓坡地，海拔多在 150 m 以下，坡度多在 3°~15° 之间，地势平缓。起源于石英云母片岩、片麻岩等风化物，利用方式主要为旱地或园地。属亚热带湿润季风气候区，年均温在 19.5℃左右；极端最低气温 1℃左右，极端最高气温 43℃，最热月出现在 7 月，平均温度 29℃左右；最冷月出现在 1 月，平均温度 10℃左右；≥10℃的积温 6500℃，年均日照约 1900 h；无霜期 310 d；年均降水量 1600 mm，降水的季节分布不均，干湿季节十分明显，每年 3~9 月为湿季，占全年降水量的 80%；10 月至翌年 3 月为少雨旱季。年均蒸发量约 1400 mm，干燥度小于 1。

土系特征与变幅　该土系诊断层包括淡薄表层、黏化层和铁铝层；诊断特性包括湿润土壤水分状况、热性土壤温度状况和贫盐基的盐基饱和度。由于分布处地表稳定，土壤冲刷不明显，土壤经历了长时间的强烈风化，土壤黏土矿物主要为高岭石，含三水铝石，伴有少量水云母。其剖面一般具有 Ap-Bt-C，土体深厚，一般在 100~250 cm 之间；土壤颜色以暗红色为主，润态明度<4；土壤质地为黏壤至黏土，黏粒含量在 350~550 g/kg 之间，由上至下增加；整个剖面砾石含量低于 5%。表层容重在 1.25 g/cm^3 左右；心土容重在 1.30~1.50 g/cm^3 之间；呈酸性至强酸性，pH 在 5.5 以下。

Bt 层厚度 100 cm 以上；稍坚实或坚实，块状结构，黏粒含量在 350~550 g/kg 之间；CEC_7 在 12~16 cmol/kg 黏粒之间；ECEC 在 6~12 cmol/kg 黏粒之间；土壤氧化铁游离度在 80%~100%之间；土壤氧化钾低于 10 g/kg；土壤 pH 在 3.50~5.50 之间；色调主要为 10R 或 2.5YR，润态明度<4，彩度 6~8；干态明度<5，彩度 6~8。

对比土系　邵武系、长桥系，同一亚纲但不同土类，在颜色、温度状况方面有所差异。邵武系和长桥系在土表至 125 cm 范围内不具有暗红颜色特征（一半以上土层色调比 5YR 更红，且润态明度<4 和干态明度不比润态的高一个单位），而东游系具有暗红颜色特征。另外，长桥系的温度状况为高热，不同于东游系的热性温度状况。

利用性能综述　东游系土壤有机质和全氮以中等为主，有效磷和速效钾较低。表层土壤有机质含量在 20~30 g/kg 之间，全氮在 1.00~2.00 g/kg 之间，全磷一般在 0.50~1.00 g/kg 之间；速效钾和有效磷分别在 30 mg/kg 以下和 5~15 mg/kg 之间；全钾在 5 g/kg 左右。土壤保肥性能较低，CEC 主要在 5 cmol/kg 左右。所处地形为丘陵缓坡和阶地，外部排水良好，但因土质黏重，内部排水较差。土壤水热条件优越，土层深厚；矿质养分低，酸性较强，适宜于种植经济林。注意增施磷钾肥及微量元素，同时推广间、套种绿肥，增加覆盖，培肥地力，防止土壤侵蚀。

代表性单个土体（编号：35-054）　于 2011 年 7 月 22 日采自福建省建瓯市东游镇马安坑村，27°8'21.8" N，118°37'7.9" E。母质为片麻岩坡积物，地形为丘陵下坡（缓坡），海拔 143 m，坡度<5°，土地利用方式为果园。

Ap：0~20 cm，暗红色（10R3/4，润），红色（10R4/6，干），黏土，润，中等发育的块状和核状结构，疏松；少量细根；酸性；向下层模糊平滑过渡。

Bt1：20~70 cm，暗红色（10R3/6，润），红色（10R4/6，干），黏土，润，中等发育的块状结构，稍坚实；少量细根；酸性；向下层清晰平滑过渡。

Bt2：70~180 cm，暗红棕色（2.5YR3/6，润），红棕色（2.5YR4/8，干），黏土，润，强发育的块状结构，坚实、致密；见少量宽约 0.5 cm、长达 30 cm 的垂直向裂隙；强酸性。

东游系代表性单个土体剖面

东游系代表性单个土体物理性质

土层	深度 /cm	砾石（>2 mm，体积分数）/%	细土颗粒组成（粒径：mm）/（g/kg）			细土质地（美国制）	容重 /（g/cm³）
			砂粒 2~0.05	粉砂 0.05~0.002	黏粒 <0.002		
Ap	0~20	0.	333	291	376	黏壤	1.23
Bt1	20~70	0	289	268	443	砂质壤土	1.32
Bt2	70~180	0	246	274	480	黏土	1.43

东游系代表性单个土体化学性质

深度 /cm	pH		CEC /（cmol（+）/kg）		黏粒 CEC /（cmol（+）/kg）		盐基饱和度/%	铝饱和度/%	全铁（Fe_2O_3）/（g/kg）	游离铁 /（g/kg）
	（H_2O）	（KCl）	CEC_7	ECEC	CEC_7	ECEC				
0~20	4.73	3.60	6.23	4.63	16.57	12.31	16.57	69.11	43.36	35.54
20~70	4.73	3.79	5.90	4.56	13.32	10.29	20.68	67.32	52.62	43.12
70~180	4.37	3.82	5.86	3.79	12.20	7.91	18.94	70.71	55.92	49.55

5.2　普通简育湿润铁铝土

5.2.1　长桥系（Changqiao Series）

土族：黏质高岭石型酸性高热-普通简育湿润铁铝土

拟定者：章明奎，麻万诸

长桥系典型景观

分布与环境条件　分布于福建省漳州市诏安、漳浦等地海拔 250 m 以下的丘陵缓坡地或台地，坡度多在 5°~15° 之间。起源于花岗岩、凝灰岩石等的风化物，利用方式多为果园和林地。属南亚热带湿润气候区，年均温在 20.5~21.3℃；最热月出现在 7 月，平均温度 28~30℃；最冷月出现在 1 月，平均温度 10 ℃以上；≥10 ℃的积温 7200~7400℃，年均日照约 2400 h；无霜期 365 d；年均降水量大于 1620 mm，但降水分布不均，存在季节性的干旱，4~9 月的降水量占全年的 63%~75%；年均蒸发量约 1600 mm，干燥度 1 左右。

土系特征与变幅　该土系诊断层包括淡薄表层、黏化层和铁铝层；诊断特性包括湿润土壤水分状况、高热土壤温度状况和贫盐基的盐基饱和度。由于分布处地表稳定，土壤冲刷不明显，土壤经历了长时间的强烈风化，土壤黏土矿物主要为高岭石，含少量三水铝石，伴有少量水云母。其剖面一般具有 Ap-Bt-C，土体深厚，在 100~250 cm 之间；土壤颜色以红棕色或棕色为主，主要土层色调为 2.5YR 或 5YR；土壤质地主要为砂质黏土，黏粒含量在 250 ~550 g/kg 之间，黏粒含量在剖面从上至下增加；整个剖面砾石含量低于 25%。表层容重在 1.30 g/cm^3 左右；心土容重在 1.40~1.50 g/cm^3 之间；土壤主要为酸性，pH 在 4.5~5.5 之间。

Bt 层厚度 60~100 cm 之间；稍坚实或坚实，块状结构，黏粒含量 350~550 g/kg 之间；CEC_7 在 12~16 cmol/kg 黏粒之间；ECEC 在 8~12 cmol/kg 黏粒之间；土壤氧化铁游离度在 80%~100%之间；土壤氧化钾低于 10 g/kg；土壤 pH 在 4.50~5.50 之间；色调主要为 2.5YR 或 5YR，润态明度 3~5，彩度 6~8；干态明度 5~7，彩度 5~6。

对比土系　东游系，同一亚纲但不同土类；邵武系，同一亚类但不同土族。在温度状况、颜色有所不同。东游系和邵武系的土壤温度状况为热性，长桥系的土壤温度状况为高热；长桥系在土表至 125 cm 范围内不具有暗红颜色特征（一半以上土层色调比 5YR 更红，且润态明度<4 和干态明度不比润态的高一个单位），而东游系具有暗红颜色特征。

利用性能综述　长桥系土壤有机质和全氮以中等为主，有效磷和速效钾较低。表层土壤有机质含量在 20~30 g/kg 之间，全氮在 1.00~2.00 g/kg 之间，全磷一般在 1.00~1.50 g/kg 之间；速效钾和有效磷分别在 30~80 mg/kg 和 0~5 mg/kg 之间；全钾在 5 g/kg 左右。土壤保肥性能较低，CEC 主要在 5~10 cmol/kg 之间。所处地形为丘陵缓坡，外部排水良好，但因土质黏重，内部排水较差。土壤水热条件优越，土层深厚；土质黏重，矿质养分低，酸性较强，适宜于种植经济林和茶园。在利用改良时，应注意做好水土保持工作，增施磷钾肥及微量元素，同时推广间、套种绿肥，增加覆盖，培肥地力。

代表性单个土体（编号：35-160）　于 2013 年 3 月 19 日采自福建省漳州市漳浦县长桥镇溪内村，24°12'46.9" N，117°37'2.0"E。母质为古洪积物（物质来源为黑云母花岗岩风化物），台地，海拔 99 m，坡度<5°；土地利用方式为果园和旱地。

Ap：0~20 cm，红棕色（2.5YR4/6，润），橙色（2.5YR7/8，干），砂质黏壤土，润，中等发育的小块状结构，稍疏松；少量中根和细根；见少量石英砂；酸性；向下层模糊平滑过渡。

Bt1：20~70 cm，红棕色（2.5YR4/6，润），橙色（2.5YR7/6，干），砂质黏土，润，中等发育的棱状结构，疏松；少量中根；见少量石英砂；酸性；向下层模糊波状过渡。

Bt2：70~150 cm，暗红棕色（2.5YR3/6，润），橙色（2.5YR7/8，干），砂质黏土，润，中等发育的块状结构，稍坚实；有明显的石英砂；酸性；向下层清晰平直过渡。

BC：150 cm 以下，暗红棕色（2.5YR3/6，润），橙色（2.5YR7/8，干），润，弱发育粒状结构，稍坚实；含大量粒径在 2 mm 以上石英砂（30%以上）。

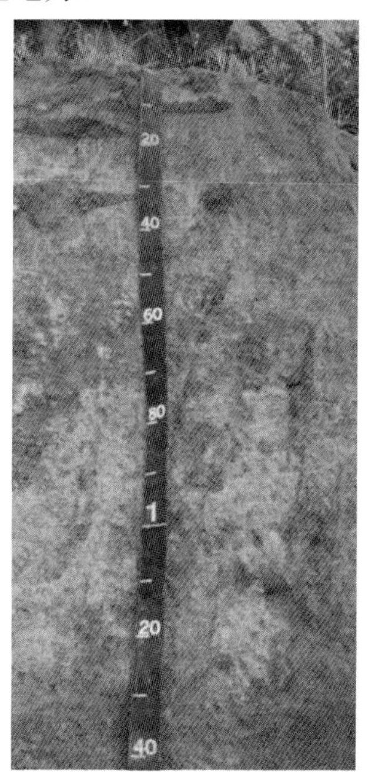

长桥系代表性单个土体剖面

长桥系代表性单个土体物理性质

土层	深度 /cm	砾石（>2 mm，体积分数）/%	细土颗粒组成（粒径：mm）/（g/kg）			细土质地（美国制）	容重 /（g/cm^3）
			砂粒 2~0.05	粉砂 0.05~0.002	黏粒 <0.002		
Ap	0~10	11	454	275	271	砂质黏壤土	1.32
Bt1	10~50	9	402	193	405	砂质黏土	1.43
Bt2	50~90	14	333	180	487	砂质黏土	1.48

长桥系代表性单个土体化学性质

深度 /cm	pH		CEC /（cmol（+）/kg）		黏粒 CEC /（cmol（+）/kg）		盐基饱和度/%	铝饱和度 /%	全铁（Fe_2O_3）/（g/kg）	游离铁 /(g/kg)
	（H_2O）	（KCl）	CEC_7	ECEC	CEC_7	ECEC				
0~10	4.87	3.54	4.55	4.55	20.67	16.87	11.87	80.66	42.34	31.65
10~50	4.75	3.66	6.27	4.70	15.67	11.76	7.33	85.74	46.54	39.87
50~90	4.76	3.78	7.25	5.39	14.89	11.07	6.89	84.60	50.03	43.55

5.2.2　邵武系（Shaowu Series）

土族：黏质高岭石型酸性热性-普通简育湿润铁铝土

拟定者：章明奎，麻万诸

邵武系典型景观

分布与环境条件　零星分布在福建省南平邵武市等地海拔 250 m 以下的丘陵缓坡地，坡度多在 5°~15° 之间。起源于泥质岩坡积物，利用方式多为果园和荒地。属亚热带湿润气候区，年均温度在 18.0℃左右；最热月出现在 7 月，平均温度 27.5℃左右；最冷月出现在 1 月，平均温度 7℃左右；≥10℃的积温 5600℃，年均日照约 1740 h；无霜期 265 d；年均降水量大于 1770 mm，但降水分布不均，存在季节性的干旱，3~9 月的降水量占全年的 77%~85%；年均蒸发量约 1350 mm，干燥度小于 1。

土系特征与变幅　该土系诊断层包括淡薄表层和铁铝层；诊断特性包括湿润土壤水分状况和热性土壤温度状况及贫盐基的盐基饱和度。由于分布处地表稳定，土壤冲刷不明显，土壤经历了长时间的强烈风化，土壤黏土矿物主要为高岭石，含少量三水铝石，伴有少量水云母。其剖面一般具有 Ap-Bw-C，土体深厚，一般在 100~250 cm 之间；土壤颜色以红棕色或红色为主，主要土层色调比 5YR 更红，但润态明度≥4；土壤质地为黏土，黏粒含量在 500 ~650 g/kg 之间，黏粒含量在剖面各层间差异较小；整个剖面砾石含量低于 5%。表层容重在 1.25 g/cm^3 左右；心土容重在 1.25~1.50 g/cm^3 之间；土壤主要为酸性，pH 在 4.5~5.5 之间。

Bw 层厚度 60~100 cm 之间；稍坚实或坚实，块状结构，黏粒含量 500~650 g/kg 之间；CEC_7 在 12~16 cmol/kg 黏粒之间；ECEC 在 8~12 cmol/kg 黏粒之间；土壤氧化钾低于 10 g/kg；土壤 pH 在 4.50~5.50 之间；色调主要为 2.5YR 或 5YR，润态明度 4~5，彩度 7~8；干态明度 5~6，彩度 7~8。

对比土系　东游系，同一亚纲但不同土类；长桥系，同一亚类但不同土族。在颜色、温度状况方面有所差异。东游系在土表至 125 cm 范围内具有暗红颜色特征（一半以上土层色调比 5YR 更红，且润态明度<4 和干态明度不比润态的高一个单位），而邵武系不具有暗红颜色特征。长桥系的温度状况为高热，不同于邵武系的热性温度状况。

利用性能综述　邵武系土壤有机质和全氮以中等为主，有效磷和速效钾较低。表层土壤有机质含量在 20~30 g/kg 之间，全氮在 1.00~2.00 g/kg 之间，全磷一般在 1.00~1.50 g/kg

之间；速效钾和有效磷分别在 30~80 mg/kg 和 0~5 mg/kg 之间；全钾在 5 g/kg 左右。土壤保肥性能较低，CEC 主要在 5~10 cmol/kg 之间。所处地形为丘陵缓坡和阶地，外部排水良好，但因土质黏重，内部排水较差。土壤水热条件优越，土层深厚；但其淋溶强烈，土质黏重，矿质养分低，酸性较强，适宜于种植经济林和茶园。在利用改良时，应注意做好水土保持工作，增施磷钾肥及微量元素，同时推广间、套种绿肥，增加覆盖，培肥地力。

代表性单个土体（编号：35-067）　于 2011 年 8 月 13 日采自福建省邵武市城郊镇芹田村，27°18'40.0"N，117°27'54.8"E。母质为泥质岩坡积物，地形为低丘下坡，海拔 229 m，坡度<10°；土地利用方式为果园和荒地。

邵武系代表性单个土体剖面

Ap：0~10 cm，暗红棕色（5YR3/6，润），橙色（5YR6/6，干），细土质地为黏土，稍干，中等发育的团粒状，稍坚实；中量中根和细根；见少量砾石块；酸性；向下层模糊平滑过渡。

Bw1：10~59 cm，红棕色（2.5YR4/8，润），亮红棕色（2.5YR5/7，干），细土质地为黏土，润，强发育的块状结构，疏松；少量细根；见少量石英砾石碎片；酸性；向下层模糊波状过渡。

Bw2：59~130 cm，红棕色（2.5YR4/8，润），亮红棕色（2.5YR5/7，干），细土质地为黏土，润，强发育的块状结构，坚实；酸性。

邵武系代表性单个土体物理性质

土层	深度 /cm	砾石（>2 mm，体积分数）/%	细土颗粒组成（粒径：mm）/（g/kg）			细土质地（美国制）	容重 /（g/cm^3）
			砂粒 2~0.05	粉砂 0.05~0.002	黏粒 <0.002		
Ap	0~10	2	225	195	580	黏土	1.28
Bw1	10~59	1	220	200	580	黏土	1.21
Bw2	59~130	1	260	180	560	黏土	1.43

邵武系代表性单个土体化学性质

深度 /cm	pH		CEC /（cmol（+）/kg）		黏粒 CEC /（cmol（+）/kg）		盐基饱和度/%	铝饱和度/%	全铁（Fe_2O_3）/（g/kg）	游离铁 /(g/kg)
	（H_2O）	（KCl）	CEC_7	ECEC	CEC_7	ECEC				
0~10	4.97	3.645	9.89	7.23	17.05	12.46	10.01	76.90	89.27	56.01
10~59	4.65	3.735	9.33	7.03	16.09	12.12	11.58	77.81	75.35	58.63
59~130	5.06	3.80	8.60	6.09	15.33	10.86	10.93	78.82	62.83	50.17

第 6 章　变性土土纲

6.1　干润变性土

6.1.1　佛昙系（Fotan Series）

土族：黏质蒙脱石非酸性高热-普通简育干润变性土
拟定者：章明奎，麻万诸

佛昙系典型景观

分布与环境条件　多出现于福建省漳浦县佛昙、赤湖、深土、前亭一带局部区域的沿海平缓低丘、台地。起源于暗黑色气孔状玄武岩残坡积物；所处地势低洼，土壤渗透较慢，内排水不良。利用方式主要为旱地和荒地，多种植花生、番薯等农作物，一年三熟。属亚热带湿润海洋性季风气候区，年均日照约 2000 h，年均气温 21℃，全年无霜，≥10℃的积温 7200~7300℃，≥15℃的积温 5900~6200℃，≥20℃的积温 4600~5100℃；1 月份平均气温在 10℃以上，最热月份在 7 月，平均温度在 28℃以上。年均降水量 900 mm 左右，降水的季节分布不均，干湿季节十分明显，每年 4~9 月为湿季，月降水量都在 100 mm 以上，其中 6~8 月的雨量约占全年的 63%~74%，10 月至翌年 3 月为旱季，月均降水都在 100 mm 以下，春旱较为严重。年均蒸发量约 1900 mm，其中 7 月最大，约 244 mm，2 月最小，约 88 mm，7~10 月蒸发量占全年 45%。干燥度在 1.1~1.3 之间。

土系特征与变幅　该土系诊断层包括暗沃表层和雏形层；诊断特性包括变性特征、半干润土壤水分状况、高热土壤温度状况和饱和的盐基饱和度。其土壤黏土矿物主要是蒙脱石，其次为高岭石和水云母等。其剖面一般具有 Ap-Bv-Cr，土体厚度一般在 60 cm 以上。该土质地黏重，土体平均黏粒含量在 300~500 g/ kg 之间；土体坚实，具明显的棱柱状结构，部分为核状结构；有深厚的土层，垂直裂隙贯穿整个土层，土壤具有明显的开裂、翻转、扰动特征；部分土层结构面上可见少量铁锰斑和红棕色胶膜，向下增加；全土层润色为暗红色或灰红色，色调 2.5YR~5YR，润态亮度小于 4，彩度小于 3；干态为淡红棕色、暗红棕色或棕色，色调 5YR~7.5YR，润态亮度和彩度小于 4；土壤 CEC 在 20 cmol/ kg 以上，呈中性至微酸性，盐基呈近饱和。

Bv 层厚度 40~100 cm；土色较暗，色调 2.5YR 或 5YR，润态明度小于 4，彩度小于 3；干态明度和彩度小于 4；黏粒含量在 300 g/kg 以上，质地黏重，多为壤黏土-黏土；各层次土壤质地分异不明显；黏土矿物以 2∶1 型蒙脱石为主，胀缩性明显；土体在较干状态下变性特征明显（楔形结构、裂隙和滑擦面）；中性和微酸性。

对比土系　漳浦系，不同土纲，相邻分布，但漳浦系所处位置较高，风化淋溶作用明显高于佛昙系，矿物类型以高岭石为主，具有低活性富铁层，土壤润态色调主要为 10R 或 2.5R，明显不同于佛昙系。

利用性能综述　佛昙系所处地势低洼，内排水不良。土壤土层深厚，质地较黏，自然肥力较高，酸碱度适中，盐基饱和度较高，有机质适量，土壤持水能力较强。因所处地降水量较少，水源不足，已垦部分宜种植番薯、大豆、花生、高粱等粮油作物及剑麻、红玫瑰、红麻等经济作物，以一年两熟为主，应加水平梯田，修筑田埂、平整台面，增加蓄水设施。未垦部分多布在岗部，水源更缺，应以育林为主，营造防风林带兼造薪炭林，树种选择以抗风耐旱的木麻黄、相思树为优。旱、黏是该土的最大限制因素，因此犁、耙、播种及雨后松土和施肥都要赶时间，抓住火候。另外，该土还有如下生产特点：①适种性强，间、套种有优势；②应多翻耕、省施肥；③作物产量高、品质优。但前亭系土壤全磷和全钾储量低，凋萎系数大、适耕期短，因此前亭系在进行农业生产时还须加强管理，如采用适宜灌溉方式，慎施石灰，深耕等。由于本土系黏粒含量高，黏土矿物以胀缩性较强的蒙脱石为主，不宜用于作公路的路基、堤坝和其他建筑物的基础。由于该土包含较多的蒙脱石，其可作为良好的吸附剂去除水体中的污染物质。

代表性单个土体（编号：35-008）　于 2011 年 4 月 15 日采自福建省漳州市漳浦县前亭镇大社村大社小学东面，24°14'14.2" N，117°58'14.5" E。母质为暗黑色气孔状玄武岩残坡积物，海拔 25 m，坡度小于 5°，地形为缓丘中下坡，梯地，主要种植大豆、花生等作物。

佛昙系代表性单个土体剖面

Ap：0~13 cm，暗红棕色（5YR3/3，润），淡红棕色（5YR4/3，干），细土质地为黏土，稍干，强发育的块状结构，坚实；少量中根和细根；有 5~7 mm 宽的垂直向裂隙；夹杂少量 2~5 cm 大小的砾石块；微酸性；向下层渐变平滑过渡。

Bv1：13~48 cm，暗红棕色（2.5YR3/2，润），淡红棕色（2.5YR4/3，干），细土质地为黏土，稍干，强发育的棱柱状结构，坚实；有明显的连续状垂直向裂隙，宽度约 5~ 10 mm，长度达 20~30 cm；裂隙面上有少量暗色腐殖质土膜；夹杂 5% 左右岩石碎屑；中性；向下层模糊波状过渡。

Bv2：48~76 cm，灰红色（2.5YR4/2，润），暗红棕色（2.5YR3/4，干），细土质地为黏土，润，强发育的棱柱状结构，坚实；宽度 5~6 mm 垂直向裂隙贯穿整个土层；部分裂隙中填充有少量表土下落的暗色腐殖质土壤物质，裂隙面上可见少量暗色腐殖质土膜；含 10%左右大小为 5 cm 左右的岩石碎屑；结构面上见少量铁锰斑；中性；向下层清晰波状过渡。

Cr：76~130 cm，含 30%~60%半风化灰白斑块状岩石碎屑。细土呈暗红棕色（2.5YR3/2，润），暗红棕色（2.5YR3/3，干），质地为黏土，润，中等发育的小块状结构，非常坚实；结构面上见 10%左右的深褐色铁锰斑；中性。

佛昙系代表性单个土体物理性质

土层	深度 /cm	砾石（>2 mm，体积分数）/%	细土颗粒组成（粒径：mm）/（g/kg）			细土质地（美国制）	容重 /（g/cm^3）
			砂粒 2~0.05	粉砂 0.05~0.002	黏粒 <0.002		
Ap	0~13	17	258	370	352	黏壤土	1.34
Bv1	13~48	12	192	430	378	粉砂质黏土	1.43
Bv2	48~76	7	242	389	368	黏壤土	1.45
Cr	76~130	17	198	380	422	黏土	1.57

佛昙系代表性单个土体化学性质

深度 /cm	pH		CEC /（cmol（+）/kg）		黏粒 CEC /（cmol（+）/kg）		盐基饱和度/%	铝饱和度/%	全铁（Fe_2O_3）/（g/kg）	游离铁 /（g/kg）
	（H_2O）	（KCl）	CEC_7	ECEC	CEC_7	ECEC				
0~13	6.38	5.54	32.22	23.35	91.56	66.35	72.47	0	165.45	49.92
13~48	6.85	6.12	30.00	22.71	79.41	60.11	75.70	0	149.47	43.30
48~76	6.88	6.23	28.38	24.79	77.04	67.29	87.35	0	191.85	80.98
76~130	6.90	6.32	34.54	25.20	81.91	59.76	72.96	0	197.80	78.16

第 7 章 盐成土土纲

7.1 含硫潮湿正常盐成土

7.1.1 福心系（Fuxin Series）

土族：砂质硅质混合型酸性热性-含硫潮湿正常盐成土

拟定者：章明奎，麻万诸

福心系典型景观

分布与环境条件 零星分布于福建省宁德和福州市沿海，地形为静水海湾和河口滩涂高潮区的近岸地段，海拔多在 2~4 m，坡度多在 0°~5°之间。起源于海相沉积物，利用方式为红树林或曾经生长过红树林的荒滩地。属亚热带湿润季风气候区，年均温在 18.5~19.5℃；≥10℃的积温 5800~6500℃，年均日照约 1770~1910 h；无霜期 276~340 d 左右；年均降水量 1200~1400 mm。年均蒸发量约 1400~1500 mm，干燥度略高于 1。

土系特征与变幅 该土系诊断层包括淡薄表层和盐积层；诊断特性包括潮湿土壤水分状况、潜育特征、高热土壤温度状况和硫化物物质。土壤黏土矿物主要为水云母和高岭石，伴有绿泥石和蛭石。该土壤沉积层较为深厚，常达数米，其土体构型为 Cz-Czj-Czg。由于其是位于高低潮位之间的滨海滩涂，长期受高矿化度海水的浸渍，土体中含有较高的可溶性盐，盐分含量在 10~20 g/kg 之间，剖面上下差异较小，表聚现象不明显；盐分组成主要为氯化钠。福心系土壤成土历史较短，剖面分化不明显，发生层段尚未形成，沉积层理明显；由于长期受海水浸渍，还原作用占优势，全剖面呈青灰色或黄灰色，剖面中下部有潜育特征。该土生物积累微弱，但沉积过程伴生着海生物的生长和生物残体的堆积，剖面通体有机质较高，且垂直分布较为均匀。由于生长红树林或曾经生长过红树林，土体中含有较多的含硫物质，当土壤变干时形成硫酸，导致土壤变酸，因此，土壤主要呈酸性至强酸性，pH 在 3.5~5.5 之间，部分在 4.0 以下；水溶性硫酸盐含量在 0.2~1.0 g/kg 之间，部分土层风干氧化后可见黄色黄钾铁矾小斑块。

Czj 层厚度 15~40 cm，软糊状，疏松；具明显沉积层理；砾石含量低于 5%，干土 pH 在 3.0~4.0 之间；水溶性硫酸盐含量在 0.5~1.0 g/kg 之间；风干氧化后可形成黄色黄钾铁矾小斑块。

对比土系　闽江口系，同一亚类但不同土族，闽江口系土壤颗粒大小级别为壤质，福心系土壤颗粒大小级别为砂质。

利用性能综述　福心系土壤有机质含量在 20~40 g/kg 之间，全氮在 1.00~2.00 g/kg 之间，全磷一般在 0.25~0.50 g/kg 之间；全钾在 10~20 g/kg 之间；速效钾和有效磷分别在 150~250 mg/kg 和 0~5 mg/kg 之间。土壤保肥性能较低，CEC 在 5 cmol/kg 以下。土壤处于高低潮位区，既受海潮淹没，又有丰富的淡水调节，并有丰富的营养来源，有机质丰富，适宜发展滩涂养殖。此处水域常受人为的污染，影响滩涂养殖，因此在管理上应采取有效措施防止滩涂污染。

福心系代表性单个土体剖面

代表性单个土体（编号：35-126）　剖面于 2011 年 10 月 5 日采自福建省福州市长乐市潭头镇福心村，26°2'44.2" N，119°36'11.0" E。母质为河口海相沉积物；地形为闽江口沙涂地内侧（靠近堤坝），海拔 3 m，坡度<3°；土地利用方式为荒滩涂，主要生长芦苇等。

Cz：0~20 cm，沙层，黄棕色（10YR5/6，润），淡黄橙色（10YR7/4，干），潮，细土质地为壤质砂土；散砂状结构，疏松；有明显的沉积层理；中量中根和细根；酸性；向下层清晰平滑过渡。

Czj：20~40 cm，沙层夹泥层，沙泥比例 7∶3；沙层呈黄棕色（10YR5/4，润），淡黄橙色（10YR7/3，干）；泥质层呈棕灰色（10YR4/1，润），灰白色（2.5Y6/1，干），潮，散砂状结构；细土质地为壤质砂土，疏松；少量中根；含有较多的含硫物质；强酸性；向下层清晰平滑过渡。

Czg：40~100 cm，黑棕色（2.5Y3/1，润），灰白色（2.5Y7/1，干），湿，细土质地为砂质壤土，软糊状，结构不明显，泡水后易散开；保留有沉积层理；少量中根；具潜育化特征；酸性。

福心系代表性单个土体物理性质

土层	深度 /cm	砾石 (>2 mm，体积分数）/%	细土颗粒组成（粒径：mm）/（g/kg）			细土质地（美国制）	容重 /（g/cm³）
			砂粒 2~0.05	粉砂 0.05~0.002	黏粒 <0.002		
Cz	0~20	3	854	130	16	壤质砂土	1.41
Czj	20~40	0	802	167	32	壤质砂土	1.39
Czg	40~100	0	477	395	128	砂质壤土	1.40

福心系代表性单个土体化学性质

深度 /cm	pH		水溶性盐分 /（g /kg）	水溶性硫酸盐 /（g/ kg）	CEC_7 /（cmol（+）/kg）	盐基饱和度/%	全铁 (Fe_2O_3)/(g/kg)	游离铁 /（g/kg）
	(H_2O)	(KCl)						
0~20	4.79	4.28	13.43	0.23	3.75	79.7	22.29	11.77
20~40	3.78	3.37	11.43	0.54	4.07	56.8	29.84	9.34
40~100	4.70	4.10	17.66	0.27	7.56	85.1	50.69	22.73

7.1.2　闽江口系（Minjiangkou Series）

土族：壤质硅质混合型酸性热性-含硫潮湿正常盐成土
拟定者：章明奎，麻万诸

闽江口系典型景观

分布与环境条件　零星分布于福建省宁德和福州市沿海，地形为静水海湾和河口滩涂高潮区的离岸较远地段，海拔多在 2~3 m，坡度多在 0° ~5° 之间。由于受潮水的影响，地表切割较明显。起源于海相沉积物，利用方式为红树林或曾经生长过红树林的荒滩地。属亚热带湿润季风气候区，年均温在 18.5~19.5℃；极端最低气温–5.3~–1.2℃，极端最高气温 37.0~43.0℃；最热月 7 月的平均气温 28~29℃，最冷月 1~2 月的平均气温 9~10℃；≥10℃的积温 5800~6500℃，年均日照约 1770~1910 h；无霜期 276~340 d 左右；年均降水量 1200~1400 mm，降水的季节分布不均，干湿季节十分明显，每年 3~9 月为湿季，占全年降水量的 81%~84%；10 月至翌年 3 月为少雨旱季。年均蒸发量约 1400~1500 mm，干燥度略高于 1。

土系特征与变幅　该土系诊断层包括淡薄表层和盐积层；诊断特性包括潮湿土壤水分状况、潜育特征、高热土壤温度状况和硫化物物质。土壤黏土矿物主要为水云母和高岭石，伴有绿泥石和蛭石。该土壤沉积层较为深厚，常达数米，其土体构型为（Cz）-Czj-Czg，对于已无红树林的地段，因受海潮的影响，有时 Cz 缺失。由于其位于近低潮位线一侧，受潮水影响明显，受高矿化度海水的长期浸渍，土体中含有较高的可溶性盐，盐分含量在 10~20 g/kg 之间，剖面上下差异较小，表聚现象不明显；盐分组成主要为氯化钠。闽江口系土壤成土历史较短，剖面分化不明显，沉积层理明显；由于长期受海水浸渍，还原作用占优势，全剖面呈青灰色或黄灰色，剖面中下部有潜育特征。该土生物积累微弱，但沉积过程伴生着海生物的生长和生物残体的堆积，剖面通体有机质较高，且垂直分布较为均匀。由于生长红树林或曾经生长过红树林，土体中含有较多的含硫物质，当土壤变干时形成硫酸，导致土壤变酸，因此，土壤主要呈酸性至强酸性，pH 在 3.5~5.5 之间，部分在 4.0 以下；水溶性硫酸盐含量在 0.5~1.0 g/kg 之间，部分土层风干氧化后可见黄色黄钾铁矾小斑块。该土砾石含量极低，在 5%以下；细土质地为粉砂质壤土，黏粒含量在 0~200 g/kg 之间；土壤砂粒含量较低，全剖面砂粒平均含量在 550 g/kg 以下。

Czj 层厚度 15~40 cm，软糊状，疏松；具明显沉积层理，黏粒含量在 0~200 g/kg 之间，砂粒含量在 550 g/kg 以下；砾石含量低于 5%，干土 pH 在 3.0~4.0 之间；水溶性硫酸盐含量在 0.5~1.0 g/kg 之间；风干氧化后可形成黄色黄钾铁矾小斑块。

对比土系　福心系，同一亚类但不同土族，闽江口系土壤颗粒大小级别为壤质，福心系土壤颗粒大小级别为砂质。

利用性能综述　闽江口系土壤有机质含量在 20~40 g/kg 之间，全氮在 1.00~2.00 g/kg 之间，全磷一般在 0.25~0.50 g/kg 之间；全钾在 10~20 g/kg 之间；速效钾和有效磷分别在 150~250 mg/kg 和 0~5 mg/kg 之间。土壤保肥性能中等，CEC 在 10 cmol/kg 左右。土壤处于高低潮位区，既受海潮淹没，又有丰富的淡水调节，有机质丰富，适宜发展滩涂养殖，但要注意防止水体污染。

闽江口系代表性单个土体剖面

代表性单个土体（编号：35-127）　于 2011 年 10 月 5 日采自福建省福州市长乐市潭头镇福心村，26°2'46.7" N，119°36'11.2" E。母质为河口海相沉积物；地形为闽江口沙涂地外侧（靠江心一侧），海拔 2.5 m，坡度<5°；土地利用方式为荒滩地，生长芦苇。

Czj：0~40 cm，黄灰色（2.5Y4/1，润），灰白色（2.5Y7/1，干），潮，松软状，细土质地为粉砂质壤土，疏松；具明显沉积层理；少量中根和细根；含有大量蟹穴，占剖面的 10%~20%；见少量砂粒状物质填充在蟹穴中，呈条带状分布；芦苇根和洞穴周围有淡黄橙色（10YR6/4）氧化铁淀积；强酸性；见少量黄色黄钾铁矾斑块，向下层清晰波状过渡。

Czg：40~100 cm，黑棕色（2.5Y3/1，润），灰白色（2.5Y7/1，干），湿，细土质地为粉砂质壤土，软糊状，无结构发育，疏松；具明显的沉积层理，夹杂少量半腐殖化根系物质；具潜育化特征；酸性。

闽江口系代表性单个土体物理性质

土层	深度/cm	砾石（>2 mm，体积分数）/%	细土颗粒组成（粒径：mm）/（g/kg）			细土质地（美国制）	容重/（g/cm^3）
			砂粒 2~0.05	粉砂 0.05~0.002	黏粒 <0.002		
Czj	0~40	0	264	592	144	粉砂质壤土	1.32
Czg	40~100	0	320	562	118	粉砂质壤土	1.43

闽江口系代表性单个土体化学性质

深度/cm	pH	水溶性盐分/（g/kg）		水溶性硫酸盐/（g/kg）	CEC_7/（cmol（+）/kg）	盐基饱和度/%	全铁（Fe_2O_3）/（g/kg）	游离铁/（g/kg）	深度/cm
		（H_2O）	（KCl）						
Czj	0~40	3.77	3.37	15.34	0.63	10.88	44.9	56.53	25.60
Czg	40~100	5.35	5.16	16.45	0.34	9.91	82.3	55.31	23.78

7.2　海积潮湿正常盐成土

7.2.1　东甲系（Dongjia Series）

土族：黏质伊利石混合型石灰性高热-海积潮湿正常盐成土

拟定者：章明奎，麻万诸

东甲系典型景观

分布与环境条件　分布于闽江口以南的福州、莆田、厦门、泉州和漳州等市的滨海县海积平原的高潮位以下，高潮位时可被淹没；海拔多在 3~4 m，地面坡度多在 0°~3°之间；地形多为半岛和岬角环抱的半封闭式港湾。起源于海相沉积物，由于半岛和岬角屏障，海流速度和海浪动力明显减弱，沉积物颗粒较强，以粉砂和黏粒为主；利用方式为荒滩地，多为裸滩。属亚热带湿润海洋性季风气候区，年均日照 1900~2300 h，年均气温 20.3~21.0℃，无霜期 330~365 d，≥10℃的积温 6500~7500℃，1 月份平均气温在 10℃以上，最热月份在 7 月，平均温度在 28℃左右。年均降水量 1200~1400 mm，降水的季节分布不均，干湿季节十分明显，每年 3~9 月为湿季，雨量约占全年的 75%~78%，10 月至翌年 3 月为旱季，春旱较为严重。年均蒸发量约 1400~1900 mm，干燥度在 1.2~1.4。

土系特征与变幅　该土系诊断层包括盐积层；诊断特性包括潮湿土壤水分状况、潜育特征、高热土壤温度状况和石灰性。土壤黏土矿物主要为水云母和高岭石，伴有绿泥石和蛭石。该土壤沉积层较为深厚，常达数米，其土体构型为 Cz-Czg。由于其是位于高低潮位之间的滨海滩涂，长期受高矿化度海水的浸渍，土体中含有较高的可溶性盐，盐分含量在 10~20 g/kg 之间，剖面上下差异较小，表聚现象不明显；盐分组成主要为氯化钠。土壤还未脱离潮水的影响，剖面分化不明显，土体中保留明显的沉积层理；由于长期受海水浸渍，还原作用占优势，全剖面呈青灰色或黄灰色，剖面中下部有潜育特征。该土生物积累微弱，但沉积过程伴生着海生物的生长和生物残体的堆积，剖面通体有机质较高，且垂直分布较为均匀。土体中有弱石灰反应，土壤主要呈微碱性，pH 在 7.5~8.5 之间；该土无明显砾石，细土质地为黏壤土，黏粒含量在 350~400 g/kg 之间。由于土壤较为黏重，当土壤长时间裸露地表时，可形成明显的裂隙。

Czg 层上限出现在 15~50 cm 的土体中，厚度 60 cm 以上，软糊状但致密，具明显沉积层理，黏粒含量在 350~400 g/kg 之间，pH 在 7.5~8.5 之间；具潜育化特征；弱石灰反应。

对比土系　尾炉坑系、虎屿岛系，同一亚类但不同土族，在土壤颗粒大小级别、土壤温度状况有所差异。尾炉坑系土壤颗粒大小级别为黏壤质，土壤温度状况为热性；而东甲系土壤颗粒大小级别为黏质，土壤温度状况为高热。虎屿岛系土壤温度状况为热性，而东甲系土壤温度状况为高热。

利用性能综述　东甲系表层土壤有机质含量在 20~40 g/kg 之间，全氮在 1.00~2.00 g/kg 之间，全磷一般在 0.35~0.75 g/kg 之间；全钾在 30~40 g/kg 之间；速效钾和有效磷分别在>150 mg/kg 和 0~8 mg/kg 之间。土壤保肥性能较强，CEC 在 10~15 cmol/kg 之间。地处高低潮位间，既受海潮淹没，又有丰富的淡水调节，并有丰富的营养物质，土质软黏，适宜发展滩涂养殖。

东甲系代表性单个土体剖面

代表性单个土体（编号：35-132）　于 2011 年 10 月 6 日采自福建省莆田市荔城区黄石镇东甲村，25°23'55.1" N，119°7'36.9" E。母质为浅海沉积物；地形为滨海平原（兴化湾），位于海塘外侧，海拔 10 m，坡度<3°；荒滩涂；地下水位在 90 cm 左右。

Cz：0~15 cm，棕灰色（10YR5/1，润），棕灰色（10YR6/1，干），潮，细土质地为黏壤土，无明显结构，稍坚硬、紧实；无植物根系，少量贝壳；微碱性；弱石灰反应；向下层清晰平滑过渡。

Czg：15~100 cm，暗绿灰色（10GY4/1，润），灰色（5Y6/1，干），潮，细土质地为黏壤土，土体软糊，无明显的结构，土体很致密；具潜育化特征；微碱性；弱石灰反应。

东甲系代表性单个土体物理性质

土层	深度 /cm	砾石（>2 mm，体积分数）/%	细土颗粒组成（粒径：mm）/（g/kg）			细土质地（美国制）	容重 /（g/cm^3）
			砂粒 2~0.05	粉砂 0.05~0.002	黏粒 <0.002		
Cz	0~15	0	201	423	376	黏壤土	1.43
Czg	15~100	0	228	389	383	黏壤土	1.53

东甲系代表性单个土体化学性质

深度 /cm	pH		水溶性盐分 /（g /kg）	CEC$_7$ /（cmol（+）/kg）	盐基饱和度 /%	全铁（Fe_2O_3）/（g/kg）	游离铁 /（g/kg）
	（H_2O）	（KCl）					
0~15	7.63	5.26	14.45	13.02	100	61.80	21.63
15~100	7.78	5.31	18.22	12.44	100	63.02	19.86

7.2.2　蚶江系（Hanjiang Series）

土族：黏壤质云母混合型非酸性高热-海积潮湿正常盐成土
拟定者：章明奎，麻万诸

蚶江系典型景观

分布与环境条件　零星分布于闽江口以南的滨海县，地形部位为各河流入海的河口平原高潮线以上的海滩或人工刚围垦不久的海涂，已脱离潮水的影响，海拔多在 4~6 m，地面坡度多在 0°~3°之间；地下水位 75~150 cm。起源于海相沉积物或冲海积物，由于受周围际相物质的影响，沉积物粗细颗粒混杂；利用方式为荒滩地，为裸滩或生长芦苇、盐蒿、獐毛等。属亚热带湿润海洋性季风气候区，年均日照 1900~2300 h，年均气温 20.3~21.0℃，无霜期 330~365 d，≥10℃的积温 6500~7500℃。年均降水量 1200~1400 mm。年均蒸发量约 1400~1900 mm，干燥度在 1.2~1.4。

土系特征与变幅　该土系诊断层包括盐积层；诊断特性包括潮湿土壤水分状况、潜育特征和高热土壤温度状况。土壤黏土矿物主要为水云母和高岭石，伴有绿泥石和蛭石。该土壤沉积层较为深厚，常达数米，其土体构型为 Cz-Czg。由于其是位于高潮线以上或已被人工围垦，目前已脱离海水浸渍，但该土地下水位较浅，地下水的矿化度高，在干旱季节盐分可随水分蒸发上升，在地表聚盐；雨季时又被雨水淋洗下移，土壤处于脱盐和积盐交替进行中，总体上土壤脱盐过程大于积盐过程。上层土壤的盐分含量一般低于底土。土体中含有较高的可溶性盐，盐分含量在 10~20 g/kg 之间，盐分组成主要为氯化钠；植被较少的区块可出现盐斑，干旱季节地面可出现厚约 2 mm 龟裂层，龟裂片大小 10 cm 见方。由于成土时间很短，剖面分化不明显，土体中保留明显的沉积层理；全剖面呈青灰色或黄灰色，剖面中下部有潜育特征，有亚铁反应。该土生物积累微弱，但因沉积过程伴生着海生物的生长和生物残体的堆积，剖面通体有机质较高，且垂直分布较为均匀。土体中无明显的石灰反应，土壤主要呈中性，pH 在 6.5~7.5 之间；细土质地为壤土或黏壤土。受人为倾土或堆填物的影响，土体中可夹杂人工制品，夹杂一定数量的砾石类物质，但其数量平均低于 25%。

Czg 层上限出现在 30~60 cm 的土体中，厚度 50 cm 以上，软糊状，具沉积层理，pH 在 6.5~7.5 之间；具潜育化特征；无石灰反应。有时夹杂人工制品等侵入体。

对比土系　云霄系，同一亚类但不同土族，但因植被及分布位置的差异，它们的潜育化土层出现深度、土壤 pH 有所不同。云霄系分布于红树林下，经常受潮水淹没，其全剖面具潜育特征，矿质表层 0~40 cm 土壤酸化明显，pH 在 5.5 以下；蚶江系土壤基本不受潮水影响，其潜育化土层出现在土表 30 cm 以下，矿质表层 0~40 cm 土壤一般呈中性；有时地表可见盐斑；地表可见龟裂层。

利用性能综述　蚶江系表层土壤有机质含量在 20~40 g/kg 之间，全氮在 1.00~2.00 g/kg 之间，全磷一般在 0.35~0.75 g/kg 之间；全钾在 20~30 g/kg 之间；速效钾和有效磷分别在>150 mg/kg 和 0~8 mg/kg 之间。土壤保肥性能较强，CEC 在 10~15 cmol/kg 之间。土壤主要问题是盐害，在利用改良上，要注意平整田面，完善灌排系统，灌排分开；选择种植耐盐的作物。在水源充足的地段，可采用种稻加快脱盐，但需注意把洗盐后的排水排出外塘。同时，注意增施有机肥，水旱轮作改良土壤理化性质，防止土壤返盐。

代表性单个土体（编号：35-139）　于 2011 年 10 月 7 日采自福建省泉州市石狮市蚶江镇水头村，24°47'22.5" N，118°39'21.7" E。母质为浅海沉积物；地形为滨海平原，海拔 6 m，坡度<2°；土地利用方式为荒滩地，主要生长芦苇；地下水位约 1 m。

蚶江系代表性单个土体剖面

Cz1：0~20 cm，暗灰黄色（2.5Y4/2，润），灰黄色（2.5Y7/2，干），潮，细土质地为壤土，无结构体，疏松；含大量人为侵入物质（包括塑料制品、玻璃制品和纤维制品），数量在 5%~10%之间；结构体表面和根孔周围见少量棕红色氧化铁淀积物；中量中根和细根；中性；无明显石灰反应；向下层模糊平滑过渡。

Cz2：20~40 cm，黄灰色（2.5Y4/1，润），灰黄色（2.5Y6/2，干），潮，细土质地为壤土，无结构体，疏松；夹杂 5%左右的人为侵入体；少量细根；中性；无明显石灰反应；清晰平滑过渡。

Czg：40~100 cm，青黑色（10BG2/1，润），棕灰色（10YR5/1，干），湿，细土质地为黏壤土，无结构体，软糊状；含 10%左右围垦填埋所致半腐烂的芦苇，自上而下减少；5%左右人为侵入体；具潜育特征；中性；无明显石灰反应。

蚶江系代表性单个土体物理性质

土层	深度 /cm	砾石 (>2 mm，体积分数) /%	细土颗粒组成（粒径：mm）/（g/kg）			细土质地（美国制）	容重 /（g/cm^3）
			砂粒 2~0.05	粉砂 0.05~0.002	黏粒 <0.002		
Cz1	0~20	15	309	425	265	壤土	1.31
Cz2	20~40	34	401	356	243	壤土	1.33
Czg	40~100	2	434	195	372	黏壤土	1.29

蚶江系代表性单个土体化学性质

深度 /cm	pH		水溶性盐分 /（g /kg）	CEC$_7$ /（cmol（+）/kg）	盐基饱和度 /%	全铁 （Fe_2O_3）/（g/kg）	游离铁 /（g/kg）
	（H_2O）	（KCl）					
0~20	7.13	6.67	13.34	11.43	100	43.54	15.34
20~40	6.98	5.57	10.54	10.56	97.6	26.12	7.88
40~100	6.96	5.91	16.45	11.04	97.5	59.48	16.32

7.2.3　虎屿岛系（Huyudao Series）

土族：黏质伊利石混合型石灰性热性-海积潮湿正常盐成土
拟定者：章明奎，麻万诸

虎屿岛系典型景观

分布与环境条件　分布于闽江口以北的福州、宁德市的滨海县海积平原的高潮位以下，高潮位时可被淹没；海拔多在 3~4 m，地面坡度多在 0°~3°之间；地形多为半岛和岬角环抱的半封闭式港湾。在福宁湾、东吾洋、罗源湾等有较为集中的分布。起源于海相沉积物，由于半岛和岬角屏障，海流速度和海浪动力明显减弱，沉积物颗粒较强，以粉砂和黏粒为主；利用方式为荒滩地，多为裸滩。属亚热带湿润海洋性季风气候区，年均日照 1770~1910 h，年均气温 18.0~20.2℃，无霜期 276~340 d，≥10℃的积温 5846~6457℃，1 月份平均气温在 8~9℃之间，最热月份在 7 月，平均温度在 28~29℃左右。年均降水量 1100~1600 mm，降水的季节分布不均，干湿季节十分明显，每年 3~9 月为湿季，雨量约占全年的 81%~84%，10 月至翌年 3 月为旱季，春旱较为严重。年均蒸发量约 1200~1400 mm，干燥度在 0.90~1.10 之间。

土系特征与变幅　该土系诊断层包括盐积层；诊断特性包括潮湿土壤水分状况、潜育特征、热性土壤温度状况和石灰性。土壤黏土矿物主要为水云母和高岭石，伴有绿泥石和蛭石。该土壤沉积层较为深厚，常达数米，其土体构型为 Cz-Czg。由于其是位于高低潮位之间的滨海滩涂，长期受高矿化度海水的浸渍，土体中含有较高的可溶性盐，盐分含量在 10~20 g/kg 之间，剖面上下差异较小，表聚现象不明显；盐分组成主要为氯化钠。土壤还未脱离潮水的影响，剖面分化不明显，土体中保留明显的沉积层理；由于长期受海水浸渍，还原作用占优势，全剖面呈青灰色或黄灰色，剖面中下部有潜育特征。该土生物积累微弱，但沉积过程伴生着海生物的生长和生物残体的堆积，剖面通体有机质较高，且垂直分布较为均匀。土体中有中至弱石灰反应，土壤主要呈微碱性，pH 在 7.5~9.0 之间；该土无明显砾石，细土质地为黏壤土，黏粒含量在 350~450 g/kg 之间。由于土壤较为黏重，当土壤长时间裸露地表时，可形成明显的裂隙。

Czg 层上限出现在 15~50 cm 的土体中，厚度 60 cm 以上，软糊状但致密，具明显沉积层理，黏粒含量在 350~450 g/kg 之间，pH 在 7.5~9.0 之间；具潜育化特征；中石灰反应。有时可见少量贝壳碎片。

对比土系　尾炉坑系、东甲系，同一亚类但不同土族，在土壤颗粒大小级别、土壤温度状况有所差异。尾炉坑系土壤颗粒大小级别为黏壤质；而虎屿岛系土壤颗粒大小级别为黏质。东甲系土壤温度状况为高热，而虎屿岛系土壤温度状况为热性。

利用性能综述　虎屿岛系表层土壤有机质含量在 20~40 g/kg 之间，全氮在 1.00~2.00 g/kg 之间，全磷一般在 0.35~0.75 g/kg 之间；全钾在 25~40 g/kg 之间；速效钾和有效磷分别在>150 mg/kg 和 0~8 mg/kg 之间。土壤保肥性能较强，CEC 在 10~15 cmol/kg 之间。地处高低潮位间，既受海潮淹没，又有丰富的淡水调节，并有丰富的营养物质，土质软黏，适宜发展滩涂养殖，是发展蛏、蛤、牡蛎等的主要基地。

虎屿岛系代表性单个土体剖面

代表性单个土体（编号：35-144）　于 2012 年 3 月 8 日采自福建省宁德市霞浦县牙城镇虎屿岛，26°58'22.4" N，120°11'30.7"E。母质为黏质海相沉积物；地形为海湾海积平原（高潮位时被淹没；低潮位时部分出露地表），海拔 4 m，坡度<2°；土地利用方式为荒滩和海水养殖。

Cz1：0~20 cm，灰黄色（2.5Y6/2，润），灰白色（2.5Y7/1，干），湿，细土质地为黏壤土，无结构，稍疏松；夹杂少量贝壳碎片，少量细根，根表有少量棕色氧化铁淀积；碱性；有明显石灰反应；向下层模糊平滑过渡。

Cz2：20~60 cm，黄棕色（2.5Y5/3，润），灰白色（2.5Y7/1，干），湿，细土质地为黏壤土，无结构，稍坚实；夹杂少量贝壳碎片；碱性；有明显石灰反应；向下层渐变平滑过渡。

Czg：60~125 cm，黑色（5Y3/1，润），灰色（5Y6/1，干），积水，细土质地为黏壤土，无结构，稍疏松；夹杂少量贝壳碎片；具潜育化特征；微碱性；有明显石灰反应。

虎屿岛系代表性单个土体物理性质

土层	深度 /cm	砾石（>2 mm，体积分数）/%	细土颗粒组成（粒径：mm）/（g/kg）			细土质地（美国制）	容重 /（g/cm³）
			砂粒 2~0.05	粉砂 0.05~0.002	黏粒 <0.002		
Cz1	0~20	0	245	402	354	黏壤土	1.38
Cz2	20~60	0	241	398	362	黏壤土	1.39
Czg	60~125	0	126	501	373	黏壤土	1.39

虎屿岛系代表性单个土体化学性质

深度 /cm	pH		水溶性盐分 /（g/ kg）	CEC_7 /（cmol（+）/kg）	盐基饱和度 /%	全铁（Fe_2O_3）/（g/kg）	游离铁 /（g/kg）
	（H_2O）	（KCl）					
0~20	8.87	6.75	16.23	12.64	100	73.03	25.88
20~60	8.62	6.53	14.76	11.93	100	71.10	24.38
60~125	8.31	6.65	18.23	12.54	100	67.74	17.59

7.2.4　灵川系（Lingchuan Series）

土族：砂质硅质混合型非酸性高热-海积潮湿正常盐成土
拟定者：章明奎，麻万诸

灵川系典型景观

分布与环境条件　分布于莆田、泉州和漳州等市的滨海县海积平原的中潮位区，高潮位时可被淹没；海拔多在 2~4 m，地面坡度多在 0°~3°之间；地形多为河流入海区或离河流较远的平直海湾地带。起源于海积-冲积物，有泥沙交互的沉积层理，它主要是由于江河的水流和海潮互相顶托，内陆携带来的泥沙和海泥交互混杂沉积所致，沉积物质地偏砂。利用方式为荒滩地，或养殖滩涂。属亚热带湿润海洋性季风气候区，年均日照 1900~2300 h，年均气温 20.4~21.0℃，无霜期 330~365 d，≥10℃的积温 6500~7500℃，1 月份平均气温在 10℃以上，最热月份在 7 月，平均温度在 28℃左右。年均降水量 1200~1400 mm，降水的季节分布不均，干湿季节十分明显，每年 3~9 月为湿季，雨量约占全年的 75%~78%，10 月至翌年 3 月为旱季，春旱较为严重。年均蒸发量约 1400~1900 mm，干燥度在 1.2~1.4。

土系特征与变幅　该土系诊断层包括盐积层；诊断特性包括潮湿土壤水分状况、潜育特征和高热土壤温度状况。土壤黏土矿物主要为水云母和高岭石，伴有绿泥石和蛭石。该土壤沉积层较为深厚，常达数米，其土体构型为 Cz-Czg。由于其是位于高低潮位之间的滨海滩涂，长期受高矿化度海水的浸渍，土体中含有较高的可溶性盐，盐分含量在 10~20 g/kg 之间，剖面上下差异较小，表聚现象不明显；盐分组成主要为氯化钠。土壤还未脱离潮水的影响，剖面分化不明显，土体中保留明显的沉积层理；由于长期受海水浸渍，还原作用占优势，全剖面呈青灰色或黄灰色，剖面中下部有潜育特征。该土生物积累微弱，且沉积物中缺乏泥质物质，剖面通体有机质较低。土体中无石灰反应，土壤主要呈中性，pH 在 6.5~7.5 之间；砾石含量一般在 10%~25%之间，细土质地为砂质壤土，黏粒含量在 50~200 g/kg 之间；砂粒含量在 430~850 g/kg 之间。

Czg 层上限出现在 20~60 cm 的土体中，厚度 30 cm 以上，散砂状，具明显沉积层理，黏粒含量在 50~200 g/kg 之间，pH 在 6.5~7.5 之间；有时可见贝壳碎屑；具潜育化特征；无石灰反应。

对比土系　云霄系、蚶江系，同一亚类但不同土族，云霄系和蚶江系的土壤颗粒大小级别为黏壤质，灵川系的土壤颗粒大小级别为砂质。

利用性能综述　灵川系除速效钾外，土壤养分较低。表层土壤有机质含量在 5~10 g/kg 之间，全氮在 0.20~0.50 g/kg 之间，全磷一般在 0.35~0.75 g/kg 之间；全钾在 15~25 g/kg 之间；速效钾和有效磷分别在>150 mg/kg 和 0~8 mg/kg 之间。土壤保肥性能较弱，CEC 在 5 cmol/kg 左右。土壤目前仍受海潮的影响与控制，可作为水产养殖的用地，主要养殖花蛤，还可养殖蛏、紫菜。

灵川系代表性单个土体剖面

代表性单个土体（编号：35-134）　于 2011 年 10 月 6 日采自福建省莆田市城厢区灵川镇上尾村，25°17'10.8" N，119°0'40.0" E。母质为浅海冲海积物（受陆地冲积物的影响沉积颗粒有点偏砂）；地形为滨海平原，海拔 4 m，坡度<2°；土地利用方式为荒滩地。

Cz1：0~20 cm，灰色（5Y5/1，润），灰白色（5Y7/1，干），潮，细土质地为砂质壤土，散砂状，疏松；无植物根系，有 1%~2%贝壳碎屑；少量棕红色氧化铁斑纹；中性；无明显石灰反应；向下层模糊平滑过渡。

Cz2：20~50 cm，灰色（10Y6/1，润），灰色（10Y6/1，干），湿，细土质地为砂质壤土，无结构，疏松；含 1%左右贝壳碎屑；微碱性；无明显石灰反应；向下层逐变平滑过渡。

Czg：50~100 cm，青灰色（5BG5/1，润），灰色（10Y6/1，干），湿，细土质地为砂质壤土，散砂状，疏松；含 1%左右贝壳碎屑；有潜育特征；中性。

灵川系代表性单个土体物理性质

土层	深度 /cm	砾石（>2 mm，体积分数）/%	细土颗粒组成（粒径：mm）/（g/kg）			细土质地（美国制）	容重 /（g/cm³）
			砂粒 2~0.05	粉砂 0.05~0.002	黏粒 <0.002		
Cz1	0~20	9	688	186	126	砂质壤土	1.31
Cz2	20~60	10	773	157	69	砂质壤土	1.34
Czg	60~100	11	661	253	85	砂质壤土	—

灵川系代表性单个土体化学性质

深度 /cm	pH		水溶性盐分 /（g/ kg）	水溶性硫酸盐/（g /kg）	CEC_7 /（cmol（+）/kg）	盐基饱和度/%	全铁（Fe_2O_3）/（g/kg）	游离铁 /（g/kg）
	（H_2O）	（KCl）						
0~20	7.45	5.21	11.16	0.08	5.01	100	54.09	24.34
20~60	7.54	5.34	10.43	0.11	3.15	100	42.71	19.76
60~100	6.97	4.43	15.34	0.23	3.65	86.0	32.31	13.84

7.2.5　尾炉坑系（Weilukeng Series）

土族：黏壤质云母混合型石灰性热性-海积潮湿正常盐成土
拟定者：章明奎，麻万诸

尾炉坑系典型景观

分布与环境条件　分布于闽江口以北的福州、宁德市的滨海县近丘陵地带的海积平原，海拔多在 3~4 m，在高潮位以下，涨潮位时可被淹没；地面坡度多在 0°~3°之间；地形多为半岛和岬角环抱的半封闭式港湾。起源于海相沉积物，由于半岛和岬角屏障，海流速度和海浪动力明显减弱，沉积物颗粒以粉砂和黏粒为主，但同时其又受周围丘陵流失泥沙的影响，其沉积物中伴随较多的砾石与粗砂；利用方式为荒滩地或养殖地。属亚热带湿润海洋性季风气候区，年均日照 1770~1910 h，年均气温 18.0~19.5℃，无霜期 276~340 d，≥10℃的积温 5846~6457℃，1 月份平均气温在 8~9℃之间，最热月份在 7 月，平均温度在 28~29℃左右。年均降水量 1100~1600 mm，降水的季节分布不均，干湿季节十分明显，每年 3~9 月为湿季，雨量约占全年的 81%~84%，10 月至翌年 3 月为旱季，春旱较为严重。年均蒸发量约 1200~1400 mm，干燥度在 0.90~1.10 之间。

土系特征与变幅　该土系诊断层包括盐积层；诊断特性包括潮湿土壤水分状况、潜育特征、热性土壤温度状况和石灰性。土壤黏土矿物主要为水云母和高岭石，伴有绿泥石和蛭石。该土壤沉积层较为深厚，常达数米，其土体构型为 Cz-Czg。由于其是位于高低潮位之间的滨海滩涂，长期受高矿化度海水的浸渍，土体中含有较高的可溶性盐，盐分含量在 10~20 g/kg 之间，剖面上下差异较小，表聚现象不明显；盐分组成主要为氯化钠。土壤还未脱离潮水的影响，剖面分化不明显，土体中保留明显的沉积层理；由于长期受海水浸渍，还原作用占优势，全剖面呈青灰色或黄灰色，剖面中下部有潜育特征。在沉积物堆积过程伴生着海生物的生长和生物残体的堆积，剖面有一定的有机质积累，上下差异较小。土体中有弱石灰反应，有时可见少量贝壳碎片。土壤主要呈中性至微碱性，pH 在 7.0~8.0 之间；该土有明显的砾石，全剖面砾石平均含量在 10%~25%之间，细土质地在壤土至黏土之间，黏粒含量在 200~450 g/kg 之间，全剖面平均含量在 200~350 g/kg 之间。

Czg 层上限出现在 15~50 cm 的土体中，厚度 60 cm 以上，软糊状但致密，具明显沉积层理，黏粒含量在 200~450 g/kg 之间，pH 在 7.0~8.0 之间；具潜育化特征；弱石灰反应。有时可见少量贝壳碎片。

对比土系　虎屿岛系、东甲系，同一亚类但不同土族，在土壤颗粒大小级别、土壤温度状况有所差异。虎屿岛系土壤颗粒大小级别为黏质，而尾炉坑系土壤颗粒大小级别为黏壤质；东甲系土壤温度状况为高热，而尾炉坑系土壤温度状况为热性。

利用性能综述　尾炉坑系表层土壤有机质含量在 10~30 g/kg 之间，全氮在 1.00~2.00 g/kg 之间，全磷一般在 0.35~0.75 g/kg 之间；全钾在 25~40 g/kg 之间；速效钾和有效磷分别在>100 mg/kg 和 0~8 mg/kg 之间。土壤保肥性能较强，CEC 在 10~20 cmol/kg 之间。地处高低潮位间，既受海潮淹没，又有丰富的淡水调节，并有丰富的营养物质，土质较软黏，适宜发展滩涂养殖。

尾炉坑系代表性单个土体剖面

代表性单个土体（编号：35-146）　于 2012 年 3 月 8 日采自福建省宁德市霞浦县长春镇尾炉坑村，26°45'50.7" N，120°3'38.0" E。母质为海相沉积物；地形为海湾海积小平原（离岸 30 m 内），海拔 4 m，坡度<3°；土地利用方式为荒滩。

Cz：0~25 cm，灰色（10Y5/1，润），灰白色（10Y7/1，干），湿，细土质地为黏土，无结构，疏松；夹杂较多的贝壳碎片；无明显的植物根系；中性；有弱石灰反应；向下层清晰平滑过渡。

Czg1：25~75 cm，深灰色（2.5GY4/1，润），灰黄色（2.5Y7/2，干），湿，细土质地为黏壤土，无结构，稍疏松；有明显的潜育化特征；微碱性；有弱石灰反应；向下层模糊平滑过渡。

Czg2：75~110 cm，灰色（7.5Y4/1，润），灰色（5Y6/1，干），湿，细土质地为壤土，无结构，稍坚实；夹杂少量砂质物质，具潜育化特征；微碱性；有石灰反应。

尾炉坑系代表性单个土体物理性质

土层	深度 /cm	砾石（>2 mm，体积分数）/%	细土颗粒组成（粒径：mm）/（g/kg）			细土质地（美国制）	容重 /（g/cm^3）
			砂粒 2~0.05	粉砂 0.05~0.002	黏粒 <0.002		
Cz	0~25	30	320	246	435	黏土	1.35
Czg1	25~75	8	355	314	330	黏壤土	1.43
Czg2	75~110	10	272	497	230	壤土	—

尾炉坑系代表性单个土体化学性质

深度 /cm	pH		水溶性盐分 /（g/ kg）	CEC_7 /（cmol（+）/kg）	盐基饱和度 /%	全铁（Fe_2O_3）/（g/kg）	游离铁 /（g/kg）
	（H_2O）	（KCl）					
0~25	7.36	5.85	13.54	16.67	100	40.18	16.34
25~75	7.51	5.98	14.24	11.76	100	65.95	13.42
75~110	7.98	6.18	16.45	9.86	100	44.24	12.23

7.2.6　云霄系（Yunxiao Series）

土族：黏壤质云母混合型非酸性高热-海积潮湿正常盐成土
拟定者：章明奎，麻万诸

云霄系典型景观

分布与环境条件　零星分布闽东南沿海局部静水海湾及河口滩涂高潮区，植被为红树林，主要分布于云霄、漳浦、龙海等地的潮间滩涂地带。地势低平，经常被水淹没，海拔 4 m 以下。起源于河口海相沉积物。属亚热带湿润季风气候区，年均日照约 2200~2400 h；年均气温 21.2℃左右；无霜期 360 d 左右，≥10℃的积温 7550℃左右。年均降水量约 1600~1700 mm，年均蒸发量约 1800~1900 mm。年均干燥度略低于 1。

土系特征与变幅　该土系诊断层包括盐积层；诊断特性包括潮湿土壤水分状况、潜育特征和高热土壤温度状况。土壤黏土矿物主要为水云母，其次为高岭石和绿泥石，含有少量蒙脱石。其剖面一般具有 Agz-Cgz，土体厚度在 80~125 cm 之间；土壤颜色以黄灰色为主。所处地形为静水海湾及河口滩涂高潮区，有利于喜温耐盐红树生长，形成生态特殊的红树林植被。由于红树根系及残体中有较高的硫，土壤含有较高的硫。在潮水浸渍下，红树林残体进行嫌气分解，产生大量的 H_2S，加剧了土壤的还原作用，使土体呈深黑灰色腐泥。在淹水条件下，土壤一般呈微碱性，当红树林滩涂逐渐淤高时，附着露干时间的增加，土壤氧化作用加强，土壤呈现微酸性或酸性反应，但地表无黄钾铁矾斑块；水溶性硫酸盐不足 0.5 g/kg；pH 在 4.5~7.5 之间（向下增加），高于 4.0。该土全剖面均有较高的水溶性盐，在 10~50 g/kg 之间；通体呈还原状态，向下亚铁反应增强。土壤质地为粉砂壤土，剖面上下质地变化较小；表土容重在 0.50 g/cm^3 左右，以下土壤容重在 0.80 g/cm^3 左右。

Agz 层厚度 15~25 cm，稍疏松，软糊，黏粒含量在 150~270 g/kg 之间，砾石低于 5%；pH 在 4.5~5.5 之间；有潜育特征，无硫化物物质特性；水溶性盐在 10~50 g/kg 之间；色调主要为 2.5Y、5Y 或 10GY，润态明度 4~6，彩度 1~2；干态明度 5~6，彩度 1~2。Cgz 层厚度 8~15 cm，稍疏松，软糊；pH 在 4.5~7.5 之间；有潜育特征，无硫化物物质特性；水溶性盐在 10~50 g/kg 之间；色调主要为 2.5Y、5Y、10GY 或 10BG，润态明度 4~6，彩度 1~2；干态明度 6~7，彩度 1~2。

对比土系　蚶江系，同一亚类但不同土族，但因植被及分布位置的差异，它们的潜育化土层出现深度、土壤 pH 有所不同。云霄系分布于红树林下，其全剖面具潜育特征，矿质表层 0~40 cm 土壤酸化明显，pH 在 5.5 以下；蚶江系土壤的潜育化土层出现在土表

30 cm 以下，矿质表层 0~40 cm 土壤一般呈中性。

利用性能综述　云霄系土壤有机质和全氮积累明显，有效磷和速效钾均处于较高水平。表层土壤有机质含量在 35~60 g/kg 之间，全氮在 1.50~3.00 g/kg 之间；全磷一般在 0.30~1.00 g/kg 之间；全钾一般在 10~20 g/kg 之间；速效钾和有效磷分别在 150~250 mg/kg 和 5~15 mg/kg 之间。土壤保肥性能中等，CEC 在 10 cmol/kg 左右。土壤酸性较强，含盐量高，有机质、全氮、速效钾丰富，地处海水涨落地段，其上生长的植被为红树林，有护岸作用，应加以保护，不适宜围垦造田；可适当发展养殖业。

云霄系代表性单个土体剖面

代表性单个土体（编号：35-110）　于 2011 年 9 月 17 日采自福建省云霄县东厦镇竹塔村，23°55'18.7" N，117°24'55.9" E。母质为（漳江口）河口海相沉积物；地形为河口冲积平原，海拔 1 m，坡度<5°；土地利用方式为红树林。

Agz：0~20 cm，黄灰色（2.5Y6/1，润），黄灰色（2.5Y6/1，干），细土质地为粉砂壤土，湿，无结构，软糊；有亚铁反应；中量中根和细根；夹杂大量红树林残枝；酸性；向下层模糊平滑过渡。

Cgz1：20~40 cm，黄灰色（2.5Y6/1，润），黄灰色（2.5Y6/1，干），细土质地为粉砂壤土，湿，无结构，软糊；有明显亚铁反应；中量中根和细根；夹杂少量红树林残枝；酸性；向下层模糊平滑过渡。

Cgz2：40~100 cm，绿灰色（10GY5/1，润），灰白色（5Y7/1，干），细土质地为粉砂壤土，湿，无结构，软糊；有明显亚铁反应；少量中根和细根；中性。

云霄系代表性单个土体物理性质

土层	深度 /cm	砾石（>2 mm，体积分数）/%	细土颗粒组成（粒径：mm）/（g/kg）			细土质地（美国制）	容重 /（g/cm³）
			砂粒 2~0.05	粉砂 0.05~0.002	黏粒 <0.002		
Agz	0~20	0	740	260	261	粉砂壤土	0.56
Cgz1	20~40	1	499	287	213	粉砂壤土	0.75
Cgz2	40~100	2	271	551	180	粉砂壤土	0.89

云霄系代表性单个土体化学性质

深度 /cm	pH		水溶性盐分 /（g/ kg）	水溶性硫酸盐/（g /kg）	CEC_7 /（cmol（+）/kg）	盐基饱和度/%	全铁（Fe_2O_3）/（g/kg）	游离铁 /（g/kg）
	（H_2O）	（KCl）						
0~20	4.85	3.41	21.54	0.39	9.43	49.84	51.73	19.18
20~40	4.98	3.52	17.65	0.41	8.97	54.40	59.95	18.92
40~100	7.10	5.80	15.67	0.23	7.78	99.87	58.67	17.06

第 8 章　富铁土土纲

8.1　普通黏化干润富铁土

8.1.1　漳浦系（Zhangpu Series）

土族：黏质高岭石型酸性高热-普通黏化干润富铁土
拟定者：章明奎，麻万诸

分布与环境条件　分布于福建省莆田、泉州、漳浦等地靠沿海的低丘台地，海拔一般在 250 m 以下。起源于玄武岩和辉长岩等风化物，土体厚度大多在 80~150 cm 之间。利用方式主要为林地、园地和旱地。属亚热带湿润海洋性季风气候区，年均日照约 2000 h，年均气温 20.4~21.2℃，全年无霜，≥10℃的积温 7200~7300℃，≥15℃的积温 5900~6200℃，≥20℃的积温 4600~5100℃；1 月份平均气温在 10℃以上，最热月份在 7 月，平均温度在 28℃以上。年均降水量 1000~1200 mm，降水的季节分布不均，干湿季节十分明显，每年 4~9 月为湿季，月降水量都在 100 mm 以上，其中 6~8 月的雨量约占全年的 63%~74%，10 月至翌年 3 月为旱季，月均降水都在 100 mm 以下，春旱较为严重。年均蒸发量约 1500~2000 mm，干燥度在 1.2 左右。

漳浦系典型景观

土系特征与变幅　该土系诊断层包括淡薄表层、低活性富铁层和黏化层；诊断特性包括半干润土壤水分状况、高热土壤温度状况。该土起源于玄武岩和辉长岩等风化物，原生矿物风化彻底，次生矿物大量形成。土壤黏土矿物主要为高岭石，但结晶较差；其次为水云母，无蒙脱石，含针铁矿和赤铁矿。其剖面一般具有 Ap-Bt-C，土体厚度在 80~150 cm 之间；土壤氧化铁含量高，土壤颜色为暗红色或红棕色。土壤质地为黏土，黏粒含量多在 500 g/kg 以上。土壤结构以块状或核状为主；表土层容重在 1.20 g/cm^3 左右，心土层容重在 1.40 g/cm^3 左右；土壤呈酸性，pH 在 4.5~5.5 之间。

Bt 层厚度 30~60 cm，黏粒含量在 450~650 g/kg 之间，具黏化特征；CEC_7 在 16~24

cmol/kg 黏粒之间；土壤游离氧化铁含量较高，在 35 g/kg 以上，而氧化铁游离度在 40%以上；土壤 pH 在 4.50~5.50 之间；色调为 10R 或 2.5R，润态明度 3~4，彩度 3~4；干态明度 3~4，彩度 4~6。

对比土系　东岭系，同一亚纲但不同土类，在颗粒大小级别有明显的差异。东岭系颗粒大小级别为黏壤质，漳浦系颗粒大小级别为黏质；另外，漳浦系土壤中存在黏化层。

利用性能综述　该土系养分因植被或利用方式不同可有很大的变化。表层土壤有机质含量在 10~60 g/kg 之间，全氮在 0.50~2.50 g/kg 之间，全磷一般在 0.80~2.50 g/kg 之间；速效钾和有效磷分别在 10~80 mg/kg 和 3~15 mg/kg 之间。土壤保肥性能中等，CEC 在 10~20 cmol/kg 之间。所处地形为低丘缓坡，排水良好。湿时土壤较为黏重，干时坚硬。主要分布在沿海台地，降雨较少，土壤干旱；土质黏重，通透性较差，耕性不良，宜耕期极短。土壤黏粒含量高，氧化铁丰富，固磷强度大，磷的有效性低，但潜在供磷能力较强；土壤含钾量低，缺钾较为突出。CEC 较高，保肥性能良好，土壤呈酸性。由于光热条件优越，适种性较广，因此可选择土层较厚的地段发展荔枝、剑麻及蔬菜作物；丘陵顶部可营造薪炭林。在改良措施上，应渗砂改黏，深翻并破坏坚硬的土壤结构，这样既可改善土壤物理性状，又可增加雨季上层土壤渗透速度，促进深层储水，以充分利用自然降水。对经济作物应注意多施有机肥和合理增施磷钾肥，配施硼、钼微肥。

代表性单个土体（编号：35-011）　于 2011 年 4 月 15 日采自福建省漳州市漳浦县前亭镇大社村，24°14'29.1" N，117°58'18.9" E。母质为暗黑色气孔状玄武岩残积物；地形为玄武岩丘陵上坡（近丘陵顶部），海拔 72 m，坡度 20°~25°；土地利用方式为果园或旱地（剑麻、灌木林）。地表有大量不同直径的球状风化玄武岩出露，面积占地面的 60%，大小 40~100 cm。

漳浦系代表性单个土体剖面

Ap：0~20 cm，暗红棕色（2.5YR3/3，润），淡红棕色（2.5YR4/3，干），细土质地为黏土，干，中等发育的团粒和小块状结构，疏松；中量中根和细根；夹有 5%~10%岩石风化碎屑；酸性；向下层清晰平滑过渡。

Bt1：20~60 cm，红棕色（10R4/4，润），红色（10R4/6，干），细土质地为黏土，干，发育明显的块状结构，坚实；少量细根；酸性；向下层渐变波状过渡。

Bt2：60~90 cm，暗红色（10R3/4，润），暗红色（10R3/6，干），细土质地为黏土，稍润，发育明显的块状结构或棱柱状结构，有少量宽度 2~5 mm 垂直向裂隙，坚实；酸性；向下层渐变波状过渡。

Bt3：90~120 cm，红棕色（10R4/4，润），红棕色（10R4/6，干），细土质地为黏土，润，发育明显的块状结构，坚实；酸性；向下层清晰波状过渡。

C：120 cm 以下，玄武岩半风化体，主要土壤颜色为红棕色（2.5YR4/6，润），亮红棕色（2.5YR5/6，干），砂质黏壤土，稍润，单粒状，坚实；微酸性。

漳浦系代表性单个土体物理性质

土层	深度 /cm	砾石 （>2 mm，体积分数）/%	细土颗粒组成（粒径：mm）/（g/kg）			细土质地（美国制）	容重 /（g/cm³）
			砂粒 2~0.05	粉砂 0.05~0.002	黏粒 <0.002		
Ap	0~20	15	179	359	462	黏土	1.16
Bt1	20~60	4	212	164	624	黏土	1.35
Bt2	60~90	2	184	173	643	黏土	1.40
Bt3	90~120	3	274	181	545	黏土	1.45
C	>120	20	583	81	337	砂质黏壤土	1.41

漳浦系代表性单个土体化学性质

深度 /cm	pH		CEC /（cmol（+）/kg）		黏粒 CEC /（cmol（+）/kg）		盐基饱和度/%	铝饱和度/%	全铁 （Fe_2O_3）/（g/kg）	游离铁 /（g/kg）
	（H_2O）	（KCl）	CEC_7	ECEC	CEC_7	ECEC				
0~20	5.27	4.54	14.76	9.86	31.95	21.34	55.28	15.72	147.16	74.93
20~60	5.31	4.46	18.21	13.64	29.21	21.88	62.05	16.44	143.28	95.81
60~90	5.29	4.31	13.37	10.55	20.79	16.40	65.67	14.97	129.16	66.50
90~120	5.46	4.76	11.14	8.62	20.44	15.81	67.23	7.89	62.18	38.64
>120	5.82	5.11	8.56	6.10	25.43	18.12	61.21	9.34	45.17	27.88

8.2　表蚀简育干润富铁土

8.2.1　东岭系（Dongling Series）

土族：黏壤质硅质型酸性高热-表蚀简育干润富铁土

拟定者：章明奎，麻万诸

东岭系典型景观

分布与环境条件　主要分布在福建省泉州市的沿海县，所处地形为海拔 200 m 以下的低丘陵、台地的陡峭岗部或起伏变化较大的坡段，坡度多在 5°~35°之间。由于长期以来不合理开发利用或采土制砖，植被破坏，表土层被侵蚀（剥离），淀积层裸露，严重者淀积层亦部分被侵蚀，成为不毛光板地；当地群众称之为“赤土埔”。东岭系土壤起源于第四纪红色黏土，利用方式多为荒地或稀疏灌丛。地面冲沟发育，地表支离破碎。属亚热带湿润海洋性季风气候区，年均日照 2200~2033 h，年均气温约 20.5~21.0℃，无霜期约 330~358 d，≥10℃的积温 6700~7500℃，1 月份平均气温在 12.1~13℃左右，最热月份在 7 月，平均温度在 28.6~29℃左右。年均降水量 1100~1300 mm，降水的季节分布不均，干湿季节十分明显，每年 3~9 月为湿季，雨量约占全年的 76%左右，10 月至翌年 3 月为旱季，春旱较为严重。年均蒸发量约 1300~1600 mm，干燥度约为 1.1。

土系特征与变幅　该土系诊断层包括低活性富铁层；诊断特性包括半干润土壤水分状况和高热土壤温度状况。成土时间较长，土壤风化比较强烈，土壤黏土矿物主要为高岭石，有较多的蛭石和水云母，含少量三水铝石。其剖面一般具有 Bw-C，表土层被侵蚀（剥离），淀积层裸露，但砾石层埋藏较深；土体深厚，一般在 80~125 cm 之间；土壤颜色以红棕色为主；土壤质地粉砂质壤土至黏质壤土，黏粒含量在 150~400 g/kg 之间，全剖面平均黏粒含量在 200~350 g/kg 之间；整个剖面土壤砾石（主要为石英砂）含量均低于 25%。土壤主要为酸性，pH 在 4.5~5.5 之间。地表干燥，可见 1~5 cm 厚的灰色石英砂层。

Bw 层（低活性富铁层）厚度 60~100 cm；坚实，大块状和块状结构，黏粒含量在 150~400 g/kg 之间；砾石含量均低于 25%；pH 在 4.5~5.5 之间。CEC_7 在 16~24 cmol/kg 黏粒之间；土壤氧化铁游离度在 40%~80%以上；色调主要为 2.5YR 或 5YR，润态明度 4~5，彩度 7~8；干态明度 6~7，彩度 5~6。

对比土系　漳浦系，同一亚纲但不同土类，颗粒大小级别有明显的差异。东岭系颗粒大小级别为黏壤质，漳浦系颗粒大小级别为黏质；另外，漳浦系土壤中存在黏化层。芹田系，同一土纲但不同亚纲，同为侵蚀型的富铁土，但颗粒大小级别、温度状况、土壤湿度有差异。芹田系土壤颗粒大小级别为黏质，温度状况和湿度状况分别为热性和湿润；东岭系土壤颗粒大小级别为黏壤质，温度状况和湿度状况分别为高热和干湿。

利用性能综述　东岭系土壤有机质、氮素和矿质养分低下。上层土壤有机质含量在2~5 g/kg 之间，全氮在 0.10~0.50 g/kg 之间，全磷一般在 0.250~0.50 g/kg 之间；速效钾和有效磷分别在 10~50 mg/kg 以上和 0~5 mg/kg 之间；全钾在 3~10 g/kg 之间。土壤保肥性能较低，CEC 主要在 10 cmol/kg 左右。土壤地表强烈冲刷，心土层裸露，地表冲沟纵横，地面支离破碎，坡面的边缘易塌陷，植被稀疏。改良上，主要是做好水土保持工作，修筑水平梯田，平整台面。在此基础上，结合有机肥料的施用逐年深翻，种植绿肥，培肥土壤，发展龙眼、荔枝、菠萝或杂果。岗部或坡度较大的地段，可种植相思树或草被，防止进一步的土壤冲刷。坡的边缘地段，可种植多年生的豆科植物，如木豆、合欢等，既护坡，又可割青。

代表性单个土体（编号：35-142）　于 2011 年 10 月 8 日采自福建省泉州市惠安县东岭镇石井村，24°59'15.6" N，118°52'28.6" E。母质为第四纪红土；台地，海拔 28 m，坡度 5°左右；土地利用方式为荒地。

Bw1：0~20 cm，亮红棕色（2.5YR5/8，润），橙色（2.5YR6/6，干），干，细土质地为黏壤土，发育明显的块状结构，坚实；无明显根系；夹杂 2 mm 左右石英砂（30%左右）；酸性；向下层模糊平滑过渡。

Bw2：20~60 cm，红棕色（2.5YR4/8，润），橙色（2.5YR7/6，干），稍干，细土质地为黏壤土，发育明显的块状结构，稍坚实；夹杂 2 mm 大小的石英砂（10%左右）；酸性；向下层渐变波状过渡。

Bw3：60~80 cm，红棕色（2.5YR4/8，润），橙色（2.5YR7/6，干），润，细土质地为粉砂质壤土，发育明显的块状结构，稍坚实；见少量（<5%）直径 2 mm 左右的石英砂；酸性；向下层清晰波状过渡。

C：80~150 cm，半风化母质层，由红色（态为亮红棕色（2.5YR5/8，润）细土和灰白色（7.5YR8/2，润）半风化砾石块组成，其干态颜色分别为淡橙色（2.5YR6/3）和灰白色（7.5YR8/1），比例为 5∶5；细土质地为粉砂质壤土，弱发育小块状结构，稍坚实；酸性。

东岭系代表性单个土体剖面

东岭系代表性单个土体物理性质

土层	深度 /cm	砾石（>2 mm，体积分数）/%	细土颗粒组成（粒径：mm）/（g/kg）			细土质地（美国制）	容重 /（g/cm^3）
			砂粒 2~0.05	粉砂 0.05~0.002	黏粒 <0.002		
Bw1	0~20	32	323	283	394	黏壤土	1.40
Bw2	20~60	14	225	491	284	黏壤土	1.38
Bw3	60~80	12	287	520	194	粉砂质壤土	1.37
C	80~150	11	332	501	168	粉砂质壤土	—

东岭系代表性单个土体化学性质

深度 /cm	pH		CEC /（cmol（+）/kg）		黏粒 CEC /（cmol（+）/kg）		盐基饱和度/%	铝饱和度/%	全铁（Fe_2O_3）/（g/kg）	游离铁 /（g/kg）
	（H_2O）	（KCl）	CEC_7	ECEC	CEC_7	ECEC				
0~20	5.21	4.23	8.76	6.98	22.23	17.72	65.18	14.61	49.52	35.17
20~60	5.34	4.77	6.45	5.24	22.71	18.45	61.39	18.13	58.70	34.75
60~80	5.31	4.75	4.96	4.13	25.56	21.29	55.44	26.63	54.79	29.54
80~150	5.49	4.94	4.88	4.03	29.05	23.99	55.74	31.02	59.05	29.41

8.3　普通简育常湿富铁土

8.3.1　延平系（Yanping Series）

土族：壤质硅质混合型酸性热性-普通简育常湿富铁土
拟定者：章明奎，麻万诸

分布与环境条件　主要分布在福建省龙岩、三明、南平、宁德等市的中山坡地，海拔 900~1400 m 之间，坡度多在 15°~35°之间。起源于石英砂岩、砂砾岩、凝灰质砂砾岩、变质砂岩等的风化物。利用方式主要为林地和荒地，主要生长亚热带常绿阔叶林和常绿落叶阔叶混交林以及湿生禾草。属亚热带湿润气候，年均温在 13.5~15.5℃之间；≥10℃的积温 4000~4600℃，年均日照约 1700 h；无霜期 225~240 d；年均降水量 1800~2200 mm，年相对湿度在 85%以上。气温低、湿度大，常年云雾弥漫；年均蒸发量约 800~1200 mm，干燥度小于 1，属于常湿润水分状况。该土主要分布相对低凹的区域，周围坡度较大处主要分布新成土或岩石露头。

延平系典型景观

土系特征与变幅　该土系诊断层包括暗瘠表层和低活性富铁层；诊断特性包括常湿润土壤水分状况、热性土壤温度状况及贫盐基的盐基饱和度。次生矿物以水云母和高岭石为主，其次为蛭石，含少量三水铝石。其剖面一般具有 Ah-Bw-Bc，土体厚度在 50~100 cm 之间。由于地处高海拔，气温低、云雾多、湿度大，有机质积累量大，地表常可见厚度不等的枯叶层。表土颜色以棕黑色和暗灰色为主。土壤主要呈酸性，pH 主要在 4.5~5.5 之间。质地为壤土。表层容重在 1.00 g/cm^3 左右；心土容重在 1.30 g/cm^3 左右。

Bw 层（低活性富铁层）厚度 30~60 cm 之间；块状结构，稍坚实；pH 主要在 4.5~5.5 之间；CEC_7 为 16~24 cmol/kg 黏粒；土壤氧化铁游离度在 40%~80%；色调为 2.5Y 或 10YR，润态明度 5~7，彩度 4~8；干态明度 6~8，彩度 3~6。

对比土系　石屯系，呈复区分布，但石屯系土体中不具备低活性富铁层，而延平系土体中具有低活性富铁层。

利用性能综述　延平系土壤有机质和全氮积累量大，有效磷和速效钾中下，全钾含量较低。表层土壤有机质含量在 50~100 g/kg 之间，全氮在 2.50~4.50 g/kg 之间，全磷一般在

0.50~1.00 g/kg 之间；全钾一般在 5~15 g/kg 之间；速效钾和有效磷分别在 30~80 mg/kg 和 0~5 mg/kg 之间。土壤保肥性能中等，CEC 在 10~15 cmol/kg 之间。土壤分布海拔高，气温温湿，是甜槠、米槠、拉氏栲、厚壳桂、毛竹、柳杉等用材林生产产地，1000 m 以上马尾松、杉木表现不太适应。平缓坡段也可垦辟作药材基地，种植厚朴、天麻等，或开辟为茶园。利用上应注意防止水土流失，开辟茶园必须修筑水平梯地，增加有机肥料的投入，并根据土壤状况，增施磷钾肥。

代表性单个土体（编号：35-062） 于 2011 年 8 月 12 日采自福建省南平市延平区王台镇山腰村，26°41'29.5" N，118°6'3.4"E。母质为变质砂岩坡积物；地形为中山中坡段，周围有较多岩石露头；海拔 1158 m，坡度 25°；土地利用方式为林地，针阔叶混交林，由马尾松、杉树和阔叶树木组成。

延平系代表性单个土体剖面

Oi ：+1~0 cm，枯叶层（包括针叶和阔叶）。

Ah：0~30 cm，棕黑色（10YR3/1，润），灰黄棕色（10YR4/2，干），细土质地为壤土，润，中等发育的团粒状结构，疏松；中量粗根和细根；夹杂约 10%片状变质砂岩块；强酸性；向下层清晰水平过渡。

Bw：30~90 cm，黄橙色（10YR7/8，润），浅黄橙色（10YR8/4，干），细土质地为壤土，润，中等发育的中块状结构，稍坚实；少量粗根和细根；夹杂 15%~20%片状半风化变质砂岩碎片；酸性；向下层清晰波状过渡。

BC：90~125 cm，由半风化片状碎石块与细土组成，石块占土体的 75%以上，细土呈黄橙色（10YR7/8，润）和浅黄橙色（10YR8/4，干），细土质地为壤土，润，小块状结构，稍坚实；酸性。

延平系代表性单个土体物理性质

土层	深度 /cm	砾石（>2 mm，体积分数）/%	细土颗粒组成（粒径：mm）/（g/kg）			细土质地（美国制）	容重 /（g/cm³）
			砂粒 2~0.05	粉砂 0.05~0.002	黏粒 <0.002		
Ah	0~30	14	420	375	205	壤土	0.98
Bw	30~90	18	345	463	192	壤土	1.31
BC	90~125	71	340	465	195	壤土	—

延平系代表性单个土体化学性质

深度 /cm	pH		CEC /（cmol（+）/kg）		黏粒 CEC /（cmol（+）/kg）		盐基饱和度/%	铝饱和度/%	全铁（Fe_2O_3）/（g/kg）	游离铁 /（g/kg）
	（H_2O）	（KCl）	CEC_7	ECEC	CEC_7	ECEC				
0~30	4.47	3.285	13.87	11.25	67.65	54.88	2.74	84.18	28.23	9.12
30~90	4.63	3.95	4.56	3.77	23.75	19.64	14.69	80.11	38.21	23.89
90~125	5.04	4.05	4.76	3.95	24.41	20.26	12.18	75.19	47.45	25.21

8.4　淋溶钙质湿润富铁土

8.4.1　赖源系（Laiyuan Series）

土族：黏壤质硅质混合型非酸性热性-淋溶钙质湿润富铁土

拟定者：章明奎，麻万诸

分布与环境条件　分布于福建省龙岩市的石灰岩低山缓坡地，海拔在 500~900 m 之间，坡度在 25°~60°之间。起源于灰岩、泥灰岩和石灰岩的残坡积物，利用方式主要为林地和果园。属亚热带湿润季风气候区，年均温在 15.0~17.5 ℃；≥10 ℃的积温 4500~5500 ℃，年均日照约 1700~1750 h；无霜期 250~263 d；年均降水量 1700~2000 mm。年均蒸发量约 1200~1500 mm，干燥度小于 1。

赖源系典型景观

土系特征与变幅　该土系诊断层包括暗沃表层和低活性富铁层；诊断特性包括石质接触面、湿润土壤水分状况、热性土壤温度状况和富盐基的盐基饱和度。土壤黏粒矿物主要为水云母和高岭石，伴有少量蛭石。其剖面一般具有 Ah-Bw-C 或 Ah-Bw-R（部分为红土层下直接为石灰岩基岩，部分在红土层与基岩之间有一半风化层）；土体厚度多在 40~80 cm 之间，表土层厚度一般在 15~25 cm 之间；由于降水量大，土体中碳酸钙不断淋溶，土壤基本脱钙，多呈中性至微酸性（pH 主要在 5.5~7.5 之间），无石灰反应，已显示出富铝化特征。细土部分质地为粉砂质黏壤土或壤土；由于分布海拔较高，土壤较为湿润，土壤颜色以黄棕色和暗棕色为主。地表有时可见 0.5~5 cm 厚的枯叶层。

Bw 层（低活性富铁层）厚度 20~60 cm，坚实，块状结构；pH 在 5.5~7.5 之间；CEC_7 在 16~24 cmol/kg 黏粒之间；氧化铁游离度在 40%~80%之间。色调主要为 7.5YR 或 5YR，润态明度 5~6，彩度 6~8；干态明度 5~6，彩度 6~8。

对比土系　石下系、曹远系，同一亚类但不同土族，酸碱度、颗粒大小级别有较大的差异。石下系土壤颗粒大小级别为黏质，呈酸性；赖源系土壤颗粒大小级别为黏壤质，为非酸性。曹远系土壤颗粒大小级别为黏质，赖源系土壤颗粒大小级别为黏壤质。

利用性能综述　赖源系土壤有机质和全氮积累明显，但有效磷和速效钾中等。表层土壤有机质含量在 35~65 g/kg 之间，全氮在 1.50~3.00 g/kg 之间，全磷一般在 0.50~1.00 g/kg 之间；全钾在 10~15 g/kg 之间；速效钾和有效磷分别在 30~80 mg/kg 和 3~10 mg/kg 之间。

土壤保肥性能较低，CEC 在 5~10 cmol/kg 之间。因系石灰岩发育的土壤，成土速率较慢，一旦发生冲刷，土层难以恢复，且该土分布区坡度大，水土流失的风险较大，应注意封山育林和水土保持工作。在坡度较缓的地段，可考虑开发为果园，进行等高种植，并注意林下草被建设，以防止土壤侵蚀。并适当施用磷钾肥，提高果树的产量。

代表性单个土体（编号：35-083）　于 2011 年 8 月 23 日采自福建省龙岩市连城县赖源乡下村，25°33'49.7"N，117°0'36.6" E。母质为石灰岩坡积物，周围有大量石灰岩露头；地形为中山坡脚，海拔 862 m，坡度 30°；土地利用方式为果园和林地，除露头外地表覆盖良好，林下草被 100%，林地>90%。

赖源系代表性单个土体剖面

Ah：0~20 cm，黑棕色（10YR3/1，润），灰黄棕色（10YR6/2，干），细土质地为壤土，润，弱发育的块状结构和团粒状结构，稍坚实；中量细根；夹杂直径<5 cm 半风化碎屑（占 15%~25%）；微酸性；向下层清晰波状过渡。

Bw：20~60 cm，土体主要由橙色（5YR6/8，润）、黄棕色（10YR5/8，润）和灰白色（10YR7/1，润）组成，并以橙色为主（占土体的 80%左右）；干态颜色主要为橙色（7.5YR7/6）；细土质地为粉质黏壤土，润，中等发育的块状结构，很坚实，细根难下伸；微酸性；向下层渐变波状过渡。

C：60~90 cm，由新鲜碎块状石灰岩岩体与黄红色细土组成，新鲜的岩石碎块占 60%以上，细土占 40%以下。细土物质呈橙色（7.5YR6/8，润）、浅黄橙色（7.5YR8/6，干），细土主要分布在石缝中，质地为黏壤土，润，弱发育的块状结构；微酸性。

赖源系代表性单个土体物理性质

土层	深度 /cm	砾石 (>2 mm，体积分数) /%	细土颗粒组成（粒径：mm）/（g/kg）			细土质地（美国制）	容重 / (g/cm)
			砂粒 2~0.05	粉砂 0.05~0.002	黏粒 <0.002		
Ah	0~20	18	418	307	277	壤土	1.38
Bw	20~60	2	191	495	315	粉质黏壤土	1.53
C	60~90	4	219	493	290	黏壤土	—

赖源系代表性单个土体化学性质

深度 /cm	pH		CEC /（cmol（+）/kg）		黏粒 CEC /（cmol（+）/kg）		盐基饱和度/%	铝饱和度/%	全铁（Fe_2O_3）/（g/kg）	游离铁 /（g/kg）
	（H_2O）	（KCl）	CEC_7	ECEC	CEC_7	ECEC				
0~20	6.10	4.69	8.09	6.87	29.26	24.85	78.74	6.40	26.11	19.30
20~60	5.81	3.78	7.56	6.03	23.97	19.11	58.20	17.08	65.08	44.21
60~90	6.17	4.17	7.04	5.78	24.26	19.92	71.31	6.57	66.75	46.61

8.5　表蚀富铝湿润富铁土

8.5.1　芹田系（Qintian Series）

土族：黏质高岭石型酸性热性-表蚀富铝湿润富铁土
拟定者：章明奎，麻万诸

芹田系典型景观

分布与环境条件　零星分布在福建省南平、龙岩、三明等市低山缓坡地及基座阶地，海拔 500 m 以下，坡度多在 5°~35°之间。由于长期以来不合理开发利用或采土制砖，植被破坏，表土层被侵蚀（剥离），淀积层裸露，严重者淀积层亦部分被侵蚀。起源于第四纪红色黏土，利用方式多为荒地或稀疏灌丛，偶见少量马尾松。属亚热带湿润气候区，年均温在 17.0~20.0℃之间；≥10℃的积温 5500~6500℃，年均日照约 1760~1900 h；无霜期 260~315 d；年均降水量大于 1500~1900 mm，但降水分布不均，存在季节性的干旱，3~9 月的降水量占全年的 77%~85%；年均蒸发量约 1200~1600 mm，干燥度小于 1。

土系特征与变幅　该土系诊断层包括低活性富铁层；诊断特性包括湿润土壤水分状况、热性土壤温度状况和贫盐基的盐基饱和度。成土时间较长，土壤风化比较强烈，土壤黏土矿物主要为高岭石，但结晶较差，有较多的蛭石和水云母。其剖面一般具有 Bw-C；土体深厚，一般在 100~250 cm 之间；土壤颜色以红棕色为主；由于长期以来不合理开发利用或采土制砖，表土层被侵蚀（剥离），淀积层或网纹层裸露。但砾石层多出现在 2~ 4 m 以下。该土间分布有大量冲沟，密度 20%~30%；冲沟中覆盖大量磨圆度很好的砾石。地表覆盖砾石的比例可占地表的 0%~35%，砾石大小 1~10 cm 之间，磨圆度较高。夏天近地表可形成 5 cm 左右厚的干燥松土层。土壤质地为黏土。土壤主要为酸性，pH 在 4.5~5.5 之间。

Bw 层（低活性富铁层）厚度 60~100 cm；坚实，小块状结构。pH 在 4.5~5.5 之间。CEC_7 在 16~24 cmol/kg 黏粒之间；土壤氧化铁游离度在 40%~80%以上；黏粒硅铝率 1.96 左右；色调主要为 2.5YR 或 5YR，润态明度 3~5，彩度 6~8；干态明度 4~7，彩度 6~8。有时可见网纹状物质。

对比土系　东岭系，同一土纲但不同亚纲，同为侵蚀型的富铁土，但它们之间的颗粒大小级别、温度状况、土壤湿度有差异。东岭系土壤颗粒大小级别为黏壤质，温度状况和湿度状况分别为高热和干湿；芹田系土壤颗粒大小级别为黏质，温度状况和湿度状况分别为热性和湿润。

利用性能综述　芦田系土壤有机质、氮素和矿质养分低下。表层土壤有机质含量在2~5 g/kg之间，全氮在0.10~0.50 g/kg之间，全磷一般在0.50~1.00 g/kg之间；速效钾和有效磷分别在10~50 mg/kg以上和0~5 mg/kg之间；全钾在3~10 g/kg之间。土壤保肥性能较低，CEC主要在10 cmol/kg左右。土壤由于植被破坏，生物量少，地面缺少覆盖而引起水土流失，致使表土消失；土壤质地黏重，耕性较差，具有旱、黏、瘦等不良因素。因此，在利用改良上应重点做好水土保持工作，植草护坡、封山育林，营造耐旱、耐瘠的薪炭林，如马尾松、大叶相思等，迅速恢复地面覆盖。部分缓坡可结合水土保持工作，发展茶园、板栗，但必须重视土壤改良，增施有机肥料，增施磷、钾和微量元素肥料，逐年扩穴施肥，间、套种绿肥作物，增加生物量，这是培肥恢复土壤肥力的主要措施。部分坡陡侵蚀严重地段，应采取生物与工程相结合加以治理。

芦田系代表性单个土体剖面

代表性单个土体（编号：35-066）　于2011年8月13日采自福建省邵武市城郊镇芦田村，27°18'42.4" N，117°27'57.0" E。母质为第四纪红土（洪积相或坡积相）；地形为缓丘中上坡，海拔228 m，坡度5°~25°；土地利用方式为荒地，地表侵蚀严重，覆盖度小于5%，植被主要为马尾松、小灌木、茅草。

Bw1：0~50 cm，由两种不同颜色的细土相间组成，主色呈红棕色（2.5YR4/6，润）和橙色（2.5YR6/7，干），占土体体积的85%；次色呈黄橙色（10YR7/8，润）和黄橙色（10YR8/8，干），占土体体积的15%；细土质地为黏土，稍干，发育明显的小块状结构，坚实，无根系；酸性；向下层模糊波状过渡。

Bw2：50~100 cm，红棕色（2.5 YR4/8，润），橙色（2.5YR6/6，干），细土质地为黏土，润，发育明显的小块状结构，非常坚实；酸性。

砾石层出现在300 cm以下。

芦田系代表性单个土体物理性质

土层	深度 /cm	砾石（>2 mm，体积分数）/%	细土颗粒组成（粒径：mm）/（g/kg）			细土质地（美国制）	容重 /（g/cm³）
			砂粒 2~0.05	粉砂 0.05~0.002	黏粒 <0.002		
Bw1	0~50	4	320	115	565	黏土	1.38
Bw2	50~100	3	290	144	566	黏土	1.46

芦田系代表性单个土体化学性质

深度 /cm	pH		CEC /（cmol（+）/kg）		黏粒 CEC /（cmol（+）/kg）		盐基饱和度/%	铝饱和度/%	全铁（Fe_2O_3）/（g/kg）	游离铁 /（g/kg）
	（H_2O）	（KCl）	CEC_7	ECEC	CEC_7	ECEC				
0~50	4.57	3.80	9.66	5.35	17.09	9.46	9.17	76.26	67.20	47.45
50~100	4.62	3.86	9.32	5.13	16.55	9.11	8.48	77.97	60.38	50.37

8.6　黄色黏化湿润富铁土

8.6.1　吉巷系（Jixiang Series）

土族：黏壤质硅质混合型酸性热性-黄色黏化湿润富铁土
拟定者：章明奎，麻万诸

吉巷系典型景观

分布与环境条件　主要分布在福建省宁德、龙岩、三明、福州、南平等市的低山缓坡地，海拔 500 m 以下，坡度多在 10°~25°之间。起源于第四纪红色黏土，利用方式为林地、园地或旱地，自然植被为常绿阔叶林、常绿针叶林混交林，杂生少量落叶阔叶林。由于人为活动的影响，目前自然植被多被破坏，已被人工营造的杉木林和次生马尾松等所替代。属亚热带湿润海洋性季风气候区，年均温在 15.5~20.0℃之间；≥10℃的积温 4500~6500℃，年均日照约 1750 h；无霜期 260~300 d；年均降水量大于 1500~2000 mm，但降水分布不均，存在季节性的干旱，3~9 月的降水量占全年的 77%~85%；年均蒸发量约 1100~1400 mm，干燥度小于 1。

土系特征与变幅　该土系诊断层包括淡薄表层、低活性富铁层和黏化层；诊断特性包括湿润土壤水分状况、热性土壤温度状况和贫盐基的盐基饱和度。成土时间较长，土壤风化比较强烈，土壤黏土矿物主要为高岭石，但结晶较差，有较多的蛭石和水云母。其剖面一般具有 Ah-（Bw）-Bt-C，1.50 m 内不见网纹层与砾石层；土体深厚，一般在 75~125 cm 之间；土壤颜色以红棕色和棕色为主。土壤质地为黏壤、黏土，在剖面中由上至下增加，具黏化层。土壤主要为酸性，pH 在 4.5~5.5 之间。

Bt 层同时具备低活性富铁层和黏化层特点，厚度 30~100 cm；坚实，大块状结构；CEC_7 在 16~24 cmol/kg 黏粒之间；土壤氧化铁游离度在 50%以上；土壤 pH 在 4.50~5.50 之间；色调主要为 7.5YR 或 10YR，润态明度 5~6，彩度 4~8；干态明度 6~8，彩度 4~8。

对比土系　九湖系、东峰系，同一亚纲但不同土类，同为第四纪红土母质发育的富铁土，但东峰系无黏化层，不同于吉巷系；九湖系在矿质土表至 125 cm 范围内有 80%或更厚的土层的盐基饱和度≥35%，且温度状况为高热，不同于东峰系。吉巷系具黏化层，在矿质土表至 125 cm 范围内至少 B 层上部（≥10 cm）呈现 7.5YR 或更黄的色调，不同于九湖系和东峰系。与崎溪系和苏洋系同属黄色黏化湿润富铁土，但它们之间的颗粒大小级别有所差异。苏洋系和崎溪系的颗粒大小级别分别为黏质和壤质，而吉巷系土壤颗粒大小级别为黏壤质。

利用性能综述　吉巷系土壤有机质和氮素较高，有效磷和速效钾呈中上水平。表层土壤有机质含量在25~45 g/kg之间，全氮在1.00~2.00 g/kg之间，全磷一般在0.25~0.50 g/kg之间；速效钾和有效磷分别在80~150 mg/kg以上和5~15 mg/kg之间；全钾在10~20 g/kg之间。土壤保肥性能较低，CEC主要在10 cmol/kg左右。所处地形为丘陵缓坡，排水良好，水热条件良好，土层深厚，适宜农垦发展茶、果经济作物。但该土土质较黏，透水性差，部分土壤磷、钾缺乏，应适当深翻，加厚耕作层，增施有机肥料，改善土壤结构，提高储水能力。注意搞好水土保持，防止土壤侵蚀，更应注意扩种绿肥，增施磷、钾肥，改良土壤，培肥地力。部分不适宜农垦的应营造杉木等用材林或种植油菜、油桐等经济作物。

代表性单个土体（编号：35-048）　于2011年7月21日采自福建省古田县吉巷乡高坑村（矮树下村），26°38'3.2" N，118°52'1.8" E。母质为第四纪红土（古洪积物），海拔411 m，坡度10°~15°，地形为孤丘，土地利用方式为竹林和灌木丛。

吉巷系代表性单个土体剖面

O：+1~0 cm　枯枝落叶。

Ah：0~10 cm，棕色（7.5YR4/4，润），浅黄橙色（7.5YR8/3，干），细土质地为黏壤，润，中等发育的块状结构，稍坚实；少量细根；酸性；向下层模糊平滑过渡。

Bw：10~70 cm，亮红棕色（7.5YR5/6，润），浅黄橙色（7.5YR8/4，干），细土质地为黏壤，润，中等发育的块状结构，非常坚实；中量中根和细根；夹杂少量5 cm大小的砾石块；酸性；向下层清晰波状过渡。

Bt：70~120 cm，橙色（5YR6/8，润），淡橙色（5YR8/4，干），细土质地为黏土，润，中等发育的块状结构，非常坚实；少量细根；微酸性。

其他：本剖面不见网纹物质。

吉巷系代表性单个土体物理性质

土层	深度 /cm	砾石（>2 mm，体积分数）/%	细土颗粒组成（粒径：mm）/（g/kg）			细土质地（美国制）	容重 /（g/cm³）
			砂粒 2~0.05	粉砂 0.05~0.002	黏粒 <0.002		
Ah	0~10	6	386	334	280	黏壤	1.37
Bw	10~70	6	300	387	313	黏壤	1.58
Bt	70~120	5	289	304	407	黏土	1.62

吉巷系代表性单个土体化学性质

深度 /cm	pH		CEC /（cmol（+）/kg）		黏粒 CEC /（cmol（+）/kg）		盐基饱和度/%	铝饱和度/%	全铁（Fe_2O_3）/（g/kg）	游离铁 /（g/kg）
	（H_2O）	（KCl）	CEC_7	ECEC	CEC_7	ECEC				
0~10	4.61	3.41	10.08	8.71	36.00	31.11	17.36	74.86	29.25	16.48
10~70	4.54	3.47	10.23	9.13	32.69	29.17	21.31	76.12	30.72	17.75
70~120	4.61	3.55	9.08	8.20	22.31	20.14	26.98	70.12	31.74	19.36

8.6.2　崎溪系（Qixi Series）

土族：壤质硅质混合型酸性高热-黄色黏化湿润富铁土

拟定者：章明奎，麻万诸

崎溪系典型景观

分布与环境条件　主要分布于漳州市的诏安、云霄、漳浦、长泰等县及泉州市的晋江、南安、惠安等县的滨海台地及河谷阶地，海拔一般在 250 m 以下。起源于第四纪冲-洪积或海积红色黏土。利用方式主要为园地和旱地。属亚热带湿润海洋性季风气候区，年均日照约 2000 h，年均气温 20.4~21.5℃，全年无霜，≥10 ℃的积温 7200~7300 ℃，≥15 ℃的积温 5900~6200 ℃，≥20 ℃的积温 4600~5100℃；年均降水量 1400~1650 mm。年均蒸发量约 1200~1500 mm，干燥度在 0.8~1.0 之间。

土系特征与变幅　该土系诊断层包括淡薄表层、低活性富铁层和黏化层；诊断特性包括湿润土壤水分状况、高热土壤温度状况。成土时间较长，土壤风化强烈，土壤黏土矿物主要为高岭石，但结晶较差；其次为水云母，无蒙脱石，含针铁矿和赤铁矿。其剖面一般具有 Ap-Bt-C；土体厚度在 50~150 cm 之间；土壤颜色以红棕色或棕色为主。土壤质地为砂质壤土至壤土，剖面上下质地有明显的差异，具黏化层；土壤结构以小块状和大块状结构为主；土体坚实，表土容重在 1.35 g/cm^3 左右，心土和底土容重在 1.40~1.50 g/cm^3 之间；湿时黏重，干时坚硬；土壤呈酸性，pH 在 4.5~5.5 之间。除表土外，土壤 CEC_7 在 16~35 cmol/kg 黏粒之间。土层间过渡不明显。

Bt 层厚度 30~60 cm，出现深度在 50~90 cm；CEC_7 在 16~24 cmol/kg 黏粒之间；土壤氧化铁游离度在 40%以上；土壤 pH 在 4.50~5.50 之间；色调主要为 7.5YR 或 10YR，润态明度 4~6，彩度 4~6；干态明度 6~8，彩度 4~6。

对比土系　吉巷系、苏洋系，同一亚类但不同土族，颗粒大小级别和温度状况有所差异。吉巷系土壤颗粒大小级别为黏壤质，温度状况为热性，不同于崎溪系的壤质土壤颗粒大小级别和高热土壤温度状况；苏洋系颗粒大小级别为黏质，不同于崎溪系的壤质土壤颗粒大小级别。

利用性能综述　崎溪系土壤养分因植被或利用方式不同可有很大的变化。表层土壤有机质含量在 10~45 g/kg 之间，全氮在 0.50~2.00 g/kg 之间，全磷一般在 0.50~1.00 g/kg 之间；速效钾和有效磷分别在 30~80 mg/kg 和 5~15 mg/kg 之间。土壤保肥性能较低，CEC 在 5~10 cmol/kg 之间。所处地形为低丘缓坡或台地，土层深厚，排水良好。光热资源丰富，适宜垦殖，种植荔枝、龙眼、枇杷、剑麻、胡椒等南亚热带经济作物。但该土黏粒、粉砂含量稍多，黏土矿物又以高岭石为主，雨季容易形成地表径流，若利用不当容易导致水土流失。该土保肥能力较低，矿质养分缺乏，酸性较强，且因水源不足，干旱威胁严重。在利用时，应重视水保设施建设，修筑高标准梯地，套种绿肥作物，增加地表覆盖，防止水土流失；同时，应加强管理，增加有机肥料及磷、钾肥的投入，推广硼、钼、锌、镁肥；有条件的可开辟水源，发展灌溉。该土质地适中，比较适宜用于公路的路基、堤坝和其他建筑的基础。

崎溪系代表性单个土体剖面

代表性单个土体（编号：35-021） 于 2011 年 4 月 18 日采自福建省漳浦县石榴镇崎溪村，24°9'26.7" N，117°28'56.1"E。母质为第四纪红土（洪积相）；台地，海拔 14 m，坡度<1°；土地利用方式为果园。

Ap：0~10 cm，棕色（10YR4/4，润），淡黄橙色（10YR6/3，干），细土质地为砂质壤土，润，弱发育的团粒状结构，稍坚实；中量细根；夹有 5%左右直径在 2~5 cm 的小块砾石；微酸性；向下层清晰平滑过渡。

Bw1：10~33 cm，棕色（10YR4/6，润），淡黄橙色（10YR7/4，干），细土质地为砂质壤土，润，中等发育的小块状结构，坚实，少量细根；有 10%~20%直径为 3~5 mm 的石英砂，并夹有 5%~10%的砖块碎片；酸性；向下层渐变的波状过渡。

Bw2：33~63 cm，亮红棕色（7.5YR5/6，润），橙色（7.5YR7/6，干），细土质地为壤土，润，中等发育的块状结构，坚实；见少量砖块碎片；酸性；向下层渐变的波状过渡。

Bt：63~120 cm，亮红棕色（7.5YR5/6，润），橙色（7.5YR7/6，干），细土质地为壤土，润，中等发育的块状结构，坚实；酸性。

崎溪系代表性单个土体物理性质

土层	深度 /cm	砾石（>2 mm，体积分数）/%	细土颗粒组成（粒径：mm）/（g/kg）			细土质地（美国制）	容重 /（g/cm^3）
			砂粒 2~0.05	粉砂 0.05~0.002	黏粒 <0.002		
Ap	0~13	14	553	313	133	砂质壤土	1.32
Bw1	13~33	19	543	283	174	砂质壤土	1.41
Bw2	33~63	6	509	309	182	壤土	1.39
Bt	63~120	5	392	349	259	壤土	1.45

崎溪系代表性单个土体化学性质

深度 /cm	pH		CEC /（cmol（+）/kg）		黏粒 CEC /（cmol（+）/kg）		盐基饱和度/%	铝饱和度（%）	全铁（Fe_2O_3）/（g/kg）	游离铁 /（g/kg）
	（H_2O）	（KCl）	CEC$_7$	ECEC	CEC$_7$	ECEC				
0~13	5.49	4.76	4.89	4.08	36.71	30.63	46.89	38.97	26.89	16.27
13~33	5.15	4.36	5.22	4.97	30.05	28.62	58.81	31.44	32.51	19.78
33~63	5.28	4.42	5.34	4.66	29.35	25.60	48.50	42.01	29.92	22.60
63~120	5.39	4.58	6.11	4.30	23.60	16.61	37.64	42.55	42.91	31.02

8.6.3　苏洋系（Suyang Series）

土族：黏质高岭石型酸性高热-黄色黏化湿润富铁土
拟定者：章明奎，麻万诸

苏洋系典型景观

分布与环境条件　分布于福建省闽江口以南的福州、厦门、泉州、漳州等市的低丘陵坡麓地带，海拔一般在 500 m 以下。起源于花岗闪长岩、石英闪长岩、安山岩、闪长岩、英安质凝灰熔岩、英安岩等风化物，利用方式主要为林地和园地，坡度多在 5°～15° 之间。属亚热带湿润季风气候区，年均日照约 1970~2170 h，年均气温 20.4~21.3℃，≥10℃的积温 6750~7500 ℃，极端最低气温 -3.5~-0.9℃，极端最高气温 38.4~40.2℃，无霜期 308~350 d；年均降水量 1538~1723 mm，降水的季节分布不均，干湿季节较为明显，每年 3~9 月为湿季，占全年降水量的 84%~88%；10 月至翌年 3 月为少雨旱季，存在夏旱和秋旱。年均蒸发量约 1400~1600 mm，干燥度小于 1。

土系特征与变幅　该土系诊断层包括淡薄表层、低活性富铁层和黏化层；诊断特性包括湿润土壤水分状况、高热土壤温度状况和贫盐基的盐基饱和度。由于分布区气温高、降水量大，矿物风化强烈，脱硅富铁铝化过程明显，铁铝氧化物在壤中富集，土壤黏土矿物主要为高岭石，但结晶较好；其次为水云母，无蒙脱石。其剖面一般具有 Ah-Bt-C；土体厚度在 100~200 cm 之间；因所处地形为低丘陵坡麓地带，土壤水分相对较多，土壤颜色偏向黄色，色调主要为 7.5YR~10YR；土壤质地表土为壤土，心土为黏土，黏粒含量在 250~550 g/kg 之间，全剖面平均在 350 g/kg 以上，向下增加，具明显的黏化层；砾石含量低于 10%。土壤结构以块状为主；表土层容重在 1.25 g/cm^3 左右，心土层容重在 1.30 g/cm^3 左右；湿时土壤较为黏重，干时坚硬；土壤呈酸性，pH 在 4.5~5.5 之间。

Bt 层兼具低活性富铁层和黏化层的特性，厚度 30~90 cm，块状结构，稍坚实，黏粒含量在 350~550 g/kg 之间，且为表层的 1.2 倍；CEC$_7$ 在 16~24 cmol/kg 黏粒之间；土壤游离氧化铁含量较高，在 35 g/kg 以上，而氧化铁游离度在 40%~80%之间；土壤 pH 在 4.50~5.50 之间；色调主要为 7.5YR 或 10YR，润态明度 5~6，彩度 7~8；干态明度 7~8，彩度 4~6。

对比土系　吉巷系、崎溪系，同一亚类但不同土族，颗粒大小级别和温度状况有所差异。吉巷系土壤颗粒大小级别为黏壤质，温度状况为热性，不同于苏洋系的黏质土壤颗粒大小级别与高热土壤温度状况；崎溪系的颗粒大小级别为壤质，不同于苏洋系的黏质土壤颗粒大小级别。

利用性能综述　苏洋系土壤养分因植被或利用方式不同可有很大的变化。表层土壤有机质含量在 20~40 g/kg 之间，全氮在 1.00~2.00 g/kg 之间，全磷一般在 0.30~1.00 g/kg 之间；全钾含量在 10~20 g/kg 之间；速效钾和有效磷分别在 50~120 mg/kg 和 3~10 mg/kg 之间。土壤保肥性能中低，CEC 在 10 cmol/kg 左右。土层厚、酸性，是茶叶及亚热带水果生产的良好基地，生产期长。在利用改良上，除开辟水源外，应注意水土保持，修筑水平梯田，套种绿肥，培肥地力。由于该土容易板结，雨后及秋旱期间应及时松土，施肥上应增加磷和钾肥的投入。

苏洋系代表性单个土体剖面

代表性单个土体（编号：35-097）　于 2011 年 9 月 14 日采自福建省平和县九峰镇苏洋村，24°17'9.9" N，117°2'21.7" E。母质为英安质凝灰岩坡积物；地形为丘陵坡麓地，海拔 322 m，坡度<10°；土地利用方式为林地（杉木、铁芒萁及其他灌木）和柚子果园。

Ah：0~14 cm，亮红棕色（7.5YR5/6，润），淡橙色（7.5YR7/4，干），细土质地为壤土，湿润偏干，中等发育的块状结构，稍坚实；中量细根；酸性；向下层模糊平滑过渡。

Bt1：14~73 cm，橙色（7.5YR6/8，润），浅黄橙色（7.5YR8/6，干），细土质地为黏土，润，中等发育的块状结构，稍坚实；少量细根；见少量直径 5 cm 左右的砾石块；酸性；向下层模糊波状过渡。

Bt2：73~110 cm，主色为橙色（7.5YR6/8，润），浅黄橙色（7.5YR8/4，干），细土质地为黏土，润，中等发育的块状结构，稍坚实；少量细根；酸性。

母质层出现在 200 cm 以下，含较多的半风化状岩屑，表面有大量的白色和黑色胶膜状物质。

苏洋系代表性单个土体物理性质

土层	深度 /cm	砾石（>2 mm，体积分数）/%	细土颗粒组成（粒径：mm）/（g/kg）			细土质地（美国制）	容重 /（g/cm³）
			砂粒 2~0.05	粉砂 0.05~0.002	黏粒 <0.002		
Ah	0~17	7	379	352	271	壤土	1.24
Bt1	17~73	4	241	328	433	黏土	1.28
Bt2	73~110	4	175	365	461	黏土	1.34

苏洋系代表性单个土体化学性质

深度 /cm	pH		CEC /（cmol（+）/kg）		黏粒 CEC /（cmol（+）/kg）		盐基饱和度/%	铝饱和度 /%	全铁（Fe_2O_3）/（g/kg）	游离铁 /（g/kg）
	（H_2O）	（KCl）	CEC_7	ECEC	CEC_7	ECEC				
0~17	5.08	3.30	11.61	9.13	42.87	33.71	5.43	85.43	49.40	25.69
17~73	5.30	3.50	10.28	8.29	23.76	19.16	12.45	74.79	55.12	38.82
73~110	5.45	3.55	12.11	8.82	26.27	19.13	18.25	70.86	73.65	37.24

8.7　网纹黏化湿润富铁土

8.7.1　山城系（Shancheng Series）

土族：黏壤质硅质混合型非酸性高热-网纹黏化湿润富铁土
拟定者：章明奎，麻万诸

分布与环境条件　主要分布于漳州市的诏安、云霄、漳浦、长泰等县及泉州市的晋江、南安、惠安等县的滨海台地、山前洪积扇及河谷阶地，海拔一般在 250 m 以下。起源于第四纪红土，土体厚度大多在 100~250 cm 之间。利用方式主要为园地和林地。属亚热带湿润海洋性季风气候区，年均日照约 2000 h，年均气温 20.5~21.5℃，全年无霜，≥10 ℃的积温 7050~7200℃，≥15℃的积温 6000℃左右，≥20℃的积温 4900℃左右；1 月份平均气温在 12℃以上，最热月份在 7 月，平均温度在 28℃以上。年均降水量 1600 mm 左右，降水的季节分布不均，干湿季节十分明显，每年 4~9 月为湿季，10 月至翌年 3 月为旱季。年均蒸发量约 1200~1500 mm，干燥度在 0.8~0.9 之间。

山城系典型景观

土系特征与变幅　该土系诊断层包括淡薄表层、低活性富铁层和聚铁网纹层；诊断特性包括湿润土壤水分状况和高热土壤温度状况。成土时间较长，土壤风化强烈，土壤黏土矿物主要为高岭石，其次为水云母，含针铁矿和赤铁矿。其剖面一般具有 Ap-Bl-Bw-C；土体厚度在 125~250 cm 之间；土壤颜色以红棕色或棕色为主，有厚度 15~50 cm 的聚铁网纹层。剖面上下质地有明显的差异，向下黏粒明显增加；表层为砂质壤土，心土为砂质黏壤土至黏土，不同深度土壤黏粒含量变动于 150~500 g/kg 之间，但 0~100 cm 范围内平均黏粒含量低于 350 g/kg；除母质层外，少见砾石；土壤结构以核状结构和大块状结构为主，心土土体坚实。表土容重在 1.25 g/cm^3 左右，心土和底土容重在 1.40~1.50 g/cm^3 之间；湿时黏重，干时坚硬；土壤呈酸性至微酸性，pH 在 4.5~6.5 之间。

Bl 层（聚铁网纹层）厚度 15~50 cm；黏粒含量在 300~350 g/kg 之间；CEC$_7$ 在 15~24 cmol/kg 黏粒之间；土壤氧化铁游离度在 50%以上；土壤 pH 在 5.50~6.50 之间。

Bw 层（富铁层）厚度 50 cm 以上；黏粒含量在 300~550 g/kg 之间，是表土层的 1.2 倍以上；CEC$_7$ 在 15~24 cmol/kg 黏粒之间；土壤氧化铁游离度在 50%以上；土壤 pH 在

5.50~6.50 之间；色调主要为 2.5YR 或 5YR，润态明度 4~6，彩度 7~8；干态明度 6~7，彩度 5~6。

对比土系　苏洋系、赖店系、东平系和中贝系，同一土类但不同亚类，山城系在矿质土表至 125 cm 范围内有聚铁网纹层而不同于其他土系。另外，赖店系、苏洋系和中贝系颗粒大小级别为黏质，不同于山城系的黏壤质土壤颗粒大小级别；东平系的土壤 pH 在 5.5 以下，而山城系土壤 pH 主要在 5.5 以上。

利用性能综述　山城系土壤养分因植被或利用方式不同可有很大的变化。表层土壤有机质含量在 10~25 g/kg 之间，全氮在 0.50~1.50 g/kg 之间，全磷一般在 0.40~1.00 g/kg 之间；速效钾和有效磷分别在 30~80 mg/kg 和 3~8 mg/kg 之间。土壤保肥性能较低，CEC 在 5~10 cmol/kg 之间。所处地形为山前老洪积扇或台地及河谷阶地，排水良好。矿质养分低，土壤对磷的固定作用较强，供钾能力弱，耕性较差。在改良利用时，应加强水利建设，发展灌溉，同时应注意防止水土流失，实行用地与养地相结合，发展间、套种绿肥，增施磷、钾、硼、钼肥。

代表性单个土体（编号：35-026）　于 2011 年 4 月 19 日采自福建省南靖县山城镇山城村，24°30'3.0" N，117°22'9.0" E。母质为第四纪红土（老洪积物）；地形为山前洪积扇的中部，海拔 20 m，坡度<5°；土地利用方式为果园（种植龙眼）。

山城系代表性单个土体剖面

O：+2~0 cm　枯枝落叶。

Ap：0~20 cm，暗灰黄色（2.5Y4/2，润），淡黄色（2.5Y6/3，干），细土质地为砂质壤土，稍润，中等发育的团粒和小块状结构，稍坚实，少量细根；酸性；清晰平滑过渡。

AB：20~40 cm，基色主要为棕色（7.5YR4/6，润），橙色（7.5YR6/6，干），细土质地为砂质黏壤土，稍润，中等发育的块状结构，坚实；少量细根；微酸性；向下层清晰平滑过渡。

Bl：40~70 cm，由两种颜色不同的网纹状物质相间组成，深色部分比例为 40%~70%，呈亮红棕色（5YR5/8，润）和橙色（5YR6/5，干），浅色部分比例为 30%~60%，呈亮黄棕色（10YR6/8，润）和浅黄橙色（10YR8/4，干），细土质地为砂质黏壤土，稍润，中等发育的块状结构，坚实；结构面上见少量氧化铁锰斑状或结核状物质；微酸性；向下层模糊波状过渡。

Bw：70~250 cm，亮红棕色（2.5YR5/8，润），橙色（2.5YR6/6，干），细土质地为黏土，润，发育明显的块状结构，坚实；微酸性；向下层清晰平滑过渡。

BC：250 cm 以下，红土砾石层，由红土与砾石混合而成，砾石大小混杂；细土部分呈亮红棕色（2.5YR5/8，润），橙色（2.5YR6/6，干），中块状结构，坚实。

山城系代表性单个土体物理性质

土层	深度/cm	砾石（>2 mm，体积分数）/%	细土颗粒组成（粒径：mm）/（g/kg）			细土质地（美国制）	容重/（g/cm^3）
			砂粒 2~0.05	粉砂 0.05~0.002	黏粒 <0.002		
Ap	0~20	1	609	232	159	砂质壤土	1.24
AB	20~40	0	613	168	219	砂质黏壤土	1.36
Bl	40~70	0	456	206	338	砂质黏壤土	1.43
Bw	70~250	0	344	169	486	黏土	1.45

山城系代表性单个土体化学性质

深度/cm	pH		CEC/（cmol（+）/kg）		黏粒 CEC/（cmol（+）/kg）		盐基饱和度/%	铝饱和度/%	全铁（Fe_2O_3）/（g/kg）	游离铁/（g/kg）
	（H_2O）	（KCl）	CEC_7	ECEC	CEC_7	ECEC				
0~20	4.58	3.84	5.12	3.69	32.16	23.18	39.26	41.19	26.24	17.70
20~40	5.67	4.87	6.68	4.05	30.55	18.51	42.51	20.33	42.78	34.50
40~70	5.73	4.92	6.72	5.54	19.87	16.39	62.05	21.11	48.39	39.84
70~250	5.64	4.88	7.46	6.06	15.34	12.47	39.14	45.52	60.89	45.62

8.8 盐基黏化湿润富铁土

8.8.1 东平系（Dongping Series）

土族：黏壤质硅质混合型酸性高热-盐基黏化湿润富铁土
拟定者：章明奎，麻万诸

东平系典型景观

分布与环境条件 分布于漳州、泉州、莆田、厦门等市的低山和台地，主要位于村镇附近，耕作时间较长；海拔一般在 500 m 以下。起源于花岗岩、流纹质凝灰岩等酸性侵入岩和火山岩的风化物，利用方式为园地和旱地。属亚热带湿润海洋性季风气候区，年均日照 1980~2170 h，年均气温 20.4~21.5℃，无霜期 310~350 d，≥10℃的积温 6500~7600℃，1 月份平均气温在 10℃以上，最热月份在 7 月，平均温度在 28℃以上。年均降水量 1500~1750 mm，降水的季节分布不均，干湿季节十分明显，每年 3~9 月为湿季，降水量占全年的 84%~88%。10 月至翌年 3 月为旱季。年均蒸发量约 1400~1600 mm，干燥度在 0.9~1.0 之间。

土系特征与变幅 该土系诊断层包括淡薄表层、低活性富铁层和黏化层；诊断特性包括湿润土壤水分状况、高热土壤温度状况和富盐基的盐基饱和度。成土时间较长，土壤风化强烈，土壤黏土矿物主要为高岭石，其次为水云母，无蒙脱石，含针铁矿和赤铁矿。其剖面一般具有 Ap-Bt-Bw-C；土体厚度在 50~100 cm 之间；土壤颜色以红棕色或棕色为主。土壤质地为砂质黏壤土，黏化层的黏粒含量在 200~350 g/kg 之间，剖面上下质地有明显的差异，具黏化层，黏化层的黏粒含量多在 300~350 g/kg 之间；砂粒含量在 450~800 g/kg 之间；砾石低于 25%；土壤结构以块状结构为主；表土容重在 1.20 g/cm^3 左右，心土和底土容重在 1.35~1.45 g/cm^3 之间；湿时黏重，干时较硬；土壤呈酸性，pH 在 4.5~5.5 之间，但盐基饱和度多在 35%以上。土体内存在低活性富铁层。

Bt 层厚度 10~30 cm，出现深度在 15~30 cm；块状结构，稍坚实，黏粒含量在 300~350 g/kg 之间；土壤 pH 在 4.50~5.50 之间；色调主要为 2.5YR 或 5YR，润态明度 4~5，彩度 6~8；干态明度 6~7，彩度 4~6。

Bw 层（低活性富铁层）累计厚度 30~60 cm，黏粒含量在 200~350 g/kg 之间；CEC_7 在 16~24 cmol/kg 黏粒之间；土壤氧化铁游离度在 40%~80%；土壤 pH 在 4.50~5.50 之间；

色调主要为 2.5YR 或 5YR，润态明度 4~5，彩度 6~8；干态明度 6~7，彩度 4~6。

对比土系　山城系，同一土类但不同亚类；苏洋系、中贝系，同一亚类但不同土族。苏洋系土表至 125 cm 范围内至少 B 层上部呈现 7.5YR 或更黄的色调，而不同于东平系，同时苏洋系土壤颗粒大小级别为黏质，而东平系为黏壤质；山城系在矿质土表至 125 cm 范围内有聚铁网纹层而不同于东平系。中贝系颗粒大小级别为黏质，不同于山城系的黏壤质土壤颗粒大小级别。

利用性能综述　东平系土壤有机质和全氮较为丰富，有效磷和速效钾中等。表层土壤有机质含量在 25~50 g/kg 之间，全氮在 1.50~2.50 g/kg 之间，全磷一般在 0.50~1.00 g/kg 之间；全钾一般在 10~20 g/kg 之间；速效钾和有效磷分别在 30~80 mg/kg 和 5~15 mg/kg 之间。土壤保肥性能较低，CEC 在 5~10 cmol/kg 之间。因受母质影响，土体中硅、铝氧化物含量较高，有明显的石英砂。表土较为疏松，土层较厚，但黏化层较为坚实，影响土壤水分的下渗。该土保肥性较差，有效磷和速效钾较低。在利用改良上，应充分利用其良好的水热条件，种植旱粮、蔬菜和水果；同时，应加强土壤管理，注意水土保持，可在果园中套种豆科植物或绿肥作物。逐渐深耕，打破黏化层，增强土壤的透水性和保水性。

代表性单个土体（编号：35-115）　于 2011 年 9 月 19 日采自福建省永春县东平镇霞村，25°18'49.9" N，118°19'22.1" E。母质为花岗岩坡积物；地形为低丘中下坡，梯地，海拔 138 m，坡度约 25°；土地利用方式为旱地。

Ap：0~15 cm，亮红棕色（5YR5/6，润），淡橙色（5YR7/3，干），润，细土质地为砂质黏壤土，中等发育的块状和小块状结构，疏松；多量细根；酸性；向下层清晰平滑过渡。

Bt：15~33 cm，红棕色（2.5YR4/8，润），淡红橙色（2.5YR7/4，干），润，细土质地为砂质黏壤土，中等发育的块状结构，稍坚实；少量细根；夹杂 10%左右粒径约 2~ 5 mm 的石英砂；酸性；向下层清晰平滑过渡。

Bw1：33~44 cm，硬化层，整个土体被氧化物等胶结物胶结；亮红棕色（2.5YR5/6，润），淡红橙色（2.5YR7/4，干），润，细土质地为砂质黏壤土，中等发育的块状结构，非常紧实；夹杂 5%~10%呈散点状分布的白色石英砂粒及少量直径 2 cm 左右的砾石块；酸性；向下层清晰平滑过渡。

Bw2：44~80 cm，红棕色（2.5YR4/8，润），橙色（2.5YR6/6，干），润，细土质地为砂质黏壤土，中等发育的块状结构，稍疏松；有少量（<5%）白色花岗岩半风化碎屑，呈斑眼状分布；酸性；清晰波状过渡。

C：80~130 cm，红棕色（2.5YR4/8，润），橙色（2.5YR6/7，干），润，细土质地为砂质黏壤土，碎块状结构，稍疏松；含 30%左右花岗岩半风化碎屑；酸性。

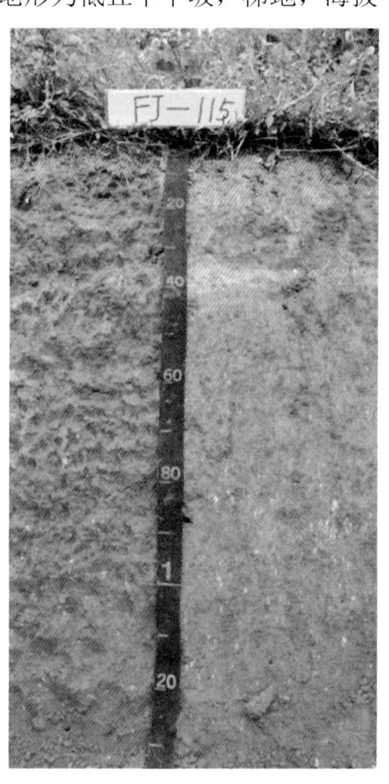

东平系代表性单个土体剖面

东平系代表性单个土体物理性质

土层	深度/cm	砾石（>2 mm，体积分数）/%	细土颗粒组成（粒径：mm）/（g/kg）			细土质地（美国制）	容重/（g/cm³）
			砂粒 2~0.05	粉砂 0.05~0.002	黏粒 <0.002		
Ap	0~15	16	591	200	211	砂质黏壤土	1.22
Bt	15~33	14	519	133	350	砂质黏壤土	1.32
Bw1	33~44	14	571	313	219	砂质黏壤土	1.41
Bw2	44~80	15	492	260	250	砂质黏壤土	1.35
C	80~130	15	510	271	220	砂质黏壤土	—

东平系代表性单个土体化学性质

深度/cm	pH		CEC/（cmol（+）/kg）		黏粒 CEC/（cmol（+）/kg）		盐基饱和度/%	铝饱和度/%	全铁（Fe_2O_3）/（g/kg）	游离铁/（g/kg）
	（H_2O）	（KCl）	CEC_7	ECEC	CEC_7	ECEC				
0~15	5.32	3.07	7.54	6.13	35.80	29.10	47.34	37.52	50.59	31.94
15~33	4.88	3.72	8.34	5.44	23.82	15.54	29.74	41.36	58.53	32.27
33~44	4.89	3.79	8.02	7.13	36.67	32.62	50.00	37.17	56.92	35.57
44~80	5.31	4.04	5.91	4.78	23.62	18.72	46.17	38.28	60.79	39.23
80~130	4.81	4.22	8.43	5.83	38.30	26.49	50.18	27.62	59.64	33.79

8.8.2　赖店系（Laidian Series）

土族：黏质高岭石型酸性高热-盐基黏化湿润富铁土
拟定者：章明奎，麻万诸

赖店系典型景观

分布与环境条件　主要分布于闽江口以南沿海福州、厦门、泉州和漳州等市的部分县区，以莆田市的仙游县和城厢区等分布较为集中，地形主要为海拔 250 m 以下的低丘陵和台地。赖店系土壤起源于石英闪长岩、花岗闪长岩的残坡积物，利用方式主要为园地和林地。属亚热带湿润海洋性季风气候区，年均日照 1950~2400 h，年均气温 20.4~21.3℃，无霜期 310~360 d，≥10℃的积温 6530~7600℃。年均降水量 1300~1650 mm。年均蒸发量约 1200~1500 mm，干燥度在 0.9~1.0 之间。

土系特征与变幅　该土系诊断层包括淡薄表层、低活性富铁层和黏化层；诊断特性包括湿润土壤水分状况、高热土壤温度状况和富盐基的盐基饱和度。土壤黏土矿物主要为高岭石，其次为水云母和蛭石，含少量三水铝石。该土土体厚度在 80~125 cm 之间。土壤颜色以淡红棕色或棕红色为主，其剖面一般具有 Ah-（Bw）-Bt-C。土壤质地为粉砂质黏壤土、黏壤土至粉砂质黏土；剖面上下质地有明显的差异，具黏化层，土壤结构以小块状和块状结构为主；湿时黏重，干时坚硬；土壤呈酸性，pH 在 4.5~5.5 之间。

Bt 层同时具备低活性富铁层和黏化层特性，厚度 60~90 cm，出现深度在 15~50 cm；CEC_7 在 16~24 cmol/kg 黏粒之间；土壤氧化铁游离度在 40%~80%之间；土壤 pH 在 4.50~5.50 之间；色调为 2.5YR 或 5YR，润态明度 4~5，彩度 6~8；干态明度 6~7，彩度 6~8。

对比土系　与东平系、中贝系同为盐基黏化湿润富铁土，但它们之间的土壤颗粒大小级别和温度状况有所不同。东平系土壤颗粒大小级别为黏壤质，赖店系土壤颗粒大小级别为黏质；中贝系土壤温度状况为热性，赖店系土壤温度状况为高热。

利用性能综述　赖店系表层土壤有机质含量在 20~　50 g/kg 之间，全氮在 1.00~2.00 g/kg 之间，全磷一般在 0.35~0.75 g/kg 之间；全钾一般在 10~20 g/kg 之间；速效钾和有效磷分别在 30~80 mg/kg 和 5~15 mg/kg 之间。土壤 CEC 在 5~10 cmol/kg 之间。土壤土层深厚，土质细腻，是发展南亚热带经济作物的理想土壤，可种植荔枝、龙眼、枇杷等水果；但该土土质比较黏重，透水性较差，降雨后容易形成地表径流，造成水土流失；磷肥有效性差，缺磷较为突出，供钾潜力较低。在利用改良上，应做好水土保持。根据不同作物对养分的要求，增施磷钾肥。

代表性单个土体（编号：35-135） 剖面于 2011 年 10 月 6 日采自福建省莆田市仙游县赖店镇锦田村，25°20'15.9" N，118°45'11.9"E。母质为石英闪长岩残坡积物；地形为低丘中上部，海拔 136 m，坡度 5° ~10° ；土地利用方式为林地，主要生长桉树等。

赖店系代表性单个土体剖面

Ah：0~15 cm，淡红棕色（5YR5/4，润），淡橙色（5YR7/3，干），润，细土质地为黏壤土，中等发育的直径 0.5 cm 左右块状和小块状结构，疏松；可见占土体 1%左右孔径 1~2 mm 的动物孔；细根，丰度 30~50 条/dm^2；偶见炭灰物质；酸性；向下层清晰平滑过渡。

Bw：15~32 cm，亮红棕色（2.5YR5/8，润），橙色（2.5YR6/6，干），润，细土质地为黏壤土，中等发育的直径 2~5 cm 块状结构，稍疏松；含 5%~10%直径约 2~3 cm 的砾石块；细根，丰度 10~20 条/dm^2；可见少量有散点状分布的炭灰碎屑；酸性；向下层模糊波状过渡。

Bt：32~110 cm，均质红土层，亮红棕色（2.5YR5/8，润），橙色（2.5YR7/8，干），润，细土质地为粉砂质黏土，发育明显的直径 2~5 cm 块状结构，疏松；结构面上有少量灰棕色胶膜淀积物；酸性；向下层清晰波状过渡。

C：110~150 cm，基色呈橙色（2.5YR6/8，润），淡红橙色（2.5YR7/4，干），润，细土质地为粉砂质黏壤土，弱发育的直径 1~2 cm 块状结构，稍紧实、致密；土体中夹杂半风化黄色物质（润态为黄橙色 10YR8/8，干态为浅黄橙色 10YR8/4），呈不均匀地分布于局部区块，大小在 2~10 cm 之间，比例占土体的 5%~10%；酸性。

赖店系代表性单个土体物理性质

土层	深度 /cm	砾石（>2 mm，体积分数）/%	细土颗粒组成（粒径：mm）/（g/kg）			细土质地（美国制）	容重 /（g/cm^3）
			砂粒 2~0.05	粉砂 0.05~0.002	黏粒 <0.002		
Ah	0~15	3	339	302	359	黏壤土	1.27
Bw	15~32	12	344	287	369	黏壤土	1.36
Bt	32~100	2	187	338	474	粉砂质黏土	1.34
C	100~150	8	192	496	312	粉砂质黏壤土	—

赖店系代表性单个土体化学性质

深度 /cm	pH		CEC /（cmol（+）/kg）		黏粒 CEC /（cmol（+）/kg）		盐基饱和度/%	铝饱和度/%	全铁（Fe_2O_3）/（g/kg）	游离铁 /（g/kg）
	（H_2O）	（KCl）	CEC_7	ECEC	CEC_7	ECEC				
0~15	5.31	3.86	9.89	7.34	27.55	20.44	38.83	37.47	60.16	36.68
15~32	5.21	3.79	8.57	6.98	23.23	18.92	31.86	53.72	65.90	31.54
32~100	5.14	3.92	10.75	8.95	22.68	18.88	38.98	46.15	69.77	41.23
100~150	5.35	3.96	8.26	6.76	26.47	21.67	51.45	35.21	56.47	36.17

8.8.3　中贝系（Zhongbei Series）

土族：黏质高岭石型非酸性热性-盐基黏化湿润富铁土
拟定者：章明奎，麻万诸

中贝系典型景观

分布与环境条件　分布在福建省宁德、南平、三明、龙岩及福州等市的海拔 800 m 以下的低山丘陵坡地，坡度多在 5°~25°之间。起源于花岗闪长岩、石英闪长岩、闪长岩、英安质凝灰岩等的风化物，利用方式主要为林地和园地。属亚热带湿润海洋性季风气候区，年均温在 16.0~20.0℃之间；最热月出现在 7 月，平均温度 28~29℃左右；最冷月出现在 1 月，平均温度 9~10℃；≥10℃的积温 5800~6500℃，年均日照约 1770~2000 h；无霜期 276~338 d；年均降水量 1400~1800 mm，降水的季节分布不均，干湿季节十分明显，每年 3~9 月为湿季，占全年降水量的 80%~85%；10 月至翌年 3 月为少雨旱季。年均蒸发量约 1300~1600 mm，干燥度小于 1。

土系特征与变幅　该土系诊断层包括淡薄表层、低活性富铁层和黏化层；诊断特性包括湿润土壤水分状况、热性土壤温度状况和富盐基的盐基饱和度。成土时间较长，土壤风化强烈，黏土矿物主要为高岭石，其次为水云母，有少量蛭石，含针铁矿和赤铁矿。其剖面一般具有 Ah-Bw-Bt-C；土体深厚，一般在 80~200 cm 之间；土壤颜色以红棕色为主。土壤质地为黏壤土或黏土，黏粒含量在 350~600 g/kg 之间，平均超过 350 g/kg，在剖面中由上至下增加，具黏化层；整个剖面砾石含量均低于 25%。土壤主要为微酸性至中性，pH 主要在 5.5~7.5 之间。

Bt 层同时具备低活性富铁层和黏化层特点，厚度 40~80 cm；黏粒含量 450~600 g/kg 之间；CEC_7 在 16~24 cmol/kg 黏粒之间；土壤氧化铁游离度在 50%以上；土壤 pH 在 5.50~7.50 之间；色调主要为 2.5YR 或 5YR，润态明度 3~5，彩度 4~8；干态明度 5~6，彩度 6~8。

对比土系　与苏洋系、东平系和山城系同为黏化湿润富铁土，但山城系在矿质土表至 125 cm 范围内有聚铁网纹层而不同于中贝系。山城系在矿质土表至 125 cm 范围至少 B 层上部呈现 7.5YR 或更黄的色调，不同于中贝系。东平系的土壤 pH 在 5.5 以下，土壤颗粒大小级别为黏壤质，而不同于中贝系土壤 pH 主要在 5.5 以上和黏质土壤颗粒大小级别。

利用性能综述　中贝系土壤养分较为丰富，表层土壤有机质含量在 20~45 g/kg 之间，全氮在 1.00~2.00 g/kg 之间，全磷一般在 0.30~1.50 g/kg 之间；速效钾和有效磷分别在 80 mg/kg 以上和 5~25 mg/kg 之间；全钾在 10~20 g/kg 之间。土壤保肥性能中等，CEC 主要在 10~15 cmol/kg 之间。土层深厚，水热条件较好，质地黏重，有机质、全氮和速效钾丰富，保肥能力中等，土壤肥力较高，适宜于发展各种经济林、用材林。生产上，应积极发展常绿阔叶林及针叶阔叶混交林。为充分挖掘土地生产潜力，部分缓坡地带可开垦为园地，种植亚热带经济果树，但需加强水土保持措施，可套种豆科绿肥作物，以增加地面覆盖度；对于有效磷较低的土壤，应适当施用磷肥。

代表性单个土体（编号：35-039） 于 2011 年 7 月 19 日采自福建省霞浦县盐田畲族乡中贝村，26°50'18.8" N，119°50'16.6" E。母质为英安质凝灰岩残坡积物（70 cm 以上为坡积物，70 cm 以下为残积物）；地形为低丘下坡，海拔 10 m，坡度 5° ~15° ；土地利用方式为林地。

中贝系代表性单个土体剖面

Ah：0~20 cm，淡红棕色（5YR4/4，润），淡橙色（5YR6/4，干），细土质地为黏土，润，中等发育的块状结构，稍疏松；少量细根；微酸性；向下层清晰平滑过渡。

Bw：20~70 cm，暗红棕色（5YR3/4，润），淡红棕色（5YR5/4，干），细土质地为黏土，润，发育明显的棱柱状结构，坚实，有宽度 2~5 mm、长度 10~30 cm 的垂直向裂隙；结构面上见少量黏粒胶膜；微碱性；向下层清晰平滑过渡。

Bt：70~150 cm，红棕色（2.5YR4/8，润），橙色（2.5YR6/6，干），细土质地为黏土，稍干，发育明显的块状结构，坚实，少量宽度在 2 mm 左右、长度在 5~15 cm 之间的垂直向裂隙；结构面上见少量黏粒胶膜；中性；向下层清晰平滑过渡。

中贝系代表性单个土体物理性质

土层	深度 /cm	砾石（>2 mm，体积分数）/%	细土颗粒组成（粒径：mm）/（g/kg）			细土质地（美国制）	容重 /（g/cm^3）
			砂粒 2~0.05	粉砂 0.05~0.002	黏粒 <0.002		
Ah	0~20	13	209	451	340	黏壤	1.29
Bw	20~70	6	152	393	455	黏土	1.37
Bt	70~150	14	75	335	590	黏土	1.43

中贝系代表性单个土体化学性质

深度 /cm	pH		CEC /（cmol（+）/kg）		黏粒 CEC /（cmol（+）/kg）		盐基饱和度/%	铝饱和度/%	全铁（Fe_2O_3）/（g/kg）	游离铁 /（g/kg）
	（H_2O）	（KCl）	CEC_7	ECEC	CEC_7	ECEC				
0~20	6.43	5.26	9.32	7.44	27.41	21.88	76.82	0.4	64.83	42.49
20~70	7.77	6.70	12.15	10.68	26.70	23.47	87.90	0.0	75.70	57.54
70~150	7.44	6.70	11.24	10.37	19.05	17.58	92.26	0.0	78.91	54.20

8.9　普通黏化湿润富铁土

8.9.1　曹远系（Caoyuan Series）

土族：黏质高岭石型非酸性热性-普通黏化湿润富铁土
拟定者：章明奎，麻万诸

曹远系典型景观

分布与环境条件　分布于福建省三明、南平、龙岩等市的石灰岩低丘坡麓或平缓地带，海拔在 500 m 以下，坡度多在 10° 以下。起源于灰岩、泥灰岩和石灰岩的残坡积物，利用方式主要为荒草地和林果地。属亚热带湿润季风气候区，年均温在 17.7~18.0℃；≥10℃的积温 5524~5651 ℃，年均日照约 1782~1920 h；无霜期 263~304 d；年均降水量 1664~1734 mm。年均蒸发量约 1450~1650 mm，干燥度小于 1。

土系特征与变幅　该土系诊断层包括淡薄表层、低活性富铁层和黏化层；诊断特性包括石质接触面、湿润土壤水分状况、热性土壤温度状况和贫盐基的盐基饱和度。土壤黏粒矿物主要为高岭石，其次为水云母，伴有少量蛭石，游离氧化铁较高，多在 50 g/kg 以上。其剖面一般具有 Ah-Bt-R（即红土层下直接为石灰岩基岩）；由于分布处多为坡麓，地势平缓，土层深厚，在 125~500 cm 之间；土壤颜色以红棕色为主。由于地表较为稳定，土体中碳酸钙不断淋溶，全剖面除表层由于上坡含钙地表径流影响引起复钙外，土壤基本脱钙，多呈中性至酸性（pH 主要在 4.5~7.5 之间），无石灰反应（除表土外）。随着钙及其他盐基淋溶加剧，土壤矿物风化作用增强，已显示出富铝化特征，剖面层次逐渐分异，形成了具有低活性富铁特性的黏化层。该类土壤与石灰岩之间的半风化母质层不明显，细土部分质地为壤土或黏土，向下黏粒含量增加。

Bt 层兼具低活性富铁层和黏化层的特性，厚度 100 cm 以上，小块或团粒状结构；pH 在 4.5~6.5 之间；CEC_7 在 16~24 cmol/kg 黏粒之间；氧化铁游离度在 40%~80%之间。色调主要为 2.5YR 或 5YR，润态明度 4~5，彩度 6~8；干态明度 6~7，彩度 6~8。

对比土系　石下系，同一亚类但不同土族，曹远系 Bt 层的部分或全部土壤 pH≥5.5，而石下系 Bt 层的全部土壤 pH 为 4.5~5.5。与湖村系同为石灰岩母质发育而来，常呈复区分布。曹远系风化强烈，已脱钙，剖面中有明显的低活性富铁层黏化层，主要分布在坡麓；而湖村系由于分布于丘陵与山地中上部，水土流失强烈，土壤仍处于脱钙阶段，具石灰反应，无低活性富铁层。与田螺坑系的区别是：田螺坑系整个控制层段土壤 pH＜5.5；

而曹远系控制层段的部分或全部土壤 pH≥5.5。

利用性能综述　曹远系土壤有机质、全氮及有效磷和速效钾中等。表层土壤有机质含量在 15~30 g/kg 之间，全氮在 1.00~1.50 g/kg 之间，全磷一般在 0.50~1.00 g/kg 之间；全钾在 5~15 g/kg 之间；速效钾和有效磷分别在 30~80 mg/kg 和 3~10 mg/kg 之间。土壤保肥性能较低，CEC 在 5~10 cmol/kg 之间。土质黏重。石灰岩地区多地下溶洞，降水易进入地下溶洞，干旱季节土体干燥，易受土壤侵蚀。在利用改良上，应以营造喜钙耐旱的林木为主，采取封山育林育草，保护植被，防止水土流失。对坡度较小可垦农地的地段，应以喜钙果林为主，不宜种植茶树，并要修筑水平梯田，加深活土层，增施有机肥料，以提高土壤有机质含量，培肥地力。

曹远系代表性单个土体剖面

代表性单个土体（编号：35-085）　于 2011 年 8 月 24 日采自福建省三明市永安市曹远镇东风村，26°2'12.9" N，117°19'5.0" E。母质为石灰岩残坡积物；地形为低丘陵平缓地带，海拔 260 m，坡度<5°；土地利用方式为荒地或草地。

Ah：0~13 cm，淡红棕色（2.5YR4/3，润），亮棕色（2.5YR5/6，干），细土质地为壤土，湿，中等发育的团粒状结构，疏松；中量细根；碱性；有石灰反应（表层复钙）；向下层清晰平滑过渡。

Bt1：13~60 cm，红棕色（5YR4/8，润），橙色（5YR6/8，干），细土质地为黏土，润，发育明显的小块或团粒状结构，稍坚实；少量细根；微酸性；向下层模糊波状过渡。

Bt2：60~200 cm，亮红棕色（2.5YR5/8，润），橙色（2.5YR6/8，干），细土质地为黏土，润，发育明显的块状结构，稍疏松；酸性。

曹远系代表性单个土体物理性质

土层	深度/cm	砾石（>2 mm，体积分数）/%	细土颗粒组成（粒径：mm）/（g/kg）			细土质地（美国制）	容重/（g/cm³）
			砂粒 2~0.05	粉砂 0.05~0.002	黏粒 <0.002		
Ah	0~13	3	310	464	228	壤土	1.19
Bt1	13~60	2	150	378	473	黏土	1.39
Bt2	60~200	2	176	288	539	黏土	1.26

曹远系代表性单个土体化学性质

深度/cm	pH		CEC/（cmol（+）/kg）		黏粒 CEC/（cmol（+）/kg）		盐基饱和度/%	铝饱和度/%	全铁（Fe_2O_3）/（g/kg）	游离铁/（g/kg）
	（H_2O）	（KCl）	CEC_7	ECEC	CEC_7	ECEC				
0~13	8.56	6.79	6.24	4.03	27.43	17.71	64.58	0.00	70.76	57.98
13~60	5.75	3.80	8.35	5.09	17.65	10.76	41.92	19.84	93.08	71.60
60~200	5.00	3.58	9.15	5.66	16.99	10.51	22.08	56.18	96.55	72.94

8.9.2　南靖系（Nanjing Series）

土族：粗骨细黏质盖黏质硅质型酸性高热-普通黏化湿润富铁土
拟定者：章明奎，麻万诸

南靖系典型景观

分布与环境条件　主要分布于漳州市及泉州市的山前洪积扇中上部，海拔一般在 250 m 以下。起源于第四纪红土；利用方式主要为园地和林地。属亚热带湿润海洋性季风气候区，年均日照约 2000 h，年均气温 20.5~21.5℃，全年无霜，≥10℃的积温 7050~7200℃，≥15℃的积温 6000℃左右，≥20℃的积温 4900℃左右。年均降水量 1600 mm 左右。年均蒸发量约 1200~ 1500 mm，干燥度在 0.8~0.9 之间。

土系特征与变幅　该土系诊断层包括淡薄表层、低活性富铁层和黏化层；诊断特性包括湿润土壤水分状况、高热土壤温度状况和贫盐基的盐基饱和度。成土时间较长，土壤风化强烈，黏土矿物主要为高岭石，其次为水云母，含针铁矿和赤铁矿。其剖面一般具有 Ap-Bw-C；土体厚度在 100~200 cm 之间；土壤颜色以红棕色或橙色为主；剖面上下质地有明显的差异，向下黏粒明显增加，表层为砂质黏壤土至壤土，心土为黏壤土至黏土，不同深度土壤黏粒含量变动于 200~500 g/kg 之间，但 0~100 cm 范围内平均黏粒含量低于 350 g/kg；颗粒组成具有粗骨细黏质盖黏质的特征；土壤结构以小块状结构和大块状结构为主，心土土体坚实。表土容重在 1.25 g/cm^3 左右，心土和底土容重在 1.35~1.50 g/cm^3 之间；湿时黏重，干时坚硬；土壤呈酸性，pH 在 4.5~5.5 之间。

Bt 层同时具备低活性富铁层和黏化层特点，厚度 30 cm 以上；CEC_7 在 15~24 cmol/kg 黏粒之间；土壤氧化铁游离度在 50%以上；土壤 pH 在 5.50~6.50 之间；色调主要为 2.5YR 或 5YR，润态明度 4~6，彩度 7~8；干态明度 6~7，彩度 5~6。

对比土系　山城系，呈复区分布，同一土类但不同亚类，山城系在矿质土表至 125 cm 范围内有聚铁网纹层，无明显砾石，土壤颗粒大小级别为黏壤质，不同于南靖系的无聚铁网纹层及粗骨细黏质盖黏质的土壤颗粒大小级别。

利用性能综述　南靖系土壤养分因植被或利用方式不同可有很大的变化。表层土壤有机质含量在 10~25 g/kg 之间，全氮在 0.50~1.50 g/kg 之间，全磷一般在 0.40~1.00 g/kg 之间；速效钾和有效磷分别在 30~80 mg/kg 和 3~15 mg/kg 之间。土壤保肥性能较低，CEC 在 5~10 cmol/kg 之间。土壤水利条件差，风化强烈，矿质养分低，土壤对磷的固定作用较强，供钾能力弱；土体中含有高量砾石，不便耕作。适宜用作林地或园地。在改良利用时，应加强水利建设，发展灌溉，同时应注意防止水土流失，实行用地与养地相结合，发展间、套种绿肥，增施磷、钾、硼、钼肥。

代表性单个土体（编号：35-027）　于 2011 年 4 月 19 日采自福建省南靖县山城镇山城村，24°30'5.6" N，117°22'6.5" E。母质为第四纪红土（老洪积物，系多次堆积形成；砾石已明显风化）；地形为山前古洪积扇上坡近顶部，海拔 25 m，坡度 15°~35°；土地利用方式为园地（主要生长龙眼和香蕉）。

南靖系代表性单个土体剖面

Ap：0~18 cm，亮红棕色（5YR5/6，润），淡橙色（5YR6/4，干），细土质地为砂质黏壤土，润，中等发育的团粒状结构，疏松；多量细根；含 15%左右大小为 1~10 cm 的半风化砾石块；酸性；向下层清晰平滑过渡。

Bw：18~59 cm，由红土和砾石组成，红土部分占土体的 30%~40%，亮红棕色（5YR5/8，润），淡橙色（5YR7/4，干），细土质地为壤土，润，中等发育的小块状结构，稍疏松；半风化砾石含量占土体的 60%~70%，粒径多在 1~15 cm 之间；酸性；向下层清晰平滑过渡。

Bt1：59~94 cm，橙色（5YR6/6，润），橙色（5YR7/5，干），细土质地为黏壤土，润，中等发育的核状和块状结构，坚实；基本上无砾石；酸性；向下层清晰平滑过渡。

Bt2：94~180 cm，由红土和砾石组成，红土部分占土体的 50%以上，呈亮红棕色（5YR5/8，润），橙色（5YR7/6，干），细土质地为黏土，润，中等发育的块状结构，较坚实；粒径在 1~15 cm 之间的半风化砾石占 40%~50%；强酸性。

南靖系代表性单个土体物理性质

土层	深度 /cm	砾石（>2 mm，体积分数）/%	细土颗粒组成（粒径：mm）/（g/kg）			细土质地（美国制）	容重 /（g/cm³）
			砂粒 2~0.05	粉砂 0.05~0.002	黏粒 <0.002		
Ap	0~18	22	535	232	233	砂质黏壤土	1.23
Bw	18~59	63	449	294	256	壤土	1.31
Bt1	59~94	1	371	289	340	黏壤土	1.35
Bt2	94~180	48	282	272	446	黏土	1.43

南靖系代表性单个土体化学性质

深度 /cm	pH		CEC /（cmol（+）/kg）		黏粒 CEC /（cmol（+）/kg）		盐基饱和度/%	铝饱和度/%	全铁（Fe_2O_3）/（g/kg）	游离铁 /(g/kg)
	（H_2O）	（KCl）	CEC_7	ECEC	CEC_7	ECEC				
0~18	5.06	4.32	7.19	5.94	30.81	25.46	26.98	62.96	40.80	36.42
18~59	4.87	4.21	7.37	6.02	28.76	23.47	22.93	65.64	52.72	42.48
59~94	4.71	4.18	8.97	5.91	26.37	17.38	18.84	68.79	58.61	44.06
94~180	4.44	3.69	10.02	7.08	22.46	15.87	16.37	71.05	64.65	50.06

8.9.3　内坑系（Neikeng Series）

土族：黏壤质硅质型酸性高热-普通黏化湿润富铁土
拟定者：章明奎，麻万诸

内坑系典型景观

分布与环境条件　主要分布于福建省泉州市晋江、南安、惠安等县的海拔 200~250 m 以下的低丘陵坡麓地和沿海一级、二级台地的中、下坡段。起源于第四纪红色黏土，主要利用方式为旱地或园地。属亚热带湿润海洋性季风气候区，年均日照 2200~2033 h，年均气温约 20.4~21.3℃，无霜期约 330~358 d，≥10℃的积温 6700~7500 ℃。年均降水量 1150~1500 mm。年均蒸发量约 1064~1350 mm，干燥度略低于 1。

土系特征与变幅　该土系诊断层包括淡薄表层、低活性富铁层和黏化层；诊断特性包括湿润土壤水分状况、高热土壤温度状况和贫盐基的盐基饱和度。成土时间较长，土壤风化强烈，黏土矿物主要为高岭石，其次为水云母，含少量蛭石和三水铝石。其剖面一般具有 Ap-Bt-C；土体深厚，一般在 100 cm 以上；土壤颜色以淡棕色或淡红棕色为主。土壤质地为砂质壤土、砂质黏壤土至黏土，剖面上下质地有明显的差异，具黏化层；土壤结构以块状结构为主，全剖面土壤均较为坚实，土壤容重在 1.35~1.50 g/cm^3 之间；淀积层的氧化铁游离度在 40%~80%之间。土壤呈酸性，pH 主要在 4.5~5.5 之间。

Bt 层同时兼具低活性富铁层与黏化层特征，厚度 60 cm 以上，出现深度在 15~60 cm；块状结构或大块状结构，坚实；土壤氧化铁游离度在 40%~80%。pH 在 4.5~5.5 之间；土壤颜色有较大的变化，色调主要为 5YR~10R，润态明度 3~4，彩度 4~6；干态明度 5~6，彩度 4~8。

对比土系　南靖系、狮城系和田螺坑系，同一亚类但不同土族，南靖系颗粒大小级别为粗骨黏壤质，不同于内坑系的黏壤质土壤颗粒大小级别；狮城系土壤温度状况为热性，不同于内坑系的高热土壤温度状况；田螺坑系的颗粒大小级别为黏质，温度状况为热性，不同于内坑系的黏壤质土壤颗粒大小级别和高热土壤温度状况。

利用性能综述　内坑系土壤养分较低，表层土壤有机质含量在 10~20 g/kg 之间，全氮在 0.50~1.00 g/kg 之间，全磷一般在 0.25~0.75 g/kg 之间；全钾一般在 5~15 g/kg 之间；速效钾和有效磷分别在 30~80 mg/kg 和 3~15 mg/kg 之间。土壤保肥性能较低，CEC 在 5 cmol/kg 左右。土壤因水利条件较差，存在季节性缺水；土壤养分较低，适宜种植旱作（薯类和豆类）。在改良方面，应加强水利建设，发展灌溉，同时注意防止水土流失，实行用地与养地相结合，发展间、套种绿肥，增加有机肥料的投入，增施磷、钾肥、用硼、钼微肥。

代表性单个土体（编号：35-140）　于 2011 年 10 月 8 日采自福建省泉州市晋江市内坑镇柑市村，24°47'30.6" N，118°28'29.7" E。母质为第四纪红色黏土；地形为台地，海拔 33 m，坡度<5°；土地利用方式为旱地。

内坑系代表性单个土体剖面

Ap：0~20 cm，淡棕色（7.5YR5/4，润），灰棕色（7.5YR6/2，干），稍干，细土质地为砂质壤土，中等发育的块状结构，稍坚实；夹杂少量砖瓦碎屑；中量细根；见 10%以上 2~5 mm 大小的石英砂砾物；酸性；向下层渐变平滑过渡。

Bt1：20~40 cm，淡红棕色（5YR4/4，润），淡橙色（5YR6/4，干），稍干，细土质地为砂质壤土，中等发育的块状结构，坚实；少量细根；见>10%的直径在 2~5 mm 之间石英砂砾物；酸性；向下层清晰平滑过渡。

Bt2：40~60 cm，为细土与砾石的胶结层，二者比例约 6∶4；半风化砾石大小在 2~5 mm 之间，呈黄橙色（10YR8/8，润），黄橙色（10YR8/6，干）；细土基色为红棕色（5YR4/6，润），淡橙色（5YR6/4，干），稍干，细土质地为砂质黏壤土，中等发育的块状结构，坚实；强酸性；向下层清晰平滑过渡。

Bt3：60~160 cm，红色（10R4/6，润），红橙色（10R6/8，干），润，细土质地为黏土，中等发育的块状结构，稍坚实；酸性；向下层清晰平滑过渡。

C：160 cm 以下，形态似网纹状，由亮红棕色（5YR5/6，润）、黄橙色（10YR7/8，润）、灰白色（2.5Y8/2，润）三色半风化物质组成，比例为 1∶5∶4，润，小块状结构，粉砂质壤土；稍坚实；微酸性。

内坑系代表性单个土体物理性质

土层	深度 /cm	砾石（>2 mm，体积分数）/%	细土颗粒组成（粒径：mm）/（g/kg）			细土质地（美国制）	容重 /（g/cm³）
			砂粒 2~0.05	粉砂 0.05~0.002	黏粒 <0.002		
Ap	0~20	11	664	182	155	砂质壤土	1.36
Bt1	20~40	11	605	198	197	砂质壤土	1.41
Bt2	40~60	42	581	203	216	砂质黏壤土	1.46
Bt3	60~160	0	302	278	420	黏土	1.40
C	>160	0	448	358	193	粉砂质壤土	—

内坑系代表性单个土体化学性质

深度 /cm	pH		CEC /（cmol（+）/kg）		黏粒 CEC /（cmol（+）/kg）		盐基饱和度/%	铝饱和度/%	全铁（Fe_2O_3）/（g/kg）	游离铁 /(g/kg)
	（H_2O）	（KCl）	CEC_7	ECEC	CEC_7	ECEC				
0~20	5.04	3.65	4.56	3.97	29.45	25.61	41.67	38.54	20.45	14.16
20~40	4.54	3.46	5.02	4.26	25.49	21.62	33.47	49.53	24.28	18.94
40~60	4.46	3.48	4.89	4.19	22.65	19.40	29.86	55.85	31.93	19.18
60~160	5.20	4.52	8.96	7.43	21.34	17.69	74.33	6.59	54.74	40.36
>160	5.72	4.82	5.05	4.23	26.18	21.92	70.10	10.40	22.70	9.54

8.9.4　狮城系（Shicheng Series）

土族：黏壤质硅质混合型酸性热性-普通黏化湿润富铁土
拟定者：章明奎，麻万诸

分布与环境条件　主要分布在福建省宁德、南平、三明等市的中低山，海拔 600~1100 m 之间，坡度多在 15°~35° 之间。起源于花岗岩、花岗斑岩、石英云母片岩、片麻岩、凝灰质熔岩等风化物，利用方式主要为林地。属亚热带湿润海洋性季风气候区，年均温在 15.0~17.5℃之间；≥10℃的积温 4500~5500℃，年均日照约 1690~1850 h；无霜期 234~276 d；年均降水量 1800~2000 mm 左右，年相对湿度>82%，常年云雾弥漫；年均蒸发量约 900~1300 mm，干燥度小于 1。

狮城系典型景观

土系特征与变幅　该土系诊断层包括淡薄表层、低活性富铁层和黏化层；诊断特性包括湿润土壤水分状况、热性土壤温度状况和贫盐基的盐基饱和度。土壤黏土矿物主要为高岭石，有较多的蛭石，伴有一定量的水云母和少量三水铝石，含针铁矿。其剖面一般具有 Ah-（Bw）-Bt-C；土体深厚，一般在 75~150 cm 之间；土壤颜色以红棕色和黄棕色为主；土壤质地为砂质壤土、砂质黏壤土和壤土，在剖面中由上至下增加，具黏化层；土壤主要为酸性，pH 在 4.5~5.5 之间。

Bt 层同时具备低活性富铁层和黏化层特点，厚度 40~100 cm；CEC_7 在 16~24 cmol/kg 黏粒之间；土壤氧化铁游离度在 50%以上；土壤 pH 在 4.50~5.50 之间；色调主要为 7.5YR 或 10YR，润态明度 5~6，彩度 6~8；干态明度 6~7，彩度 6~8。

对比土系　南靖系、田螺坑系、内坑系，同一亚类但不同土族。南靖系颗粒大小级别为粗骨黏壤质，温度状况为高热，不同于狮城系的黏壤质土壤颗粒大小级别和热性土壤温度状况；内坑系土壤温度状况为高热，不同于狮城系的热性土壤温度状况；田螺坑系颗粒大小级别为黏质，不同于狮城系的黏壤质土壤颗粒大小级别。

利用性能综述　狮城系土壤有机质和氮素较高，但有效磷和速效钾较低。表层土壤有机质含量在 30~60 g/kg 之间，全氮在 1.00~2.50 g/kg 之间，全磷一般在 0.25~0.50 g/kg 之间；速效钾和有效磷分别在 30~80 mg/kg 以上和 3~10 mg/kg 之间；全钾在 10~25 g/kg 之间。CEC 主要在 5~10 cmol/kg 之间。土层深厚，土质疏松，通透性能良好，可作为用材林和经济林生产基地，局部缓坡地也可发展优质茶园。

代表性单个土体（编号：35-042）　于 2011 年 7 月 20 日采自福建省周宁县县城（狮城）

狮城系代表性单个土体剖面

边，27°5'42.3" N，119°20'34.0" E。母质为花岗岩（钾长花岗岩）残坡积物；地形为中山中上坡，海拔 910 m，坡度 20° ~25° ；土地利用方式为林地；植被覆盖度近 100%。

O：+2~0 cm　枯枝落叶。

Ah：0~14 cm，暗红棕色（5YR3/4，润），淡橙色（5YR7/4，干），细土质地为壤土，润，中等发育的块状结构为主，疏松；中量中根和细根；酸性；向下层清晰波状过渡。

AB：14~40 cm，红棕色（5YR4/8，润），橙色（5YR7/6，干），细土质地为砂质黏壤，润，中等发育的块状和小块状结构，疏松；多量中根和细根，见少量灰白、黄色或肉红色的岩石半风化碎屑物；酸性；向下层渐变平滑过渡。

Bt1：40~88 cm，亮红棕色（7.5YR5/6，润），橙色（7.5YR7/6，干），细土质地为壤土，润，中等发育的块状结构，稍坚实；少中根和细根；夹杂少量花岗岩半风化岩屑物；酸性；向下层清晰波状过渡。

Bt2：88~140 cm，亮红棕色（7.5YR5/8，润），橙色（7.5YR7/6，干），细土质地为黏壤土，润，中等发育的粒状和块状结构，疏松；少量细根；夹杂 10%左右直径在 5~10 cm 之间的花岗岩半风化岩屑物；酸性。

狮城系代表性单个土体物理性质

土层	深度 /cm	砾石（>2 mm，体积分数）/%	细土颗粒组成（粒径：mm）/（g/kg）			细土质地（美国制）	容重 /（g/cm³）
			砂粒 2~0.05	粉砂 0.05~0.002	黏粒 <0.002		
Ah	0~14	9	538	279	183	砂质壤土	1.09
AB	14~40	12	570	242	188	砂质壤土	1.13
Bt1	40~88	10	494	221	285	砂质黏壤土	1.23
Bt2	88~140	11	403	351	246	壤土	1.21

狮城系代表性单个土体化学性质

深度 /cm	pH		CEC /（cmol（+）/kg）		黏粒 CEC /（cmol（+）/kg）		盐基饱和度/%	铝饱和度/%	全铁（Fe_2O_3）/（g/kg）	游离铁 /（g/kg）
	（H_2O）	（KCl）	CEC_7	ECEC	CEC_7	ECEC				
0~14	5.01	3.66	7.34	6.40	40.11	34.97	33.92	56.71	31.95	19.85
14~40	4.65	3.67	7.88	6.69	41.90	35.60	37.56	55.90	34.94	22.82
40~88	4.97	3.75	6.76	4.19	23.72	14.70	16.42	73.75	33.92	22.39
88~140	5.20	3.75	5.88	4.75	23.90	19.31	16.33	75.16	36.31	24.94

8.9.5　石下系（Shixia Series）

土族：黏质高岭石型酸性热性-普通黏化湿润富铁土
拟定者：章明奎，麻万诸

石下系典型景观

分布与环境条件　分布于福建省三明、南平、龙岩等市的石灰岩低丘陵缓坡地，海拔在 500 m 以下，坡度在 5°~25°之间。起源于灰岩、泥灰岩和石灰岩的残坡积物，利用方式主要为荒草地和林地。属亚热带湿润季风气候区，年均温在 17.7~18.0℃；极端最低气温–8.3~–7.9℃，极端最高气温 38.0~39.0℃，最热月出现在 7 月，平均温度 28℃左右；最冷月出现在 1 月，平均温度 9℃左右；≥10℃的积温 5524~5651℃，年均日照约 1782~1920 h；无霜期 263~304 d；年均降水量 1664~1734 mm，降水的季节分布不均，干湿季节十分明显，每年 3~9 月为湿季，占全年降水量的 80%；10 月至翌年 3 月为少雨旱季，存在夏旱和秋旱。年均蒸发量约 1450~1650 mm，干燥度小于 1。

土系特征与变幅　该土系诊断层包括淡薄表层、低活性富铁层和黏化层；诊断特性包括石质接触面、湿润土壤水分状况、热性土壤温度状况和贫盐基的盐基饱和度。土壤黏粒矿物主要为高岭石和水云母，伴有少量蛭石，游离氧化铁较高。其剖面一般具有 Ah-Bt-C 或 A-Bt-R（部分为红土层下直接为石灰岩基岩，部分在红土层与基岩之间有一半风化层）；土体厚度多在 80~125 cm 之间，土壤颜色以棕色和暗棕色为主。全剖面除表层由于上坡含钙地表径流影响引起复钙外，土壤基本脱钙，多呈中性至酸性（pH 主要在 4.5~7.5 之间），无石灰反应。细土部分质地为粉砂质黏土或黏土，黏粒含量在 350~650 g/kg 之间，砾石含量一般低于 10%。

Bt 层兼具低活性富铁层和黏化层的特性，厚度 60~100 cm，坚实，块状结构，黏粒含量在 450~650 g/kg 之间，黏粒含量为表土的 1.2 倍以上；砾石含量低于 10%；pH 在 4.5~5.5 之间；CEC_7 在 16~24 cmol/kg 黏粒之间；氧化铁游离度在 40%~80%之间；黏粒硅铝率大于 2.0。色调主要为 7.5YR 或 5YR，润态明度 5~6，彩度 6~8；干态明度 6~7，彩度 6~8。

对比土系　曹远系，同一亚类但不同土族，但曹远系 Bt 层的部分或全部土壤 pH≥5.5，而石下系 Bt 层的全部土壤 pH 为 4.5~5.5。与湖村系同为石灰岩母质发育而来，常呈复区分布。石下系风化强烈，已脱钙，呈酸性，部面中有明显的低活性富铁层黏化层，主要分布在坡麓；而湖村系由于分布于丘陵与山地中上部，水土流失强烈，土壤仍处于脱钙阶段，具石灰反应，无低活性富铁层。

利用性能综述　石下系土壤有机质和全氮较低，有效磷和速效钾缺乏。表层土壤有机质含量在 10~20 g/kg 之间，全氮在 0.50~1.00 g/kg 之间，全磷一般在 0.50~1.50 g/kg 之间；全钾在 5~15 g/kg 之间；速效钾和有效磷分别在 30~80 mg/kg 和 3~10 mg/kg 之间。土壤保肥性能较低，CEC 在 10 cmol/kg 左右。土质黏重。石灰岩地区多地下溶洞，降水易进入地下溶洞，土体干燥，易受土壤侵蚀。在利用改良上，应以营造喜钙耐旱的林木为主，采取封山育林育草，保护植被，防止水土流失。对坡度较小可垦农地的地段，应以喜钙果林为主，不宜种植茶树，并要修筑水平梯田，加深活土层，增施有机肥料，以提高土壤有机质含量，培肥地力。

石下系代表性单个土体剖面

代表性单个土体（编号：35-077）　于 2011 年 8 月 22 日采自福建省三明市宁化县湖村镇石下村，26°20'42.3" N，116°51'13.6" E。母质为白云质石灰岩残坡积物；地形为低丘中上坡，海拔 452 m，坡度 5°~25°；土地利用方式为荒地和林地，主要为灌丛，种植少量杉木和松树。

Ah：0~10 cm，棕色（7.5YR4/4，润），淡橙色（7.5YR6/4，干），细土质地为粉砂质黏土，稍干，中等发育的块状结构，稍坚实；中量细根；见少量白色半风化物的残余物；微碱性；向下层模糊平滑过渡。

Bt：10~90 cm，橙色（5YR6/8，润），橙色（5YR7/6，干），细土质地为黏土，润，中等发育的块状结构，坚实；少量细根；含少量白色半风化碎屑；酸性；向下层清晰波状过渡。

C：90~110 cm，由红色细土与白色半风化物混合而成。两者各占约 50%，白色物质呈灰白色（2.5Y8/1），以斑块状分布；红色部分呈亮红棕色（5YR5/8，润）、橙色（5YR7/7，干），细土质地为黏壤土，小块状结构，湿润，坚实；酸性。

石下系代表性单个土体物理性质

土层	深度 /cm	砾石（>2 mm，体积分数）/%	细土颗粒组成（粒径：mm）/（g/kg）			细土质地（美国制）	容重 /（g/cm³）
			砂粒 2~0.05	粉砂 0.05~0.002	黏粒 <0.002		
Ah	0~10	8	220	380	400	粉砂质黏土	1.36
Bt	10~90	2	195	295	510	黏土	1.42
C	90~110	2	320	330	350	黏壤土	—

石下系代表性单个土体化学性质

深度 /cm	pH		CEC /（cmol（+）/kg）		黏粒 CEC /（cmol（+）/kg）		盐基饱和度/%	铝饱和度/%	全铁（Fe_2O_3）/（g/kg）	游离铁 /（g/kg）
	（H_2O）	（KCl）	CEC_7	ECEC	CEC_7	ECEC				
0~10	7.82	7.10	9.67	9.18	24.17	17.95	94.93	0.00	55.41	44.69
10~90	5.35	3.97	10.93	6.18	21.43	12.12	22.78	52.43	60.67	48.66
90~110	5.43	4.04	8.97	6.91	25.63	19.74	45.15	37.33	54.78	33.07

8.9.6　田螺坑系（Tianluokeng Series）

土族：黏质高岭石型酸性热性-普通黏化湿润富铁土
拟定者：章明奎，麻万诸

田螺坑系典型景观

分布与环境条件　主要分布于龙岩、三明、南平和漳州等市的丘陵山地，其中闽西南与闽西北地区分布的海拔多在 50~750 m 之间，闽东南分布的海拔在 250~1000 m 之间，坡度多在 35° 以下。土壤起源于泥页岩和粉砂岩等风化物，利用方式主要为园地和林地。属亚热带湿润海洋性季风气候区，年均温在 14.6~19.6℃之间，极端最低气温–9.6~–1.2℃，极端最高气温 34.5~43.2℃；≥10℃的积温 4500~6500℃，年均日照约 1699~2073 h；无霜期 238~338 d；年均降水量 1370~2054 mm 之间，降水的季节分布不均，干湿季节十分明显，每年 3~9 月为湿季，占全年降水量的 77%~85%；10 月至翌年 3 月为少雨旱季。年均蒸发量约 1200~1500 mm，干燥度小于 1。

土系特征与变幅　该土系诊断层包括淡薄表层、低活性富铁层和黏化层；诊断特性包括准石质接触面、湿润土壤水分状况、热性土壤温度状况和贫盐基的盐基饱和度。土壤黏土矿物主要为高岭石，其次为水云母，含针铁矿和赤铁矿。其剖面一般具有 Ah-Bt-C；土体厚度在 60~125 cm 之间；土壤颜色以红棕色或棕红色为主。土壤质地为黏土或黏壤土，黏粒含量高于 350 g/kg；土壤中砾石含量低，不足 25%。土壤结构以小块状为主。表土容重在 1.25 g/cm^3 左右，心土和底土容重在 1.30~1.50 g/cm^3 之间；湿时黏重，干时稍坚硬；土壤呈酸性，pH 在 4.5~5.5 之间。

Bt 层具低活性富铁层和黏化层的特性，厚度 45~90 cm；黏粒含量在 450~550 g/kg 之间，是表土层的 1.2 倍以上；CEC_7 在 15~24 cmol/kg 黏粒之间；土壤氧化铁游离度在 50%以上；土壤 pH 在 4.50~5.50 之间；色调主要为 2.5YR 或 5YR，润态明度 4~6，彩度 6~8；干态明度 4~7，彩度 6~8。可见占土体 25%的半风化岩碎屑。

对比土系　南靖系、狮城系和内坑系，同一亚类但不同土族，颗粒大小级别分别为粗骨黏壤质、黏壤质和黏壤质，不同于田螺坑系的黏质土壤颗粒大小级别。曹远系，同一亚类但不同土族，但田螺坑系整个控制层段土壤 pH＜5.5，而曹远系控制层段的部分或全部土壤 pH≥5.5。

利用性能综述　田螺坑系因植被覆盖率高，土壤养分较为丰富。表层土壤有机质含量在

20~50 g/kg 之间，全氮在 1.00~2.50 g/kg 之间，全磷一般在 0.40~1.00 g/kg 之间；速效钾和有效磷分别在 50~100 mg/kg 和 5~15 mg/kg 之间。土壤保肥性能中等，CEC 在 8~15 cmol/kg 之间。土壤表土质地适中，是一种肥沃的林业土壤，适宜发展经济林和用材林。在缓坡地段可考虑开垦为旱地，但因表层结持性较差，表土以下质地黏重，开发为旱地容易导致水土流失，因此应切实做好水土保持，防止水土流失，同时应增施磷肥和微肥。田螺坑系土壤起源于泥页岩和粉砂岩等风化物，容易产生滑坡，在其上修建建筑物时应加以注意。

田螺坑系代表性单个土体剖面

代表性单个土体（编号：35-029）　于 2011 年 4 月 20 日采自福建省南靖县书洋镇田螺坑村，24°35'19.9" N，117°3'16.6"E。母质为泥页岩残坡积物，海拔 790 m，坡度 25°，地形为低山，土地利用方式为灌木丛、竹林和乔木。

Ah：0~4 cm，红棕色（5YR4/6，润），橙色（5YR7/6，干），细土质地为壤黏土，润，中等发育的小块状结构，稍坚实；中量中根和细根；见少量半风化岩石碎片；微酸性；向下层清晰平滑过渡。

Bt1：14~60 cm，亮红棕色（5YR5/8，润），橙色（5YR7/6，干），细土质地为黏土，润，中等发育的小块状结构，坚实；少量中根和细根；见 2%左右半风化岩石碎屑；酸性；向下层模糊波状过渡。

Bt2：60~100 cm，由泥页岩半风化物与细土物质混合而成，细土部分呈亮红棕色（7.5YR5/8，润），橙色（7.5YR6/8，干），细土质地为黏土，润，中等发育的小块状结构，稍坚实；少量细根；见 20%~30%的半风化岩石碎屑；酸性；向下层清晰平滑过渡。

C：100~125 cm，泥页岩半风化物。

田螺坑系代表性单个土体物理性质

土层	深度 /cm	砾石（>2 mm，体积分数）/%	细土颗粒组成（粒径：mm）/（g/kg）			细土质地（美国制）	容重 /（g/cm^3）
			砂粒 2~0.05	粉砂 0.05~0.002	黏粒 <0.002		
Ah	0~14	2	247	384	369	黏壤土	1.22
Bt1	14~60	4	180	357	463	黏土	1.38
Bt2	60~100	23	139	366	495	黏土	—

田螺坑系代表性单个土体化学性质

深度 /cm	pH		CEC /（cmol（+）/kg）		黏粒 CEC /（cmol（+）/kg）		盐基饱和度/%	铝饱和度/%	全铁（Fe_2O_3）/（g/kg）	游离铁 /（g/kg）
	（H_2O）	（KCl）	CEC_7	ECEC	CEC_7	ECEC				
0~14	5.49	4.68	9.89	6.14	26.78	16.63	24.47	58.31	65.91	41.45
14~60	5.23	4.52	10.44	6.84	22.56	14.78	25.48	58.77	79.77	50.73
60~100	5.42	4.67	11.65	6.55	23.54	13.23	22.40	59.23	68.30	47.99

8.10　黄色简育湿润富铁土

8.10.1　甘棠系（Gantang Series）

土族：黏质高岭石型酸性热性-黄色简育湿润富铁土
拟定者：章明奎，麻万诸

甘棠系典型景观

分布与环境条件　主要分布在福建省三明、宁德、南平等市的中低山缓坡地，海拔 600~1100 m 之间，坡度多在 15°~35°之间。起源于花岗岩、花岗斑岩、片麻岩、凝灰岩等风化物，利用方式为林地。属亚热带湿润海洋性季风气候区，年均温在 14.5~17.5℃之间；≥10℃的积温 4300~5500℃，年均日照约 1700 h；无霜期 240~270 d；年均降水量大于 1800~2200 mm，年相对湿度>82%。年均蒸发量约 800~1400 mm，干燥度小于 1。

土系特征与变幅　该土系诊断层包括淡薄表层和低活性富铁层；诊断特性包括准石质接触面、湿润土壤水分状况、热性土壤温度状况和贫盐基的盐基饱和度。土壤黏土矿物以高岭石为主，存在较多的蛭石，伴有一定量的水云母和三水铝石。其剖面一般具有 Ah-Bw-C；土体深厚，在 50~100 cm 之间；因所处地形为缓坡地带，土壤颜色以暗棕色和黄棕色为主；土壤质地黏壤、粉黏和黏土，在剖面中有一定的变化。土壤主要为酸性，pH 在 4.5~5.5 之间。

Bw 层（低活性富铁层）厚度 30~60 cm；土壤氧化铁游离度在 50%以上；CEC_7 在 16~24 cmol/kg 之间；土壤 pH 在 4.50~5.50 之间；块状结构；色调主要为 7.5Y 或 10YR，润态明度 4~6，彩度 4~8；干态明度 5~8，彩度 4~8。

对比土系　武曲系，同一土族，但表层有机质积累和颜色有很大的差异。武曲系分布的海拔较低，其表土有机质在 20~35 g/kg 之间，表层润土明度 5~7 之间；甘棠系因分布的海拔较高，气温较低，其表土积累的有机质较高，在 50~100 g/kg 之间，表层润土明度 2~4 之间。

利用性能综述　甘棠系土壤有机质和氮素积累明显，但有效磷和速效钾处于中低水平。表层土壤有机质含量在 50~100 g/kg 之间，全氮在 1.50~2.50 g/kg 之间，全磷一般在 0.35~0.70 g/kg 之间；速效钾和有效磷分别在 30~100 mg/kg 和 5~10 mg/kg 之间；全钾在 10~20 g/kg 之间。CEC 主要在 10 cmol/kg 左右。土壤的土层深厚，水热条件良好，具有较强的保水性能，适宜发展毛竹、茶叶及用材林和经济林。在缓坡地可垦辟为茶园，但要注意增施磷肥，改善养分结构，提高茶叶产量。

代表性单个土体（编号：35-047） 于 2011 年 7 月 21 日采自福建省屏南县甘棠乡犁坪村，26°51'25.6" N，118°57'28.5" E。母质为凝灰岩；地形为中山中上部，海拔 859 m，坡度 10°；土地利用方式为林地（松树和灌木丛、铁芒萁）。

甘棠系代表性单个土体剖面

O：+1~0 cm，枯叶层。

Ah：0~9 cm，深暗棕色（7.5YR2/3，润），淡橙色（7.5YR7/3，干），细土质地为黏土，润，中等发育的块状结构，疏松；少量中根和细根；酸性；向下层清晰平滑过渡。

Bw1：9~31 cm，亮红棕色（7.5YR5/6，润），浅黄橙色（7.5YR8/4，干），细土质地为粉黏土，润，中等发育的块状结构，稍坚实；少量中根和细根；酸性；向下层清晰波状过渡。

Bw2：31~83 cm，橙色（7.5YR6/8，润），浅黄橙色（7.5YR8/4，干），细土质地为黏土，润，中等发育的块状结构，稍坚实；少量细根；见少量直径小于 3 cm 的半风化岩石碎屑物；酸性；向下层模糊不规则过渡。

BC：83~150 cm，由细土与半风化岩碎片组成，二者比例约 7∶3。半风化岩碎片（大小在 10~30 cm 之间）呈黄色（2.5Y8/8，润）和灰白色（2.5Y8/1，干）。细土呈亮红棕色（7.5YR5/8，润）和浅黄橙色（7.5YR8/4，干），质地为黏壤，润，弱发育的中块状结构，坚实；酸性。

甘棠系代表性单个土体物理性质

土层	深度 /cm	砾石（>2 mm，体积分数）/%	细土颗粒组成（粒径：mm）/（g/kg）			细土质地（美国制）	容重 /（g/cm^3）
			砂粒 2~0.05	粉砂 0.05~0.002	黏粒 <0.002		
Ah	0~9	2	245	396	359	黏土	1.18
Bw1	9~31	2	182	425	393	粉黏土	1.36
Bw2	31~83	2	190	398	412	黏土	1.39
BC	83~150	33	321	393	286	黏壤	—

甘棠系代表性单个土体化学性质

深度 /cm	pH		CEC /（cmol（+）/kg）		黏粒 CEC /（cmol（+）/kg）		盐基饱和度/%	铝饱和度/%	全铁（Fe_2O_3）/（g/kg）	游离铁 /（g/kg）
	（H_2O）	（KCl）	CEC_7	ECEC	CEC_7	ECEC				
0~9	4.71	3.38	16.78	13.39	46.74	37.30	10.73	81.78	33.14	18.53
9~31	4.69	3.56	12.68	10.57	32.27	26.89	18.61	77.77	35.26	21.02
31~83	4.95	3.67	9.52	8.51	23.11	20.65	26.05	70.86	33.71	23.56
83~150	5.37	3.71	8.23	6.90	28.78	24.13	9.98	72.75	31.07	19.56

8.10.2　洪洋系（Hongyang Series）

土族：黏壤质硅质混合型酸性热性-黄色简育湿润富铁土
拟定者：章明奎，麻万诸

洪洋系典型景观

分布与环境条件　分布于福建省南平、三明、龙岩、宁德及福州北部，大多分布在海拔 700~800 m 以下低山丘陵坡地，坡度多在 5°~25°之间，多为凹坡地。起源于花岗岩、花岗斑岩、凝灰岩、流纹质凝灰熔岩等的风化物，利用方式主要为茶地和林地。属亚热带湿润海洋性季风气候区，年均温在 15.5~19.5℃之间；最热月出现在 7 月，平均温度 27~28℃；最冷月出现在 1 月，平均温度 8~10℃；≥10℃的积温 5500~6500℃，年均日照约 1700~2080 h；无霜期 260~340 d；年均降水量 1370~2000 mm，降水的季节分布不均，干湿季节十分明显，每年 3~9 月为湿季，占全年降水量的 80%；10 月至翌年 3 月为少雨旱季。年均蒸发量 1200~1600 mm，干燥度小于 1。

土系特征与变幅　该土系诊断层包括淡薄表层和低活性富铁层；诊断特性包括准石质接触面、湿润土壤水分状况、热性土壤温度状况和贫盐基的盐基饱和度。成土时间较长，土壤风化强烈，黏土矿物主要为高岭石，其次为水云母和蛭石。其剖面一般具有 Ap-Bw-C；土体深厚，一般在 80~125 cm 之间。因地表较缓，存在季节性滞水，土壤颜色偏黄，色调在 5YR~7.5YR 间变化，红棕色与棕色共存；土壤质地为黏壤土或砂质黏壤土，黏粒含量在 270~400 g/kg 之间，剖面上下差异较小，全剖面平均在 200~350 g/kg 之间；整个剖面砾石含量均低于 10%。土壤呈酸性或强酸性，pH 主要在 4.0~5.5 之间。

Bw 层（低活性富铁层）累计厚度 30~60 cm；黏粒含量 270~400 g/kg 之间；CEC_7 在 16~24 cmol/kg 黏粒之间；土壤氧化铁游离度在 40%~80%之间；土壤 pH 在 4.00~5.50 之间；色调主要为 7.5YR~5YR，润态明度 4~5，彩度 6~8；干态明度 6~7，彩度 4~6。

对比土系　甘棠系、武曲系，同一亚类但不同土族，但甘棠系和武曲系的土壤颗粒大小级别为黏质，而洪洋系土壤颗粒大小级别为黏壤质。

利用性能综述　洪洋系土壤有机质和全氮较高，但有效磷和速效钾中等。表层土壤有机质含量在 30~40 g/kg 之间，全氮在 1.50~2.00 g/kg 之间，全磷一般在 0.50~1.00 g/kg 之间；全钾一般在 10~15 g/kg 之间；速效钾和有效磷分别在 30~80 mg/kg 和 3~10 mg/kg 之间。土壤保肥性能中等，CEC 在 10 cmol/kg 左右。土壤水热条件良好，土层深厚，适宜用作用材林、毛竹、茶叶、果树、油茶和油桐等的生产基地。该土酸性强，种植果树时应适当施用石灰对土壤进行改良，在发展经济作物时应注意增施磷、钾肥和微量元素肥料；同时，推广套种绿肥，增加覆盖，培肥地力，防止土壤侵蚀。

洪洋系代表性单个土体剖面

代表性单个土体（编号：35-121） 于 2011 年 10 月 3 日采自福建省福州市罗源县洪洋乡洋里村，26°34'11.5" N，119°26'31.1" E。母质为花岗岩坡积物；地形为高丘中坡凹坡地，海拔 534 m，坡度 15° ~20° ；土地利用方式为茶园和荒草地。

A：0~20 cm，棕色（7.5YR4/6，润），淡棕色（7.5YR6/3，干），润，细土质地为黏壤土，中等发育的块状和小块状结构，稍坚实；多量中根和细根；强酸性；向下层清晰平滑过渡。

Bw1：20~40 cm，亮红棕色（5YR5/8，润），橙色（5YR7/6，干），润，细土质地为砂质黏壤土，中等发育的块状结构，非常坚实；少量细根；强酸性；向下层清晰平滑过渡。

Bw2：40~80 cm，棕色（7.5YR4/6，润），淡橙色（7.5YR6/4，干），润，细土质地为黏壤土，中等发育的块状结构，稍疏松；少量细根；夹杂 1%~2%直径 5 cm 左右的半风化的岩屑；强酸性；向下层清晰平滑过渡。

Bw3：80~110 cm，亮红棕色（5YR5/8，润），橙色（5YR6/5，干），润，细土质地为黏壤土，中等发育的块状结构，稍疏松；见少量直径 5 cm 左右的半风化岩石碎屑；酸性。

洪洋系代表性单个土体物理性质

土层	深度 /cm	砾石 （>2 mm，体积分数）/%	细土颗粒组成（粒径：mm）/（g/kg）			细土质地 （美国制）	容重 /（g/cm³）
			砂粒 2~0.05	粉砂 0.05~0.002	黏粒 <0.002		
Ap	0~20	0	373	251	376	黏壤土	1.31
Bw1	20~40	5	468	186	347	砂质黏壤土	1.43
Bw2	40~80	6	419	270	311	黏壤土	1.35
Bw3	80~120	8	405	216	379	黏壤土	1.32

洪洋系代表性单个土体化学性质

深度 /cm	pH		CEC /（cmol（+）/kg）		黏粒 /CEC（cmol（+）/kg）		盐基饱和度/%	铝饱和度/%	全铁 （Fe_2O_3）/ （g/kg）	游离铁 /（g/kg）
	（H_2O）	（KCl）	CEC_7	ECEC	CEC_7	ECEC				
0~20	4.42	3.52	10.23	7.20	27.21	19.15	5.96	84.44	71.68	43.80
20~40	4.28	3.46	8.03	6.01	23.14	17.32	6.23	85.36	55.20	35.76
40~80	4.42	3.56	7.93	5.78	25.50	18.59	5.42	87.54	57.25	36.19
80~120	4.56	3.69	8.97	6.66	23.67	17.57	4.79	90.09	60.96	41.08

8.10.3　武曲系（Wuqu Series）

土族：黏质高岭石型酸性热性-黄色简育湿润富铁土

拟定者：章明奎，麻万诸

分布与环境条件　分布于福建省全省的山地丘陵，以南平、三明、龙岩、宁德等市分布面积较大，大多分布在海拔 700~800 m 以下低山和丘陵坡地。起源于花岗岩、凝灰岩、凝灰熔岩等的风化物，利用方式主要为园地和林地。属亚热带湿润季风气候区，年均温在 15.5~19.5℃之间；≥10℃的积温 5500~ 6500℃，年均日照约 1700~ 2080 h；无霜期 276~338 d；年均降水量 1370~2000 mm。年均蒸发量约 1200~1800 mm，干燥度小于 1。

武曲系典型景观

土系特征与变幅　该土系诊断层包括淡薄表层和低活性富铁层；诊断特性包括准石质接触面、湿润土壤水分状况、热性土壤温度状况和贫盐基的盐基饱和度。成土时间较长，土壤风化强烈，黏土矿物主要为高岭石，其次为水云母和蛭石，含针铁矿。其剖面一般具有 Ap-Bw-C；土体深厚，一般在 80~125 cm 之间；土壤颜色以浅棕色、灰黄色和橙色为主，润土色调一般为 10YR 或 7.5YR。土壤质地为黏壤土至黏土。土壤呈酸性至强酸性，pH 主要在 4.0~5.5 之间。

Bw 层（低活性富铁层）厚度 30~70 cm；CEC_7 在 16~ 24 cmol/kg 黏粒之间；土壤氧化铁游离度在 40%~80%；土壤 pH 在 4.00~5.50 之间；色调主要为 7.5YR 或 10YR，润态明度 6~8，彩度 5~6；干态明度 7~8，彩度 3~4。

对比土系　甘棠系，同一土族，但表层有机质积累和颜色有很大的差异。甘棠系因分布的海拔较高，气温较低，其表土积累的有机质较高，在 50~100 g/kg 之间，表层润土明度 2~4 之间；武曲系分布的海拔较低，其表土有机质在 20~35 g/kg 之间，表层润土明度 5~7 之间。

利用性能综述　武曲系因土地利用方式不同，土壤有机质和养分有较大的变化。表层土壤有机质含量在 20~35 g/kg 之间，全氮在 1.00~2.00 g/kg 之间，全磷一般在 0.35~0.70 g/kg 之间；全钾一般在 10~20 g/kg 之间；速效钾和有效磷分别在 50~120 mg/kg 和 3~10 mg/kg 之间。土壤保肥性能中等，CEC 在 10 cmol/kg 左右。土壤水热条件较佳，土层较为深厚，渗透性较强，有利于蓄积水分，是发展林果生产的良好基地。但该土酸性较强，存在一定的冲刷风险，因此，在利用改良上应在做好水土保持措施的基础上，增加有机肥料的投入或套种绿肥，根据作物的需要，施用磷、钾肥，必要时可施用石灰降低土壤酸度。

代表性单个土体（编号：35-150）　于 2012 年 3 月 9 日采自福建省宁德市寿宁县武曲镇岭底村，27°16'10.3" N，119°33'8.8" E。母质为花岗岩坡积物；地形为丘陵中坡，梯地，宽度 1~2 m，海拔 99 m，坡度 25°~40°；土地利用方式为茶园。

武曲系代表性单个土体剖面

Ap：0~25 cm，浅棕色（7.5YR5/4，润），浅黄橙色（7.5YR8/3，干），润，细土质地为黏壤土；中等发育的团粒状和小块状结构，疏松；中量细根；见少量直径 2~5 cm 半风化岩石块；强酸性；向下层清晰平滑过渡。

Bw1：25~60 cm，橙色（7.5YR6/6，润），淡橙色（7.5YR7/3，干），润，细土质地为黏壤土；中等发育的小块状结构，稍坚实；少量细根；见 15%左右直径约 5 cm 的红色与灰白色相间的半风化碎屑；强酸性；向下层清晰平滑过渡。

Bw2：60~90 cm，浅黄橙色（7.5YR8/6，润），淡黄橙色（7.5YR8/4，干），润，细土质地为黏土；中等发育的块状结构，坚实；强酸性；向下层清晰波状过渡。

C：90~125 cm，由半风化岩石块和碎屑物组成，主要呈现灰白色或浅白色，少数呈肉红色（<5%）；白色部分呈灰白色（5Y8/2，润），灰白色（5Y8/1，干）；红色部分呈红橙色（10R6/8，润），淡红棕色（10R6/4，干）；细土质地为砂质黏土；单粒状，稍坚实；酸性。

武曲系代表性单个土体物理性质

土层	深度 /cm	砾石（>2 mm，体积分数）/%	细土颗粒组成（粒径：mm）/（g/kg）			细土质地（美国制）	容重 /（g/cm³）
			砂粒 2~0.05	粉砂 0.05~0.002	黏粒 <0.002		
Ap	0~25	5	292	311	398	黏壤土	1.35
Bw1	25~60	7	331	317	352	黏壤土	1.39
Bw2	60~90	7	292	236	472	黏土	1.44
C	90~125	2	495	117	388	砂质黏土	—

武曲系代表性单个土体化学性质

深度 /cm	pH		CEC /（cmol（+）/kg）		黏粒 CEC /（cmol（+）/kg）		盐基饱和度/%	铝饱和度/%	全铁（Fe_2O_3）/（g/kg）	游离铁 /（g/kg）
	（H_2O）	（KCl）	CEC_7	ECEC	CEC_7	ECEC				
0~25	4.26	3.36	10.44	8.17	26.23	20.53	15.42	72.71	24.37	17.40
25~60	4.10	3.42	8.41	7.12	23.89	20.23	15.93	73.88	27.06	15.33
60~90	4.28	3.56	10.70	8.63	22.67	18.28	17.75	72.42	31.68	20.43
90~125	4.54	3.75	9.45	7.33	24.36	18.89	26.03	57.84	16.64	6.19

8.11　暗红简育湿润富铁土

8.11.1 曹墩系（Caodun Series）

土族：黏质高岭石型酸性热性-暗红简育湿润富铁土

拟定者：章明奎，麻万诸

曹墩系典型景观

分布与环境条件　分布于福建省南平、三明、龙岩等市低山丘陵中下坡或坡麓地带，大多分布在海拔 500 m 以下，坡度多在 5°~25°之间。起源于粗晶花岗岩等的风化物，利用方式主要为园地和林地。属亚热带湿润海洋性季风气候区，年均温在 18.0~19.5℃之间；最热月出现在 7 月，平均温度 27~28℃左右；最冷月出现在 1 月，平均温度 9~10℃；≥10℃的积温 5800~6500 ℃，年均日照约 1750~2080 h；无霜期 280~340 d；年均降水量 1370~1800 mm，降水的季节分布不均，干湿季节十分明显，每年 3~9 月为湿季，占全年降水量的 80%；10 月至翌年 3 月为少雨旱季。年均蒸发量约 1300~1600 mm，干燥度小于 1。

土系特征与变幅　该土系诊断层包括淡薄表层和低活性富铁层；诊断特性包括湿润土壤水分状况、热性土壤温度状况和贫盐基的盐基饱和度。成土时间较长，土壤风化强烈，黏土矿物主要为高岭石，其次为水云母和蛭石。其剖面一般具有 Ah-Bw-C；土体深厚，在 100 cm 以上；土壤颜色鲜艳，以红棕色、亮棕色为主，润土色调一般为 2.5YR。细土质地为黏土至粉砂质黏土，黏粒含量在 400~550 g/kg 之间，剖面上下差异较小；砂粒含量在 550 g/kg 以下。因母岩中有粗颗粒抗风化石英，土壤中含较多的砾石，其含量在 10%~30%之间变化，但全剖面平均含量低于 25%。土壤呈酸性至强酸性，pH 主要在 4.0~5.5 之间。

Bw 层（低活性富铁层）厚度 60 cm 以上；黏粒含量在 400~550 g/kg 之间；CEC_7 在 16~24 cmol/kg 黏粒之间；土壤氧化铁游离度在 40%~80%；土壤 pH 在 4.00~5.50 之间；色调主要为 2.5YR，润态明度 4~5，彩度 7~8；干态明度 6~8，彩度 4~6。

对比土系　桂林村系，同一土族，但因成土母质不同，它们之间的颗粒组成、氧化铁含量、颜色有较大的差异。桂林村系砾石含量很低，土体中平均含量在 5%以下，其 Bw 层土壤游离氧化铁含量在 50 g/kg 以上，Bw 层土壤润态明度 2~3，彩度在 4~6；曹墩系砾石含量较高，土体中平均含量在 10%~25%之间，其 Bw 层土壤游离氧化铁含量在 50 g/kg

以下，Bw 层土壤润态明度 4~5，彩度在 7~8。

利用性能综述　曹墩系因土地利用方式不同，土壤有机质和养分有较大的变化。表层土壤有机质含量在 25~50 g/kg 之间，全氮在 1.00~2.00 g/kg 之间，全磷一般在 0.35~0.70 g/kg 之间；全钾一般在 10~20 g/kg 之间；速效钾和有效磷分别在 30~80 mg/kg 和 3~8 mg/kg 之间。土壤保肥性能中等，CEC 在 10 cmol/kg 左右。土壤土层深厚，水热条件优越，土壤酸性，存在季节性干旱问题。该土林业立地条件优异，是用材林、毛竹、果树、油茶等经济作物的重要基地。在低丘、交通方便、人口稠密及地势较缓的地段，可建设为茶园和果园，边远地段应以林业生产为主。因土壤矿质养分较低，在发展经济作物时，必须注意做好水土保持工作，通过施用有机肥或套种绿肥等途径，增加有机物质的投入，并注意保持地面高覆盖度，防止土壤侵蚀退化。

曹墩系代表性单个土体剖面

代表性单个土体（编号：35-157）　于 2012 年 3 月 30 日采自福建省南平市武夷山市星村镇曹墩村茶山岙自然村，27°40'4.0" N，117°48'58.0" E。母质为粗晶花岗岩坡积物；地形为低丘下坡，海拔 265 m，坡度 25°；土地利用方式为林地/杉木。

A：0~20 cm，浅红棕色（5YR4/4，润），淡橙色（5YR7/4，干），润，细土质地为黏土，中等发育的小块状结构，稍坚实；少量中根；酸性；向下层渐变平滑过渡。

Bw1：20~80 cm，亮棕色（2.5YR5/8，润），橙色（2.5YR6/6，干），润，细土质地为黏土，中等发育的块状结构，稍坚实；极少细根；强酸性；向下层清晰平滑过渡。

Bw2：80~200 cm，亮棕色（2.5YR5/8，润），橙色（2.5YR7/6，干），润，细土质地为粉砂质黏土，中等发育的块状结构，坚实；见 25%以上石英砂（直径约 2~3 mm）；酸性。

曹墩系代表性单个土体物理性质

土层	深度 /cm	砾石（>2 mm，体积分数）/%	细土颗粒组成（粒径：mm）/（g/kg）			细土质地（美国制）	容重 /（g/cm³）
			砂粒 2~0.05	粉砂 0.05~0.002	黏粒 <0.002		
Ah	0~20	20	340	248	411	黏土	1.29
Bw1	20~80	17	177	383	440	黏土	1.33
Bw2	80~200	28	125	468	407	粉砂质黏土	—

曹墩系代表性单个土体化学性质

深度 /cm	pH		CEC /（cmol（+）/kg）		黏粒 CEC /（cmol（+）/kg）		盐基饱和度/%	铝饱和度/%	全铁（Fe_2O_3）/（g/kg）	游离铁 /（g/kg）
	（H_2O）	（KCl）	CEC_7	ECEC	CEC_7	ECEC				
0~20	4.69	3.54	9.32	7.65	22.68	18.61	10.30	81.57	53.37	39.70
20~80	4.48	3.65	9.17	7.45	20.84	16.93	8.94	84.16	64.47	47.76
80~200	4.58	3.74	8.76	7.12	21.52	17.49	8.90	84.13	49.83	38.12

8.11.2　桂林村系（Guilincun Series）

土族：黏质高岭石型酸性热性-暗红简育湿润富铁土

拟定者：章明奎，麻万诸

分布与环境条件　分布于福建省龙岩、三明、南平和福州等市的低山丘陵缓坡地，海拔多在 800 m 以下。起源于玄武岩、橄榄玄武岩、辉长岩和橄榄辉玢岩等基性岩的风化物，利用方式为林地和荒地，坡度 5°~35°。自然植被为常绿阔叶林、常绿针阔叶混交林，杂生少量落叶阔叶林。属亚热带气候，年均温在 16.5~19.6℃；极端最低气温–8.2~–4.8℃，极端最高气温 36.5~40.5℃，最热月出现在 7 月，平均温度 26~28℃；最冷月出现在 1 月，平均温度 6~9℃；≥10℃的积温 5400~6300℃，年均日照约 1750~1950 h；无霜期 245~310 d；年均降水量 1450~1900 mm，降水的季节分布不均，干湿季节十分明显，每年 3~9 月为湿季，占全年降水量的 78%~81%；10 月至翌年 3 月为少雨旱季。年均蒸发量约 1310~1580 mm，干燥度小于 1。

桂林村系典型景观

土系特征与变幅　该土系诊断层包括淡薄表层和低活性富铁层；诊断特性包括湿润土壤水分状况、热性土壤温度状况和贫盐基的盐基饱和度。基性岩含有较多的铁镁矿物，在亚热带环境下较易风化，土壤中铁铝富集明显，土壤黏粒矿物主要为高岭石，其次为水云母，伴有少量蛭石。其剖面一般具有 Ah-Bw-C，土体厚度多在 100 cm 以上。由于土壤中氧化铁含量高，土壤颜色以暗红棕色为主。细土部分质地为粉砂质黏土或黏土，黏粒含量在 400~600 g/kg 之间，砾石含量一般低于 5%；土壤中有明显的"假砂"，整个剖面较为疏松，以碎块状结构为主。强烈的淋溶作用使土壤呈酸性，pH 主要在 4.5~5.5 之间。

Bw 层（低活性富铁层）厚度 80~120 cm，疏松，小块状结构，黏粒含量在 400~600 g/kg 之间，砾石含量一般低于 5%；pH 在 4.5~5.5 之间；CEC_7 在 16~24 cmol/kg 黏粒之间；氧化铁游离度在 40%~80%之间。色调主要为 10R 或 2.5YR，润态明度 2~3，彩度 4~6；干态明度 3~4，彩度 4~6。

对比土系　曹墩系，同一土族，但因成土母质不同，它们之间的颗粒组成、氧化铁含量、颜色有较大的差异。曹墩系砾石含量较高，土体中平均含量在 10%~25%之间，其 Bw 层土壤游离氧化铁含量在 50 g/kg 以下，Bw 层土壤润态明度 4~5，彩度在 7~8；桂林村系砾石含量很低，土体中平均含量在 5%以下，其 Bw 层土壤游离氧化铁含量在 50 g/kg 以上，Bw 层土壤润态明度 2~3，彩度在 4~6。

利用性能综述　桂林村系土壤有机质和全氮积累明显，但有效磷和速效钾中等。表层土壤有机质含量在 35~65 g/kg 之间，全氮在 1.50~3.00 g/kg 之间，全磷一般在 0.50~1.00 g/kg 之间；全钾在 5~15 g/kg 之间；速效钾和有效磷分别在 80~120 mg/kg 和 3~10 mg/kg 之间。土壤保肥性能中等，CEC 在 10 cmol/kg 左右。质地黏重。生产上适宜用于发展用材林和经济林，如马尾松及壳斗科阔叶林等树种。在利用改良方面，应对现有植被逐步调整，改单一的针叶林为针阔混交林，以促进其自然更新；低平地段可垦辟为茶果园，发展柑橘、茶叶等经济作物。在管理上，必须重视磷肥、钾肥及微量元素肥料的施用，加强水土保持；对陡坡地段，应封山育林，营造相思树、马尾松、黑松等薪炭林。

桂林村系代表性单个土体剖面

代表性单个土体（编号：35-088）　于 2011 年 8 月 24 日采自福建省三明市明溪县盖洋镇桂林村，26°24'51.6" N，117°7'5.4" E。母质为橄榄辉玢岩风化物的坡积物；地形为低山中上坡或高丘陵中坡，海拔 636 m，坡度 10°~30°；土地利用方式为林地和荒地（生长毛竹、杉木、小竹、铁芒萁），地表覆盖度在 90%以上。

Ah：0~20 cm，暗红棕色（2.5YR3/3，润），淡红棕色（2.5YR4/3，干），细土质地为黏土，润，弱发育的团粒状或小块状结构，稍疏松；中量细根；酸性；向下层模糊倾斜状过渡。

Bw1：20~60 cm，暗红色（10R3/4，润），红棕色（10R4/4，干），黏土，润，中等发育的块状或小块状结构，疏松；少量细根；酸性；向下层模糊波状过渡。

Bw2：60~120 cm，暗红色（10R3/4，润），暗红色（10R3/4，干），细土质地为粉质黏土，润，弱发育的小块状结构，疏松；酸性。

桂林村系代表性单个土体物理性质

土层	深度 /cm	砾石（>2 mm，体积分数）/%	细土颗粒组成（粒径：mm）/（g/kg）			细土质地（美国制）	容重 /（g/cm³）
			砂粒 2~0.05	粉砂 0.05~0.002	黏粒 <0.002		
Ah	0~20	1	71	370	560	黏土	1.20
Bw1	20~60	1	110	384	506	黏土	1.24
Bw2	60~120	1	96	428	478	粉质黏土	1.26

桂林村系代表性单个土体化学性质

深度 /cm	pH		CEC /（cmol（+）/kg）		黏粒 CEC /（cmol（+）/kg）		盐基饱和度/%	铝饱和度/%	全铁（Fe_2O_3）/（g/kg）	游离铁 /（g/kg）
	（H_2O）	（KCl）	CEC_7	ECEC	CEC_7	ECEC				
0~20	5.18	3.60	11.68	8.97	20.86	16.02	25.43	58.53	171.70	80.08
20~60	5.37	3.73	9.37	7.03	18.51	13.89	30.42	50.36	178.19	81.56
60~120	5.42	3.86	9.15	5.68	19.16	11.90	23.06	56.87	176.18	73.35

8.12　盐基简育湿润富铁土

8.12.1　九湖系（Jiuhu Series）

土族：黏壤质硅质混合型酸性高热-盐基简育湿润富铁土

拟定者：章明奎，麻万诸

九湖系典型景观

分布与环境条件　多出现在福建省戴云山南麓的泉州、漳州两市的南安、晋江、长泰、云霄、诏安等县和漳州市郊的低丘、台地，地势低平，但排水良好，局部存在轻微的片蚀。起源于第四纪红黏土；利用方式主要为果园和旱地，一年三熟。属亚热带季风性湿润气候，年均气温 21℃左右，年日照超 2000 h，无霜期 330 d 以上。最冷月（1 月）平均气温为 10~13℃，日均温大部分在 0℃以上，基本上无冬季；最热月（7 月）平均气温 26~29℃；≥10℃积温为 6500~7800℃。年平均降水量 1500 mm 以上，年均蒸发量多在 1000~1400 mm 之间；降水的季节性分布不均，干湿季节明显；常年 3~6 月是雨季，占全年降水量的 50%~60%；7~9 月的降水量约占全年的 20%~40%，但年间变化较大，取决于台风有无和影响程度；10~2 月是干季，降水量只占全年的 15%~20%。干燥度一般在 0.75~1.0 之间。适宜发展喜温经济作物，如荔枝、龙眼、香蕉、菠萝、芒果等。

土系特征与变幅　该土系诊断层包括淡薄表层和低活性富铁层；诊断特性包括湿润土壤水分状况、高热土壤温度状况和富盐基的盐基饱和度。经历了长期的脱硅富铁铝化过程，土壤黏土矿物主要为高岭石，其次为水云母，含少量的氧化铁，无氧化铝矿物；粉粒和砂粒以二氧化硅为主，但仍保留少量长石和云母等原生矿物。其剖面一般具有 Ap-Bw-（C）；土体深厚，多在 1 m 以上，厚者可达数米；除表层土壤因有机质积累颜色偏暗，其他为均质红色土层；细土质地为砂质黏壤土，剖面上下差异较小，黏粒含量多在 250~350 g/kg 之间；土壤结构以大块状为主；除表层因耕作容重稍低外，多数土层的容重在 1.30~1.50 g/cm^3 之间；土壤呈酸性，pH 在 4.5~5.5 之间，但矿质土表至 125 cm 范围内有 80%以上的土层盐基饱和度（NH_4OAc 法）≥35%。

Bw 层（低活性富铁层）厚度 60~120 cm，黏粒含量在 300~350 g/kg 之间；CEC_7 在

16~24 cmol/kg 黏粒之间，土壤氧化铁游离度在 40%以上；土壤 pH 在 4.50~5.50 之间；色调主要为 5YR（少数土层可为 2.5YR），润态明度 4~5，彩度 7~8；干态明度 6~7，彩度 6~8。

对比土系　吉巷系，同一亚纲但不同土类；东峰系，同一土类但不同亚类。同为第四纪红土母质发育的富铁土，它们的颗粒大小级别（黏壤质）、矿物类型（硅质混合型）和 pH（4.50~5.50）相似。但吉巷系具黏化层，在矿质土表至 125 cm 范围内至少 B 层上部（≥10 cm）呈现 7.5YR 或更黄的色调，不同于九湖系；东峰系无黏化层，其在矿质土表至 125 cm 范围内有 20%以上的土层的盐基饱和度<35%，不同于九湖系；九湖系在矿质土表至 125 cm 范围内有 80%或更厚的土层的盐基饱和度≥35%，且温度状况为高热，不同于吉巷系、东峰系。

利用性能综述　九湖系土壤有机质、全氮和矿质养分较低，表层土壤有机质一般在 20 g/kg 以下，全氮低于 1.5 g/kg，全磷低于 0.5 g/kg；其速效钾低和有效磷也较低，分别在 50~80 mg/kg 和 1~10 mg/kg 之间。土壤保肥性能较弱，CEC 在 10 cmol/kg 以下，具有酸、瘦、黏的特点；存在季节性缺水。可用于旱地、茶园和果园，发展亚热带作物，多种经营。在开发利用前，该修筑水平梯地，套种绿肥，培肥地力，并注意钾肥和磷肥的施用。根据种植植物的特点，适当施用石灰改良土壤。

代表性单个土体（编号：35-001）　于 2011 年 4 月 1 日采自福建省漳州市郊区九湖镇，24°28'52.1" N，117°38'25.2" E。母质为第四纪红黏土（物质来源为花岗岩风化物）；地形为台地，海拔 33 m，坡度<5°；果园，种植荔枝等水果。

九湖系代表性单个土体剖面

Ap：0~23 cm，亮红棕色（5YR5/8，润），亮红棕色（5YR5/6，干），细土质地为砂质黏壤土，干，明显发育的块状结构，坚实；少量细根；较多的石英砂及白色小斑点状半风化物；酸性；向下层清晰平滑过渡。

Bw1：23~47 cm，红棕色（5YR4/8，润），橙色（5YR6/6，干），细土质地为砂质黏壤土，稍干，明显发育的块状结构，坚实；少量细根；少量石英砂粒；强酸性；向下层渐变平滑过渡。

Bw2：47~83 cm，红棕色（5YR4/8，润），橙色（5YR6/6，干），细土质地为砂质黏壤土，稍干，明显发育的块状结构，坚实；少量细根；酸性；向下层模糊波状过渡。

Bw3：83~110 cm，亮红棕色（2.5YR5/8，润），橙色（2.5YR6/8，干），细土质地为砂质黏壤土，润，稍坚实，中等发育的块状结构，少量粗根；见 5%~10%大小约 2~ 4 cm 的半风化物质；酸性。

九湖系代表性单个土体物理性质

土层	深度/cm	砾石（>2 mm，体积分数）/%	细土颗粒组成（粒径：mm）/（g/kg）			细土质地（美国制）	容重/（g/cm^3）
			砂粒 2~0.05	粉砂 0.05~0.002	黏粒 <0.002		
Ap	0~23	1	522	137	342	砂质黏壤土	1.32
Bw1	23~47	1	539	141	320	砂质黏壤土	1.37
Bw2	47~83	0	539	139	323	砂质黏壤土	1.42
Bw3	83~110	1	540	130	331	砂质黏壤土	1.30

九湖系代表性单个土体化学性质

深度/cm	pH		CEC/（cmol（+）/kg）		黏粒 CEC/（cmol（+）/kg）		盐基饱和度/%	铝饱和度/%	全铁（Fe_2O_3）/（g/kg）	游离铁/（g/kg）
	（H_2O）	（KCl）	CEC_7	ECEC	CEC_7	ECEC				
0~23	4.76	4.21	7.56	5.66	22.14	16.57	37.17	45.58	21.47	15.56
23~47	4.48	3.89	7.16	4.29	22.37	13.40	20.53	60.84	22.23	17.74
47~83	4.82	4.28	5.87	4.79	18.19	14.83	40.20	45.93	21.61	16.63
83~110	4.98	4.33	6.64	4.91	20.07	14.85	41.41	38.70	23.74	17.14

8.13 普通简育湿润富铁土

8.13.1 东峰系（Dongfeng Series）

土族：黏壤质硅质混合型酸性热性-普通简育湿润富铁土

拟定者：章明奎，麻万诸

东峰系典型景观

分布与环境条件 分布于福建省宁德、南平、龙岩、三明等市低丘或河谷阶地的平缓地带，以宁德分布最广，海拔多在 250 m 以下，坡度多在 3°~15° 之间。起源于第四纪红色黏土，利用方式主要为旱地或园地。属亚热带湿润季风气候区，年均温在 18.2~19.6℃；极端最低气温 0~5.3 ℃，极端最高气温 37.5~43.2℃，最热月出现在 7 月，平均温度 28~29℃左右；最冷月出现在 1 月，平均温度 10℃左右；≥10℃的积温 5846~6457℃，年均日照约 1770~1910 h；无霜期 280~338 d；年均降水量 1300~2000 mm，降水的季节分布不均，干湿季节十分明显，每年 3~9 月为湿季，占全年降水量的 81%~84%；10 月至翌年 3 月为少雨旱季。年均蒸发量约 1200~1600 mm，干燥度小于 1。

土系特征与变幅 该土系诊断层包括淡薄表层和低活性富铁层；诊断特性包括湿润土壤水分状况、热性土壤温度状况和贫盐基的盐基饱和度。成土时间较长，土壤风化比较强烈，黏土矿物主要为高岭石，但结晶较差，有较多的蛭石和水云母。其剖面一般具有 Ap-Bw-C，1.50 m 内不见网纹层；土体深厚，在 75~125 cm 之间；土壤颜色以红棕色和棕色为主。土壤质地为黏壤，黏粒含量在 270~400 g/kg 之间，平均含量低于 350 g/kg，在剖面上下质地差异不明显；整个剖面砾石含量均低于 25%。土壤主要为酸性，pH 在 4.5~5.5 之间。

Bw 层（低活性富铁层）厚度 60~100 cm；块状结构，黏粒含量 270~400 g/kg 之间；CEC_7 在 16~24 cmol/kg 黏粒之间；土壤氧化铁游离度在 40%~80%之间；土壤 pH 在 4.50~5.50 之间；色调主要为 7.5YR 或 2.5YR，润态明度 5~6，彩度 6~8；干态明度 6~8，彩度 6~8。

对比土系 吉巷系，同一亚纲但不同土类；九湖系，同一土类但不同亚类。同为第四纪红土母质发育的富铁土，但吉巷系具黏化层，在矿质土表至 125 cm 范围内至少 B 层上部（≥10 cm）呈现 7.5YR 或更黄的色调，不同于东峰系；九湖系在矿质土表至 125 cm 范围内有 80%或更厚的土层的盐基饱和度≥35%，且温度状况为高热，不同于东峰系；东峰系无黏化层，其在矿质土表至 125 cm 范围内有 20%以上的土层的盐基饱和度<35%，

不同于九湖系和吉巷系。

利用性能综述　东峰系土壤有机质和养分以中下为主。表层土壤有机质含量在 15~25 g/kg 之间，全氮在 0.50~1.50 g/kg 之间，全磷一般在 0.50~1.00 g/kg 之间；速效钾和有效磷分别在 30~80 mg/kg 以上和 5~15 mg/kg 之间；全钾在 10~20 g/kg 之间。土壤保肥性能较低，CEC 主要在 5~10 cmol/kg 之间。土壤所处地形较为平坦，水热条件良好，土层深厚，适宜农垦发展茶、果经济作物。但该土土质较黏，透水性差，部分土壤磷、钾缺乏，应结合翻耕，增施有机肥料，改善土壤结构，提高储水能力。注意搞好水土保持，防止土壤侵蚀，可考虑间、套种绿肥，增施磷、钾肥，改良土壤，培肥地力。

代表性单个土体（编号：35-053）　于 2011 年 7 月 22 日采自福建省建瓯市东峰镇大房村，27°4'41.5" N，118°26'41.8" E。母质为第四纪古红土（Q_2）；地形为低丘陵（缓丘）中坡，海拔 113 m，坡度<5°；土地利用方式为茶园。

东峰系代表性单个土体剖面

Ap：0~28 cm，红棕色（5YR4/6，润），橙色（5YR6/6，干），细土质地为黏壤，润，中等发育的块状，疏松；中量中根和细根；强酸性；向下层模糊平滑过渡。

Bw1：28~60 cm，亮红棕色（5YR5/8，润），橙色（5YR7/6，干），细土质地为黏壤，润，中等发育的块状结构，疏松；少量中根和细根；酸性；向下层模糊平滑过渡。

Bw2：60~120 cm，亮红棕色（7.5YR5/8，润），橙色（7.5YR7/6，干），细土质地为黏壤，润，中等发育的块状结构，稍坚实；少量细根；酸性。

其他：剖面通体呈红棕色，不见聚铁网纹层。

东峰系代表性单个土体物理性质

土层	深度 /cm	砾石（>2 mm，体积分数）/%	细土颗粒组成（粒径：mm）/（g/kg）			细土质地（美国制）	容重 /（g/cm^3）
			砂粒 2~0.05	粉砂 0.05~0.002	黏粒 <0.002		
Ap	0~28	1	340	335	325	黏壤	1.16
Bw1	28~60	1	292	386	322	黏壤	1.24
Bw2	60~120	0	300	369	331	黏壤	1.35

东峰系代表性单个土体化学性质

深度 /cm	pH		CEC /（cmol（+）/kg）		黏粒 CEC /（cmol（+）/kg）		盐基饱和度/%	铝饱和度 /%	全铁（Fe_2O_3）/(g/kg)	游离铁 /（g/kg）
	（H_2O）	（KCl）	CEC_7	ECEC	CEC_7	ECEC				
0~28	4.37	3.56	8.13	7.36	25.01	22.64	31.86	60.32	35.47	23.78
28~60	4.77	3.63	7.41	7.05	23.01	21.89	37.78	60.43	36.43	24.69
60~120	4.56	3.70	7.49	6.44	22.62	19.44	32.84	61.64	37.89	28.94

8.13.2　管阳系（Guanyang Series）

土族：黏质高岭石型酸性热性-普通简育湿润富铁土
拟定者：章明奎，麻万诸

管阳系典型景观

分布与环境条件　广泛分布于福建省全省的山地丘陵，以南平、三明、龙岩三市分布面积较大，福州、宁德、泉州、漳州也有一定分布，大多分布在海拔 700~800 m 以下低山丘陵坡地。坡度多在 5° ~25° 之间。起源于花岗岩、凝灰岩、凝灰熔岩等的风化物，利用方式主要为园地和林地。属亚热带湿润海洋性季风气候区，年均温度在 15.5~19.5℃之间；≥10℃的积温 5500~6500℃，年均日照约 1700~2080 h；无霜期 276~338 d；年均降水量 1370~2000 mm，年均蒸发量约 1200~1800 mm，干燥度小于 1。

土系特征与变幅　该土系诊断层包括淡薄表层和低活性富铁层；诊断特性包括湿润土壤水分状况、热性土壤温度状况和贫盐基的盐基饱和度。成土时间较长，土壤风化强烈，黏土矿物主要为高岭石，其次为水云母和蛭石，含针铁矿和赤铁矿。其剖面一般具有 Ap-Bw-C；土体深厚，在 80~125 cm 之间；土壤颜色以红棕色和橙色为主，润土色调一般为 2.5YR 或 5YR。土壤质地为粉砂质黏壤土。土壤呈酸性，pH 主要在 4.5~5.5 之间。

Ap 层厚度 20~35 cm；土壤 pH 在 4.50~5.50 之间；色调主要为 5YR，润态明度 5~6，彩度 7~8；干态明度 6~7，彩度 3~4。Bw 层（低活性富铁层）厚度 30~60 cm；CEC_7 在 16~ 24 cmol/kg 黏粒之间；土壤氧化铁游离度在 40%以上；土壤 pH 在 4.50~5.50 之间；色调主要为 2.5YR 或 5YR，润态明度 5~6，彩度 7~8；干态明度 7~8，彩度 4~5。

对比土系　蕉城系，同一土族，但主要颜色有较大的差异。蕉城系一半以上土体润态色调为 7.5YR，表层润态色调主要为 7.5YR 或 10YR，彩度 4~5，其 A 层与 Bw 间的色调相差很大（从 7.5YR 变为 2.5YR）。管阳系一半以上土体润态色调为 5YR，表层润态色调主要为 5YR，彩度 7~8，其 A 层与 Bw 间的色调相差较小。

利用性能综述　管阳系土壤有机质和全氮较高，但有效磷和速效钾较低。表层土壤有机质含量在 25~35 g/kg 之间，全氮在 1.25~2.00 g/kg 之间，全磷一般在 0.35~0.70 g/kg 之间；速效钾和有效磷分别在 30~80 mg/kg 和 3~10 mg/kg 之间。土壤保肥性能中等，CEC 在 5~10 cmol/kg 之间。土壤水热条件较好，土层深厚，渗透良好，有利于蓄积水分，林地立地条件优越，是发展用材林、毛竹林和茶叶、果树、油茶、油桐等经济林的重要基地；

但该土淋溶强烈，吸附性能较差，矿质养分贫乏，酸性较强。因此，发展经济作物时应注意增施磷钾肥及微量元素肥料；同时推广套种绿肥，增加覆盖，培肥地力，防止土壤侵蚀。管阳系土壤砂黏相间，比较适宜作为道路和城市基础设施地面工程用土。因该土下伏松散的半风化物，直接在该土上修建房子稳固性较差。该土适宜于重金属和有机污染物质的固定材料。

代表性单个土体（编号：35-032）　于 2011 年 7 月 17 日采自福建省福鼎市管阳镇亭边村，27°17'31.5" N，120°6'51.8" E。母质为凝灰岩残坡积物；地形为中丘中下坡，海拔 403 m，坡度 10°；土地利用方式为茶园。

管阳系代表性单个土体剖面

Ap：0~25 cm，亮红棕色（5YR5/8，润），淡橙色（5YR7/4，干），细土质地为粉砂质黏壤土，润，弱发育的块状和团粒状结构，稍疏松；多量细根；强酸性；向下层模糊波状过渡。

Bw1：25~70 cm，主色呈橙色（5YR6/8，润），淡红橙色（5YR7/4，干），细土质地为粉砂质黏壤土，润，中等发育的块状结构，稍坚实；少量细根；结构面上见少量黏粒胶膜；酸性；向下层渐变波状过渡。

Bw2：70~118 cm，橙色（2.5YR6/8，润），淡橙色（2.5YR8/4，干），细土质地为粉砂质黏壤土，润，中等发育的块状结构，坚实；酸性；向下层清晰平滑过渡。

BC：118~150 cm，由细土与半风化岩石块组成，半风化岩石块大小在 10~20 cm 之间，占土体的 20%~30%。细土呈红棕色（2.5YR4/8，润），淡红橙色（2.5YR7/4，干），细土质地为粉砂质黏壤土，润，弱发育的块状结构，坚实；酸性。

管阳系代表性单个土体物理性质

土层	深度 /cm	砾石（>2 mm，体积分数）/%	细土颗粒组成（粒径：mm）/（g/kg）			细土质地（美国制）	容重 /（g/cm³）
			砂粒 2~0.05	粉砂 0.05~0.002	黏粒 <0.002		
Ap	0~25	1	174	471	355	粉砂质黏壤土	1.17
Bw1	25~70	2	131	495	374	粉砂质黏壤土	1.32
Bw2	70~118	2	132	563	305	粉砂质黏壤土	1.38
BC	118~150	21	150	548	302	粉砂质黏壤土	1.36

管阳系代表性单个土体化学性质

深度 /cm	pH		CEC /（cmol（+）/kg）		黏粒 CEC /（cmol（+）/kg）		盐基饱和度/%	铝饱和度/%	全铁（Fe_2O_3）/（g/kg）	游离铁 /（g/kg）
	（H_2O）	（KCl）	CEC_7	ECEC	CEC_7	ECEC				
0~25	4.44	3.54	9.12	5.86	25.69	16.51	11.84	74.57	32.58	21.42
25~70	4.81	3.61	8.71	6.16	23.3	16.46	23.08	67.41	32.44	23.52
70~118	4.54	3.66	8.22	5.42	26.95	17.76	24.94	62.00	32.48	23.49
118~150	4.69	3.66	8.35	6.12	27.65	20.26	16.77	73.86	33.18	22.36

8.13.3 蕉城系（Jiaocheng Series）

土族：黏质高岭石型酸性热性-普通简育湿润富铁土

拟定者：章明奎，麻万诸

蕉城系典型景观

分布与环境条件 主要分布于福建省南平和宁德等市海拔在 700~800 m 以下的低山丘陵坡地，坡度多在 5°~25°之间。起源于花岗闪长岩、石英闪长岩、闪长岩、英安质凝灰岩、安山岩和英安岩等的风化物，利用方式主要为园地和林地。属亚热带湿润季风气候区，年均温在 17.5~19.3℃之间；最热月出现在 7 月，平均温度 27~28℃左右；最冷月出现在 1 月，平均温度 8~9℃；≥10℃的积温 5510~6300℃，年均日照约 1750~2050 h；无霜期 250~315 d；年均降水量 1500~1800 mm，降水的季节分布不均，干湿季节十分明显，每年 3~9 月为湿季，占全年降水量的 78%~81%；10 月至翌年 3 月为少雨旱季。年均蒸发量约 1200~1500 mm，干燥度小于 1。

土系特征与变幅 该土系诊断层包括淡薄表层和低活性富铁层；诊断特性包括湿润土壤水分状况、热性土壤温度状况和贫盐基的盐基饱和度。成土时间较长，土壤风化强烈，黏土矿物主要为高岭石，其次为水云母和蛭石，含针铁矿和赤铁矿。其剖面一般具有 Ap-Bw-C；土体深厚，在 80~125 cm 之间；土壤颜色以红棕色和橙色为主；土壤质地为粉砂质黏土至黏土，黏粒含量在 400~600 g/kg 之间，剖面上下差异较小；砂粒含量在 0~ 200 g/kg 之间；整个剖面砾石含量均低于 10%。土壤呈酸性至强酸性，pH 主要在 4.0~5.5 之间。

Ap 层厚度 20~35 cm；黏粒含量在 400~600 g/kg 之间；砂粒含量在 0~200 g/kg；砾石含量均低于 10%。土壤 pH 在 4.00~5.50 之间；色调主要为 7.5YR 或 10YR，润态明度 5~6，彩度 4~5；干态明度 7~8，彩度 3~4。Bw 层（低活性富铁层）厚度 60~90 cm；黏粒含量 400~600 g/kg 之间；CEC_7 在 16~24 cmol/kg 黏粒之间；土壤氧化铁游离度在 40%~80%；土壤 pH 在 4.00~5.50 之间；色调主要为 2.5YR~7.5YR，润态明度 5~6，彩度 6~8；干态明度 7~8，彩度 3~5。

对比土系 管阳系，同一土族，但主要颜色有较大的差异。管阳系一半以上土体润态色调为 5YR，表层润态色调主要为 5YR，彩度 7~8，其 A 层与 Bw 间的色调相差较小；蕉城系一半以上土体润态色调为 7.5YR，表层润态色调主要为 7.5YR 或 10YR，彩度 4~5，其 A 层与 Bw 间的色调相差很大（从 7.5YR 变为 2.5YR）。

利用性能综述　蕉城系土壤有机质、全氮、有效磷和速效钾因利用方式不同有较大的变化。表层土壤有机质含量在 20~35 g/kg 之间，全氮在 1.00~2.00 g/kg 之间，全磷一般在 0.35~1.00 g/kg 之间；全钾一般在 10~20 g/kg 之间；速效钾和有效磷分别在 50~120 mg/kg 和 5~35 mg/kg 之间。土壤保肥性能中等，CEC 在 10 cmol/kg 左右。土壤水热条件较好，土层深厚，有利于蓄水，林果立地条件优异，是发展用材林、毛竹林和茶叶、果树、油茶、油桐等经济林的重要基地。但该土较为黏重，酸性强，部分土壤矿质养分较为缺乏。因此，在发展经济作物时应注意增施磷钾肥及微量元素肥料，同时，推广套种绿肥，增加地表覆盖，培肥地力，防止土壤冲刷。

代表性单个土体（编号：35-149）　于 2012 年 3 月 9 日采自福建省宁德市蕉城区洋中镇洋头丘村，26°42'39.9" N，119°21'18.7" E。母质为凝灰色流纹质英安岩；地形为中丘中坡，梯地，海拔 399 m，坡度 10°；土地利用方式为果园（种植柑橘）。

蕉城系代表性单个土体剖面

Ap：0~32 cm，浅橙色（7.5YR6/4，润），浅黄橙色（7.5YR8/4，干），湿，细土质地为粉砂质黏土，中等发育的小块状或块状结构，稍坚实；中量中根和细根；酸性；向下层渐变平滑过渡。

Bw1：32~90 cm，橙色（2.5YR6/8，润），淡红橙色（2.5YR7/4，干），潮，细土质地为粉砂质黏土，中等发育的块状结构，坚实；夹约 5%大小 5 cm 左右的半风化岩石块；强酸性；向下层渐变波状过渡。

Bw2：90~120 cm，橙色（7.5YR6/6，润），浅黄橙色（7.5YR8/4，干），潮，细土质地为黏土，中等发育的块状结构，稍疏松；强酸性。

蕉城系代表性单个土体物理性质

土层	深度/cm	砾石（>2 mm，体积分数）/%	细土颗粒组成（粒径：mm）/（g/kg）			细土质地（美国制）	容重/（g/cm^3）
			砂粒 2~0.05	粉砂 0.05~0.002	黏粒 <0.002		
Ap	0~32	3	142	428	430	粉砂质黏土	1.33
Bw1	32~90	8	131	406	463	粉砂质黏土	1.40
Bw2	90~120	0	178	314	508	黏土	—

蕉城系代表性单个土体化学性质

深度/cm	pH		CEC/（cmol（+）/kg）		黏粒 CEC/（cmol（+）/kg）		盐基饱和度/%	铝饱和度/%	全铁（Fe_2O_3）/（g/kg）	游离铁/（g/kg）
	（H_2O）	（KCl）	CEC_7	ECEC	CEC_7	ECEC				
0~32	5.14	3.65	10.66	8.43	24.79	19.60	14.54	75.09	75.02	49.10
32~90	4.34	3.65	9.18	7.84	19.83	16.93	11.66	80.87	71.02	44.84
90~120	4.46	3.69	9.47	7.77	18.64	15.30	12.67	79.67	60.93	42.41

8.13.4　角美系（Jiaomei Series）

土族：黏壤质硅质型酸性高热-普通简育湿润富铁土

拟定者：章明奎，麻万诸

角美系典型景观

分布与环境条件　零星分布于福建省漳州市所属的龙海等地的低丘坡地，海拔多在 150 m 以下，坡度一般在 5°~20°之间。起源于砂岩、砂砾岩等风化物，利用方式主要为园地和旱地。属亚热带季风性湿润气候，年均气温 21℃左右，年日照超 2000 h，无霜期 330 d 以上。≥10℃积温为 6500~7800℃。年平均降水量 1500 mm 以上，年均蒸发量多在 1000~1400 mm 之间。干燥度一般在 0.5~1.0 之间。

土系特征与变幅　该土系诊断层包括淡薄表层和低活性富铁层；诊断特性包括湿润土壤水分状况、高热土壤温度状况和贫盐基的盐基饱和度。经历了长期的脱硅富铁铝化过程，土壤黏土矿物主要为高岭石，其次为水云母，含少量的氧化铁，无三水铝石；粉粒和砂粒以二氧化硅为主。其剖面一般具有 Ah-Bw-（C），土体深厚，多在 1 m 以上，厚者可达 2 m；土壤颜色以红棕色为主。土壤质地为黏壤土，剖面上下差异较小；土壤结构以大块状为主；表土容重在 1.25 g/cm^3 左右，心土和底土容重在 1.25~1.45 g/cm^3 之间，土壤通透性较好；土壤呈酸性，pH 在 4.5~5.5 之间。

Bw 层（低活性富铁层）厚度 30~100 cm；CEC$_7$ 在 16~24 cmol/kg 黏粒之间，土壤氧化铁游离度在 40%以上；土壤 pH 在 4.50~5.50 之间；色调主要为 5YR，润态明度 4~5，彩度 6~8；干态明度 6~7，彩度 3~5。

对比土系　九湖系，同一土类但不同亚类；东峰系，同一亚类但不同土族。九湖系在矿质土表至 125 cm 范围内有 80%或更厚的土层的盐基饱和度≥35%，不同于角美系；东峰系非黏粒部分矿物类型为硅质混合型，含较多的长石等原生矿物，不同于角美系（其非黏粒部分矿物类型为硅质型，石英占绝对优势）。另外，东峰系的温度状况为热性，而角美系的温度状况为高热。

利用性能综述　角美系具有酸、黏的特点，土壤肥力中等。表层土壤有机质一般在 15~30 g/kg 之间，全氮一般低于 1.0~1.5 g/kg 之间，全磷一般在 0.45~0.65 g/kg 之间；速效钾和有效磷分别在 30~80 mg/kg 和 5~15 mg/kg 之间。土壤保肥性能很弱，CEC 在 5~

10 cmol/kg 之间。因地处丘陵坡地，存在季节性缺水，可用于旱地、茶园和果园，发展亚热带作物，多种经营。种植经济作物要适当深翻，加厚耕作层，增施有机肥，改善土壤结构，也可套种绿肥，培肥地力。同时，应注意钾肥和磷肥的施用。根据种植植物的特点，适当施用石灰改良土壤。该土系质地为黏壤质，黏中带砂，黏粒矿物以高岭石为主，有一定的结持性，塑性稍弱，适宜作为道路、堤坝和房屋的地基材料。该土也适宜用作重金属或某些有机污染物的固定材料。

代表性单个土体（编号：35-003）　于 2011 年 4 月 1 日采自福建省漳州市龙海市角美镇坑园村，24°30'33.9" N，117°48'31.0" E。母质为砂砾岩残坡积物；地形为低丘，海拔 40 m，坡度<15°；主要种植毛竹。

Ah：0~17 cm，红棕色（5YR4/6，润），淡橙色（5YR7/3，干），细土质地为黏壤土，稍干，中等发育的块状结构，稍疏松；中量细根；少量砾石状石英砂；酸性；向下层渐变平滑过渡。

Bw1：17~50 cm，亮红棕色（5YR5/8，润），淡橙色（5YR6/4，干），细土质地为黏壤土，稍干，中等发育的块状结构，稍疏松；中量细根；酸性；向下层清晰平滑过渡。

Bw2：50~110 cm，红棕色（5YR4/8，润），橙色（5YR6/5，干），细土质地为黏壤土，稍干，中等发育的块状结构，坚实；少量细根；有 10%~30%砾石状石英碎屑物；酸性；向下层清晰波状过渡。

BC：110~140 cm，亮红棕色（5YR5/6，润），橙色（5YR6/5，干），细土质地为黏壤土，稍润，弱发育的块状结构，坚实；少量细根；含 40%~60%砾石块；酸性。

角美系代表性单个土体剖面

角美系代表性单个土体物理性质

土层	深度 /cm	砾石（>2 mm，体积分数）/%	细土颗粒组成（粒径：mm）/（g/kg）			细土质地（美国制）	容重 /（g/cm³）
			砂粒 2~0.05	粉砂 0.05~0.002	黏粒 <0.002		
Ah	0~17	6	343	331	326	黏壤土	1.21
Bw1	17~50	9	327	346	327	黏壤土	1.29
Bw2	50~110	12	387	319	295	黏壤土	1.38
BC	110~140	57	397	316	288	黏壤土	1.41

角美系代表性单个土体化学性质

深度 /cm	pH		CEC /（cmol（+）/kg）		黏粒 CEC /（cmol（+）/kg）		盐基饱和度/%	铝饱和度/%	全铁（Fe_2O_3）/（g/kg）	游离铁 /（g/kg）
	（H_2O）	（KCl）	CEC_7	ECEC	CEC_7	ECEC				
0~17	4.73	4.23	7.98	5.25	24.51	16.12	36.47	39.43	79.89	48.90
17~50	4.63	4.14	7.66	5.31	23.43	16.24	33.03	48.96	76.74	51.36
50~110	4.76	4.22	7.34	4.85	24.89	16.45	36.10	40.41	61.42	42.13
110~140	4.97	4.34	8.22	5.08	28.59	17.67	34.91	39.57	78.66	47.19

第 9 章　淋溶土土纲

9.1　普通铁质干润淋溶土

9.1.1　东庄系（Dongzhuang Series）

土族：壤质硅质混合型非酸性高热-普通铁质干润淋溶土

拟定者：章明奎，麻万诸

东庄系典型景观

分布与环境条件　零星分布于福建省南亚热带（莆田、漳州、厦门等市）沿海低丘陵台地，海拔多在 50 m 以下。起源于凝灰质砂页岩、粉砂岩等风化物，利用方式为园地或旱地。属亚热带湿润海洋性季风气候区，年均日照 1900~2300 h，年均气温约 20.8℃，无霜期约 345 d，≥10℃的积温 6500~7000℃。年均降水量 1200~ 1300 mm。年均蒸发量约 1500~1900 mm，干燥度在 1.3~1.4。

土系特征与变幅　该土系诊断层包括淡薄表层和黏化层；诊断特性包括半干润土壤水分状况、高热土壤温度状况、铁质特性及饱和的盐基饱和度。土壤黏土矿物主要为高岭石，其次为水云母，含少量蛭石。其剖面一般具有 Ap-Bt-C；土体深厚，一般在 100 cm 以上；土壤颜色以淡棕色或灰棕色为主。土壤质地为砂土至黏壤土，剖面上下质地有明显的差异；土壤结构以块状和大块状结构为主；除表土外，土体坚实，表土容重在 1.30 g/cm^3 左右，心土和底土容重在 1.40~1.50 g/cm^3 之间；剖面中土壤酸碱性变化较大，pH 在 4.5~7.5 之间，由上至下增加。

Bt 层厚度 60 cm 以上，出现深度在 15~60 cm；块状结构，坚实；土壤氧化铁游离度在 40%~80%。土壤颜色有较大的变化，色调主要为 7.5YR 或 10YR，润态明度 3~5，彩度 3~8；干态明度 5~8，彩度 4~8。

对比土系　后埭系、圩仔系，同一亚类但不同土族，圩仔系颗粒大小级别为黏壤质，后埭系颗粒大小级别为黏质，而东庄系颗粒大小级别为壤质。

利用性能综述　东庄系土壤养分较低，表层土壤有机质含量在 10~20 g/kg 之间，全氮在 0.50~1.00 g/kg 之间，全磷一般在 0.25~0.75 g/kg 之间；全钾一般在 5~15 g/kg 之间；速效钾和有效磷分别在 30~80 mg/kg 和 3~15 mg/kg 之间。土壤保肥性能较低，CEC 在 5 cmol/kg 左右。土壤表层质地较轻，渗漏性较强，多数年份水分缺乏，易受干旱威胁，具有旱、砂、瘦等障碍因子。但质地较轻，耕地良好，适宜薯类、花生等作物的生长。在利用改良上，首先应加强水利设施建设，改善土壤水分状况，以提高作物产量；实行合理轮作，有灌溉条件下可发展甘蔗或芦笋。在施肥技术上，宜采用多次少量施肥，并注意后期追肥，配施磷、钾肥和微量元素肥料。

代表性单个土体（编号：35-133）　于 2011 年 10 月 6 日采自福建省莆田市秀屿区东庄镇上林村，25°14'5.3" N，118°59'58.4" E。母质为砂页岩风化物；台地，海拔 29 m，坡度 5°~10°；土地利用方式为旱地，主要种植花生、番薯等农作物。

Ap：0~15 cm，淡棕色（7.5YR5/4，润），淡橙色（7.5YR7/3，干），稍干，细土质地为砂土，单粒状和少量弱发育的小块状结构，松散；多量细根；见较多（25%左右）粒径在 2 mm 左右的砂粒；酸性；向下层渐变平滑过渡。

Bt1：15~70 cm，棕色（7.5YR4/4，润），浅橙色（7.5YR6/4，干），润，细土质地为砂质壤土，弱发育的块状和小块状结构，稍坚实；含大量（25%左右）粒径在 2 mm 左右的砂粒，见少量砖块碎片；微酸性；向下层清晰波状过渡。

Bt2：70~120 cm，暗棕色（7.5YR3/3，润），浅棕色（7.5YR5/4，干），润，细土质地为壤土，中等发育的块状结构，非常坚实；含 10%左右的直径为 2 mm 的砂粒，少量直径约 5 cm 的半风化碎屑；中性；向下层清晰波状过渡。

Bt3：120~200 cm，亮红棕色（7.5YR5/8，润），黄橙色（7.5YR8/8，干），润，细土质地为黏壤土，中等发育的块状结构，坚实，很致密；夹杂 5%左右呈斑块状或细网纹状的半风化物残余物；中性；清晰波状过渡。

C：200 cm 以下，为半风化体，淡黄橙色（10YR6/4，润），灰黄棕色（10YR5/2，干），润，砂土；松散；中性。

东庄系代表性单个土体剖面

东庄系代表性单个土体物理性质

土层	深度 /cm	砾石（>2 mm，体积分数）/%	细土颗粒组成（粒径：mm）/（g/kg）			细土质地（美国制）	容重 /（g/cm^3）
			砂粒 2~0.05	粉砂 0.05~0.002	黏粒 <0.002		
Ap	0~15	22	766	135	99	砂土	1.31
Bt1	15~70	13	619	230	152	砂质壤土	1.38
Bt2	70~120	11	481	348	170	壤土	1.44
Bt3	120~200	3	272	410	318	黏壤土	1.48
C	>200	3	894	83	23	砂土	—

东庄系代表性单个土体化学性质

深度 /cm	pH		CEC /（cmol（+）/kg）		黏粒 CEC /（cmol（+）/kg）		盐基饱和度/%	铝饱和度/%	全铁（Fe_2O_3）/（g/kg）	游离铁 /（g/kg）
	（H_2O）	（KCl）	CEC_7	ECEC	CEC_7	ECEC				
0~15	4.87	3.32	6.01	4.54	60.71	45.86	42.26	33.04	37.81	11.14
15~70	6.04	4.65	9.03	7.57	59.41	49.80	69.88	12.28	47.01	22.47
70~120	6.54	3.86	8.92	7.52	52.47	44.24	73.32	9.31	47.91	22.67
120~200	7.06	4.82	11.66	9.02	36.67	28.36	72.81	2.77	100.73	68.38
>200	6.96	4.76	—	—	—	—	—	—	105.17	70.21

9.1.2 后埭系（Houdai Series）

土族：黏质高岭石型非酸性高热-普通铁质干润淋溶土
拟定者：章明奎，麻万诸

后埭系典型景观

分布与环境条件 分布于漳州、泉州、莆田、厦门、福州等市的沿海县低丘缓坡地，海拔多在250 m以下，地面坡度多在25°以下。起源于以闪长岩、花岗闪长岩、正长岩、安山岩、英安质凝灰岩风化物，利用方式主要为林地和果园，植被覆盖良好，但周围可见不同比例的岩石露头。属亚热带湿润海洋性季风气候区，年均日照约2000 h，年均气温20.4~21.2℃，全年无霜，≥10℃的积温7200~7300℃，≥15℃的积温5900~6200℃，≥20℃的积温4600~5100℃。年均降水量1000~1200 mm。年均蒸发量约1300~1800 mm，干燥度在1.2左右。

土系特征与变幅 该土系诊断层包括淡薄表层和黏化层；诊断特性包括石质接触面、半干润土壤水分状况、高热土壤温度状况、铁质特性及饱和的盐基饱和度。土壤经历了较强的脱硅富铁铝化过程，黏土矿物以高岭石为主，其次为水云母，含少量的氧化铁；粉粒和砂粒以二氧化硅为主，同时有少量云母和长石等原生矿物残留。其剖面一般具有Ah-Bt-C；土体深厚，一般在60~150 cm之间；土壤颜色以红棕色为主。土壤质地主要为粉砂质黏壤土和粉砂质黏土，剖面上下质地有明显的差异；除表土外，土壤砂粒与砾石含量较低，砾石低于25%，砂粒一般低于400 g/kg；土壤结构以小块状和大块状结构为主；土体坚实，表土容重在1.25 g/cm^{3}左右，心土和底土容重在1.40~1.50 g/cm^{3}之间；湿时黏重，干时坚硬；土壤呈微酸性，pH在5.5~6.5之间。

特征Bt层厚度30~100 cm；CEC_7在24~40 cmol/kg黏粒之间，土壤氧化铁游离度在50%以上；部分分层土壤pH在5.50~6.50之间；色调主要为2.5YR或5YR，润态明度3~5，彩度6~8；干态明度4~6，彩度6~8。呈块状结构。

对比土系 东庄系、圩仔系，同一亚类但不同土族，东庄系颗粒大小级别为壤质，圩仔系颗粒大小级别为黏壤质，而后埭系颗粒大小级别为黏质。

利用性能综述 后埭系土壤有机质和全氮以中上水平为主，有效磷和速效钾较低，表层土壤有机质含量变化于15~50 g/kg之间，全氮在1.00~2.50 g/kg之间，全磷一般在0.30~0.70 g/kg之间；速效钾和有效磷分别在30~80 mg/kg和3~10 mg/kg之间。土壤保肥性能中等，CEC在10~15 cmol/kg之间。土层深厚，土质细腻，且水热条件优越，是发展南亚热带经济作物的良好土壤，可种植荔枝、龙眼、枇杷，也可作用材林基地。但该土土质较为黏重，透水性较差，降雨后容易形成地表径流，造成水土流失；而且土壤氧化铁和高岭石含量较高，对磷的固定作用较强，磷肥有效性较低。缺磷较为突出，供钾能力较弱。因此，在利用上应注意做好水土保持工作，掺砂改黏，适当深翻，提高透水性能，促进自然降水的下渗，提高水分利用效率。同时，要采取各种措施增施有机肥料，提高各种养分水平和保肥能力，并根据不同经济作物生长特点，增施氮磷肥，配施钾肥。

代表性单个土体（编号：35-020）　于 2011 年 4 月 17 日采自福建省漳浦县旧镇后埭村（湖边山），24°2'20.0" N，117°41'45.6" E。母质为花岗闪长岩残坡积物；地形为低丘中坡，海拔 28 m，坡度 10°~20°；土地利用方式为林地（阔叶林）和果园，岩石露头占 30%~40%，但水土流失不明显。

后埭系代表性单个土体剖面

O：+1~0：枯枝落叶。

Ah：0~20 cm，红棕色（5YR4/8，润），淡橙色（5YR6/4，干），细土质地为壤土，润，中等发育的小块状和团粒状结构，稍疏松；中量中根和细根；夹少量直径 2~10 cm 砾石块；微酸性；向下层清晰波状过渡。

Bw：20~50 cm，亮红棕色（2.5YR5/6，润），橙色（2.5YR6/6，干），细土质地为粉砂质黏壤土，润，中等发育的小块状和块状结构，稍坚实；中量中根和细根；微酸性；向下层模糊波状过渡。

Bt：50~130 cm，红棕色（2.5YR4/6，润），橙色（2.5YR6/6，干），细土质地为粉砂质黏土，稍润，发育明显的块状结构，坚实；少量细根；可见 5%~30%岩石半风化体；微酸性；向下层清晰波状过渡。

C：130 cm 以下，半风化层。

后埭系代表性单个土体物理性质

土层	深度 /cm	砾石 (>2 mm，体积分数) /%	细土颗粒组成（粒径：mm）/（g/kg）			细土质地（美国制）	容重 /（g/cm^3）
			砂粒 2~0.05	粉砂 0.05~0.002	黏粒 <0.002		
Ah	0~20	17	423	311	266	壤土	1.23
Bw	20~50	3	196	454	351	粉砂质黏壤土	1.37
Bt	50~130	17	164	422	415	粉砂质黏土	1.43

后埭系代表性单个土体化学性质

深度 /cm	pH		CEC /（cmol（+）kg）		黏粒 CEC /（cmol（+）/kg）		盐基饱和度/%	铝饱和度/%	全铁 (Fe_2O_3) / (g/kg)	游离铁 /（g/kg）
	(H_2O)	(KCl)	CEC_7	ECEC	CEC_7	ECEC				
0~20	6.30	5.54	11.65	8.85	43.84	33.31	72.96	2.48	68.37	41.86
20~50	6.24	5.48	12.81	9.02	36.53	25.72	63.70	9.09	122.24	83.68
50~130	5.84	5.11	12.79	9.29	30.85	22.41	68.33	4.31	130.94	85.49

9.1.3 圩仔系（Xuzai Series）

土族：黏壤质混合型非酸性高热-普通铁质干润淋溶土
拟定者：章明奎，麻万诸

圩仔系典型景观

分布与环境条件 分布于福建省龙海至漳浦等地沿海玄武岩低丘和台地，海拔一般在 200 m 以下。起源于暗黑色气孔状武岩坡积物；利用方式主要为旱地或荒地。属亚热带湿润海洋性季风气候区，年均日照约 2000 h，年均气温 21℃左右，全年无霜，≥10℃的积温 7200~7300℃，≥15℃的积温 5900~6200℃，≥20℃的积温 4600~5100℃。年均降水量 900 mm 左右。年均蒸发量约 1900 mm。干燥度在 1.1~1.3 之间。

土系特征与变幅 该土系诊断层包括淡薄表层和黏化层；诊断特性包括石质接触面、半干润土壤水分状况、高热土壤温度状况、铁质特性及饱和的盐基饱和度。土壤黏土矿物主要由高岭石、蒙脱石和水云母组成，含少量的氧化铁；粉粒和砂粒以二氧化硅、长石、云母等多种原生矿物组成。其剖面一般具有 Ap-Bt-C；土体深厚，在 50~100 cm 之间；土壤颜色以暗红棕色或灰棕色为主。土壤质地为壤土和黏壤土，剖面上下质地有明显的差异。土壤结构以块状为主；土体坚实，容重在 1.35~1.50 g/cm^3 之间；湿时黏重，干时坚硬；土壤呈微酸或中性，pH 在 5.5~7.5 之间。

Bt 层厚度 30~50 cm；CEC_7 在 50~100 cmol/kg 黏粒之间，土壤游离氧化铁含量在 50 g/kg 以上；土壤 pH 在 5.50~7.50 之间；色调主要为 5YR，润态明度 3~4，彩度 2~3；干态明度 4，彩度 3。呈块状结构。

对比土系 东庄系、后埭系，同一亚类但不同土族，但东庄系颗粒大小级别为壤质，后埭系颗粒大小级别为黏质，不同于圩仔系（黏壤质）。圩仔系与漳浦系相邻分布，后者也起源于暗黑色气孔状玄武岩残坡积物，但其风化淋溶作用强烈，黏粒矿物以高岭石占绝对优势，具有低活性富铁层，酸性，土壤润态色调主要为 10R 或 2.5R，明显不同于圩仔系（黏粒矿物中有较多的蒙脱石，润态色调主要为 5YR，微酸性至中性，无低活性富铁层）。

利用性能综述 圩仔系土壤有机质和全氮多为中等，有效磷较高，速效钾中等。表层土壤有机质一般在 10~25 g/kg 之间，全氮一般在 0.50~1.5 g/kg 之间，全磷一般在 0.45~1.00 g/kg 之间；速效钾和有效磷分别在 50~100 mg/kg 和 10~20 mg/kg 之间。土壤保肥性能较强，CEC 在 15~25 cmol/kg 之间。质地较黏，因地处丘陵，水源不足，容易产生季节性缺水。农业利用上适宜种植花生、大豆、甘薯、甘蔗、剑麻，一年两熟。干旱和黏重是该土最大限制因素，犁、耙、播种、雨后松土都要赶时间，抓住火候。在改良上首先应发展灌溉设施，提倡施用有机肥，对花生、大豆还应注意施用硼、钼等微量元素。该土土质较黏重，不适宜用于公路的路基及堤坝和其他建筑物的基础。由于该土包含较多的蒙脱石，其可作为良好的吸附剂去除水体中的污染物质。

代表性单个土体（编号：35-009）　于 2011 年 4 月 15 日采自福建省漳州市漳浦县前亭镇大社村，24°14'13.1" N，117°58'16.0" E。80 cm 以上为玄武岩坡积物，80 cm 以下为泥砾岩，二者界线明显；地形为丘陵中上坡，海拔 40 m，坡度 10°；土地利用方式为农地或荒地。

Ap：0~25 cm，暗红棕色（5YR3/3，润），淡红棕色（5YR4/3，干），细土质地为壤土，稍干，由中等发育的块状结构和核状结构组成，稍坚实；少量细根；夹有 5%~10%直径为 5~10 cm 的块状砾石；中性；向下层渐变平滑过渡。

Bw：25~55 cm，暗红棕色（5YR3/3，润），淡红棕色（5YR4/3，干），细土质地为壤土，稍干，中等发育的块状结构，坚实；含约 5%砾石状岩石碎屑；中性；向下层清晰平滑过渡。

Bt：55~80 cm，灰棕色（5YR4/2，润），淡红棕色（5YR4/3，干），细土质地为黏壤土，润，由中等发育的块状结构（70%）和核状结构（30%）组成，坚实；含 5%左右的砾石状岩石碎屑；中性；向下层突变间断过渡。

2C：80~125 cm，泥砾岩。

圩仔系代表性单个土体剖面

圩仔系代表性单个土体物理性质

土层	深度/cm	砾石（>2 mm，体积分数）/%	细土颗粒组成（粒径：mm）/（g/kg）			细土质地（美国制）	容重/（g/cm³）
			砂粒 2~0.05	粉砂 0.05~0.002	黏粒 <0.002		
Ap	0~25	16	390	384	226	壤土	1.38
Bw	25~55	15	389	393	218	壤土	1.43
Bt	55~80	14	331	371	299	黏壤土	1.43

圩仔系代表性单个土体化学性质

深度/cm	pH		CEC/（cmol（+）/kg）		黏粒 CEC/（cmol（+）/kg）		盐基饱和度/%	铝饱和度/%	全铁（Fe_2O_3）/（g/kg）	游离铁/（g/kg）
	（H_2O）	（KCl）	CEC_7	ECEC	CEC_7	ECEC				
0~25	6.66	6.12	22.11	18.64	97.83	82.48	84.31	0.00	174.90	54.08
25~55	6.75	6.18	21.28	19.19	97.71	88.11	90.18	0.00	143.23	73.18
55~80	6.90	6.23	18.24	17.15	61.07	57.42	94.02	0.00	201.18	83.36

9.2 腐殖铝质常湿淋溶土

9.2.1 茂地系（Maodi Series）

土族：黏壤质硅质混合型酸性热性-腐殖铝质常湿淋溶土

拟定者：章明奎，麻万诸

茂地系典型景观

分布与环境条件　主要分布在福建省南平、三明等市的中山顶部冲沟碟形洼地，海拔 1000~1400 m 之间，坡度多在 0°~15°之间。起源于砂岩、砂砾岩风化物及其再积物；利用方式主要为草甸和灌丛。属亚热带湿润气候，年均温在 13.8~14.5℃之间；≥10℃的积温 3500~4000℃，年均日照约 1700 h；无霜期 230 d 左右；年均降水量 2000 mm 左右，年相对湿度 85%左右。年均蒸发量约 700~1000 mm，干燥度小于 1，属于常湿润水分状况。

土系特征与变幅　该土系诊断层包括暗瘠表层和黏化层；诊断特性包括准石质接触面、常湿润土壤水分状况、氧化还原特征、热性土壤温度状况、均腐殖质特性、铝质特性及不饱和的盐基饱和度。黏粒矿物以水云母为主，其次为蛭石和高岭石，含少量蒙脱石。其剖面一般具有 Ah-Bt-C；土体厚度一般在 40~80 cm 之间。土壤草甸化作用明显，有机质积累量大，地表有一厚度在 3~5 cm 的枯草层，土色暗黑。因地处低洼处，季节性积水导致土体氧化还原作用活跃，剖面中可见明显的锈纹锈斑。土层浅薄，质地较砂，细土质地为砂质壤土至黏壤，黏粒含量在 50~350 g/kg 之间，由表土向心土增加，存在明显的黏化层。土壤呈酸性，pH 主要在 4.5~5.5 之间。Bt 层结构体表面有腐殖质淀积，土壤具腐殖质特性；表层容重在 0.50 g/cm^3 左右；心土容重在 1.25 g/cm^3 左右。

Bt 层厚度 30~60 cm 之间；块状结构，稍坚实；结构体表面有腐殖质胶膜，并有少量锈纹锈斑；pH 主要在 4.5~5.5 之间；土壤氧化铁游离度在 0%~40%；色调主要为 2.5Y 或 10YR，润态明度 3~6，彩度 1~4；干态明度 4~8，彩度 1~4。

对比土系　石屯系，同一土类但不同亚类，石屯系无腐殖质特性，不同于茂地系；与龙浔系在颗粒大小级别、矿物类型、酸碱度等相似，但它们之间的差异是土壤水分状况不同，龙浔系的水分状况为湿润，而茂地系为常湿润。

利用性能综述　茂地系土壤有机质和全氮积累量大，有效磷和速效钾中下，全钾与全磷含量较低。表层土壤有机质含量在 50~100 g/kg 之间，全氮在 2.50~4.50 g/kg 之间，全磷一般在 0.30~0.50 g/kg 之间；全钾一般在 5~15 g/kg 之间；速效钾和有效磷分别在 30~80 mg/kg 和 5~10 mg/kg 之间。CEC 在 10~15 cmol/kg 之间。由于分布海拔高、气温低、风力强，林地立地条件较差，多为荒山草坡地，可作为放牧用业。但枯草期长，草甸层不甚发育，不耐践踏，易导致草场破坏。因此，应严格控制载畜量，并实行分区轮放，同时重视草种改良，建立一定比例的人工草场。

代表性单个土体（编号：35-060）　于 2011 年 8 月 12 日采自福建省南平市延平区茂地镇电视塔边（距离电视塔 100 m），26°40'36.4" N，118°5'46.8" E。母质为角砾质砂岩坡积物及其再积物；地形为中山上坡冲沟碟形洼地底部，海拔 1210 m，坡度<2°；土地利用方式为草地；70 cm 以下可见侧渗水。

O：+4~0 cm，枯枝落叶。

Ah：0~28 cm，有机质层，黑色（2.5Y2/1，润），黄灰色（2.5Y4/1，干），细土质地为砂质壤土，潮，中等发育的团粒状和小块状结构，疏松，见少量枯木块，整个土层的根系缠在一起，不易分离，大量细草根和中草根系，从上至下根的数量和密度逐渐下降；酸性；向下层清晰水平过渡。

Bt：28~70 cm，灰黄色（2.5Y6/2，润），灰白色（2.5Y8/1，干），细土质地为黏壤土，潮，中等发育的块状结构，稍坚实；少量细根；上端近 Ah 层的 10 cm 土层的垂直向裂隙中可见深黑色的腐殖质胶膜，呈窄的“V”字形分布，分布深度在 5~10 cm 之间，宽度 0.2~0.5 cm；结构面上见少量铁锈纹淀积物，数量从上至下有所增加；酸性；向下层渐变波状过渡。

BC：70~100 cm，由大石块与泥沙混合而成，石块大小在 5~30 cm 之间（占 60%左右），细土呈灰白色（10Y8/1，润），灰白色（10Y8/1，干），质地为壤质砂土，滞水，弱发育的粒状和块状结构，稍坚实；结构面上见少量黄橙色（10YR7/8，润）铁锈纹；酸性。

茂地系代表性单个土体剖面

茂地系代表性单个土体物理性质

土层	深度 /cm	砾石（>2 mm，体积分数）/%	细土颗粒组成（粒径：mm）/（g/kg）			细土质地（美国制）	容重 /（g/cm^3）
			砂粒 2~0.05	粉砂 0.05~0.002	黏粒 <0.002		
Ah	0~28	1	593	258	149	砂质壤土	0.54
Bt	28~70	0	276	425	299	黏壤	1.22
BC	70~100	60	763	137	100	壤质砂土	—

茂地系代表性单个土体化学性质

深度 /cm	pH		CEC /（cmol（+）/kg）		黏粒 CEC /（cmol（+）/kg）		盐基饱和度/%	铝饱和度/%	全铁（Fe_2O_3）/（g/kg）	游离铁 /（g/kg）
	（H_2O）	（KCl）	CEC_7	ECEC	CEC_7	ECEC				
0~28	4.69	3.58	10.65	6.71	71.47	45.03	17.65	64.83	4.83	1.8
28~70	4.76	3.50	11.61	10.73	38.84	35.90	19.46	78.94	12.30	0.57
70~100	5.32	3.72	4.67	4.02	46.70	40.20	51.39	34.83	6.97	0.36

9.3　普通铝质常湿淋溶土

9.3.1　石屯系（Shitun Series）

土族：黏壤质硅质混合型酸性热性-普通铝质常湿淋溶土
拟定者：章明奎，麻万诸

石屯系典型景观

分布与环境条件　分布在福建省三明、龙岩、宁德、南平、泉州等市的中山坡麓地带，海拔 900~1300 m 之间，坡度多在 5°~25° 之间。起源于粉砂岩、泥岩、页岩及凝灰质砂页岩的残坡积物，利用方式为林地，以针林林和灌木丛为主，但植被覆盖率近 100%。属亚热带湿润海洋性季风气候区，年均温在 14.0~15.0℃之间；极端最低温度-9~-7℃之间；≥10℃的积温 4000~4900℃，年均日照约 1650 h；无霜期 230~240 d；年均降水量大于 1900 mm，年相对湿度>82%，常年云雾弥漫。年均蒸发量约 800~1100 mm，干燥度小于 1；因海拔较高，地处坡麓，土壤终年湿润。

土系特征与变幅　该土系诊断层包括淡薄表层和黏化层；诊断特性包括准石质接触面、常湿润土壤水分状况、热性土壤温度状况、铝质特性或铝质现象及不饱和的盐基饱和度。原生矿物风化不彻底，土壤黏土矿物主要为水云母为主，其次为高岭石和蛭石。其剖面一般具有 Ah-Bt-C；土体深厚，在 70~125 cm 之间；土壤氧化铁被水化，土壤颜色以棕黑色和黄棕色为主。Bt 的结构面或孔隙上虽有明显的腐殖质淀积，但整个剖面有机碳积累量较低，没有达到腐殖质特性的要求。土壤质地在剖面中变化较大，黏粒含量在 100~550 g/kg 之间，由上至下显著地增加。整个剖面砾石含量均低于 25%。土壤主要为酸性，pH 在 4.5~5.5 之间。垂直向柱状结构发达，易发生垂直向塌陷，发生滑坡。

Bt 层厚度 40~80 cm；黏粒含量为 200~550 g/kg 之间；土壤氧化铁游离度在 50%以上；具铝质特性或铝质现象；土壤 pH 在 4.50~5.50 之间；色调主要为 2.5Y 或 10YR，润态明度 5~7，彩度 3~6；干态明度 7~8，彩度 3~6。

对比土系　茂地系，同一土类但不同亚类，茂地系具腐殖质特性，不同于石屯系；与龙浔系在颗粒大小级别、矿物类型、酸碱度等相似，但它们之间的差异是土壤水分状况不同，龙浔系的水分状况为湿润，而石屯系为常湿润。

利用性能综述　石屯系土壤有机质和氮素积累明显，但有效磷和速效钾相对较低。表层土壤有机质含量在 35~50 g/kg 之间，全氮在 1.00~2.00 g/kg 之间，全磷一般在 0.25~0.50 g/kg 之间；速效钾和有效磷分别在 30~80 mg/kg 以上和 3~10 mg/kg 之间；全钾在 10~20 g/kg 之间。土壤保肥性能中等，CEC 主要在 10 cmol/kg 左右。土壤表层物理性质较好，湿润，水热条件较好，有利于林木生长，是用材林和经济林基地，适宜发展毛竹、杉木生产，也宜发展茶叶、药材。但该土壤结持力较弱，抗冲蚀性差，容易导致滑坡，应重视水土保持工作。发展经济作物时，应增施磷、钾肥，提高土壤生产力。

代表性单个土体（编号：35-046）　于 2011 年 7 月 20 日采自福建省政和县石屯镇石门村，27°14'26.3" N，119°3'42.9" E。母质为泥页岩残坡积物；地形为中山坡麓部位，海拔 1031 m，坡度 10°~25°；土地利用方式为灌木丛（小竹、芒萁等）。

Ah：0~22 cm，棕黑色（10YR2/2，润），灰黄棕色（10YR4/2，干），细土质地为壤土，润，中等发育的块状结构和团粒结构，稍坚实；大量中根和细根；酸性；向下层清晰不规则过渡。

Bt1：22~50 cm，主色呈亮黄棕色（10YR6/6，润），淡黄橙色（10YR8/4，干），细土质地为黏壤，润，中等发育的块状结构，坚实；少量细根；夹杂 30%浅红色土块与主色呈相间分布；见 5%~10%大小约 10 cm 左右的岩石碎片；酸性；向下层清晰波状过渡。

Bt2：50~130 cm，亮黄棕色（10YR7/6，润），黄橙色（10YR8/6，干），细土质地为黏土，润，中等发育的棱柱状结构，坚实，结构体间有宽度在 1~3 cm 之间、长度约 30 cm 的大裂隙，沿垂直向分布；部分裂隙中填充有从 A 层下移的腐殖质灰黑色物质；结构面上可见明显的浅灰色黏粒-腐殖质胶膜，见约 5%的半风化岩石碎屑；酸性。

石屯系代表性单个土体剖面

石屯系代表性单个土体物理性质

土层	深度/cm	砾石（>2 mm，体积分数）/%	细土颗粒组成（粒径：mm）/（g/kg）			细土质地（美国制）	容重/（g/cm³）
			砂粒 2~0.05	粉砂 0.05~0.002	黏粒 <0.002		
Ah	0~22	25	430	438	132	壤土	0.84
Bt1	22~50	9	232	540	228	粉砂壤土	1.26
Bt2	50~130	0	207	381	412	黏土	1.39

石屯系代表性单个土体化学性质

深度/cm	pH		CEC/（cmol（+）/kg）		黏粒 CEC/（cmol（+）/kg）		盐基饱和度/%	铝饱和度/%	全铁（Fe_2O_3）/（g/kg）	游离铁/（g/kg）
	（H_2O）	（KCl）	CEC_7	ECEC	CEC_7	ECEC				
0~22	4.62	3.34	10.32	8.30	78.18	62.87	11.72	80.24	10.37	7.26
22~50	4.58	3.43	8.44	7.37	37.00	32.32	17.18	80.19	20.24	13.77
50~130	5.10	3.55	11.23	10.23	27.25	24.83	14.07	84.56	23.33	13.59

9.4 腐殖-棕色钙质湿润淋溶土

9.4.1 吴家坊系（Wujiafang Series）

土族：壤质硅质混合型石灰性热性-腐殖-棕色钙质湿润淋溶土
拟定者：章明奎，麻万诸

吴家坊系典型景观

分布与环境条件 零星分布于福建省三明、龙岩、南平等市的石灰岩低丘坡麓底部，海拔在 500 m 以下，坡度多在 10°以下。起源于石灰岩风化物，利用方式主要为旱地。属亚热带湿润季风气候区，年均温在 18.0℃左右；极端最低气温–8.0℃左右，极端最高气温 39.0℃左右，最热月出现在 7 月，平均温度 28℃左右；最冷月出现在 1 月，平均温度 9℃左右；≥10℃的积温约 5600℃，年均日照约 1800 h；无霜期 280 d；年均降水量 1700 mm，降水的季节分布不均，干湿季节十分明显，每年 3~9 月为湿季，占全年降水量的 82%；10 月至翌年 3 月为少雨旱季，存在夏旱和秋旱。年均蒸发量约 1500 mm，干燥度小于 1。

土系特征与变幅 该土系诊断层包括淡薄表层和黏化层；诊断特性包括碳酸盐岩岩性特征、石质接触面、湿润土壤水分状况、热性土壤温度状况、腐殖质特性和石灰性。土壤黏粒矿物主要为水云母，其次为高岭石，伴有少量蛭石和蒙脱石。由于受人为长期耕作，形成了明显的耕作层和犁底层，其剖面一般具有 Ap1-Ap2-Bt-C；土体厚度多在 80~125 cm 之间，表层土壤颜色以棕色或灰棕色为主。由于分布处为低丘坡麓底部，长期接受周围丘陵上部石灰岩风化产生的含钙地表水的作用（复钙），整个剖面脱钙不完全，全剖面有不同程度的石灰反应，多呈微碱性（pH 主要在 7.5~8.5 之间）。该土风化较弱，细土土壤质地主要为壤土和粉砂质壤土，黏粒含量在 70~270 g/kg 之间，自上而下增加，心土层形成黏化层；但全剖面黏粒平均含量在 200 g/kg 以下；砾石含量一般低于 10%；心土层中有少量腐殖质淀积胶膜，具腐殖质特性。

Ap1 层厚度 10~25 cm，团粒或小块状结构，疏松，黏粒含量在 70~200 g/kg 之间，砾石含量低于 10%；pH 在 7.5~8.5 之间，有石灰反应；色调主要为 7.5YR 或 10YR，润态明度 3~4，彩度 3~4；干态明度 5~6，彩度 3~4。Ap2 层厚度 8~15 cm，坚实，块状结构，黏粒含量在 70~200 g/kg 之间，砾石含量低于 10%；pH 在 7.5~8.5 之间，有石灰反应；色调主要为 7.5YR 或 5YR，润态明度 3~5，彩度 3~4；干态明度 5~7，彩度 3~4。Bt 层厚度 60~100 cm，坚实、致密，块状结构，黏粒含量在 150~270 g/kg 之间，黏粒含量为表土的 1.2 倍以上，砾石含量低于 10%；pH 在 7.5~8.5 之间，有石灰反应；CEC_7 在 24~48 cmol/kg 黏粒之间；氧化铁游离度在 40%~80%之间。色调主要为 7.5YR 或 5YR，润态明度 4~5，彩度 6~8；干态明度 6~7，彩度 5~6。

对比土系　曹远系、石下系，呈复区分布，但土壤发育程度有明显的差异，不同土纲，为富铁土。石下系和曹远系具有明显的低活性富铁层，已无石灰反应，它们的酸碱度分别为酸性和非酸性，颗粒大小级别都为黏质；而吴家坊系风化相对较弱，无低活性富铁层，有石灰反应，颗粒大小级别为壤质。

利用性能综述　吴家坊系土壤有机质和全氮较高，有效磷和速效钾中等。表层土壤有机质含量在 30~50 g/kg 之间，全氮在 1.50~3.00 g/kg 之间，全磷一般在 0.50~1.00 g/kg 之间；全钾在 10~20 g/kg 之间；速效钾和有效磷分别在 80~120 mg/kg 和 5~15 mg/kg 之间。土壤保肥性能较低，CEC 在 5~10 cmol/kg 之间。土壤土质较黏，干旱季节土壤易板结，给旱地作物的出苗、全苗生产环节带来较大的威胁。因此，在改土上应完善水利设施，防止季节性干旱；同时，应保证有机质的投入，防止土壤有机质下降引起的土壤板结程度加大。该土适宜大豆、薯类和杂粮轮作。

代表性单个土体（编号：35-086）　于 2011 年 8 月 24 日采自福建省三明市永安市曹远镇吴家坊村，26°2'8.4" N，117°19'5.2" E。母质为石灰岩风化物的坡积物；地形为丘陵坡麓地带（接近沟谷平原），海拔 229 m，坡度 1°~5°；土地利用方式为旱地（主要种植番薯、蔬菜、籽麻、花生等）。

Ap1：0~18 cm，棕色（7.5YR4/4，润），淡橙色（7.5YR6/4，干），细土质地为粉砂质壤土，润，发育良好的团粒状（稳定性较高）和小块状结构，疏松；多量细根，夹约 5%大小在 1~3 cm 之间的碎石块；微碱性；有微弱石灰反应；向下层清晰平滑过渡。

Ap2：18~30 cm，棕色（7.5YR4/4，润），淡橙色（7.5YR7/4，干），细土质地为壤土，润，发育良好的块状结构，非常坚实，难下挖；夹 5%左右大小在 1~3 cm 之间的碎屑，见少量斑点状铁锰氧化物；见少量砖块瓦片；微碱性；有微弱石灰反应；向下层清晰平滑过渡。

Bt：30~100 cm，亮红棕色（5YR5/8，润），橙色（5YR7/5，干），细土质地为粉砂壤土，润，发育良好的块状结构，坚实、致密；结构面上见少量腐殖质淀积胶膜；微碱性；有微弱石灰反应；向下层清晰平滑过渡。

C：100~125 cm，由细土与碳酸盐岩石碎屑组成，两者各占 1/2。细土性状与 Bt 层相似；有强石灰反应。

吴家坊系代表性单个土体剖面

吴家坊系代表性单个土体物理性质

土层	深度 /cm	砾石 (>2 mm，体积分数) /%	细土颗粒组成（粒径：mm）/（g/kg）			细土质地（美国制）	容重 /（g/cm^3）
			砂粒 2~0.05	粉砂 0.05~0.002	黏粒 <0.002		
Ap1	0~18	6	331	510	160	粉砂质壤土	1.14
Ap2	18~30	5	358	486	157	壤土	1.48
Bt	30~100	5	261	505	237	粉砂质壤土	1.42

吴家坊系代表性单个土体化学性质

深度 /cm	pH		CEC /（cmol（+）/kg）	黏粒 CEC /（cmol（+）/kg）	盐基饱和度/%	铝饱和度 /%	全铁 /（g/kg）
	（H_2O）	（KCl）					
0~18	8.14	7.10	6.08	37.97	100	56.86	36.65
18~30	8.48	7.06	6.17	39.20	100	55.35	45.32
30~100	8.20	6.31	7.03	29.72	100	60.01	48.73

9.5 黄色铝质湿润淋溶土

9.5.1 干全埔系（Ganquanpu Series）

土族：黏壤质硅质混合型酸性高热-黄色铝质湿润淋溶土
拟定者：章明奎，麻万诸

干全埔系典型景观

分布与环境条件 主要分布于泉州、漳州等地海拔 300 m 以下的低丘陵上坡或顶部，坡度 15°~50°，存在明显的土壤冲刷，附近有裸露基岩。起源于花岗岩及部分凝灰岩、凝灰熔岩的残坡积物；利用方式主要为荒草地或疏林地，林业立地条件差，植被稀少，主要为铁芒萁和其他杂草。属亚热带湿润季风气候区，年均日照约 2060~2460 h，年均气温 20.8~21.3℃，全年无霜，≥10℃的积温 7340~7540℃。年均降水量约 1500~1700 mm。年均蒸发量约 1500 mm，干燥度略低于 1。

土系特征与变幅 该土系诊断层包括淡薄表层和黏化层；诊断特性包括准石质接触面、湿润土壤水分状况、高热土壤温度状况、铝质特性及不饱和的盐基饱和度。土壤风化强烈，黏土矿物主要为高岭石，其次为水云母和蛭石，无蒙脱石，含针铁矿和赤铁矿。其剖面一般具有 Ah-Bt-C；土体厚度在 50~100 cm 之间；土壤颜色以黄橙色或灰棕色为主。土壤质地为砂质黏壤土、壤土至黏壤土，剖面上下质地有明显的差异，具黏化层；砾石含量在 10%~25%之间；土壤结构以块状为主；土体坚实，容重在 1.35 g/cm^3 左右；湿时黏重，干时稍坚硬；土壤呈酸性，pH 在 4.5~5.5 之间。

Bt 层厚度 20~60 cm，出现深度在 30~60 cm；CEC_7 在 24~48 cmol/kg 黏粒之间；土壤氧化铁游离度在 40%~80%之间；土壤 pH 在 4.50~5.50 之间，具铝质特性；色调主要为 7.5YR 或 10YR，润态明度 6~7，彩度 6~8；干态明度 7~8，彩度 3~4。

对比土系 南胜系，同一土族，但黏化层厚度和酸碱度有明显的差异。南胜系黏化层厚度在 20~60 cm 之间，黏化层土壤为微酸性（pH 在 5.50~6.50）；干全埔系黏化层厚度在 60~90 cm 之间，黏化层土壤为酸性（pH 在 4.50~5.50 之间）。

利用性能综述 干全埔系土壤有机质和全氮中等，有效磷和速效钾较低。表层土壤有机质含量在 15~30 g/kg 之间，全氮在 0.50~1.50 g/kg 之间，全磷一般在 0.50~0.75 g/kg 之间；全钾一般在 5~15 g/kg 之间；速效钾和有效磷分别在 30~80 mg/kg 和 3~10 mg/kg 之间。土壤保肥性能中等，CEC 在 10 cmol/kg 左右。因地处丘陵上坡或坡顶，土壤易受侵蚀，土壤多砾石，旱季土体干燥。在利用改良上，应封山育林，营造相思树、马尾松等薪炭林，积极种植大叶相思、黑松及耐干旱草被，以恢复和提高植被覆盖度，防止土壤进一步冲刷；严禁乱采山石，保护幼林生长。局部地势较缓和土层较厚的地段，可垦殖为果地，选择适生的果树，但应配合水土保持，修筑高标准台田、鱼鳞坑，加强果园管理，套种绿肥，增施有机肥料，以防止水土流失和提高土壤肥力。

代表性单个土体（编号：35-108） 于 2011 年 9 月 17 日采自福建省云霄县和平乡干全埔村，117°22'45.8" N，117°15'2.0"E。母质为花岗岩残坡积物；地形为低丘陵顶部和岗背部，海拔 64 m，坡度 25°~45°；土地利用方式为荒地（主要生长铁芒萁，少量桉树，生长不良）。

干全埔系代表性单个土体剖面

Ah：0~23 cm，淡黄橙色（10YR6/3，润），淡黄橙色（10YR7/3，干），细土质地为砂质黏壤土，稍干，弱发育的块状结构，坚实；中量细根；酸性；向下层清晰波状过渡。

Bw：23~41 cm，橙色（7.5YR7/6，润），浅黄橙色（7.5YR8/3.5，干），细土质地为壤土，稍干，中等发育的块状结构，稍坚实；少量细根；见 10%~20%大小约 2~5 mm 的石英砂，呈斑块状集中分布；酸性；向下层渐变平滑过渡。

Bt：41~70 cm，黄橙色（7.5YR7/8，润），浅黄橙色（7.5YR8/4，干），细土质地为黏壤土，稍干，发育良好的块状结构，稍坚实；夹少量大小在 2~5 mm 之间呈散点状分布的石英砂；酸性；向下层清晰波状过渡。

C：70~100 cm，由石英砂和红色土壤物质组成，石英砂粒径在 2~5 mm 之间，数量>30%；细土呈黄橙色（7.5YR8/8，润），浅黄橙色（7.5YR8/4，干），质地为黏壤土，稍干，单粒状结构，坚硬；微酸性。

干全埔系代表性单个土体物理性质

土层	深度 /cm	砾石（>2 mm，体积分数）/%	细土颗粒组成（粒径：mm）/（g/kg）			细土质地（美国制）	容重 /（g/cm^3）
			砂粒 2~0.05	粉砂 0.05~0.002	黏粒 <0.002		
Ah	0~23	12	491	270	240	砂质黏壤土	1.34
Bw	23~41	11	428	313	261	壤土	1.31
Bt	41~70	14	401	310	290	黏壤土	1.35
C	70~100	33	442	279	280	黏壤土	—

干全埔系代表性单个土体化学性质

深度 /cm	pH		CEC /（cmol（+）/kg）		黏粒 CEC /（cmol（+）/kg）		盐基饱和度/%	铝饱和度/%	全铁（Fe_2O_3）/（g/kg）	游离铁 /（g/kg）
	（H_2O）	（KCl）	CEC_7	ECEC	CEC_7	ECEC				
0~23	5.18	3.26	10.23	8.09	42.62	33.71	29.42	52.53	30.02	14.93
23~41	5.28	3.39	9.89	7.10	37.92	27.22	19.01	67.61	31.34	16.46
41~70	5.40	3.43	8.43	5.76	29.07	19.86	16.61	65.80	32.45	15.53
70~100	5.57	4.65	8.55	6.03	30.54	21.54	25.50	54.89	30.11	15.86

9.5.2　南胜系（Nansheng Series）

土族：黏壤质硅质混合型酸性高热-黄色铝质湿润淋溶土
拟定者：章明奎，麻万诸

南胜系典型景观

分布与环境条件　主要分布于福建省漳州、莆田等市的低丘坡麓地带，海拔在 250 m 以下，坡度在 5°~25° 之间。起源于花岗岩、凝灰岩的坡积物，利用方式主要为林地、旱地或果园。属亚热带湿润季风气候区，年均日照约 1970~2170 h，年均气温 20.4~21.3 ℃，≥10 ℃的积温 6750~7500 ℃，极端最低气温 –3.5~–0.9 ℃，极端最高气温 38.4~40.2℃，无霜期 308~350 d；年均降水量 1538~1723 mm，降水的季节分布不均，干湿季节较为明显，每年 3~9 月为湿季，占全年降水量的 84%~88%；10 月至翌年 3 月为少雨旱季，存在秋旱和夏旱。年均蒸发量约 1400~1600 mm，干燥度小于 1。因地处坡麓，多数季节土体较为湿润或潮湿。

土系特征与变幅　该土系诊断层包括淡薄表层和黏化层；诊断特性包括准石质接触面、湿润土壤水分状况、高热土壤温度状况、铝质特性及不饱和的盐基饱和度。土壤黏土矿物主要为高岭石，其次为水云母，有少量蛭石。其剖面一般具有 A-Bt-C；土体厚度在 80~125 cm 之间。由于地形拗凹，地表集水较多，土壤中氧化铁被水化，土壤颜色主要为黄棕色或黄橙色，全剖面土壤色调主要在 7.5YR~10YR 之间。细土质地为砂质壤土至砂质黏壤土，黏粒含量在 100~350 g/kg 之间，由上至下增加，剖面平均黏粒含量在 200~350 g/kg 之间；砾石含量多在 15%~25%之间。多数土层呈微酸性（pH 在 5.5~6.5 之间）。

Bt 层厚度 60~90 cm，小块状或块状结构，稍坚实，黏粒含量在 200~350 g/kg 之间；pH 在 5.5~6.5 之间；土壤氧化铁的游离度在 40%~80%之间；色调 7.5YR 或 10YR，润态明度 5~6，彩度 4~6；干态明度 7~8，彩度 3~4。

对比土系　千全埔系，同一土族，但黏化层厚度和酸碱度有明显差异。千全埔系黏化层厚度在 60~90 cm 之间，黏化层土壤为酸性（pH 在 4.50~5.50 之间）；南胜系黏化层厚度在 20~60 cm 之间，黏化层土壤为微酸性（pH 在 5.50~6.50）。

利用性能综述　南胜系土壤有机质和全氮因利用方式不同有较大变化，有效磷较低，速效钾中等。表层土壤有机质含量在 10~35 g/kg 之间，全氮在 0.50~2.00 g/kg 之间，全磷一般在 0.35~1.00 g/kg 之间；全钾在 5~15 g/kg 之间；速效钾和有效磷分别在 80~150 mg/kg 和 3~15 mg/kg 之间。土壤保肥性能较低，CEC 在 5~10 cmol/kg 之间。土壤所处地形较为平缓，土层较厚，水热状况良好，适宜性广，是发展旱作、用材林、经济林的理想土壤，可种植柑橘、荔枝、龙眼等经济作物。但应注意水土保持，合理布局，实行林果间套，加强果园管理，推广套种绿肥，增加地面覆盖；对于旱地、经济果木和茶树，要增施磷钾肥。

代表性单个土体（编号：35-100） 于2011年9月15日采自福建省平和县南胜镇义路村，24°14'53.3" N，117°22'45.8" E。母质为花岗岩坡积物；地形为低丘陵的低凹处，梯地，海拔146 m，坡度为15°；土地利用方式为旱地或果园。

南胜系代表性单个土体剖面

Ap：0~20 cm，淡黄橙色（10YR6/4，润），浅黄橙色（10YR8/3，干），细土质地为砂质壤土，润，中等发育的块状结构，疏松；中量细根；微酸性；向下层模糊平滑过渡。

Bt1：20~50 cm，淡橙色（7.5YR6/4，润），浅黄橙色（7.5YR8/3，干），细土质地为砂质黏壤土，润，中等发育的块状结构，稍坚实；少量细根；酸性；向下层清晰平滑过渡。

Bt2：50~90 cm，橙色（7.5YR6/6，润），浅黄橙色（7.5YR8/3，干），细土质地为砂质黏壤土，润，中等发育的块状结构，坚实；酸性；向下层清晰波状过渡。

C：90~125 cm，由亮黄棕色（10YR6/6，润）细土和淡黄色（2.5Y8/4，润）、暗红棕色（5YR3/6，润）半风化岩石组成，分别占60%、35%和5%，对应的干态颜色分别为灰白色（10YR8/2）、淡黄色（2.5Y8/4）和橙色（5YR6/6）；单粒状结构，稍坚实；酸性。

南胜系代表性单个土体物理性质

土层	深度/cm	砾石（>2 mm，体积分数）/%	细土颗粒组成（粒径：mm）/（g/kg）			细土质地（美国制）	容重/（g/cm³）
			砂粒 2~0.05	粉砂 0.05~0.002	黏粒 <0.002		
Ap	0~20	20	593	283	126	砂质壤土	1.12
Bt1	20~50	20	571	179	252	砂质黏壤土	1.33
Bt2	50~90	22	587	164	250	砂质黏壤土	1.41
C	90~125	22	590	202	209	砂质黏壤土	—

南胜系代表性单个土体化学性质

深度/cm	pH		CEC/（cmol（+）/kg）		黏粒CEC/（cmol（+）/kg）		盐基饱和度/%	铝饱和度/%	全铁（Fe_2O_3）/（g/kg）	游离铁/（g/kg）
	（H_2O）	（KCl）	CEC_7	ECEC	CEC_7	ECEC				
0~20	5.66	3.49	6.43	4.25	51.19	33.84	28.15	42.59	21.45	13.62
20~50	5.46	3.50	10.23	8.12	40.53	32.17	53.67	27.09	18.98	14.36
50~90	5.42	3.51	10.62	7.91	42.48	31.64	45.67	30.09	21.31	14.80
90~125	5.40	3.50	8.23	6.42	39.38	30.72	33.90	47.20	18.57	13.21

9.5.3　小桥系（Xiaoqiao Series）

土族：黏壤质硅质混合型酸性热性-黄色铝质湿润淋溶土

拟定者：章明奎，麻万诸

小桥系典型景观

分布与环境条件　主要分布于福建省龙岩、三明、南平等市的丘陵低山地，海拔多在 750 m 以下；坡度多在 15°~35°之间。起源于页岩、板岩、千枚岩、变质砂岩、变质粉砂岩等风化物，利用方式主要为林地，自然植被为常绿阔叶林、常绿针阔叶混交林，杂生少量落叶阔叶林，次生林主要为马尾松、灌丛、杉木林。属亚热带湿润季风气候区，年均温在 17~19.5℃左右；最热月出现在 7 月，平均温度 26~27℃左右；最冷月出现在 1 月，平均温度 8℃左右；≥10℃的积温 5500~6500℃，年均日照约 1700~1900 h；无霜期 265~300 d；年均降水量 1500~1800 mm，降水的季节分布不均，干湿季节十分明显，每年 3~9 月为湿季，占全年降水量的 80%；10 月至翌年 3 月为少雨旱季。年均蒸发量约 1200~1500 mm，相对湿度 80%以上，干燥度小于 1。

土系特征与变幅　该土系诊断层包括淡薄表层和黏化层；诊断特性包括准石质接触面、湿润土壤水分状况、热性土壤温度状况、铝质特性及不饱和的盐基饱和度。土壤黏土矿物主要为高岭石，其次为蛭石和水云母，含针铁矿和赤铁矿。其剖面一般具有 Ah-Bt-C；土体较浅，在 30~50 cm 之间；土壤颜色以棕色为主。土壤质地为壤土和黏壤土，黏粒含量 150~400 g/kg，土体平均黏粒含量低于 350 g/kg；黏粒含量从上至下增加，存在黏化层。但整个剖面平均砾石含量均低于 25%。表层容重在 1.20 g/cm^3 左右；心土容重在 1.30 g/cm^3 左右；土壤呈酸性，pH 主要在 4.5~5.5 之间。

Bt 层厚度 10~40 cm；黏粒含量在 250~400 g/kg 之间；土壤氧化铁游离度在 40%~80%；土壤 pH 在 4.50~5.50 之间；色调主要为 7.5YR 或 10YR，润态明度 3~6，彩度 4~8；干态明度 4~7，彩度 4~8。

对比土系　南胜系、干全埔系，同一亚类但不同土族，温度状况有所差异，南胜系和干全埔系的温度状况属于高热，而小桥系的温度状况属于热性。

利用性能综述　小桥系土壤有机质和养分以中等为主。表层土壤有机质含量在 20~35 g/kg 之间，全氮在 1.00~2.00 g/kg 之间，全磷一般在 0.30~0.65 g/kg 之间；速效钾和有效磷分别在 50~100 mg/kg 和 3~10 mg/kg 之间。土壤保肥性能中等，CEC 在 10~15 cmol/kg 之间。土壤质地适中，是一种较肥沃的林业土壤，适宜发展经济林和用材林。但该土壤结持性较差，土层偏薄，应注意水土保持，一般不适宜开垦为农地。在坡度较缓处，可考虑种植经济作物，但务必搞好水土保持措施。

代表性单个土体（编号：35-051） 于 2011 年 7 月 21 日采自福建省建瓯市小桥镇小桥村，26°59'15.5" N，118°28'27.8" E。母质为变质砂岩、变质粉砂岩；地形为丘陵中坡，海拔 344 m，坡度 20°；土地利用方式为林地（主要生长马尾松、灌丛、杉木林）。

小桥系代表性单个土体剖面

Ah：0~15 cm，棕色（7.5YR4/4，润），淡橙色（7.5YR7/4，干），细土质地为壤土，润，弱发育的团粒状和小块状结构，疏松；多量中根和细根；含 5%左右的岩石碎屑；酸性；向下层清晰波状过渡。

Bt：15~40 cm，棕色（7.5YR4/6，润），淡橙色（7.5YR7/4，干），细土质地为黏壤土，润，中等发育的块状结构，稍疏松；少量中根和细根；含约 30%直径 2~5 cm 的红棕色岩石碎屑；强酸性；向下层清晰平滑过渡。

C1：40~110 cm，坡积母质层，主要由红棕色（约占 60%）和淡黄色（约占 30%）半风化物组成；细土约占 10%，呈亮红棕色（5YR5/8，润），橙色（5YR7/6，干），质地为黏壤土，单粒状，稍坚实；酸性；向下层清晰波状过渡。

C2：110~150 cm，残积母质层，呈整块状，基本上无细土物质，由浅黄、灰白、红棕色三种颜色的半风化物相间组成。

小桥系代表性单个土体物理性质

土层	深度 /cm	砾石（>2 mm，体积分数）/%	细土颗粒组成（粒径：mm）/（g/kg）			细土质地（美国制）	容重 /（g/cm³）
			砂粒 2~0.05	粉砂 0.05~0.002	黏粒 <0.002		
Ah	0~15	8	491	284	225	壤土	1.21
Bt	15~40	14	375	293	332	黏壤土	1.28
C1	40~110	16	416	272	312	黏壤土	—

小桥系代表性单个土体化学性质

深度 /cm	pH		CEC /（cmol（+）/kg）		黏粒 CEC /（cmol（+）/kg）		盐基饱和度/%	铝饱和度/%	全铁（Fe_2O_3）/（g/kg）	游离铁 /（g/kg）
	（H_2O）	（KCl）	CEC_7	ECEC	CEC_7	ECEC				
0~15	4.63	3.49	8.87	7.22	39.42	32.09	10.82	84.07	30.53	23.9
15~40	4.37	3.42	12.31	11.08	37.08	33.37	18.68	79.24	34.11	24.97
40~110	4.75	3.46	12.32	9.76	39.48	31.28	10.96	84.32	30.70	21.00

9.6　普通铝质湿润淋溶土

9.6.1　龙浔系（Longxun Series）

土族：黏壤质硅质混合型酸性热性-普通铝质湿润淋溶土
拟定者：章明奎，麻万诸

龙浔系典型景观

分布与环境条件　在福建省各地市都有分布，其中以南平、泉州、宁德等市的分布较为集中。地形为海拔700~800 m以下的低山丘陵坡地，坡度多在15°~35°之间。起源于花岗闪长岩、石英闪长岩、闪长岩、英安质凝灰岩、安山岩等风化物；利用方式主要为林地和灌丛林地。属亚热带湿润海洋性季风气候区，年均温在17.5~19.5℃之间；≥10℃的积温5700~6500℃，年均日照约1750~2100 h；无霜期250~330 d；年均降水量1500~1800 mm。年均蒸发量约1200~1500 mm，干燥度小于1。

土系特征与变幅　该土系诊断层包括淡薄表层和黏化层；诊断特性包括准石质接触面、湿润土壤水分状况、热性土壤温度状况、铝质特性或铝质现象及不饱和的盐基饱和度。土壤黏土矿物主要为高岭石，其次为水云母，含少量的蛭石。其剖面一般具有Ah-Bt-C；土体深厚，一般在80~125 cm之间。土壤质地在剖面中变化较大，在粉质黏土至壤土之间，由上至下显著地增加，存在明显的黏化层。全剖面平均黏粒含量在200~350 g/kg之间；整个剖面砾石含量均低于25%。土壤主要为酸性，pH在4.5~5.5之间。

Bt层厚度40~80 cm；土壤氧化铁游离度在40%~80%以上；具铝质特性或铝质现象；砾石含量均低于25%；土壤pH在4.50~5.50之间；色调主要为2.5YR或5YR，润态明度5~6，彩度6~8；干态明度7~8，彩度3~4。

对比土系　与石屯系、茂地系在颗粒大小级别、矿物类型、酸碱度等相似，它们之间的主要差异是土壤湿度状况，石屯系和茂地系为常湿润，而龙浔系的水分状况为湿润；另外，茂地系具腐殖质特性，不同于龙浔系。郑坑系、武夷山系，同一亚类但不同土族，郑坑系颗粒大小级别为黏质盖壤质，武夷山系矿物学类型为云母混合型。

利用性能综述　龙浔系土壤有机质和氮素积累明显，有效磷和速效钾中等。表层土壤有机质含量在25~40 g/kg之间，全氮在1.00~2.00 g/kg之间，全磷一般在0.25~0.50 g/kg之间；全钾一般在 10~20 g/kg 之间；速效钾和有效磷分别在 30~80 mg/kg 以上和 3~10 mg/kg 之间；土壤保肥性能较低，CEC 主要在 10 cmol/kg 以下。土壤水热条件优越，土层深厚，质地较黏重，是发展经济林和用材林较为理想的土壤。在利用改良上，应积极发展常绿阔叶林及针阔叶混交林，充分挖掘生产潜力，局部有利地形可垦种柑橘和茶叶，发展经济作物。应注意增施磷、钾、镁肥及硼、锌等微肥，加强水土保持，增加地面覆盖，防止水土流失。

龙浔系代表性单个土体剖面

代表性单个土体（编号：35-116）　于 2011 年 9 月 19 日采自福建省德化县龙浔镇丁溪村，25°29'34.0" N，118°12'26.5" E。母质为英安质凝灰岩坡积物；地形为丘陵中坡，海拔 576 m，坡度 25°；土地利用方式为灌木丛。

Ah：0~10 cm，淡红棕色（5YR5/4，润），淡橙色（5YR7/3，干），润，细土质地为壤土，弱发育的团粒和小块状结构，疏松；多量细根；夹 10%~15%大小约 2~10 cm 的灰白色或深黑色半风化岩屑；酸性；向下层清晰平滑过渡。

Bw：10~40 cm，亮红棕色（5YR5/6，润），淡橙色（5YR7/4，干），润，细土质地为壤土，中等发育的块状结构，稍疏松；中量细根；夹 10%~15%粒径约 1~10 cm 的灰白色、深红色或灰黑色半风化岩屑，呈散斑块状分布；酸性；向下层渐变波状过渡。

Bt：40~110 cm，亮红棕色（2.5YR5/8，润），淡红橙色（2.5YR7/4，干），润，细土质地为黏壤土，中等发育的块状结构，较坚实，致密；含 5%~10%粒径约 0.2 mm~10 cm 灰白色或灰黑色半风化岩屑，呈散斑块状分布；酸性。

龙浔系代表性单个土体物理性质

土层	深度 /cm	砾石（>2 mm，体积分数）/%	细土颗粒组成（粒径：mm）/（g/kg）			细土质地（美国制）	容重 /（g/cm³）
			砂粒 2~0.05	粉砂 0.05~0.002	黏粒 <0.002		
Ah	0~10	11	315	462	223	壤土	1.24
Bw	10~40	13	306	500	195	壤土	1.31
Bt	40~110	8	187	487	326	黏壤土	1.44

龙浔系代表性单个土体化学性质

深度 /cm	pH		CEC /（cmol（+）/kg）		黏粒 CEC /（cmol（+）/kg）		盐基饱和度/%	铝饱和度/%	全铁（Fe_2O_3）/（g/kg）	游离铁 /（g/kg）
	（H_2O）	（KCl）	CEC_7	ECEC	CEC_7	ECEC				
0~10	5.43	3.85	8.04	6.54	36.05	29.33	43.16	35.01	42.97	34.12
10~40	5.07	3.73	8.78	7.07	44.96	36.66	21.18	63.37	43.79	31.34
40~110	5.37	3.86	8.54	6.07	26.20	20.92	16.87	68.54	45.92	33.44

9.6.2　武夷山系（Wuyishan Series）

土族：黏壤质云母混合型酸性热性-普通铝质湿润淋溶土
拟定者：章明奎，麻万诸

武夷山系典型景观

分布与环境条件　主要分布于福建省南平、龙岩、三明等市的低山丘陵中坡或坡麓地带，海拔多在 500 m 以下，坡度在 15°~35°之间。武夷山系土壤起源于紫红色或紫色砂岩、砂砾岩和砾岩的残坡积物，利用方式主要为旱地和疏林地，植被覆盖良好。其岩性硬脆较抗风化，不含或少含钙质胶结物。在武夷山系土壤分布的上坡或山峰及周围水土流失的区域常形成“丹霞地貌”。属亚热带湿润季风气候区，年均温在 17.4~19.6℃；极端最低气温-8.2~-4.8℃，极端最高气温 38.4~41.4℃，最热月出现在 7 月，平均温度 28℃左右；最冷月出现在 1 月，平均温度 9~10℃左右；≥10℃的积温 5500~6500℃，年均日照约 1760~2000 h；无霜期 251~315 d；年均降水量 1480~1890 mm，降水的季节分布不均，干湿季节十分明显，每年 3~9 月为湿季，占全年降水量的 78%~84%；10 月至翌年 3 月为少雨旱季，存在夏旱和秋旱。年均蒸发量约 1300~1700 mm，干燥度小于 1。

土系特征与变幅　该土系诊断层包括淡薄表层和黏化层；诊断特性包括准石质接触面、湿润土壤水分状况、热性土壤温度状况、铝质特性及不饱和的盐基饱和度。土壤黏土矿物主要为水云母和蒙脱石，其次为高岭石，有少量蛭石。其剖面一般具有 Ah-Bt-C；土体厚度在 40~80 cm 之间；土体部分色调主要为 2.5YR 或 10R。由于母岩中少含或不含钙质胶结物质使土壤中含碳酸钙低或因碳酸钙被彻底淋失，全剖面已无石灰反应，土壤呈强酸性或酸性，pH 在 3.5~5.5 之间。细土质地为砂质壤土至砂质黏土，黏粒含量在 150~400 g/kg 之间，淀积层黏粒含量明显高于表层，全剖面黏粒平均含量在 200~350 g/kg 之间；砂粒含量在 430~600 g/kg 之间，全剖面平均低于 550 g/kg；砾石含量低于 25%，主要在 10%~25%之间。

A 层厚度 15~25 cm，小块状结构，疏松或稍疏松，黏粒含量在 150~250 g/kg 之间，砂粒含量在 430~600 g/kg 之间；砾石含量低于 25%；pH 在 3.5~5.5 之间；色调 2.5YR，润态明度 3~4，彩度 4~6；干态明度 4~5，彩度 3~5。Bt 层厚度 30~60 cm，块状结构，稍坚实或坚实，黏粒含量在 300~400 g/kg 之间，为表层土壤的 1.2 倍以上；砂粒含量在

430~600 g/kg 之间；砾石含量低于 25%；pH 在 3.5~5.5 之间；色调 2.5YR 或 10R，润态明度 3~4，彩度 6~8；干态明度 5~6，彩度 3~4。

对比土系 杉城系、莲峰系，同发育于紫红色或紫色砂岩、砂砾岩和砾岩的残坡积物，但它们之间的发育度有明显差异，不同土纲，分别为新成土和雏形土。杉城系因分布区水土流失严重，土壤发育处于幼年阶段，无雏形层发育，土壤盐基饱和，颗粒大小级别为壤质；莲峰系已有明显的雏形层发育，呈酸性，但无黏化层，颗粒大小级别为砂质。郑坑系、龙浔系，同一亚类但不同土族，郑坑系颗粒大小级别为黏质盖壤质，龙浔系矿物学类型为硅质混合型。

利用性能综述 武夷山系土壤有机质、全氮和有效磷较低，速效钾中等。表层土壤有机质含量在 10~25 g/kg 之间，全氮在 0.50~1.50 g/kg 之间，全磷一般在 0.35~1.00 g/kg 之间；全钾在 20~35 g/kg 之间；速效钾和有效磷分别在 50~120 mg/kg 和 0~10 mg/kg 之间。土壤保肥性能较高，CEC 在 15 cmol/kg 左右。土壤土质适中，但抗蚀性较差，容易导致水土流失；该土盐基饱和度低，呈酸性。在利用改良上，首先要做好水土保持，在坡度较大的地段，应以封山育林为主，积极营造多树种、多层次、高密度的水土保持林；在缓坡地段可垦为农地或园地，但必须与水土保持工程相配套，防止利用不当引起的土壤侵蚀，同时注意增施有机肥及磷钾肥。

代表性单个土体（编号：35-154） 于 2012 年 3 月 29 日采自福建省南平市武夷山市武夷街道山前村，27°38'18.8"N，117°58'2.2" E。母质为紫红色砂砾岩残坡积物；地形为低丘中下坡，海拔 200 m，坡度 25°~35°；土地利用方式为林地（马尾松、小竹、铁芒萁）。

武夷山系代表性单个土体剖面

Ah：0~22 cm，暗红棕色（2.5YR3/6，润），淡红棕色（2.5YR5/4，干），润，细土质地为砂质壤土，弱发育的小块状，稍疏松；多量中根和细根；夹 10%左右大小约 2~ 5 cm 的半风化紫红砂岩碎屑；强酸性；向下层渐变平滑过渡。

Bt1：22~45 cm，红色（10R4/6，润），淡红棕色（10R6/4，干），润，细土质地为砂质黏壤土，中等发育的块状结构，稍坚实；少量细根；夹 10%左右半风化紫红砂岩碎屑；强酸性；清晰平滑过渡。

Bt2：45~80 cm，红棕色（2.5YR4/8，润），淡红橙色（2.5YR6/4，干），润，细土质地为砂质黏土，中等发育的块状结构，坚实；见少量半风化紫红砂岩碎屑；强酸性；向下层清晰平滑过渡。

C：80~125 cm，半风化物层，暗红色（10R3/4，润）或者（10R4/6，润），红棕色（10R5/4，干），润，细土质地为砂质壤土，单粒状和小块状，坚实；强酸性。

武夷山系代表性单个土体物理性质

土层	深度/cm	砾石（>2 mm，体积分数）/%	细土颗粒组成（粒径：mm）/（g/kg）			细土质地（美国制）	容重/（g/cm^3）
			砂粒 2~0.05	粉砂 0.05~0.002	黏粒 <0.002		
Ah	0~22	10	511	290	200	砂质壤土	1.29
Bt1	22~45	22	460	226	313	砂质黏壤土	1.39
Bt2	45~80	15	467	144	388	砂质黏土	1.42
C	80~125	20	566	251	182	砂质壤土	—

武夷山系代表性单个土体化学性质

深度/cm	pH		CEC/（cmol（+）/kg）		黏粒 CEC/（cmol（+）/kg）		盐基饱和度/%	铝饱和度/%	全铁（Fe_2O_3）/（g/kg）	游离铁/（g/kg）
	（H_2O）	（KCl）	CEC_7	ECEC	CEC_7	ECEC				
0~22	3.42	3.17	17.23	15.00	86.15	75.00	8.12	86.93	57.51	31.08
22~45	3.54	3.38	15.09	13.34	48.21	42.62	10.67	84.56	50.84	29.35
45~80	3.74	3.50	15.43	13.18	39.77	33.97	23.85	68.51	54.10	28.18
80~125	4.08	3.74	12.34	10.08	67.80	55.38	16.86	77.48	32.69	12.76

9.6.3 郑坑系（Zhengkeng Series）

土族：黏质盖壤质高岭石型混合型酸性热性-普通铝质湿润淋溶土
拟定者：章明奎，麻万诸

郑坑系典型景观

分布与环境条件 零星分布于福建省宁德市的丘陵地，海拔多在250 m以下。坡度多在15°~35°之间。起源于泥页岩风化物，利用方式主要为园地和荒地。属亚热带湿润海洋性季风气候区，年均温在18.5 ℃左右；≥10 ℃的积温5800~6500 ℃，年均日照约1700~1900 h；无霜期276~338 d；年均降水量1600 mm以上。年均蒸发量约1300~1500 mm，干燥度小于1。

土系特征与变幅 该土系诊断层包括淡薄表层和黏化层；诊断特性包括准石质接触面、湿润土壤水分状况、热性土壤温度状况、铝质特性及不饱和的盐基饱和度。土壤黏土矿物主要为高岭石，其次为水云母和蛭石，含针铁矿和赤铁矿。其剖面一般具有Ap-Bw-C；土体深厚，一般在60~125 cm之间；土壤颜色以红棕色为主。由于形成剖面上下土层母质物质组成的差异，剖面上下土层间质地有极显著的变化。上半部土壤质地为黏土；下半部土壤质地为粉砂质壤土；但整个剖面砾石含量均低于10%。土壤呈酸性，pH主要在4.5~5.5之间。

上部黏土层包括Ap和Bt层，厚度30~60 cm；土壤氧化铁游离度在40%以上；土壤pH在4.50~5.50之间；色调主要为2.5YR或5YR，润态明度4~6，彩度3~8；干态明度6~7，彩度3~5。下部粉壤质Bw层出现深度在30~60 cm，厚度30~100 cm；土壤氧化铁游离度在40%以上；土壤pH在4.50~5.50之间；色调主要为7.5YR或5YR，润态明度5~7，彩度4~6；干态明度6~8，彩度4~6。

对比土系 小桥系、南胜系、干全埔系，同一土类但不同亚类；龙浔系、武夷山系，同一亚类但不同土族。小桥系、南胜系、干全埔系、龙浔系和武夷山系土壤颗粒大小级别为黏壤质，明显不同于郑坑系，后者土体上下层间质地有非常明显的变化，属黏质盖壤质型。另外，小桥系、南胜系、干全埔系在矿质土表至125 cm范围内至少B层上部（≥10 cm）呈现7.5YR或更黄的色调，而郑坑系无此特性。

利用性能综述 郑坑系土壤有机质和全氮较高，但有效磷和速效钾较低。表层土壤有机质含量在25~50 g/kg之间，全氮在1.25~2.50 g/kg之间，全磷一般在0.40~0.75 g/kg之间；速效钾和有效磷分别在30~80 mg/kg和3~10 mg/kg之间。土壤保肥性能中等，CEC在5~10 cmol/kg之间。但该土质地黏重，耕性较差，矿质养分缺乏，比较适宜发展用材林和经济林。开垦种植茶树或果树时，应注意增施磷肥和微量元素肥料；并切实做好水土保持，防止水土流失。郑坑系土壤结持性较差，对地面重力的支撑能力较弱，一般不能直接在其上修建永久性建筑物。该土粉砂含量较高，一般不适宜作为道路、堤坝和房屋的地基材料。

代表性单个土体（编号：35-031） 于 2011 年 7 月 17 日采自福建省福鼎市点头镇郑坑村，27°17'46.1" N，120°10'34.3" E。母质为泥页岩残坡积物；地形为丘陵中上坡，海拔 196 m，坡度 35°；土地利用方式为茶园和荒地。

Ap：0~25 cm，淡红棕色（5YR4/3，润），淡橙色（5YR6/4，干），细土质地为黏土，润，中等发育的团粒状结构和核状结构，稍疏松；多量中根和细根；强酸性；向下层渐变波状过渡。

Bt：25~50 cm，亮红棕色（5YR5/8，润），淡橙色（5YR7/4，干），细土质地为黏土，润，中等发育的核状结构，稍坚实；少量细根；酸性；向下层渐变波状过渡。

Bw1：50~100 cm，由两种不同颜色的土壤物质相间组成，主色为亮红棕色（5YR5/6，润）和淡橙色（5YR7/4，干），次色为黄橙色（10YR8/6，润）和淡黄橙色（10Y8/3，干），细土质地为粉砂壤土，润，中等发育的核状结构，稍坚实；夹少量直径在 10~30 cm 之间的块状泥页岩风化体，其颜色由红、白、黑三色混合而成；酸性；向下层渐变波状过渡。

Bw2：100~130 cm，亮红棕色（5YR5/6，润），淡橙色（5YR7/4，干），细土质地为粉砂壤土，润，中等发育的核状结构，稍坚实；酸性；向下层清晰波状过渡。

C：130~170 cm，由两种不同颜色的泥页岩半风化物组成，主色呈红色（7.5R4/8，润）和淡棕色（7.5R5/4，干），次色为亮红黄色（10YR6/6，润）和淡黄橙色（10YR7/4，干），细土质地为壤土，润，单粒状，坚实；酸性。

郑坑系代表性单个土体剖面

郑坑系代表性单个土体物理性质

土层	深度/cm	砾石（>2 mm，体积分数）/%	细土颗粒组成（粒径：mm）/（g/kg）			细土质地（美国制）	容重/（g/cm³）
			砂粒 2~0.05	粉砂 0.05~0.002	黏粒 <0.002		
Ap	0~25	0	212	376	412	黏土	0.97
Bt	25~50	2	165	335	500	黏土	1.21
Bw1	50~100	8	232	579	189	粉砂壤土	1.29
Bw2	100~130	2	228	652	120	粉砂壤土	1.32
C	130~170	15	390	559	51	粉砂壤土	—

郑坑系代表性单个土体化学性质

深度/cm	pH		CEC/（cmol（+）/kg）		黏粒 CEC/（cmol（+）/kg）		盐基饱和度/%	铝饱和度/%	全铁（Fe_2O_3）/（g/kg）	游离铁/（g/kg）
	（H_2O）	（KCl）	CEC_7	ECEC	CEC_7	ECEC				
0~25	4.09	3.23	10.32	7.58	25.05	18.40	17.44	69.92	30.89	21.08
25~50	4.68	3.54	9.71	7.24	19.43	14.48	18.95	74.58	34.8	25.35
50~100	4.99	3.69	9.04	6.36	47.82	33.67	15.49	78.01	36.73	34.10
100~130	4.80	3.69	9.94	7.63	82.83	63.62	22.43	70.82	61.79	46.00
130~170	4.96	3.77	4.54	—	89.02	—	—	—	98.70	78.71

9.7 红色铁质湿润淋溶土

9.7.1 后井系（Houjing Series）

土族：壤质硅质混合型非酸性高热-红色铁质湿润淋溶土

拟定者：章明奎，麻万诸

后井系典型景观

分布与环境条件　主要分布于福建省漳州市、福州市、泉州市、莆田市和厦门市缓丘地，海拔多在 150 m 以下，坡度一般在 5°~15°之间。起源于黑云母花岗岩风化物，多为梯地，利用方式主要为园地和旱地。属亚热带季风性湿润气候，年均气温 21℃左右，年日照超 2000 h，无霜期 330 d 以上。≥10℃积温为 6500~7800℃。年平均降水量 1500 mm 以上，年均蒸发量多在 1000~1400 mm 之间；干燥度一般在 0.75~1.0 之间。

土系特征与变幅　该土系诊断层包括淡薄表层和黏化层；诊断特性包括湿润土壤水分状况、高热土壤温度状况、铁质特性及不饱和的盐基饱和度。土壤黏土矿物主要由水云母和高岭石组成，含少量的氧化铁；粉粒和砂粒以二氧化硅为主，同时含少量云母和长石等原生矿物残留。其剖面一般具有 Ap-Bt-C；土体深厚，多在 1 m 以上，厚者可达 2 m；土壤颜色以红棕色为主。土壤质地为砂质壤土和砂质黏壤土，剖面上下质地有明显的差异；全剖面的粗砂（0.25~2 mm）含量多在 250~350 g/kg 之间，砂粒表面可见红色氧化铁胶膜；土壤结构以块状为主；土体坚实，表土容重在 1.30 g/cm^3 左右，心土和底土容重在 1.40~1.50 g/cm^3 之间；湿时黏重，干时坚硬；土壤呈酸性至微酸性，pH 在 4.5~6.5 之间。母质层为深厚的风化物，厚者可达 5 m 以上。

Bt 层厚度 60~100 cm；粗砂（0.25~2 mm）含量多在 250~350 g/kg 之间；CEC$_7$ 在 30~45 cmol/kg 黏粒之间，土壤氧化铁游离度在 40%以上；部分分层土壤 pH 在 5.50~6.50 之间；色调主要为 5YR，润态明度 4~6，彩度 4~6；干态明度 5~7，彩度 3~4。呈块状结构。

对比土系　龙海系，同一亚类但不同土族，且呈复区分布，但龙海系颗粒大小级别属黏壤质，而后井系颗粒大小级别属壤质。

利用性能综述　后井系土壤有机质和全氮多为中下水平，有效磷和速效钾中等。表层土壤有机质一般在 10~20 g/kg 之间，全氮一般在 0.50~1.5 g/kg 之间，全磷一般在 0.25~

0.55 g/kg 之间；速效钾和有效磷分别在 50~100 mg/kg 和 5~15 mg/kg 之间。土壤保肥性能较弱，CEC 在 5~10 cmol/kg 之间。土层深厚，质地适中，呈微酸性，因地处近平地地带，水源较为充足，适宜作为园地，种植茶树或热带经济作物。在管理上，应增加有机肥料和磷、钾肥的投入，改善土壤结构和养分供应能力。

代表性单个土体（编号：35-006）　于 2011 年 4 月 14 日采自福建省漳州市龙海市角美镇江东村（后井村自然村），24°30'44.8" N，117°47'29.9" E。母质为黑云母花岗岩残坡积物；地形为缓丘下坡，海拔 24 m，坡度<5°；土地利用方式为香蕉园。

Ap：0~24 cm，亮红棕色（5YR5/5，润），淡橙色（5YR6/4，干），细土质地为砂质壤土，稍干，中等发育的块状结构，稍坚实；多量细根；微酸性；向下层渐变平滑过渡。

Bw：20~54 cm，亮红棕色（5YR5/6，润），淡橙色（5YR6/4，干），细土质地为砂质壤土，稍润，中等发育的块状结构，坚实；含 2%~5%灰白色、散点状分布的半风化花岗岩残留物；酸性；向下层渐变平滑过渡。

Bt1：54~82 cm，亮红棕色（5YR5/6，润），淡橙色（5YR6/4，干），细土质地为砂质壤土，润，中等发育的块状结构，坚实；含 5%左右灰白色半风化花岗岩残留物；酸性；向下层模糊波状过渡。

Bt2：82~125 cm，淡红棕色（5YR5/4，润），淡橙色（5YR6/3，干），细土质地为砂质壤土，润，中等发育的大块状结构，坚实；含 5%左右灰白色半风化花岗岩残留物；微酸性。

后井系代表性单个土体剖面

后井系代表性单个土体物理性质

土层	深度/cm	砾石（>2 mm，体积分数）/%	细土颗粒组成（粒径：mm）/（g/kg）			细土质地（美国制）	容重/（g/cm³）
			砂粒 2~0.05	粉砂 0.05~0.002	黏粒 <0.002		
Ap	0~24	2	637	217	147	砂质壤土	1.28
Bw	24~54	5	630	199	171	砂质壤土	1.40
Bt1	54~82	8	589	214	197	砂质壤土	1.47
Bt2	82~125	9	523	236	241	砂质黏壤土	1.49

后井系代表性单个土体化学性质

深度/cm	pH		CEC/（cmol（+）/kg）		黏粒 CEC/（cmol（+）/kg）		盐基饱和度/%	铝饱和度/%	全铁（Fe_2O_3）/(g/kg)	游离铁/（g/kg）
	（H_2O）	（KCl）	CEC_7	ECEC	CEC_7	ECEC				
0~24	5.77	5.16	4.12	3.59	28.12	24.51	87.13	5.01	53.94	22.56
24~54	5.00	4.32	5.52	4.58	32.28	26.78	65.94	16.16	41.80	30.07
54~82	5.43	4.67	6.52	5.38	33.13	27.34	71.78	10.59	46.00	25.84
82~125	5.88	5.21	9.56	7.07	39.60	29.29	73.95	1.00	52.75	24.80

9.7.2 龙海系（Longhai Series）

土族：黏壤质硅质混合型非酸性高热-红色铁质湿润淋溶土
拟定者：章明奎，麻万诸

龙海系典型景观

分布与环境条件 主要分布于福建省漳州市、福州市、泉州市，莆田市和厦门市也有分布。其地形为低丘陵坡地，海拔多在 300 m 以下，坡度一般在 5°~35°之间。起源于黑云母花岗岩风化物，利用方式主要为林地、园地和旱地。属亚热带季风性湿润气候，年均气温 21℃左右，年日照超 2000 h，无霜期 330 d 以上。最冷月（1 月）平均气温为 10~13℃，日均温大部分在 0℃以上，基本上无冬季；最热月（7 月）平均气温 26~29℃；≥10℃积温为 6500~7800℃。年平均降水量 1500 mm 以上，年均蒸发量多在 1000~1400 mm 之间；降水的季节性分布不均，干湿季节明显；常年 3~6 月是雨季，占全年降水量的 50%~60%；7~9 月的降水量约占全年的 20%~40%，但年间变化较大；10 月至翌年 2 月是干季，降水量只占全年的 15%~20%。干燥度一般在 0.75~1.0 之间。

土系特征与变幅 该土系诊断层包括淡薄表层和黏化层；诊断特性包括湿润土壤水分状况、高热土壤温度状况、铁质特性及不饱和的盐基饱和度。土壤黏土矿物主要由水云母和高岭石组成，含少量的氧化铁；粉粒和砂粒以二氧化硅为主，同时有少量云母和长石等原生矿物残留。其剖面一般具有 Ah-Bt-C；土体深厚，多在 2 m 以上，厚者可达 3 m；土壤颜色以红棕色为主。土壤质地为砂质壤土和黏壤土，剖面上下质地有明显的差异，黏化层的黏粒含量多在 250~350 g/kg 之间；整个剖面的粗砂（0.25~2 mm）含量多在 250~400 g/kg 之间，砂粒表面可见红色氧化铁胶膜。土壤结构以块状为主；土体坚实，表土容重在 1.30~1.40 g/cm^{3}之间，心土和底土容重在 1.40~1.50 g/cm^{3}之间；湿时黏重，干时坚硬；土壤呈酸性至微酸性，pH 在 4.5~6.5 之间。母质层为深厚的风化物，厚者可达 10 m 以上。

Bt 层厚度 50~250 cm，黏粒含量在 300~350 g/kg 之间，为表层土壤的 1.20 倍以上；粗砂（0.25~2 mm）含量多在 250~350 g/kg 之间；CEC_7 在 24~40 cmol/kg 黏粒之间，土壤氧化铁游离度在 50%以上；部分分层土壤 pH 在 5.50~6.50 之间；色调主要为 2.5YR，润态明度 3~5，彩度 6~8；干态明度 4~6，彩度 6~7；块状结构。

对比土系　后井系，同一亚类但不同土族，且呈复区分布，但后井系颗粒大小级别属壤质，而龙海系颗粒大小级别属黏壤质。

利用性能综述　龙海系土壤有机质和全氮多为中等水平，有效磷较低，速效钾较高。表层土壤有机质一般在 15~45 g/kg 之间，全氮一般低于 0.75~2.5 g/kg 之间，全磷一般在 0.25~0.55 g/kg 之间；速效钾和有效磷分别在 80~150 mg/kg 和 1~10 mg/kg 之间。土壤保肥性能很弱，CEC 在 5~10 cmol/kg 之间。土层深厚，质地适中，呈微酸性，水源不足，存在季节性干旱问题。因土壤中存在较高含量的石英砂，土壤结持性较差，利用不当容易引起水土流失。对于地处平缓坡地的龙海系土壤，可开垦为茶园或果园，作为亚热带作物的生产基地，应做好水土保护措施。同时，应增加有机肥料和磷肥的投入，改善土壤结构和养分供应能力，增加土壤的抗蚀性。对于地处陡坡的龙海系土壤，应保持林用，涵养水分。

代表性单个土体（编号：35-004）　于 2011 年 4 月 14 日采自福建省漳州市龙海市角美镇白礁村，24°29'44.7"N，117°56'44.7" E。母质为黑云母花岗岩残坡积物；地形为低丘中坡，海拔 27 m，坡度 10°~20°；土地利用方式为林地（灌丛）和杂草。

龙海系代表性单个土体剖面

Ah：0~18 cm，淡红棕色（5YR4/4，润），淡棕色（7.5YR6/3，干），细土质地为砂质壤土，稍干，中等发育的块状结构，稍坚实；多量中根和细根；含 5%左右半风化花岗岩残留物；微酸性；向下层渐变平滑过渡。

AB：18~40 cm，红棕色（5YR4/8，润），橙色（5YR6/6，干），细土质地为砂质壤土，稍干，中等发育的块状结构，坚实；少量细根；含 15%左右的半风化花岗岩残留物；酸性；向下层清晰平滑过渡。

Bt1：40~70 cm，红棕色（2.5YR4/6，润），亮红棕色（2.5YR5/6，干），细土质地为壤土，润，中等发育的块状结构，坚实；少量细根；含 10%~15%大小在 0.5~5 cm 之间的砾石；酸性；向下层清晰波状过渡。

Bt2：70~300 cm，红棕色（2.5YR4/8，润），亮红棕色（2.5YR5/7，干），细土质地为砂质黏壤土，稍干，中等发育的块状结构，坚实；有少量白斑状花岗岩半风化物；微酸性；清晰波状过渡。

C：300 cm 以下，由灰白色和深褐色半风化物质混杂而成，混合色呈淡黄橙色（10YR7/3，润），灰白色（10YR8/1，干），砂土，稍干，单粒状，疏松；微酸性。

龙海系代表性单个土体物理性质

土层	深度/cm	砾石（>2 mm，体积分数）/%	细土颗粒组成（粒径：mm）/（g/kg）			细土质地（美国制）	容重/（g/cm³）
			砂粒 2~0.05	粉砂 0.05~0.002	黏粒 <0.002		
Ah	0~18	15	683	149	169	砂质壤土	1.36
AB	18~40	21	681	150	169	砂质壤土	1.40
Bt1	40~70	14	520	213	267	砂质壤土	1.46
Bt2	70~300	5	425	254	320	黏壤土	1.46
C	>300	2	878	93	30	砂土	1.39

龙海系代表性单个土体化学性质

深度/cm	pH		CEC/（cmol（+）/kg）		黏粒 CEC/（cmol（+）/kg）		盐基饱和度/%	铝饱和度/%	全铁（Fe_2O_3）/（g/kg）	游离铁/（g/kg）
	（H_2O）	（KCl）	CEC_7	ECEC	CEC_7	ECEC				
0~18	6.07	5.45	7.23	4.36	42.78	25.80	46.33	23.17	39.91	17.22
18~40	5.21	4.78	5.79	3.92	34.18	23.14	54.92	18.88	37.22	15.30
40~70	4.96	4.32	9.51	6.88	35.64	25.79	64.98	10.17	49.14	28.82
70~300	5.77	4.95	10.11	5.48	31.57	17.11	49.95	7.85	65.06	36.89
>300	6.39	5.77	2.08	1.33	70.27	44.93	60.58	5.26	42.50	3.91

9.8　普通铁质湿润淋溶土

9.8.1　古田系（Gutian Series）

土族：壤质硅质混合型非酸性热性-普通铁质湿润淋溶土
拟定者：章明奎，麻万诸

分布与环境条件　主要分布于福建省三明、龙岩、福州、南平等市的低山丘陵坡麓及山间坳凹坡地，海拔在 800 m 以下，坡度在 5°~35° 之间。起源于酸性岩、石英砂砾岩和石英正长斑岩等的风化物，利用方式主要为林地，植被覆盖度一般在 95%以上。属亚热带湿润季风气候区，年均温在 17.5~19.6℃；≥10℃的积温 5400~6500℃，年均日照约 1760~1980 h；无霜期 251~310 d；年均降水量 1550~1950 mm。年均蒸发量约 1300~1700 mm，干燥度小于 1。因地处坡麓，多数季节土体较为湿润或潮湿。

古田系典型景观

土系特征与变幅　该土系诊断层包括淡薄表层和黏化层；诊断特性包括准石质接触面、湿润土壤水分状况、热性土壤温度状况、铁质特性、氧化还原特征及饱和的盐基饱和度。土壤黏土矿物主要为高岭石、水云母，含少量蛭石。其剖面一般具有 Ah-Bt-C；土体厚度在 80~125 cm 之间；因土壤长期湿润，土壤中氧化铁被水化，使土色趋向黄化，土壤颜色主要为黄棕色或黄灰色，色调主要在 2.5Y~10YR 之间。由于地形坳凹，地表集水较多，常形成层间滞水或浅层潜流，存在一定的干湿交替，某些土层可发生氧化还原过程，结构面上可见少量锈纹、锈斑。同时，该土壤酸碱度变化较大，多数呈微酸性（pH 在 5.5~6.5 之间）。土层较为深厚，细土质地为砂质壤土至砂质黏壤土。

Bt 层厚度 30~60 cm，小块状或块状结构，稍坚实；pH 在 5.5~6.5 之间；土壤结构面上可见少量锈纹或铁锰斑；土壤氧化铁的游离度在 40%~80%之间；色调 2.5Y 或 10YR，润态明度 6~7，彩度 6~8；干态明度 6~7，彩度 3~4。

对比土系　石塘系，同一亚类但不同土族，颗粒大小级别、酸碱度有所差异。古田系土壤颗粒大小级别为壤质，酸碱度为非酸性；而石塘系土壤颗粒大小级别为砂质，酸碱度为酸性。后井系、龙海系，同一土类但不同亚类，土壤颜色、颗粒大小级别、温度状况有所不同。后井系和龙海系在矿质土表至 125 cm 范围内 B 层有一半以上具 5YR 或更红的色调，土壤温度状况为高热；而古田系颜色偏黄，土壤温度状况为热性。此外，龙海系土壤颗粒大小级别为黏壤质，不同于古田系的壤质土壤颗粒大小级别。

利用性能综述　古田系土壤有机质和全氮较高，有效磷和速效钾中等。表层土壤有机质含量在 25~45 g/kg 之间，全氮在 1.00~2.50 g/kg 之间，全磷一般在 0.35~0.75 g/kg 之间；全钾在 10~20 g/kg 之间；速效钾和有效磷分别在 80~150 mg/kg 和 5~15 mg/kg 之间。土壤保肥性能较低，CEC 在 5~10 cmol/kg 之间。土壤所处地形荫蔽，水分状况良好，植被生长茂密，生物积累量大，是发展用材林、经济林的理想土壤。但应注意水土保持，对于经济果木和茶树，要增施磷钾肥。

代表性单个土体（编号：35-096）　于 2011 年 9 月 14 日采自福建省上杭县古田镇模坑村，25°11'18.1" N，116°46'59.3" E。母质为石英砾岩坡积物；地形为低丘坡脚，海拔 661 m，坡度 10°~15°；土地利用方式为林地（生长毛竹、灌木等）。

古田系代表性单个土体剖面

O：+0.5~0 cm，枯枝落叶。

Ah：0~20 cm，亮黄棕色（10YR6/8，润），淡黄橙色（10YR7/4，干），细土质地为砂质壤土，润，中等发育的小块状和块状结构，疏松；多量细根；夹 10%左右大小 2~ 5 cm 的小石块；微碱性；向下层模糊波状过渡。

Bw：20~60 cm，亮黄棕色（10YR6/8，润），淡黄橙色（10YR7/4，干），细土质地为砂质壤土，润，中等发育的块状结构，稍坚实；少量细根；含 5%~15%大小约 5~15 cm 的石块；见不规则裂隙；微碱性；向下层模糊波状过渡。

Bt：60~100 cm，由砾石和细土混合而成，石块大小 15~30 cm，数量占土体的 20%~35%；细土黄橙色（10YR7/8，润），淡黄橙色（10YR6/4，干），质地为砂质黏壤土，润，中等发育的块状结构，稍紧实；土层上部与 Bw 相接的土壤结构面上见少量锈纹或铁锰斑；微酸性。

古田系代表性单个土体物理性质

土层	深度 /cm	砾石（>2 mm，体积分数）/%	细土颗粒组成（粒径：mm）/（g/kg）			细土质地（美国制）	容重 /（g/cm³）
			砂粒 2~0.05	粉砂 0.05~0.002	黏粒 <0.002		
Ah	0~20	13	538	282	180	砂质壤土	1.28
Bw	20~60	12	528	283	191	砂质壤土	1.37
Bt	60~100	26	499	270	233	砂质黏壤土	—

古田系代表性单个土体化学性质

深度 /cm	pH		CEC /（cmol（+）/kg）		黏粒 CEC /（cmol（+）/kg）		盐基饱和度/%	铝饱和度/%	全铁（Fe_2O_3）/（g/kg）	游离铁 /（g/kg）
	（H_2O）	（KCl）	CEC_7	ECEC	CEC_7	ECEC				
0~20	8.14	6.49	7.07	5.34	39.19	29.60	75.53	0.00	34.54	26.55
20~60	8.05	6.21	6.45	4.79	33.81	25.10	74.11	0.00	42.76	32.76
60~100	5.87	3.67	7.33	5.49	31.51	23.60	35.61	42.44	36.18	23.08

9.8.2　石塘系（Shitang Series）

土族：砂质硅质混合型酸性热性-普通铁质湿润淋溶土
拟定者：章明奎，麻万诸

石塘系典型景观

分布与环境条件　主要分布于福建省南平和宁德二市，其他市也有少量分布。大多分布在海拔 500 m 以下低山丘陵地，坡度多在 15°~45°之间，集中分布于奇峰部、陡坡和凸坡地段。起源于花岗岩、花岗斑岩、凝灰岩、流纹质凝灰熔岩等的风化物，是经历严重土壤侵蚀后重新发育的土壤；常与岩石露头呈复区分布。利用方式主要为旱地、园地或疏林地。属亚热带湿润海洋性季风气候区，年均温在 17.5~19.5℃之间；最热月出现在 7 月，平均温度 28~29℃；最冷月出现在 1 月，平均温度 9~10℃；≥10℃的积温 5700~6500℃，年均日照约 1800~2100 h；无霜期 270~340 d；年均降水量 1500~2000 mm，降水的季节分布不均，干湿季节十分明显，每年 3~9 月为湿季，占全年降水量的 80%；10 月至翌年 3 月为少雨旱季。年均蒸发量 1300~1600 mm，干燥度小于 1。

土系特征与变幅　该土系诊断层包括淡薄表层和黏化层；诊断特性包括准石质接触面、湿润土壤水分状况、热性土壤温度状况、铁质特性及饱和的盐基饱和度。富铝化作用较弱，土壤黏土矿物主要为水云母和高岭石，含少量蛭石。其剖面一般具有 Ap-(Bw)-Bt-C，土体厚度在 40~80 cm 之间，心土层及以下可见较多的半风化岩石碎屑；土壤颜色为暗棕色或灰黄色，色调多为 10YR。土壤质地为砂质壤土，黏化层为黏壤土，黏粒含量在 50~400 g/kg 之间；砂粒含量在 350~850 g/kg 之间，全剖面平均在 550 g/kg 以上；整个剖面砾石含量均低于 25%。土壤呈酸性或强酸性，pH 主要在 4.0~5.5 之间。

Bt 层出现深度 20~60 cm 之间，累计厚度 10~30 cm；块状结构，稍坚实，黏粒含量 250~400 g/kg 之间；CEC_7 在 24 cmol/kg 黏粒以上；土壤 pH 在 4.00~5.50 之间；色调主要为 7.5YR~10YR，润态明度 4~5，彩度 4~8；干态明度 6~7，彩度 3~6。

对比土系　古田系，同一亚类但不同土族，颗粒大小级别、酸碱度有所差异。古田系土壤颗粒大小级别为壤质，酸碱度为非酸性；而石塘系土壤颗粒大小级别为砂质，酸碱度为酸性。

利用性能综述　石塘系土壤有机质、全氮、有效磷和速效钾主要在中下水平。表层土壤有机质含量在 10~20 g/kg 之间，全氮在 0.50~1.50 g/kg 之间，全磷一般在 0.50~1.00 g/kg 之间；全钾一般在 10~15 g/kg 之间；速效钾和有效磷分别在 50~100 mg/kg 和 3~10 mg/kg 之间。土壤保肥性能中等，CEC 在 5~10 cmol/kg 之间。土壤质地较轻，旱季土壤干燥，不利于植物生长。在利用改良时，应以封山育林为主，在逐步提高生物富集的基础上，发展矮灌木林或薪炭林。在做好水土保护措施的前提下，可种植果树或用作旱作，但必须加强培肥，特别是加强有机肥料的投入，或间、套种绿肥作物。

代表性单个土体（编号：35-122）　于 2011 年 10 月 3 日采自福建省福州市罗源县洪洋乡石塘村，26°32'50.5"N，119°26'8.2" E。母质为花岗岩坡积物；地形为低丘中上坡，梯地，海拔 103 m，坡度为 15°~30°；土地利用方式为旱作与果园。

石塘系代表性单个土体剖面

Ap：0~23 cm，暗棕色（10YR3/4，润），灰黄棕色（10YR6/2，干），润，细土质地为砂质壤土，弱发育的块状和小块状结构，稍疏松；中量细根；夹少量粒径小于 5 mm 的半风化花岗岩碎屑；强酸性；向下层渐变平滑过渡。

Bw：23~56 cm，棕色（10YR4/4，润），淡黄橙色（10YR7/3，干），润，细土质地为砂质壤土，中等发育的块状结构，坚实；含 30%左右斑眼状半风化花岗岩碎屑；少量细根；酸性；向下层清晰波状过渡。

Bt：56~70 cm，亮红棕色（7.5YR5/8，润），橙色（7.5YR7/6，干），润，细土质地为黏壤土，中等发育的块状结构，稍坚实；夹 10%左右大小 2~5 mm 灰白色半风化花岗岩碎屑；酸性；向下层清晰波状过渡。

C：70~100 cm，由灰黄色半风化岩块与灰色土壤物质构成，比例大致为 6∶4；混合色为黄棕色（10YR5/8，润），淡黄橙色（10YR7/3，干），润，细土质地为砂质壤土，单粒状，稍疏松；酸性。

石塘系代表性单个土体物理性质

土层	深度 /cm	砾石（>2 mm，体积分数）/%	细土颗粒组成（粒径：mm）/（g/kg）			细土质地（美国制）	容重 /（g/cm³）
			砂粒 2~0.05	粉砂 0.05~0.002	黏粒 <0.002		
Ap	0~23	13	663	226	110	砂质壤土	1.34
Bw	23~56	5	696	199	106	砂质壤土	1.42
Bt	56~70	7	398	291	311	黏壤土	1.39
C	70~100	17	626	185	189	砂质壤土	—

石塘系代表性单个土体化学性质

深度 /cm	pH		CEC /（cmol（+）/kg）		黏粒 CEC /（cmol（+）/kg）		盐基饱和度/%	铝饱和度/%	全铁（Fe_2O_3）/（g/kg）	游离铁 /（g/kg）
	（H_2O）	（KCl）	CEC_7	ECEC	CEC_7	ECEC				
0~23	4.36	3.66	6.13	4.91	55.73	44.64	38.83	36.25	28.92	10.14
23~56	5.20	3.95	6.03	4.82	56.89	45.47	55.56	21.37	30.40	20.25
56~70	5.32	4.01	10.87	8.76	34.95	28.17	71.48	7.53	32.14	21.15
70~100	5.50	4.05	8.18	6.03	43.28	31.90	62.96	10.45	36.26	24.65

9.9　斑纹简育湿润淋溶土

9.9.1 上营系（Shangying Series）

土族：砂质硅质混合型非酸性高热-斑纹简育湿润淋溶土

拟定者：章明奎，麻万诸

上营系典型景观

分布与环境条件　零星分布于福建省漳州等市的低丘坡麓地带，海拔在 250 m 以下，坡度在 0°~15°之间。起源于花岗岩、凝灰岩的坡积物，利用方式主要为旱地或果园，部分有种植水稻的历史，后因缺水而改为旱地。属亚热带湿润季风气候区，年均日照约 2100 h，年均气温约 21.2℃，≥10℃的积温约 7800℃，无霜期 350~360 d；年均降水量 1500~1600 mm，年均蒸发量约 1500 mm，干燥度略小于 1。因地处坡麓，多数季节土体较为湿润或潮湿。

土系特征与变幅　该土系诊断层包括淡薄表层和黏化层；诊断特性包括准石质接触面、湿润土壤水分状况、高热土壤温度状况、氧化还原特征、铁质特性及饱和的盐基饱和度。土壤黏土矿物主要为高岭石和水云母，含少量蛭石。其剖面一般具有 A-Bt-C，地势相对平缓，土层较为深厚，土体厚度在 80~125 cm 之间。因土壤季节性滞水，土壤中氧化铁被水化，使土色趋向黄化，土壤颜色主要为灰黄棕色或淡黄棕色，全剖面土壤色调主要在 2.5Y~10YR 之间。由于地形拗凹，雨季地表集水较多，常形成层间滞水或浅层潜流，存在一定的干湿交替，心土层以下土壤结构面上有明显的褐色氧化铁锰淀积物。多数土层呈微酸性（pH 多在 5.5~6.5 之间）。细土质地为砂质壤土。

Ap 层厚度 10~25 cm，小块状和核块状，稍坚实；pH 在 5.5~6.5 之间；色调主要为 2.5Y 或 10YR，润态明度 5~6，彩度 1~2；干态明度 6~7，彩度 1~2。Btr 层兼具氧化还原特征的黏化层，厚度 30~60 cm，块状或小块状结构，非常坚实；pH 在 5.5~6.5 之间；土壤结构面上可见少量锈纹或铁锰斑；土壤氧化铁的游离度在 40%~80%之间；色调 2.5Y 或 10YR，润态明度 5~6，彩度 4~6；干态明度 7~8，彩度 2~3。

对比土系　后井系、龙海系，同一土类但不同亚类，具有铁质特性，而上营系无铁质特性；上营系由于地形拗凹，雨季地表集水较多，土体中的某些土层具有氧化还原特征。另外，后井系和龙海系的土壤颗粒大小级别分别为壤质和黏壤质，上营系的土壤颗粒大小级别为砂质。

利用性能综述　上营系由于长期旱作，有机物质投入较少，土壤有机质、全氮、有效磷和速效钾均较低。表层土壤有机质含量在 5~20 g/kg 之间，全氮在 0.30~1.00 g/kg 之间，全磷一般在 0.35~1.00 g/kg 之间；全钾在 5~15 g/kg 之间；速效钾和有效磷分别在 30~80 mg/kg 和 3~10 mg/kg 之间。土壤保肥性能较低，CEC 在 5 cmol/kg 左右。土壤所处地形较为平缓，土层较厚，水热状况良好；但该土全剖面较为坚实，影响了作物的高产。从水热条件来看，该土适宜发展种植柑橘、荔枝、龙眼等经济作物。但在利用时应注意水土保持，实行林果间套，加强果园管理，推广套种绿肥，增加地面覆盖；逐渐加深和活化耕作层，增施磷钾肥。

代表性单个土体（编号：35-104）　于 2011 年 9 月 16 日采自福建省诏安县深桥镇上营村（汾水关附近），23°41'38.4" N，117°4'44.9" E。母质为花岗岩坡积物；地形为丘陵坡麓地或梯地，海拔 35 m，坡度<5°；土地利用方式为果园（主要种植龙眼），曾种植过水稻。

上营系代表性单个土体剖面

Ap：0~25 cm，灰黄棕色（10YR5/2，润），灰白色（10YR7/1，干），细土质地为砂质壤土，稍干，中等发育的块状和核块状，稍坚实；中量细根；酸性；向下层清晰平滑过渡。

Br：25~60 cm，淡黄棕色（10YR5/4，润），淡黄橙色（10YR7/3，干），细土质地为砂质壤土，润，中等发育的块状结构，坚实；结构面上见斑块状褐色氧化锰淀积物（10YR3/3，润）分布（占 5%~30%）和少量氧化铁胶膜；中性；向下层模糊波状过渡。

Btr：60~100 cm，亮黄棕色（10YR6/6，润），淡黄橙色（10Y7/3，干），细土质地为砂质壤土，润，块状或小块状结构，非常坚实；含 20%~50%大小在 2~5 cm 之间的石英砂，呈斑块状分布；结构面上见少量棕红色氧化铁淀积物；微酸性；向下层清晰平滑过渡。

C：100 cm 以下，母质层，有似网纹状结构。

上营系代表性单个土体物理性质

土层	深度 /cm	砾石（>2 mm，体积分数）/%	细土颗粒组成（粒径：mm）/（g/kg）			细土质地（美国制）	容重 /（g/cm³）
			砂粒 2~0.05	粉砂 0.05~0.002	黏粒 <0.002		
A	0~25	22	685	221	95	砂质壤土	1.32
Br	25~60	23	783	99	121	砂质壤土	1.41
Btr	60~100	22	631	202	168	砂质壤土	—

上营系代表性单个土体化学性质

深度 /cm	pH		CEC /（cmol（+）/kg）		黏粒 CEC /（cmol（+）/kg）		盐基饱和度/%	铝饱和度 /%	全铁（Fe_2O_3）/（g/kg）	游离铁 /（g/kg）
	（H_2O）	（KCl）	CEC_7	ECEC	CEC_7	ECEC				
0~25	5.95	3.88	4.77	3.06	50.00	32.07	43.61	23.86	35.32	7.55
25~60	6.55	4.24	5.23	3.62	43.37	30.01	60.61	8.29	15.66	9.90
60~100	6.46	4.27	7.14	5.23	42.42	31.08	66.81	7.27	18.49	12.43

第 10 章　雏形土土纲

10.1　漂白暗色潮湿雏形土

10.1.1　郑源系（Zhengyuan Series）

土族：砂质硅质混合型酸性热性-漂白暗色潮湿雏形土
拟定者：章明奎，麻万诸

郑源系典型景观

分布与环境条件　零星分布在闽北中低山区的山间低凹谷地的出口处，海拔 700~1200 m 之间，坡度多在 5°~15°之间。起源于山间洪冲积物，利用方式主要为旱地，多为梯地。属亚热带湿润海洋性季风气候区，年均温在 14.0~15.5℃之间；极端最低温度–9~–7℃之间；≥10℃的积温 4000~5000℃，年均日照约 1700 h；无霜期 230~240 d；年均降水量大于 1900 mm，年相对湿度>82%，常年云雾弥漫。年均蒸发量约 800~1100 mm，干燥度小于 1。

土系特征与变幅　该土系诊断层包括暗沃表层、漂白层和雏形层；诊断特性包括湿润土壤水分状况、氧化还原特征、热性土壤温度状况及饱和的盐基饱和度。土壤黏土矿物主要由水云母和高岭石组成，其次为绿泥石和蛭石，含少量三水铝石。其剖面一般具有 Ap1-Ap2-Br-E-C；土体厚度在 60~125 cm 之间；土壤颜色以棕黑色、棕灰色为主。因所处地形部位为山间低凹谷地的出口处及上层土壤质地较轻，土壤中下部受侧渗水漂洗影响，形成灰白色土层；白色土层以上形成了有氧化还原特征的雏形层。土壤质地为砂质壤土，剖面上下质地变化较小，黏粒含量在 50~150 g/kg 之间；砂粒含量在 500~850 g/kg 之间；砾石低于 25%；表土容重在 1.20 g/cm^3 左右，犁底层及其以下土壤容重在 1.35~1.60 g/cm^3 之间；除表层外，其他土壤呈酸性，pH 主要在 4.5~5.5 之间。

Br 层厚度 20~40 cm，坚实，黏粒含量在 50~150 g/kg 之间；砂粒含量在 500~850 g/kg 之间；块状结构；pH 在 4.5~5.5 之间；结构面上可见明显锈纹锈斑；氧化铁游离度低于

40%；氧化铁活化度大于 50%；色调主要为 5Y 或 2.5Y，润态明度 3~6，彩度 1~2；干态明度 6~8，彩度 1~2。E 层（白土层）厚度 40~100 cm，非常坚实；黏粒含量在 50~150 g/kg 之间；砂粒含量在 500~850 g/kg 之间；单粒状和小块状结构，pH 在 4.5~5.5 之间；土粒表面偶见氧化铁和黑色氧化锰淀积物；颜色有一定的变化，色调主要为 5Y 或 7.5Y，润态明度 6~8，彩度 1；干态明度 7~8，彩度 1。

对比土系　金洋系、下坑系，同一亚类但不同土族，分别为酸性暗色潮湿雏形土和普通暗色潮湿雏形土。在颗粒大小级别、酸碱度和土壤温度状况有明显的差异，金洋系颗粒大小级别为粗骨砂质，呈酸性，热性温度状况；下坑系颗粒大小级别为砂质，呈微酸性至中性，高热温度状况。而郑源系呈现砂质，土壤呈酸性，热性温度状况，土体中存在漂白层。

利用性能综述　因长期耕作施肥，郑源系土壤有机质、全氮、有效磷和速效钾均较高。表层土壤有机质含量在 30 g/kg 左右，全氮在 1.5 g/kg 左右，全磷一般在 0.50 g/kg 左右；全钾在 20 g/kg 左右；速效钾和有效磷分别在 100 mg/kg 和 20 mg/kg 左右。土壤保肥性能较低，CEC 主要在 5 cmol/kg 以下。物理性质较差，耕作层以下土壤坚实，垂直透水性差，雨季容易导致明显的水土流失。障碍层次出现高位，影响作物生长；因保蓄性差，作物后期容易早衰，产量不稳定。在改良上，应做好开沟截流，防止白土层位抬升，提倡冬种绿肥，改善保肥性能。

郑源系代表性单个土体剖面

代表性单个土体（编号：35-045）　于 2011 年 7 月 20 日采自福建省政和县镇前镇郑源村，27°13'35.0"N，119°6'44.5"E。母质为谷口洪积物；地形为中山山谷谷口，海拔 1052 m，坡度 10°；土地利用方式为旱地。

Ap1：0~16 cm，棕黑色（2.5Y3/2，润），灰白色（2.5Y7/1，干），细土质地为砂质壤土，润，弱发育的团粒状结构，疏松；少量细根；微酸性；向下层清晰平滑过渡。

Ap2：16~25 cm，棕灰色（10YR4/1，润），灰白色（10YR7/1，干），细土质地为砂质壤土，润，中等发育的块状结构，坚实；少量细根；酸性；向下层清晰波状过渡。

Br：25~50 cm，灰色（7.5Y4/1，润），灰白色（7.5Y7/1，干），细土质地为砂质壤土，润，弱发育的小块状结构，非常坚实；结构面上见少量锈纹；见 15%~30%的斑眼状黄白色半风化岩石块；酸性；向下层清晰平滑过渡。

E：50~140 cm，灰白色（5Y7/1，润），灰白色（7.5Y8/1，干），细土质地为壤质砂土，润，单粒状和小块状结构，非常坚实；结构面上见少量黄色氧化铁和黑色氧化锰淀积物；酸性。

郑源系代表性单个土体物理性质

土层	深度/cm	砾石（>2 mm，体积分数）/%	细土颗粒组成（粒径：mm）/（g/kg）			细土质地（美国制）	容重/（g/cm^3）
			砂粒 2~0.05	粉砂 0.05~0.002	黏粒 <0.002		
Ap1	0~16	11	682	205	113	砂质壤土	1.24
Ap2	16~25	11	736	167	97	砂质壤土	1.45
Br	25~50	19	699	206	95	砂质壤土	1.54
C	50~140	12	756	155	89	砂质壤土	—

郑源系代表性单个土体化学性质

深度/cm	pH		CEC_7/（cmol（+）/kg）	盐基饱和度/%	全铁（Fe_2O_3）/（g/kg）	游离铁/（g/kg）
	（H_2O）	（KCl）				
0~16	6.25	5.34	5.23	69.98	7.08	1.06
16~25	4.73	3.86	4.15	48.67	9.28	1.41
25~50	5.08	3.76	4.02	54.78	6.79	0.9
50~140	5.42	3.42	3.87	61.76	8.31	0.42

10.2　酸性暗色潮湿雏形土

10.2.1　金洋系（Jinyang Series）

土族：粗骨砂质硅质混合型热性-酸性暗色潮湿雏形土
拟定者：章明奎，麻万诸

金洋系典型景观

分布与环境条件　零星分布于福建省宁德市花岗岩低丘与周围平原过渡的坡麓地带，海拔多在 50 m 以下，坡度一般小于 15°。起源于晶洞花岗岩风化物的再积物；利用方式主要为旱地和荒地。属亚热带湿润海洋性季风气候区，年均温在 18.8℃左右；最热月出现在 7 月，平均温度 29℃左右；最冷月出现在 1 月，平均温度 9℃左右；≥10℃的积温 6000~6500℃，年均日照约 1700~1900 h；无霜期 300~338 d；年均降水量 1400~1500 mm，降水的季节分布不均，干湿季节十分明显，每年 3~9 月为湿季，占全年降水量的 80%；10 月至翌年 3 月为少雨旱季。年均蒸发量约 1400~1600 mm，干燥度 1 左右。

土系特征与变幅　该土系诊断层包括暗瘠表层和雏形层；诊断特性包括准石质接触面、潮湿土壤水分状况、氧化还原特征和热性土壤温度状况。土壤黏土矿物主要由水云母和高岭石组成，含有少量绿泥石和蛭石。其剖面一般具有 Ah-Br-Cr，土体厚度在 50~80 cm 之间；表土颜色以黑色为主；由于分布处地势由陡转缓，加之土体底部坚实，土壤中常出现季节性滞水，心土和底土有明显的氧化还原特征；底土形成了焦隔层。土壤呈明显的粗骨性，剖面中砾石含量平均在 25%以上，由上至下增加；细土质地为壤土，剖面上下质地变化较小，黏粒含量多在 50~100 g/kg 之间；砂粒含量在 550~850 g/kg 之间；土壤主要呈酸性至微酸性，pH 在 5.5~7.5 之间。

A 层厚度 15~25 cm，黏粒含量多在 50~100 g/kg 之间；砂粒含量在 550~850 g/kg 之间；pH 在 5.5~7.5 之间；色调主要为 7.5YR 或 10YR，润态明度 2~3，彩度 1~2；干态明度 5~6，彩度 1~2。Br 层厚度 20~50 cm，黏粒含量多在 50~100 g/kg 之间；砂粒含量在 550~850 g/kg 之间；pH 在 5.5~7.5 之间；结构面上见明显的锈纹锈斑；色调主要为 7.5YR 或 10YR，润态明度 4~5，彩度 2~4；干态明度 6~7，彩度 1~2。角砾层厚度 10~30 cm，由砾石、砂粒和氧化铁锰胶结形成，非常坚实；黏粒含量多在 50~100 g/kg 之间；砂粒含量在 550~850 g/kg 之间；pH 在 5.5~7.5 之间；色调主要为 7.5YR，润态明度 2~3，彩度 1~3；干态明度 4~5，彩度 2~3。

对比土系　下坑系、郑源系，同一土类但不同亚类，分别为漂白暗色潮湿雏形土和普通暗色潮湿雏形土。在颗粒大小级别、酸碱度和土壤温度状况有明显的差异，下坑系颗粒大小级别为砂质，呈微酸性至中性、高热温度状况。郑源系呈现砂质，土壤呈酸性、热性温度状况，土体中存在漂白层；而金洋系颗粒大小级别为粗骨砂质，呈酸性、热性温度状况。

利用性能综述　金洋系土壤有机质和全氮中下，有效磷和速效钾较高。表层土壤有机质含量在 10~25 g/kg 之间，全氮在 0.50~1.00 g/kg 之间，全磷一般在 0.50~1.50 g/kg 之间；速效钾和有效磷分别在 80~150 mg/kg 和 20~50 mg/kg 之间。土壤保肥性能较低，CEC 在 5 cmol/kg 左右。粗骨性强，土壤结持性差，底土存在不透水焦隔层，容易导致水土流失，应采取措施，退耕还林，恢复植被。但该土易耕，有效磷和速效钾丰富，在做好水土保持措施的前提下，可深耕破坏焦隔层，种植蔬菜、大豆、杂粮等旱地作物；同时应加强有机肥料的施用，改善土壤结构性和基础地力。

代表性单个土体（编号：35-036）　于 2011 年 7 月 18 日采自福建省宁德市霞浦县三沙镇金洋村，26°55'42.2"N，120°13'25.0" E。母质为晶洞花岗岩风化物的再积物；地形为中丘下坡坡脚，海拔 33 m，坡度 5° ~10° ；土地利用方式为废弃农地。

Ah：0~20 cm，黑色（7.5YR2/1，润），灰棕色（7.5YR5/2，干），细土质地为砂质壤土，润，弱发育的小块状结构，疏松；中量细根；微酸性；向下层清晰平滑过渡。

Br1：20~50 cm，淡棕色（7.5YR5/4，润），亮棕灰色（7.5YR7/2，干），细土质地为砂质壤土，润，弱发育的小块状结构，疏松；含 5%~10%粒径在 2~5 mm 之间的砾石，见少量铁锰斑纹；酸性；向下层清晰平滑过渡。

Br2：50~60 cm，淡棕色（7.5YR5/4，润），亮棕灰色（7.5YR7/1，干），细土质地为砂质壤土，润，弱发育的小块状结构，稍坚实；结构面上见约 20%的铁锰结核；微酸性；向下层清晰平滑过渡。

Cr1：60~75 cm，焦砾层，黑色（7.5YR2/1，润），灰棕色（7.5YR4/2，干），细土质地为砂质壤土，润，单粒状结构，非常坚实；结构面上见大量铁锰结核或铁锰斑状物质（占 60%~80%），夹直径 2~10 cm 之间的石块；微酸性；向下层清晰平滑过渡。

金洋系代表性单个土体剖面

Cr2：75~120 cm，砂砾混合层，暗棕色（7.5YR3/3，润），淡棕色（7.5YR5/3，干），半风化状砾石含量在 50%左右；细土质地为砂质壤土，润，单粒状结构，较坚实，见 5%的铁锰斑纹；中性。

金洋系代表性单个土体物理性质

土层	深度 /cm	砾石 (>2 mm，体积分数) /%	细土颗粒组成（粒径：mm）/（g/kg）			细土质地（美国制）	容重 /（g/cm^3）
			砂粒 2~0.05	粉砂 0.05~0.002	黏粒 <0.002		
Ah	0~20	21	751	161	88	砂质壤土	1.27
Br1	20~50	28	754	171	75	砂质壤土	1.30
Br2	56~60	25	672	234	94	砂质壤土	1.39
Cr1	60~75	55	687	223	90	砂质壤土	1.51
Cr2	75~120	49	677	244	79	砂质壤土	—

金洋系代表性单个土体化学性质

深度 /cm	pH		CEC /（cmol（+）/kg）		黏粒 CEC /（cmol（+）/kg）		盐基饱和度/%	铝饱和度/%	全铁（Fe_2O_3）/（g/kg）	游离铁 /（g/kg）
	（H_2O）	（KCl）	CEC_7	ECEC	CEC_7	ECEC				
0~20	5.54	4.06	6.77	4.45	99.56	50.56	53.57	14.83	11.81	6.14
20~50	4.97	3.46	6.45	4.30	86.00	57.33	44.18	33.72	12.72	5.6
56~60	5.55	3.83	5.51	5.30	58.62	56.35	86.75	9.62	11.1	5.23
60~75	6.25	4.97	4.89	4.57	54.33	50.78	87.93	3.06	27.49	20.25
75~120	6.72	4.92	4.53	3.85	57.34	48.73	80.35	3.12	25.29	11.16

10.3　普通暗色潮湿雏形土

10.3.1　下坑系（Xiakeng Series）

土族：砂质硅质混合型非酸性高热-普通暗色潮湿雏形土

拟定者：章明奎，麻万诸

下坑系典型景观

分布与环境条件　分布于福建省莆田、泉州、厦门、漳州等地的溪流狭谷滩地、山前冲洪积平原和山区中小河流谷口地带，海拔一般在 50 m 以下。起源于洪积或冲洪积物，受地下水影响；利用方式主要为旱地。属亚热带湿润海洋性季风气候区，年均日照约 2000 h，年均气温 20.4~21.2℃，全年无霜，≥10℃的积温 7200~7300℃，≥15℃的积温 5900~6200℃，≥20℃的积温 4600~5100℃。年均降水量 1000~1200 mm。年均蒸发量约 1300~1800 mm，干燥度在 1.2 左右。

土系特征与变幅　该土系诊断层包括暗沃表层和雏形层；诊断特性包括石质接触面、潮湿土壤水分状况、氧化还原特征、高热土壤温度状况及饱和的盐基饱和度。土壤黏土矿物主要由水云母、高岭石和蒙脱石组成。长期耕作及受地下水位的影响，土壤剖面分化较为明显，形成了耕作层、犁底层，其剖面一般具有 Ap1-Ap2-Br-C；土体厚度在 50~100 cm 之间；地下水位一般在 50~150 cm 之间。土壤质地上下差异较小，砂质壤土。表层土壤容重在 1.10 g/cm^3 左右，心土容重在 1.35 g/cm^3 左右。土壤呈中性和微酸性，pH 在 5.5~7.5 之间。

Ap1 层厚度 16~30 cm，砂质壤土；土壤有机质在 10 g/kg 以上，团粒状结构；土壤 pH 在 5.50~7.50 之间，盐基饱和度高于 50%；润态明度<3.5，干态明度<5.5；润态彩度<3.5；若有 C 层，其干、润态明度至少比 C 层暗一个芒塞尔单位，彩度应至少低 2 个单位。Br 层厚度 20~50 cm，砂质壤土；土壤 pH 在 5.50~7.50 之间，盐基饱和度高于 50%；结构体内或结构面上可见锈纹或锈斑。

对比土系　郑源系、金洋系，同一土类但不同亚类，分别为漂白暗色潮湿雏形土和酸性暗色潮湿雏形土。颗粒大小级别、酸碱度和土壤温度状况有明显的差异，金洋系颗粒大小级别为粗骨砂质，呈酸性、热性温度状况；郑源系呈现砂质，土壤呈酸性、热性温度状况，土体中存在漂白层；而下坑系颗粒大小级别为砂质，呈微酸性至中性、高热性温度状况。

利用性能综述　下坑系土壤有机质和全氮较低，有效磷和速效钾中等。表层土壤有机质含量在 10~25 g/kg 之间，全氮在 0.50~1.50 g/kg 之间，全磷一般在 0.50~1.00 g/kg 之间；速效钾和有效磷分别在 80~200 mg/kg 和 10~20 mg/kg 之间。土壤保肥性能较低，CEC 在 5 cmol/kg 左右。地处人口稠密地带，开发利用时间较久，适种性广，易耕作，土壤肥力中等；多种植蔬菜或旱作、水果。在管理上，应增施有机肥料，套种绿肥，不断提高土壤保肥、保水能力。

下坑系代表性单个土体剖面

代表性单个土体（编号：35-014）　于 2011 年 4 月 16 日采自福建省漳浦县佛昙镇下坑村，24°11'45.3" N，117°54'32.9" E。母质为冲洪积物；地形为谷口平地，海拔 8 m，坡度<2°；土地利用方式为旱地。

Ap1：0~24 cm，淡黄棕色（10YR4/3，润），灰黄棕色（10YR5/2，干），砂质壤土，稍润，弱发育的团粒状结构，疏松；中量细根；见少量砖块碎片；中性；向下层清晰平滑过渡。

Ap2：24~40 cm，淡黄棕色（10YR5/4，润），灰白色（10YR8/2，干），砂质壤土，润，中等发育的块状结构，坚实；少量细根；微酸性；向下层模糊波状过渡。

Br：40~65 cm，淡黄棕色（10YR5/3，湿），淡黄棕色（10YR7/2，干），砂质壤土，润，弱发育的小块状结构，稍坚实；见少量锈纹和砖块碎片；中性；向下层清晰平滑过渡。

2C：65~100 cm，为花岗岩残积物，由两种不同颜色的半风化物组成。主色呈橙色（7.5YR7/6，润），浅黄橙色（7.5YR8/3，干）；次色呈亮红棕色（2.5YR5/8，润），亮红棕色（2.5YR5/6，干），砂质壤土，潮，单粒状；中性。

坑系代表性单个土体物理性质

土层	深度 /cm	砾石（>2 mm，体积分数）/%	细土颗粒组成（粒径：mm）/（g/kg）			细土质地（美国制）	容重 /（g/cm³）
			砂粒 2~0.05	粉砂 0.05~0.002	黏粒 <0.002		
Ap1	0~24	13	759	141	100	砂质壤土	1.08
Ap2	24~40	15	787	118	95	砂质壤土	1.36
Br	40~65	14	704	189	107	砂质壤土	1.32
2C	65~100	14	579	356	65	砂质壤土	—

下坑系代表性单个土体化学性质

深度 /cm	pH		CEC_7 /（cmol（+）/kg）	盐基饱和度 /%	全铁（Fe_2O_3）/（g/kg）	游离铁 /（g/kg）
	（H_2O）	（KCl）				
0~24	6.67	6.03	5.76	94.10	12.36	7.16
24~40	6.39	5.58	5.23	77.06	10.25	5.12
40~65	6.91	6.21	4.67	91.01	14.05	8.08
65~100	7.01	6.43	3.22	97.52	13.80	9.64

10.4　水耕淡色潮湿雏形土

10.4.1　闽侯系（Minhou Series）

土族：砂质硅质型非酸性热性-水耕淡色潮湿雏形土
拟定者：章明奎，麻万诸

闽侯系典型景观

分布与环境条件　分布于福建省闽江水系的河漫滩边缘地段，多半在河流中下游的沿江两岸与平原交接的过渡地段；海拔多在 250 m 以下，坡度在 0°~10° 之间。起源于近代河流冲积物，利用方式主要为旱地（曾有种植水稻的历史）。地下水位一般在 150~250 cm 之间。属亚热带湿润季风气候区，年均温在 17.5~19.3℃；极端最低气温 −8.2~−7.3℃，极端最高气温 38.3~41.3℃，最热月出现在 7 月，平均温度 27~28℃左右；最冷月出现在 1 月，平均温度 8~9℃左右；≥10℃的积温 5500~6500℃，年均日照约 1754~2014 h；无霜期 254~310 d；年均降水量 1540~1900 mm，降水的季节分布不均，干湿季节十分明显，每年 3~9 月为湿季，占全年降水量的 78%~81%；10 月至翌年 3 月为少雨旱季。年均蒸发量约 1313~1587 mm，干燥度小于 1。

土系特征与变幅　该土系诊断层包括淡薄表层和雏形层；诊断特性包括潮湿土壤水分状况、氧化还原特征、热性土壤温度状况、水耕现象及饱和的盐基饱和度。土壤黏土矿物主要为水云母，其次为高岭石，含有少量绿泥石和蛭石。因水耕频率较低（一般 10 年中小于 3 年），土体中无明显的犁底层，其剖面一般具有 Ap-Br-Cr；土体厚度在 40~80 cm 之间；整个剖面颜色发黄，呈淡黄橙色或黄红色。Br 层有大量的锈纹和棕红色氧化铁及黑色氧化锰胶膜淀积，呈大块状结构，非常坚实，但仍可辨识沉积层理。土壤质地为砂质壤土或壤土，黏粒含量在 50~200 g/kg 之间；砂粒含量在 500~850 g/kg 之间，全剖面砂粒含量在 550 g/kg 以上；砾石含量低于 25%。表土疏松，土壤容重在 1.30 g/cm^3 左右；心土坚实，土壤容重在 1.45 g/cm^3 左右。土壤以微酸性为主，pH 主要在 5.5~6.5 之间。砾石层分布的深度在 3~4 m 以下。

Ap 层厚度 10~25 cm，小块状结构，疏松或稍疏松，黏粒含量在 50~200 g/kg 之间；砾石含量低于 25%；pH 在 5.5~6.5 之间；色调主要为 10YR 或 2.5Y，润态明度 4~6，彩度 1~4；干态明度 6~8，彩度 3~6。Br 层厚度 20~60 cm，大块状结构，非常坚实或坚实，黏粒含量在 50~200 g/kg 之间，砂粒含量在 550~850 g/kg 之间；砾石含量低于 25%；pH 在 5.5~6.5 之间；有大量锈纹和铁、锰斑；有时可辨识出沉积层理；色调主要为 10YR 或 7.5YR，润态明度 5~6，彩度 3~5；干态明度 7~8，彩度 3~5。

对比土系　麻沙系、文元系、际口系，同一土类但不同亚类，颗粒大小级别（砂质）相似，但矿物类别、酸碱度等有所差异。麻沙系的酸碱度为酸性，而闽侯系为非酸性；麻沙系、文元系和际口系的矿物类别为硅质混合型，而闽侯系的矿物类别为硅质型；此外，闽侯系为水旱轮作田，具水耕现象，其他土系并无水耕现象。

利用性能综述　闽侯系土壤有机质、全氮、有效磷和速效钾以中等为主。表层土壤有机质含量在 15~30 g/kg 之间，全氮在 1.00~1.50 g/kg 之间，全磷一般在 0.30~0.75 g/kg 之间；全钾在 5~20 g/kg 之间；速效钾和有效磷分别在 50~120 mg/kg 和 5~25 mg/kg 之间。土壤保肥性能较低，CEC 在 5 cmol/kg 左右。土壤耕作容易，但易漏水漏肥，适宜种植薯类、花生、大豆及蔬菜，也适宜种植甘蔗。种植水稻时存在漏水漏肥现象。在利用改良时，针对沙漏特点须多施土杂肥，化肥在施用时宜多次少量，薄肥勤施。

闽侯系代表性单个土体剖面

代表性单个土体（编号：35-119）　于 2011 年 9 月 20 日采自福建省闽侯县上街镇后山村，26°3'12.1" N，119°12'26.6" E。母质为河流冲积物，河漫滩相沉积物；地形为低河漫滩或原古河道，海拔 17 m，坡度<2°；土地利用方式为水旱轮作（但种植水稻时间较短）；地下水位在 200 cm 左右。

Ap：0~20 cm，淡黄橙色（10YR6/4，润），淡黄橙色（10YR8/4，干），润，细土质地为砂质壤土，弱发育的小块状结构，稍疏松；中量细根；结构面上见少量氧化铁棕色淀积物；微酸性；向下层清晰平滑过渡。

Br：20~55 cm，淡棕色（7.5YR5/4，润），淡橙色（7.5YR7/3，干），润，细土质地为壤土，中等发育的片状结构（厚度可达 2~3 cm，呈水平状延伸），非常坚实；水平向结构面间有大量（35%左右）棕红色氧化铁和黑色氧化锰胶膜淀积；土层仍保留一些母质的沉积层理，在棕色土体中夹杂灰色等杂色沉积物质；微酸性；向下层清晰波状过渡。

Cr：55~110 cm，亮红棕色（7.5YR5/6，润），橙色（7.5YR7/6，干），润，细土质地为砂质壤土，单粒状结构，稍疏松；结构面上有少量斑点状红棕色氧化铁和黑色氧化锰淀积物；具明显的沉积层理；微酸性。

闽侯系代表性单个土体物理性质

土层	深度/cm	砾石（>2 mm，体积分数）/%	细土颗粒组成（粒径：mm）/（g/kg）			细土质地（美国制）	容重/（g/cm^3）
			砂粒 2~0.05	粉砂 0.05~0.002	黏粒 <0.002		
Ap	0~20	5	521	321	160	壤土	1.30
Br	20~55	21	756	115	131	砂质壤土	1.43
Cr	55~110	8	641	200	161	砂质壤土	1.32

闽侯系代表性单个土体化学性质

深度/cm	pH		CEC_7/（cmol（+）/kg）	盐基饱和度/%	全铁（Fe_2O_3）/（g/kg）	游离铁/（g/kg）
	（H_2O）	（KCl）				
0~20	5.67	3.97	5.65	41.77	31.90	24.62
20~55	5.96	4.09	5.29	55.39	31.74	17.37
55~110	5.79	3.83	5.73	46.60	39.03	23.34

10.5　弱盐淡色潮湿雏形土

10.5.1　六鳌系（Liu'ao Series）

土族：砂质硅质型非酸性高热-弱盐淡色潮湿雏形土

拟定者：章明奎，麻万诸

六鳌系典型景观

分布与环境条件　分布于漳州、泉州、莆田、福州等地市的沿海县风积砂丘间的低平地，以东山、诏安、龙海分布较为集中，海拔2~3 m。起源于风积海砂，地下水位在50~130 cm之间。地面平坦，土壤潮湿，有夜潮；利用方式主要为旱地。属亚热带湿润海洋性季风气候区，年均日照约2000~2400 h，年均气温20.4~21.5℃，全年无霜，≥10℃的积温7250~7450℃，≥15℃的积温6000~6665℃，≥20℃的积温4800℃左右；1月份平均气温在10~12℃，最热月份在7月，平均温度在27~28℃。年均降水量约1000~1100 mm，降水的季节分布不均，干湿季节十分明显，每年4~9月为湿季，月降水量都在100 mm以上，其中6~8月的雨量约占全年的63%~74%，10月至翌年3月为旱季，月均降水都在100 mm以下，春旱较为严重。年均蒸发量约1500~2000 mm，干燥度在1.3~2。

土系特征与变幅　该土系诊断层包括淡薄表层和雏形层；诊断特性包括潮湿土壤水分状况、氧化还原特征、高热土壤温度状况、盐积现象及饱和的盐基饱和度。土壤黏土矿物主要以水云母为主，含少量高岭石、绿泥石和蒙脱石。其剖面一般具有Ap-Br-Czr；母质层深厚，多在200 cm以上。土壤质地为砂土，剖面上下差异不大，土壤黏粒含量在100 g/kg以下，砂粒含量在550 g/kg以上；但砾石含量低于5%。剖面上层已基本脱盐、脱钙，水溶性盐在2 g/kg以下，而母质层仍有较高的盐分，在2 g/kg以上；心土进行着氧化还原交替，Br层有明显的黄棕色锈纹锈斑。土体松散，呈弱块状结构。表层土壤容重在1.25 g/cm^{3}左右，心土容重在1.35 g/cm^{3}左右。上层土壤呈中性至微酸性，pH在5.5~8.5之间，无或极轻微石灰反应；母质层呈微碱性至碱性，有中等至强的石灰反应，含2%~10%的贝壳类物质。

Br层厚度30~60 cm，单粒状和松散的小块状结构，土壤黏粒含量在100 g/kg以下，砂粒含量在 550 g/kg 以上，砾石含量小于 5%。已基本脱盐、脱钙，水溶性盐在 2 g/kg 以下；有明显的黄棕色锈纹锈斑。pH 在 5.5~7.5 之间，无或极轻微石灰反应。色调主要为 10YR，润态明度 5~7，彩度 3~4；干态明度 7~8，彩度 2~3。

Cz 层厚度大于 50 cm，可见层理，土壤黏粒含量在 100 g/kg 以下，砂粒含量在 550 g/kg 以上，砾石含量小于 5%。盐分含量在 2 g/kg 以上；呈微碱性至碱性，有中等至强的石灰反应，含 2%~10%的贝壳类物质；色调主要为 2.5Y 或 5Y，润态明度 5~6，彩度 2~4；干态明度 7~8，彩度 1~3。

对比土系　新厝系，同一亚类但不同土族，颗粒大小级别、石灰性反应和矿物类型有所差异；新厝系全剖面有石灰反应，颗粒大小级别为壤质，矿物类型为云母混合型，而六鳌系已脱钙，质地为砂质，矿物类型为硅质型；它们之间的温度状况也不同，六鳌系为高热温度状况，新厝系为热性温度状况。与陈城系分布的景观相似，但陈城系土壤有明显的石灰反应，已脱盐，全剖面砾石含量在 15%~25%之间，而六鳌系土壤已脱钙，剖面下部有积盐现象，全剖面砾石含量在 5%以下。

利用性能综述　六鳌系土壤除有效磷外其他养分较低，表层土壤有机质含量变化于 5~10 g/kg 之间，全氮在 0.30~0.75 g/kg 之间，全磷一般在 0.10~0.50 g/kg 之间；速效钾和有效磷分别在 50~100 mg/kg 和 5~25 mg/kg 之间。土壤保肥性能较低，CEC 在 5 cmol/kg 以下。土壤透水性好，易耕，适种性较广，特别适宜种植蔬菜；但该土缓冲性小，肥力相对较低，主要障碍因素是砂、瘦。在利用上以营造防风林为主，同时发展喷灌溉，种植蕃薯、花生、蔬菜等。需要施用有机肥改良土壤；化肥应少量多次施用。

代表性单个土体（编号：35-017）　于 2011 年 4 月 17 日采自福建省漳浦县六鳌镇店下村，23°56'16.2" N，117°44'29.6" E。母质为风积海砂；地形为海积平原，海拔 2 m，坡度<2°；土地利用方式为旱地（番薯、芦笋）；地下水位约 100 cm。

Ap：0~25 cm，淡黄橙色（10YR6/3，润），灰白色（10YR8/2，干），细土质地为砂土，上部干，下部润，单粒状，松散；中量细根；因干燥土表可形成 3~5 cm 干土层；微酸性；向下层清晰波状过渡。

Br：25~65 cm，淡黄橙色（10YR6/4，润），淡黄橙色（10YR7/3，干），细土质地为砂土，润，弱发育的小块状结构，疏松；土壤颗粒和结构面上有明显的铁锰斑块状物质淀积（占 20%~30%）；中性；向下层清晰平滑过渡。

Czr：65~120 cm，淡黄色（2.5Y6/3，润），灰白色（2.5Y8/1，干），砂土，潮，单粒状，稍疏松；见 5%左右贝壳，具明显的沉积层次；见少量铁锰斑纹，有明显的石灰反应；碱性。

六鳌系代表性单个土体剖面

六鳌系代表性单个土体物理性质

土层	深度/cm	砾石（>2 mm，体积分数）/%	细土颗粒组成（粒径：mm）/（g/kg）			细土质地（美国制）	容重/（g/cm³）
			砂粒 2~0.05	粉砂 0.05~0.002	黏粒 <0.002		
Ap	0~25	1	894	50	56	砂土	1.25
Br	25~65	0	920	8	72	砂土	1.33
Czr	65~120	3	932	13	55	砂土	1.39

六鳌系代表性单个土体化学性质

深度/cm	pH		水溶性盐/（g/kg）	CEC_7/（cmol（+）/kg）	盐基饱和度/%	全铁（Fe_2O_3）/（g/kg）	游离铁/（g/kg）
	（H_2O）	（KCl）					
0~25	6.15	5.43	0.63	2.45	87.76	3.67	2.32
25~65	6.67	5.98	0.58	2.13	86.85	4.46	2.63
65~120	9.20	8.32	3.54	2.67	100	4.20	2.11

10.5.2　新厝系（Xincuo Series）

土族：壤质云母混合型石灰性高热-弱盐淡色潮湿雏形土
拟定者：章明奎，麻万诸

新厝系典型景观

分布与环境条件　分布于闽江口以南的福州、莆田和漳州等市的滨海县海积平原的高潮位以上，海拔多在 6~8 m，地面坡度多在 0°~3°之间。起源于海相沉积物，多形成于急浪冲击的迎风海岸，质地较粗；已围垦多年，利用方式为旱地，种植蔬菜等作物；地下水位在 75~150 cm 之间。属亚热带湿润海洋性季风气候区，年均日照 1900~2300 h，年均气温 20.4~21.2℃，无霜期 330~365 d，≥10℃的积温 6500~7500℃，1 月份平均气温在 10℃以上，最热月份在 7 月，平均温度在 28℃左右。年均降水量 1200~1400 mm，降水的季节分布不均，干湿季节十分明显，每年 3~9 月为湿季，雨量约占全年的 75%~78%，10 月至翌年 3 月为旱季，春旱较为严重。年均蒸发量约 1400~1900 mm，干燥度在 1.2~1.4。

土系特征与变幅　该土系诊断层包括淡薄表层和雏形层；诊断特性包括潮湿土壤水分状况、氧化还原特征、高热土壤温度状况、盐积现象及饱和的盐基饱和度。土壤黏土矿物主要为水云母，其他矿物包括高岭石、绿泥石和蒙脱石。其剖面一般具有 Ap-Br-C；母质层深厚，土体厚度在 50~100 cm 之间；土壤颜色以淡黄棕色或黄灰色为主。经多年耕作及受地下水升降引起的氧化还原交替，已形成了明显的耕作层和氧化还原层；心土层以下土壤具明显的锈纹、锈斑，向下有增加的趋势。土壤质地为砂质壤土、壤土和粉砂质壤土，黏粒含量多在 50~200 g/kg 之间；砾石低于 10%；表土容重在 1.20 g/cm^3 左右，以下土壤容重在 1.35 g/cm^3 左右；剖面中下部仍保留沉积层理；除耕作层外，土体中有石灰反应，向下石灰反应增强，见少量贝壳碎屑。土壤脱盐较为明显，土体中盐分在 0.5~10 g/kg 之间，由上至下增加，其中 40~100 cm 土体中盐分在 2.0~10 g/kg 之间，有盐积现象。土壤呈中性至微酸性，pH 主要在 5.5~7.5 之间，从上向下增加。

Ap 层厚度 15~25 cm，块状结构和小块状结构，疏松，黏粒含量多在 50~200 g/kg 之间；砾石低于 10%；pH 在 5.5~7.5 之间；色调主要为 2.5Y 或 10YR，润态明度 4~5，彩度 1~3；干态明度 6~7，彩度 1~3。Br 层厚度 30~80 cm，块状或大块状结构，稍坚实或坚实，黏粒含量多在 50~200 g/kg 之间；砾石低于 10%；pH 在 5.5~7.5 之间；结构面上可见明显铁锰淀积物及锈纹锈斑；有时可见沉积层理；有石灰反应；色调主要为 10YR，润态明度 5~6，彩度 1~3；干态明度 6~7，彩度 1~3。

对比土系　六鳌系，同一亚类但不同土族，颗粒大小级别、石灰性反应和矿物类型有所差异；六鳌系已脱钙，质地为砂质，矿物类型为硅质型，而新厝系全剖面有石灰反应，颗粒大小级别为壤质，矿物类型为云母混合型。

利用性能综述　新厝系土壤有机质、全氮、有效磷和速效钾以中等水平为主。表层土壤有机质含量在 20~30 g/kg 之间，全氮在 1.00~2.00 g/kg 之间，全磷一般在 0.50~0.80 g/kg 之间；全钾一般在 15~25 g/kg 之间；速效钾和有效磷分别在 80~120 mg/kg 和 8~20 mg/kg 之间。土壤保肥性能中等，CEC 在 10 cmol/kg 左右。该土地面平整，土壤质地较砂，暴雨期间地面容易积水，干旱季节容易缺水。在利用改良上除了改善水利条件外，应注意增施有机肥、土杂肥和磷肥，适时中耕追肥，提高土壤基础地力和保水保肥能力，促进作物正常生长。同时，应做好合理灌溉与排水，以防栽培过程中的返盐。

代表性单个土体（编号：35-131）　于 2011 年 10 月 5 日采自福建省福州市福清市新厝镇漆林村，25°29'11.0" N，119°12'29.3" E。母质为浅海沉积物；地形为滨海平原，海拔 8 m，坡度<2°；土地利用方式为旱地，主要种植蔬菜；地下水位约 80 cm。

新厝系代表性单个土体剖面

Ap：0~20 cm，淡黄棕色（10YR4/3，润），淡黄橙色（10YR7/2，干），润，细土质地为粉砂质壤土，弱发育的块状结构和小块状结构，疏松；多量细根；结构面上见少量铁锈纹；微酸性；向下层清晰平滑过渡。

Br1：20~40 cm，棕灰色（10YR6/1，润），灰黄橙色（10YR7/2，干），润，细土质地为砂质壤土，中等发育的块状结构，坚实；结构面上见少量呈散点状分布的黄棕色氧化铁锈纹斑和少量黑色锰斑；见少量砖块、瓦片和贝壳碎屑；中性；弱石灰性反应；向下层清晰平滑过渡。

Br2：40~60 cm，棕灰色（10YR6/1，润），灰白色（10YR7/1，干），润，细土质地为壤土，中等发育的块状结构，稍坚实；结构面上见约占 25%氧化铁淀积物（润土呈淡黄橙色 10YR6/4；干态呈亮黄棕色 10YR7/6），以水平向集中分布为主，见少量散点状黑棕色锰斑（10YR3/2，干）；中性；弱石灰性反应；向下层渐变平滑过渡。

C：60~100 cm，灰色（5Y6/1，润），灰白色（5Y7/1，干），潮，细土质地为粉砂质壤土，小块状，较软；可见明显沉积层理，土块表面见少量散点状分布的氧化铁锰淀积物，呈黑棕色（10YR3/2，干）；微碱性；弱石灰性反应。

新厝系代表性单个土体物理性质

土层	深度/cm	砾石（>2 mm，体积分数）/%	细土颗粒组成（粒径：mm）/（g/kg）			细土质地（美国制）	容重/（g/cm³）
			砂粒 2~0.05	粉砂 0.05~0.002	黏粒 <0.002		
Ap	0~20	2	374	520	106	粉砂质壤土	1.19
Br1	20~40	7	446	497	57	砂质壤土	1.32
Br2	40~60	3	473	440	87	壤土	1.30
C	60~100	6	303	647	50	粉砂质壤土	—

新厝系代表性单个土体化学性质

深度/cm	pH		水溶性盐/（g/kg）	CEC_7/（cmol（+）/kg）	盐基饱和度/%	全铁（Fe_2O_3）/（g/kg）	游离铁/（g/kg）
	（H_2O）	（KCl）					
0~20	6.30	4.86	0.76	9.92	95.0	36.06	13.81
20~40	7.18	5.31	1.21	9.88	95.1	33.26	14.10
40~60	7.23	5.15	2.43	8.56	95.0	34.81	14.49
60~100	7.61	5.37	5.34	9.25	95.9	60.41	20.07

10.6 酸性淡色潮湿雏形土

10.6.1 莒口系（Jukou Series）

土族：黏壤质硅质混合型热性-酸性淡色潮湿雏形土

拟定者：章明奎，麻万诸

莒口系典型景观

分布与环境条件 零星分布于福建省闽江、九龙江及其较大支流沿岸的高河漫滩及一级阶地，地形为溪河沿岸高河漫滩，海拔多在 150 m 以下，坡度在 0°~10° 之间。起源于近代河流冲积物与洪积物的叠加母质上，上段近代河流冲积物厚度在 25~40 cm，地下水位一般在 150~250 cm 之间；利用方式主要为旱地和园地。属亚热带湿润季风气候区，年均温在 18.0~19.6℃；极端最低气温−5.3~−1.2℃，极端最高气温 36.9~43.2℃，最热月出现在 7 月，平均温度 27~28℃左右；最冷月出现在 1 月，平均温度 10℃左右；≥10℃的积温 5846~6457℃，年均日照约 1770~1910 h；无霜期 276~338 d；年均降水量 1300~2000 mm，降水的季节分布不均，干湿季节十分明显，每年 3~9 月为湿季，占全年降水量的 81%~84%；10 月至翌年 3 月为少雨旱季。年均蒸发量约 1200~1600 mm，干燥度小于 1。

土系特征与变幅 该土系诊断层包括淡薄表层和雏形层；诊断特性包括潮湿土壤水分状况、氧化还原特征、热性土壤温度状况及不饱和的盐基饱和度。土壤黏土矿物主要为水云母，其次为高岭石，含有少量绿泥石和蛭石。其剖面一般具有 Ap1-Ap2-2Br-2C；土体厚度在 40~80 cm 之间。由于上下段母质来源的差异，上下段土壤颗粒组成、氧化铁含量、颜色等有明显的差异。上段土壤颜色以棕灰色为主；下段以红棕色为主；Br 以下有明显的黄色锈纹或棕褐色铁锰淀斑，是氧化还原作用交替进行的结果。上段土壤质地为砂质壤土，黏粒含量在 100~200 g/kg 之间；下段土壤质地为壤土至砂质黏壤土，黏粒含量在 200~350 g/kg 之间；全剖面平均黏粒含量在 200~350 g/kg 之间，砾石含量低于 5%。上段土壤容重在 1.30 g/cm^3 左右，犁底层及其以下土壤容重在 1.40 g/cm^3 左右；土壤呈酸性，pH 主要在 4.5~5.5 之间。

Ap1 层厚度 10~25 cm，团粒状和小块状结构，疏松，黏粒含量在 100~200 g/kg 之间，砾石含量低于 5%；pH 在 4.5~5.5 之间；色调主要为 10YR，润态明度 4~5，彩度 1~2；

干态明度 6~7，彩度 1~2。Ap2 层厚度 8~15 cm，块状结构，稍坚实，黏粒含量在 100-200 g/kg 之间，砾石含量低于 5%；pH 在 4.5~5.5 之间；色调主要为 10YR，润态明度 4~5，彩度 1~2；干态明度 6~7，彩度 1~2。Br 层厚度 20~60 cm，块状结构，稍坚实，黏粒含量在 200~350 g/kg 之间；砾石含量低于 5%；pH 在 4.5~5.5 之间；结构面上有大量的铁锰锈纹锈斑；色调主要为 7.5YR，润态明度 3~6，彩度 6~8；干态明度 6~8，彩度 3~5。

对比土系　麻沙系、岩前系，同一亚类但不同土族，颗粒大小级别和温度状况有所不同。麻沙系颗粒大小级别为砂质，不同于莒口系的黏壤质土壤颗粒大小级别；岩前系土壤温度状况为高热，不同于莒口系的热性温度状况。与际口系的差异是：际口系呈非酸性，颗粒大小级别为砂质；而莒口系呈酸性，颗粒大小级别为黏壤质。

利用性能综述　莒口系土壤有机质和全氮较高，因长期施肥有效磷和速效钾中下水平。表层土壤有机质含量在 25~35 g/kg 之间，全氮在 1.00~2.00 g/kg 之间，全磷一般在 0.50~1.00 g/kg 之间；全钾在 5~20 g/kg 之间；速效钾和有效磷分别在 30~80 mg/kg 和 5~15 mg/kg 之间。土壤保肥性能较低，CEC 在 5~10 cmol/kg 之间。所处的地势平坦，地下水位较高，有夜潮现象，有较强的抗旱能力，适宜作为蔬菜生产基地；但因心土较为黏重，内排水较差；暴雨期间可产生短时间地表积水。因此，在利用改良上要注意排涝设施的建设，及时排除田间渍水。在此基础上注意增施有机肥料，适当深耕加厚耕作层，注意改善土壤结构性。同时，实行用养结合，采取花生-甘薯或甘蔗-花生轮作，并间、套种绿肥，以进一步促进土壤熟化。在施肥上应注意氮、磷、钾配合施用，早施追肥，以满足作物生长的需要。

代表性单个土体（编号：35-070）　于 2011 年 8 月 20 日采自福建省南平市建阳市莒口镇后山村，27°22'11.2" N，118°0'23.0" E。母质为河流冲积物+洪积物，该剖面母质为两类不同类型的物质叠加而成，下部为洪积物，上部为河流冲积物；地形为河流冲积平原高河漫滩；海拔 164 m，坡度<2°；土地利用方式为旱地，种植蔬菜、番薯、瓜果。

Ap1：0~20 cm，棕灰色（10YR4/1，润），灰棕色（10YR6/2，干），细土质地为砂质壤土，稍润，中等发育的团粒状和小块状结构，疏松；少量细根；酸性；向下层清晰平滑过渡。

Ap2：20~33 cm，棕灰色（10YR4/1，润），灰黄棕色（10YR6/2，干），细土质地为砂质壤土，润，中等发育的块状结构，稍紧实；少量细根；酸性；向下层突变平滑过渡。

2Br：33~70 cm，亮红棕色（7.5YR5/8，润），淡橙色（7.5YR7/4，干），细土质地为壤土，润，中等发育的块状结构，紧实；结构面上见大量（占 35%~45%）铁锰斑（7.5YR3/2，润）；酸性；向下层模糊波状过渡。

2C：70~110 cm，亮红棕色（5YR5/8，润），橙色（5YR6/6，干），细土质地为砂质黏壤土，润，粒状和单粒状结构，疏松，结构面上见 10%左右散点状分布的铁锰斑；微酸性。

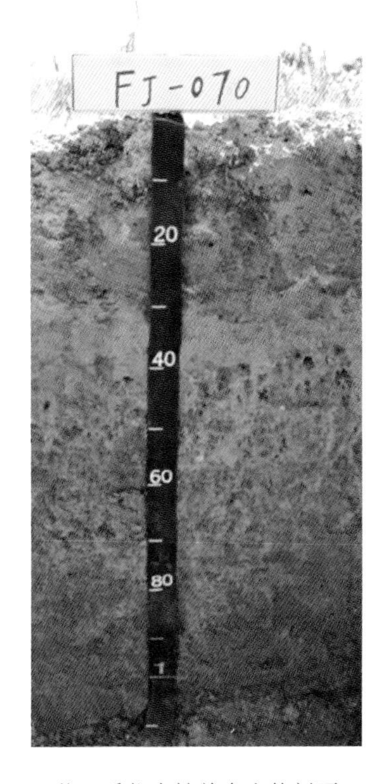

莒口系代表性单个土体剖面

莒口系代表性单个土体物理性质

土层	深度/cm	砾石（>2 mm，体积分数）/%	细土颗粒组成（粒径：mm）/（g/kg）			细土质地（美国制）	容重/（g/cm³）
			砂粒 2~0.05	粉砂 0.05~0.002	黏粒 <0.002		
Ap1	0~20	0	540	290	170	砂质壤土	1.29
Ap2	20~33	0	580	260	160	砂质壤土	1.34
2Br	33~70	0	480	290	230	壤土	1.42
2C	70~110	0	500	248	252	砂质黏壤土	—

莒口系代表性单个土体化学性质

深度/cm	pH		CEC_7/（cmol（+）/kg）	盐基饱和度/%	全铁（Fe_2O_3）/（g/kg）	游离铁/（g/kg）
	（H_2O）	（KCl）				
0~20	4.50	3.68	6.68	49.40	17.33	6.98
20~33	4.51	3.74	6.34	42.59	23.46	8.93
33~70	5.36	4.04	8.65	54.91	42.02	26.61
70~110	5.78	4.26	9.12	61.29	47.41	28.91

10.6.2　麻沙系（Masha Series）

土族：砂质硅质混合型热性-酸性淡色潮湿雏形土
拟定者：章明奎，麻万诸

麻沙系典型景观

分布与环境条件　分布于福建省闽江、九龙江、木兰溪水系的河漫滩、沙洲上，海拔多在 250 m 以下，坡度在 0°~10°之间。起源于近代河流冲积物，利用方式主要为旱地和园地；地下水位一般在 150~250 cm 之间。属亚热带湿润季风气候区，年均温在 17.5~19.3℃；≥10℃的积温 5510~6156 ℃，年均日照约 1754~2014 h；无霜期 254~302 d；年均降水量 1540~1900 mm。年均蒸发量约 1313~1587 mm，干燥度小于 1。

土系特征与变幅　该土系诊断层包括淡薄表层和雏形层；诊断特性包括潮湿土壤水分状况、氧化还原特征、热性土壤温度状况及不饱和的盐基饱和度。土壤黏土矿物主要为水云母，其次为高岭石，含有少量绿泥石和蛭石。其剖面一般具有 Ap1-Ap2-Br-C；土体厚度在 80~125 cm 之间；整个剖面颜色发黄，呈棕色或黄红色。土壤质地为砂质壤土。全剖面较为疏松，土壤容重在 1.35 g/cm^3 左右。土壤以酸性为主，pH 主要在 4.5~5.5 之间。砾石层分布的深度在 3~4 m 以下。干旱季节，地表可形成 2~5 cm 的干土层。

Ap1 层厚度 10~25 cm，弱发育的小块状结构，疏松；pH 在 4.5~6.5 之间；色调主要为 10YR 或 7.5YR，润态明度 3~5，彩度 4~7；干态明度 5~7，彩度 3~6。Ap2 层厚度 8~15 cm，小块状和粒状结构，稍紧实；pH 在 4.5~5.5 之间；色调主要为 10YR 或 7.5YR，润态明度 4~5，彩度 6~8；干态明度 6~7，彩度 4~6。Br 层厚度 60~100 cm，弱稳定的粒状和小块状结构，疏松或稍坚实；pH 在 4.5~5.5 之间；有少量锈纹；无明显的沉积层理；色调主要为 10YR 或 7.5YR，润态明度 4~5，彩度 6~8；干态明度 6~7，彩度 4~6。

对比土系　岩前系、莒口系，同一亚类但不同土族，颗粒大小级别和温度状况有所不同。岩前系颗粒大小级别为黏壤质，温度状况为高热，不同于麻沙系的砂质土壤颗粒大小级别和热性土壤温度状况；莒口系土壤颗粒大小级别为黏壤质，不同于麻沙系的砂质土壤颗粒大小级别。

利用性能综述　麻沙系因耕作历史相对较短，该土系土壤有机质和全氮较低，有效磷和速效钾中下水平。表层土壤有机质含量在 10~20 g/kg 之间，全氮在 0.50~1.00 g/kg 之间，全磷一般在 0.50~1.00 g/kg 之间；全钾在 5~20 g/kg 之间；速效钾和有效磷分别在 50~100 mg/kg 和 3~8 mg/kg 之间。土壤保肥性能较低，CEC 在 5 cmol/kg 以下。因地处河流附近，排灌条件良好，但在大洪水期间可能还会受山洪淹没的影响。土壤砂性强，起苗快，早发早衰，肥力不能持久。在利用改良上，应做好护堤防洪；客土改砂，配合增施各种有机肥料；注意沙漏特点，化肥、水肥都应掌握薄肥勤施，少量多次；作物选择上以块根块茎类及大豆、花生为主；冬季可种萝卜，有条件的可辟为果园。

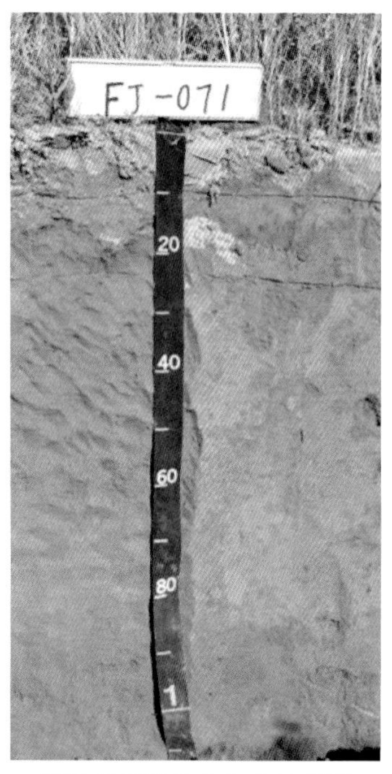

麻沙系代表性单个土体剖面

代表性单个土体（编号：35-071）　于 2011 年 8 月 20 日采自福建省南平市建阳市麻沙镇竹洲村，27°22'34.4" N，117°53'28.0"E。母质为河流冲积物；地形为河谷平原沙洲，位于河流上游；海拔 176 m，坡度<2°；土地利用方式为旱地，主要种植蔬菜、番薯、山药和水果。

Ap1：0~10 cm，棕色（10YR4/6，润），淡黄橙色（10YR7/3，干），细土质地为砂质壤土，稍干，弱发育的小块状结构，疏松；少量细根；上半层因干燥土色发白；微酸性；向下层清晰平滑过渡。

Ap2：10~23 cm，黄棕色（10YR5/8，润），淡黄橙色（10YR7/4，干），细土质地为砂质壤土，润，中等发育的块状和粒状结构，稍紧实；结构面上见较多 30%~40%的铁锰氧化物淀积物，其中氧化铁主要淀积在上半土层，氧化锰主要淀积在下半土层；酸性；向下层清晰波状过渡。

Br：23~110 cm，黄棕色（10YR5/8，润），淡黄橙色（10YR7/5，干），细土质地为砂质壤土，润，弱发育的粒状和块状结构，疏松；见少量锈纹；酸性；向下层模糊渐变过渡。

C：110~150 cm，黄棕色（10YR5/8，润），淡黄橙色（10YR7/5，干），细土质地为砂质壤土，润，无结构，疏松；有明显的沉积层理。

麻沙系代表性单个土体物理性质

土层	深度 /cm	砾石 (>2 mm，体积分数）/%	细土颗粒组成（粒径：mm）/（g/kg）			细土质地（美国制）	容重 /（g/cm³）
			砂粒 2~0.05	粉砂 0.05~0.002	黏粒 <0.002		
Ap1	0~10	0	685	175	140	砂质壤土	1.29
Ap2	10~23	0	731	139	130	砂质壤土	1.35
Br	23~110	0	690	150	160	砂质壤土	1.37

麻沙系代表性单个土体化学性质

深度 /cm	pH		CEC_7 /（cmol（+）/kg）	盐基饱和度 /%	全铁 （Fe_2O_3）/（g/kg）	游离铁 /（g/kg）
	（H_2O）	（KCl）				
0~10	5.93	4.38	4.69	47.12	35.60	15.93
10~23	5.21	3.88	3.45	42.03	33.70	17.87
23~110	5.27	3.82	4.10	62.93	38.61	18.25

10.6.3　岩前系（Yanqian Series）

土族：黏壤质硅质混合型高热-酸性淡色潮湿雏形土
拟定者：章明奎，麻万诸

分布与环境条件　零星分布于漳州市及泉州市等地的丘间凹地（谷地），海拔一般在 50 m 以下。起源于现代洪冲积物；利用方式主要为旱地和园地。属亚热带湿润海洋性季风气候区，年均日照约 2000 h，年均气温 20.4~21.0℃，全年无霜，≥10℃的积温 7050~7200℃，≥15℃的积温 6000℃左右，≥20℃的积温 4900℃左右。年均降水量 1600 mm 左右。年均蒸发量约 1200~1500 mm，干燥度在 0.8~0.9 之间。

岩前系典型景观

土系特征与变幅　该土系诊断层包括淡薄表层和雏形层；诊断特性包括潮湿土壤水分状况、氧化还原特征、高热土壤温度状况及不饱和的盐基饱和度。土壤黏土矿物主要为水云母和高岭石，含少量绿泥石。其剖面一般具有 Ap1-Ap2-Bw-C；土体厚度在 35~75 cm 之间；土壤颜色以黄棕色为主。受地下水的影响，整个剖面的土层中有数量不等的氧化铁锰淀积，以母质层以上的焦隔层最为明显。土壤质地以砂质黏壤土；母质层黏粒含量高于上层土壤；土体内砾石含量低于 10%。在母质层与焦隔层间容易形成季节性滞水，这是焦隔层形成的原因。表土有发育良好的团粒状结构，心土以大块状结构为主。表土容重在 1.20 g/cm^3 左右，心土和底土容重在 1.35~1.40 g/cm^3 之间；土壤呈酸性，pH 在 5.5 以下。

Ap1 层厚度 15~25 cm；团粒状结构，pH 在 5.5 以下；色调主要为 7.5YR 或 10YR，润态明度 4~6，彩度 2~3；干态明度 6~7，彩度 2~4。Br 层（焦隔层）厚度 10~30 cm；坚实，pH 在 5.5 以下；结构面上有大量氧化铁淀积，面积占结构面的 50%以上；色调主要为 7.5YR 或 10YR，润态明度 4~5，彩度 1~2；干态明度 6~7，彩度 1~2。

对比土系　麻沙系、莒口系，同一亚类但不同土族，颗粒大小级别和温度状况有所不同。麻沙系颗粒大小级别为砂质，温度状况为热性，不同于岩前系的黏壤质土壤颗粒大小级别和高热土壤温度状况；莒口系土壤温度状况为热性，不同于岩前系的高热土壤温度状况。

利用性能综述　岩前系土壤养分属中等水平。表层土壤有机质含量在 20~35 g/kg 之间，全氮在 1.00~2.50 g/kg 之间，全磷一般在 0.50~1.00 g/kg 之间；速效钾和有效磷分别在 50~100 mg/kg 和 5~15 mg/kg 之间。土壤保肥性能较低，CEC 在 5~10 cmol/kg 之间。地处丘间凹地（谷地），水源较为充足，质地适中，有机质和养分较高，肥力水平中等，适宜种植蔬菜等旱作；但土体中存在焦隔层等不透水层，影响土壤的渗透性。种植香蕉等经济作物时应深耕破除焦隔层，以利透水排水。该土 pH 较低，酸性较强，应根据作物生长特点，施用石灰性物质改良土壤。

代表性单个土体（编号：35-028）　于 2011 年 4 月 19 日采自福建省南靖县山城镇山城村（岩前村自然村），24°30'5.5" N，117°22'7.5" E。母质为现代洪积物；地形为丘间凹地（谷地），海拔 13 m，坡度<5°；土地利用方式为旱地（种植蔬菜和香蕉）。

岩前系代表性单个土体剖面

Ap1：0~20 cm，淡黄棕色（10YR5/3，润），淡橙色（10YR7/2，干），细土质地为砂质黏壤土，润，发育良好的团粒状结构，稍疏松；少量细根；夹少量直径 1~5 cm 左右的砾石；结构面上见少量铁胶膜和锰斑纹；强酸性；向下层清晰平滑过渡。

Ap2：20~30 cm，淡黄棕色（10YR4/3，润），灰黄橙色（10YR7/2，干），细土质地为砂质黏壤土，润，中等发育的块状结构和团粒状结构，稍坚实；含 5%左右直径为 2~5 cm 的砾石块，结构面上见少量铁锰氧化物淀积物；强酸性；向下层清晰平滑过渡。

Br：30~43 cm，焦隔层，基色呈棕灰色（10YR5/1，润），灰白色（10YR7/1，干），细土质地为砂质黏壤土，润，中等发育的块状结构，坚实；少量细根；结构面上见大量氧化铁淀积（润色橙色 5YR6/6，干色橙色 7.5YR6/8）（占 70%以上），并见少量锰斑纹；酸性；向下层清晰平滑过渡。

Cr：43~105 cm，灰黄棕色（10YR6/2，润），灰白色（10YR7/1，干），细土质地为黏壤土，潮，单粒状，软糊状；土粒上见较多的铁锈状根孔及明显的铁胶膜（润色橙色 5YR6/8，干色橙色 7.5YR6/8）；夹直径 10~15 cm 的大块砾石；酸性。

其他：Br 层与 Cr 层间质地发生明显突变，下黏上壤，焦隔层形成可能与此有关。

岩前系代表性单个土体物理性质

土层	深度 /cm	砾石（>2 mm，体积分数）/%	细土颗粒组成（粒径：mm）/（g/kg）			细土质地（美国制）	容重 /（g/cm³）
			砂粒 2~0.05	粉砂 0.05~0.002	黏粒 <0.002		
Ap1	0~20	8	610	161	230	砂质黏壤土	1.21
Ap2	20~30	4	583	190	228	砂质黏壤土	1.33
Br	30~43	5	582	210	208	砂质黏壤土	1.38
C	43~108	1	469	263	268	砂质黏壤土	—

岩前系代表性单个土体化学性质

深度 /cm	pH		CEC_7 /（cmol（+）/kg）	盐基饱和度 /%	全铁 （Fe_2O_3）/（g/kg）	游离铁 /（g/kg）
	（H_2O）	（KCl）				
0~20	3.94	3.21	7.67	34.94	30.80	21.69
20~30	3.82	3.13	6.98	35.67	31.43	19.49
30~43	4.54	3.87	6.55	30.53	42.21	22.63
43~108	4.90	4.17	7.23	40.52	38.07	20.52

10.7　普通淡色潮湿雏形土

10.7.1　际口系（Jikou Series）

土族：砂质硅质混合型非酸性热性-普通淡色潮湿雏形土

拟定者：章明奎，麻万诸

际口系典型景观

分布与环境条件　分布于福建省闽江、九龙江及其较大支流沿岸的高河漫滩及一级阶地，地形为江河中下游的冲积平原及部分山间盆地，以南平、福州、三明、龙岩、宁德等市分布较广，海拔多在 150 m 以下，坡度在 0°~10° 之间；地下水位一般在 100~200 cm 之间。起源于近代河流冲积物；利用方式主要为旱地和园地，部分区域有短期种植水稻的历史。属亚热带湿润季风气候区，年均温在 18.0~19.6℃；极端最低气温−5.3~−1.2℃，极端最高气温 36.9~43.2℃，最热月出现在 7 月，平均温度 27~28℃左右；最冷月出现在 1 月，平均温度 10℃左右；≥10℃的积温 5846~6457℃，年均日照约 1770~1910 h；无霜期 276~338 d；年均降水量 1300~2000 mm，降水的季节分布不均，干湿季节十分明显，每年 3~9 月为湿季，占全年降水量的 81%~84%；10 月至翌年 3 月为少雨旱季。年均蒸发量约 1200~1600 mm，干燥度小于 1。

土系特征与变幅　该土系诊断层包括淡薄表层和雏形层；诊断特性包括潮湿土壤水分状况、氧化还原特征、热性土壤温度状况及饱和的盐基饱和度。土壤黏土矿物主要为水云母，其次为高岭石，含有少量绿泥石和蛭石。其剖面一般具有 Ap1-Ap2-Br-C；土体厚度在 80~130 cm 之间；土壤颜色以棕黑色至暗灰为主；犁底层以下有明显的黄色锈纹或棕褐色铁锰淀斑，是氧化还原作用交替进行的结果。土壤质地为砂质壤土，上下层之间土壤质地较为接近；黏粒含量在 50~200 g/kg 之间；砂粒含量在 450~850 g/kg 之间，砂粒平均含量在 550 g/kg 以上；砾石含量低于 5%。在干旱季节，地表 0~5 cm 容易形成干白土层。表土容重在 1.20 g/cm^3 左右，犁底层及其以下土壤容重在 1.30~1.45 g/cm^3 之间；土壤呈微酸性，pH 主要在 5.5~6.5 之间。

Ap1 层厚度 10~25 cm，团粒状和单粒状结构，稍疏松，黏粒含量在 50~200 g/kg 之间；砂粒含量在 450~850 g/kg 之间，砾石含量低于 5%；pH 在 5.5~6.5 之间；色调主要为 2.5Y 或 10YR，润态明度 4~6，彩度 1~4；干态明度 5~7，彩度 1~4。Ap2 层厚度 10~

20 cm，小块状结构，稍坚实，黏粒含量在 50~200 g/kg 之间；砂粒含量在 450~850 g/kg 之间，砾石含量低于 5%；pH 在 5.5~6.5 之间；结构面上可见少量锈纹；色调主要为 2.5Y 或 10YR，润态明度 3~6，彩度 1~3；干态明度 5~7，彩度 1~3。Br 层厚度 60~100 cm，小块状结构，稍坚实，黏粒含量在 50~200 g/kg 之间；砂粒含量在 450~850 g/kg 之间，砾石含量低于 5%；pH 在 5.5~6.5 之间；结构面上有大量的锈纹，平均占结构面的 25%以上，分布密度随深度增加；色调主要为 2.5Y 或 10YR，润态明度 3~6，彩度 1~3；干态明度 6~8，彩度 1~3。

对比土系　石榴系、文元系、散湖系、南埕系和南屿系，同一亚类但不同土族，颗粒大小级别、温度状况有所差异。南埕系和南屿系的土壤颗粒大小级别分别为壤质与黏壤质，不同于际口系的砂质土壤颗粒大小级别；石榴系的土壤颗粒大小级别为壤质，温度状况为高热，不同于际口系的砂质土壤颗粒大小级别和热性温度状况；散湖系的土壤温度状况为高热，不同于际口系的热性温度状况。与文元系的差异主要表现在土体厚度，际口系土体厚度在 80~130 cm 之间，而文元系土体厚度在 40~80 cm 之间。

利用性能综述　际口系土壤有机质和全氮中等，因长期施肥有效磷和速效钾可达到较高水平。表层土壤有机质含量在 15~25 g/kg 之间，全氮在 0.75~1.50 g/kg 之间，全磷一般在 0.50~1.25 g/kg 之间；全钾在 10~20 g/kg 之间；速效钾和有效磷分别在 80~150 mg/kg 和 10~25 mg/kg 之间。土壤保肥性能较低，CEC 在 5~10 cmol/kg 之间。土壤所处的地势平坦，地下水位较高，有明显的夜潮现象，有较强的抗旱能力；但汛期易遭受洪涝危害。因此，在利用改良上要注意防洪排涝设施的建设，及时排除田间渍水。在此基础上注意增施有机肥料，适当深耕加厚耕作层，注意改善土壤结构性。同时，实行用养结合，采取花生-甘薯或甘蔗-花生轮作，并间、套种绿肥，以进一步促进土壤熟化。在施肥上应注意氮、磷、钾肥配合施用，早施追肥，以满足作物生长的需要。

际口系代表性单个土体剖面

代表性单个土体（编号：35-063）　于 2011 年 8 月 12 日采自福建省沙县凤岗街道际口村，26°26'25.1" N，117°48'16.8" E。母质为河流冲积物；地形为山溪性河流两岸河漫滩，高出河流水面 1~2 m 左右，海拔 113 m，坡度<2°；土地利用方式为旱地，种植蔬菜，曾经种植过水稻。

Ap1：0~12 cm，淡黄橙色（10YR6/4，润），浅黄橙色（10YR7/3，干），细土质地为砂质壤土，稍干，弱发育的粒状和单粒状结构，疏松；少量细根；微酸性；向下层清晰平滑过渡。

Ap2：12~28 cm，棕黑色（10YR3/2，润），灰黄棕色（10YR6/2，干），细土质地为砂质壤土，润，中等发育的块状结构，稍坚实；少量细根；结构面见少量根孔状锈纹；微酸性；向下层清晰平滑过渡。

Br1：28~80 cm，淡黄棕色（10YR4/3，润），淡黄橙色（10YR7/2，干），细土质地为砂质壤土，润，中等发育的块状结构，稍坚实；结构面上见细小斑点状铁锈斑纹（占 25%）；见少量直径为 2~3 cm 砾石块；微酸性；向下层模糊波状过渡。

Br2：80~120 cm，土层上下基色略有差异，80~105 cm 偏暗，呈淡黄棕色（10YR4/3，润）和灰白色（10YR8/2，干）；105~120 cm 偏浅，呈灰黄棕色（10YR6/2，润）和灰白色（10YR8/1，干），可能与不同沉积时期物质来源差异有关；细土质地为砂质，润，中等发育的块状结构，稍坚实；结构面上见大量的氧化铁锈斑纹（亮红棕色 7.5YR5/8，润）（占 85%以上）和少量锰斑；微酸性。

际口系代表性单个土体物理性质

土层	深度 /cm	砾石（>2 mm，体积分数）/%	细土颗粒组成（粒径：mm）/（g/kg）			细土质地（美国制）	容重 /（g/cm^3）
			砂粒 2~0.05	粉砂 0.05~0.002	黏粒 <0.002		
Ap1	0~12	0	554	277	169	砂质壤土	1.21
Ap2	12~28	0	620	260	120	砂质壤土	1.33
Br1	28~80	1	680	160	160	砂质壤土	1.32
Br2	80~120	1	645	205	150	砂质壤土	1.38

际口系代表性单个土体化学性质

深度 /cm	pH		CEC_7 /（cmol（+）/kg）	盐基饱和度 /%	全铁（Fe_2O_3）/（g/kg）	游离铁 /（g/kg）
	（H_2O）	（KCl）				
0~12	5.68	4.70	7.54	56.76	37.18	17.75
12~28	6.26	5.10	5.32	70.49	28.79	13.25
28~80	6.48	5.37	5.89	71.13	34.40	15.41
80~120	5.59	4.18	6.23	66.45	34.37	19.89

10.7.2　南埕系（Nancheng Series）

土族：壤质硅质混合型非酸性热性-普通淡色潮湿雏形土
拟定者：章明奎，麻万诸

南埕系典型景观

分布与环境条件　分布于福建省闽江等水系的中上游较为宽阔的山溪性河流两侧的高河漫滩，多位于溪流弯曲的凹地处；海拔多在 150~500 m 之间，坡度多在 5°~15°之间，特大汛期会受河水泛滥淹没。起源于近代冲洪积物，下伏当地基岩风化的残坡积物，利用方式主要为荒滩地，植被覆盖良好。属亚热带湿润季风气候区，年均温在 17.5~19.6℃；最热月出现在 7 月，平均温度 27~28℃；最冷月出现在 1 月，平均温度 9~10℃；≥10℃的积温 5500~6500℃，年均日照约 1750~2070 h；无霜期 250~320 d；年均降水量 1500~ 1900 mm，降水的季节分布不均，干湿季节十分明显，每年 3~9 月为湿季，占全年降水量的 78%~84%；10 月至翌年 3 月为少雨旱季。年均蒸发量约 1200~1600 mm，干燥度小于 1。

土系特征与变幅　该土系诊断层包括淡薄表层和雏形层；诊断特性包括潮湿土壤水分状况、氧化还原特征、热性土壤温度状况及不饱和的盐基饱和度。土壤黏土矿物主要为水云母，其次为高岭石，含有绿泥石、蛭石及少量蒙脱石。其剖面一般具有 Ah-Br-C；土体厚度在 80~130 cm 之间，其中上段冲洪积相形成土壤的厚度在 40~80 cm。土壤颜色以棕灰色至黄灰色为主；Br 层有明显的棕色氧化铁胶膜淀积，是氧化还原作用交替进行的结果。土壤质地主要为壤土，部分土层为砂质壤土和粉砂质壤土，上下层之间土壤质地有一定的变化；但黏粒含量变化较小，多在 100~200 g/kg 之间；砾石含量低于 25%。表土容重在 1.20 g/cm^3 左右，犁底层及其以下土壤容重在 1.45 g/cm^3 左右；土壤呈微酸性，pH 主要在 5.5~6.5 之间。

Ah 层厚度 10~25 cm，块状结构和小块状结构，疏松或稍坚实，黏粒含量在 100~200 g/kg 之间；砾石含量低于 25%；pH 在 5.5~6.5 之间；色调主要为 2.5Y、10YR 或 7.5YR，润态明度 4~5，彩度 1~2；干态明度 5~6，彩度 1~2。Br 层厚度 60~100 cm，小块状和块状结构，坚实或非常坚实，黏粒含量在 100~200 g/kg 之间；砾石含量低于 25%；pH 在 5.5~6.5 之间；结构面上有大量的锈纹和棕色氧化铁胶膜淀积；土壤颜色因物质来源不同有较大的变化，色调主要为 2.5Y 或 10YR，润态明度 6~8，彩度 2~4；干态明度 7~8，彩度 1~2。有时还可识别出沉积层理。

对比土系　文元系、际口系、散湖系、石榴系和南屿系，同一亚类但不同土族，颗粒大小级别、温度状况有所差异。文元系、际口系和散湖系土壤颗粒大小级别为砂质，不同于南埕系的壤质土壤颗粒大小级别；石榴系温度状况为高热，不同于南埕系的热性温度状况；南屿系土壤颗粒大小级别为黏壤质，不同于南埕系的壤质土壤颗粒大小级别。

利用性能综述　南埕系土壤有机质、全氮、有效磷和速效钾以中等水平为主。表层土壤有机质含量在 20~30 g/kg 之间，全氮在 1.00~2.00 g/kg 之间，全磷一般在 0.30~0.75 g/kg之间；全钾在 15~30 g/kg 之间；速效钾和有效磷分别在 50~120 mg/kg 和 5~15 mg/kg 之间。土壤保肥性能较低，CEC 在 5~10 cmol/kg 之间。水热条件良好。稍高部位可开垦作为蔬菜用地，种植蔬菜、花生、豆类作物。低位置因有涝渍之患，一般不适宜开垦。

代表性单个土体（编号：35-117）　于 2011 年 9 月 19 日采自福建省德化县南埕镇望洋村，25°14'34.8" N，118°24'9.9" E。母质为冲洪积物，下伏砂岩坡积物；地形为高河漫滩与附近低山坡麓过渡区，高于基座性河床 5~10 m，海拔 287 m，坡度<10°；土地利用方式为荒滩地，生长茅草等杂草和少量灌木，覆盖率 100%。

Ah：0~20 cm，棕灰色（7.5YR5/1，润），棕灰色（7.5YR6/1，干），润，细土质地为壤土，中等发育的块状结构，稍坚实；多量中根和细根；夹少量砾石块；酸性；向下层清晰平滑过渡。

Br：20~65 cm，灰黄棕色（10YR6/2，润），灰白色（10YR8/1，干），润，细土质地为砂质壤土，中等发育的小块状结构，坚实；结构面上见 10%~15%淡黄色或浅棕色氧化铁胶膜淀积，呈麻点状或细根孔状分布；夹少量砾石块；微酸性；向下层清晰水平状过渡。

2 Br1：65~95 cm，淡黄橙色（10YR7/2，润），灰白色（10YR8/1，干），润，细土质地为粉砂壤土，中等发育的块状结构，非常坚实；夹 10%左右大小在 5~10 cm 之间的半风化岩块；结构体表面见大量（30%左右）棕红色氧化铁淀积物；微酸性；向下层清晰平滑过渡。

2 Br2：95~120 cm，浅黄橙色（10YR8/4，润），灰白色（10YR8/2，干），润，细土质地为壤土，中等发育的块状结构，坚实；结构面上见 15%~25%棕红色的氧化铁斑（黄棕色，7.5YR5/6）；微酸性；向下层清晰平滑过渡。

2 C：120~200 cm，由细土与半风化大块石块构成。石块比例占 40%左右，大小多在 10 cm 左右；细土呈黄色（2.5Y8/6，润），淡黄色（2.5Y8/3，干）；细土质地为壤土；微酸性。

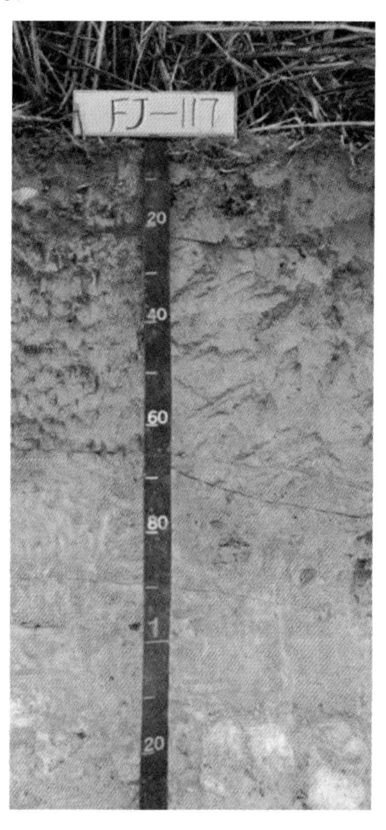

南埕系代表性单个土体剖面

南埕系代表性单个土体物理性质

土层	深度 /cm	砾石 (>2 mm，体积分数) /%	细土颗粒组成（粒径：mm）/（g/kg）			细土质地（美国制）	容重 /（g/cm^3）
			砂粒 2~0.05	粉砂 0.05~0.002	黏粒 <0.002		
Ah	0~20	11	485	376	140	壤土	1.29
Br	20~65	17	586	280	135	砂质壤土	1.40
2Br1	65~95	9	305	536	160	粉砂壤土	1.41
2Br2	95~120	16	503	352	147	壤土	1.46
2C	120~200	13	436	380	186	壤土	—

南埕系代表性单个土体化学性质

深度 /cm	pH		CEC_7 /（cmol（+）/kg）	盐基饱和度 /%	全铁（Fe_2O_3）/（g/kg）	游离铁 /（g/kg）
	（H_2O）	（KCl）				
0~20	5.47	3.74	5.73	21.47	14.19	9.57
20~65	5.52	3.87	5.32	21.24	16.01	10.25
65~95	6.13	3.94	8.56	46.85	17.02	12.20
95~120	6.22	3.81	6.98	50.00	19.77	10.91
120~200	6.21	3.90	—	—	19.15	13.25

10.7.3　南屿系（Nanyu Series）

土族：黏壤质硅质混合型非酸性热性-普通淡色潮湿雏形土
拟定者：章明奎，麻万诸

南屿系典型景观

分布与环境条件　主要分布于福建省闽江中下游沿江两岸的冲积平原，以福州市北部分布面积较大。海拔多在 150 m 以下，坡度一般小于 5°，地下水位在 150~250 cm 之间。起源于近代河流冲积物，利用方式主要为旱地。属亚热带湿润海洋性季风气候区，年均温在 17.5~19.4℃；最热月出现在 7 月，平均温度 28~29℃左右；最冷月出现在 1 月，平均温度 8~10℃左右；最低与最高极端气温分别约为–3.8℃和 38~39.0℃；≥10℃的积温 5800~6600℃，年均日照约 1700~1800 h；无霜期 300~310 d；年均降水量 1300~1700 mm，降水的季节分布不均，干湿季节十分明显，每年 3~9 月为湿季，占全年降水量的 70%~80%；10 月至翌年 3 月为少雨旱季。年均蒸发量约 1100~1400 mm，干燥度略小于 1。

土系特征与变幅　该土系诊断层包括淡薄表层和雏形层；诊断特性包括潮湿土壤水分状况、氧化还原特征、热性土壤温度状况及饱和的盐基饱和度。土壤黏土矿物主要由水云母和高岭石组成，含有少量绿泥石和蒙脱石。其剖面一般具有 Ap-Br-Cr；土体深厚在 40~80 cm 之间；土壤颜色以暗棕色和淡灰色为主。土壤质地为壤土或粉砂质壤土，黏粒含量多在 150~270 g/kg 之间，全剖面黏粒平均含量超过 200 g/kg；砾石低于 5%；表土容重在 1.25 g/cm^3 左右，其以下土壤容重在 1.35 g/cm^3 左右；土壤呈中性至微酸性，pH 在 5.5~7.5 之间，从上向下增加。

Ap 层厚度 15~30 cm，团粒状结构，稍疏松，黏粒含量多在 150~270 g/kg 之间；砾石低于 5%；pH 在 5.5~7.5 之间；色调主要为 2.5Y 或 10YR，润态明度 3~4，彩度 1~3；干态明度 7~8，彩度 1~3。Br 层厚度 20~60 cm，块状结构，稍坚实或坚实，黏粒含量多在 150~200 g/kg 之间；砾石低于 5%；pH 在 5.5~7.5 之间；结构面上可见明显铁锰淀积物及锈纹锈斑；因不同时期母质来源物质的差异，其基色变化较大，色调主要为 10YR 或 2.5Y，润态明度 5~6，彩度 2~3；干态明度 7~8，彩度 1~2。

对比土系　文元系、际口系、散湖系、南埕系和石榴系，同一亚类但不同土族，颗粒大小级别、温度状况有所差异。文元系和际口系土壤颗粒大小级别为砂质，不同于南屿系的黏壤质土壤颗粒大小级别；散湖系和石榴系土壤颗粒大小级别分别为砂质和壤质，土壤温度状况为高热，不同于南屿系的黏壤质土壤颗粒大小级别和热性土壤温度状况；南埕系的土壤颗粒大小级别为壤质，不同于南屿系的黏壤质土壤颗粒大小级别。

利用性能综述　南屿系土壤有机质和全氮较高，有效磷和速效钾以中等水平为主。表层土壤有机质含量在 25~40 g/kg 之间，全氮在 1.50~2.50 g/kg 之间，全磷一般在 0.50~0.80 g/kg 之间；全钾一般在 10~20 g/kg 之间；速效钾和有效磷分别在 50~120 mg/kg 和 5~20 mg/kg 之间。土壤保肥性能中等，CEC 在 10 cmol/kg 左右。土层较深，熟化程度较高，水源充足，易耕，宜种性广，适宜于栽培各种蔬菜和柑橘。在改土培肥上，应提倡深耕，加厚耕作层，提高养分库；同时注意有机肥料的投入，维持土壤肥力水平。

南屿系代表性单个土体剖面

代表性单个土体（编号：35-124）　于 2011 年 10 月 4 日采自福建省福州市闽侯县南屿镇元峰村，25°59'47.9" N，119°13'48.7" E。母质为河流冲积物，海拔 11 m，坡度<2°，地形为河流冲积平原，土地利用方式为旱地；地下水位约 150 cm。

Ap：0~20 cm，暗棕色（10YR3/3，润），灰白色（10YR7/1，干），润，细土质地为壤土，发育明显的团粒状结构，稍疏松；中量细根；微酸性；向下层清晰平滑过渡。

Br：20~80 cm，灰黄棕色（10YR5/2，润），淡黄橙色（10YR7/2，干），润，细土质地为粉砂质壤土，中等发育的块状结构，坚实；结构面上见棕红色氧化铁淀积物（占 30%~50%）及根孔状锈纹和少量灰色黏粒胶膜淀积物；微酸性；向下层清晰平滑过渡。

Cr：80~125 cm，亮黄棕色（10YR6/6，润），灰白色（10YR8/2，干），潮，细土质地为粉砂质壤土，单粒状和弱发育的小块状结构，稍坚实；结构面上见较多的淡黄橙色氧化铁淀积物（占 60%）和少量氧化锰淀积物；中性。

南屿系代表性单个土体物理性质

土层	深度 /cm	砾石（>2 mm，体积分数）/%	细土颗粒组成（粒径：mm）/（g/kg）			细土质地（美国制）	容重 /（g/cm^3）
			砂粒 2~0.05	粉砂 0.05~0.002	黏粒 <0.002		
Ap	0~20	0	278	489	234	壤土	1.24
Br	20~80	0	208	547	245	粉砂质壤土	1.39
Cr	80~125	0	160	670	171	粉砂质壤土	—

南屿系代表性单个土体化学性质

深度 /cm	pH		CEC$_7$ /（cmol（+）/kg）	盐基饱和度 /%	全铁（Fe_2O_3）/（g/kg）	游离铁 /（g/kg）
	（H_2O）	（KCl）				
0~20	6.46	5.38	11.23	95.5	56.87	27.69
20~80	6.40	5.30	10.78	92.9	71.75	42.95
80~125	6.84	5.54	8.97	97.2	79.93	50.06

10.7.4　散湖系（Sanhu Series）

土族：砂质硅质混合型非酸性高热-普通淡色潮湿雏形土
拟定者：章明奎，麻万诸

分布与环境条件　零星分布在福建省泉州市惠安县等地，所处地形为冲积平原，海拔在 10 m 以下，坡度多在<3°以下，多为台地间的低平地，地表比周围台地低 1~2 m。起源于洪冲积物，利用方式为抛荒地或旱地（部分地块有短期的水耕历史）。属亚热带湿润海洋性季风气候区，年均日照 2200~2033 h，年均气温约 20.4℃，无霜期约 340 d，≥10℃的积温 6700℃。年均降水量约 1100 mm。年均蒸发量约 1600 mm，干燥度约为 1.3。

散湖系典型景观

土系特征与变幅　该土系诊断层包括淡薄表层和雏形层；诊断特性包括潮湿土壤水分状况、氧化还原特征、高热土壤温度状况及饱和的盐基饱和度。土壤黏土矿物主要为水云母和高岭石，有一定量的蛭石，含有少量蒙脱石。其剖面一般具有 Ap1-Ap2-Br-C；土体厚度在 40~80 cm 之间；土壤颜色呈现为棕色或红棕色。土壤质地为砂质壤土和壤土。由于母质物质来源多为周围的丘陵与台地，搬运距离较近，土体中保留较多周围丘陵、台地土壤的特性，土壤以微酸性为主，pH 主要在 5.5~6.5 之间。

Ap1 层厚度 10~25 cm，小块状结构，稍疏松；pH 在 5.5~6.5 之间；色调主要为 7.5YR，润态明度 4~5，彩度 2~4；干态明度 6~7，彩度 2~4。Ap2 层厚度 8~15 cm，大块状结构，紧实。pH 在 5.5~6.5 之间；色调主要为 7.5YR，润态明度 4~5，彩度 2~4；干态明度 6~7，彩度 2~4。Br 层厚度 20~60 cm，块状结构，坚实；pH 在 5.5~6.5 之间；有少量锈纹；色调主要为 5YR，润态明度 4~5，彩度 6~8；干态明度 6~7，彩度 4~6。

对比土系　文元系、际口系、石榴系、南埕系和南屿系，同一亚类但不同土族，颗粒大小级别、温度状况有所差异。文元系和际口系土壤温度状况为热性，不同于散湖系的高热土壤温度状况；石榴系土壤颗粒大小级别为壤质，不同于散湖系的砂质土壤颗粒大小级别；南埕系和南屿系的土壤颗粒大小级别分别为壤质和黏壤质，它们的温度状况为热性，不同于散湖系的砂质土壤颗粒大小级别和高热土壤温度状况。

利用性能综述　散湖系土壤有机质、全氮、有效磷和速效钾中下水平。表层土壤有机质含量在 10~20 g/kg 之间，全氮在 0.50~1.00 g/kg 之间，全磷一般在 0.35~0.50 g/kg 之间；全钾在 10~20 g/kg 之间；速效钾和有效磷分别在 30~80 mg/kg 和 0~5 mg/kg 之间。土壤保肥性能较低，CEC 在 5~10 cmol/kg 之间。土体非常坚实，透水性差。在改良上，首先要加强水利建设，在保障灌溉的基础上，可用于旱作生产，尽可能选择耐旱作物或品种。逐年深耕，配合有机肥料的施用，增强基础地力。重视磷、钾肥的施用。

散湖系代表性单个土体剖面

代表性单个土体（编号：35-143） 于 2011 年 10 月 8 日采自福建省泉州市惠安县东桥镇散湖村，25°1'20.3" N，118°53'29.7" E。母质为洪冲积物；地形为（台地间）洪冲积平原，海拔 7~8 m，坡度<2°；土地利用方式为旱地。

Ap1：0~13 cm，棕色（7.5YR4/4，润），淡黄橙色（7.5YR7/3，干），干，细土质地为壤土，弱发育的块状结构，稍疏松；中量细根；见较多的石英砂；微酸性；向下层清晰平滑过渡。

Ap2：13~26 cm，淡棕色（7.5YR5/4，润），浅橙色（7.5YR7/4，干），稍干，砂质壤土；中等发育的块状结构，非常紧实，难下挖；见较多的明石英砂；酸性；向下层清晰波状过渡。

Br：26~50 cm，红棕色（5YR4/6，润），橙色（5YR6/6，干），润，细土质地为砂质壤土，中等发育的块状结构，非常紧实、致密；见少量石英砂；结构面上见少量暗灰色淀积物淀积和少量氧化铁锈纹；微酸性；向下层清晰平滑过渡。

C：50~100 cm，红棕色（5YR4/6，润），淡橙色（5YR6/4，干），润，细土质地为砂质壤土，因被氧化铁胶结非常紧实；中性。

散湖系代表性单个土体物理性质

土层	深度 /cm	砾石（>2 mm，体积分数）/%	细土颗粒组成（粒径：mm）/（g/kg）			细土质地（美国制）	容重 /（g/cm³）
			砂粒 2~0.05	粉砂 0.05~0.002	黏粒 <0.002		
Ap1	0~13	13	341	396	263	壤土	1.36
Ap2	13~26	14	492	343	166	砂质壤土	1.49
Br	26~50	5	536	321	143	砂质壤土	—
C	50~100	6	756	140	104	砂质壤土	—

散湖系代表性单个土体化学性质

深度 /cm	pH		CEC_7 /（cmol（+）/kg）	盐基饱和度 /%	全铁（Fe_2O_3）/（g/kg）	游离铁 /（g/kg）
	（H_2O）	（KCl）				
0~13	5.52	4.21	7.87	88.8	27.89	14.38
13~26	5.47	4.18	5.81	78.5	23.51	15.07
26~50	6.25	4.90	5.58	90.4	36.61	18.31
50~100	6.58	5.14	4.76	86.8	17.44	8.73

10.7.5　石榴系（Shiliu Series）

土族：壤质硅质混合型非酸性高热-普通淡色潮湿雏形土
拟定者：章明奎，麻万诸

石榴系典型景观

分布与环境条件　零星分布于漳州、厦门、泉州、莆田和福州等市的冲积平原、河谷平原近河床地段，海拔一般在 250 m 以下，地下水位多在 150~300 cm 之间。起源于河流冲积物；利用方式主要为园地和旱地。属亚热带湿润海洋性季风气候区，年均日照约 2000 h，年均气温 20.4~21.5℃，全年无霜，≥10℃的积温 7200~7300℃，≥15℃的积温 5900~6200℃，≥20℃的积温 4600~5100℃；1 月份平均气温在 10℃以上，最热月份在 7 月，平均温度在 28℃以上。年均降水量 1400~1650 mm，降水的季节分布不均，干湿季节十分明显，每年 4~9 月为湿季，10 月至翌年 3 月为旱季。年均蒸发量约 1200~1500 mm，干燥度在 0.8~1 之间。

土系特征与变幅　该土系诊断层包括淡薄表层和雏形层；诊断特性包括潮湿土壤水分状况、氧化还原特征、高热土壤温度状况及饱和的盐基饱和度。土壤黏土矿物主要由水云母和高岭石组成，含有少量绿泥石和蒙脱石。其剖面一般具有 Ap1-Ap2-Br-Cr；土体厚度在 50~100 cm 之间；土壤颜色以黄棕色或淡黄橙色为主。土壤质地为砂质壤土至砂质黏壤土，剖面上下质地有一定的变化，黏粒含量多在 100~250 g/kg 之间；砂粒含量在 430~850 g/kg 之间；砾石低于 25%；表土容重在 1.10 g/cm^3 左右，犁底层及其以下土壤容重在 1.25~1.45 g/cm^3 之间；土壤呈中性至微酸性，pH 在 5.5~7.5 之间。母质层质地多在黏质壤土至砂质壤土之间，有明显的沉积层理，向下砾石有增加趋势。

Ap1 层厚度 10~20 cm，稍疏松，黏粒含量多在 100~250 g/kg 之间；砂粒含量在 430~850 g/kg 之间；pH 在 5.5~7.5 之间；色调主要为 2.5Y 或 10YR，润态明度 5~7，彩度 2~3；干态明度 5~7，彩度 2~4。Ap2 层厚度 8~15 cm，坚实或稍坚实，黏粒含量多在 100~250 g/kg 之间；砂粒含量在 430~850 g/kg 之间；pH 在 5.5~7.5 之间；结构面上可见 5%~50%的锈纹锈斑；色调主要为 2.5Y 或 10YR，润态明度 5~7，彩度 3~6；干态明度 5~7，彩度 3~6。Br 层厚度 20~50 cm，坚实，黏粒含量多在 100~250 g/kg 之间；砂粒含量在 430~850 g/kg 之间；块状结构和大棱柱状结构，土体变旱时可出现垂直向裂隙，宽度 2~5 mm，深度可达 40~50 cm；pH 在 5.5~7.5 之间；结构面上可见铁锰叠加分布的锈纹锈斑，占结构面的 25%以上；色调主要为 2.5Y 或 10YR，润态明度 4~6，彩度 2~4；干态明度 5~7，彩度 3~5。

对比土系 文元系、际口系、散湖系、南埕系和南屿系，同一亚类但不同土族，颗粒大小级别、温度状况有所差异。文元系、际口系和散湖系土壤颗粒大小级别为砂质，不同于石榴系的壤质土壤颗粒大小级别；南埕系温度状况为热性，不同于石榴系的高热温度状况；南屿系土壤颗粒大小级别为黏壤质，温度状况为热性，不同于石榴系的壤质土壤颗粒大小级别和高热温度状况。

利用性能综述 石榴系土壤有机质和全氮较低，有效磷和速效钾中等。表层土壤有机质含量变化于 10~20 g/kg 之间，全氮在 0.50~1.00 g/kg 之间，全磷一般在 0.50~1.00 g/kg 之间；速效钾和有效磷分别在 50~100 mg/kg 和 5~15 mg/kg 之间。土壤保肥性能较低，CEC 在 5~10 cmol/kg 之间。分布地形平坦，土层深厚，质地较轻，耕性良好，排水方便，适种性较广，宜水旱轮作或种植蔬菜、西瓜、花生等作物。但由于土壤质地偏砂，保水保肥性较差，土壤潜在肥力较低，养分相对缺乏。因此，在改良利用上，应增施有机肥，改善土壤物理性状，提高保肥和供肥能力。在施肥技术上，应推广多次少量施肥法，注意后期追肥，防止脱肥早衰。

代表性单个土体（编号：35-022） 于 2011 年 4 月 18 日采自福建省漳浦县石榴镇崎溪村，24°9'24.2" N，117°28'54.0"E。母质为河流冲积物；地形为老河漫滩，海拔 11 m，坡度<2°；土地利用方式为旱作（曾有种植水稻的历史）。

石榴系代表性单个土体剖面

Ap1：0~10 cm，淡黄棕色（10YR5/4，润），浅黄橙色（10YR7/3，干），细土质地为砂质壤土，稍润，弱发育的团粒状结构，稍疏松；中量细根；结构面上见 5%~10%的铁锈纹；中性；向下层清晰平滑过渡。

Ap2：10~23 cm，黄棕色（10YR5/6，润），淡黄橙色（10YR7/3，干），细土质地为砂质壤土，稍润，中等发育的块状结构，坚实；少量细根；结构面上见 30%~40%的铁锰斑纹和较多的根孔；中性；向下层清晰平滑过渡。

Br：23~70 cm，淡黄橙色（10YR6/4，润），淡黄橙色（10YR7/3，干），细土质地为砂质黏壤土，稍润，中等发育的块状结构，坚实；结构面上见大量铁锰叠加分布（占 40%）及明显的锈纹状根孔；见少量砖瓦片；微酸性；向下层清晰波状过渡。

Cr1：70~100 cm，黄棕色（2.5Y5/3，润），浅黄色（2.5Y7/3，干），细土质地为砂质壤土，稍润，单粒状和弱发育的小块状结构，坚实；土块表面见有 5%~10%的锰斑（润色呈黑色 7.5YR2/1，干色呈棕黑色 7.5YR3/1）；微酸性；向下层清晰波状过渡。

Cr2：100~130 cm，锰结核层，青棕色（2.5Y4/4，润），浅黄色（2.5Y7/3，干），细土质地为砂质壤土，稍润，单粒状和弱发育的块状结构，坚实；见大量锰结核（润土黑色 7.5YR2/1，干土棕黑色 7.5YR3/1），被锰胶结的物质可占土体的 50%~70%；微酸性。

石榴系代表性单个土体物理性质

土层	深度/cm	砾石（>2 mm，体积分数）/%	细土颗粒组成（粒径：mm）/（g/kg）			细土质地（美国制）	容重/（g/cm^3）
			砂粒 2~0.05	粉砂 0.05~0.002	黏粒 <0.002		
Ap1	0~10	1	604	218	178	砂质壤土	1.09
Ap2	10~23	2	710	172	119	砂质壤土	1.27
Br	23~70	1	518	256	226	砂质黏壤土	1.33
Cr1	70~100	7	721	102	176	砂质壤土	1.43
Cr2	100~130	6	723	157	120	砂质壤土	—

石榴系代表性单个土体化学性质

深度/cm	pH		CEC$_7$/（cmol（+）/kg）	盐基饱和度/%	全铁（Fe_2O_3）/（g/kg）	游离铁/（g/kg）
	（H_2O）	（KCl）				
0~10	7.24	6.43	7.68	82.42	22.16	11.33
10~23	6.84	6.22	6.79	95.58	27.13	15.34
23~70	6.14	5.43	9.65	98.42	38.75	22.94
70~100	6.34	5.65	6.44	73.91	24.40	15.89
100~130	6.48	5.74	6.03	76.45	27.21	16.38

10.7.6 文元系（Wenyuan Series）

土族：砂质硅质混合型非酸性热性-普通淡色潮湿雏形土
拟定者：章明奎，麻万诸

文元系典型景观

分布与环境条件 零星分布于闽西北山区的溪流狭谷滩地、山前洪积阶地、谷口或盆地边缘的洪积扇上。海拔多在250~750 m之间，坡度在5°~25°之间，地下水埋深一般在100~200 cm。起源于近代洪积物，利用方式主要为旱地。属亚热带湿润季风气候区，年均温在17.1~18.8℃；≥10℃的积温 5400~5900℃，年均日照约1790~1880 h；无霜期 270~320 d；年均降水量 1630~1750 mm。年均蒸发量约 1500~1700 mm，干燥度小于 1。

土系特征与变幅 该土系诊断层包括淡薄表层和雏形层；诊断特性包括潮湿土壤水分状况、氧化还原特征、热性土壤温度状况及饱和的盐基饱和度。土壤黏土矿物主要为水云母和高岭石，含一定量蛭石和少量蒙脱石。其剖面一般具有 Ap-Br-C；土体厚度在 40~80 cm 之间；土壤颜色以黄棕色为主；受地下水的长期影响，心土层有明显的锈纹锈斑物质。土壤质地一般为砂质壤土至砂质黏壤土。表土容重在 1.15 g/cm^3 左右，犁底层及其以下土壤容重在 1.35 g/cm^3 左右；土壤呈酸性至微碱性，pH 主要在 4.5~6.5 之间。

Ap 层厚度 10~25 cm，块状和小块状结构，疏松。pH 在 4.5~6.5 之间；色调主要为 2.5Y 或 10YR，润态明度 4~5，彩度 2~3；干态明度 6~7，彩度 2~3。Br 层厚度 20~60 cm，坚实，块状结构；pH 在 4.5~6.5 之间；结构面上可见明显氧化铁淀积；色调主要为 2.5Y 或 10YR，润态明度 4~5，彩度 1~3；干态明度 6~7，彩度 1~3。

对比土系 石榴系、际口系、散湖系、南埕系和南屿系，同一亚类但不同土族，颗粒大小级别、温度状况有所差异。南埕系和南屿系的土壤颗粒大小级别分别为壤质与黏壤质，不同于文元系的砂质土壤颗粒大小级别；石榴系的土壤颗粒大小级别为壤质，温度状况为高热，不同于文元系的砂质土壤颗粒大小级别和热性温度状况；散湖系的土壤温度状况为高热，不同于文元系的热性温度状况。与际口系的差异主要表现在土体厚度，际口系土体厚度在 80~130 cm 之间，而文元系土体厚度在 40~80 cm 之间。

利用性能综述 文元系土壤有机质和全氮较高，有效磷和速效钾为中等水平。表层土壤有机质含量在 20~35 g/kg 之间，全氮在 1.00~2.00 g/kg 之间，全磷一般在 0.30~1.00 g/kg 之间；全钾在 10~20 g/kg 之间；速效钾和有效磷分别在 80~120 mg/kg 和 5~15 mg/kg 之间。土壤保肥性能较低，CEC 在 5~10 cmol/kg 之间。土壤水热条件良好，多分布于人口稠密区域，土质疏松，适宜性较广泛。适宜作为大豆、花生、薯类和果树生长。在管理上，应注意增施有机肥，提高基础地力，增加土壤的保肥和保水性。在水源充足区域，也可改为水田。

代表性单个土体（编号：35-095） 于 2011 年 9 月 14 日采自福建省上杭县古田镇文元村，25°12'1.1"N，116°47'43.6"E。母质为洪积物；地形为丘间谷地，海拔 660 m，坡度<10°；土地利用方式为旱地（主要种植生姜，豇豆等）；地下水位 1 m 左右。

文元系代表性单个土体剖面

Ap：0~22 cm，淡黄棕色（10YR5/3，润），灰黄橙色（10YR7/2，干），细土质地为砂质壤土，润，中等发育的块状和小块状结构，疏松；多量细根；夹少量细砾石；酸性；向下层清晰平滑过渡。

Br：22~45 cm，黄灰色（2.5Y5/1，湿），灰白色（2.5Y7/1，干），细土质地为砂质壤土，润，中等发育的块状结构，坚实；夹少量细砾石；结构面上见 25%~30%的氧化铁淀积（润色为亮红棕色，5YR5/8；干色为橙色，7.5YR6/6）；见斑块状黄白色半风化物；微酸性；向下层清晰波状过渡。

Cr：45~80 cm，黄灰色（2.5Y5/1，润），灰黄色（2.5Y6/2，干），细土质地为砂质黏壤土，润，单粒状和弱发育的小块状结构，稍坚实；见少量锈纹；微酸性；向下层清晰平滑过渡。

C：80~125 cm，由黄白色土壤物质夹杂少量砾石所组成。细土灰白色（10Y8/2，润），灰白色（10Y8/2，干），质地为砂质黏壤土，潮，无明显的结构体，疏松；微酸性。

文元系代表性单个土体物理性质

土层	深度 /cm	砾石（>2 mm，体积分数）/%	细土颗粒组成（粒径：mm）/（g/kg）			细土质地（美国制）	容重 /（g/cm^3）
			砂粒 2~0.05	粉砂 0.05~0.002	黏粒 <0.002		
Ap	0~22	17	605	227	171	砂质壤土	1.13
Br	22~45	22	628	212	160	砂质壤土	1.39
Cr	45~80	17	533	224	244	砂质黏壤土	1.31
C	80~125	20	528	219	254	砂质黏壤土	—

文元系代表性单个土体化学性质

深度 /cm	pH		CEC_7 /（cmol（+）/kg）	盐基饱和度 /%	全铁（Fe_2O_3）/（g/kg）	游离铁 /（g/kg）
	（H_2O）	（KCl）				
0~22	4.68	3.12	8.43	19.45	17.53	12.15
22~45	6.07	4.19	7.34	67.30	27.65	17.61
45~80	5.71	3.66	11.34	67.64	29.57	12.80
80~125	5.54	3.37	12.18	55.01	22.31	11.74

10.8　酸性铁质干润雏形土

10.8.1　岭下系（Lingxia Series）

土族：砂质硅质混合型高热-酸性铁质干润雏形土
拟定者：章明奎，麻万诸

岭下系典型景观

分布与环境条件　分布于闽江口以南的福州、莆田、泉州和漳州等市的沿海县丘陵中上坡，海拔多在 250 m 以下，地面坡度多在 15°~45°之间，水土流失明显。起源于砂岩、粉砂岩、变质砂岩、凝灰岩质粉砂岩的风化物；土地利用方式为疏林地和荒地。属亚热带湿润海洋性季风气候区，年均日照 1950~2400 h，年均气温 20.4~21.3℃，无霜期 330~ 365 d，≥10℃的积温 6500~7600℃，1 月份平均气温在 10℃以上，最热月份在 7 月，平均温度在 28℃左右。年均降水量 1200~1300 mm，降水的季节分布不均，干湿季节十分明显，每年 3~9 月为湿季，雨量约占全年的 75%~78%，10 月至翌年 3 月为旱季，春旱较为严重。年均蒸发量约 1500~1900 mm，干燥度在 1.3 左右。

土系特征与变幅　该土系诊断层包括淡薄表层和雏形层；诊断特性包括半干润土壤水分状况、高热土壤温度状况、铁质特性及不饱和的盐基饱和度。土壤黏土矿物主要由水云母为主，其次为高岭石，含少量蛭石。其剖面一般具有 Ah-Bw-C；土体厚度在 50~100 cm 之间；土壤颜色以黄橙色和淡棕色为主。砂性强，细土质地为砂质壤土，土体中黏粒含量一般在 50~200 g/kg 之间，砂粒含量 500~850 g/kg 之间，砾石含量在 10%~25%之间，土壤结构以粒状和小块状结构为主。土壤呈微酸性，pH 在 5.5~6.5 之间。

Bw 层厚度 25~80 cm，小块状结构，黏粒含量一般在 50~200 g/kg 之间，砂粒含量 500~850 g/kg 之间；砾石含量在 25%以下，土壤氧化铁游离度在 40%~80%之间；土壤 pH 在 4.50~5.50 之间；色调主要为 7.5YR，润态明度 5~6，彩度 6~8；干态明度 7~8，彩度 3~4。

对比土系　马坪系，同一土类但不同亚类，马坪系质地为粗骨壤质，岭下系质地为砂质。

利用性能综述　岭下系土壤有机质、全氮、有效磷和速效钾以中下水平为主。表层土壤有机质含量变化于 10~25 g/kg 之间，全氮在 0.50~1.00 g/kg 之间，全磷一般在 0.30~0.60 g/kg 之间，全钾一般在 10~20 g/kg 之间；速效钾和有效磷分别在 50~100 mg/kg 和 3~10 mg/kg 之间。土壤保肥性能较低，CEC 在 5~10 cmol/kg 之间。粗骨性较强，质地轻，保水能力差，易遭受侵蚀。在管理上，应封山育林为主。若需种植旱作，应在做好水土保持措施的基础上，加强有机肥料的施用，也可在果树下套种植绿肥或其他草类，既可增加土壤有机质，也可减弱水土流失。注意配施磷肥和钾肥。

代表性单个土体（编号：35-130）　于 2011 年 10 月 5 日采自福建省福州市福清市江阴镇岭下村，25°33'47.1" N，119°19'57.5" E。母质为凝灰质粉砂岩残坡积物；地形为低丘中下坡，海拔 53 m，坡度 15°~30°；土地利用方式为荒地，生长灌丛和马尾松、铁芒萁等。

Ah：0~22 cm，淡黄橙色（10YR7/4，润），灰白色（10YR8/2，干），稍干，细土质地为砂质壤土；见大小 2~30 mm 不等的半风化岩石碎屑；坚实；中量细根；酸性；向下层清晰平滑过渡。

Bw：22~60 cm，橙色（7.5YR6/6，润），浅黄橙色（7.5YR8/3，干），稍干，细土质地为砂质壤土，弱发育的块状结构，坚实；夹 10%左右直径 2 mm 左右的半风化岩石碎屑；少量细根；酸性；向下层清晰波状过渡。

C：60~90 cm，由灰白色（10YR8/2，润）半风化岩石碎屑和细土组成，二者各居一半。细土质地为砂质壤土；橙色（7.5YR6/8，润），浅黄橙色（7.5YR8/4，干），单粒状或小块状结构，稍疏松；酸性。

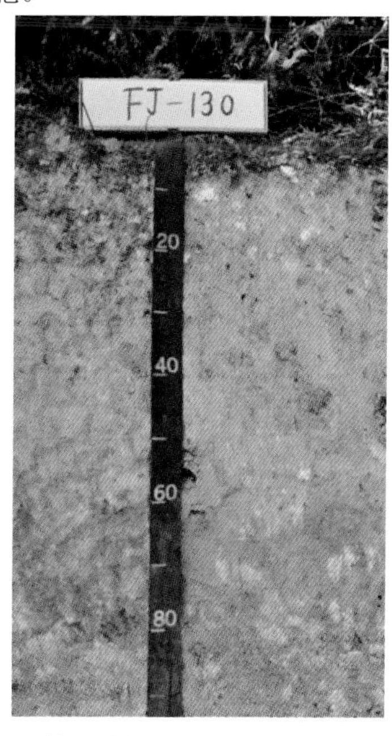

岭下系代表性单个土体剖面

岭下系代表性单个土体物理性质

土层	深度 /cm	砾石（>2 mm，体积分数）/%	细土颗粒组成（粒径：mm）/（g/kg）			细土质地（美国制）	容重 /（g/cm³）
			砂粒 2~0.05	粉砂 0.05~0.002	黏粒 <0.002		
Ah	0~22	18	565	339	99	砂质壤土	1.37
Bw	22~60	15	562	372	66	砂质壤土	1.41
C	60~90	17	575	398	27	砂质壤土	—

岭下系代表性单个土体化学性质

深度 /cm	pH		CEC /（cmol（+）/kg）		黏粒 CEC /（cmol（+）/kg）		盐基饱和度/%	铝饱和度/%	全铁（Fe_2O_3）/（g/kg）	游离铁 /（g/kg）
	（H_2O）	（KCl）	CEC_7	ECEC	CEC_7	ECEC				
0~22	4.55	3.53	8.13	6.50	82.12	65.66	35.42	47.08	20.20	11.17
22~60	4.70	3.75	8.34	6.80	126.36	103.03	38.97	44.12	18.20	12.65
60~90	5.13	3.68	5.23	4.42	193.70	163.70	45.12	32.35	19.41	12.80

10.9　普通铁质干润雏形土

10.9.1　鳌西系（Aoxi Series）

土族：粗骨砂质硅质混合型非酸性高热-普通铁质干润雏形土

拟定者：章明奎，麻万诸

鳌西系典型景观

分布与环境条件　分布于泉州、漳州等市的沿海县丘陵中上坡，海拔多在 250 m 以下，地面坡度多在 25° 以上，水土流失明显；周围可见花岗岩岩石露头，占地表的 20%~40%。起源于粗晶花岗岩残坡积物；利用方式主要为林地或荒地。属亚热带湿润海洋性季风气候区，年均日照约 2000 h，年均气温 20.4~21.2℃，全年无霜，≥10℃的积温 7200~7300℃，≥15℃的积温 5900~6200℃，≥20℃的积温 4600~5100℃；年均降水量 1000~1200 mm。年均蒸发量约 1500~1800 mm，干燥度在 1.5 左右。

土系特征与变幅　该土系诊断层包括淡薄表层和雏形层；诊断特性包括准石质接触面、半干润土壤水分状况、高热土壤温度状况、铁质特性及饱和的盐基饱和度。土壤黏土矿物主要由高岭石和水云母为主，含少量蒙脱石。其剖面一般具有 Ah-Bw-C；土体厚度在 40~80 cm 之间；土壤颜色以亮红棕色和淡棕色为主。砂性强，细土质地为砂质壤土；表层土壤容重在 1.35 g/cm^3 左右，心土容重在 1.50 g/cm^3 左右。土壤呈微酸性，pH 在 5.5~6.5 之间。

Bw 层厚度 25~80 cm，块状结构，细土质地为砂质壤土；CEC_7 在 40~60 cmol/kg 黏粒之间；土壤氧化铁游离度在 40%以上；土壤 pH 在 5.50~6.50 之间；色调主要为 7.5YR 或 5YR，润态明度 4~6，彩度 4~6；干态明度 6~8，彩度 4~6。

对比土系　港头系，同一土族，颜色及黏粒 CEC_7 有明显的差异。港头系 Bw 层润土色调为 2.5Y 或 5Y，彩度 2~3，黏粒 CEC_7 在 40~60 cmol/kg 黏粒之间；鳌西系 Bw 层润土色调为 7.5YR 或 5YR，彩度 4~6，黏粒 CEC_7 在 20~40 cmol/kg 黏粒之间。

利用性能综述　鳌西系土壤有机质和全氮以中下水平为主，有效磷和速效钾中等，表层土壤有机质含量变化于 10~25 g/kg 之间，全氮在 0.50~1.50 g/kg 之间，全磷一般在 0.30~0.60 g/kg 之间；速效钾和有效磷分别在 50~100 mg/kg 和 5~10 mg/kg 之间。土壤保肥性能中下，CEC 在 5~10 cmol/kg 之间。粗骨性强，质地轻，保水能力差，易遭受侵蚀。应逐渐实施退耕还林。若需种植旱作，应在做好水土保持措施的基础上，加强有机肥料的施用，也可在果树下套种植绿肥或其他草类，既可增加土壤有机质，也可减弱水土流失。注意配施磷肥和钾肥。

代表性单个土体（编号：35-019） 于 2011 年 4 月 17 日采自福建省漳浦县六鳌镇东北面鳌西村，23°55'52.7"N，117°44'48.2" E。母质为粗晶花岗岩残坡积物；地形为丘陵中坡，海拔 68 m，坡度 30°；土地利用方式为林地，大多为灌木丛；部分开垦为旱地。

鳌西系代表性单个土体剖面

Ah：0~12 cm，棕色（10YR4/4，润），浅黄橙色（10YR7/3，干），细土质地为砂质壤土，干，弱发育的小块状结构，稍坚实；中量细根；微酸性；向下层清晰平滑过渡。

Bw1：12~32 cm，亮红棕色（7.5YR5/6，润），淡橙色（7.5YR7/4，干），细土质地为砂质壤土，稍润，弱发育的块状结构，坚实；少量细根；见明显的石英砂；酸性；向下层模糊波状过渡。

Bw2：32~80 cm，淡棕色（7.5YR5/4，润），橙色（7.5YR7/6，干），细土质地为砂质壤土，润，小块状结构；少量细根；非常坚实；见较多的直径在 5~10 cm 之间的花岗岩半风化物；微酸性；向下层清晰波状过渡。

C：80~125 cm，主要由直径在 5 cm 以上的半风化花岗岩碎屑组成，棕色（10YR4/6，润），淡黄橙色（10YR7/3，干），粗砂，干，单粒状，非常坚实；微酸性。

鳌西系代表性单个土体物理性质

土层	深度 /cm	砾石（>2 mm，体积分数）/%	细土颗粒组成（粒径：mm）/（g/kg）			细土质地（美国制）	容重 /（g/cm^3）
			砂粒 2~0.05	粉砂 0.05~0.002	黏粒 <0.002		
Ah	0~12	25	693	184	123	砂质壤土	1.32
Bw1	12~32	26	696	167	137	砂质壤土	1.43
Bw2	32~80	25	656	171	173	砂质壤土	1.52
C	80~125	24	733	159	108	砂质壤土	—

鳌西系代表性单个土体化学性质

深度 /cm	pH		CEC /（cmol（+）/kg）		黏粒 CEC /（cmol（+）/kg）		盐基饱和度/%	铝饱和度/%	全铁（Fe_2O_3）/（g/kg）	游离铁 /（g/kg）
	（H_2O）	（KCl）	CEC_7	ECEC	CEC_7	ECEC				
0~12	5.81	5.21	7.88	7.26	64.22	59.17	81.47	9.37	17.06	7.79
12~32	5.45	4.87	6.94	6.43	50.65	46.93	84.87	5.97	17.70	7.47
32~80	5.68	4.98	7.23	6.06	41.79	35.03	82.43	1.00	19.09	7.84
80~125	6.32	5.77	5.65	5.15	52.46	47.82	87.79	2.72	18.55	3.41

10.9.2　大社系（Dashe Series）

土族：黏壤质混合型非酸性高热-普通铁质干润雏形土
拟定者：章明奎，麻万诸

大社系典型景观

分布与环境条件　零星分布于福建省漳州和泉州等地低山丘陵，海拔一般在 250 m 以下；土壤侵蚀严重。起源于酸性紫红色凝灰岩残坡积物；利用方式为林地、旱地或荒地。属亚热带湿润海洋性季风气候区，年均日照约 2000 h，年均气温 20.4~21℃，全年无霜，≥10℃的积温 7200~7300℃，≥15℃的积温 5900~6200℃，≥20℃的积温 4600~5100℃；1 月份平均气温在 10℃以上，最热月份在 7 月，平均温度在 28℃以上。年均降水量 900~1000 mm，降水的季节分布不均，干湿季节十分明显，每年 4~9 月为湿季，月降水量都在 100 mm 以上，其中 6~8 月的雨量约占全年的 63%~74%，10 月至翌年 3 月为旱季，月均降水都在 100 mm 以下，春旱较为严重。年均蒸发量约 1700~1900 mm，干燥度在 1.2 左右。

土系特征与变幅　该土系诊断层包括淡薄表层和雏形层；诊断特性包括准石质接触面、半干润土壤水分状况、高热土壤温度状况、铁质特性及饱和的盐基饱和度。土壤黏土矿物主要由水云母、蒙脱石和高岭石组成，含少量的氧化铁；粉粒和砂粒以二氧化硅、长石、云母等多种原生矿物组成。其剖面一般具有 Ah-Bw-C；土体厚度在 35~80 cm 之间；土壤呈现母岩颜色，以暗红棕色为主。土壤质地为黏壤土，心土层黏粒含量略高于表土层。表土层容重在 1.25 g/cm^3 左右，心土层容重在 1.45 g/cm^3 左右；湿时土壤较为黏重，干时坚硬；土壤呈中性，pH 在 6.5~7.5 之间。

Bw 层厚度 20~60 cm，黏粒含量在 250~350 g/kg 之间；CEC_7 在 25~35 cmol/kg 黏粒之间；土壤游离氧化铁含量较高，在 25 g/kg 以上，而氧化铁游离度较低，在 40%以下；土壤 pH 在 6.50~7.50 之间；色调主要为 7.5R 或 10R，润态明度 3~4，彩度 2~3；干态明度 4~6，彩度 2~3。

对比土系　隆教南系，同一亚类但不同土族，成土母质不同，颗粒大小级别有明显的差异。隆教南系土壤虽起源于第三纪玄武岩风化残坡积物，但因风化较弱，其颗粒大小级别为壤质；大社系颗粒大小级别为黏壤质。

利用性能综述　大社系在植被良好条件下，该土有机质和全氮多为中等，有效磷和速效钾较为丰富。表层土壤有机质一般在 15~30 g/kg 之间，全氮一般在 1.00~2.00 g/kg 之间，全磷一般在 0.50~1.00 g/kg 之间；速效钾和有效磷分别在 80~150 mg/kg 和 5~15 mg/kg 之间。土壤保肥性能中等，CEC 在 10~15 cmol/kg 之间。但开垦利用后，其有机质和氮逐渐趋向下降。在利用时首先应重视做好水土保持，在陡坡地段应以封山育林为主，积极营造多树种、多层次、高密度的水土保持林；在缓坡地段可垦为农地或园地，种植花生、大豆、甘蔗、蔬菜、果树，但必须与水土保持工程措施相应配套，防止利用不当引起土壤侵蚀，同时注意施有机肥和磷肥。

代表性单个土体（编号：35-010）　于 2011 年 4 月 15 日采自福建省漳州市漳浦县前亭镇大社村，24°14'13.2"N，117°58'16.9"E。母质为酸性紫红色凝灰岩残坡积物；地形为丘陵上坡，海拔 40 m，坡度 10°；土地利用方式为荒地和林地。

Ah：0~20 cm，暗红棕色（2.5YR3/2，润），灰红色（2.5YR4/2，干），细土质地为黏壤土，干，小块状和团粒状结构，稍疏松；中量细根；见 5%左右岩石碎屑；中性；向下层清晰平滑过渡。

Bw：20~40 cm，暗红棕色（10R3/3，润），红棕色（10R4/3，干），细土质地为黏壤土，稍干，细土部分呈中等发育的块状结构，稍坚实；少量细根；见 30%左右的半风化岩石碎屑；中性；向下层清晰波状过渡。

C：40~80 cm，紫砂岩半风化物，淡红棕色（7.5R4/3，润），灰红色（7.5R6/2，干）。

大社系代表性单个土体剖面

大社系代表性单个土体物理性质

土层	深度 /cm	砾石（>2 mm，体积分数）/%	细土颗粒组成（粒径：mm）/（g/kg）			细土质地（美国制）	容重 /（g/cm^3）
			砂粒 2~0.05	粉砂 0.05~0.002	黏粒 <0.002		
Ah	0~20	12	327	384	289	黏壤土	1.27
Bw	20~40	15	280	381	340	黏壤土	1.46

大社系代表性单个土体化学性质

深度 /cm	pH		CEC /（cmol（+）/kg）		黏粒 CEC /（cmol（+）/kg）		盐基饱和度/%	铝饱和度/%	全铁（Fe_2O_3）/（g/kg）	游离铁 /（g/kg）
	（H_2O）	（KCl）	CEC_7	ECEC	CEC_7	ECEC				
0~20	6.71	6.05	11.23	9.32	38.82	32.22	82.99	0.00	165.44	51.20
20~40	6.87	6.23	10.45	9.82	30.77	28.92	93.97	0.00	161.48	41.56

10.9.3 港头系（Gangtou Series）

土族：粗骨砂质硅质混合型非酸性高热-普通铁质干润雏形土
拟定者：章明奎，麻万诸

港头系典型景观

分布与环境条件 分布于福建省莆田、泉州、厦门、漳州等地靠沿海的花岗岩孤丘上，海拔一般在 150 m 以下；地面坡度在 25° 以上，因受人为影响，土壤侵蚀严重；周围可见花岗岩岩石露头，占地表的 20%以上。起源于粗晶花岗岩残坡积物；利用方式主要为旱地和果园。属亚热带湿润海洋性季风气候区，年均日照约 2000 h，年均气温 20.4~21.2℃，全年无霜，≥10℃的积温 7200~7300℃，≥15℃的积温 5900~6200℃，≥20℃的积温 4600~5100℃；年均降水量 1000~1200 mm。年均蒸发量约 1300~1800 mm，干燥度在 1.2 左右。

土系特征与变幅 该土系诊断层包括淡薄表层和雏形层；诊断特性包括准石质接触面、半干润土壤水分状况、高热土壤温度状况、铁质特性及饱和的盐基饱和度。土壤黏土矿物主要由水云母高岭石和蒙脱石组成。其剖面一般具有 Ap-Bw-C；土体厚度在 40~100 cm 之间。砂性强，细土质地为砂质壤土；表层土壤容重在 1.40 g/cm^3 左右，心土容重在 1.50 g/cm^3 左右。土壤呈中性和微酸性，pH 在 5.5~7.5 之间。地表常被细砂覆盖。

Bw 层厚度 25~80 cm，粒状和核状结构，细土质地为砂质壤土；CEC_7 在 20~40 cmol/kg 黏粒之间；土壤氧化铁游离度在 40%以上；土壤 pH 在 5.50~7.50 之间；色调主要为 2.5Y 或 5Y，润态明度 4~5，彩度 2~3；干态明度 6~7，彩度 2~3。

对比土系 鳌西系，同一土族，颜色及黏粒 CEC_7 有明显的差异。鳌西系 Bw 层湿土色调为 7.5YR 或 5YR，彩度 4~6，黏粒 CEC_7 在 20~40 cmol/kg 黏粒之间；港头系 Bw 层湿土色调为 2.5Y 或 5Y，彩度 2~3，黏粒 CEC_7 在 40~60 cmol/kg 黏粒之间。

利用性能综述 港头系土壤有机质和全氮以中下水平为主，有效磷和速效钾中等，表层土壤有机质含量变化于 10~25 g/kg 之间，全氮在 0.50~1.50 g/kg 之间，全磷一般在 0.30~0.60 g/kg 之间；速效钾和有效磷分别在 50~100 mg/kg 和 5~10 mg/kg 之间。土壤保肥性能较低，CEC 在 5 cmol/kg 以下。粗骨性强，质地轻，保水保肥能力差，易遭受侵蚀，应逐渐实施退耕还林。若用于生产农作物，应在做好水土保持措施的基础上，加强有机肥料的施用，也可在果树下套种植绿肥或其他草类，既可增加土壤有机质，也可减弱水土流失。注意配施磷肥和钾肥。

代表性单个土体（编号：35-015）　于 2011 年 4 月 16 日采自福建省漳浦县佛昙镇城南下坑村（佛昙小学西北面），24°11'38.2" N，117°54'27.9" E。母质为粗晶花岗岩残坡积物；地形为低丘梯地，海拔 10 m，大地形坡度 25°~40°；土地利用方式为果园（龙眼等）。

港头系代表性单个土体剖面

Ap：0~17 cm，暗灰黄色（2.5Y4/2，润），灰白色（2.5Y7/1，干），砂质壤土，干，弱发育的粒状和团粒状结构，稍坚实；中量中根和细根；微碱性；向下层清晰平滑过渡。

Bw1：17~43 cm，暗灰黄色（2.5Y4/2，润），灰黄色（2.5Y6/2，干），砂质壤土，干，弱发育的粒状和核状结构，坚实；中量中根和细根；夹少量砖块碎片；微酸性；向下层渐变波状过渡。

Bw2：43~96 cm，黄棕色（2.5Y5/3，润），灰黄色（2.5Y7/2，干），砂质壤土，稍润，弱发育的小块状结构和单粒状结构，非常坚实；少量细根；微酸性；向下层清晰平滑过渡。

C：96~140 cm，花岗岩半风化残积物，亮红棕色（7.5YR5/6，润），淡橙色（7.5YR7/3，干），砂质壤土；因风化物被氧化铁胶结，非常坚实，微酸性。

港头系代表性单个土体物理性质

土层	深度 /cm	砾石 （>2 mm，体积分数）/%	细土颗粒组成（粒径：mm）/（g/kg）			细土质地 （美国制）	容重 /（g/cm^3）
			砂粒 2~0.05	粉砂 0.05~0.002	黏粒 <0.002		
Ap	0~17	38	733	176	92	砂质壤土	1.38
Bw1	17~43	29	677	206	117	砂质壤土	1.42
Bw2	43~96	30	692	184	124	砂质壤土	1.58
C	96~140	40	657	137	206	砂质黏壤土	—

港头系代表性单个土体化学性质

深度 /cm	pH		CEC /（cmol（+）/kg）		黏粒 CEC /（cmol（+）/kg）		盐基饱和度/%	铝饱和度/%	全铁（Fe_2O_3）/（g/kg）	游离铁 /（g/kg）
	（H_2O）	（KCl）	CEC_7	ECEC	CEC_7	ECEC				
0~17	7.69	7.11	3.85	3.33	41.89	36.24	100	0.00	16.67	7.85
17~43	6.26	5.38	4.23	3.63	36.03	30.92	82.03	3.03	19.63	8.84
43~96	6.34	5.42	3.89	3.35	31.45	27.08	80.98	3.88	16.14	7.41
96~140	6.30	5.58	5.74	5.23	27.87	25.40	89.72	0.96	16.52	7.38

10.9.4　隆教南系（Longjiaonan Series）

土族：壤质混合型非酸性高热-普通铁质干润雏形土
拟定者：章明奎，麻万诸

隆教南系典型景观

分布与环境条件　零星分布于福建省漳浦县前亭镇和隆教乡及莆田、泉州等地靠沿海的丘陵和台地，海拔一般在 250 m 以下。起源于第三纪玄武岩风化残坡积物；利用方式主要为林地和旱地。属亚热带湿润海洋性季风气候区，年均日照约 2000 h，年均气温 20.4~21.2℃，全年无霜，≥10℃的积温 7200~7300℃，≥15℃的积温 5900~6200℃，≥20℃的积温 4600~5100℃；1 月份平均气温在 10℃以上，最热月份在 7 月，平均温度在 28℃以上。年均降水量 1000~1200 mm，降水的季节分布不均，干湿季节十分明显，每年 4~9 月为湿季，月降水量都在 100 mm 以上，其中 6~8 月的雨量约占全年的 63%~74%，10 月至翌年 3 月为旱季，月均降水都在 100 mm 以下，春旱较为严重。年均蒸发量约 1500~2000 mm，干燥度在 1.2 左右。

土系特征与变幅　该土系诊断层包括淡薄表层和雏形层；诊断特性包括准石质接触面、半干润土壤水分状况、高热土壤温度状况、铁质特性及饱和的盐基饱和度。由于地处台地边缘或坡度稍大处，土壤冲刷强烈，致使土壤发育始终保持幼年阶段，土壤黏土矿物主要由蒙脱石、水云母和高岭石组成。其剖面一般具有 Ap-Bw-C；土体厚度在 50~120 cm 之间；土壤氧化铁含量高，土壤颜色为暗红棕色或淡红棕色。土壤质地为壤土，黏粒含量多在 150~250 g/kg 之间，土体内夹杂的半风化母岩较少，低于 25%。表层土壤容重在 1.25 g/cm^3 左右，心土容重在 1.40 g/cm^3 左右。土壤呈中性，pH 在 6.5~7.5 之间。

Bw 层厚度 30~100 cm，黏粒含量在 150~250 g/kg 之间；半风化母岩占土体的 25% 以下；CEC_7 在 50~100 cmol/kg 黏粒之间；土壤游离氧化铁含量较高，在 35 g/kg 以上，氧化铁游离度在 40%以上；土壤 pH 在 6.50~7.50 之间；色调主要为 2.5YR，润态明度 3~4，彩度 2~3；干态明度 3~5，彩度 2~3。

对比土系　与岭下系、马坪系同属铁质干润雏形土，但三者之间土层厚度、颗粒大小级别、酸碱度有较大的差异。岭下系颗粒大小级别为砂质，土壤酸碱度主要为酸性。马坪系颗粒大小级别为粗骨壤质，呈微酸性。隆教南系颗粒大小级别为壤土，土壤主要呈现中性。

利用性能综述　隆教南系土壤养分中等，表层土壤有机质含量变化于 10~35 g/kg 之间，全氮在 0.50~1.50 g/kg 之间，全磷一般在 0.50~1.50 g/kg 之间；速效钾和有效磷分别在 30~80 mg/kg 和 5~20 mg/kg 之间。土壤保肥性能较高，CEC 在 15~20 cmol/kg 之间。质地中等，盐基饱和度高，矿质养分较为丰富，但供钾潜力不高；存在季节性干旱问题。在改良上，应加强水利建设，发展喷灌，提高抗旱能力；注意用养结合，合理轮作。积极种植绿肥作物，增施有机肥，改善土壤结构。在施肥技术上，应重视基肥早追肥，促进苗期早生快发，并注意配施磷、钾肥。

代表性单个土体（编号：35-013）　于 2011 年 4 月 15 日采自福建省漳州市漳浦县前亭镇大社村，24°14'21.3"N，117°58'17.5"E。母质为第三纪玄武岩风化残坡积物，80 cm 以下为泥岩；地形为丘陵中坡，海拔 47 m，坡度 10°；土地利用方式为旱地。

Ap：0~25 cm，暗红棕色（2.5YR3/2，润），灰红色（2.5YR4/2，干），壤土，干，弱发育的团粒和块状结构，稍疏松；中量中根和细根；中性；向下层模糊波状过渡。

Bw1：25~60 cm，暗红棕色（2.5YR3/2，润），灰红色（2.5YR4/2，干），壤土，润，中等发育的块状结构，稍坚实；少量细根；中性；向下层模糊波状过渡。

Bw2：60~80 cm，淡红棕色（2.5YR4/3，润），淡红棕色（2.5YR4/3，干），壤土，润，中等发育的块状结构，坚实；少量细根；见 5%左右岩石碎屑；中性；向下层突变间断过渡。

2C：80~125 cm，整块状泥岩半风化物，暗红棕色（5YR3/2，润），灰棕色（5YR6/2，干），砂质壤土，干，很坚实；中性。

隆教南系代表性单个土体剖面

隆教南系代表性单个土体物理性质

土层	深度 /cm	砾石（>2 mm，体积分数）/%	细土颗粒组成（粒径：mm）/（g/kg）			细土质地（美国制）	容重 /（g/cm^3）
			砂粒 2~0.05	粉砂 0.05~0.002	黏粒 <0.002		
Ap	0~25	8	352	477	171	壤土	1.23
Bw1	25~60	19	382	436	182	壤土	1.34
Bw2	60~80	11	399	409	192	壤土	1.44
2C	80~125	1	715	214	71	砂质壤土	—

隆教南系代表性单个土体化学性质

深度 /cm	pH		CEC /（cmol（+）/kg）		黏粒 CEC /（cmol（+）/kg）		盐基饱和度/%	铝饱和度/%	全铁（Fe_2O_3）/（g/kg）	游离铁 /（g/kg）
	（H_2O）	（KCl）	CEC_7	ECEC	CEC_7	ECEC				
0~25	6.70	5.88	16.87	11.91	98.94	69.85	69.53	1.51	71.73	45.10
25~60	6.86	6.05	16.66	12.56	91.53	69.01	87.39	0.00	74.42	39.75
60~80	7.06	6.21	15.80	13.74	82.46	71.71	99.62	0.00	64.86	41.13
80~125	7.06	6.32	6.45	6.05	90.85	79.58	93.80	0.00	66.74	45.84

10.9.5　马坪系（Maping Series）

土族：粗骨壤质混合型非酸性高热-普通铁质干润雏形土
拟定者：章明奎，麻万诸

马坪系典型景观

分布与环境条件　零星分布于福建省漳浦县前亭镇和马坪镇及莆田、泉州等地靠沿海的丘陵上坡和顶部，海拔一般在 250 m 以下。起源于玄武岩和辉长岩等风化物；利用方式主要为林地和荒地。属亚热带湿润海洋性季风气候区，年均日照约 2000 h，年均气温 20.4~21.2℃，全年无霜，≥10℃的积温 7200~7300℃，≥15℃的积温 5900~6200℃，≥20℃的积温 4600~5100℃；1 月份平均气温在 10℃以上，最热月份在 7 月，平均温度在 28℃以上。年均降水量 1000~1200 mm，降水的季节分布不均，干湿季节十分明显，每年 4~9 月为湿季，月降水量都在 100 mm 以上，其中 6~8 月的雨量约占全年的 63%~74%，10 月至翌年 3 月为旱季，月均降水都在 100 mm 以下，春旱较为严重。年均蒸发量约 1500~2000 mm，干燥度在 1.2 左右。

土系特征与变幅　该土系诊断层包括淡薄表层和雏形层；诊断特性包括半干润土壤水分状况、高热土壤温度状况、铁质特性及饱和的盐基饱和度。土壤黏土矿物主要由高岭石和水云母组成，含少量蒙脱石。其剖面一般具有 Ah-Bw-C；土体厚度在 25~80 cm 之间；土壤氧化铁含量高，土壤颜色为淡红棕色。土壤质地为砂质壤土，黏粒含量多在 100~200 g/kg 之间；土体内夹杂 25%以上的半风化母岩。土壤层容重在 1.30 g/cm^3 左右。土壤呈微酸性，pH 在 5.5~6.5 之间。

Bw 层厚度 20~60 cm，黏粒含量在 100~200 g/kg 之间；半风化母岩占土体体积的 25%~50%；CEC_7 在 25~40 cmol/kg 黏粒之间；土壤游离氧化铁含量较高，在 35 g/kg 以上，而氧化铁游离度在 40%以上；土壤 pH 在 5.50~6.50 之间；色调主要为 5YR，润态明度 3~4，彩度 3~4；干态明度 3~5，彩度 4~6。

对比土系　岭下系隆教南系，同一亚类但不同土族，土层厚度、颗粒大小级别、酸碱度有较大的差异。岭下系颗粒大小级别为砂质，土壤酸碱度主要为酸性。隆教南系颗粒大小级别为壤土，土壤主要呈现中性；马坪系颗粒大小级别为粗骨壤质，呈微酸性。

利用性能综述　马坪系土壤养分总体上较高，但有较大的变化。表层土壤有机质含量在 10~60 g/kg 之间，全氮在 0.50~2.50 g/kg 之间，全磷一般在 0.80~1.50 g/kg 之间；速效钾和有效磷分别在 50~150 mg/kg 和 5~15 mg/kg 之间。土壤保肥性能较低，CEC 在 5~10 cmol/kg 之间。土层较浅薄，多砾石，质地较轻，保肥持水力差，土壤易受侵蚀，土体干燥。在改良利用上，应封山育林，营造相思树、黑松、马尾松等薪炭林，尽快恢复地表覆盖，防止水土进一步流失。严禁乱采山石，保护幼林生长；局部土层较厚的地段，可垦为果园，应选择适生果树，并应配合水土保持，修筑高标准台地、鱼鳞坑，加强果园管理，套种绿肥，增施有机肥，以防止水土流失和维持土壤肥力。

代表性单个土体（编号：35-012）　于 2011 年 4 月 15 日采自福建省漳州市漳浦县前亭镇大社村，24°14'32.9"N，117°58'17.8"E。母质为暗黑色气孔状玄武岩残积物；地形为丘陵顶部，海拔 102 m，坡度 30°~50°；水土流失严重，岩石裸露达 60%以上；土地利用方式为荒草地和疏林灌丛地。

马坪系代表性单个土体剖面

Ah：0~10 cm，淡红棕色（5YR4/4，润），红棕色（5YR4/6，干），细土质地为砂质壤土，干，中等发育的粒状和小块状结构，稍疏松；多量细根；见 30%左右的玄武岩碎屑；微酸性；向下层渐变波状过渡。

Bw：10~35 cm，淡红棕色（5YR4/4，润），红棕色（5YR4/6，干），细土质地为砂质黏壤土，干，小块状结构，稍疏松；中量细根；见 45%左右大小在 2~15 cm 之间的半风化玄武岩碎屑；微酸性；向下层模糊波状过渡。

C：35~70 cm，玄武岩半风化体，淡红棕色（5YR4/4，润），红棕色（5YR4/6，干），细土质地为砂质黏壤土，稍润，单粒状，稍坚实，少量细根；90%以上为大小在 1~10 cm 之间的岩石碎屑；微酸性。

马坪系代表性单个土体物理性质

土层	深度 /cm	砾石（>2 mm，体积分数）/%	细土颗粒组成（粒径：mm）/（g/kg）			细土质地（美国制）	容重 /（g/cm^3）
			砂粒 2~0.05	粉砂 0.05~0.002	黏粒 <0.002		
Ah	0~10	31	592	240	168	砂质壤土	1.28
Bw	10~35	44	516	307	177	砂质壤土	1.31
C	35~70	90	519	341	140	壤土	1.43

马坪系代表性单个土体化学性质

深度 /cm	pH		CEC /（cmol（+）/kg）		黏粒 CEC /（cmol（+）/kg）		盐基饱和度/%	铝饱和度/%	全铁（Fe_2O_3）/（g/kg）	游离铁 /（g/kg）
	（H_2O）	（KCl）	CEC_7	ECEC	CEC_7	ECEC				
0~10	6.24	5.45	6.23	5.52	37.19	32.96	80.42	5.07	75.60	61.93
10~35	5.62	4.89	5.87	5.55	33.16	31.36	76.49	10.45	79.88	67.04
35~70	5.95	5.23	4.88	3.86	34.86	27.57	69.26	10.88	81.92	68.10

10.10 腐殖铝质常湿雏形土

10.10.1 黄岗山系（Huanggangshan Series）

土族：黏壤质硅质混合型酸性温性-腐殖铝质常湿雏形土
拟定者：章明奎，麻万诸

黄岗山系典型景观

分布与环境条件 主要分布在闽西北海拔 1400~2160 m 之间中山上部的平地或低凹地，坡度多在 0°~15°之间。起源于凝灰岩、流纹质凝灰岩风化的残坡积物，利用方式主要为草灌丛。年均温在 9.7~13.0℃之间；≥10℃的积温 1920~3100℃，年均日照约 1700 h；无霜期 200 d 左右；年均降水量 2000~3000 mm，年相对湿度 85%左右。年均蒸发量约 700~1000 mm，干燥度在 0.5 左右，属于常湿润水分状况。

土系特征与变幅 该土系诊断层包括暗瘠表层和雏形层；诊断特性包括常湿润土壤水分状况、氧化还原特征、温性土壤温度状况、腐殖质特性、铝质特性或铝质现象及不饱和的盐基饱和度。次生矿物以水云母为主，其次为蛭石和高岭石，含少量蒙脱石。其剖面一般具有 A-Bw-C；土体厚度一般在 40~80 cm 之间。土壤草甸化作用明显，有机质积累量大，地表有一厚度在 1~5 cm 的枯草层，土色暗黑；Bw 层结构体表面有腐殖质淀积。存在季节性积水，剖面中下部可见少量锈纹。细土质地为砂质黏壤土。土壤呈酸性，pH 主要在 4.5~5.5 之间。表层容重在 0.60 g/cm^3 左右；心土容重在 1.10 g/cm^3 左右。

Ah 层厚度在 25~50 cm 之间；团粒状和小块状结构，疏松；pH 主要在 4.5~5.5 之间；色调主要为 2.5Y 或 10YR，润态明度≤3，彩度≤2；干态明度≤4，彩度≤2。

Bw 层厚度在 15~50 cm 之间；块状结构，稍坚实；结构体表面有腐殖质淀积，并有少量锈纹锈斑；pH 主要在 4.5~5.5 之间；土壤氧化铁游离度低于 40%；色调主要为 2.5Y 或 10YR，润态明度 5~6，彩度 1~2；干态明度 6~7，彩度 1~2。

对比土系 泗桥系、梅花山系，同一土类但不同亚类，无腐殖质特性，为普通铝质常湿雏形土。泗桥系颗粒大小级别为壤质，温度状况为热性，不同于黄岗山系的黏壤质土壤颗粒大小级别和温性土壤温度状况；梅花山系酸碱度为非酸性，不同于黄岗山系的酸性土壤酸碱度。

利用性能综述 黄岗山系土壤有机质和全氮积累量大，有效磷和速效钾中下，全钾与全磷含量较低。表层土壤有机质含量在 50~120 g/kg 之间，全氮在 2.50~6.00 g/kg 之间，全磷一般在 0.30~0.50 g/kg 之间；全钾一般在 5~15 g/kg 之间；速效钾和有效磷分别在 30~80 mg/kg 和 5~10 mg/kg 之间。CEC 在 15~20 cmol/kg 之间。由于分布海拔高、气温低、风力强，林地立地条件较差，多为荒山草坡地。应以涵养水源和保护生态安全为主。

代表性单个土体（编号：35-159）　于 2012 年 8 月 18 日采自福建省武夷山市黄岗山顶附近，27°51'42.0" N，117°47'18.0" E。母质为流纹质凝灰岩残积物；地形为中山平地，海拔 2144 m，坡度<5°，土地利用方式为灌丛草甸，主要生长菊、箭竹、矮化黄山松。

O：+2~0 cm，枯枝落叶。

Ah1：0~25 cm，黑色（2.5Y2/1，润），棕黑色（2.5Y3/2，干），细土质地为砂质黏壤土，润，弱发育的团粒状和小块状结构，疏松，高量中根和细根；酸性；向下层清晰水平过渡。

Ah2：25~43 cm，棕黑色（2.5Y3/1，润），黄灰色（2.5Y4/1，干），细土质地为砂质黏壤土，润，弱发育的团粒状和小块状结构，疏松；多量中根和细根；酸性；向下层清晰水平过渡。

Bw：43~65 cm，灰黄色（2.5Y6/2，润），灰白色（2.5Y7/1，干），细土质地为砂质黏壤土，润，中等发育的块状结构，稍坚实；少量细根；结构面上及孔隙中可见少量灰色腐殖质淀积胶膜；见少量铁锈纹；酸性；向下层渐变波状过渡。

C：67~125 cm，由大石块与细土混合而成，石块大小在 5~15 cm 之间，数量占 35%左右。细土呈灰黄棕色（10YR6/2，润），淡黄橙色（10YR7/2，干），质地为砂质黏壤土，单粒状结构，稍坚实；土块表面见少量（占 3%左右）铁锈纹；酸性。

黄岗山系代表性单个土体剖面

黄岗山系代表性单个土体物理性质

土层	深度 /cm	砾石（>2 mm，体积分数）/%	细土颗粒组成（粒径：mm）/（g/kg）			细土质地（美国制）	容重 /（g/cm³）
			砂粒 2~0.05	粉砂 0.05~0.002	黏粒 <0.002		
Ah1	0~25	14	496	216	288	砂质黏壤土	0.57
Ah2	25~43	7	476	260	264	砂质黏壤土	0.65
Bw	43~67	9	482	225	293	砂质黏壤土	1.09
C	67~125	35	575	181	244	砂质黏壤土	—

黄岗山系代表性单个土体化学性质

深度 /cm	pH		CEC /（cmol（+）/kg）		黏粒 CEC /（cmol（+）/kg）		盐基饱和度/%	铝饱和度/%	全铁（Fe_2O_3）/（g/kg）	游离铁 /（g/kg）
	（H_2O）	（KCl）	CEC_7	ECEC	CEC_7	ECEC				
0~25	4.78	3.87	18.76	13.64	65.14	47.36	13.17	77.93	11.23	4.21
25~43	4.83	3.96	15.28	12.78	57.88	48.41	23.04	67.84	12.54	4.53
43~67	5.12	4.24	11.43	7.45	39.01	25.43	14.61	72.89	13.65	4.87
67~125	5.33	4.53	8.76	6.68	35.90	27.38	26.37	60.63	10.24	3.12

10.11　普通铝质常湿雏形土

10.11.1　梅花山系（Meihuashan Series）

土族：黏壤质硅质混合型非酸性温性-普通铝质常湿雏形土
拟定者：章明奎，麻万诸

梅花山系典型景观

分布与环境条件　主要分布于闽西北武夷山区、闽中的戴云山区的中山，海拔多在 1500 m 以上，坡度在 10°~35° 之间。起源于花岗岩、花岗片麻岩、凝灰熔岩等酸性岩的残坡积物，利用方式为林地和疏林地，植被主要为毛竹、杜鹃、石松、黄山松及灌木草丛等。属中亚热带温凉水气候，年均温在 12.5~13.0℃；极端最低气温-10℃左右，极端最高气温 34℃左右，≥10℃的积温 4000℃左右，年均日照约 1680 h；无霜期 230 d 左右；年均降水量 1900 mm 以上，年均蒸发量约 1000 mm，干湿季不明显，年相对湿度大于 85%，多云雾，属常湿润土壤水分状况。

土系特征与变幅　该土系诊断层包括暗瘠表层和雏形层；诊断特性包括常湿润土壤水分状况、温性土壤温度状况、铝质特性或铝质现象及不饱和的盐基饱和度。由于分布区海拔较高，温度较低，土壤风化相对较弱，土壤黏土矿物主要由水云母、蛭石、高岭石组成，伴有绿泥石，并有三水铝石出现。其剖面一般具有 Ah-Bw-C；土体较深厚，一般在 40~80 cm 之间；气温低、降水量大，表土有机质积累明显，呈灰黑色和暗黄棕色，心土多呈黄棕色。土壤呈酸性至微酸性，pH 在 4.5~6.5 之间。土壤质地为砂质黏壤土和壤土，黏粒含量在 150~350 g/kg 之间，全剖面平均黏粒含量在 200~350 g/kg 之间；整个剖面砾石含量均低于 25%。

Bw 层厚度 20~60 cm；块状结构，坚实；黏粒含量在 150~350 g/kg 之间，砾石含量均低于 25%。土壤氧化铁游离度在 40%~80%之间；土壤 pH 在 4.50~6.50 之间；色调主要为 2.5Y 或 10YR，润态明度 5~6，彩度 6~8；干态明度 6~7，彩度 6~8。

对比土系　泗桥系，同一亚类但不同土族，泗桥系颗粒大小级别为壤质，温度状况为热性，酸性；梅花山系为壤质、温性土壤温度状况、酸性。

利用性能综述　梅花山系土壤有机质和氮素较高，有效磷和速效钾中等。表层土壤有机质含量在 50~100 g/kg 之间，全氮在 2.50~4.00 g/kg 之间，全磷一般在 0.50~1.00 g/kg 之间；速效钾和有效磷分别在 30~80 mg/kg 以上和 5~15 mg/kg 之间；全钾在 10~20 g/kg 之间。土壤保肥性能中等，CEC 主要在 10~15 cmol/kg 之间。土壤海拔高，气温凉湿，适宜于林业生产。在地势平缓处可考虑发展药材等经济作物。利用时应注意植被保护，防止水土流失。

代表性单个土体（编号：35-082）　于 2011 年 8 月 23 日采自福建省龙岩市连城县曲溪乡罗胜村（福建梅花山国家自然保护区内），25°35'36.5" N，116°57'30.9" E。母质为花岗岩残积物；地形为（北坡）中山中上部，海拔 1522 m，坡度 10°~25°；土地利用方式为竹林。

梅花山系代表性单个土体剖面

O：+1~0 cm，枯枝落叶。

Ah：0~20 cm，黑棕色（10YR3/2，润），淡黄棕色（10YR5/3，干），细土质地为壤土，润，弱发育的小块状和团粒状结构，稍坚实；多量中根和细根；酸性；向下层清晰平滑过渡。

Bw：20~45 cm，黄棕色（10YR5/8，润），亮黄棕色（10YR7/6，干），细土质地为砂质壤土，润，中等发育的块状结构，坚实；少量中根和细根；夹少量大小在 2~5 cm 之间的半风化岩石碎屑；酸性；向下层清晰平滑过渡。

C：45~110 cm，为半风化物碎屑物，由灰白色（2.5Y8/2，润）、淡橙色（5YR8/3，润）和黄棕色（10YR5/8，润）半风化物混合而成；细土质地为砂质壤土，润，无明显结构体，松散；微酸性。

梅花山系代表性单个土体物理性质

土层	深度/cm	砾石（>2 mm，体积分数）/%	细土颗粒组成（粒径：mm）/（g/kg）			细土质地（美国制）	容重/（g/cm³）
			砂粒 2~0.05	粉砂 0.05~0.002	黏粒 <0.002		
Ah	0~20	11	480	252	268	砂质黏壤土	1.34
Bw	20~45	10	399	372	231	壤土	1.42
C	45~110	21	542	260	198	砂质壤土	—

梅花山系代表性单个土体化学性质

深度/cm	pH		CEC/（cmol（+）/kg）		黏粒 CEC/（cmol（+）/kg）		盐基饱和度/%	铝饱和度/%	全铁（Fe_2O_3）/（g/kg）	游离铁/（g/kg）
	（H_2O）	（KCl）	CEC_7	ECEC	CEC_7	ECEC				
0~20	4.89	3.45	12.88	7.37	48.05	27.50	5.20	82.90	57.92	37.14
20~45	5.44	3.77	7.56	4.45	32.78	19.30	18.52	57.30	51.43	26.81
45~110	5.80	4.02	8.65	4.53	43.59	22.83	36.42	27.59	42.07	24.28

10.11.2　泗桥系（Siqiao Series）

土族：壤质硅质混合型酸性热性-普通铝质常湿雏形土

拟定者：章明奎，麻万诸

泗桥系典型景观

分布与环境条件　主要分布在福建省宁德、南平、三明等市的中低山缓坡地或低凹地，海拔 700~1200 m 之间，坡度多在 10°~25° 之间。起源于花岗岩、花岗片麻岩、石英云母片岩、片麻岩、凝灰质熔岩等风化物，利用方式主要为林地，自然植被为常绿阔叶林或针叶阔叶混交林，次生林多为杉木、松树和灌木丛。属亚热带湿润海洋性季风气候区，年均温在 14.0~15.5℃之间；极端最低温度–9~–7℃之间；≥10℃的积温 4000~5000℃，年均日照约 1700 h；无霜期 230~240 d；年均降水量大于 1900 mm，年相对湿度>82%，常年云雾弥漫；年均蒸发量约 800~1100 mm，干燥度小于 1。

土系特征与变幅　该土系诊断层包括暗瘠表层和雏形层；诊断特性包括常湿润土壤水分状况、热性土壤温度状况、铝质特性或铝质现象及不饱和的盐基饱和度。土壤黏土矿物主要为水云母、高岭石为主，并有较多的蛭石，伴有一定量的三水铝石。其剖面一般具有 Ah-Bw-C；土体深厚，一般在 60~100 cm 之间；所处地形为中低山低凹处，土壤水分偏润，土壤颜色以棕黑色和黄棕色为主。土壤质地为壤土，黏粒含量在 150~270 g/kg 之间，砂粒含量在 250~520 g/kg 之间，整个剖面砾石含量均低于 25%。土壤主要为酸性，pH 在 4.5~5.5 之间。

Bw 层厚度 40~80 cm；黏粒含量 150~270 g/kg 之间；土壤氧化铁游离度在 50%以上；具铝质特性或铝质现象；土壤 pH 在 4.50~5.50 之间；色调主要为 10YR，润态明度 5~6，彩度 4~6；干态明度 7~8，彩度 4~6。

对比土系　梅花山系，同一亚类但不同土族，颗粒大小级别为黏壤质，温度状况为温性，非酸性；泗桥系颗粒大小级别为壤质、热性土壤温度状况、酸性。

利用性能综述　泗桥系土壤有机质和氮素积累明显，但有效磷和速效钾相对较低。表层土壤有机质含量在 45~80 g/kg 之间，全氮在 1.50~2.50 g/kg 之间，全磷一般在 0.20~0.50 g/kg 之间；速效钾和有效磷分别在 30~80 mg/kg 以上和 3~10 mg/kg 之间；全钾在 10~20 g/kg 之间。土壤保肥性能较低，CEC 主要在 10 cmol/kg 左右。土壤湿润，地力相对较高，适宜发展台湾松、黄山松、柳杉等。部分缓坡避风地段也可发展茶叶、药材等经济作物。但因土体黏粒较低，土质疏松，渗透性较好，抗蚀性差，但土壤淋溶强烈，土壤磷、钾、微量元素贫乏，酸性较强，因此，在利用时要特别注意加强水土保持工作，防止土壤侵蚀；对经济作物要适地种植，增施磷肥及硼、锌、钼肥，以提高生产水平。

代表性单个土体（编号：35-044）　于 2011 年 7 月 20 日采自福建省周宁县泗桥乡官司村，27°8'11.8" N，119°14'10.4" E。母质为花岗岩残坡积物；地形为中山中上坡的凹坡，海拔 1151 m，坡度 10°~15°；土地利用方式为林地（主要为杉木、松树和灌木丛）。

泗桥系代表性单个土体剖面

O：+3~0 cm，枯枝落叶。

Ah：0~20 cm，棕黑色（10YR2/2，润），棕灰色（10YR5/1，干），细土质地为壤土，润，弱发育的团粒状或小块状结构，疏松；中量中根和细根；见 10%左右直径在 2~5 mm 之间的石英砂；酸性；向下层清晰波状过渡。

AB：20~40 cm，灰棕色（2.5Y4/3，润），浅黄色（2.5Y7/3，干），细土质地为壤土，润，弱发育的粒状和块状结构，稍坚实；中量中根和细根；见约 5%~10%直径 5 cm 左右的大块砾石；酸性；向下层清晰波状过渡。

Bw：40~100 cm，亮黄棕色（10YR6/6，润），浅黄橙色（10YR8/4，干），细土质地为壤土，润，中等发育的块状结构，坚实；少量细根；见约 10%直径在 5~10 cm 之间的砾石；酸性；向下层清晰波状过渡。

C：100~125 cm，半风化花岗岩残坡积物。

泗桥系代表性单个土体物理性质

土层	深度 /cm	砾石（>2 mm，体积分数）/%	细土颗粒组成（粒径：mm）/（g/kg）			细土质地（美国制）	容重 /（g/cm³）
			砂粒 2~0.05	粉砂 0.05~0.002	黏粒 <0.002		
Ah	0~20	9	382	390	228	壤土	1.25
AB	20~40	6	432	402	166	壤土	1.38
Bw	40~100	15	363	452	185	壤土	1.38

泗桥系代表性单个土体化学性质

深度 /cm	pH		CEC /（cmol（+）/kg）		黏粒 CEC /（cmol（+）/kg）		盐基饱和度/%	铝饱和度/%	全铁（Fe_2O_3）/（g/kg）	游离铁 /（g/kg）
	（H_2O）	（KCl）	CEC_7	ECEC	CEC_7	ECEC				
0~20	4.89	3.69	12.44	6.96	54.56	30.53	7.64	81.46	18.15	11.27
20~40	4.80	3.77	11.26	6.13	67.85	36.92	9.77	82.06	20.4	13.14
40~100	5.31	3.88	7.07	3.64	38.21	19.68	16.12	68.68	21.38	12.98

10.12　铁质酸性常湿雏形土

10.12.1　玉山系（Yushan Series）

土族：砂质硅质混合型热性-铁质酸性常湿雏形土

拟定者：章明奎，麻万诸

玉山系典型景观

分布与环境条件　主要分布在福建省宁德、南平等市的中山坡地，海拔 1050~1400 m 之间，坡度多在 25°~40°之间。起源于粗晶酸性岩或砂质岩的风化物，利用方式为林地，常以矮林灌丛草甸植被为主。属亚热带湿润季风气候区，年均温在 13.5~15.0℃之间；极端最低温度−10~−7℃之间；≥10℃的积温 4000~4500℃，年均日照约 1700 h；无霜期 230~240 d；年均降水量大于 1800~2200 mm，年均蒸发量约 900~1200 mm，干燥度小于 1，干湿季不明显，多云雾，年相对湿度大于 85%，属常湿润水分状况。

土系特征与变幅　该土系诊断层包括暗瘠表层和雏形层；诊断特性包括常湿润土壤水分状况、热性土壤温度状况、铁质特性及不饱和的盐基饱和度。土壤淋溶作用和脱硅富铝化作用较为明显，土壤黏土矿物主要为水云母和高岭石，有较多的蛭石和一定量的三水铝石。其剖面一般具有 Ah-Bw-C；土体较为深厚，一般在 60~100 cm 之间。由于湿度大，土壤中氧化铁多被水化为黄色基调，土壤颜色以黄棕色为主。土壤质地为砂质壤土、壤质砂土，黏粒含量在 50~200 g/kg 之间，上下层间差异较小；整个剖面砾石含量在 15%~25%。土壤主要为酸性，pH 在 4.5~5.5 之间。

Bw 层厚度 40~80 cm；黏粒含量在 50~200 g/kg 之间，砾石含量在 15%~25%；土壤氧化铁游离度在 40%以上；土壤 pH 在 4.50~5.50 之间；色调主要为 2.5Y 或 10YR，润态明度 6~8，彩度 2~4；干态明度 6~8，彩度 1~3。

对比土系　泗桥系、梅花山系、黄岗山系，同属相同土类，B 层具有铝质特性或铝质现象，而玉山系土壤无铝质特性或铝质现象。

利用性能综述　玉山系因土壤湿度大，分布海拔较高，该土系土壤生物积累明显，有机质和氮素较高，有效磷和速效钾中等。表层土壤有机质含量在 30~60 g/kg 之间，全氮在 1.00~2.50 g/kg 之间，全磷一般在 0.25~0.50 g/kg 之间；速效钾和有效磷分别在 50~

150 mg/kg 以上和 5~15 mg/kg 之间；全钾在 10~20 g/kg 之间。土壤保肥性能较低，CEC 主要在 5 cmol/kg 左右。土层深厚、质地较轻，适于发展用材林或常绿阔叶林树种。因分布处坡度较大，且土壤质地较砂、结持性差，不适宜开垦为农地，否则容易导致水土流失。

代表性单个土体（编号：35-050） 于 2011 年 7 月 21 日采自福建省建瓯市玉山镇鼓架村，26°51'1.7" N，118°39'23.2" E。母质为花岗岩残坡积物，地形为中山上坡近山顶50~100 m的山谷间，海拔1110 m，坡度30°~40°；土地利用方式为林地（以灌木丛为主）。

玉山系代表性单个土体剖面

Ah：0~20 cm，淡黄棕色（10YR4/3，润），灰黄棕色（10YR6/2，干），细土质地为砂质壤土，润，小块状和单粒状结构，疏松；多量中根和细根；夹 5%左右石块；酸性；向下层清晰波状过渡。

Bw1：20~35 cm，浅黄橙色（10YR8/3，润），灰白色（10YR8/2，干），细土质地为砂质壤土，润，弱发育的块状结构，疏松；少量细根；见大量石英砂；酸性；向下层模糊波状过渡。

Bw2：35~90 cm，淡黄橙色（10YR7/4，润），灰白色（10YR8/1，干），细土质地为壤质砂土，润，弱发育的小块状结构和块状结构，稍坚实；少量细根；见大量石英砂；酸性；向下层模糊波状过渡。

C：90~150 cm，花岗岩半风化体。浅黄橙色（7.5YR8/3，润），灰白色（7.5YR8/1，干），细土质地为砂土，润，单粒状结构，坚硬；微酸性。

玉山系代表性单个土体物理性质

土层	深度/cm	砾石（>2 mm，体积分数）/%	细土颗粒组成（粒径：mm）/（g/kg）			细土质地（美国制）	容重/（g/cm^3）
			砂粒 2~0.05	粉砂 0.05~0.002	黏粒 <0.002		
Ah	0~20	19	676	233	91	砂质壤土	1.11
Bw1	20~35	22	737	200	63	砂质壤土	1.32
Bw2	35~90	23	762	173	65	壤质砂土	1.39
C	90~150	27	863	109	28	砂土	—

玉山系代表性单个土体化学性质

深度/cm	pH		CEC/（cmol（+）/kg）		黏粒 CEC/（cmol（+）/kg）		盐基饱和度/%	铝饱和度/%	全铁（Fe_2O_3）/（g/kg）	游离铁/（g/kg）
	（H_2O）	（KCl）	CEC_7	ECEC	CEC_7	ECEC				
0~20	4.58	3.68	5.31	4.65	58.35	51.10	24.29	66.67	12.84	6.35
20~35	5.04	3.86	5.35	4.45	84.92	70.63	36.45	51.46	12.10	6.33
35~90	5.17	3.84	5.99	5.66	92.15	87.08	55.76	40.99	14.82	6.33
90~150	6.10	4.09	2.32	1.87	82.86	66.78	40.52	39.57	13.8	3.89

10.13　棕色钙质湿润雏形土

10.13.1　湖村系（Hucun Series）

土族：粗骨黏壤质混合型石灰性热性-棕色钙质湿润雏形土

拟定者：章明奎，麻万诸

湖村系典型景观

分布与环境条件　零星分布于福建省三明、南平、龙岩等市的石灰岩低丘陵中上坡，海拔在500 m 以下，坡度在 20°~50°之间。湖村系土壤起源于灰岩、泥灰岩和石灰岩的残坡积物，利用方式主要为荒地（草灌丛，杂草覆盖率近 90%）或散生独木（植被覆盖较差，一般不足 50%）；周围石灰岩石露头明显，存在明显的水土流失。属亚热带湿润季风气候区，年均温在 17.7~18.0℃；极端最低气温–8.3~–7.9℃，极端最高气温 38.0~39.0℃，最热月出现在 7 月，平均温度 28℃左右；最冷月出现在 1 月，平均温度 9℃左右；≥10℃的积温 5524~5651℃，年均日照约 1782~1920 h；无霜期 263~304 d；年均降水量 1664~1734 mm，降水的季节分布不均，干湿季节十分明显，每年 3~9 月为湿季，占全年降水量的 80%；10 月至翌年 3 月为少雨旱季，存在夏旱和秋旱。年均蒸发量约 1450~1650 mm，干燥度小于 1。

土系特征与变幅　该土系诊断层包括淡薄表层和雏形层；诊断特性包括碳酸盐岩岩性特征、石质接触面、湿润土壤水分状况、热性土壤温度状况、铁质特性、石灰性及饱和的盐基饱和度。风化过程以化学溶解作用为主，土壤中脱钙与复钙作用交替，盐基元素尚未彻底淋溶，延缓了脱硅富铁铝化的进行，矿物质风化较弱，土壤黏粒矿物主要为水云母，伴有蛭石和少量高岭石。由于受多次坡积堆积过程的影响，土壤中夹杂大量的石灰岩岩块，其含量在 35%以上。其剖面一般具有 Ah-Bw-K；土体厚度多在 80~125 cm 之间，土壤颜色以红棕色和暗棕色为主。细土部分质地壤土和黏壤土，黏粒含量在 150~350 g/kg 之间，全剖面平均在 200~350 g/kg 之间；土壤呈微碱性，pH 主要在 7.5~8.5 之间。有不同程度的石灰反应。地表约有 1~3 cm 厚的碎石层覆盖。

Bw 层厚度 60~100 cm，细土与石灰岩石碎石混杂，稍坚实，块状结构，黏粒含量在 150~350 g/kg 之间，棱角明显砾石含量大于 25%。pH 在 7.5~8.5 之间；有不同程度的石灰反应。氧化铁游离度在 40%~80%之间。色调主要为 7.5YR 或 10YR，润态明度 3~5，彩度 6~8；干态明度 4~6，彩度 6~8。

对比土系 石下系、曹远系，同为石灰岩母质发育，常呈复区分布。石下系和曹远系风化强烈，已脱钙（无石灰反应），部面中有明显的低活性富铁层黏化层，不同土纲，为富铁土，颗粒大小级别为壤质，主要分布在坡麓；而湖村系由于分布于丘陵与山地中上部，水土流失强烈，土壤仍处于脱钙阶段，具石灰反应，无低活性富铁层。

利用性能综述 湖村系土壤有机质和全氮较低，有效磷和速效钾缺乏。表层土壤有机质含量在 10~20 g/kg 之间，全氮在 0.50~1.00 g/kg 之间，全磷一般在 1.50~2.50 g/kg 之间；全钾在 5~15 g/kg 之间；速效钾和有效磷分别在 30~80 mg/kg 和 3~10 mg/kg 之间。土壤保肥性能较低，CEC 在 5~10 cmol/kg 之间。土层深厚，但土体中砾石含量较高，不利于植物根系的伸展；坡度较大，水土流失强烈，易产生季节性干旱问题。在利用改良上，应注意划区开采石灰岩，防止植被破坏产生水土流失；做好封山育林，营造各种阔叶林树种，恢复植被，增加植被覆盖度。该土不适宜种植马尾巴松和茶叶。

代表性单个土体（编号：35-076） 于 2011 年 8 月 22 日采自福建省三明市宁化县湖村镇关家墩村，26°22'2.7" N，116°53'45.4" E。母质为石灰岩坡积物；地形为低丘中下坡，海拔 422 m，坡度 25°~40°；土地利用方式为荒地，主要生长茅草等。

Ah：0~20 cm，红棕色（7.5YR5/6，润），橙色（7.5YR6/6，干），细土质地为壤土，稍干，弱发育的团粒状结构，疏松；中量细根；见大小在 2~10 cm 之间、棱角明显的石灰岩碎块（占 30%~70%）；微碱性；有弱石灰反应；向下层渐变波状过渡。

Bw：20~110 cm，亮红棕色（7.5YR5/8，润），橙色（7.5YR6/6，干），细土质地为黏壤土，稍润，中等发育的块状结构，稍坚实；见约 40%棱角明显、大小在 2~5 cm 之间的石灰岩碎块，少量细根；微碱性；有强的石灰反应；向下层清晰波状过渡。

R：110 cm 以下，基岩（石灰岩）。

湖村系代表性单个土体剖面

湖村系代表性单个土体物理性质

土层	深度 /cm	砾石（>2 mm，体积分数）/%	细土颗粒组成（粒径：mm）/（g/kg）			细土质地（美国制）	容重 /（g/cm³）
			砂粒 2~0.05	粉砂 0.05~0.002	黏粒 <0.002		
Ah	0~20	54	385	375	240	壤土	—
Bw	20~110	42	310	405	285	黏壤土	—

湖村系代表性单个土体化学性质

深度/cm	pH		CEC /（cmol（+）/kg）		黏粒 CEC /（cmol（+）/kg）		盐基饱和度/%	铝饱和度/%	全铁（Fe_2O_3）/（g/kg）	游离铁/（g/kg）
	（H_2O）	（KCl）	CEC_7	ECEC	CEC_7	ECEC				
0~20	7.96	7.57	8.56	—	35.67	—	100	0.00	33.86	26.32
20~110	8.21	7.56	8.86	—	30.24	—	100	0.00	41.30	28.29

10.14　酸性紫色湿润雏形土

10.14.1　松源系（Songyuan Series）

土族：黏质伊利石混合型热性-酸性紫色湿润雏形土
拟定者：章明奎，麻万诸

分布与环境条件　分布于福建省闽西北低山丘陵，三明、龙岩、南平等市都有分布，海拔多在 500 m 以下，坡度多在 5°~25°之间。起源于各种紫红色页岩、粉砂岩等风化物的坡积物，利用方式主要为园地、旱地和荒地。属亚热带气候，温和湿润，年均温在 17.5~19.6℃；极端最低气温−8.2~−4.8℃，极端最高气温 38.4~41.4℃，最热月出现在 7 月，平均温度 27~29℃左右；最冷月出现在 1 月，平均温度 10℃左右；≥10℃的积温 5846~6457℃，年均日照约 1754~2073 h；无霜期 251~315 d；年均降水量 1480~1890 mm，降水的季节分布不均，干湿季节十分明显，每年 3~9 月为湿季，占全年降水量的 78%~84%；10 月至翌年 3 月为少雨旱季。年均蒸发量约 1200~1500 mm，干燥度小于 1。

松源系典型景观

土系特征与变幅　该土系诊断层包括淡薄表层和雏形层；诊断特性包括紫色砂、页岩岩性特征、湿润土壤水分状况、热性土壤温度状况、铁质特性及不饱和的盐基饱和度。次生矿物以伊利石为主，其次为高岭石，含少量蛭石和蒙脱石，氧化铁矿物主要为赤铁矿。其剖面一般具有 Ah-Bw-C；土体深厚，在 100 cm 以上。因受母质的影响，土壤全剖面呈紫色。土壤呈酸性，pH 主要在 4.5~5.5 之间。土壤质地为黏壤土和黏土，黏粒含量 270~450 g/kg，土体平均黏粒含量高于 350 g/kg；黏粒含量从上至下略有增加。但整个剖面平均砾石含量很低，基本上在 5%以下。表层容重在 1.30 g/cm^3 左右；心土容重在 1.50 g/cm^3 左右。

Bw 层厚度 100 cm 以上；大块状结构，坚实，致密，黏粒含量在 250~400 g/kg 之间；土壤氧化铁游离度在 40%~80%；土壤 pH 在 4.50~5.50 之间；色调主要为 2.5RP。

对比土系　赤锡系、虬江系和杉城系，同发育于紫红色砂页岩母质，但赤锡系、虬江系和杉城系土体较薄，其剖面一般具有 A-C 构成，缺乏风化 B 层，不同土纲，为新成土。而松源系土体深厚，有明显的风化 B 层，其剖面一般具有 A-Bw-C。

利用性能综述　松源系土壤有机质和全氮较低，有效磷与速效钾中等，全钾丰富。表层土壤有机质含量在 10~25 g/kg 之间，全氮在 0.50~1.25 g/kg 之间，全磷一般在 0.45~ 0.75 g/kg 之间；全钾一般在 20~30 g/kg 之间；速效钾和有效磷分别在 50~150 mg/kg 和 5~15 mg/kg 之间。土壤保肥性能中等，CEC 在 10~15 cmol/kg 之间。地处低山丘陵缓坡，光照充足，适于多种作物生长，可以开垦为农地、林果基地，发展农作果树和经济林，但该土呈酸性，磷素缺乏，在利用过程中要注意增施磷肥及锌、硼等微肥。并要做好水土保持，防止土壤冲刷。同时，注意有机肥料的投入，提升土壤基础地力和土壤物理性状。

松源系代表性单个土体剖面

代表性单个土体（编号：35-056） 于 2011 年 7 月 22 日采自福建省松溪县松源镇水南村，27°31'2.6"N，118°47'40.1" E。母质为紫色砂页岩坡积物；地形为低丘中下坡，海拔 219 m，坡度<10°；土地利用方式为杨梅或荒地。

Ah：0~15 cm，深紫色（2.5RP3/1，润），紫色（2.5RP4/1，干），细土质地为黏壤，润，弱发育的块状和团粒状结构，稍坚实；中量粗根和中根；酸性；向下层清晰平滑过渡。

Bw1：15~50 cm，深紫色（2.5RP3/1，润），紫色（2.5RP4/1，干），细土质地为黏土，润，弱发育的块状结构，坚实，较致密；中量中根和细根；酸性；向下层模糊波状过渡。

Bw2：50~140 cm，深紫色（2.5RP3/1，润），紫色（2.5RP4/1，干），细土质地为黏土，稍润，中等发育的棱柱状结构，坚实，致密；少量细根；见少量宽度约 2 mm、长度达 30~50 cm 的垂直向裂隙；酸性。

松源系代表性单个土体物理性质

土层	深度/cm	砾石（>2 mm，体积分数）/%	细土颗粒组成（粒径：mm）/（g/kg）			细土质地（美国制）	容重/（g/cm³）
			砂粒 2~0.05	粉砂 0.05~0.002	黏粒 <0.002		
Ah	0~15	2	322	347	331	黏壤土	1.33
Bw1	15~50	3	242	367	391	黏土	1.47
Bw2	50~140	2	271	377	352	黏土	1.54

松源系代表性单个土体化学性质

深度/cm	pH		CEC/（cmol（+）/kg）		黏粒 CEC/（cmol（+）/kg）		盐基饱和度/%	铝饱和度/%	全铁（Fe_2O_3）/（g/kg）	游离铁/（g/kg）
	（H_2O）	（KCl）	CEC_7	ECEC	CEC_7	ECEC				
0~15	4.61	3.56	11.43	10.33	34.53	31.21	11.20	84.80	29.76	20.28
15~50	4.97	3.56	12.53	11.07	32.05	28.31	12.93	85.45	33.35	21.04
50~140	5.42	3.56	11.93	10.97	33.89	31.16	9.80	89.33	32.53	19.82

10.15　黄色铝质湿润雏形土

10.15.1　白樟系（Baizhang Series）

土族：粗骨壤质硅质混合型酸性热性-黄色铝质湿润雏形土
拟定者：章明奎，麻万诸

白樟系典型景观

分布与环境条件　主要分布于福建省南平、宁德、三明、龙岩和福州等市，地形为丘陵山地近顶部或陡坡地段，海拔多在 500 m 以下，坡度多在 20°~45°之间。起源于花岗岩、流纹岩、凝灰岩的风化物，利用方式主要为疏林地或荒草地。属亚热带湿润季风气候区，年均温在 17.0~19.5℃；≥10℃的积温 5400~6500℃，年均日照约 1750~2070 h；无霜期 250~315 d 左右；年均降水量 1500~1900 mm。年均蒸发量约 1000~1500 mm，干燥度小于 1。

土系特征与变幅　该土系诊断层包括淡薄表层和雏形层；诊断特性包括湿润土壤水分状况、热性土壤温度状况、铝质特性或铝质现象及不饱和的盐基饱和度。土壤黏土矿物主要为水云母和高岭石，伴有少量蛭石。土体构型为 Ah-Bw-C；土体厚度在 50~100 cm 之间；土壤颜色主要为红色或黄橙色，色调在 7.5YR~10YR。砾石含量在 10%~45%之间，由上至下增加，剖面中平均含量高于 25%；细土质地为砂质壤土。土壤呈酸性至强酸性，pH 在 4.0~5.5 之间。

A 层厚度 10~25 cm，小块状结构，稍坚实或坚实；pH 在 4.0~5.5 之间；色调 10YR 或 7.5YR，润态明度 5~6，彩度 5~6；干态明度 7~8，彩度 3~4。Bw 层厚度 20~60 cm，小块状结构，稍坚实或坚实；夹有少量半风化物碎屑，pH 在 4.0~5.5 之间；氧化铁游离度在 40%~80%之间；有铝质特性或铝质现象，CEC_7 在 24 cmol/kg 黏粒以上；色调 7.5YR 或 10YR，润态明度 5~8，彩度 7~8；干态明度 7~8，彩度 3~4。

对比土系　黄竹坳系，同一土族，A 层颜色及土壤颗粒组成上有明显的差异。黄竹坳系 A 层土壤润态彩度≤3，其全土体平均黏粒含量在 200~350 g/kg 之间，其砾石成分主要是直径 2~30 cm 的半风化岩石碎屑；白樟系 A 层土壤润态彩度≥3.5，其全土体平均黏粒含量在 0~200 g/kg 之间，砾石成分主要是由矿物风化产生的粒径 2~3 mm 石英砂。马坑系，同一亚类但不同土族，颗粒大小级别为粗骨砂质。

利用性能综述　白樟系由于经历土壤侵蚀，土壤养分一般较低。表层土壤有机质含量在 10~20 g/kg 之间，全氮在 0.50~1.50 g/kg 之间，全磷一般在 0.25~0.50 g/kg 之间；全钾在 10~20 g/kg 之间；速效钾和有效磷分别在 30~80 mg/kg 和 0~5 mg/kg 之间。土壤保肥性能较低，CEC 在 5~10 cmol/kg 之间。土层浅薄，质地较轻，土壤干燥，不利于植物生长。在管理上应封山育草为主，在逐步提高生物富集量的基础上，发展矮灌木林或薪炭林。

白樟系代表性单个土体剖面

代表性单个土体（编号：35-125）　于 2011 年 10 月 4 日采自福建省福州市闽清县白樟镇白南村，26°10'28.8" N，118°47'59.6" E。母质为凝灰岩残坡积物；地形为低丘中下坡，海拔 41 m，坡度 25°~45°；土地利用方式为荒山，主要生长灌木，植被覆盖率 30%~45%。

Ah：0~25 cm，红棕色（7.5YR5/6，润），淡橙色（7.5YR7/4，干），润，细土质地为砂质壤土，弱发育的块状结构，坚实；中量中根和细根；见 15%以上的直径约 2~3 mm 的石英砂；酸性；向下层清晰平滑过渡。

Bw：25~60 cm，黄橙色（7.5YR8/8，润），浅黄橙色（7.5YR8/3，干），润，细土质地为砂质壤土，弱发育的块状和小块状结构，稍坚实且很致密；夹少量半风化物碎屑；见少量直径 5 cm 左右的石块；少量细根；强酸性；向下层清晰平滑过渡。

C：60~110 cm，半风化体，亮红棕色（7.5YR5/8，润），浅黄橙色（7.5YR8/4，干），润，细土质地为砂质壤土，单粒状结构，坚实；见 35%以上直径为 2~3 mm 石英砂及 5%左右直径 5~10 cm 的石块；酸性；向下层清晰平滑过渡。

R：110~130 cm，半风化基岩，灰白色（10YR8/1，润）。

白樟系代表性单个土体物理性质

土层	深度 /cm	砾石（>2 mm，体积分数）/%	细土颗粒组成（粒径：mm）/（g/kg）			细土质地（美国制）	容重 /（g/cm³）
			砂粒 2~0.05	粉砂 0.05~0.002	黏粒 <0.002		
Ah	0~25	21	573	283	144	砂质壤土	1.42
Bw	25~60	10	531	336	133	砂质壤土	1.45
C	60~110	41	546	260	194	砂质壤土	—

白樟系代表性单个土体化学性质

深度 /cm	pH		CEC /（cmol（+）/kg）		黏粒 CEC /（cmol（+）/kg）		盐基饱和度/%	铝饱和度/%	全铁（Fe_2O_3）/（g/kg）	游离铁 /（g/kg）
	（H_2O）	（KCl）	CEC_7	ECEC	CEC_7	ECEC				
0~25	4.53	3.51	7.91	6.75	54.93	46.88	12.64	77.78	27.35	16.45
25~60	4.29	3.54	8.88	7.23	66.77	54.36	13.74	76.90	26.88	16.08
60~110	4.62	3.54	8.67	7.06	44.69	36.39	10.61	82.44	29.34	19.58

10.15.2　黄竹坳系（Huangzhu'ao Series）

土族：粗骨壤质硅质混合型酸性热性-黄色铝质湿润雏形土
拟定者：章明奎，麻万诸

黄竹坳系典型景观

分布与环境条件　主要分布于南平、宁德等市，海拔多在 1000 m 以下；地形主要为丘陵山地的陡坡部位，坡度多在 25°以上，但植被保护良好（覆盖率近 100%）。起源于花岗岩、流纹岩、流纹质凝灰岩等的残坡积物，利用方式为林地。属亚热带湿润季风气候区，年均温在 16.5~19.0℃；≥10℃的积温 5000~6400℃，年均日照约 1700~2000 h；无霜期 240~310 d；年均降水量 1370~2000 mm，降水的季节分布不均，干湿季节十分明显，每年 3~9 月为湿季，占全年降水量的 77%~85%；10 月至翌年 3 月为少雨旱季，存在夏旱和秋旱。年均蒸发量约 1100~1600 mm，干燥度在 0.70~0.90 之间。

土系特征与变幅　该土系诊断层包括淡薄表层和雏形层；诊断特性包括准石质接触面、湿润土壤水分状况、热性土壤温度状况、铝质特性或铝质现象及不饱和的盐基饱和度。土壤黏土矿物主要为水云母和高岭石，含少量蛭石。其剖面一般具有 Ah-Bw-C；土体厚度在 40~80 cm 之间；土壤颜色主要为浅黄棕色或浅灰色，色调主要为 10YR。因植被覆盖度高，表层土壤有机质积累明显，有时存在枯叶层（厚度一般小于 5 cm）。全剖面土壤呈强酸性或酸性，pH 在 4.0~5.5 之间。细土质地为砂质黏壤土，黏粒含量在 200~350 g/kg 之间，砂粒含量 450~800 g/kg 之间，全剖面平均低于 550 g/kg；土体中夹杂大量带棱角的岩石块，其占土体的 15%~60%，平均占土体的 25%以上。

Ah 层厚度 15~30 cm，团粒状结构，疏松，细土黏粒含量在 200~350 g/kg 之间；pH 在 4.0~5.5 之间；色调 10YR 或 2.5Y，润态明度≤4，彩度≤3；干态明度≤6，彩度≤3。Bw 层厚度 20~60 cm，块状结构，疏松，黏粒含量在 200~350 g/kg 之间，砾石含量大于 25%；pH 在 4.0~5.5 之间；具铝质特性或铝质现象；色调 10YR 或 2.5Y，润态明度 5~6，彩度 6~8；干态明度 6~8，彩度 3~4。

对比土系　与白樟系同属一个土族，但二者之间在 A 层颜色及土壤颗粒组成上有明显的差异。白樟系 A 层土壤润态彩度≥3.5，其全土体平均黏粒含量在 0~200 g/kg 之间，砾石成分主要是由矿物风化产生的粒径 2~3 mm 石英砂；黄竹坳系 A 层土壤润态彩度≤3，其全土体平均黏粒含量在 200~350 g/kg 之间，其砾石成分主要是直径 2~30 cm 的半风化岩石碎屑。与马坑系同属黄色铝质湿润雏形土，但马坑系质地为粗骨黏质，而黄竹坳系质地为粗骨壤质。

利用性能综述　黄竹坳系土壤有机质和全氮积累明显，但有效磷和速效钾较低。表层土壤有机质含量在 30~60 g/kg 之间，全氮在 1.00~2.50 g/kg 之间，全磷一般在 0.35~0.60 g/kg 之间；全钾在 10~20 g/kg 之间；速效钾和有效磷分别在 50~120 mg/kg 和 3~10 mg/kg 之间。土壤保肥性能较低，CEC 在 5~10 cmol/kg 之间。土壤位于山地丘陵的陡坡地段，目前植被保存良好，应维持现状，保护好现有植被，不宜开发利用。

黄竹坳系代表性单个土体剖面

代表性单个土体（编号：35-155）　于 2012 年 3 月 30 日采自福建省南平市武夷山市星村镇黄竹坳村，27°40'26.3" N，117°46'10.5" E。母质为花岗岩坡积物；地形为中山下坡，海拔 264 m，坡度 35°~65°；土地利用方式为林地。

Ah：0~17 cm，浅黄棕色（10YR4/3，润），灰黄棕色（10YR6/2，干），润，细土质地为砂质黏壤土，弱发育的团粒状结构，疏松；多量中根和细根；夹 15%直径 2~10 cm 的半风化岩石碎屑；强酸性；向下层清晰平滑过渡。

Bw：17~60 cm，亮黄棕色（10YR6/6，润），淡黄橙色（10YR7/4，干），润，细土质地为砂质黏壤土，弱发育的块状和小块状结构，疏松；少量中根和细根；夹 50%以上直径 10~30 cm 的半风化或未风化岩石块；强酸性；向下层清晰平滑过渡。

C：60~100 cm，由夹杂半风化或未风化岩石块组成。

黄竹坳系代表性单个土体物理性质

土层	深度 /cm	砾石 (>2 mm，体积分数）/%	细土颗粒组成（粒径：mm）/（g/kg）			细土质地（美国制）	容重 /（g/cm³）
			砂粒 2~0.05	粉砂 0.05~0.002	黏粒 <0.002		
Ah	0~17	20	588	124	288	砂质黏壤土	1.17
Bw	17~60	53	489	172	338	砂质黏壤土	—

黄竹坳系代表性单个土体化学性质

深度 /cm	pH		CEC /（cmol（+）/kg）		黏粒 CEC /（cmol（+）/kg）		盐基饱和度/%	铝饱和度/%	全铁 (Fe_2O_3) /（g/kg）	游离铁 /（g/kg）
	(H_2O)	(KCl)	CEC_7	ECEC	CEC_7	ECEC				
0~17	4.26	3.61	7.88	5.90	27.36	20.49	20.05	68.47	22.12	13.21
17~60	4.42	3.70	8.34	6.76	24.67	20.00	15.83	69.67	29.33	11.93

10.15.3　马坑系（Makeng Series）

土族：粗骨黏质高岭石混合型酸性高热-黄色铝质湿润雏形土
拟定者：章明奎，麻万诸

马坑系典型景观

分布与环境条件　主要分布于福建省漳州、泉州、莆田、厦门及福州南部，地形为低山丘陵陡坡及顶部，海拔多在 50~500 m 之间，坡度多在 25°~60°之间；水土流失严重。起源于石英砂岩等残积物，利用方式主要为荒地和灌丛地，主要生长旱生性草本和灌丛植物，覆盖度多在 75%以下。属亚热带湿润季风气候区，年均温在 20.4~21.3℃；极端最低气温 –3.5~–0.9℃，极端最高气温 38.4~40.2℃，最热月出现在 7 月，平均温度 30℃左右；最冷月出现在 1 月，平均温度 10~11℃左右；≥10℃的积温 6700~7500℃，年均日照约 1950~2150 h；无霜期 300~350 d；年均降水量 1500~1750 mm，降水的季节分布不均，干湿季节十分明显，每年 3~9 月为湿季，占全年降水量的 84%~88%；10 月至翌年 3 月为少雨旱季。年均蒸发量约 1450~1700 mm，干燥度略小于 1。

土系特征与变幅　该土系诊断层包括淡薄表层和雏形层；诊断特性包括石质接触面、湿润土壤水分状况、高热土壤温度状况、铝质特性或铝质现象及不饱和的盐基饱和度。长期侵蚀和剥蚀的结果，基岩裸露，土层浅薄，土壤砾质性强，并多含石英、长石等原生矿物，附近可出现“白砂岗”的地貌景观。土体构型为 Ah-Bw-R；土体厚度在 40~60 cm 之间；土壤颜色主要为黄棕色。土壤呈酸性，pH 在 4.5~5.5 之间。细土质地为黏壤土，黏粒含量在 270~400 g/kg 之间，表层与 Bw 层平均黏粒含量高于 350 g/kg；砂粒含量 200~450 g/kg 之间。砾石含量在 15%以上，部分可达 60%左右。

Ah 层厚度 10~30 cm，小块状和块状结构，稍疏松或坚实；黏粒含量在 270~400 g/kg 之间，砂粒含量 200~450 g/kg 之间；砾石含量在 15%以上；pH 在 4.5~5.5 之间；色调 2.5Y 或 10YR，润态明度 4~5，彩度 7~8；干态明度 7~8，彩度 3~4。Bw 层厚度 30~60 cm；小块状和块状结构；具铝质特性；色调为 7.5YR 或 10YR；土体中有 35%~60%的砾石。

对比土系　白礁系、沃溪系，呈复合分布，颗粒大小级别、酸碱度及结构有所不同。白礁系土壤颗粒大小级别为砂质，酸碱度为非酸性，无结构，不同于马坑系的粗骨黏质土壤颗粒大小级别，酸性土壤酸碱度，小块状结构；沃溪系土壤颗粒大小级别为粗骨壤质和无结构，不同于马坑系的粗骨黏质土壤颗粒大小级别和小块状结构。白樟系、黄竹坳系，同一亚类但不同土族，颗粒大小级别为粗骨壤质，而马坑系质地为粗骨黏质。

利用性能综述　马坑系侵蚀强烈，土壤养分一般较低。表层土壤有机质含量在 10~20 g/kg 之间，全氮在 0.50~1.00 g/kg 之间，全磷一般在 0.25~0.50 g/kg 之间；全钾在 10~20 g/kg 之间；速效钾和有效磷分别在 30~80 mg/kg 和 0~5 mg/kg 之间。土壤保肥性能较低，CEC 在 5~10 cmol/kg 之间。土层浅薄，粗骨性强，土壤干燥，植物生长不良。应采取封山育林，尽快恢复植被，逐渐建立林草多层次、高密度的植物，以减弱水土流失，促进土壤肥力发展。

马坑系代表性单个土体剖面

代表性单个土体（编号：35-102）　于 2011 年 9 月 15 日采自福建省诏安县官坡乡马坑村东坑自然村，24°3'43.9"N，117°4'58.8"E。母质为石英砂岩残坡积物；地形为高丘中坡，海拔 203 m，坡度 35°~45°；土地利用方式为荒地。

Ah：0~23 cm，黄棕色（10YR5/8，润），淡黄色（10YR8/4，干），细土质地为黏壤土，稍干，弱发育的小块状结构，坚实；少量细根和中根；见 5%~15%大小在 1~3 cm 之间的石块；酸性；向下层清晰波状过渡。

Bw：23~60 cm，黄棕色（10YR5/8，润），浅黄棕色（10YR8/4，干），细土质地为黏壤土，稍干，小块状结构，坚实；见 50%左右大小在 5~15 cm 之间的石块；酸性；向下层清晰波状过渡。

R：　60 ~125 cm，基岩。

马坑系代表性单个土体物理性质

土层	深度 /cm	砾石 (>2 mm，体积分数) /%	细土颗粒组成（粒径：mm）/ (g/kg)			细土质地（美国制）	容重 / (g/cm³)
			砂粒 2~0.05	粉砂 0.05~0.002	黏粒 <0.002		
Ah	0~23	16	271	440	291	黏壤土	1.39
Bw	23~60	55	220	393	387	黏壤土	—

马坑系代表性单个土体化学性质

深度 /cm	pH		CEC / (cmol (+) /kg)		黏粒 CEC / (cmol (+) /kg)		盐基饱和度/%	铝饱和度/%	全铁 (Fe_2O_3) / (g/kg)	游离铁 / (g/kg)
	(H_2O)	(KCl)	CEC_7	ECEC	CEC_7	ECEC				
0~23	5.10	3.37	8.18	6.22	28.13	21.40	16.38	66.56	28.93	22.44
23~60	5.39	3.55	9.44	7.31	24.39	18.89	22.35	61.97	40.65	28.81

10.16　普通铝质湿润雏形土

10.16.1　店下系（Dianxia Series）

土族：壤质硅质混合型酸性热性-普通铝质湿润雏形土
拟定者：章明奎，麻万诸

店下系典型景观

分布与环境条件　散布于福建省各地市海拔 600~700 m 以下并受人为活动影响较大的山地丘陵，以宁德、泉州、龙岩分布较多，坡度多在 15°~35°之间，土壤受到不同程度的侵蚀。起源于花岗闪长岩、石英正长斑岩等的风化物；利用方式主要为荒疏地和灌丛林地。属亚热带湿润海洋性季风气候区，年均温在 17.5~20.0℃之间；≥10℃的积温 5700~6600℃，年均日照约 1750~2100 h；无霜期 276~338 d；年均降水量 1300~1800 mm。年均蒸发量约 1200~1500 mm，干燥度小于 1。

土系特征与变幅　该土系诊断层包括淡薄表层和雏形层；诊断特性包括准石质接触面、湿润土壤水分状况、热性土壤温度状况、铝质特性或铝质现象及不饱和的盐基饱和度。土壤曾受到不同程度的侵蚀，风化相对较弱，土壤黏土矿物主要为水云母和高岭石，其次为蛭石。其剖面一般具有 Ah-Bw-C；土体厚度一般在 60~125 cm 之间；土壤颜色以红棕色和橙色为主。土壤质地以粉砂质壤土为主。土壤呈酸性，pH 主要在 4.5~5.5 之间。

Bw 层厚度 60~90 cm；CEC_7 在 30 cmol/kg 黏粒以上；土壤氧化铁游离度在 40%以上；土壤 pH 在 4.50~5.50 之间；色调主要为 2.5YR 或 5YR，润态明度 5~6，彩度 7~8；干态明度 6~7，彩度 3~6。

对比土系　万安系、莲峰系、崎岭系，同一亚类但不同土族，颗粒大小级别分别为粗骨壤质、砂质、黏质。

利用性能综述　店下系土壤有机质、全氮和有效磷较低，但速效钾较高。表层土壤有机质含量在 10~25 g/kg 之间，全氮在 0.50~1.50 g/kg 之间，全磷一般在 0.50~1.00 g/kg 之间；速效钾和有效磷分别在 80~150 mg/kg 和 5~10 mg/kg 之间。土壤保肥性能中等，CEC 在 5~10 cmol/kg 之间。由于曾遭受土壤侵蚀，植被覆盖较差，土壤质地较轻，土壤具有旱、瘦的特点。因此，在生产上应做好水土保持工作，植草护坡、封山育林，营造耐旱耐瘦的薪炭林，恢复地表覆盖。部分坡度较小的坡地可结合水土保持工作，发展茶果园，但必须重视土壤改良，增施有机肥料，间、套种绿肥作物，增加生物积累。部分坡度较大的地段，要退耕还林，或采取生物与工程措施相结合加以治理。

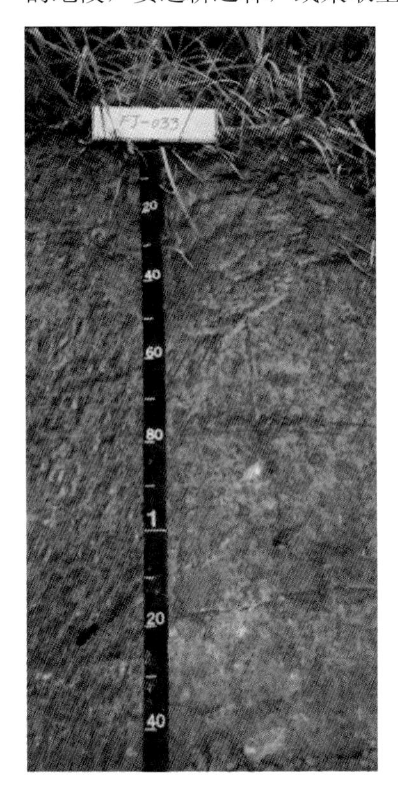

店下系代表性单个土体剖面

代表性单个土体（编号：35-033）　于 2011 年 7 月 18 日采自福建省福鼎市店下镇土角村，27°14'10.4" N，120°21'42.6" E。母质为石英正长斑岩坡积物；地形为低丘中下坡，海拔 27 m，坡度 15°；土地利用方式为疏林地。

Ah：0~10 cm，红棕色（10R5/6，润），红橙色（10R6/6，干），细土质地为黏壤，润，核状结构，稍疏松；多量中根和细根；见 2%~5%大小约 2 mm 的石英砂；中性；向下层清晰波状过渡。

Bw1：10~80 cm，亮红棕色（2.5YR5/8，润），橙色（2.5YR7/6，干），细土质地为粉砂壤土，润，核状结构，稍坚实；少量细根；见少量半风化岩石碎屑；酸性；向下层清晰平滑过渡。

Bw2：80~120 cm，橙色（2.5YR6/8，润），淡红橙色（2.5YR7/4，干），细土质地为粉砂壤土，润，弱发育的块状结构，坚实；见约 20%半风化岩石碎屑；酸性；向下层清晰波状过渡。

BC：120~150 cm，由两种不同颜色的半风化岩石碎屑组成。主色呈亮红棕色（2.5YR5/8，润）和淡红橙色（2.5YR7/3，干），占土体的 60%；次色呈灰白色（5YR8/2，润）和灰白色（5YR8/1，干），占土体的 40%；细土质地为粉砂壤土，润，单粒状结构，坚实；酸性。

店下系代表性单个土体物理性质

土层	深度 /cm	砾石（>2 mm，体积分数）/%	细土颗粒组成（粒径：mm）/（g/kg）			细土质地（美国制）	容重 /（g/cm³）
			砂粒 2~0.05	粉砂 0.05~0.002	黏粒 <0.002		
Ah	0~10	14	295	397	308	黏壤土	1.21
Bw1	10~80	11	214	604	182	粉砂壤土	1.33
Bw2	80~120	17	401	544	55	粉砂壤土	1.42
BC	120~150	7	133	822	45	粉土	1.44

店下系代表性单个土体化学性质

深度 /cm	pH		CEC /（cmol（+）/kg）		黏粒 CEC /（cmol（+）/kg）		盐基饱和度/%	铝饱和度/%	全铁 （Fe_2O_3）/(g/kg)	游离铁 /（g/kg）
	（H_2O）	（KCl）	CEC_7	ECEC	CEC_7	ECEC				
0~10	7.55	7.26	9.32	7.95	30.26	25.81	85.30	0.00	26.63	23.57
10~80	5.15	3.62	7.33	6.43	40.27	35.32	33.70	57.69	27.68	23.60
80~120	4.87	3.62	5.79	5.39	105.27	98.00	33.16	61.78	23.99	21.28
120~150	4.88	3.53	—	—	—	—	—	—	27.53	16.80

10.16.2　莲峰系（Lianfeng Series）

土族：砂质云母混合型酸性热性-普通铝质湿润雏形土

拟定者：章明奎，麻万诸

莲峰系典型景观

分布与环境条件　主要分布于福建省龙岩、三明、南平等市的低山丘陵地，海拔多在 500 m 以下，坡度在 10°~35°之间，存在轻度的水土流失。起源于紫红色或紫色砂岩、砂砾岩和砾岩的残坡积物，利用方式主要为旱地和疏林地。属亚热带湿润季风气候区，年均温在 17.4~19.6℃；≥10℃的积温 5500~6500℃，年均日照约 1760~2000 h；无霜期 251~315 d；年均降水量 1480~1890 mm。年均蒸发量约 1300~1700 mm，干燥度小于 1。

土系特征与变幅　该土系诊断层包括淡薄表层和雏形层；诊断特性包括准石质接触面、湿润土壤水分状况、热性土壤温度状况、铝质特性或铝质现象及不饱和的盐基饱和度。土壤黏土矿物主要为水云母、高岭石，有少量蒙脱石和蛭石。一般具有 Ap-Bw-R；土体厚度在 40~80 cm 之间；土壤与母质间有一定的差异，土体部分色调主要为 2.5YR，母岩或母质为 10R。土壤呈酸性，pH 在 4.5~5.5 之间。细土质地为砂质壤土。

Ap 层厚度 15~25 cm，小块状结构，疏松或稍疏松；pH 在 4.5~5.5 之间；色调 2.5YR 或 5YR，润态明度 3~5，彩度 4~6；干态明度 4~6，彩度 2~3。Bw 层厚度 20~ 60 cm，小块状结构，稍坚实；pH 在 4.5~5.5 之间；色调 2.5YR，润态明度 3~5，彩度 4~6；干态明度 4~6，彩度 2~4。

对比土系　杉城系，同发育于紫红色或紫色砂岩、砂砾岩和砾岩的残坡积物，发育程度有明显差异，杉城系因分布区水土流失严重，土壤发育处于幼年阶段，无雏形层发育，土壤盐基饱和。万安系、崎岭系、店下系，同一亚类但不同土族，颗粒大小级别分别为粗骨壤质、黏质、壤质。莲峰系已有明显的雏形层发育，土壤呈酸性，有铝质特性。武夷山系有明显的黏化层，而不同于莲峰系。此外，这 3 个土系的土壤颗粒大小级别也有所差异，杉城系为壤质，武夷山系为黏壤质，而莲峰系为砂质。

利用性能综述　莲峰系土壤呈酸性，有机质、全氮和有效磷较低，速效钾中等。表层土壤有机质含量在 10~25 g/kg 之间，全氮在 0.50~1.50 g/kg 之间，全磷一般在 0.50~1.00 g/kg 之间；全钾在 20~35 g/kg 之间；速效钾和有效磷分别在 50~120 mg/kg 和 0~10 mg/kg 之间。土壤保肥性能较低，CEC 在 10 cmol/kg 左右。土壤土质松散，容易导致水土流失。

在利用改良上，首先要做好水土保持，在坡度较大的地段，应以封山育林为主，积极营造多树种、多层次、高密度的水土保持林；在缓坡地段可垦为农地或园地，种植花生、大豆、小麦、蔬菜和果树，但必须与水土保持工程相配套，防止利用不当引起的土壤侵蚀，同时注意增施有机肥及磷钾肥。

莲峰系代表性单个土体剖面

代表性单个土体（编号：35-081）　于 2011 年 8 月 23 日采自福建省龙岩市连城县莲峰镇江坊村，25°36'19.2" N，116°45'45.5" E。母质为紫红色砂砾岩残坡积物；地形为低丘中坡，海拔 356 m，坡度 10°～15°；土地利用方式为旱地。

Ap：0~23 cm，红棕色（2.5YR4/6，润），淡橙色（2.5YR6/3，干），细土质地为砂质壤土，稍干，弱发育的块状结构，稍疏松；中量细根；夹 5%左右直径约 2~3 cm 砾石块；酸性；向下层清晰平滑过渡。

Bw：23~50 cm，红棕色（2.5YR4/6，润），淡橙色（2.5YR6/4，干），细土质地为砂质壤土，润，弱发育的块状结构，稍坚实；少量细根；夹 5%~10%直径约 2~3 cm 砾石块；酸性；向下层清晰波状过渡。

C：50~85 cm，半风化整块紫红砂岩，红色（10R5/6，润），红棕色（10R6/6，干），稍干；酸性。

莲峰系代表性单个土体物理性质

土层	深度 /cm	砾石（>2 mm，体积分数）/%	细土颗粒组成（粒径：mm）/（g/kg）			细土质地（美国制）	容重 /（g/cm³）
			砂粒 2~0.05	粉砂 0.05~0.002	黏粒 <0.002		
Ap	0~23	2	550	352	99	砂质壤土	1.28
Bw	23~50	7	717	173	110	砂质壤土	1.38
C	50~85	5	619	252	130	砂质壤土	—

莲峰系代表性单个土体化学性质

深度 /cm	pH		CEC /（cmol（+）/kg）		黏粒 CEC /（cmol（+）/kg）		盐基饱和度/%	铝饱和度/%	全铁（Fe_2O_3）/（g/kg）	游离铁 /（g/kg）
	（H_2O）	（KCl）	CEC_7	ECEC	CEC_7	ECEC				
0~23	4.94	3.25	10.05	8.32	101.72	84.21	27.36	61.18	53.04	38.24
23~50	4.87	3.09	9.12	7.99	82.83	72.57	52.52	50.44	42.82	20.52
50~85	5.12	3.31	12.43	9.44	95.47	72.50	48.27	27.54	45.97	21.25

10.16.3　崎岭系（Qiling Series）

土族：黏质高岭石混合型酸性高热-普通铝质湿润雏形土
拟定者：章明奎，麻万诸

崎岭系典型景观

分布与环境条件　分布于福建省闽江口以南的福州、厦门、泉州、漳州等市的低丘陵中上坡，主要分布在平和、永春、莆田、仙游等县，海拔一般在 500 m 以下，坡度在 10°~35°之间，存在一定的水土流失现象。起源于花岗闪长岩、石英闪长岩、安山岩、闪长岩、英安质凝灰熔岩、英安岩等风化物；利用方式主要为林地、荒地和园地。属亚热带湿润季风气候区，年均日照约 1970~2170 h，年均气温 20.4~21.3℃，≥10℃的积温 6750~7500℃，极端最低气温–3.5~–0.9℃，极端最高气温 38.4~40.2℃，无霜期 308~350 d；年均降水量 1538~1723 mm，降水的季节分布不均，干湿季节较为明显，每年 3~9 月为湿季，占全年降水量的 84%~88%；10 月至翌年 3 月为少雨旱季，存在夏旱和秋旱。年均蒸发量约 1400~1600 mm，干燥度小于 1。

土系特征与变幅　该土系诊断层包括淡薄表层和雏形层；诊断特性包括湿润土壤水分状况、高热土壤温度状况、铝质特性及铝质现象及不饱和的盐基饱和度。脱硅富铁铝化过程明显，土壤黏土矿物主要为高岭石、水云母和铝蛭石混合而成。其剖面一般具有 Ah-Bw-C；土体厚度在 100~200 cm 之间；土壤颜色偏红，色调主要为 5YR。土壤质地为黏壤土至黏土，黏粒含量在 350~550 g/kg 之间；砾石含量低于 10%。表土层容重在 1.30 g/cm^3 左右，心土层容重在 1.40 g/cm^3 左右；湿时土壤较为黏重，干时坚硬；土壤呈酸性，pH 在 4.5~5.5 之间。

Bw 层厚度 90 cm 以上，块状结构，稍坚实或坚实，黏粒含量在 350~550 g/kg 之间；土壤游离氧化铁含量较高，在 35 g/kg 以上，而氧化铁游离度在 40%~80%之间；土壤 pH 在 4.50~5.50 之间；色调主要为 2.5YR 或 5YR，润态明度 6~7，彩度 7~8；干态明度 7~8，彩度 3~4。

对比土系　与苏洋系呈复区分布，苏洋系分布在低丘陵坡麓地带，不同土纲，为富铁土，苏洋系土壤色调主要为 7.5YR 或 10YR。万安系、莲峰系、店下系，同一亚类但不同土族，颗粒大小级别分别为粗骨壤质、砂质、壤质。

利用性能综述　崎岭系土壤养分较低。表层土壤有机质含量在 10~25 g/kg 之间，全氮在

0.50~1.50 g/kg 之间，全磷一般在 0.30~1.00 g/kg 之间；全钾含量在 10~20 g/kg 之间；速效钾和有效磷分别在 50~100 mg/kg 和 3~10 mg/kg 之间。土壤保肥性能较高，CEC 在 20 cmol/kg 左右。土壤土层深厚，土质黏，耕性差，易板结，适宜种植荔枝、龙眼、香蕉、菠萝等亚热带水果。现有水源条件较好的地段已经开垦为农地栽培旱作，应进一步开垦的区域必须做好防护林，防止水土流失；改善灌溉设施，逐步深耕改土，施肥上宜增施磷钾肥。

崎岭系代表性单个土体剖面

代表性单个土体（编号：35-098）　于 2011 年 9 月 14 日采自福建省平和县崎岭乡诗坑村，24°18'40.2"N，117°3'54.1" E。母质为英安质凝灰岩坡积物；地形为丘陵中坡，海拔 345 m，坡度 20°~30°；土地利用方式为荒地和柚子果园。

Ah：0~24 cm，亮红棕色（5YR5/8，润），淡橙色（5YR7/4，干），细土质地为黏壤土，润，中等发育的块状结构，坚实；多量细根；酸性；向下层清晰波状过渡。

Bw1：24~70 cm，橙色（5YR7/8，润），橙色（5YR8/4，干），细土质地为黏土，润，中等发育的块状结构，稍坚实；中量细根；结构面上见少量亮红棕色（5YR5/6）胶膜；酸性；向下层模糊波状过渡。

Bw2：70~130 cm，橙色（5YR7/8，润），淡橙色（5YR8/4，干），细土质地为粉质黏土，润，中等发育的块状结构，坚实；少量细根；酸性；向下层清晰波状过渡。

C：200 cm 以下，主要为半风化岩屑，红色，夹少量白色及黑色膜状物质；紧实。

崎岭系代表性单个土体物理性质

土层	深度/cm	砾石（>2 mm，体积分数）/%	细土颗粒组成（粒径：mm）/（g/kg）			细土质地（美国制）	容重/（g/cm^3）
			砂粒 2~0.05	粉砂 0.05~0.002	黏粒 <0.002		
Ah	0~24	1	203	408	391	黏壤土	1.34
Bw1	24~70	1	160	381	461	黏土	1.32
Bw2	70~130	2	160	421	420	粉质黏土	1.42

崎岭系代表性单个土体化学性质

深度/cm	pH		CEC/（cmol（+）/kg）		黏粒 CEC/（cmol（+）/kg）		盐基饱和度/%	铝饱和度/%	全铁（Fe_2O_3）/（g/kg）	游离铁/（g/kg）
	（H_2O）	（KCl）	CEC_7	ECEC	CEC_7	ECEC				
0~24	4.89	3.09	21.23	17.22	54.34	44.07	3.67	90.88	60.39	27.06
24~70	4.88	3.21	20.32	16.30	44.10	35.37	4.77	89.51	67.57	36.74
70~130	5.37	3.39	19.68	16.15	46.82	38.42	4.98	90.03	65.49	39.61

10.16.4 万安系（Wan'an Series）

土族：粗骨壤质硅质混合型酸性热性-普通铝质湿润雏形土
拟定者：章明奎，麻万诸

万安系典型景观

分布与环境条件 分布于福建省闽西北山地丘陵陡坡地或受人为影响明显的地段，在三明、南平、龙岩和福州等市都有分布，海拔多在500 m以下。起源于页岩、板岩、粉砂岩、千枚岩及凝灰质砂页岩风化物；利用方式为林地或园地。属亚热带气候，温和湿润，年均温在18.0~19.5℃；极端最低气温–5.5~–4.8℃，极端最高气温39.0~42.0℃，最热月出现在7月，平均温度28~29℃左右；最冷月出现在1月，平均温度10℃左右；≥10℃的积温5400~6500℃，年均日照约1800~2100 h；无霜期260~305 d；年均降水量1500~1900 mm，降水的季节分布不均，干湿季节十分明显，每年3~9月为湿季，占全年降水量的80%以上；10月至翌年3月为少雨旱季。年均蒸发量约1300~1600 mm，干燥度小于1。

土系特征与变幅 该土系诊断层包括淡薄表层和雏形层；诊断特性包括准石质接触面、湿润土壤水分状况、热性土壤温度状况、铝质特性或铝质现象及不饱和的盐基饱和度。细土部分风化较强，次生矿物以高岭石和水云母为主，含少量蛭石和氧化铁矿物。其剖面一般具有Ah-Bw-C；由于地处陡坡或受人类活动的影响，土壤曾经历过冲刷，土层较薄，一般在40~80 cm之间；土体中夹杂较多的半风化岩块；呈红棕色和棕色。除表土层外，土壤中砾石含量超过35%；土壤细土质地为壤土，黏粒含量在150~270 g/kg之间。土壤呈酸性，pH主要在4.5~5.5之间。表层容重在1.20 g/cm^{3}左右；心土容重在1.35 g/cm^{3}左右。

Bw层厚度30~70 cm之间；块状结构，稍坚实；砾石含量超过35%；土壤细土中黏粒含量在150~270 g/kg之间；pH主要在4.5~5.5之间；土壤氧化铁游离度在40%~80%；色调主要为5YR或2.5YR，润态明度3~5，彩度4~8；干态明度4~6，彩度4~8。

对比土系 莲峰系、崎岭系、店下系，同一亚类但不同土族，颗粒大小级别分别为砂质、黏质、壤质。

利用性能综述 万安系土壤有机质和全氮中等或较高，全钾、有效磷与速效钾中等。表层土壤有机质含量在25~45 g/kg之间，全氮在1.00~2.00 g/kg之间，全磷一般在0.50~1.00 g/kg之间；全钾一般在15~25 g/kg之间；速效钾和有效磷分别在80~150 mg/kg和5~10 mg/kg之间。土壤保肥性能中等，CEC在10~15 cmol/kg之间。质地适中，但土层相对浅薄，林木立地条件较差。应做好封山育林，营造耐旱薪炭林，以防水土流失。

万安系代表性单个土体剖面

代表性单个土体（编号：35-059）　于 2011 年 7 月 23 日采自福建省浦城县万安乡万安中学右前方 50 m 处，27°54'36.3" N，27°54'36.3" E。母质为变质砂岩残坡积物；地形为丘陵中坡，海拔 277 m，坡度 10°~15°；土地利用方式为林地。

Ah：0~13 cm，棕色（7.5YR4/4，润），淡橙色（7.5YR6/4，干），细土质地为壤土，弱发育的团粒状或小块状结构，润，疏松；多量中根和细根；酸性；向下层清晰水平过渡。

Bw：13~75 cm，红棕色（5YR4/8，润），淡橙色（5YR6/4，干），细土质地为壤土，润，弱发育的块状结构，稍坚实；少量中根和细根；见 30%~50%棱角明显大小在 2~15 cm 之间的砾石；酸性；向下层清晰水平过渡。

C：75~130 cm，主要由半风化岩体组成（占 80%以上）。细土呈红棕色（5YR4/8，润）和淡橙色（5YR6/4，干），质地为壤土，小块状结构；酸性。

万安系代表性单个土体物理性质

土层	深度 /cm	砾石 (>2 mm，体积分数) /%	细土颗粒组成（粒径：mm）/（g/kg）			细土质地（美国制）	容重 /（g/cm³）
			砂粒 2~0.05	粉砂 0.05~0.002	黏粒 <0.002		
Ah	0~13	4	416	374	210	壤土	1.24
Bw	13~75	45	439	315	246	壤土	1.35
C	70~130	82	490	282	228	壤土	—

万安系代表性单个土体化学性质

深度 /cm	pH		CEC /（cmol（+）/kg）		黏粒 CEC /（cmol（+）/kg）		盐基饱和度/%	铝饱和度/%	全铁 (Fe_2O_3) /（g/kg）	游离铁 /（g/kg）
	(H_2O)	(KCl)	CEC_7	ECEC	CEC_7	ECEC				
0~13	4.62	3.58	11.34	9.27	54.00	44.14	35.27	54.04	39.33	24.97
13~75	4.84	3.65	11.91	10.97	48.42	44.59	43.07	53.24	62.93	38.81
70~130	5.23	3.51	11.32	11.12	49.64	48.77	41.43	55.30	67.48	38.03

10.17　红色铁质湿润雏形土

10.17.1　浮山系（Fushan Series）

土族：黏壤质硅质混合型非酸性高热-红色铁质湿润雏形土
拟定者：章明奎，麻万诸

浮山系典型景观

分布与环境条件　分布于漳州、福州、泉州、莆田和厦门等地的低丘和台地缓坡地，海拔一般在 250 m 以下，坡度在 35° 以下。起源于花岗岩、二长花岗岩、流纹质凝灰熔岩等酸性侵入岩及火山岩风化物；利用方式主要为林地和园地。属亚热带湿润海洋性季风气候区，年均日照约 2000 h，年均气温 20.4~21.5℃，全年无霜，≥10℃的积温 7200~7300℃，≥15℃的积温 5900~6200℃，≥20℃的积温 4600~5100℃。年均降水量 1400~1650 mm。年均蒸发量约 1200~1500 mm，干燥度在 0.8~1.0 之间。

土系特征与变幅　该土系诊断层包括淡薄表层和雏形层；诊断特性包括准石质接触面、湿润土壤水分状况、高热土壤温度状况、铁质特性及饱和的盐基饱和度。风化强烈，土壤黏土矿物主要为高岭石和水云母，含少量蛭石，含针铁矿和赤铁矿。其剖面一般具有 Ap-Bw-C；土体厚度在 50~120 cm 之间；土壤颜色以红棕色为主。质地为壤土，剖面上下差异不大；砾石低于 25%；表土容重在 1.15 g/cm^3 左右，心土容重在 1.30 g/cm^3 左右；湿时黏重，干时坚硬；土壤呈微酸性，pH 在 5.5~6.5 之间。Bw 层厚度 30~90 cm；CEC_7 在 24~40 cmol/kg 黏粒之间；土壤氧化铁游离度在 40%以上；土壤 pH 在 5.50~6.50 之间；色调主要为 2.5YR 或 5YR，润态明度 4~6，彩度 4~6；干态明度 5~8，彩度 4~6。

对比土系　沿溪系、西潭系，同一土类但不同亚类，颜色、颗粒大小级别和温度状况有所差异。沿溪系土壤颗粒大小级别为壤质，温度状况为热性，土表至 125 cm 范围内一半以上的土层具有 7.5YR 或更黄的色调；而浮山系土壤颗粒大小级别为黏壤质，温度状况为高热，土表至 125 cm 范围内一半以上的土层具有 5YR 或更红的色调。西潭系土表至 125 cm 范围内一半以上的土层具有 7.5YR 或更黄的色调；而浮山系土表至 125 cm 范围内一半以上的土层具有 5YR 或更红的色调。

利用性能综述　浮山系土层深厚，土质较轻，表层土壤有机质含量在 10~35 g/kg 之间，全氮在 0.50~1.50 g/kg 之间，全磷一般在 0.35~0.75 g/kg 之间；速效钾和有效磷分别在 30~80 mg/kg 和 5~10 mg/kg 之间。土壤保肥性能较低，CEC 在 5~10 cmol/kg 之间。渗透性良好，水热条件优越，是发展南亚热带经济作物的良好土壤，可种植荔枝、龙眼、枇杷，也可作用材林基地。但该土矿质养分淋失强烈，钙、镁、磷养分缺乏。因此，在利用上应充分利用优异的光、热资源和深厚的土层等有利条件，发展经济作物；同时，应加强土壤管理，注意水土保持，实行林、果间垦，套种豆科和绿肥作物，采取各种措施增施有机肥料，提高各种养分水平和保肥能力，并根据不同经济作物生长特点，增施氮磷肥，配施钾肥。坡度较大的地段，应以营造薪炭林为主。

浮山系代表性单个土体剖面

代表性单个土体（编号：35-024）　于 2011 年 4 月 18 日采自福建省漳浦县石榴镇下园尾村（浮山），24°8'10.4" N，117°32'28.0" E。母质为花岗岩残坡积物（100 cm 以上为坡积物；100 cm 以下见残积母质）；地形为低丘坡脚，海拔 30 m，坡度 25°；土地利用方式为果园（龙眼），地表杂草覆盖率近 100%。

Ap：0~15 cm，亮红棕色（2.5YR5/6，润），橙色（2.5YR6/6，干），细土质地为壤土，润，弱发育的块状结构夹少量团粒状结构，疏松；中量细根；微酸性；向下层渐变平滑过渡。

Bw1：15~45 cm，红棕色（2.5YR4/6，润），淡橙色（2.5YR6/4，干），细土质地为壤土，润，中等发育的块状结构，较疏松；少量细根；见少量的花岗岩半风化碎屑；微酸性；向下层渐变波状过渡。

Bw2：45~100 cm，亮红棕色（2.5YR5/6，润），淡橙色（2.5YR6/4，干），细土质地为壤土，润，中等发育的块状结构，较坚实；少量细根；土见 5%~10%灰黄色花岗岩半风化物；微酸性；向下层清晰波状过渡。

C：100~150 cm，花岗岩半风化物，淡橙色（7.5YR6/4，润），浅黄橙色（7.5YR8/3，干），砂质壤土，湿润，单粒状结构，坚实；微酸性。

浮山系代表性单个土体物理性质

土层	深度 /cm	砾石（>2 mm，体积分数）/%	细土颗粒组成（粒径：mm）/（g/kg）			细土质地（美国制）	容重 /（g/cm³）
			砂粒 2~0.05	粉砂 0.05~0.002	黏粒 <0.002		
Ap	0~15	1	462	323	215	壤土	1.13
Bw1	15~45	2	429	343	228	壤土	1.24
Bw2	45~100	8	432	349	220	壤土	1.37
C	100~150	77	541	368	91	砂质壤土	—

浮山系代表性单个土体化学性质

深度 /cm	pH		CEC /（cmol（+）/kg）		黏粒 CEC /（cmol（+）/kg）		盐基饱和度/%	铝饱和度/%	全铁（Fe_2O_3）/(g/kg)	游离铁 /(g/kg)
	（H_2O）	（KCl）	CEC_7	ECEC	CEC_7	ECEC				
0~15	5.55	4.87	9.12	6.80	42.40	31.61	68.64	5.44	49.30	33.17
15~45	6.03	5.32	8.88	7.45	39.01	32.71	72.64	10.92	44.14	33.38
45~100	5.57	4.88	7.75	5.61	35.30	25.55	57.29	18.08	56.03	29.58
100~150	5.56	4.93	3.66	2.68	40.13	29.39	73.22	0.00	55.12	21.86

10.18　普通铁质湿润雏形土

10.18.1　西潭系（Xitan Series）

土族：黏壤质硅质混合型非酸性高热-普通铁质湿润雏形土

拟定者：章明奎，麻万诸

分布与环境条件　主要分布于福建省泉州、漳州等市，地形为低丘台地，海拔多在 100 m 以下，坡度多在 2°~15° 之间。起源于第四纪红土；利用方式主要为旱地和园地。属亚热带湿润季风气候区，年均温在 20.8~21.3℃；≥10℃的积温 7300~7500℃，年均日照约 2000~2400 h；无霜期 350 d 左右；年均降水量 1100~1750 mm。年均蒸发量约 1100~1600 mm，干燥度略小于 1。

西潭系典型景观

土系特征与变幅　该土系诊断层包括淡薄表层和雏形层；诊断特性包括湿润土壤水分状况、高热土壤温度状况、铁质特性及饱和的盐基饱和度。经历了长期的风化，土壤黏土矿物主要为高岭石，伴有少量云母和蛭石。土体构型为 A-（AB）-Bw-C；土体厚度在 80~ 125 cm 之间；土壤颜色主要为黄棕色。因长期耕作引起的水土流失，耕层砂化非常显著，下层质地较重。细土质地为壤质砂土和壤土；因受人为活动的影响，土壤酸碱度变化较大，呈微酸性至微碱性，pH 在 5.5~8.5 之间。

Ap 层（砂化层，包括 AB 层）厚度 25~50 cm，小块状结构，疏松；pH 在 5.5~8.5 之间；色调 10YR，润态明度 4~5，彩度 5~6；干态明度 6~7，彩度 2~3。Bw 层厚度 30~60 cm，块状结构，坚实；pH 在 5.5~8.5 之间；氧化铁游离度在 40%~80%之间；CEC_7 在 24 cmol/kg 黏粒以上；色调 5YR 或 2.5YR，润态明度 5~6，彩度 7~8；干态明度 7~8，彩度 3~4。

对比土系　沿溪系，同一亚类但不同土族，沿溪系土壤颗粒大小级别为壤质，温度状况为热性；而西潭系土壤颗粒大小级别为黏壤质，温度状况为高热。

利用性能综述　西潭系由于严重的砂化，土壤养分一般较低。表层土壤有机质含量在 5~15 g/kg 之间，全氮在 0.50~1.00 g/kg 之间，全磷一般在 0.25~0.50 g/kg 之间；全钾在 5~10 g/kg 之间；速效钾和有效磷分别在 15~80 mg/kg 和 0~5 mg/kg 之间。土壤保肥性能较低，CEC 在 5 cmol/kg 以下。土壤质地较轻，多砾石和粗砂，渗漏性强，多数水源不足，易受干旱威胁。旱、砂、瘦是其主要障碍因素。但其质地轻，耕性好，适宜薯类、大豆、芦笋及花生等作物的生长。在利用改良上，首先应加强水利工程建设，改善土壤水分状况，以提高作物产量；应增施有机肥，有条件的可用海泥塘泥改土，提高其保水保肥性能。在施肥技术上，宜采用少量多次，并注意后期追肥，配施磷、钾和微量元素肥料。

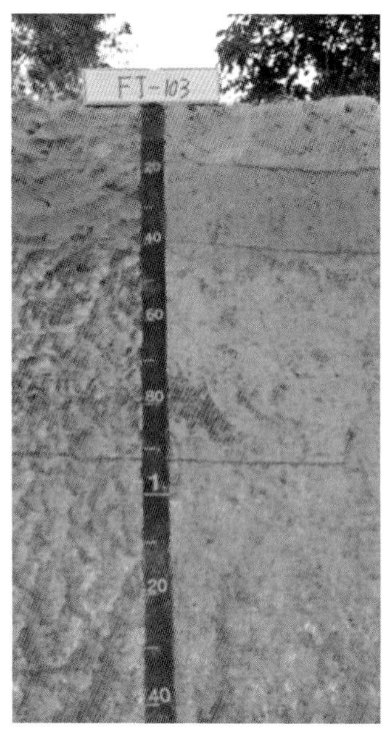

西潭系代表性单个土体剖面

代表性单个土体（编号：35-103） 于 2011 年 9 月 16 日采自福建省诏安县西潭乡洋朝村，23°46'40.6" N，117°6'22.0"E。母质为第四纪红土；地形为台地，海拔 27 m，坡度<3 °；土地利用方式为旱地（蔬菜）和果园（龙眼）。

Ap：0~16 cm，砂土层，黄棕色（10YR5/6，润），淡黄橙色（10YR6/3，干），细土质地为壤质砂土；润，弱发育的块状和小块状结构，疏松；中量细根；见大量粗砂和少量炭灰；微碱性；向下层模糊平滑过渡。

AB：16~40 cm，棕色（10YR4/6，润），淡黄橙色（10YR7/3，干），砂土层，细土质地为壤质砂土；润，小块状结构，稍坚实；少量细根；见大量粗砂；微碱性；向下层清晰平滑过渡。

Bw：40~92 cm，橙色（5YR6/8，润），淡橙色（5YR8/4，干），细土质地为壤土，润，中等发育的块状结构，坚实；夹少量小块状半风化砾石；微酸性；向下层清晰波状过渡。

C：92~170 cm，由橙色（5YR6/8，润）、黄橙色（10YR7/8，）和淡红棕色（2.5YR4/4，润）半风化物组成，分别占土体的 60%、35%和 5%，相应的干态颜色分别为淡橙色（5YR8/3）、亮黄棕色（10YR7/6）和淡橙色（2.5YR6/3）；细土质地为壤土，润，很坚实；微酸性。

西潭系代表性单个土体物理性质

土层	深度 /cm	砾石 (>2 mm，体积分数) /%	细土颗粒组成（粒径：mm）/（g/kg）			细土质地（美国制）	容重 /（g/cm³）
			砂粒 2~0.05	粉砂 0.05~0.002	黏粒 <0.002		
Ap	0~16	32	823	108	70	壤质砂土	1.33
AB	16~40	33	860	53	88	壤质砂土	1.36
Bw	40~90	13	378	354	270	壤土	1.41
C	90~170	14	468	327	206	壤土	1.53

西潭系代表性单个土体化学性质

深度 /cm	pH		CEC /（cmol（+）/kg）		黏粒 CEC /（cmol（+）/kg）		盐基饱和度/%	铝饱和度/%	全铁 (Fe_2O_3) /（g/kg）	游离铁 /（g/kg）
	(H_2O)	(KCl)	CEC_7	ECEC	CEC_7	ECEC				
0~16	7.74	6.02	2.72	2.23	38.77	31.81	81.99	0.00	20.57	8.38
16~40	8.04	6.00	3.27	2.78	37.23	31.63	85.06	0.00	16.08	10.43
40~90	5.80	3.54	9.45	6.74	34.95	24.93	60.11	10.53	65.56	26.68
90~170	5.95	3.73	8.98	6.22	43.61	30.21	33.85	45.18	32.98	16.44

10.18.2　沿溪系（Yanxi Series）

土族：壤质硅质混合型非酸性热性-普通铁质湿润雏形土
拟定者：章明奎，麻万诸

沿溪系典型景观

分布与环境条件　零星分布于福建省龙岩、福州、南平、三明等市山丘中上坡地带，海拔在 700 m 以下，坡度在 10°~35°之间，梯田。起源于花岗岩、花岗斑岩、砂岩、硅质岩等风化物；历史上以水旱轮作为主，后因水源不足改种旱作。属亚热带湿润季风气候区，年均温在 17.1~18.8℃；≥10℃的积温 5405~5953℃，年均日照约 1790~1882 h；无霜期 265~310 d；年均降水量 1635~1743 mm。年均蒸发量约 1500~1600 mm，干燥度小于 1。

土系特征与变幅　该土系诊断层包括淡薄表层和雏形层；诊断特性包括湿润土壤水分状况、热性土壤温度状况、铁质特性及饱和的盐基饱和度。土壤黏土矿物主要为水云母、高岭石、含少量蛭石。其剖面一般具有 Ap1-Ap2-Br-C；土体厚度在 80~125 cm 之间；土壤颜色以淡黄橙色和灰黄棕色为主。土壤质地一般为壤土至砂质壤土。剖面中有明显的铁锰氧化物淀积；表土容重 1.20 g/cm^3 左右；心土容重 1.50 g/cm^3 左右；土壤呈酸性至微酸性，pH 主要在 4.5~6.5 之间，由上至下增大。

Ap1 层厚度 10~25 cm，团粒状和小块状结构，疏松；pH 在 4.5~5.5 之间；色调主要为 2.5Y 或 10YR，润态明度 4~6，彩度 1~3；干态明度 5~7，彩度 1~3。Ap2 层厚度 5~12 cm，块状结构，坚实；pH 在 4.5~5.5 之间；色调主要为 2.5Y 或 10YR，润态明度 4~5，彩度 1~3；干态明度 6~7，彩度 1~3。Br 层厚度 60~100 cm，非常紧实，块状结构，旱季出现硬化；pH 在 5.5~6.5 之间；结构面上有大量氧化铁锰斑块和细纹；氧化铁游离度在 40%~80%之间。色调主要为 2.5Y 或 10YR，润态明度 4~5，彩度 4~6；干态明度 6~7，彩度 1~3。

对比土系　西潭系，同一亚类但不同土族，颗粒大小级别为黏壤质，温度状况为高热，沿溪系土壤颗粒大小级别为壤质，温度状况为热性。

利用性能综述　沿溪系土壤有机质和全氮中下，有效磷和速效钾较低。表层土壤有机质含量在 15~25 g/kg 之间，全氮在 0.75~1.50 g/kg 之间，全磷一般在 0.50~1.00 g/kg 之间；全钾在 10~20 g/kg 之间；速效钾和有效磷分别在 30~80 mg/kg 和 3~10 mg/kg 之间。土壤保肥性能较低，CEC 在 5~10 cmol/kg 之间。土壤砂性强，易漏水漏肥。在利用改良上，围绕旱、漏有针对性地采取有效措施，如改善水利灌溉条件，发展冬绿肥或油肥兼作作物，增加有机质的投入，提升土壤有机质，改善土壤物理性状。化肥要少量多次施用，中后期看苗追施，以提高肥料利用率。

沿溪系代表性单个土体剖面

代表性单个土体（编号：35-075） 于 2011 年 8 月 21 日采自福建省三明市宁化县水茜乡沿溪村，26°26'43.2" N，116°42'12.2" E。母质为黑云母花岗岩残坡积物；地形为低丘中坡，梯地，海拔 402 m，坡度 5°~10°；土地利用方式为旱地，主要种植大豆、棉花、蕃薯；有种植水稻的历史。

Ap1：0~12 cm，淡黄橙色（10YR6/3，润），浅黄橙色（10YR7/3，干），细土质地为砂质壤土，稍干，弱发育的团粒状和小块状结构，疏松；少量细根；酸性；向下层清晰平滑过渡。

Ap2：12~24 cm，灰黄棕色（10YR5/2，润），浅黄橙色（10YR7/3，干），细土质地为壤土，润，中等发育的块状结构，坚实；少量细根；酸性；向下层清晰平滑过渡。

Br1：24~42 cm，黄棕色（10YR5/6，润），淡黄橙色（10YR6/3，干），细土质地为砂质壤土，润，中等发育的块状结构，非常紧实；结构面上见 10%~15%的铁锰斑纹；有少量白色斑眼状半风化岩石碎屑；微酸性；向下层清晰平滑过渡。

Br2：42~100 cm，淡黄棕色（10YR5/4，润），淡黄橙色（10YR7/2，干），细土质地为砂质壤土，润，中等发育的块状结构，坚实；结构面上见大量氧化铁锰斑纹（占 15%~30%）；有少量白色斑眼状半风化岩石碎屑；微酸性。

沿溪系代表性单个土体物理性质

土层	深度/cm	砾石（>2 mm，体积分数）/%	细土颗粒组成（粒径：mm）/（g/kg）			细土质地（美国制）	容重/（g/cm³）
			砂粒 2~0.05	粉砂 0.05~0.002	黏粒 <0.002		
Ap1	0~12	6	490	340	170	壤土	1.19
Ap2	12~24	7	500	290	210	壤土	1.36
Br1	24~42	7	600	235	165	砂质壤土	1.51
Br2	42~100	4	530	290	180	砂质壤土	1.48

沿溪系代表性单个土体化学性质

深度/cm	pH		CEC/（cmol（+）/kg）		黏粒 CEC/（cmol（+）/kg）		盐基饱和度/%	铝饱和度/%	全铁（Fe_2O_3）/（g/kg）	游离铁/（g/kg）
	（H_2O）	（KCl）	CEC_7	ECEC	CEC_7	ECEC				
0~12	4.73	3.68	8.12	6.48	47.76	38.12	46.18	35.19	37.87	15.41
12~24	4.86	3.78	7.12	6.08	33.90	28.95	54.49	28.45	38.69	17.75
24~42	5.55	4.22	6.76	5.69	40.97	34.48	73.08	8.79	36.08	20.65
42~100	6.39	4.78	7.89	6.69	43.83	37.17	76.55	4.78	28.71	21.50

第 11 章　新成土土纲

11.1　石灰潮湿砂质新成土

11.1.1　陈城系（Chencheng Series）

土族：硅质型高热-石灰潮湿砂质新成土
拟定者：章明奎，麻万诸

分布与环境条件　分布于漳州、泉州、莆田、福州等地市的沿海风积砂丘间的低洼地和海陆连带的沙平地，以东山、诏安、长乐、平潭分布较为集中，海拔 3~4 m，地下水位一般在 50~100 cm 之间。起源于风积海砂；利用方式主要为荒草地，少数为旱地。属亚热带湿润海洋性季风气候区，年均日照约 2000~2400h，年均气温 20.4~21.5℃，全年无霜，≥10℃的积温 7250~7450℃，≥15℃的积温 6000~6665℃，≥20℃的积温 4800℃左右。年均降水量约 1000~1100 mm。年均蒸发量约 1500~2000 mm，干燥度在 1.3~2。

陈城系典型景观

土系特征与变幅　该土系诊断层包括淡薄表层；诊断特性包括砂质沉积物岩性特征、潮湿土壤水分状况、氧化还原特征、高热土壤温度状况和石灰性。土壤黏土矿物主要以水云母为主，含少量高岭石、绿泥石和蒙脱石。其剖面一般具有 A-Cr，土体松散；母质层深厚，多在 200 cm 以上。土壤成土时间很短，土壤发育微弱，表土层下即为母质层，无结构发育。土壤质地为壤质砂土或砂土，剖面上下差异不大。全剖面有中至弱石灰反应，但可溶性盐含量低于 0.5 g/kg。因地下水位较高，母质中有明显的锈纹锈斑。土壤呈中性至微酸性，pH 在 5.5~8.5 之间，剖面中特别是母质层中保留明显的沉积层理。Ah 层厚度 15~30 cm，弱发育小块状结构，疏松；有石灰反应；pH 在 6.5~8.5 之间；色调主要为 2.5Y 或 10YR，润态明度 5~7，彩度 3~4；干态明度 7~8，彩度 2~3。

对比土系　六鳌系，分布的景观相似，但六鳌系具有水耕现象，土壤已脱钙，发育较强，不同土纲，为雏形土，剖面下部有积盐现象，全剖面砾石含量在 5%以下。而陈城系土壤有明显的石灰反应，已脱盐，全剖面砾石含量在 15%~25%之间，土壤仍然保留母质特性，心土层无结构发育。

利用性能综述　陈城系土壤除速效钾外其他养分较低，表层土壤有机质含量变化于 5~10 g/kg 之间，全氮在 0.30~0.75 g/kg 之间，全磷一般在 0.10~0.50 g/kg 之间；全钾一般在 5~10 g/kg 之间；速效钾和有效磷分别在 80~200 mg/kg 和 3~8 mg/kg 之间。土壤保肥性能较低，CEC 在 5 cmol/kg 以下。土壤水热条件好，易耕，适种性较广，特别适宜种植蔬菜；主要障碍因素是砂、瘦。在利用上，必须加强防护林带建设，合理安排作物茬口，重视冬季作物生产，推广间作套种，增加地表覆盖，防止表土风蚀。有条件可客土改砂，改善土壤物理性状，同时施用有机肥和化肥，以提高土壤肥力。

代表性单个土体（编号：35-106）　于 2011 年 9 月 16 日采自福建省东山县陈城镇陈城村，23°38'41.6"N，117°23'48.3" E。母质为（砂质）滨海沉积物；地形为海湾海积平原，海拔 5 m，坡度<2°；土地利用方式为荒地（田菁和其他杂草）；地下水位约 80 cm。

陈城系代表性单个土体剖面

Ah：0~20 cm，浅黄色（2.5Y7/4，润），淡黄色（2.5Y8/3，干），细土质地为壤质砂土，润，弱发育小块状结构，疏松；多量细根；保留明显的沉积层理；碱性；石灰反应；向下层模糊平滑过渡。

Cr1：20~70 cm，具明显的沉积层理，由黄灰色（占 75%）与黑色（25%）沉积物质组成，后者出现在 35 cm 左右，厚度为 6 cm 左右。黄灰色部分润态颜色为黄灰色（2.5Y5/1），黑色部分润态颜色为黑色（2.5Y2/1）。细土质地为壤质砂土，潮湿，单粒状结构，疏松；见少量棕红色和黄色氧化铁淀积物；少量细根；中性；弱石灰反应；向下层清晰平滑过渡。

Cr2：70~110 cm，淡黄色（2.5Y6/4，润），浅黄色（2.5Y8/4，干），细土质地为砂土，湿，散砂状无结构体，疏松；土块中有大量暗红棕色（5YR3/4）氧化铁淀积，沉积层理明显；中性；弱石灰反应。

陈城系代表性单个土体物理性质

土层	深度 /cm	砾石 （>2 mm，体积分数）/%	细土颗粒组成（粒径：mm）/（g/kg）			细土质地 （美国制）	容重 /（g/cm^3）
			砂粒 2~0.05	粉砂 0.05~0.002	黏粒 <0.002		
Ah	0~20	21	881	91	31	壤质砂土	1.28
Cr1	20~70	25	885	90	26	壤质砂土	—
Cr2	70~110	22	897	43	53	砂土	—

陈城系代表性单个土体化学性质

深度 /cm	pH		CEC_7 /（cmol（+）/kg）	盐基饱和度 /%	全铁 （Fe_2O_3）/（g/kg）	游离铁 /（g/kg）
	（H_2O）	（KCl）				
0~20	8.79	6.82	2.48	100	10.51	5.53
20~70	7.21	6.14	2.54	100	7.12	4.98
70~110	7.42	5.80	2.76	100	8.89	6.66

11.2 普通潮湿砂质新成土

11.2.1 涵江系（Hanjiang Series）

土族：硅质混合型非酸性热性-普通潮湿砂质新成土

拟定者：章明奎，麻万诸

分布与环境条件 零星分布于闽江口以北沿海及岛屿的丘陵缓坡与海积平原过渡地带，海拔多在 6~15 m 之间，地面坡度多在 0°~5° 之间；地形为洪冲积物堆积小平地。起源于新洪冲积物，物质来源主要为附近的丘陵，多为酸性岩风化物的再积物。由于其搬运距离较近且其中的细颗粒多被搬至更远的海湾，其物质组成多为粗砂物质；利用方式为旱地或园地。地下水位在 30~150 cm 之间，受附近海水的影响其地下水有较高的矿化度。属亚热带湿润海洋性季风气候区，年均日照 1770~1910 h，年均气温 18.0~19.5℃，无霜期 276~340 d，≥10℃的积温 5846~6457℃。年均降水量 1100~1600 mm。年均蒸发量约 1200~1400 mm，干燥度在 0.90~1.10 之间。

涵江系典型景观

土系特征与变幅 该土系诊断层包括淡薄表层；诊断特性包括砂质沉积物岩性特征、潮湿土壤水分状况、氧化还原特征、热性土壤温度状况及饱和的盐基饱和度。土壤黏土矿物主要为水云母和高岭石，伴有蛭石。其土体构型为 Ap-C；母质层较为深厚，常达数米；土壤剖面分化不明显，无明显的结构体；土壤主要呈浅黄棕色。由于其紧贴海岸且海拔较低，台风季节受风浪携带海水与高矿化度地下水的双重影响，其盐基丰富，土壤 pH 在 6.5~8.0 之间，但无石灰反应；土体中水溶性盐分含量在 0~2 g/kg 之间，自上至下增加，但没有达到盐积现象的要求。有明显的砾石，全剖面砾石平均含量在 5%~15%之间，细土质地为壤质砂土。

C 层上限出现在 15~30 cm 的土体中，厚度 100 cm 以上；呈单粒状，无明显的结构体；土粒上见少量锈纹斑；pH 在 6.5~8.0 之间，无石灰反应。色调主要为 2.5Y 或 10YR，润态明度 5~6，彩度 2~3；干态明度 7~8，彩度 2~3。

对比土系 竹岐系，同一亚类但不同土族，土壤颗粒大小级别为粗骨砂质，矿物类别为硅质型。

利用性能综述 涵江系表层土壤有机质含量在 10~25 g/kg 之间，全氮在 0.50~1.00 g/kg 之间，全磷一般在 0.35~0.75 g/kg 之间；全钾在 10~20 g/kg 之间；速效钾和有效磷分别在 50~120 mg/kg 和 5~15 mg/kg 之间。土壤保肥性能较弱，CEC 在 5~10 cmol/kg 之间；土壤砂性较强。地下水位较高，且地下水有较高的矿化度，存在干旱季节返盐的风险。在改良上，应完善排水系统，以防台风季节地表积水，减免土壤盐化，影响作物的正常生长。在施肥上，应增加有机肥料的投入，提升基础地力，增加土壤的保蓄性能。

涵江系代表性单个土体剖面

代表性单个土体（编号：35-147） 于 2012 年 3 月 8 日采自福建省宁德市霞浦县沙汇镇涵江村，26°47'37.2" N，119°59'20.4" E。母质为新洪积物；地形为洪冲积平原，位于丘陵与海积平原之间，海拔 7 m，坡度<5°；土地利用方式为旱地；地下水位在 50 cm 左右。

Ap：0~22 cm，浅黄棕色（10YR4/4，润），浅黄橙色（10YR7/4，干），湿，细土质地为壤质砂土，呈单粒状和微弱的块状结构，稍疏松；中量细根；中性；无明显石灰反应；向下层清晰平滑过渡。

C1：22~50 cm，浅黄棕色（10YR5/3，润），淡黄橙色（10YR8/3，干），湿，细土质地为壤质砂土，单粒状，稍坚实；土粒上见少量锈纹斑；微碱性；无明显石灰反应；向下层模糊平滑过渡。

C2：50~100 cm，灰黄棕色（10YR5/2，润），淡黄橙色（10YR7/2，干），积水，细土质地为砂质壤土，单粒状，疏松；土粒上见少量锈纹斑；微碱性；无明显石灰反应。

涵江系代表性单个土体物理性质

土层	深度 /cm	砾石 （>2 mm，体积分数）/%	细土颗粒组成（粒径：mm）/（g/kg）			细土质地 （美国制）	容重 /（g/cm^3）
			砂粒 2~0.05	粉砂 0.05~0.002	黏粒 <0.002		
Ap	0~22	13	766	98	136	壤质砂土	1.32
C1	22~50	7	807	64	129	壤质砂土	1.38
C2	50~100	10	690	174	136	砂质壤土	1.35

涵江系代表性单个土体化学性质

深度 /cm	pH		CEC_7 /（cmol（+）/kg）	盐基饱和度 /%	全铁 （Fe_2O_3）/（g/kg）	游离铁 /（g/kg）
	（H_2O）	（KCl）				
0~22	7.10	5.96	0.23	7.97	100	39.30
22~50	7.88	6.10	0.67	8.95	100	36.52
50~100	7.76	6.06	1.54	6.02	100	40.32

11.2.2 竹岐系（Zhuqi Series）

土族：粗骨砂质硅质非酸性热性-普通潮湿砂质新成土
拟定者：章明奎，麻万诸

竹岐系典型景观

分布与环境条件 主要分布于福建省闽江沿岸，以福州市分布较为集中，所处地形为临近溪河两侧未开垦的沙洲或溪流转折的缓冲部位，靠近河床，地下水位约 150 cm，海拔多在 150 m 以下，坡度多在 5°~15°之间。起源于新搬运的河床相、河漫滩相沉积物，汛期可能会受河水泛滥淹没；利用方式主要为荒地。属亚热带湿润季风气候区，属亚热带湿润季风气候区，年均温在 18.0~19.3℃；极端最低气温-5.4~-0.9℃，极端最高气温 37.4~40.9℃，最热月出现在 7 月，平均温度 29~34℃；最冷月出现在 1 月，平均温度 7~10℃左右；≥10℃的积温 6200~6500℃，年均日照约 1754~2014 h；无霜期 280~320 d；年均降水量 1260~1700 mm，降水的季节分布不均，干湿季节十分明显，每年 3~9 月为湿季，占全年降水量的 78%~80%；10 月至翌年 3 月为少雨旱季。年均蒸发量约 1250~1600 mm，干燥度略小于 1。

土系特征与变幅 该土系诊断层包括淡薄表层；诊断特性包括砂质沉积物岩性特征、潮湿土壤水分状况、氧化还原特征、热性土壤温度状况及饱和的盐基饱和度。土壤黏土矿物主要为水云母，含一定量的高岭石，有时可见绿泥石和蛭石。因沉积时间短，且经常受流水搬运堆积物的影响，生物作用弱，仅有弱发育的表土层，以下即为母质层，其剖面一般具有 Ah-C；母质层深厚，一般在 100 cm 以上；土壤颜色以淡棕色和灰黄色为主。剖面中因地形和季节性洪水流速的差异，常见不同颗粒组成的沉积物，全剖面保留沉积层理；土块表面见少量铁锈纹。细土质地为砂土和砂质壤土，黏粒含量 0~150 g/kg 之间，砂粒含量 550 g/kg 以上。整个剖面有大量的砾石，粒径多在 2~5 mm，含量均大于 25%，并向下有增加的趋势。全剖面容重在 1.35 g/cm^3 左右；土壤呈微酸性至中性，pH 主要在 5.5~7.5 之间。

A 层厚度 5~25 cm；黏粒含量在 0~150 g/kg 之间，砂粒含量在 550 g/kg 以上，砾石含量大于 25%；土壤 pH 在 5.50~7.50 之间；常可辨识沉积层理；色调主要为 7.5YR 或 10YR，润态明度 5~6，彩度 2~3；干态明度 7~8，彩度 2~3。

对比土系 涵江系，同一亚类但不同土族，涵江系土壤颗粒大小级别为砂质，矿物类别为硅质混合型；而竹岐系土壤颗粒大小级别为粗骨砂质，矿物类别为硅质型。

利用性能综述 竹岐系土壤有机质、氮素、有效磷和速效钾较低。表层土壤有机质含量在 5~20 g/kg 之间，全氮在 0.30~1.00 g/kg 之间，全磷一般在 0.15~0.50 g/kg 之间；速效钾和有效磷分别在 30~50 mg/kg 和 0~8 mg/kg 之间。全钾一般低于 10 g/kg；土壤保肥性能弱，CEC 在 5 cmol/kg 左右。土壤土层深厚，砂性强，松散无结构，渗漏性强；多分布在江河的洪水沿线，暴雨期间常会受洪水淹没，一般不适宜农业利用。

竹岐系代表性单个土体剖面

代表性单个土体（编号：35-120）　于 2011 年 9 月 20 日采自福建省闽侯县竹岐乡闽侯大桥西 50 m，26°9'7.4" N，119°6'49.3" E。母质为河流冲积物；地形为低河漫滩，海拔 5 m，坡度<3°；土地利用方式为荒地。

Ah：0~10 cm，淡棕色（7.5YR6/3，润），淡橙色（7.5YR7/3，干），稍干，细土质地为砂质壤土，散砂夹杂少量小砾石块，疏松；具沉积层理；多量细根；中性；向下层清晰平滑过渡。

C1：10~45 cm，橙色（7.5YR7/6，润），灰白色（7.5YR8/2，干），润，细土质地为砂土，单粒状，疏松；具明显的沉积层理；土块表面见少量铁锈纹；少量细根；微碱性；向下层渐变平滑过渡。

C2：45~100 cm，橙色（7.5YR6/6，润），灰白色（7.5YR8/2，干），润，细土质地为砂土，单粒状，疏松；具明显的沉积层理；土块表面见少量铁锈纹；中性。

竹岐系代表性单个土体物理性质

土层	深度 /cm	砾石（>2 mm，体积分数）/%	细土颗粒组成（粒径：mm）/（g/kg）			细土质地（美国制）	容重 /（g/cm^3）
			砂粒 2~0.05	粉砂 0.05~0.002	黏粒 <0.002		
Ah	0~10	13	700	181	121	砂质壤土	1.33
C1	10~45	44	940	23	38	砂土	—
C2	45~100	47	960	15	26	砂土	—

竹岐系代表性单个土体化学性质

深度 /cm	pH		CEC_7 /（cmol（+）/kg）	盐基饱和度 /%	全铁（Fe_2O_3）/（g/kg）	游离铁 /（g/kg）
	（H_2O）	（KCl）				
0~10	6.67	5.01	5.28	80.49	36.97	17.35
10~45	7.58	5.50	1.98	94.44	14.46	10.41
45~100	7.34	5.52	1.44	90.97	13.41	8.95

11.3　普通干润砂质新成土

11.3.1　闾峡系（Lüxia Series）

土族：硅质型非酸性热性-普通干润砂质新成土

拟定者：章明奎，麻万诸

闾峡系典型景观

分布与环境条件　主要分布于长乐县的江田、梅花和霞浦县东冲半岛迎风海岸，位于沿海平直海岸的突出部位和残丘坡麓带与滨海平原的过渡地带（风砂覆盖于临海的低丘缓坡上），海拔 3~20 m；地形为不规则砂丘、沙垄、沙岗顶部，或呈圆丘状，或呈斜坡状。当连片时形成岗地状地形，台面平整，但周边的坡度较大；当零星分布时，地形呈现孤丘状，坡度较大。起源于风积海砂，因所处位置相对较高，不受地下水影响，土壤较干；利用方式主要为林地（主要种植防护林木麻黄）或荒草地。属亚热带湿润海洋性季风气候区，年均日照约 1850~1900 h，年均气温约 18.6~19.4℃，无霜期 330~349 d，≥10℃的积温 5900~6156℃；1 月份平均气温为 10℃，最热月份在 7 月，平均温度在 28~29℃。年均降水量约 1133~1300 mm，降水的季节分布不均，干湿季节十分明显，每年 3~9 月为湿季、雨量约占全年的 81%~84%，10 月至翌年 3 月为旱季。年均蒸发量约 1324~1517 mm，干燥度在 1.1~1.2。在秋冬干旱季节，土体干燥时会发生风砂流动。

土系特征与变幅　该土系诊断层包括淡薄表层；诊断特性包括砂质沉积物岩性特征、半干润土壤水分状况、热性土壤温度状况及饱和的盐基饱和度。土壤黏土矿物主要由水云母为主，含少量高岭石、绿泥石和蒙脱石。其剖面一般具有 Ah-C，Ah 层厚度在 10~25 cm 之间，母质层多在 350 cm 以上；土体松散；土壤颜色以黄棕色、浅黄色及棕灰色为主；不见氧化铁锈纹、锈斑。土壤质地为砂土，剖面上下差异不大。地下水位在 300 cm 以下或不见地下水位；土壤已基本脱盐、脱钙，全剖面水溶性盐在 0.5 g/kg 以下，无石灰反应。全剖面土壤容重在 1.40 g/cm^3 左右。土壤呈中性至微酸性，pH 在 5.5~7.5 之间。

C 层土壤黏粒含量在 150 g/kg 以下，砂粒含量在 550 g/kg 以上；但砾石含量小于 5%。pH 在 5.5~7.5 之间。色调主要为 2.5Y 或 10YR，润态明度 5~6，彩度 5~6；干态明度 7~8，彩度 3~6。

对比土系　与涵江系、下寮系同属于砂质新成土，土壤酸碱度均为非酸性，但它们之间的水热状况有所差异。涵江系土壤水分状况属于潮湿，而闾峡系土壤水分状况属于干润。下寮系土壤温度状况属于高热，而闾峡系土壤温度状况属于热性。

利用性能综述　闾峡系土壤养分均较低，表层土壤有机质含量变化于 2~10 g/kg 之间，全氮在 0.10~0.50 g/kg 之间，全磷一般在 0.10~0.30 g/kg 之间；速效钾和有效磷分别在 30~80 mg/kg 和 1~10 mg/kg 之间。土壤保肥性能较低，CEC 在 5 cmol/kg 以下。主要障碍因素是：旱、砂、瘦并有风蚀现象。在利用上主要是种植防风林，主要营造木麻黄、大小叶桉树种，防风固砂，维护生态平衡。若用于种植农作物，应开发水源，扩大灌溉面积；推行间、套种，增加地表覆盖度，减少风害；有条件的地方，可客土改砂，增加有机肥施用量；施肥应少量多次。

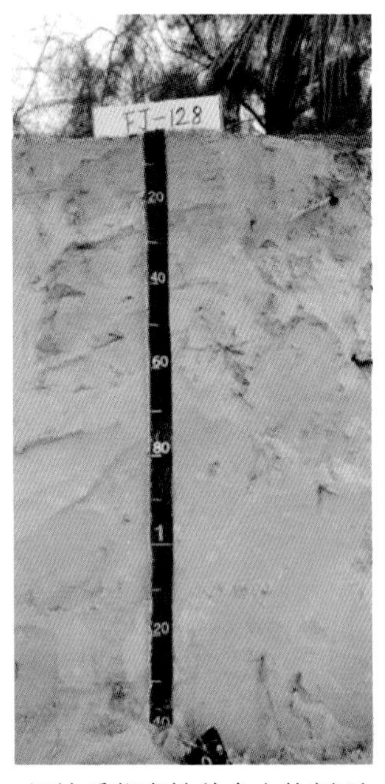

闾峡系代表性单个土体剖面

代表性单个土体（编号：35-128）　于 2012 年 3 月 8 日采自福建省宁德市霞浦县长春镇闾峡村，26°38'49.4" N，120°6'9.3" E。母质为风积物；地形为沿海风积小平地，海拔 12 m，坡度 2°~10°；土地利用方式为荒地和木麻黄、茅草地。

Ah：0~22 cm，棕色（10YR4/6，润），淡黄橙色（10YR7/2，干），湿，细土质地为砂土，弱发育小块状，疏松；多量中根和细根；中性；向下层模糊平滑过渡。

C1：22~65 cm，亮黄棕色（10YR6/6，润），淡黄橙色（10YR7/3，干），湿，细土质地为壤质砂土，松散状，疏松；少量细根；中性；向下层模糊平滑过渡。

C2：65~120 cm，亮黄棕色（10YR6/6，润，淡黄橙色（10YR7/3，干），湿，细土质地为壤质砂土，松散状，疏松；中性。

闾峡系代表性单个土体物理性质

土层	深度 /cm	砾石 (>2 mm，体积分数) /%	细土颗粒组成（粒径：mm）/（g/kg）			细土质地（美国制）	容重 /（g/cm^3）
			砂粒 2~0.05	粉砂 0.05~0.002	黏粒 <0.002		
Ah	0~22	2	874	43	83	砂土	1.43
C1	22~65	2	738	150	112	壤质砂土	1.43
C2	65~120	2	861	23	117	壤质砂土	1.45

闾峡系代表性单个土体化学性质

深度 /cm	pH		CEC_7 /（cmol（+）/kg）	盐基饱和度 /%	全铁 （Fe_2O_3）/（g/kg）	游离铁 /（g/kg）
	（H_2O）	（KCl）				
0~22	7.10	5.01	3.24	100	13.53	7.20
22~65	6.96	4.98	3.76	97.2	13.26	5.23
65~120	7.02	5.81	3.92	100	10.96	4.56

11.3.2　下寮系（Xialiao Series）

土族：硅质型非酸性高热-普通干润砂质新成土
拟定者：章明奎，麻万诸

下寮系典型景观

分布与环境条件　主要分布于闽江口以南的泉州、漳州市的沿海县和福州市的平潭县迎风海岸，所处地形为固定砂丘的上部或丘间稍高部位，或呈圆丘状，或呈长条状。当连片时形成岗地状地形，台面平整，但周边的坡度较大；当零星分布时，地形呈现孤丘状，坡度较大；海拔 3~10 m。起源于风积海砂，因所处位置相对较高，不受地下水影响，土壤较干；利用方式主要为林地（主要种植防护林木麻黄）或荒草地。属亚热带湿润海洋性季风气候区，年均日照约 2000~2400 h，年均气温 20.4~21.5℃，全年无霜，≥10℃的积温 7250~7450℃，≥15℃的积温 6000~6665℃，≥20℃的积温 4800℃左右。年均降水量约 1000~1100 mm。年均蒸发量约 1500~2000 mm，干燥度在 1.3~2.0。在秋冬干旱季节，土体干燥时会发生风砂流动。

土系特征与变幅　该土系诊断层包括淡薄表层；诊断特性包括砂质沉积物岩性特征、半干润土壤水分状况、高热土壤温度状况及饱和的盐基饱和度。土壤黏土矿物主要以水云母为主，含少量高岭石、绿泥石和蒙脱石；其剖面一般具有 Ah-C，Ah 层厚度在 10~25 cm 之间；母质层深厚，多在 350 cm 以上；土体松散；土壤颜色以黄棕色、浅黄色及棕灰色为主；不见氧化铁锈纹、锈斑。因所处位置较高，土壤干燥，地下水位在 300 cm 以下。土壤质地为砂土，剖面上下差异不大。土壤剖面已基本脱盐、脱钙，全剖面水溶性盐在 1 g/kg 以下，无石灰反应。土壤呈中性至微酸性，pH 在 5.5~7.5 之间。C 层土壤黏粒含量在 100 g/kg 以下，砂粒含量在 550 g/kg 以上；但砾石含量小于 5%。pH 在 5.5~7.5 之间；色调主要为 2.5Y 或 5Y，润态明度 5~8，彩度 3~5；干态明度 7~8，彩度 3~6。

对比土系　闾峡系，同一亚类但不同土族，温度状况上有差异，闾峡系为热性温度状况，而下寮系为高热温度状况。陈城系、涵江系，同一土类但不同亚类。分布的相对位置较低，受地下水影响，土壤水分状况为潮湿；而下寮系所处位置较高，已不受地下水的影响。陈城系土壤有石灰反应，而下寮系无石灰反应。涵江系与下寮系温度状况不同，前者为热性，后者为高热。与六鳌系呈复区分布，但下寮系分布在丘岗地，不受地下水影响，而六鳌系分布在平地，受地下水明显影响，二者的水分条件有很大差异（六鳌系为潮湿水分状况，下寮系为干润水分状况）。

利用性能综述 下寮系土壤养分均较低，表层土壤有机质含量变化于 3~10 g/kg 之间，全氮在 0.20~0.50 g/kg 之间，全磷一般在 0.10~0.30 g/kg 之间；速效钾和有效磷分别在 30~80 mg/kg 和 1~10 mg/kg 之间。土壤保肥性能较低，CEC 在 5 cmol/kg 以下。主要障碍因素是：旱、砂、瘦并有风蚀现象。在利用上应：①种植防风林，主要营造木麻黄、大小叶桉树种，防风固砂，生产条件太差的应退耕还林；②开发水源，扩大灌溉面积；③推行间、套种，增加地表覆盖度，减少风害；④客土改砂，增加有机肥施用量；施肥应少量多次。

下寮系代表性单个土体剖面

代表性单个土体（编号：35-018） 剖面于 2011 年 4 月 17 日采自福建省漳浦县六鳌镇店下村（下寮村），23°56'13.6" N，117°44'36.8" E。母质为风积海砂；地形为滨海平原砂丘，海拔 7 m，坡度 20°~50°；土地利用方式为荒地。

Ah：0~12 cm，淡黄棕色（10YR5/3，润），淡黄橙色（10YR6/3，干），细土质地为砂土，干，弱发育小块状，疏松；多量细根；微酸性；向下层清晰波状过渡。

C1：12~80 cm，黄棕色（2.5Y5/3，润），淡黄色（2.5Y8/3，干），细土质地为砂土，干，单粒状，疏松，中量细根；中性；向下层模糊波状过渡。

C2：80~160 cm，黄棕色（2.5Y5/4，润），淡黄色（2.5Y8/4，干），细土质地为砂土，润，单粒状，疏松，少量细根；可见明显的堆积层次；中性。

下寮系代表性单个土体物理性质

土层	深度 /cm	砾石（>2 mm，体积分数）/%	细土颗粒组成（粒径：mm）/（g/kg）			细土质地（美国制）	容重 /（g/cm³）
			砂粒 2~0.05	粉砂 0.05~0.002	黏粒 <0.002		
Ah	0~12	1	922	12	66	砂土	1.28
C1	12~80	1	929	9	62	砂土	1.35
C2	80~160	0	933	11	57	砂土	1.42

下寮系代表性单个土体化学性质

深度 /cm	pH		水溶性盐 /（g/kg）	CEC_7 /（cmol（+）/kg）	盐基饱和度 /%	全铁（Fe_2O_3）/（g/kg）	游离铁 /（g/kg）
	（H_2O）	（KCl）					
0~12	6.48	5.65	0.34	2.65	86.04	2.87	2.33
12~80	6.68	5.87	0.43	2.48	81.85	3.81	2.50
80~160	6.63	5.98	0.65	2.55	83.53	2.60	2.02

11.4　普通潮湿冲积新成土

11.4.1　东石系（Dongshi Series）

土族：壤质硅质混合型非酸性高热-普通潮湿冲积新成土
拟定者：章明奎，麻万诸

东石系典型景观

分布与环境条件　分布于泉州和漳州等市的海积平原的高潮区上部，已基本脱离潮水的影响；海拔在 5~7 m 之间，地面坡度在 0°~3° 之间；地下水位 50~120 cm。起源于海积-冲积物，有泥沙交互的沉积层理，它主要是由于江河的水流和海潮互相顶托，内陆携带来的泥沙和海泥交互混杂沉积所致，沉积物质地偏砂；利用方式为旱地和林地。属亚热带湿润海洋性季风气候区，年均日照 1900~2300 h，年均气温 20.4~21.0℃，无霜期 330~365 d，≥10℃的积温 6700~7500℃，1 月份平均气温在 10~11℃，最热月份在 7 月，平均温度在 28~29℃。年均降水量 1200~1500 mm，降水的季节分布不均，干湿季节十分明显，每年 3~9 月为湿季，雨量约占全年的 76%~80%，10 月至翌年 3 月为旱季，春旱较为严重。年均蒸发量约 1400~1900 mm，干燥度在 1.1~1.3。

土系特征与变幅　该土系诊断层包括淡薄表层；诊断特性包括冲积物岩性特征、潮湿土壤水分状况、氧化还原特征、高热土壤温度状况及饱和的盐基饱和度。土壤黏土矿物主要为水云母和高岭石，伴有绿泥石和蛭石。其土体构型为 Ap-Cr；沉积层较为深厚，常达数米；表土以下为无明显结构并有沉积层理的母质层。土壤处于脱盐阶段，盐分含量在 2~10 g/kg 之间，从上至下有增加的趋势；盐分组成主要为氯化钠。在地下水的作用下，母质层可见少量锈纹、锈斑状物质，具氧化还原特征。全剖面砾石平均含量在 5%~25% 之间；细土质地为砂质壤土或粉质壤土，黏粒含量在 50~200 g/kg 之间；土壤砂粒含量较高，但全剖面平均含量低于 550 g/kg。土壤主要呈微酸性，pH 在 5.5~6.5 之间。

Ap 层厚度 5~25 cm，弱发育小块状结构，疏松，黏粒含量多在 50~200 g/kg 之间；砾石低于 25%；pH 在 5.5~6.5 之间；色调主要为 2.5Y 或 10YR，润态明度 4~5，彩度 1~3；干态明度 6~7，彩度 1~3。

对比土系　汰口系、佛昙南系、建瓯系、漳州系和南会系，同一亚类但不同土族。但建瓯系和南会系的土壤温度状况为热性，且南会系土壤颗粒大小级别为黏壤质，不同于东石系的高热土壤温度状况和壤质土壤颗粒大小级别；汰口系和佛昙南系的土壤颗粒大小级别分别为粗骨砂质和砂质，不同于东石系的壤质土壤颗粒大小级别；漳州系的矿物类型为硅质型，不同于东石系的硅质混合型矿物类型；另外，东石系土体中含水溶性盐 2~10 g/kg，明显高于汰口系、建瓯系、漳州系和南会系。

利用性能综述　东石系除速效钾外，表层土壤养分较低，有机质含量在 10~20 g/kg 之间，全氮在 0.50~1.00 g/kg 之间，全磷一般在 0.25~0.50 g/kg 之间；全钾在 10~20 g/kg 之间；速效钾和有效磷分别在 80~150 mg/kg 和 0~5 mg/kg 之间。土壤保肥性能较低，CEC 在 5~10 cmol/kg 之间。有一定量的可溶性盐分，存在一定的盐害。目前种植的作物主要为薯类、豆类和花生。在改良上，首先应加强水利建设，提高灌溉能力，在降低土壤盐分的基础上，应多施有机肥和土杂肥，提高土壤的基础地力。施肥应少量多次。

代表性单个土体（编号：35-141）　于 2011 年 10 月 8 日采自福建省泉州市晋江市东石镇光渺村（塔头加油站附近），24°37'11.0" N，118°30'52.6" E。母质为冲积-海积物；地形为海积平原，海拔 7 m，坡度<2°；土地利用方式为旱地和林地，生长木麻黄和农作物。地下水位 60 cm。

东石系代表性单个土体剖面

Ap：0~10 cm，棕灰色（10YR4/1，润），灰黄棕色（10YR6/2，干），潮，细土质地为粉砂质壤土，弱发育小块状结构，疏松；有明显的有机质积累；多量中根和细根；最上部有一层厚约 1 cm 的灰白色沉积物（干态颜色为 N8/0），可能是近期降尘所致；微酸性；向下层渐变平滑过渡。

Cr1：10~35 cm，淡棕色（7.5YR5/4，润），亮棕灰色（7.5YR7/2，干），潮，细土质地为砂质壤土，单粒状，无明显结构，疏松；少量细根；沉积层间局部区块有少量氧化铁锰淀积物；微酸性；向下层渐变平滑过渡。

Cr2：35~50 cm，砂质与黏土交错沉积层，由淡橙色（7.5YR6/4，润）沙层（干态为橙色，7.5YR7/5）与淡黄橙色壤土（10YR6/1，润）交互沉积形成，具明显的沉积层理，沙层与壤土层分别占土体的 85%和 15%左右，湿，细土质地为砂质壤土；单粒状，无结构体，稍坚实；微酸性；向下层渐变平滑过渡。

Cr3：50~100 cm，由亮红棕色（5YR5/6，润）黏土（干态为淡橙色，5YR6/3）和淡黄橙色（10YR6/3，润）黏土组成，二者比例各约占 90%和 10%，湿，细土质地为壤土，弱小块状结构，稍坚实；见少量锈纹；微酸性。

东石系代表性单个土体物理性质

土层	深度/cm	砾石（>2 mm，体积分数）/%	细土颗粒组成（粒径：mm）/（g/kg）			细土质地（美国制）	容重/（g/cm^3）
			砂粒 2~0.05	粉砂 0.05~0.002	黏粒 <0.002		
Ap	0~10	0	318	507	175	粉砂质壤土	1.32
Cr1	10~35	14	495	353	153	砂质壤土	1.35
Cr2	35~50	29	698	208	94	砂质壤土	—
Cr3	50~100	9	340	479	181	壤土	—

东石系代表性单个土体化学性质

深度/cm	pH		水溶性盐分/（g/ kg）	CEC_7/（cmol（+）/kg）	盐基饱和度/%	全铁（Fe_2O_3）/（g/kg）	游离铁/（g/kg）
	（H_2O）	（KCl）					
0~10	6.30	5.64	5.43	7.24	96.3	16.16	5.68
10~35	6.26	5.70	4.34	6.23	84.3	17.48	6.07
35~50	6.42	5.67	5.68	4.65	86.5	16.80	9.53
50~100	6.41	5.85	8.56	7.34	89.7	34.44	18.25

11.4.2　佛昙南系（Fotannan Series）

土族：砂质硅质混合型非酸性高热-普通潮湿冲积新成土
拟定者：章明奎，麻万诸

佛昙南系典型景观

分布与环境条件　分布于福建省晋江、九龙江河口平原及莆田、泉州、厦门、漳州等地海湾，海拔<6 m。起源于冲海积物；利用方式主要为旱地和荒地。属亚热带湿润海洋性季风气候区，年均日照约 2000 h，年均气温 20.4~21.2℃，全年无霜，≥10℃的积温 7200~7300℃，≥15℃的积温 5900~6200℃，≥20℃的积温 4600~5100℃；1 月份平均气温在 10℃以上，最热月份在 7 月，平均温度在 28℃以上。年均降水量 1000~1200 mm，降水的季节分布不均，干湿季节十分明显，每年 4~9 月为湿季，月降水量都在 100 mm 以上，其中 6~8 月的雨量约占全年的 63%~74%，10 月至翌年 3 月为旱季，月均降水都在 100 mm 以下，春旱较为严重。年均蒸发量约 1300~1800 mm，干燥度在 1.2 左右。

土系特征与变幅　该土系诊断层包括淡薄表层；诊断特性包括冲积物岩性特征、潮湿土壤水分状况、氧化还原特征、高热土壤温度状况及饱和的盐基饱和度。土壤黏土矿物主要由水云母、绿泥石，含少量高岭石和蒙脱石。其剖面一般具有 A-Cr；母质层深厚，多在 200 cm 以上，有泥沙交互的沉积层理；土体松散，呈单粒状；受地下水的影响，表土层和母质层中均可见明显的棕红色氧化铁淀积。土壤质地因物质来源不同有较大的差异，为壤质砂土至黏壤土；表层土壤容重在 1.10 g/cm^3 左右，心土容重在 1.30 g/cm^3 左右。

Cr 层厚度大于 50 cm，有明显层理，黏粒含量在 50~300 g/kg 之间，砂粒含量在 350~850 g/kg 之间，砾石含量小于 25%。可溶性盐含量在 5 g/kg 以下；pH 在 5.5~6.5 之间；见明显的棕红色氧化铁淀积。色调主要为 2.5Y 或者 10YR，润态明度 4~5，彩度 3~4；干态明度 6~7，彩度 1~3。

对比土系　汰口系、建瓯系、漳州系、东石系和南会系，同一亚类但不同土族，但汰口系、东石系和漳州系颗粒大小级别分别为粗骨砂质、壤质和壤质，不同于佛昙南系的砂质；建瓯系温度状况为热性，不同于佛昙南系的高热；南会系颗粒大小级别为黏壤质，温度为热性，不同于佛昙南系的砂质颗粒大小级别和高热土壤温度状况。

利用性能综述　佛昙南系土壤有机质和全氮较低，有效磷和速效钾中等，表层土壤有机质含量变化于 5~10 g/kg 之间，全氮在 0.30~0.75 g/kg 之间，全磷一般在 0.30~0.65 g/kg 之间；速效钾和有效磷分别在 50~100 mg/kg 和 5~10 mg/kg 之间。土壤保肥性能低，CEC

在 2~10 cmol/kg 之间。该土含盐量较低，可种植农作物；但因水利条件差，其地下水矿化度较高，旱季缺乏灌溉易造成旱害和返盐，影响作物生长。在改良利用上，应加强水利建设，开辟水源，完善排灌系统，降低地下水位，保证有足够的淡水洗盐、压盐，加速土壤进一步脱盐。增施有机肥料，改善土壤理化性状，提高保肥能力。合理轮作，进行旱作与绿肥作物套种或间种，增加地面覆盖度，减少地表蒸发，防止返盐。在施肥技术上，应注意少量多施，减少养分流失，提高肥效。

代表性单个土体（编号：35-016）　于 2011 年 4 月 16 日采自福建省漳浦县佛昙镇城南下坑村（佛昙小学西北面 500 m），24°11'23.0" N，117°54'21.8" E。母质为河口冲海积物；地形为河口冲海积平原，海拔 4 m，坡度<1°；土地利用方式为荒地，部分已开垦为旱地。

AC：0~18 cm，淡黄棕色（10YR5/4，润），淡黄橙色（10YR6/3，干），细土质地为壤质砂土，润，单粒状结构，疏松，中量细根；土粒表面见明显的棕红色氧化铁淀积物；微酸性；向下层清晰平滑过渡。

Cr1：18~45 cm，黄棕色（2.5Y5/3，润），灰白色（2.5Y7/1，干），细土质地为壤质砂土，润，砂土层，单粒状，稍疏松，少量粗根；土粒表面覆有棕红色氧化铁淀积物；微酸性；向下层清晰平滑过渡。

Cr2：45~100 cm，淡黄棕色（10YR5/4，润），淡黄橙色（10YR7/3，干），细土质地为壤土，潮湿，单粒状，稍坚实；土粒表面见大量铁锰斑纹；微酸性。

佛昙南系代表性单个土体剖面

佛昙南系代表性单个土体物理性质

土层	深度 /cm	砾石（>2 mm，体积分数）/%	细土颗粒组成（粒径：mm）/（g/kg）			细土质地（美国制）	容重 /（g/cm^3）
			砂粒 2~0.05	粉砂 0.05~0.002	黏粒 <0.002		
AC	0~18	16	837	67	96	壤质砂土	1.13
Cr1	18~45	16	766	124	110	壤质砂土	1.23
Cr2	45~100	4	369	351	280	黏壤土	1.38

佛昙南系代表性单个土体化学性质

深度 /cm	pH		CEC_7 /（cmol（+）/kg）	盐基饱和度 /%	全铁（Fe_2O_3）/（g/kg）	游离铁 /（g/kg）
	（H_2O）	（KCl）				
0~18	5.65	4.87	4.34	78.34	8.17	3.97
18~45	6.06	5.34	3.89	85.09	11.08	4.95
45~100	6.15	5.76	9.76	89.85	8.75	5.46

11.4.3　建瓯系（Jian’ou Series）

土族：砂质硅质型非酸性热性-普通潮湿冲积新成土
拟定者：章明奎，麻万诸

建瓯系典型景观

分布与环境条件　分布于福建省闽江流域的溪流、江河沿岸的低河漫滩及新河心洲，以福州郊区及闽侯分布面积最大，海拔多在 150 m 以下，坡度多在 5°~15°之间。起源于新搬运的河床相、河漫滩相沉积物，汛期可能会受河水泛滥淹没；利用方式主要为旱地或荒地。属亚热带湿润季风气候区，年均温在 18.0~19.6℃；极端最低气温−1.2~5.3℃，极端最高气温 36.9~43.2℃，最热月出现在 7 月，平均温度 27~28℃左右；最冷月出现在 1 月，平均温度 10℃左右；≥10℃的积温 5846~6457℃，年均日照约 1770~1910 h；无霜期 276~338 d；年均降水量 1300~2000 mm，降水的季节分布不均，干湿季节十分明显，每年 3~9 月为湿季，占全年降水量的 81%~84%；10 月至翌年 3 月为少雨旱季。年均蒸发量约 1200~1600 mm，干燥度小于 1。

土系特征与变幅　该土系诊断层包括淡薄表层；诊断特性包括冲积物岩性特征、潮湿土壤水分状况、氧化还原特征、热性土壤温度状况及饱和的盐基饱和度。土壤黏土矿物主要为水云母，含一定量的高岭石，有时可见绿泥石和蛭石。因沉积时间短，且经常受流水搬运物的影响，剖面发育不明显，其剖面一般具有 Ap-Cr；母质层深厚，一般在 100 cm 以上，200 cm 以下有时可见砾石层；50 cm 土层内见少量锈纹；土壤颜色以棕灰色和灰黄色为主。剖面中常见不同颗粒组成的沉积层理，土壤质地总体为砂质壤土和壤质砂土，黏粒含量 0~150 g/kg 之间，砂粒含量 500~850 g/kg 之间；但砾石含量均低于 5%。表层容重在 1.20 g/cm^3 左右；心土容重在 1.30 g/cm^3 左右；土壤呈微酸性至中性，pH 主要在 5.5~7.5 之间。

Ap 层厚度 5~25 cm；黏粒含量 0~150 g/kg 之间，砂粒含量 500~850 g/kg 之间，砾石含量低于 5%；弱团粒状或小块状结构；土壤 pH 在 5.50~7.50 之间；色调主要为 2.5Y 或 10YR，润态明度 3~6，彩度 1~2；干态明度 4~7，彩度 2~3。

对比土系　汰口系、佛坛南系、漳州系、东石系和南会系，同一亚类但不同土族。但汰口系、佛昙南系、漳州系和东石系的土壤温度状况均为高热，且汰口系、漳州系和东石系的颗粒大小级别分别为粗骨砂质、壤质和壤质，不同于建瓯系的热性土壤温度状况和砂质土壤颗粒大小级别；南会系的土壤颗粒大小级别为黏壤质，不同于建瓯系的砂质土壤颗粒大小级别。

利用性能综述　建瓯系土壤有机质和氮素较低，有效磷和速效钾中等。表层土壤有机质含量在 5~20 g/kg 之间，全氮在 0.30~1.20 g/kg 之间，全磷一般在 0.30~1.50 g/kg 之间；速效钾和有效磷分别在 30~100 mg/kg 和 5~15 mg/kg 之间。全钾一般低于 15 g/kg；土壤保肥性能弱，CEC 在 5 cmol/kg 左右。土壤水热条件较好，但其地势低洼，常受洪水淹没；砂性强，缺氮明显。开发利用时，应结合河道整治，综合治理。以防洪排涝为主，在不影响河道排涝的前提下，可局部垦殖或种植抗洪耐涝植物，促进泥淤积；农地可种植甘蔗、蔬菜等作物。应注意增施有机肥料和钾肥，以提高土壤肥力。

代表性单个土体（编号：35-052）　于 2011 年 7 月 22 日采自福建省建瓯市通济办事处（城郊大桥边），27°1'56.5" N，118°19'5.2" E。母质为河流冲积物；地形为高河漫滩，海拔 97 m，坡度<5°；土地利用方式为旱地（主要种植蔬菜、花生、番薯等）。

Ap：0~12 cm，棕灰色（10YR5/1，润），淡黄橙色（10YR7/3，干），细土质地为砂质壤土，稍干，弱块状结构，疏松，少量细根；微酸性；向下层清晰波状过渡。

Cr1：12~48 cm，淡黄橙色（10YR7/4，润），淡黄橙色（10YR6/3，干），细土质地为壤质砂土，润，单粒状结构，疏松；具明显的沉积层理，见少量锈纹；微酸性；向下层模糊波状过渡。

Cr2：48~100 cm，由泥质土层和砂质土层相间叠加而成。其中，48~60 cm 和 75~100 cm 为泥质层，颜色呈棕色（10YR4/4 润）和淡黄橙色（10YR6/4，干），60~75 cm 为砂质层，呈淡黄橙色（10YR6/4，润）和淡黄橙色（10YR7/4，干），细土质地为砂质壤土，润，弱块状和单粒状结构，见少量锈纹；稍坚实；微酸性。

建瓯系代表性单个土体剖面

建瓯系代表性单个土体物理性质

土层	深度 /cm	砾石（>2 mm，体积分数）/%	细土颗粒组成（粒径：mm）/（g/kg）			细土质地（美国制）	容重 /（g/cm³）
			砂粒 2~0.05	粉砂 0.05~0.002	黏粒 <0.002		
Ap	0~12	0	522	373	105	砂质壤土	1.17
Cr1	12~48	0	844	78	78	壤质砂土	1.32
Cr2	48~100	0	602	271	127	砂质壤土	—

建瓯系代表性单个土体化学性质

深度 /cm	pH		CEC_7 /（cmol（+）/kg）	盐基饱和度 /%	全铁（Fe_2O_3）/（g/kg）	游离铁 /（g/kg）
	（H_2O）	（KCl）				
0~12	6.30	5.16	5.12	91.99	31.25	19.13
12~48	6.49	5.10	3.43	84.55	19.03	10.58
48~100	5.34	4.15	5.07	82.05	26.7	16.16

11.4.4　南会系（Nanhui Series）

土族：黏壤质硅质混合型酸性热性-普通潮湿冲积新成土
拟定者：章明奎，麻万诸

南会系典型景观

分布与环境条件　分布于福建省闽江水系溪河沿岸河漫滩洼地或旧河道和河道弯曲部位，海拔多在 500 m 以下，坡度在 0°~5°；地下水位一般在 50~200 cm。起源于牛轭湖相河流冲积物；利用方式主要为荒滩地和旱地。属亚热带湿润季风气候区，年均温在 17.5~19.6℃；≥10℃的积温 5500~6500℃，年均日照约 1754~2073 h；无霜期 251~315 d；年均降水量 1480~1890 mm。年均蒸发量约 1300~1600 mm，干燥度小于 1。

土系特征与变幅　该土系诊断层包括淡薄表层；诊断特性包括冲积物岩性特征、潮湿土壤水分状况、氧化还原特征、热性土壤温度状况及饱和的盐基饱和度。土壤黏土矿物主要为水云母，其次为高岭石，含有少量绿泥石和蛭石。其剖面一般具有 Ah-C 或 AC-Cr；因沉积时间短，剖面发育不明显，仅有弱发育的表土层，以下即为母质层，土体中保留明显的沉积层理，不同质地的沉积物相间；土壤颜色主要为棕色或灰棕色。土壤质地为粉砂质黏壤和壤土。因土质较黏，干旱季节地表有大量龟裂，密度占 10%~20%，宽度 2~5 cm，裂隙深度呈“V”字形（上宽下窄）可达 30 cm 以下。土壤多整块状黏结在一起，层理间和裂隙面上可连片沉积棕红色氧化铁斑膜或棕褐色铁锰斑块；土壤主要呈酸性，pH 主要在 4.5~5.5 之间。有时母质层底部有潜育现象。Cr 层厚度 100 cm 以上；保留明显的沉积层理，层理间和裂隙面上可连片沉积棕红色氧化铁斑膜；从上至下由大块状变为软糊状；干旱季节可出现从上至下的开裂；pH 主要在 4.5~5.5 之间；色调主要为 2.5Y、5Y 或 7.5Y，润态明度 3~5，彩度 1~4；干态明度 5~7，彩度 1~3。

对比土系　与汰口系、佛昙南系、建瓯系、漳州系和东石系同属普通潮湿冲积新成土。但汰口系、佛昙南系、建瓯系、漳州系和东石系的土壤颗粒大小级别分别为粗骨砂质、砂质、砂质、壤质和壤质，不同于南会系的黏壤质土壤颗粒大小级别；另外，汰口系、佛昙南系、漳州系和东石系的温度状况为高热，不同于南会系的热性土壤温度状况。

利用性能综述　南会系土壤有机质和全氮中等，有效磷和速效钾中下水平。表层土壤有机质含量在 20~30 g/kg 之间，全氮在 1.00~1.50 g/kg 之间，全磷一般在 0.50~1.00 g/kg 之间；全钾在 10~20 g/kg 之间；速效钾和有效磷分别在 50~100 mg/kg 和 0~5 mg/kg 之间。

土壤保肥性能中下，CEC 在 7~12 cmol/kg 之间。水源充足，灌溉方便；位置较高处多数已被利用，种植蔬菜、甘薯、花生、大豆；未垦部位多有渍涝之患。

代表性单个土体（编号：35-072） 于 2011 年 8 月 21 日采自福建省三明市泰宁县杉城镇南会村，26°52'14.4" N，117°6'24.4" E。母质为牛轭湖相河流冲积物；地形为低河漫滩，在雨季河流水位较高时被水淹没；干旱年份或冬季出露地表。海拔 268 m，坡度 <2°，土地利用方式为荒地。

南会系代表性单个土体剖面

AC：0~21 cm，棕色（10YR4/6，润），淡黄橙色（10YR7/3，干），细土质地为壤土，润，土壤整体黏结在一起，稍紧实；有明显的沉积层次；见明显的垂直向裂隙；少量细根；微酸性；向下层清晰平滑过渡。

Cr1：21~30 cm，灰棕色（2.5Y4/4，润），淡黄色（2.5YR7/2，干），细土质地为砂质壤土，湿润，无明显结构体，疏松；具明显薄层状沉积层理；见少量细根；酸性；向下层清晰平滑过渡。

Cr2：30~60 cm，灰色（5Y4/1，润），灰白色（5Y7/1，干）；细土质地为黏壤土，润，无明显的结构体，稍疏松；具明显的沉积层理；垂直裂隙面上有明显的棕红色氧化铁淀积物（10R3/4，润）（占 20%）；酸性；向下层清晰平滑过渡。

Cr3：60~110 cm，由青灰色土壤物质与黄色土壤物质组成，前者占 75%，黄色部分占 25%。主色呈灰色（5Y5/1，润），灰白色（5Y7/2，干），细土质地为壤土，无明显的结构体，润；软糊，具明显沉积层理；沉积层间见明显的黄色氧化铁淀积和少量根孔状锈纹；酸性。

南会系代表性单个土体物理性质

土层	深度 /cm	砾石（>2 mm，体积分数）/%	细土颗粒组成（粒径：mm）/（g/kg）			细土质地（美国制）	容重 /（g/cm^3）
			砂粒 2~0.05	粉砂 0.05~0.002	黏粒 <0.002		
AC	0~21	0	180	490	330	粉砂质黏壤土	1.38
Cr1	21~30	0	380	380	240	壤土	1.34
Cr2	30~60	0	360	375	265	壤土	1.44
Cr3	60~110	1	430	330	240	壤土	1.41

南会系代表性单个土体化学性质

深度 /cm	pH		CEC_7 /（cmol（+）/kg）	盐基饱和度 /%	全铁（Fe_2O_3）/（g/kg）	游离铁 /（g/kg）
	（H_2O）	（KCl）				
0~21	5.53	4.14	10.34	78.72	66.31	35.80
21~30	5.33	4.04	6.67	71.81	42.30	20.09
30~60	4.69	3.54	6.87	60.41	32.70	7.09
60~110	5.14	3.73	6.76	68.49	34.99	12.92

11.4.5 汰口系（Taikou Series）

土族：粗骨砂质硅质型非酸性高热-普通潮湿冲积新成土
拟定者：章明奎，麻万诸

汰口系典型景观

分布与环境条件 主要分布于福建省晋江、九龙江沿岸，包括泉州、漳州等地市，所处地形为临近溪河两侧未开垦的沙洲或溪流转折的缓冲部位，靠近河床，地下水位约 100 cm，海拔多在 150 m 以下，坡度多在 5°~15°之间。起源于新搬运的河床相、河漫滩相沉积物，汛期可能会受河水泛滥淹没；利用方式主要为荒地。属亚热带湿润季风气候区，年均温在 20.4~21.3℃；极端最低气温-0.9~-3.5℃，极端最高气温 38.4~40.2℃，最热月出现在 7 月，平均温度 29~30℃左右；最冷月出现在 1 月，平均温度 10~11℃左右；≥10℃的积温 6750~7500℃，年均日照约 1970~2170 h；无霜期 308~349 d；年均降水量 1500~1720 mm，降水的季节分布不均，干湿季节十分明显，每年 3~9 月为湿季，占全年降水量的 84%~88%；10 月至翌年 3 月为少雨旱季。年均蒸发量约 1300~1600 mm，干燥度小于 1。

土系特征与变幅 该土系诊断层包括淡薄表层；诊断特性包括冲积物岩性特征、潮湿土壤水分状况、氧化还原特征、高热土壤温度状况及不饱和的盐基饱和度。土壤黏土矿物主要为水云母，含一定量的高岭石，有时可见绿泥石和蛭石。因沉积时间短，且经常受流水搬运物的影响，剖面发育不明显，常见不同颗粒组成的沉积层理，剖面一般具有 Ah-C。母质层深厚，一般在 100 cm 以上；土壤颜色以棕灰色和灰黄色为主。土壤质地为砂土和壤质砂土，黏粒含量 0~150 g/kg 之间，砂粒含量 550 g/kg 以上；整个剖面有大量的砾石（粒径多在 5 mm 以上），大于 25%，向下有增加的趋势；砾石上和细砂间可见少量铁锈纹。表层容重在 1.20 g/cm^3 左右；心土容重在 1.30 g/cm^3 左右；土壤呈微酸性至中性，pH 主要在 5.5~7.5 之间。

Ah 层厚度 5~25 cm；弱发育小块粒结构，黏粒含量 0~150 g/kg 之间，砂粒含量 550 g/kg 以上，砾石含量均大于 25%；土壤 pH 在 5.50~7.50 之间；色调主要为 2.5Y 或 10YR，润态明度 4~5，彩度 1~2；干态明度 5~6，彩度 2~3。

对比土系 佛昙南系、建瓯系、漳州系、东石系和南会系，同一亚类但不同土族，佛昙南系、漳州系和东石系的颗粒大小级别分别为砂质、壤质和壤质，不同于汰口系的粗骨砂质；建瓯系和南会系的颗粒大小级别分别为砂质和黏壤质，且它们的温度状况为热性，不同于汰口系的粗骨砂质土壤颗粒大小级别和高热土壤温度。

利用性能综述　汰口系土壤有机质、氮素、有效磷和速效钾较低。表层土壤有机质含量在 5~20 g/kg 之间，全氮在 0.30~1.00 g/kg 之间，全磷一般在 0.15~0.50 g/kg 之间；速效钾和有效磷分别在 30~50 mg/kg 和 0~8 mg/kg 之间。全钾一般低于 10 g/kg；土壤保肥性能弱，CEC 在 5 cmol/kg 以下。土壤砂性强，渗漏性大，难耕作。因分布在江河的洪水线以下，不适宜农业利用，目前多数未开发利用。

代表性单个土体（编号：35-113）　于 2011 年 9 月 18 日采自福建省华安县沙建镇汰口村，24°43'46.9" N，117°36'46.7" E。母质为河漫滩相河流冲积物，海拔 20 m，坡度<3°，地形为低河漫滩，土地利用方式为荒地。

Ah：0~20 cm，灰黄棕色（10YR5/2，润），灰黄棕色（10YR5/2，干），细土质地为壤质砂土，稍干，弱发育小块状，疏松；多量细根；见 10%左右粒径在 5~10 cm 砾石和较多（20%~30%）粒径在 2~3 mm 的细砂；微酸性；向下层渐变平滑过渡。

C1：20~50 cm，淡黄棕色（10YR5/4，润），淡黄橙色（10YR7/4，干），细土质地为壤质砂土，润，散砂状，疏松；少量细根；见 20%~30%粒径在 5~15 cm 的砾石和 30%左右粒径在 2~3 mm 的细砂；砾石上和细砂间可见少量铁锈纹；中性；向下层渐变波状　过渡。

C2：50~80 cm，淡黄橙色（10YR7/4，润），淡黄橙色（10YR7/2，干）砂砾层，细土质地为壤质砂土，潮，散砂状，疏松；见约 20%粒径在 5~15 cm 的砾石和 25%左右粒径在 2~3 mm 的细砂；微碱性。

汰口系代表性单个土体剖面

汰口系代表性单个土体物理性质

土层	深度 /cm	砾石（>2 mm，体积分数）/%	细土颗粒组成（粒径：mm）/（g/kg）			细土质地（美国制）	容重 /（g/cm^3）
			砂粒 2~0.05	粉砂 0.05~0.002	黏粒 <0.002		
Ah	0~20	35	829	121	50	壤质砂土	—
C1	20~50	52	883	92	26	壤质砂土	—
C2	50~80	46	950	18	32	砂土	—

汰口系代表性单个土体化学性质

深度 /cm	pH		CEC_7 /（cmol（+）/kg）	盐基饱和度 /%	全铁（Fe_2O_3）/（g/kg）	游离铁 /（g/kg）
	（H_2O）	（KCl）				
0~20	6.01	5.14	1.93	30.57	39.79	16.25
20~50	6.80	5.16	1.34	45.52	44.16	20.49
50~80	8.14	5.68	1.43	82.52	18.98	6.51

11.4.6 漳州系（Zhangzhou Series）

土族：壤质硅质型非酸性高热-普通潮湿冲积新成土
拟定者：章明奎，麻万诸

漳州系典型景观

分布与环境条件 分布于漳州、泉州和莆田市主要河流的河漫滩及离河床稍远的低阶地上，海拔多在 50 m 以下，坡度一般在 0°~5°之间；地下水位在 0.5~1.5 m 之间。起源于近代河流冲积物；利用方式主要为园地和旱地。属亚热带季风性湿润气候，年均气温 20.4~22℃之间，年日照超 2000 h，无霜期 330 d 以上。≥10℃积温为 6500~7800℃。年平均降水量 1500 mm 以上，年均蒸发量多在 1000~1200 mm 之间；干燥度一般在 0.5~1.0 之间。

土系特征与变幅 该土系诊断层包括淡薄表层；诊断特性包括冲积物岩性特征、潮湿土壤水分状况、氧化还原特征、高热土壤温度状况及饱和的盐基饱和度。成土时间短，土壤黏土矿物主要以水云母为主，其次为高岭石和绿泥石；粉粒和砂粒以二氧化硅为主。其剖面一般具有 Ap-Cr；母质沉积深厚，多在 1 m 以上，厚者可达 2~3 m；土壤颜色以灰棕色和黄棕色为主。土壤质地为砂质壤土和壤质砂土，剖面上下砂质壤土交互，表土层下可见明显的沉积层理；除表层有小块状结构和团粒状结构外，0~50 cm 内其他土层土壤呈单粒状，无明显的结构体。母质层中可见氧化铁锰淀积或期间夹杂薄片层的铁锈淀积层，底部可见砂砾层；容重在 1.30~1.5 g/cm^3 之间；土壤呈酸性至微酸性，pH 在 4.5~6.5 之间。Cr 层具明显的沉积层理，厚度 50 cm 以上；可见氧化铁锰淀积；色调主要为 10YR，润态明度 4~6，彩度 3~6；干态明度 6~7，彩度 2~3。

对比土系 建瓯系、东石系，同一亚类但不同土族，分布景观相似。但建瓯系颗粒大小级别为砂质，温度状况为热性，不同于漳州系（颗粒大小级别为壤质，温度状况为高热）；东石系非黏粒部分的矿物类型为硅质混合型，土体中可溶性盐含量在 2~10 g/kg 之间，不同于漳州系（非黏粒部分的矿物类型为硅质型，可溶性盐含量在 2 g/kg 以下）。

利用性能综述 漳州系土壤有机质和全氮多为中下水平，速效钾中等，有效磷稍高。表层土壤有机质一般在 10~20 g/kg 之间，全氮一般在 0.50~1.0 g/kg 之间，全磷一般在 0.20~0.40 g/kg 之间；速效钾和有效磷分别在 50~120 mg/kg 和 5~25 mg/kg 之间。土壤保肥性能较弱，CEC 在 5~8 cmol/kg 之间。容易漏水漏肥，短期作物易退黄早衰，同时常有洪涝威胁。利用上，外沿可以种植绿竹护岸，围垦作为果园发展桔、香蕉、枇杷、橄榄，也可种植西瓜、蔬菜、花生、大豆、甘薯等。该多施有机肥，化肥应少量多次。

代表性单个土体（编号：35-007）　于 2011 年 4 月 14 日采自福建省漳州市龙海市角美镇江东，24°30'59.5" N，117°47'21.4" E。母质为河漫滩河流冲积物；地形为河漫滩，海拔 14 m，坡度<2°；土地利用方式为旱地和园地（种植蔬菜、香蕉等）；地下水位约 100 cm。

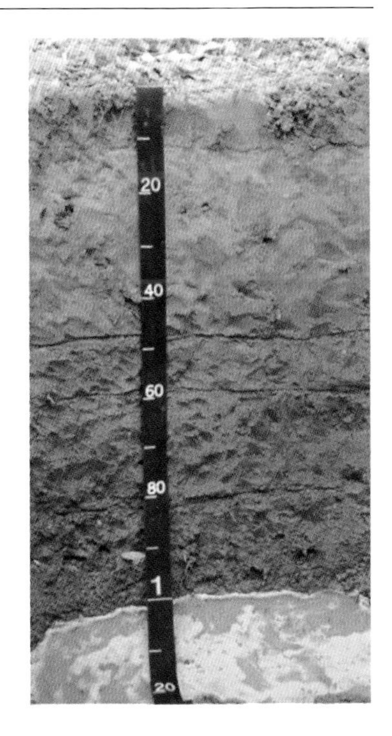

漳州系代表性单个土体剖面

Ap：0~12 cm，灰棕色（7.5YR4/2，润），灰棕色（7.5YR6/2，干），细土质地为砂质壤土，润，弱发育的块状结构和团粒状结构，稍紧；中量中根和细根；微酸性；向下层清晰平滑过渡。

Cr1：12~48 cm，棕色（10YR4/4，润），灰黄棕色（10YR6/2，干），细土质地为壤质砂土，润，松散，单粒状，少量中根和粗根；土粒表面见少量铁锰斑（占 5%）；微酸性；向下层清晰平滑过渡。

Cr2：48~60 cm，淡黄棕色（10YR5/3，润），灰黄橙色（10YR7/2，干），细土质地为砂质壤土，湿，单粒状，稍坚实，少量中根和细根；结构面有明显的铁锰斑（占 30%~35%）；酸性；向下层清晰平滑过渡。

Cr3：60~82 cm，淡黄橙色（10YR6/4，润），浅黄橙色（10YR7/3，干），细土质地为砂质壤土，湿，单粒状，稍坚实，少量细根；结构面上有大量明显的铁锰斑纹（占 40%~50%）；酸性；向下层清晰平滑过渡。

Cr4：82~120 cm，棕色（10YR4/6，润），淡黄橙色（10YR6/3，干），细土质地为砂质壤土，潮，单粒状结构，坚实；结构面上见 30%左右清晰铁锰斑纹；微酸性。

漳州系代表性单个土体物理性质

土层	深度 /cm	砾石（>2 mm，体积分数）/%	细土颗粒组成（粒径：mm）/（g/kg）			细土质地（美国制）	容重 /（g/cm³）
			砂粒 2~0.05	粉砂 0.05~0.002	黏粒 <0.002		
Ap	0~12	3	735	117	149	砂质壤土	1.31
Cr1	12~48	0	842	50	108	壤质砂土	1.34
Cr2	48~60	2	556	285	159	砂质壤土	1.39
Cr3	60~82	6	566	289	144	砂质壤土	1.41
Cr4	82~120	14	597	292	111	砂质壤土	1.47

漳州系代表性单个土体化学性质

深度 /cm	pH		CEC_7 /（cmol（+）/kg）	盐基饱和度 /%	全铁（Fe_2O_3）/（g/kg）	游离铁 /（g/kg）
	（H_2O）	（KCl）				
0~12	5.51	4.89	7.23	62.38	24.03	13.57
12~48	5.71	5.03	5.68	64.44	20.12	7.53
48~60	5.17	4.32	6.63	56.29	31.05	16.91
60~82	4.90	4.11	6.74	37.83	29.22	18.52
82~120	5.59	4.87	6.87	91.2	31.10	19.11

11.5　石灰红色正常新成土

11.5.1　赤锡系（Chixi Series）

土族：粗骨砂质云母混合型热性-石灰红色正常新成土
拟定者：章明奎，麻万诸

赤锡系典型景观

分布与环境条件　零星分布于福建省龙岩、三明、福州等市紫红色砂岩类丘陵顶部陡坡地段，海拔多在 50~400 m 之间，坡度在 20°~50°之间；存在强烈的水土流失。起源于钙质紫色页岩及砂砾岩的残积物，利用方式主要为荒地和疏林地。属亚热带湿润季风气候区，年均温在 17.4~19.6℃；极端最低气温-8.2~-4.8℃，极端最高气温 38.4~41.4℃，最热月出现在 7 月，平均温度 28℃左右；最冷月出现在 1 月，平均温度 9~10℃左右；≥10℃的积温 5500~6500℃，年均日照约 1760~2000 h；无霜期 251~315 d；年均降水量 1480~1890 mm，降水的季节分布不均，干湿季节十分明显，每年 3~9 月为湿季，占全年降水量的 78%~84%；10 月至翌年 3 月为少雨旱季，存在夏旱和秋旱。年均蒸发量约 1300~1700 mm，干燥度小于 1。

土系特征与变幅　该土系诊断层包括淡薄表层；诊断特性包括红色砂、页、砾岩岩性特征、石质接触面、湿润土壤水分状况、热性土壤温度状况及石灰性。土壤黏土矿物主要为水云母、蒙脱石，高岭石次之。由于水土流失严重，土壤剖面分化不明显，表土层下即为坚硬基岩，其剖面一般具有 Ah-R；颜色与基岩基本一致，主要呈暗红棕色。土壤化学风化微弱，主要受物理风化影响，含碳酸钙，呈微碱性，pH 主要在 8.0~9.0 之间，盐基饱和。

Ah 层厚度 15~25 cm，小块状结构，疏松，黏粒含量在 50~200 g/kg 之间，砂粒含量 450~850 g/kg 之间，砾石含量高于 25%；pH 在 8.0~9.0 之间；色调主要为 7.5R 或 10R，润态明度 2~3，彩度 2~4；干态明度 5~6，彩度 2~4。

对比土系　虬江系、杉城系，同一土类但不同亚类，颗粒大小级别、土壤反应有所差异。赤锡系有石灰反应，而虬江系和杉城系无石灰反应。杉城系土壤颗粒大小级别为壤质，而赤锡系土壤颗粒大小级别为粗骨壤质。

利用性能综述　赤锡系土壤有机质、全氮、有效磷和速效钾均较低。表层土壤有机质含量在 10~20 g/kg 之间，全氮在 0.50~1.00 g/kg 之间，全磷一般在 0.30~1.00 g/kg 之间；全钾在 25~35 g/kg 之间；速效钾和有效磷分别在 50~120 mg/kg 和 0~5 mg/kg 之间。土壤保肥性能较低，CEC 在 5 cmol/kg 左右。土壤受严重水土流失的影响，土体浅薄。因地处山顶或陡坡，不适宜农业开发利用。应注意封山育林、育草，增加地表覆盖度，增加土壤对水分的涵养，逐渐恢复植被，以恢复地表生态平衡。

代表性单个土体（编号：35-118） 于 2011 年 9 月 19 日采自福建省永泰县赤锡乡赤锡村（乡政府东北 132 m），25°47'2.2" N，118°51'31.7" E。母质为紫红砂岩残积物；地形为丘陵中坡，海拔 94 m，坡度 30°；土地利用方式为荒地。

Ah：0~20 cm，由紫砂岩岩块与细土组成，岩块大小在 0.2~10 cm 不等，数量占土体的 50%以上；细土分布在碎石块间隙中，深暗红棕色（7.5R2/3，润），灰红色（7.5R6/2，干），稍干，质地为砂质壤土，弱发育的小块状结构，松散；少量细根；微碱性；石灰反应；向下层清晰波状过渡。

R：20 cm 以下整块紫砂岩，深暗红棕色（7.5R2/3，润），淡红棕色（7.5R4/3，干）。

赤锡系代表性单个土体剖面

赤锡系代表性单个土体物理性质

土层	深度 /cm	砾石（>2 mm，体积分数）/%	细土颗粒组成（粒径：mm）/（g/kg）			细土质地（美国制）	容重 /（g/cm³）
			砂粒 2~0.05	粉砂 0.05~0.002	黏粒 <0.002		
Ah	0~20	57	591	251	160	砂质壤土	—

赤锡系代表性单个土体化学性质

深度 /cm	pH		CEC /（cmol（+）/kg）		黏粒 CEC /（cmol（+）/kg）		盐基饱和度/%	铝饱和度 /%	全铁（Fe_2O_3）/（g/kg）	游离铁 /（g/kg）
	（H_2O）	（KCl）	CEC_7	ECEC	CEC_7	ECEC				
0~20	8.57	6.70	6.34	5.78	39.53	36.03	91.17	0.00	46.35	26.22

11.6 饱和红色正常新成土

11.6.1 虬江系（Qiujiang Series）

土族：粗骨壤质云母混合型热性-饱和红色正常新成土

拟定者：章明奎，麻万诸

虬江系典型景观

分布与环境条件 零星分布于福建省龙岩、三明等市丘陵地，海拔多在 50~400 m 之间，坡度在 15°~45° 之间。起源于紫色砂页岩的残坡积物；利用方式主要为旱地和荒地。属亚热带湿润季风气候区，年均温在 17.4~19.6℃；极端最低气温−8.2~−4.8℃，极端最高气温 38.4~41.4℃，最热月出现在 7 月，平均温度 28℃左右；最冷月出现在 1 月，平均温度 9~10℃左右；≥10℃的积温 5500~6500℃，年均日照约 1760~2000 h；无霜期 251~315 d；年均降水量 1480~1890 mm，降水的季节分布不均，干湿季节十分明显，每年 3~9 月为湿季，占全年降水量的 78%~84%；10 月至翌年 3 月为少雨旱季，存在夏旱和秋旱。年均蒸发量约 1300~1700 mm，干燥度小于 1。

土系特征与变幅 该土系诊断层包括淡薄表层；诊断特性包括红色砂、页、砾岩岩性特征、石质接触面、湿润土壤水分状况、热性土壤温度状况及饱和的盐基饱和度。土壤颜色和矿物与母质基本一致，黏土矿物主要为水云母、蒙脱石，高岭石次之；土壤颜色主要呈暗红棕色。因土壤结持性差，坡度较陡，存在明显的冲刷，土壤剖面分化不明显，一般具有 Ah-C-R，表土层下即为母质层（厚度在 20~40 cm 之间）。土壤中碳酸钙已基本淋失，土壤呈中性，pH 主要在 6.5~7.5 之间，盐基饱和。表土层砾石含量低于 25%，母质层砾石含量在 25%~75%之间；土壤容重在 1.35 g/cm^3 左右。

Ah 层厚度 10~25 cm，块状或小块状结构，疏松，黏粒含量在 70~270 g/kg 之间；pH 在 6.5~7.5 之间；色调主要为 10R，润态明度 3~5，彩度 2~4；干态明度 5~6，彩度 2~4。

对比土系 杉城系，同一亚类但不同土族，杉城系土壤颗粒大小级别为壤质，而虬江系土壤颗粒大小级别为粗骨壤质。赤锡系，同一土类但不同亚类，赤锡系有石灰反应，而虬江系无石灰反应。

利用性能综述 虬江系土壤有机质、全氮和有效磷较低，速效钾较高。表层土壤有机质含量在 10~20 g/kg 之间，全氮在 0.50~1.50 g/kg 之间，全磷一般在 0.50~1.50 g/kg 之间；全钾在 20~30 g/kg 之间；速效钾和有效磷分别在 80~200 mg/kg 和 3~8 mg/kg 之间。土壤保肥性能较低，CEC 在 5~10 cmol/kg 之间。土壤富含矿质养分，适宜甘薯、萝卜、瓜果等多种喜钙作物生长。但该土土层浅薄，基岩离地表较浅，土壤结持性差，透水性差，易产生地表径流，引起水土流失；较易受旱，宜耕期短。在利用改良上，要做好水土保持，坡上坡下一起治理，上坡或陡坡该封山育草、育林，涵养水源，下坡或缓坡垦为园地或旱地，应修筑梯地，防止土壤冲刷，兴修水利，确保灌溉，实行合理轮作，间、套种绿肥，增施有机肥培肥地力。并利用基岩较易破碎的特点，逐渐加深耕作层或容根层。

代表性单个土体（编号：35-065）　于 2011 年 8 月 13 日采自福建省沙县虬江街道水南村（城南加油站南 39 m），26°23'20.8" N，117°47'51.4" E。母质为紫红色砂页岩残积物；地形为低丘中坡，海拔 133 m，坡度 15°~30°；土地利用方式为荒地。

Ah：0~18 cm，暗红棕色（10R3/2，润），灰红色（10R6/2，干），细土质地为壤土，稍干，弱发育的块状结构或小块状结构，疏松；中量中根和细根；夹 5%~10%的小砾块；中性；向下层清晰平滑过渡。

C：18~40 cm，由紫色砂页岩风化物和细土混合而成，暗红棕色（10R3/2，润），灰红色（10R6/2，干），细土质地为壤土，稍干，单粒状和粒状结构，坚实、紧硬；中性；向下层清晰波状过渡。

R：40 cm 以下，弱风化基岩，暗红棕色（10R3/2，润），灰红色（10R5/2，干），可见沉积层次。

虬江系代表性单个土体剖面

虬江系代表性单个土体物理性质

土层	深度 /cm	砾石（>2 mm，体积分数）/%	细土颗粒组成（粒径：mm）/（g/kg）			细土质地（美国制）	容重 /（g/cm^3）
			砂粒 2~0.05	粉砂 0.05~0.002	黏粒 <0.002		
Ah	0~18	14	375	445	180	壤土	1.32
C	18~40	66	385	560	55	壤土	—

虬江系代表性单个土体化学性质

深度 /cm	pH		CEC /（cmol（+）/kg）		黏粒 CEC /（cmol（+）/kg）		盐基饱和度/%	铝饱和度/%	全铁（Fe_2O_3）/（g/kg）	游离铁 /（g/kg）
	（H_2O）	（KCl）	CEC_7	ECEC	CEC_7	ECEC				
0~18	6.78	5.635	7.32	6.45	40.67	35.83	84.56	1.24	53.78	23.83
18~40	7.14	5.745	2.78	2.32	50.54	42.18	73.74	1.29	71.61	26.38

11.6.2　杉城系（Shacheng Series）

土族：壤质云母混合型热性-饱和红色正常新成土

拟定者：章明奎，麻万诸

杉城系典型景观

分布与环境条件　零星分布于福建省龙岩、三明等市丘陵地，海拔多在 50~400 m 之间，坡度在 20°~50° 之间，存在强烈的水土流失。起源于钙质紫色页岩及砂砾岩的残积物；利用方式主要为荒地和疏林地。属亚热带湿润季风气候区，年均温在 17.4~19.6℃；极端最低气温 –8.2~–4.8℃，极端最高气温 38.4~41.4℃，最热月出现在 7 月，平均温度 28℃左右；最冷月出现在 1 月，平均温度 9~10℃左右；≥10℃的积温 5500~6500℃，年均日照约 1760~2000 h；无霜期 251~315 d；年均降水量 1480~1890 mm，降水的季节分布不均，干湿季节十分明显，每年 3~9 月为湿季，占全年降水量的 78%~84%；10 月至翌年 3 月为少雨旱季，存在夏旱和秋旱。年均蒸发量约 1300~1700 mm，干燥度小于 1。

土系特征与变幅　该土系诊断层包括淡薄表层；诊断特性包括红色砂、页、砾岩岩性特征、石质接触面、湿润土壤水分状况及饱和的盐基饱和度。土壤颜色和矿物与基岩基本一致，黏土矿物主要为水云母、蒙脱石，高岭石次之。由于水土流失严重，剖面分化不明显，表土层下即为坚硬基岩，剖面一般具有 Ah-R；颜色主要呈暗红棕色。土层中碳酸钙已基本淋失，土壤呈中性至微酸性，pH 主要在 5.5~7.5 之间；盐基饱和。细土质地为砂质壤土。

Ah 层厚度 5~25 cm，块状或小块状结构，疏松，黏粒含量在 50~200 g/kg 之间，砂粒含量 450~850 g/kg 之间，砾石含量低于 25%；pH 在 5.5~7.5 之间；色调主要为 7.5R 或 10R，润态明度 3~5，彩度 2~4；干态明度 5~6，彩度 2~4。

对比土系　虬江系，同一亚类但不同土族，虬江系土壤颗粒大小级别为粗骨壤质，而杉城系土壤颗粒大小级别为壤质。赤锡系，同一土类但不同亚类，赤锡系土壤有石灰反应，而杉城系无石灰反应。

利用性能综述　杉城系土壤有机质、全氮和有效磷较低，速效钾较高。表层土壤有机质含量在 10~20 g/kg 之间，全氮在 0.50~1.00 g/kg 之间，全磷一般在 0.50~1.00 g/kg 之间；全钾在 25~35 g/kg 之间；速效钾和有效磷分别在 80~200 mg/kg 和 0~5 mg/kg 之间。土壤保肥性能较低，CEC 在 5 cmol/kg 左右。土层浅薄，土壤结持性差，透水性差，易发生水土流失和受旱，不适宜农业利用。在利用改良上，要做好水土保持，封山育草、育林，涵养水源。

代表性单个土体（编号：35-073）　于 2011 年 8 月 21 日采自福建省三明市泰宁县杉城镇丰岩村（205 省道边），26°55'7.6" N，117°8'59.9" E。母质为紫红砂砾岩残积物；地形为低丘中上坡，海拔 333 m，坡度 25°~45°；土地利用方式为荒地，生长马尾松和茅草，植被覆盖度约 40%，水土流失严重。

杉城系代表性单个土体剖面

Ah：0~13 cm，暗红色（7.5R3/4，润），淡红棕色（7.5R5/3，干），细土质地为砂质壤土，润，弱发育的块状和小块状结构，疏松；中量细根；中性；向下层清晰平滑过渡。

R：13 cm 以下，暗红色（7.5R3/4，润），淡红棕色（7.5R5/3，干），为紫色砂砾岩母岩，坚硬，难下挖。

杉城系代表性单个土体物理性质

土层	深度 /cm	砾石（>2 mm，体积分数）/%	细土颗粒组成（粒径：mm）/（g/kg）			细土质地（美国制）	容重 /（g/cm^3）
			砂粒 2~0.05	粉砂 0.05~0.002	黏粒 <0.002		
Ah	0~13	10	540	295	165	砂质壤土	1.39

杉城系代表性单个土体化学性质

深度 /cm	pH		CEC /（cmol（+）/kg）		黏粒 CEC /（cmol（+）/kg）		盐基饱和度/%	铝饱和度/%	全铁（Fe_2O_3）/（g/kg）	游离铁 /（g/kg）
	（H_2O）	（KCl）	CEC_7	ECEC	CEC_7	ECEC				
0~13	6.24	4.52	4.93	4.56	29.88	27.64	78.09	9.65	52.83	22.05

11.7　石质干润正常新成土

11.7.1　港尾系（Gangwei Series）

土族：粗骨质硅质混合型非酸性高热-石质干润正常新成土

拟定者：章明奎，麻万诸

港尾系典型景观

分布与环境条件　主要分布在闽南泉州和漳州等市 300 m 以下的低丘上坡或坡顶部，坡度多在 25°以上，常与基岩露头呈交错分布。起源于花岗片麻岩、晶洞花岗岩、黑云母花岗岩的残坡积物；利用方式主要为荒地。属亚热带湿润季风气候区，年均温在 20.4~21.3℃；最热月出现在 7 月，平均温度 28~30℃左右；最冷月出现在 1 月，平均温度 10~12℃左右；≥10 ℃的积温 6500~7700℃；年均日照约 1960~2400 h；无霜期 320~365 d；年均降水量 1000~1400 mm，降水的季节分布不均，干湿季节十分明显，每年 3~9 月为湿季，降水占全年降水量的 76%~89%；10 月至翌年 3 月为少雨旱季。年均蒸发量约 1500~1800 mm，干燥度大于 1。

土系特征与变幅　该土系诊断层包括淡薄表层；诊断特性包括准石质接触面、半干润土壤水分状况、高热土壤温度状况及不饱和的盐基饱和度。土壤黏粒矿物以高岭石和水云母为主。由于地处陡坡及植被破坏，土壤侵蚀严重，形成“砂岗”地貌景观。土壤发育度弱，浅薄表土层以下即为母质层，其剖面一般具有 Ah-C 或 AC-C；表层与母质性状相似，多呈橙色或红棕色，Ah（或 AC）层厚度 10~25 cm。细土质地为砂质壤土或壤质砂土，黏粒一般在 50~200 g/kg 之间，向下增加；土壤呈微酸性，pH 多在 5.5~6.5 之间。

C 层厚度 50~150 cm，细土中黏粒含量在 200 g/kg 以下，砂粒含量在 550~850 g/kg 之间，粗砂（0.25~2 mm）含量在 450~650 g/kg 之间；砾石含量大于 75%；pH 多在 5.5~6.5 之间；色调主要为 5YR 或 7.5YR，润态明度 4~5，彩度 7~8；干态明度 5~6，彩度 6~7。

对比土系　仙南系、石砻系，同一土类但不同亚类，酸碱度、温度状况、土壤水分状况有所差别。仙南系酸碱度为酸性，土壤温度状况为热性，土壤水分状况为湿润；而港尾系酸碱度为非酸性，土壤温度状况为高热，土壤水分状况为干润。石砻系土壤水分状况为湿润，而港尾系土壤水分状况为干润。此外，港尾系土表至 50 cm 深度范围内无石质接触面；而仙南系、石砻系土表至 50 cm 深度范围内均有石质接触面。

利用性能综述　港尾系土壤有机质、全氮和有效磷、速效钾均较低。表层土壤有机质一般在 10~25 g/kg 之间，全氮一般在 0.50~1.00 g/kg 之间，全磷一般在 0.25~0.50 g/kg 之间；速效钾在 30~80 mg/kg，有效磷在 1~5 mg/kg 之间。土壤保肥性能较弱，CEC 在 5 cmol/kg 以下。土壤质地粗，干燥，植被稀疏，多生长旱生灌草丛以及散生的马尾松。在利用改良上，应注意水土保持工作。林种选择上以耐旱耐瘠的马尾松、相思树混交，逐步以生物措施代替工程措施。也可以充分利用其间的石头缝及立石下部的小环境进行植树。

代表性单个土体（编号：35-112）　于 2011 年 9 月 18 日采自福建省龙海市港尾镇后石村，24°18'41.4" N，118°6'58.7" E。母质为黑云母花岗岩残坡积物；地形为丘陵中坡，海拔 23 m，坡度>35°；土地利用方式为荒地，主要生长茅草等杂草。

AC：0~16 cm，橙色（7.5YR6/6，润），淡橙色（7.5YR6/4，干），细土质地为壤质砂土，稍干，单粒状，坚实；少量细根；见 75%以上石英砂；微酸性；向下层清晰波状过渡。

C1：16~50 cm，亮红棕色（7.5YR5/8，润），亮红棕色（7.5YR5/6，干），细土质地为壤质砂土，稍干，单粒状，坚实；见 75%以上黄白色石英；微酸性；向下层渐变波状过渡。

C2：50~110 cm，亮红棕色（5YR5/8，润），橙色（5YR6/7，干），细土质地为砂质壤土，润，单粒状，坚实；见 75%以上石英砂；微酸性。

港尾系代表性单个土体剖面

港尾系代表性单个土体物理性质

土层	深度 /cm	砾石（>2 mm，体积分数）/%	细土颗粒组成（粒径：mm）/（g/kg）			细土质地（美国制）	容重 /（g/cm³）
			砂粒 2~0.05	粉砂 0.05~0.002	黏粒 <0.002		
AC	0~16	76	750	158	93	壤质砂土	—
C1	16~50	78	789	127	85	壤质砂土	—
C2	50~110	76	640	208	152	砂质壤土	—

港尾系代表性单个土体化学性质

深度 /cm	pH		CEC /（cmol（+）/kg）		黏粒 CEC /（cmol（+）/kg）		盐基饱和度/%	铝饱和度/%	全铁（Fe_2O_3）/（g/kg）	游离铁 /（g/kg）
	（H_2O）	（KCl）	CEC_7	ECEC	CEC_7	ECEC				
0~16	5.92	3.96	3.65	3.19	39.42	34.45	19.73	59.87	27.20	14.97
16~50	5.83	4.05	2.98	2.54	34.89	29.74	33.89	38.58	23.60	11.99
50~110	5.65	4.56	5.48	4.65	36.05	30.59	35.58	49.68	31.06	19.28

11.8　普通干润正常新成土

11.8.1　澳角系（Aojiao Series）

土族：砂质硅质型非酸性高热-普通干润正常新成土
拟定者：章明奎，麻万诸

澳角系典型景观

分布与环境条件　分布于闽东沿海，在晋江市深沪，漳浦的六鳌、虎头山，东山的东沈、澳角等地，地面平坦，所处地形为一、二级阶地，海拔 10 m 以下，地下水位在 150 cm 以下。起源于古老风积物（俗称老红砂），其上可覆盖 10~25 cm 厚的现代风积海砂；利用方式主要为荒草地，少数为旱地。属亚热带湿润海洋性季风气候区，年均日照约 2000~2400 h，年均气温 20.4~21.5℃，全年无霜，≥10℃的积温 7250~7450℃，≥15℃的积温 6000~6665℃，≥20℃的积温 4800℃左右；1 月份平均气温在 10~12℃，最热月份在 7 月，平均温度在 27~28℃。年均降水量约 1000~1100 mm，降水的季节分布不均，干湿季节十分明显，每年 4~9 月为湿季，月降水量都在 100 mm 以上，其中 6~8 月的雨量约占全年的 63%~74%，10 月至翌年 3 月为旱季，月均降水都在 100 mm 以下，春旱较为严重。年均蒸发量约 1500~2000 mm，干燥度在 1.3~2.0。

土系特征与变幅　该土系诊断层包括淡薄表层；诊断特性包括半干润土壤水分状况、高热土壤温度状况及饱和的盐基饱和度。成土母质由现代风积海砂和老红砂堆叠形成。上覆风积海砂厚度在 10~25 cm 之间，矿物成分以石英为主，有少量的长石和云母碎片，抗风化力强；颜色变化较大，其色调可变动于 2.5Y、10YR 或 7.5YR；细土质地为砂土，黏粒含量在 100 g/kg 以下，砂粒含量在 550 g/kg 以上；砾石含量 10%~25%之间；pH 在 6.5~7.5 之间。下层老红砂（形成于上更新世中期，距今约 3 万~5 万年）厚度在 100 cm 以上，呈半固结状，非常致密，矿物成分以石英为主，有少量的长石和云母碎片和氧化铁；细土质地为砂质壤土或壤质砂土，土壤黏粒含量在 50~270 g/kg 之间，砂粒含量在 550~850 g/kg 以上；砾石含量低于 10%；pH 主要在 6.5~7.5 之间。色调主要为 2.5YR 或 5YR，润态明度 4~6，彩度 8；干态明度 5~7，彩度 8。其剖面一般具有 Ap-C。

对比土系　下寮系，呈复区分布，母质形成时期不同，它们之间的性状有较大的差异。下寮系形成于新风积物，具砂质沉积物岩性特征，土壤色调主要为 2.5Y 或 5Y，同一土纲不同亚纲，为砂质新成土；澳角系形成于老风积物，土壤颗粒比壤质细砂更细，不具有砂质沉积物岩性特征，土壤色调主要为 2.5YR 或 5YR。另外，下寮系母质中土壤游离氧化铁低于 10 g/kg，而澳角系母质中游离氧化铁含量高于 10 g/kg。

利用性能综述　澳角系土壤养分普遍较低，表层土壤有机质含量变化于 3~10 g/kg 之间，全氮在 0.25~0.50 g/kg 之间，全磷一般在 0.10~0.50 g/kg 之间；全钾一般在 5~16 g/kg 之间；速效钾和有效磷分别在 30~50 mg/kg 和 0~8 mg/kg 之间。土壤保肥性能较低，CEC 在 5 cmol/kg 以下。土壤干旱，目前多为荒草地或荒滩，土宜上适于营造沿海防风林。由于海风大，缺水，林木立地条件差，一般以木麻黄林种植最为适合，其抗风、耐旱、生长快。

代表性单个土体（编号：35-107）　于 2011 年 9 月 16 日采自福建省东山县陈城镇澳角村，23°35'33.6"N，117°25'19.7" E。母质为老风积物，上覆 25 cm 厚的现代风积海砂；地形为丘间平地，距海岸约 100 m；海拔 5 m，坡度<2°；土地利用方式为旱地（种植番薯、蔬菜等）。

Ap：0~25 cm，亮红棕色（7.5YR5/6，润），淡橙色（7.5YR7/4，干），细土质地为砂土，干，小块状，疏松；中量细根；中性；向下层清晰平滑过渡。

2C1：25~63 cm，红棕色（2.5YR4/8，润），亮红棕色（2.5YR5/8，干），老红砂层，细土质地为砂质壤土，润，单粒状，坚实，非常致密；中性；向下层渐变平滑过渡。

2C2：63~100 cm，橙色（5YR6/8，润），橙色（5YR7/8，干），老红砂层，细土质地为壤质砂土，润，单粒状，非常致密；微碱性。

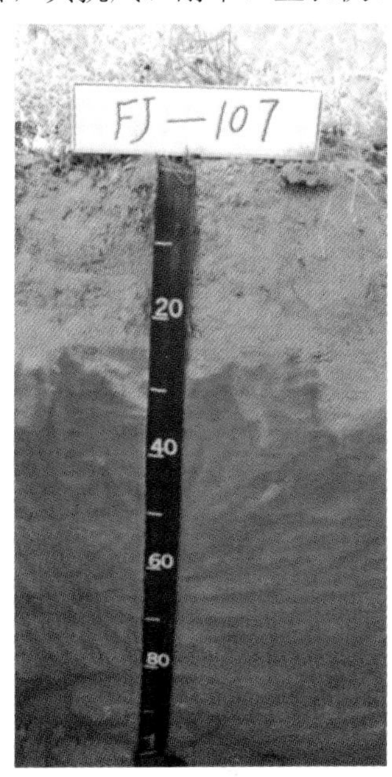

澳角系代表性单个土体剖面

澳角系代表性单个土体物理性质

土层	深度 /cm	砾石（>2 mm，体积分数）/%	细土颗粒组成（粒径：mm）/（g/kg）			细土质地（美国制）	容重 /（g/cm³）
			砂粒 2~0.05	粉砂 0.05~0.002	黏粒 <0.002		
Ap	0~25	22	904	56	40	砂土	1.32
2C1	25~63	6	668	152	180	砂质壤土	1.55
2C2	63~100	6	830	80	90	壤质砂土	1.47

澳角系代表性单个土体化学性质

深度 /cm	pH		CEC /（cmol（+）/kg）		黏粒 CEC /（cmol（+）/kg）		盐基饱和度/%	铝饱和度/%	全铁（Fe_2O_3）/（g/kg）	游离铁 /（g/kg）
	（H_2O）	（KCl）	CEC_7	ECEC	CEC_7	ECEC				
0~25	7.04	4.83	2.50	—	62.34	—	100	0	8.06	5.74
25~63	7.20	4.97	9.58	—	53.24	—	100	0	30.19	21.22
63~100	7.56	5.35	4.65	—	51.48	—	100	0	12.63	10.61

11.9　石质湿润正常新成土

11.9.1　凤埔系（Fengpu Series）

土族：砂质硅质型酸性热性-石质湿润正常新成土

拟定者：章明奎，麻万诸

凤埔系典型景观

分布与环境条件　分布在福建省宁德、三明、南平等市的低山丘陵陡坡地，海拔多在 250~800 m 之间，坡度多在 35°~55°之间。起源于花岗岩、凝灰岩、流纹岩等酸性岩的风化物，多为“白砂岗”地貌景观，稀疏旱生性草本和灌丛。属亚热带湿润海洋性季风气候区，年均温在 16.0~20.0℃之间；极端最低温度−9~−7℃之间；≥10℃的积温 4800~6500℃，年均日照约 1750 h；无霜期 260~305 d；年均降水量大于 1500~2000 mm，但降水分布不均，存在季节性的干旱，3~9 月的降水量占全年的 77%~85%；年均蒸发量约 1100~1400 mm，干燥度小于 1。

土系特征与变幅　该土系诊断层包括淡薄表层；诊断特性包括石质接触面、湿润土壤水分状况、热性土壤温度状况及不饱和的盐基饱和度。土壤黏土矿物主要为水云母，其次为高岭石和蛭石。由于地处陡坡，植被破坏，冲刷严重，土壤发育度较弱，浅薄的表土层以下即为母质层，其剖面一般具有 Ah-C。土壤性状表现为明显的母质特征，质地为砂质壤土；主要呈酸性。

Ah 层厚度 5~25 cm；粒状和少量团粒状结构，黏粒含量在 150 g/kg 以下，砂粒含量在 550~850 g/kg 之间，砾石含量均低于 25%；土壤氧化铁游离度在 40%以下；土壤 pH 在 4.50~5.50 之间；色调主要为 7.5YR 或 10YR，润态明度 4~6，彩度 1~4；干态明度 6~7，彩度 1~4。

对比土系　朦曈洋系，同一土族，土壤水分状况上有所差异，朦曈洋系因分布在高海拔地区，土壤水分状况为常湿润，而凤埔系为湿润。

利用性能综述　凤埔系土壤有机质较高，氮素、有效磷较低，速效钾变化较大。表层土壤有机质含量在 15~30 g/kg 之间，全氮在 0.50~1.00 g/kg 之间，全磷一般在 0.25~0.50 g/kg 之间；速效钾和有效磷分别在 50~150 mg/kg 之间和 3~8 mg/kg 之间；全钾在 10~20 g/kg 之间。土壤保肥性能较低，CEC 主要在 5 cmol/kg 以下。砂性明显，土层浅薄，土体干燥，不利于植物生长，易遭土壤侵蚀。应采取封山育草，保护植被，先种耐瘦耐旱的草被以防止水土流失。在此基础上可逐步恢复营造耐旱、耐瘦的薪炭林，建立林草多层次、高密度的植被，以促进土壤肥力的提高。

代表性单个土体（编号：35-049）　于 2011 年 7 月 21 日采自福建省古田县凤埔乡恩洋村，26°42'25.3" N，118°44'10.0" E。母质为凝灰岩残坡积物，海拔 535 m，坡度 35°~50°，地形为高丘中上坡，土地利用方式为荒地或杂草。

Ah：0~8 cm，棕色（10YR4/4，润），淡黄橙色（10YR7/3，干），细土质地为砂质壤土，稍干，弱发育的粒状和少量团粒状结构，疏松，大量中根；见中量小石块；酸性；向下层清晰波状过渡。

C：8~100 cm，半风化岩体夹杂大石块，颜色变化较大，构成网状图形。主色呈亮黄棕色（10YR6/8，润）和灰白色（10YR8/1，干），约占土体的 80%~90%；次色呈亮红棕色（2.5YR5/8，润），约占土体的 10%~20%；半风化岩石的裂隙中填充有黑色氧化锰等物质；细土质地为壤质砂土，润，单粒状，稍坚实；酸性。

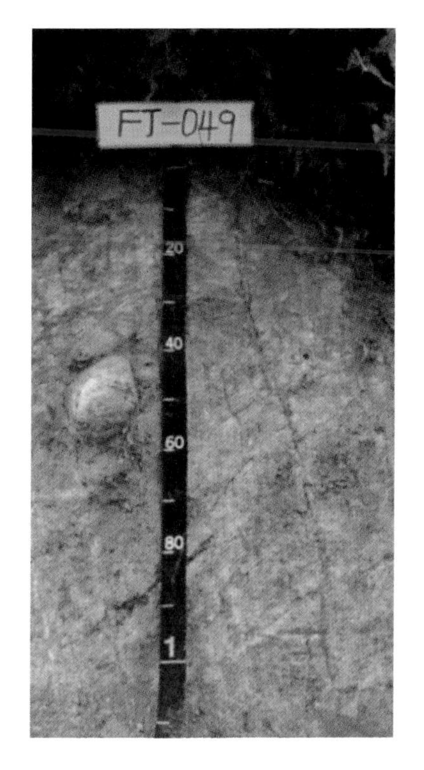

凤埔系代表性单个土体剖面

凤埔系代表性单个土体物理性质

土层	深度 /cm	砾石（>2 mm，体积分数）/%	细土颗粒组成（粒径：mm）/（g/kg）			细土质地（美国制）	容重 /（g/cm³）
			砂粒 2~0.05	粉砂 0.05~0.002	黏粒 <0.002		
Ah	0~8	5	612	299	89	砂质壤土	1.08
C	8~100	76	781	167	52	壤质砂土	—

凤埔系代表性单个土体化学性质

深度 /cm	pH		CEC /（cmol（+）/kg）		黏粒 CEC /（cmol（+）/kg）		盐基饱和度/%	铝饱和度/%	全铁（Fe_2O_3）/（g/kg）	游离铁 /（g/kg）
	（H_2O）	（KCl）	CEC_7	ECEC	CEC_7	ECEC				
0~8	4.85	3.49	4.38	4.11	49.21	46.18	29.45	62.77	15.43	7.37
8~100	4.82	3.55	3.87	3.23	74.42	62.12	28.94	58.51	16.3	6.12

11.9.2　坑园系（Kengyuan Series）

土族：粗骨质硅质混合型酸性高热-石质湿润正常新成土
拟定者：章明奎，麻万诸

坑园系典型景观

分布与环境条件　零星分布于福建省漳州市所属的龙海、平和、漳浦和南靖等地的低丘地带，海拔在 300 m 以下；地形平缓，但地面破碎严重，土壤侵蚀明显。起源于泥页岩、凝灰质砂页岩风化物；利用方式主要为园地和荒地。属亚热带季风性湿润气候，年均气温 20.4~22℃之间，年日照超 2000 h，无霜期 330 d 以上。最冷月（1 月）平均气温为 10~13℃，日均温大部分在 0℃以上，基本上无冬季；最热月（7 月）平均气温 26~29℃；≥10℃积温为 6500~7800℃。年平均降水量 1500 mm 以上，年均蒸发量多在 1000~1400 mm 之间；降水的季节性分布不均，干湿季节明显；常年 3~6 月是雨季，占全年降水量的 50%~60%；7~9 月的降水量约占全年的 20%~40%，但年间变化较大；10 月至翌年 2 月是干季，降水量只占全年的 15%~20%。干燥度一般在 0.75~1.0 之间。

土系特征与变幅　该土系诊断层包括淡薄表层；诊断特性包括准石质接触面、湿润土壤水分状况、高热土壤温度状况及不饱和的盐基饱和度。因长期侵蚀，土壤风化很弱，土壤黏土矿物主要为水云母，其次为高岭石和绿泥石；粉粒和砂粒以二氧化硅为主，但含较多的长石和云母等原生矿物残留。其剖面为 Ah-C，有效土层厚度常不足 25 cm；土壤颜色以黄橙色为主。土壤质地为壤土或粉砂质壤土，粉砂含量较高，多在 400~650 g/kg 之间；土壤结持性差；表层容重一般在 1.00~1.20 g/cm^3 之间；土壤呈酸性，pH 在 4.5~5.5 之间。C 层具有 75%以上保持岩石形状但松散易破碎的半化风体，颜色多变，由红、黄、白多种颜色组成；母质层的细土部分含高量的粉砂，在 550~650 g/kg 之间。

对比土系　仙南系、石砻系，同一亚类但不同土族，颗粒大小级别为粗骨砂质，岩石碎屑明显低于坑园系；另外，石砻系的酸碱度为非酸性。

利用性能综述　坑园系土壤有机质、氮和矿质养分均较低，表土有机质一般在 15 g/kg 以下，全氮一般低于 1.0 g/kg，全磷一般低于 0.5 g/kg；其速效钾低和有效磷也较低，分别在 30~80 mg/kg 和 5~10 mg/kg 之间。土壤保肥性能较弱，CEC 在 5~10 cmol/kg 之间。土壤中细粉砂含量较高，并多夹带半风化岩石碎片，土壤渗透性较好，但抗蚀性差。在开发利用时，应注意水土保持。在丘陵上坡或坡顶条件太差的地段应规划为林地；平缓地段可修筑梯地，种植果树，沿梯壁开设蓄水沟，排蓄兼备，既接纳雨水，又排除过量的积水，防止台风季节暴雨冲垮梯地。同时，该注意培肥、套种绿肥，增加土壤的基础肥力和土壤的结持性，减少水土流失。在施肥上，应重施基肥，增加磷肥和钾肥的投入。

代表性单个土体（编号：35-002）　于 2011 年 4 月 1 日采自福建省漳州市龙海市角美镇坑园村，24°30'33.2" N，117°48'33.7" E。母质为泥页岩残积物；地形为低丘缓坡地，海拔 44 m，坡度<5°；土地利用方式为毛竹园、果园和荒地。

Ah：0~18 cm，亮红棕色（7.5YR5/6，润），浅黄橙色（7.5YR8/4，干），细土质地为壤土，润，单粒状和小块状结构，疏松，中量细根；酸性；向下层清晰波状过渡。

C1：18~60 cm，含 75%以上的半风化母岩残留物，主要由两种不同颜色的半风化物相间组成，主色呈黄橙色（7.5YR7/8，润），黄橙色（7.5YR8/8，干）；次色呈亮红棕色（5YR5/8，润），橙色（5YR7/8，干）；细土质地为粉砂质壤土，润，单粒状，稍疏松；酸性；向下层模糊波状过渡。

C2：60~150 cm，黄色半风化物间穿插红色网状物质，主色呈黄橙色（10YR7/8，润），黄橙色（10YR8/6，干）；次色呈橙色（7.5YR6/8，润），黄橙色（7.5YR7/8，干），细土质地为粉砂质壤土，润，单粒状，稍疏松；酸性。

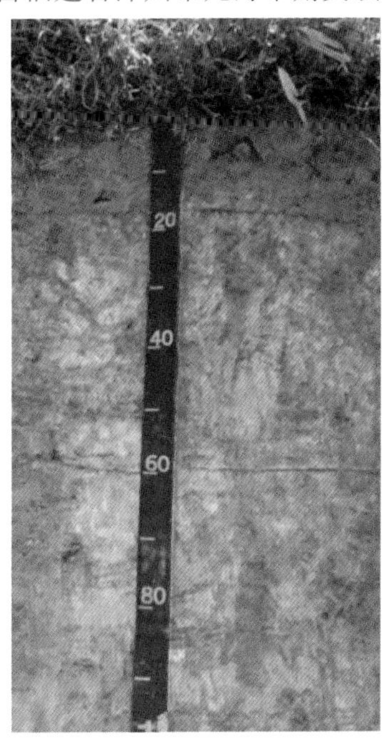

坑园系代表性单个土体剖面

坑园系代表性单个土体物理性质

土层	深度 /cm	砾石 (>2 mm，体积分数）/%	细土颗粒组成（粒径：mm）/（g/kg）			细土质地（美国制）	容重 /（g/cm³）
			砂粒 2~0.05	粉砂 0.05~0.002	黏粒 <0.002		
Ah	0~18	6	373	416	215	壤土	1.08
C1	18~60	80	330	617	53	粉砂质壤土	1.15
C2	60~150	83	368	581	51	粉砂质壤土	1.23

坑园系代表性单个土体化学性质

深度 /cm	pH		CEC /（cmol（+）/kg）		黏粒 CEC /（cmol（+）/kg）		盐基饱和度/%	铝饱和度/%	全铁 (Fe_2O_3) /（g/kg）	游离铁 /（g/kg）
	(H_2O)	(KCl)	CEC_7	ECEC	CEC_7	ECEC				
0~18	4.57	4.02	7.66	4.43	35.65	20.61	32.51	41.53	88.26	52.80
18~60	5.33	4.76	2.88	2.45	54.37	46.23	35.07	54.28	97.48	72.58
60~150	5.14	4.43	2.86	2.47	56.46	48.34	31.82	59.10	93.79	65.93

11.9.3　朦瞳洋系（Mengtongyang Series）

土族：砂质硅质型酸性热性-石质湿润正常新成土

拟定者：章明奎，麻万诸

朦瞳洋系典型景观

分布与环境条件　分布在福建省闽西北与闽东的中山近顶部，多为山脊或陡坡地，海拔 1000~1400 m 之间，坡度多在 0°~45°之间。起源于砂岩、砂砾岩、凝灰熔岩和花岗岩等的风化物；利用方式主要为草甸和灌丛，但植被覆盖率较低，一般在 50%~75%之间。属亚热带湿润气候，年均温在 12.8~14.5℃之间；极端最低温度 –13~–9℃之间；≥10℃的积温 3500~4000℃，年均日照约 1700 h；无霜期 230 d 左右；年均降水量 2000 mm 左右，年相对湿度 85%左右。气温低、湿度大，风速强劲，常年云雾弥漫；年均蒸发量约 700~1000 mm，干燥度小于 1，属于常湿润水分状况。

土系特征与变幅　该土系诊断层包括暗瘠表层；诊断特性包括石质接触面、湿润土壤水分状况、热性土壤温度状况及不饱和的盐基饱和度。次生矿物以水云母为主，其次为蛭石和高岭石，含少量蒙脱石。其剖面一般具有 Ah-C-R；地表有一厚度在 0.5~2 cm 的枯草层；因地处山脊或陡坡地，土壤受到长期冲刷影响，土体浅薄，表层以下为半风化母质层，后者厚度在 5~25 cm 间；表土呈暗黑。质地较砂，为壤质砂土，黏粒含量在 50~150 g/kg 之间，但土体中砾石含量低于 25%。土壤呈酸性，pH 主要在 4.5~5.5 之间。表层容重在 1.10 g/cm^3 左右。

Ah 层厚度 10~25 cm 之间；团粒状或小块状结构，疏松；黏粒含量在 50~150 g/kg 之间，砾石含量低于 25%；pH 主要在 4.5~5.5 之间；色调主要为 2.5Y 或 10YR，润态明度 3~6，彩度 1~3；干态明度 4~8，彩度 1~4。

对比土系　凤埔系，同一土族，土壤水分状况上有所差异，凤埔系因分布在低海拔地区，土壤水分状况为湿润，而朦瞳洋系土壤水分状况为常湿润。茂地系，相邻分布，朦瞳洋系多为山脊或陡坡地，而茂地系多分布于低凹区域，前者土体厚度一般在 10~25 cm 之间；而茂地系土体厚度一般在 40~80 cm 之间。

利用性能综述　朦瞳洋系由于分布海拔高，气温低，云雾多，表层有机质有一定的积累，但土壤有效磷和速效钾很低。表层土壤有机质含量在 15~30 g/kg 之间，全氮在 0.50~1.50 g/kg 之间，全磷一般在 0.20~0.50 g/kg 之间；全钾一般在 10~20 g/kg 之间；速效钾和有效磷分别在 10~80 mg/kg 和 0~5 mg/kg 之间。土壤保肥性能低，CEC 在 5 cmol/kg 以下。该土非常浅薄，多砂粒，土壤矿物质养分缺乏，加之风力强，林地立地条件极差，乔木难于定居，多为荒山稀疏草坡地，且草的质量较差，一般不适于放牧。在利用上，应优先保护现有植被，涵养水土。

代表性单个土体（编号：35-061） 于 2011 年 8 月 12 日采自福建省南平市延平区茂地镇朦瞳洋山（距离电视塔 300 m），26°40'39.4" N，118°5'53.7" E。母质为角砾质砂岩坡积物及其再积物，海拔 1220 m，坡度 1°~5°，地形为中山近顶部的山脊小平地；土地利用方式为稀疏草地，植被覆盖率 65%。

朦瞳洋系代表性单个土体剖面

O：+0.5~0 cm，为黄褐色未腐烂的枯草层，基本上无土壤物质；清晰平滑过渡。

Ah：0~15 cm，棕黑色（10YR3/1，润），棕灰色（10YR5/1 干），细土质地为砂质壤土，润，弱发育的团粒状或小块状结构，疏松，中量细根；强酸性；向下层清晰水平过渡。

C：15~22 cm，淡黄橙色（10YR7/2，润），灰白色（10YR8/1，干），细土质地为砂质壤土，润，单粒状，疏松，少量细根；上部的部分裂隙中有黑色填充物（来自 A 层）；酸性；清晰水平过渡。

R：22 cm 以下，为半风化岩体，灰白色。

朦瞳洋系代表性单个土体物理性质

土层	深度 /cm	砾石 (>2 mm，体积分数) /%	细土颗粒组成（粒径：mm）/（g/kg）			细土质地（美国制）	容重 /（g/cm^3）
			砂粒 2~0.05	粉砂 0.05~0.002	黏粒 <0.002		
Ah	0~15	0	770	140	90	壤质砂土	1.14
C	15~22	2	710	218	72	砂质壤土	1.23

朦瞳洋系代表性单个土体化学性质

深度 /cm	pH		CEC /（cmol（+）/kg）		黏粒 CEC /（cmol（+）/kg）		盐基饱和度/%	铝饱和度/%	全铁（Fe_2O_3）/（g/kg）	游离铁 /（g/kg）
	（H_2O）	（KCl）	CEC_7	ECEC	CEC_7	ECEC				
0~15	4.44	3.59	3.89	3.23	43.22	35.89	37.28	39.63	5.96	0.87
15~22	4.92	3.96	3.45	2.97	47.92	41.25	1.79	29.63	7.92	0.79

11.9.4　石砻系（Shilong Series）

土族：粗骨砂质硅质混合型非酸性高热-石质湿润正常新成土

拟定者：章明奎，麻万诸

石砻系典型景观

分布与环境条件　主要分布于福建省闽江以南的沿海县低山丘陵上坡及顶部，海拔多在 500 m 以下，坡度多在 25°~60°之间；四周有较多的岩石露头，占地表的 35%以上。起源于花岗岩类（包括黑云母花岗岩、晶洞花岗岩、花岗片麻岩、白云母花岗岩及花岗闪长岩等）风化的残积物；利用方式主要为荒地和灌丛地，主要生长旱生性草本和灌丛植物，植被稀少，覆盖度多在 75%以下。属亚热带湿润季风气候区，年均温在 20.4~21.2℃；极端最低气温−2.2~−2.4℃，极端最高气温 37.0~40.9℃，最热月出现在 7 月，平均温度 29~30℃；最冷月出现在 1 月，平均温度 10~11℃；≥10℃的积温 6530~7700℃，年均日照约 1960~2450 h；无霜期 315~365 d；年均降水量 1450~1700 mm，降水的季节分布不均，干湿季节十分明显，每年 3~9 月为湿季，占全年降水量的 77%~89%左右；10 月至翌年 3 月为少雨旱季。年均蒸发量约 1400~1600 mm，干燥度略小于 1。

土系特征与变幅　该土系诊断层包括淡薄表层；诊断特性包括石质接触面、湿润土壤水分状况、高热土壤温度状况及饱和的盐基饱和度。通常与裸石呈复区分布，具有“石头山”的地貌景观。由于坡度较大，植被覆盖度低，长期侵蚀和剥蚀的结果，基岩裸露，土层浅薄，表土层以下即为基岩，土体构型为 Ah-R。土壤中多含角石及半风化物，岩性特征明显，质地轻，矿物组成与基岩相似；地表散布直径在 1~10 cm 的石块（见图）。土壤颜色有较大的变化，从亮红棕色至灰白色。

Ah 层厚度 5~25 cm，团粒状或小块状结构，疏松；黏粒含量在 50~100 g/kg 之间，砂粒含量在 550~850 g/kg 之间；砾石含量高于 25%；pH 在 5.5~6.5 之间；色调 7.5YR 或 10YR，润态明度 3~5，彩度 4~6；干态明度 6~7，彩度 1~4。

对比土系　仙南系、坑园系，同一亚类但不同土族，仙南系土壤温度状况为热性，酸碱度为酸性；坑园系土壤颗粒大小级别为粗骨质，酸碱度为酸性。

利用性能综述　石砻系水热条件较差，土壤侵蚀强烈，土壤养分一般较低。表层土壤有机质含量在 10~25 g/kg 之间，全氮在 0.50~1.50 g/kg 之间，全磷一般在 0.25~0.50 g/kg 之间；全钾在 10~20 g/kg 之间；速效钾和有效磷分别在 30~80 mg/kg 和 0~5 mg/kg 之间。

土壤保肥性能较低，CEC 在 5~10 cmol/kg 之间。地形部位多为低山丘陵的陡坡地段，岩石裸露面积大，土层薄，多岩石碎屑，水分缺乏，不宜农业利用。部分地区为采石场地，乱采、乱挖、乱弃土现象十分严重，造成下沿农田山洪危害。因此，必须采取封山育林，增加地表的覆盖度，以减少地表径流，涵养水土，保护表土层。严禁乱采石弃土，保护资源，防止水土流失和毁坏农田。

代表性单个土体（编号：35-138）　于 2011 年 10 月 7 日采自福建省泉州市南安市康美镇石砻村，24°59'12.1"N，118°29'28.5" E。母质为花岗岩残坡积物；地形为丘陵中上坡，海拔 32 m，坡度>35°；土地利用方式为荒地。

石砻系代表性单个土体剖面

Ah：0~10 cm，亮红棕色（7.5YR5/6，润），淡橙色（7.5YR7/4，干），稍干，细土质地为砂质壤土，小块状，稍坚实；见 35%以上大小在 0.2~10 cm 之间的石块；微酸性；向下层清晰平直过渡。

R：10 cm 以下，整块状花岗岩（未风化母岩）。

石砻系代表性单个土体物理性质

土层	深度 /cm	砾石 （>2 mm，体积分数）/%	细土颗粒组成（粒径：mm）/（g/kg）			细土质地（美国制）	容重 /（g/cm^3）
			砂粒 2~0.05	粉砂 0.05~0.002	黏粒 <0.002		
Ah	0~10	83	806	109	85	砂土	—

石砻系代表性单个土体化学性质

深度 /cm	pH		CEC /（cmol（+）/kg）		黏粒 CEC /（cmol（+）/kg）		盐基饱和度/%	铝饱和度/%	全铁（Fe_2O_3）/（g/kg）	游离铁 /（g/kg）
	（H_2O）	（KCl）	CEC_7	ECEC	CEC_7	ECEC				
0~10	6.07	5.21	6.34	5.26	74.59	61.88	67.19	12.36	25.69	18.56

11.9.5　仙南系（Xiannan Series）

土族：粗骨砂质硅质混合型酸性热性-石质湿润正常新成土

拟定者：章明奎，麻万诸

仙南系典型景观

分布与环境条件　主要分布于闽西北、闽东北的低山丘陵上坡及顶部，尤其是南平、三明、宁德等市面积较大；海拔多在 50~500 m 之间，坡度多在 25°~60°之间；四周有较多的岩石露头，占地表的 35%以上。起源于花岗岩、流纹岩及流纹质凝灰岩等残积物；利用方式主要为荒地和灌丛地，主要生长旱生性草本和灌丛植物，覆盖度多在 75%以下。属亚热带湿润季风气候区，年均温在 17.5~19.5℃；极端最低气温–9.0~–5.0℃，极端最高气温 38.5~41.0℃，最热月出现在 7 月，平均温度 28~29℃；最冷月出现在 1 月，平均温度 9~10℃；≥10℃的积温 5500~6500℃，年均日照约 1750~2000 h；无霜期 260~310 d；年均降水量 1450~1900 mm，降水的季节分布不均，干湿季节十分明显，每年 3~9 月为湿季，占全年降水量的 80%左右；10 月至翌年 3 月为少雨旱季。年均蒸发量约 1350~1700 mm，干燥度小于 1。

土系特征与变幅　该土系诊断层包括淡薄表层；诊断特性包括石质接触面、湿润土壤水分状况、热性土壤温度状况及不饱和的盐基饱和度。通常与裸石呈复区分布，具有“石头山”的地貌景观。由于坡度较大，植被覆盖度低，长期侵蚀和剥蚀的结果，基岩裸露，土壤发育极弱，表土层以下即为基岩，土体构型为 Ah-R。土壤中含较多石英、长石等原生矿物，岩性特征明显，土壤矿物组成与基岩相似；颜色主要为暗棕色和灰白色。土壤颗粒组成以砾石为主，其含量在 25%以上，部分可达 60%左右。细土质地为砂质壤土。土壤呈酸性，pH 在 4.5~5.5 之间。

Ah 层厚度 10~30 cm，团粒状结构，疏松；黏粒含量在 50~200 g/kg 之间，砂粒含量在 450~850 g/kg 之间；砾石含量高于 25%；pH 在 4.5~5.5 之间；色调 7.5YR 或 10YR，润态明度 3~5，彩度 1~3；干态明度 6~7，彩度 1~3。

对比土系　石砻系、坑园系，同一亚类但不同土族，颗粒大小级别、温度状况、酸碱度有所差异。石砻系的土壤温度状况为高热，坑园系的颗粒大小级别为粗骨质，温度状况为高热。

利用性能综述　仙南系由于水热条件较差，土壤侵蚀强烈，该土系土壤养分一般较低。表层土壤有机质含量在 10~25 g/kg 之间，全氮在 0.50~1.50 g/kg 之间，全磷一般在 0.25~0.50 g/kg 之间；全钾在 10~20 g/kg 之间；速效钾和有效磷分别在 30~80 mg/kg 和 0~

5 mg/kg 之间。土壤保肥性能较低，CEC 在 10 cmol/kg 左右。土壤土层薄，多岩石碎屑，农业上难以利用。部分地区为采石场地，乱采、乱挖、乱弃土现象十分严重，造成下沿农田山洪危害。因此，必须采取封山育林，增加地表的覆盖度，以减少地表径流，涵养水土，保护表土层。严禁乱采石弃土，保护资源，防止水土流失和毁坏农田。

代表性单个土体（编号：35-092）　于 2011 年 8 月 26 日采自福建省南平市浦城县仙阳镇仙南村，28°2'18.4" N，118°31'46.3" E。母质为花岗岩残积物；地形为丘陵中上坡，海拔 331 m，坡度 30°~80°；土地利用方式为荒地和灌丛地（植被覆盖率 75%左右）。

仙南系代表性单个土体剖面

Ah：0~20 cm，土壤基色为暗棕色（7.5YR3/3，湿）和灰棕色（7.5YR6/2，干），细土质地为砂质壤土，润，团粒状结构，疏松；见 20%~30%的直径 2~5 cm 左右的半风化状碎石（10YR7/6，润），多量细根和粗根；酸性；向下层清晰波状过渡。

R：20 cm 以下，花岗岩母岩。

仙南系代表性单个土体物理性质

土层	深度 /cm	砾石（>2 mm，体积分数）/%	细土颗粒组成（粒径：mm）/（g/kg）			细土质地（美国制）	容重 /（g/cm³）
			砂粒 2~0.05	粉砂 0.05~0.002	黏粒 <0.002		
Ah	0~20	47	708	144	149	砂质壤土	—

仙南系代表性单个土体化学性质

深度 /cm	pH		CEC /（cmol（+）/kg）		黏粒 CEC /（cmol（+）/kg）		盐基饱和度/%	铝饱和度/%	全铁（Fe_2O_3）/（g/kg）	游离铁 /（g/kg）
	（H_2O）	（KCl）	CEC_7	ECEC	CEC_7	ECEC				
0~20	5.07	3.35	10.06	8.20	67.65	55.14	7.36	82.68	15.07	4.40

11.10　普通湿润正常新成土

11.10.1　白礁系（Baiqiao Series）

土族：砂质硅质混合型非酸性高热-普通湿润正常新成土

拟定者：章明奎，麻万诸

白礁系典型景观

分布与环境条件　零星分布于福建省漳州、福州和泉州等市的低丘中上坡，海拔在 300 m 以下，坡度多在 15°以上，冲刷严重。起源于黑云母花岗岩残坡积物，利用方式为荒地，植被覆盖度在 35%以下。土壤仍处于继续侵蚀或堆积不稳定发育阶段。属亚热带季风性湿润气候，年均气温 21℃左右，年日照超 2000 h，无霜期 330 d 以上。≥10℃积温为 6500~7800℃。年平均降水量 1500 mm 以上，年均蒸发量多在 1000~1400 mm 之间；干燥度一般在 0.75~1.0 之间。

土系特征与变幅　该土系诊断层包括淡薄表层；诊断特性包括湿润土壤水分状况、高热土壤温度状况及不饱和的盐基饱和度。由于地处陡坡土壤侵蚀严重，多形成“砂岗”地貌景观。脱硅富铝化作用不明显，土壤矿质成分主要为二氧化硅，铝、铁含量低；表层与母质性状相似，其剖面一般具有 AC-C；土壤主要呈单粒状，土壤粗骨性强，结持性弱，多呈黄棕色。细土质地为砂质壤土和壤质砂土，土壤颗粒以砂粒为主。土壤容重在 1.30~1.50 g/cm^3 之间。土壤呈微酸性至中性，pH 多在 5.5~7.5 之间。C 层厚度 50~150 cm。色调主要为 2.5Y 或 5Y，润态明度 5~6，彩度 3~6；干态明度 7~8，彩度 1~4。

对比土系　沃溪系，同一亚类但不同土族，颗粒大小级别为粗骨壤质。朦瞳洋系、凤埔系，同一土类但不同亚类，但朦瞳洋系和凤埔系土层较薄，土表至 50 cm 范围内出现石质接触面或准石质接触面，不同于白礁系；另外，朦瞳洋系、凤埔系为酸性，而白礁系为非酸性。

利用性能综述　白礁系土壤有机质、全氮和有效磷低下，速效钾稍高。表层土壤有机质一般在 10 g/kg 以下，全氮一般低于 0.50 g/kg 以下，全磷一般在 0.25~0.50 g/kg 之间；速效钾在 80 mg/kg 左右，有效磷在 5 mg/kg 以下。土壤保肥性能较弱，CEC 在 5 cmol/kg 以下。土层浅薄，粗骨性强，质地轻，土壤干燥，植物生长不良。应采取封山育草，保护植被，先种耐瘦耐旱的草被以防止水土流失。在此基础上可逐步营造耐旱、耐瘦的薪炭林，如马尾松、相思树等，积极引进大叶相思、黑松等林木，建立林草多层次、高密度的植被，以促进土壤肥力提高。

代表性单个土体（编号：35-005）　于 2011 年 4 月 14 日采自福建省漳州市龙海市角美镇白礁村，24°29'47.9" N，117°56'39.0" E。母质为黑云母花岗岩残坡积物；地形为低丘陵中坡，海拔 45 m，坡度 20°~ 40°；土地利用方式为荒地，植被覆盖率约 30%。

AC：0~10 cm，亮黄棕色（10YR6/6，润），浅黄橙色（10YR8/4，干），细土质地为壤质砂土，干，单粒状，疏松，少量细根；见大量半风化块状母岩；酸性；向下层模糊波状过渡。

C1：10~40 cm，亮黄棕色（2.5Y6/6，润），浅黄色（2.5Y7/4，干），细土质地为壤质砂土，稍润，单粒状，稍疏松，少量细根；见大量半风化块状母岩；微酸性；清晰波状过渡。

C2：40~65 cm，黄棕色（2.5Y5/3，润），灰黄色（2.5Y7/2，干），细土质地为壤质砂土，稍润，单粒状，坚实；中性；向下层清晰平滑过渡。

C3：65~150 cm，淡黄色（5Y6/3，润），灰白色（5Y8/1，干），细土质地为砂质壤土，稍干，单粒状，稍疏松；中性。

白礁系代表性单个土体剖面

白礁系代表性单个土体物理性质

土层	深度 /cm	砾石 (>2 mm，体积分数) /%	细土颗粒组成（粒径：mm）/（g/kg）			细土质地（美国制）	容重 /（g/cm^3）
			砂粒 2~0.05	粉砂 0.05~0.002	黏粒 <0.002		
AC	0~10	9	706	211	83	砂质壤土	1.32
C1	10~40	9	709	237	54	砂质壤土	1.37
C2	40~65	11	816	132	52	壤质砂土	1.48
C3	65~150	13	757	186	57	壤质砂土	1.37

白礁系代表性单个土体化学性质

深度 /cm	pH		CEC /（cmol（+）/kg）		黏粒 CEC /（cmol（+）/kg）		盐基饱和度/%	铝饱和度/%	全铁（Fe_2O_3）/（g/kg）	游离铁 /（g/kg）
	（H_2O）	（KCl）	CEC_7	ECEC	CEC_7	ECEC				
0~10	5.37	4.67	4.35	3.70	52.33	44.42	69.20	10.54	52.51	6.37
10~40	6.09	5.38	2.56	1.95	47.65	36.24	63.67	8.20	43.18	14.64
40~65	7.48	6.77	3.02	2.00	57.56	38.17	66.22	0.00	46.49	11.84
65~150	6.51	5.74	3.58	2.54	63.22	44.80	65.92	3.54	41.55	12.14

11.10.2　沃溪系（Woxi Series）

土族：粗骨壤质硅质混合型酸性高热-普通湿润正常新成土
拟定者：章明奎，麻万诸

沃溪系典型景观

分布与环境条件　主要分布在闽东南泉州、漳州、厦门等市 300 m 以下的低丘上坡或坡顶部，坡度多在 25° 以上。沃溪系土壤起源于凝灰岩、流纹质凝灰熔岩的残坡积物；利用方式主要疏林地和荒地。属亚热带湿润季风气候区，年均温在 20.4~21.3℃；最热月出现在 7 月，平均温度 28~30℃左右；最冷月出现在 1 月，平均温度 10~12℃左右；≥10℃的积温 6500~7700 ℃；年均日照约 1960~2400 h；无霜期 320~365 d；年均降水量 1400~1800 mm，降水的季节分布不均，干湿季节十分明显，每年 4~9 月为湿季，降水占全年降水量的 79%~89%；10 月至翌年 3 月为少雨旱季。年均蒸发量约 1400~1750 mm，干燥度略低于 1。

土系特征与变幅　该土系诊断层包括淡薄表层；诊断特性包括湿润土壤水分状况、高热土壤温度状况及不饱和的盐基饱和度。由于地处陡坡及植被破坏，侵蚀严重，多形成"砂岗"地貌景观。土壤发育度弱，浅薄的表土层以下即为母质层，其剖面一般具有 Ah-C；表层与母质性状相似，多呈灰黄棕色或亮红棕色。黏粒矿物以高岭石和水云母为主。Ah 层厚度 10~25 cm；细土质地为砂质黏壤土和壤质砂土，黏粒在 50~350 g/kg 之间，向下略有增加；土壤粗骨性强，砾石含量多在 40%左右。土壤呈酸性，pH 多在 4.5~5.5 之间。

C 层厚度 50~150 cm，黏粒含量在 200~350 g/kg 之间，砂粒含量在 550~850 g/kg 之间；砾石含量大于 25%；pH 多在 4.5~5.5 之间；色调主要为 5YR 或 7.5YR，润态明度 5~7，彩度 7~8；干态明度 7~8，彩度 2~3。

对比土系　与白礁系、马坑系呈复合分布，白礁系，同一亚类不同土族，土壤颗粒大小级别为砂质，酸碱度为非酸性；马坑系，不同土纲，为雏形土，土壤颗粒大小级别为粗骨黏质和小块状。

利用性能综述　沃溪系土壤有机质、全氮和有效磷、速效钾均较低。表层土壤有机质一般在 10~25 g/kg 之间，全氮一般在 0.50~1.00 g/kg 之间，全磷一般在 0.25~0.50 g/kg 之间；速效钾在 30~80 mg/kg，有效磷在 3~18 mg/kg 之间。土壤保肥性能较弱，CEC 在 5~10 cmol/kg 之间。地面陡，土壤质地粗，土层薄，多生长长势较差的旱生灌草丛。在利用改良上，宜发展薪炭林，同时严禁乱砍滥伐、乱采岩石，保护幼林、草被，防止土壤冲刷。

代表性单个土体（编号：35-136） 于 2011 年 10 月 7 日采自福建省厦门市同安区莲花镇沃溪社区，24°48'59.4"N，118°2'53.8" E。母质为凝灰岩残坡积物；地形为低丘中下坡，海拔 88 m，坡度 35°~50°；土地利用方式为荒地，主要生长铁芒萁、杉树、马尾松等。

Ah：0~15 cm，灰黄棕色（10YR5/2，润），灰白色（10YR8/1，干），稍干，细土质地为壤质砂土，弱发育的块状或碎块状结构，稍紧实；见 35%以上直径 2~10 mm 之间的砾石，中量细根；酸性；向下层清晰平滑过渡。

C1：15~38 cm，亮红棕色（7.5YR5/8，润），淡橙色（7.5YR7/3，干），润，细土质地为砂质黏壤土，单粒状，坚实；见 40%以上直径在 2~20 mm 之间的砾石块及约 30%的白色斑块状半风化物；少量中根；酸性；向下层清晰波状过渡。

C2：38~120 cm，黄橙色（7.5YR7/8，润），淡橙色（7.5YR8/3，干），润，细土质地为砂质黏壤土，单粒状，非常坚实；见 30%左右大小在 2~50 mm 之间的砾石块及约 50%的白色斑块状半风化物；酸性。

沃溪系代表性单个土体剖面

沃溪系代表性单个土体物理性质

土层	深度 /cm	砾石 (>2 mm，体积分数) /%	细土颗粒组成（粒径：mm）/（g/kg）			细土质地（美国制）	容重 /（g/cm³）
			砂粒 2~0.05	粉砂 0.05~0.002	黏粒 <0.002		
Ah	0~15	40	713	166	122	壤质砂土	—
C1	15~48	43	527	176	297	砂质黏壤土	—
C2	48~120	31	562	193	246	砂质黏壤土	—

沃溪系代表性单个土体化学性质

深度 /cm	pH		CEC /（cmol（+）/kg）		黏粒 CEC /（cmol（+）/kg）		盐基饱和度/%	铝饱和度/%	全铁（Fe_2O_3）/（g/kg）	游离铁 /（g/kg）
	（H_2O）	（KCl）	CEC_7	ECEC	CEC_7	ECEC				
0~15	4.82	3.65	7.25	5.43	59.43	44.51	28.28	44.75	17.76	8.91
15~48	4.58	3.70	9.87	8.22	33.23	27.68	48.53	35.28	20.74	12.58
48~120	4.63	3.76	8.78	7.25	35.69	29.47	44.08	40.41	21.54	8.66

参 考 文 献

陈健飞. 1989. 土壤水分和温度状况的估算. 土壤, 21(3): 160-162.

陈健飞. 1994. 福建省土壤水分和温度状况的计算机评定//徐明岗. 现代土壤科学研究（第五届全国青年土壤科学工作者学术讨论会论文集）. 北京: 中国农业科技出版社: 160-162.

陈健飞. 2001. 福建山地土壤的系统分类及其分布规律. 山地学报, 19(1): 1-8.

陈健飞. 2002. 福建主要山地土壤分类参比研究. 福建农业学报, 17(2): 98-103.

陈健飞, 朱鹤健. 1987. 福建赤红壤诊断定量分类初探. 福建师范大学学报(自然科学版), 3(4): 73-82.

陈健飞, 朱鹤健. 2001. 福建山地土壤研究. 北京: 中国环境科学出版社.

陈松林, 陈健飞. 2008. 中国土壤系统分类在福建漳浦样区的应用. 福建师范大学学报(自然科学版), 24(2): 92-99.

方祖光, 谢皎如. 1997. 福建沿海地区干燥度和风蚀气候侵蚀力的计算与分析. 福建师范大学学报, 13(3): 96-103.

福建省土壤普查办公室. 1991. 福建土壤. 福州: 福建科学技术出版社.

黄佳鸣, 麻万诸, 章明奎. 2013. 闽北地区水耕人为土的发生与系统分类研究. 土壤通报, 44(4): 769-775.

林景亮. 1989. 福建土种志（油印稿）.

张甘霖, 龚子同. 2012. 土壤调查实验室分析方法. 北京: 科学出版社.

张甘霖, 王秋兵, 张凤荣, 等. 2013. 中国土壤系统分类土族和土系划分标准. 土壤学报, 50(4): 826-834.

郑成洋, 方精云. 2004. 福建黄岗山东南坡气温的垂直变化. 气象学报, 62(2): 251-255.

中国科学院南京土壤研究所土壤系统分类课题组. 1991. 土壤野外描述、水热动态观测方法及土壤信息系统（中国土壤系统分类用）. 北京: 科学出版社.

中国科学院南京土壤研究所土壤系统分类课题组, 中国土壤系统分类课题研究协作组. 2001.中国土壤系统分类检索. 3 版. 合肥: 中国科学技术大学出版社.

朱鹤健. 1983. 福建东南部山地丘陵土壤基本特征. 土壤学报, 20(3): 225-237.

朱鹤健, 谭炳华, 陈健飞. 1989. 福建省变性土特性的研究. 土壤学报, 26(3): 287-297.

附录　福建省土系与土种参比表

土系	土种	土系	土种	土系	土种
鳌西系	云霄侵蚀赤土	港头系	薄赤砂土	赖店系	仙游浅黑赤土
澳角系	老红砂	港尾系	赤土骨	赖源系	石灰泥土
八字桥系	砂底砂灰泥田	古田系	永泰水红壤	李坊系	红泥砂田
白礁系	赤土骨	官后系	灰泥田	莲峰系	江坊中性紫色土
白樟系	牙城红泥土	官坡系	灰泥砂田	练村系	砂底灰砂泥田
宝福里系	砂质田	管密系	锈水田	灵川系	海泥砂土
曹墩系	崇安红土	管阳系	呈祥红泥土	岭下系	溪潭侵蚀红土
曹远系	汗仙红泥土	桂林村系	盖洋红黏泥	六鳌系	润砂土
茶丰系	灰砂泥田	蚶江系	蚶江海泥土	龙海系	长桥赤土
长桥系	长桥赤黏土	涵江系	潮砂土	龙浔系	呈祥红泥土
陈城系	海砂土	洪宽系	黄泥砂田	隆教南系	佛坛赤土
赤锡系	侵蚀紫色土	洪田系	红土田	隆教系	黑赤土田
大社系	侵蚀紫色土	洪洋系	钱塘灰红泥砂土	闾峡系	干风砂土
店下系	店下红砂土	后埭系	金岗山赤土	麻岭坑系	灰黄泥田
东峰系	邵武红泥土	后井系	长桥赤土	麻沙系	黄砂土
东甲系	蚶江海泥土	湖村系	棕色石灰土	马家围系	冷水田
东岭系	惠安侵蚀赤土	虎屿岛系	潮盐土	马坑系	罗拔顶粗骨红土
东平系	耕作黄赤土	黄岗山系	黄岗山草甸土	马坪系	佛坛赤土
东石系	砂埭土	黄竹坳系	星村黄红砂土	茂地系	朦瞳山砂质草甸土
东厦系	青底灰泥田	吉巷系	邵武红泥土	梅花山系	黄岗山黄泥土
东游系	崇安红土	际口系	灰砂土	朦瞳洋系	朦瞳山砂质草甸土
东庄系	薄赤砂土	建瓯系	潮砂土	闽侯系	灰泥砂土
飞鸾系	灰埭田	江坊系	灰紫泥田	闽江口系	潮盐土
凤埔系	山地石砂土	蕉城系	水源灰红泥土	内坑系	晋江赤土
佛昙南系	海泥砂土	角美系	华安泥质赤土	南埕系	乌砂土
佛昙系	前亭黑赤土	金洋系	侵蚀黄红土	南会系	潮泥土
浮山系	金岗山赤土	九湖系	古厝赤土	南靖系	宏路赤砂土
福心系	潮盐土	九龙江系	南屿乌泥田	南胜系	诏安黄赤土
富岭系	红泥砂田	莒口系	灰砂土	南屿系	潮泥土
盖洋系	棕泥田	�竹塘系	紫泥田	潘渡系	沙底乌泥田
干全埔系	云霄侵蚀赤土	柯坪系	乌黄泥田		黄底乌泥田
甘棠系	大芹山黄泥土	坑园系	粗骨红黏土		乌黄泥田

续表

土系	土种	土系	土种	土系	土种
朴圩系	灰埭田	松源系	紫泥土	小桥系	黄村红砂土
浦城系	青泥田	苏洋系	九峰赤黏土	新厝系	埭土
崎岭系	九峰赤黏土	汰口系	灰砂土	兴田系	武夷黄泥田
崎溪系	古厝赤土	田螺坑系	华安泥质赤土	星村系	乌砂泥菜园土
芹田系	邵武红泥土	万安系	红泥土	星溪系	砂底灰砂泥田
虬江系	侵蚀紫色土	尾炉坑系	潮盐土	圩仔系	前亭黑赤土
散湖系	灰砂泥土	尾山系	黄砂土	延平系	灰黄泥土
山城系	古厝赤土	文元系	灰砂泥土	岩后系	乌黄泥田
山格系	砾底灰砂田	沃溪系	赤土骨	岩前系	乌砂泥菜园土
杉城系	侵蚀紫色土	吴家坊系	棕色石灰土	沿溪系	红泥砂田
上版寮系	红土田	武曲系	崇安红土	杨梅岭系	红泥砂田
上营系	耕作黄赤土	武夷山系	崇安紫砂土	玉山系	黄岗山黄泥土
邵武系	水源红泥土	西潭系	诏安赤黏土	元山系	白底田
狮城系	黄泥土	溪潭系	砂底乌泥田	云霄系	磺酸盐土
石榴系	灰砂土	硖门系	黑灰土	漳浦系	佛昙赤土
石砻系	石砻石质土	下街系	黄底乌泥田	漳州系	灰砂泥土
石塘系	店下红砂土	下坑系	黄砂土	郑坑系	水源红泥土
石屯系	天湖山黏黄泥土	下寮系	干风砂土	郑源系	灰砂泥土
石下系	石灰泥土	下园系	灰砂泥田	中贝系	呈祥红泥土
石下系	石灰泥土	仙南系	酸性石质土	竹岐系	潮砂土
水茜系	紫泥砂田	仙阳系	青泥田		
泗桥系	山黄泥土	象湖系	白底田		

(P-3192.01)

ISBN 978-7-03-051333-5

定价：**198.00** 元